大“行”其道

——行走机械设计师工作指南

王志　王桂平　著

化学工业出版社

·北京·

内容简介

行走是行走机械的共有特征，实现行走功能是行走机械设计必须完成的任务。本书以行走功能实现为主线，将行走机械设计相关的内容概括为功用特性、行走装置、能量转化、动力传递、运动操控、人机关系、环境制约、产品实现八个主题。每个主题又分为九个与主题关联密切的专题，每个专题内容独立、自成一节。全书共分八章，对行走机械设计关联内容予以揭示。其中第1章主要是基本原理与功能特性等内容；第2～6章汇集了与实现行走功能直接关联的各类装置、系统以及操控技术等内容；第7章聚焦特殊环境条件对行走机械的影响；第8章阐述了产品特性以及产品实现过程不同阶段的主要任务。全书章节结构统一、文章篇幅整齐、内容查阅方便，读者可以根据自己需要，灵活选择使用方式，既可以通读全书，也可按主题阅览相关部分，更可以独选专题阅读单篇文章。

本书可供行走机械相关专业的师生、研发设计人员阅读，适合从事行走机械科研与生产的技术负责人、设计总师、项目经理等相关人员查阅参考。

图书在版编目（CIP）数据

大“行”其道：行走机械设计师工作指南/王志，王桂平著.—北京：化学工业出版社，2024.2

ISBN 978-7-122-44343-4

Ⅰ.①大…　Ⅱ.①王…②王…　Ⅲ.①机械设计-产品设计-指南　Ⅳ.①TH122-62

中国国家版本馆CIP数据核字（2023）第201308号

责任编辑：金林茹　　　　文字编辑：袁　宁
责任校对：李雨晴　　　　装帧设计：王晓宇

出版发行：化学工业出版社（北京市东城区青年湖南街13号　邮政编码100011）
印　　装：北京七彩京通数码快印有限公司
787mm×1092mm　1/16　印张27¼　字数709千字　　2024年2月北京第1版第1次印刷

购书咨询：010-64518888　　　　售后服务：010-64518899
网　　址：http://www.cip.com.cn
凡购买本书，如有缺损质量问题，本社销售中心负责调换。

定　　价：158.00元

前言

当今时代的人们离不开行走机械，每种行走机械的产生都脱不开研发设计这一环节，现代行走机械设计既要有传统内涵的继承，又要有具备时代气息的创新。设计人员是产品设计的实施者，要设计出一款适宜的行走机械产品，设计人员既要有丰富的专业知识、充足的技术储备，也要对产品实现的过程与方法等有所了解。工作中接触到不同教育背景、工作经历的研究生、研发人员、产品设计人员，发现他们的行走机械知识储备、对产品设计的理解、对设计过程的掌控能力与最终的设计输出存在一定的相关性，因而头脑中也时常萦绕一个问题，就是如何引导承担设计任务的技术人员掌握相关知识与技术，使他们提高技术水平，具备设计出优秀行走机械产品的能力。为此产生了撰写此书的想法，以便将笔者在行走机械研发与设计方面的心得分享给他人，期望能对有志于从事行走机械研发设计的新人予以入门引导与启示。

本书内容不仅涵盖行走机械的性能要求、功能装置、运动特色、操控技术等，而且涉及环境因素对行走机械的影响以及应对特殊环境的措施，还专门阐述了产品实现过程中的重要节点和工作内容，以此可比较全面地了解整个产品实现过程以及设计在其中的作用。本书共分八章，每章均由十节构成，每节都可单独阅读，不需前后章节关联即可读懂。其中前九节是以本章的装置、特性等为主线的独立专题，第十节是该章全部内容的概括与凝练。读者可以根据自己的需要通览或有选择地阅读，通读全书不仅可以对行走机械结构原理等全面了解，更能明白产品设计以及产品实现的过程。阅读本书可以根据自己的需要，采用纵、横、选三种阅读方式。如果只对其中的某专题感兴趣则单章纵深阅读，依次阅读该章内的十篇文章。如果期望概略了解行走机械设计，阅读绪论后再横向通览每章的最后一节即可。如果查阅资料、聚焦专题，则通过目录查找选定某节后再仔细阅读该篇文章内容即可。

前期出版的《行走机械产品纲要》一书与本书均以行走机械为对象，但审视的角度与关注点不同。《行走机械产品纲要》以行走机械个体整机为对象，分别展示某种或某类已有产品、典型机器的个性特点。本书则以行走机械的系统构成、装置功能等为主要内容，解读行走功能实现的共性特征与需求。如果将前者视为横向审视比较，本书则是从另一角度纵向剖析，两本书通过纵横两条主线分别以不同视角解析行走机械。本书期望能以专业的水准、通俗的语言解读行走机械，限于水平有限，书中难免存在不当之处，敬请读者批评指正。

著者

目录

第4章 动力传递 167

第7章

环境制约 329

绪论

行走首先是人类自己所具备的一种能力，行走机械是人类追求提高这种能力的产物。人们为了实现某种需求，发明制作出具备各种使用功能的机器，其中能够实现行走这类运动的机器和机构统称为行走机械。行走机械所涵盖的各种机器遍及生活和生产的各个领域，已成为现代人活动的重要组成部分。随着社会进步与技术发展，需要有更多、更好的行走机械满足更高的需求。现代社会中劳动分工细化明确，某行走机械产品或机器产生要经历设计、制造等相互关联又分工明确的多个环节。其中在设计环节将设想转化为具体机器的图纸，设计最能体现出技术与创新。行走机械牵涉到能量传递和变换、力与信息交流等诸多内容，其设计需要有对基础原理的掌握和对已有成果的继承，更需要与时俱进、科技创新。

0.1 行走机械进化与发展

在人类社会发展的历史进程中，工具的使用提高了人类的文明程度。机械是结构复杂的高级工具，机械的产生与使用进一步促进社会进步。机械因用途、原理不同，可分为固定式与移动式两类。顾名思义，固定式机械可以理解为固定位置作业的机械，而移动式机械则具有移动位置的功能。陆地上移动式机械的代表是通常称为“车”的机械或统称为车辆，早期这类机械主要用于运输。人类发明了轮子并将其用于行走而产生了“车”，由此奠定了行走机械的基础。首先可能是由轮子与简单的构架组成的最基本的可移动机具，这种原始的机具即是现代车辆的雏形。早期的车只是用来驮负物料，通过发挥轮子的滚动功能替代更原始的滑动器具，减小移动的阻力从而提高运输能力与效率。早期这类以轮子滚动为特征的机具本身无法移动，需要由人力、畜力牵引或其它外来驱动才能行动。

能够靠轮子滚动行进的机具，奠定了行走机械进一步发展的基础，在具备一定的技术支承的条件下，自驱动替代人力、畜力等外来驱动成为必然。从简单外力驱动发展到自带动力驱动行走也是一种突破，利用自身的动力实现行走功能进一步提高了作业能力与效率。自身配备动力驱动轮子行走只是具备实现自行走的能力，还不能实现真正意义上的行走。要使其实现比较理想的行走功能，还需将行进方向控制、运动状态改变等问题逐一解决。与地面接触并滚动的轮子是实现行走功能的主要器件，用于实现行走功能全部器件的组合为行走装置。同样为行走提供动力的装置可以称为动力装置，实现转向功能的装置称为转向装置等。

正是一系列相关功能装置的有机结合，才能产生出行走功能完善的车辆。

具有行走功能的车辆主要用于发挥运输功用，而有的机械行走不是最终目的，实现行走功能是为了完成某种作业任务。行走是行走机械作业的一种形式，能行走的机器还具备其它的作业功能，这些作业功能与行走功能相互协调、分工协作，行走与其它作业协作就如同人的肢体协作一样。人的下肢主要用于行走，但腿、脚除了能够完成行走功能外，也可以配合身体共同完成其它工作，行走机械的行走部分与作业部分的关系也是如此。根据特定要求将行走功能与其它作业功能结合，产生了兼备车辆与某些固定作业机械功用或具有新功能的行走机械。这类机械为完成特定的工作而有特定的工作装置，工作装置既可以是独立的装置，也可与其它装置相互融合在一起。此处的工作装置已不是单纯的一种装置，而是广义的各类机械的概括。行走机械同样也是广义的概括，通常是指能够以陆地为依托行走的一类机器，具体机器的称谓要根据具体的特征、功用或传统的称谓而命名。

轮子的出现奠定了机器行走的基础，现代行走机械实现行走功能也是以轮式或履带装置为主。将动力装置用于行走驱动，产生了不需要外来驱动的自行走式机械，使机器行走从被动行走提升为主动行走。配置机载动力装置实现自主驱动，促进了行走机械的飞跃发展，因而出现了具备各式各样功能的自行走式机器。这些行走机械的使用极大地提高了作业效率，而且降低了人的劳动强度，人的工作不再是直接输出体力而是驾驶或操控机器。这些机器作业与行走是在人的操控下被动完成的，这也并非行走机械的终极目标，还需要实现被控行走到自控行走的转变，乃至实现理想的智能自主行走。常规行走机械作业一般都是采用单体、单系统独立作业的方式，作业内容与信息的传递主要靠驾驶操控的人，效率与系统性都不具优势。自主行走不仅可以完全消除人驾驶操作产生的人为不利因素，而且可以进一步发挥机器的效率优势与协同作业潜能。当然实现自主行走可能要改变传统行走机械的一些原有特征、作业模式等，还需要强大技术环境的支撑。

0.2 行走机械基本功能解析

机器实现行走需要具备前进、后退、转向、加速、停止等各项功能，实现每种功能都需有相匹配的装置或机构，正是这些装置与机构的合理组合以及协调工作，才使机器行走功能实现。车轮是行走机械的最基本构成，首先起到支承机体（车体）的重量、实现滚动的作用。车轮需要轮轴的支承与动静过渡，车轮通过轮轴衔接到机体上才能实现行走功能，车轮与轮轴构成最简单的轮式行走装置。早期的轮轴通常是一根直梁，只是车轮与机架（车架）间的过渡与承载。现在轮轴与机架之间可以直接连接，也可以通过悬架相连。悬架是将机架和与地面接触的行走部分连接起来的各种装置，具有弹性的悬架能缓和并吸收车轮在不平路面上所受到的冲击和振动，并可在机架与车轮之间传递力和力矩。

利用轮子滚动实现机器的行走只是初级阶段，利用轮子实现驱动则使动力驱动成为现实。驱动轮的动力来源于机器自身配备的动力装置，动力装置将储能原料或外来能源转换为驱动车轮旋转的扭矩（或称转矩）与转速，使车轮在与地面作用后产生行走驱动力。行走装置中这类能够接收动力、产生驱动力的轮子也称为驱动轮，常规自行走式行走机械均需有驱动轮。为了使机器行走的功能更加完善，还要赋予轮子转向的功能，通常借助一套使轮子能够偏转的机构和装置，在行走时控制轮子的偏转角度使机器实现转向。实现转向包括转向运动与转向操控两部分内容，转向运动是行走机械必须具备的一种功能，转向操控是解决如何才能使转向运动按人的意图实现。行走机械中与转向操控类似的操控还有制动、加速等，这些也同样需要相应的装置或机构来实现功能。

通常所提及的功能都是行走机械对外所能体现的功用，为了实现这些功能需要配备相应的装置与机构，这些装置与机构实现功能的同时，其中有的需要有一定的辅助装置为其提供保障才能发挥出功能。如某行走机械配备的动力装置是水冷发动机，则必须为该发动机配备一套水冷系统用于散热。这些辅助装置和系统所实现的功能体现在机器的内部，为机器正常发挥功能提供保障，也同样是机器中不可忽视的部分。行走机械可以概括为行走与作业两方面的功用，上述主要是行走功能实现的内容。行走机械的作业功能与行走功能同等重要，许多行走机械主要功能是作业，行走则是从属与辅助功用。行走机械存在的原因是具备人们需要的使用功能，行走功能是行走机械的基本通用属性，作业功能则是不同行走机械具有的特色功能，但作业功能千差万别、无法统一论述，只能针对具体的机器讨论其功能。

行走机械存在的目的是实现人们所期望的功用，这类机器要实现功能又牵涉到另外两方面的问题，即机器与人的关系、机器与环境的关系。行走机械一般都在平缓的地面行走，行走机械与地面构成相互关联的“机器-地面”系统，也有称为“车辆-地面”系统。常规的行走机械处理好与地面的关系即可，速度比较高的再进一步考虑空气动力学的因素影响。现代行走机械应用范围广泛，在对外界扩大作用的同时受外界的制约也加大。机器行走的支承也不再局限于平缓的地面，机器作业的周围环境也发生了变化。如用于两栖作业的行走机械，其所要面对的不是单一地面条件，而是需要在不同环境间切换，机器行走也并不是靠地面的支承，行走原理已发生变化。因此现代行走机械应将机器与环境、载体之间的关系，由原来的“机器-地面”系统概念拓展为“行走机械-环境条件”系统。后者涵盖的内容更为广泛，环境条件既包含原有的地面系统，还要关注地面以外其它影响因素的作用。

发挥功能是对机器的基本要求，在能够满足功能要求的基础之上，需要机器与人的关系更密切，人与机器的相互适应关系随着行走机械的发展越来越强。如人们对机器的适人性要求越来越高，它不是行走机械的基本功能，但人机关系协调利于充分发挥人对机器作业的影响，可以提高机器工作效率。机器行走与作业都要在一定的环境条件下进行，机器也需要适应环境才能充分发挥功能。如机器行走的地面条件直接影响行走功能实施的效果；作业装置操作的作业对象也反作用于机器。这是两种环境作用表现比较明显的情况，而如潮湿、日晒等诸多不显著作用对机器也同样产生影响。对于在易爆、电磁等特殊环境使用的机器，更要与环境相适应，否则就难以正常工作。在环境对机器作用的同时机器对环境也产生影响，行走机械在实现其功用的同时也要利于环境保护。

0.3 行走机械设计

机械设计是把设想以工程图的方式表达出来，设计图主要展示的是位置、结构、配合等关系，但其中包含了功能、性能等内涵。设计行走机械亦如此，必须将功能定位、性能要求、人机关系等内容全部寓于其中。设计首先表现为大脑中的思维活动，根据目标需要思索解决方案。在实施行走机械设计时，一般可将实现功能作为初始来探求最终实现方案。功能需要有实现的载体，机构或装置可以成为实现功能的载体，但选择确定这些机构与装置的关键是所依据遵循的基本原理要正确。原理对于设计只是指导作用，只有具体的结构尺寸、运动速度等参数确定后，才能落实功能实现的载体形式、实现功能的效果。行走机械类的机器大都比较复杂，所要实现的功用也多种多样。设计过程中不但要寻求实现功能的原理依据、各种参数的计算、功能的推演、性能的预判等内容，还要处理结构关联、功能协调等相互之间的关系，对于产品设计还需涉及产品定位与经济效益、生产制造工艺等内容。

行走机械设计脱离不了现实，设计方案需要切合实际。现有的技术现状、基础材料、经济许可程度等实际条件，决定了设计最终结果可能与理想方案存在一定的差异。依据现有的条件开展设计可能导致在某些功能、性能方面不尽如人意，这就要进行综合平衡，抓主要矛盾进行取舍。行走机械设计牵涉到实现不同功能的装置或机构，这些装置与机构可以创新设计，也可以继承已有。行走机械发展到现在已有许多成熟的功能装置，选用这类装置可以提高设计效率和经济性，直接选用已有装置是现在行走机械设计中的重要内容。一台实现行走的机器需要多个不同功能装置组合起来使用，此时每个功能装置作用的发挥不是自身功能越强越好，而可能要受一定限制与制约。行走机械设计的核心思想不是追求其中某部分最优，而是要依据整机的需要进行合理匹配、互相协调，实现整体功能与性能最优，最终的设计结果是多种因素相互妥协和折中的产物。采用先进的技术、配置高水平装置设计出功能出众的产品较容易，而能利用比较常规的技术、比较通用的装置设计出优秀的行走机械产品则境界更高。

行走机械产品在各个领域实现其使用价值，行走机械的产品设计不仅是技术层面的功能实现，更要兼顾使用者与生产者的期望。设计的目的是为行走机械使用者提供性能良好、受使用者欢迎的产品，即设计的产品要切合实际情况，在满足使用功能要求的同时，必须适应使用者的使用、经济等条件。产品虽然是设计者的作品，但所体现的是使用者的期望，切忌主观设计而忽略产品的实际使用对象。产品设计只是产品实现的一部分内容，经过生产制造过程才能产出最终的产品。每一种行走机械产品都与具体的生产制造者相关联，生产管理、制造工艺等对产品质量与成本都有影响。在设计之初就应将生产、使用，甚至回收处理等因素加以综合，系统地体现在行走机械产品设计之中。

上述是对产品设计的要求，实则是对设计者的期望。合格的行走机械设计人员应具备“三度”素质，即专业技术有“深度”、知识获取有“广度”、设计意识有“高度”。设计人员需要有专业技能，对专业技术钻研得越深越能提高专业技术，也越能促进技术创新。设计本身就具有创新的特性，专业技术水平高才能提高设计水平。设计行走机械这类复杂产品涉及到多学科、多领域的知识，单一专业知识和技术背景较难应对实际设计任务。特别是新技术不断涌现的现代，需要设计人员在对基础知识充分掌握的基础上，对新技术、新知识充分了解，才能在设计中新老技术灵活运用。产品设计的关注点是其功能、性能、经济效益等，而优秀的设计还要与长期发展、社会效益相统一，这更要考验设计者对技术进步与社会发展的认识能力。这对行走机械产品设计人员十分重要，对负责方案、总体设计的人员尤为重要。

第1章 功用特性

1.1 行走机械功用与类型

通常所说的行走机械主要是指以陆地为依托，能够在地面上行进的各种机械，这些不同形式的机器可以依靠自身动力行走，也可依靠外来动力运动。行走机械的最初功用就是载物行进，而其它作业功能则是行走机械不断拓展使用范围的结果。行走机械包含的机器种类繁多、形式多样且各具功能特色，行走机械的应用几乎可以涵盖现代人类活动的各个领域。

1.1.1 行走机械功用拓展

早期可以移动的机具十分简陋，最简单的行走器具是一个可承载的架子与轮子、轮轴的简单组合，这便构成车的雏形。其架子上面可以用来驮载货物，架子下面安装轮与轴组成的简易行走装置，在人、畜的推拉作用下实现行走运动。这类车辆也只能用于人或货物运输的用途，而且运输能力还要受到外来驱动力的限制。动力机械的出现与发展促进车辆的巨大进步，使车辆从外来牵引变成自主驱动成为可能。将能够产生动力的机器作为动力装置与滚动行走的轮式装置结合，产生了车载动力装置的自行走式车辆。自带动力装置解决了车辆移动需要外力的问题，车辆可以以更快的速度移动、运输更多更重的物料，此时的这种可移动机械才具有现代车辆的含义。

现代自行走式车辆功能主要表现为驮负与牵引两种运输方式，两种方式的驱动本质一致，只是牵引力作用形式不同。驮负方式中车辆的牵引力只供自己行驶使用，牵引方式主要为其它从动车辆提供牵引力。靠驮负货物运输简单易行，但由于各种因素的影响，有时运输能力受到限制，为了提高运送能力，采用牵引方式实现运输功能则变得十分必要。运输车辆结构形式因功用不同也产生变化，前者一般为单体结构的自驱动车辆，后者为牵引车与拖车两体或多体组合结构。自行走式车辆提高了运输效率，促进运输、道路交通等行业的发展，这些发展又使得运输车辆分化，逐渐出现人、物分离的运输方式，进而使得车辆分化为载人为主的客车和载货为主的货车。这种分化既是使用的需要，也是提高运输效率的需要。这种分化在车辆结构上也有所体现，主要表现在车辆上体与连接部分，行走装置的结构与布置形式相近。行走部分的分化主要表现在道路运输、轨道运输的不同，轨道运输车辆行驶在轨道上，只能沿一条固定的轨道线路运动。而道路运输车辆则比较灵活，可以选择在路面上各个方向运动。为了拓宽使用范围，非道路运输车辆需要在行走条件很差的地面行进，为此需要采用一些特殊的行走装置完成行走功能。

运输一般指将物品移动到距离比较远的地方，而物品移动距离较近时则不值得采用运输车辆，因为利用车辆运输必须将物体先放置于车上、再从车上卸下，装卸过程就要耗费较多的时间与人力。一般的装卸作业可以由人工完成，但也只适于人力所及的情况，对于大、重物品仍需要用机具完成装卸任务。装卸可以利用定点装卸作业使用的机器，但其只能在固定的范围内作业，使用局限性较大。如将这类装置或机构变成可移动的，不仅大大增加方便性，而且可以解决短距离运送物料问题。将这类装置与自带动力的行走车辆结合起来，则产生了一类新的具有运输与装卸功能的车辆，这类车辆具有操作物料并可将物料短距离移动的功能，一般称这类兼具装卸、运送功能的机器为搬运机械。诸如此类在可实现行走的基础构成上匹配完成特定任务的装置，形成了一类新的具有特定功能的行走机械。这类机械行走与作业均为其必备的功用，实现特定功能的装置可以独立于行走部分，也有与行走部分融合在一起的。这类机器有的称为某某车，如伸缩臂叉装车；有的则称为某某机，如轮式装载机。

行走机械发展到今天，其使用已非单一的物品运输，而是应用到人类社会的方方面面。在车的载物基本功能实现的同时，对移动式作业机械的需求使车的功用在拓展，车辆能够运载物品，当然也能运载用于不同场合作业的机具，当车辆的动力装置能够为这些机具提供动力时，使得作业更为方便。因此出现了以行走装置为基础的作业机器，这些机器带有特定的工作装置，边行走边作业以完成特定的工作。其特点是除具有车辆的基本组成外，还有其它作业装置，行走只是功能的一部分，甚至很小一部分。其自身的动力不但能够驱动行走，也能用于驱动其它机器工作，这样也可提高动力装置的利用率，如机载动力可以作为动力输出装置输出动力。这类发挥除行走以外作业功能的机械，是行走机械中的重要组成部分，其种类与形式繁多、应用范围广泛。

1.1.2 行走机械驱动演化

尽管行走机械的形式繁杂、用途多样，但依据其最基本的特征给出的分类清晰明了。依据动力的来源可分为机动与非机动两类，简称机动车与非机动车。所谓机动是指自身配有能够产生动力的动力装置，利用自身带有的动力装置实现行走驱动和作业装置工作。非机动是指自身不存在动力装置，需要通过外力牵引或其它方式才能行走与作业。非机动型行走机械主要有人力车、畜力车，也包含只带有行走装置而不带动力的拖车及被动行走设施，其驱动特征是由外力作用驱动行走装置运动。行走机械实现行走功能需要行走部分与支承地面发生作用，因作用方式不同而又产生不同形式的行走机械，如图 1-1-1 所示。

自身配备有动力装置的机动行走类行走机械使用范围广、种类多，按照主要工作性质、结构原理不同可分为行走与作业两类。动力装置为行走驱动与作业驱动提供的动力因机器不同而异，行走类行走机械的动力装置与工作装置之间为单系统工作，动力装置全功率匹配行走用于牵引，输出功率通过传动装置传递给行走装置。行走类与作业类的主要特征从动力传递路线即可看出，不同之处在于动力装置与工作装置之间是单系统全功率匹配还是多系统部分功率匹配。为了使动力装置产生的动力适于行走装置的驱动，二者之间利用传动环节加以协调。

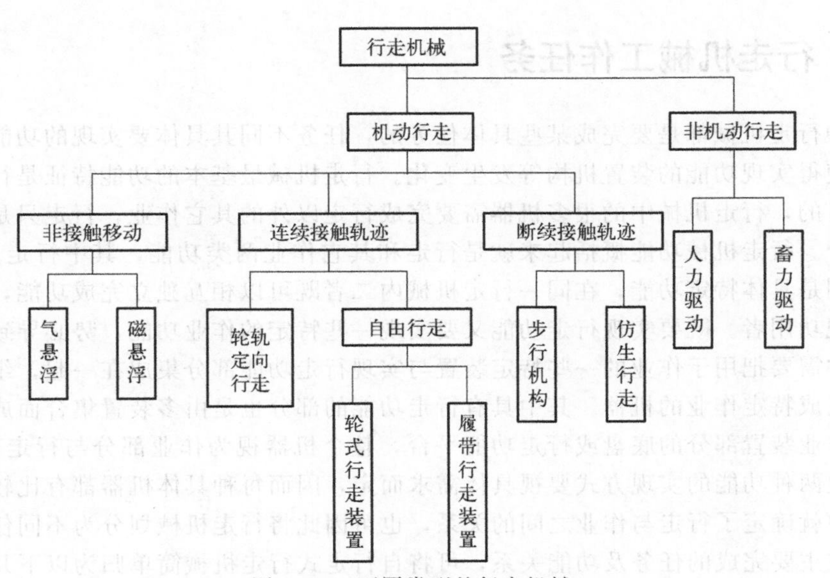

图 1-1-1　不同类型的行走机械

当赋予行走机械以运输为主要内涵时，行走机械则体现为具体的运输车辆形式。当行走作为服务于其它功能的从属功用时，行走机械则成为一种实现某作业功能的可移动机器。随着技术发展以及人类需求的提高，行走机械为适应越来越多的应用，在保持最原始的基本构成的基础上，演化形成各种具有不同功用的车辆与机械。以作业为主的行走机械是指除具有车辆的基本结构组成外，还有用于其它作业用途的作业装置。作业装置除在行走装置带动下移动外，还要通过作业传动系统将动力装置的动力传递给作业装置。有的作业装置的驱动往往消耗着机载动力装置的主要功率，而行走牵引功率反而在其次。作业类行走机械为多工作系统，作业工况下牵引驱动与发动机之间为部分功率匹配。这类机械驱动复杂，动力传递特征如图 1-1-2 所示。

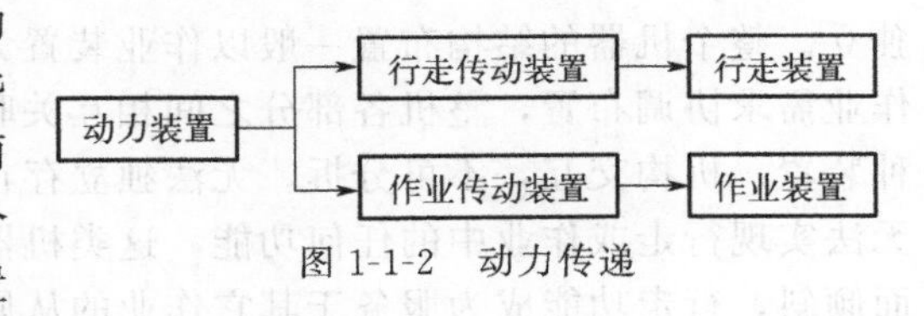

图 1-1-2　动力传递

上面所述的只是对单一机载动力装置的动力传递实现方式的概括，此外还存在在其它一些特殊情况。如一台机器上有两套动力装置，两套动力装置分别用于行走与作业，个别也有分流合流等不同情况。行走类行走机械动力装置的主要功率全部通过传动装置传递给行走装置用于发挥牵引力，从动力传递角度看基本是全功率匹配，动力装置与工作装置之间为单系统工作。作业类行走机械与行走类的不同在于它们是一种多系统工作机械，动力装置的功率需要分流供给行走装置和作业装置，当然这种分流要根据具体作业装置工作方式而定。

行走机械自身的动力装置要为行走装置、作业装置提供驱动力，但作业与行走之间的功率需求分配对动力装置的功率储备影响很大。有作业与行走同时进行的机器，也有行走与作业分时工作的机器，前者需要同时获得功率，后者则是顺次提供动力即可。动力装置的功率匹配要与主要工作装置的工作时序、动力需求相关联，如行走与作业是否同时工作对于动力供给只表现为时序的不同，而对于整机动力装置的匹配及功率储备要求的差别则很大。行走与作业装置并行的工作场合需要同时获得动力，所匹配的动力装置功率必须大于二者所需功率之和；而如果二者是分时工作，则对动力的需求也是分时的，这类行走机械所匹配的动力装置功率则要小于行走与作业各自所消耗的功率总和。

1.1.3 行走机械工作任务

每一种行走机械都是要完成某些具体任务的，任务不同其具体要实现的功能则不同，功能不同又使得实现功能的装置机构等发生变化。行走机械最基本的功能特征是行走，但行走不是唯一目的，行走机械中的很多机器需要完成行走以外的其它作业，行走只是其要实现功能的一部分。行走机械功能概括起来就是行走和其它作业两类功能，其中行走是通用功能，其它作业则是具体特定功能，在同一行走机械内二者既可以相互独立完成功能，也有紧密结合共同实现功用者。既要实现行走功能又要实现一些特定的作业功能，势必导致结构与构成复杂，通常需要把用于作业的一些特定装置与实现行走功能部分集成在一起，组成一种能够行走且能完成特定作业的机器。其中具有行走功能的部分也是由多装置集合而成的，也视为用于承载作业装置部分的底盘或行走功能平台，整个机器视为作业部分与行走部分的融合。行走与作业两种功能的实现方式要视具体需求而定，因而每种具体机器都有比较固定的使用方式，其中就确定了行走与作业之间的关系，也可因此将行走机械划分为不同任务类型。依据行走机械主要完成的任务及功能关系，可将自行走式行走机械简单归为以下几类。

(1) 行驶主导型

车是最早出现和使用的行走机械，早期的车以驮载运输为主要目的，主要是发挥行走功能。现代行走机械中仍有大量以行驶为主要目的的车辆，这类行走机械注重自身行走功能的发挥，动力匹配与结构等满足自身行走驱动与负载变化即可。其动力传递路线单一，从动力装置经中间传动最后到达驱动轮，不需考虑动力分流与牵引力输出等其它工况。主要动力用于克服行驶阻力与加速行驶，动力装置的功率匹配与储备依据行驶工况即可满足要求。整机结构通常也由上下两部分构成，下部即为动力与行走驱动部分，上部为用于人员乘坐或装载货物的承载箱体。这类行走机械便于实现高速行驶，在交通运输领域应用较多。

(2) 作业主导型

众多行走机械其作业与行走必须协同工作，这类机器的行走与作业结合紧密而不能彼此独立。整个机器的结构布置一般以作业装置为主导，行走装置、动力装置与传动装置等依据作业需求协调布置，整机各部分之间相互关联，无法明确区分装置的归属。行走与作业的各种装置、机构交互，不可分拆，无法独立存在，如果去掉其中某一装置，则整体结构残缺而无法实现行走或作业中的任何功能。这类机器往往是功能决定结构，结构向主要作业功能方面倾斜，行走功能成为服务于其它作业的从属功能。如联合收割机的主要功用是收获田间的作物，但需要行驶在田间才能完成收获功能。该机结构与布置则以实现作物收获功能为目的，行走功能的匹配要满足田间行走和作物收获速度的需求。

(3) 并行独立型

在行走工况与作业工况关联性不强的行走机械中，实现行走功能的平台与完成作业的装置间结构相互独立，功能自成体系，发挥功能时也保持各自独立的存在状态。这类行走机械的作业与行走相关性小，作业不依赖于行走装置，行走所体现的只是运输的作用，甚至相当于将一作业设备从一处移动到另外一处，只是作业与行走的动力均是来源于共同的动力装置。如汽车起重机兼具汽车行驶与起重作业两种特性，相当于臂式起重机与运输车辆的结合，进而发挥快速移动、起重作业范围增大的优势。这类行走机械通常可以利用已有的行走功能平台进行改装，如将原有车辆底盘改装作为新机器的动力与行走装置部分，新机器的行走功能与原车辆完全一致。作业装置所需的动力可以通过取力器等从原车辆获取，对于功率需求较大的作业装置也可以专门配备独立的动力装置。

(4) 驱动输出型

行走机械的基本特征是行走，自行走的行走机械具备发挥牵引力的能力。发挥出来的牵引力首先使自身行走，富裕部分可以用于牵引其它车辆。当为其它车辆提供牵引力时，输出牵引力机器的行走装置就相当于工作装置，能够发挥出的牵引力一定程度上代表它的工作能力。这类机器本身独立，通过连接装置与其它装置或机器匹配连接则实施行走作业输出。除了牵引力输出外还可以采用其它形式实现动力输出，这些动力输出装置只是其组成部分之一，不影响其实施行走功能。其中比较有代表性的是农用拖拉机，拖拉机本身具有完善的行走功能，通过悬挂、牵引和驱动配套机具完成各种作业。拖拉机一般都留有外接工作装置的连接接口与动力输出装置，动力输出装置是拖拉机在行进中或静止时用来输出一部分功率以驱动工作机具的装置，通常以动力输出轴、带轮和液压输出三种形式提供外接动力。

1.2 机器行走的功能装置

机器行走可使自身机体沿其支承表面移动，机器实施、完成行走功能是与其行走支承表面作用的结果。大多数机器都在地球这一大环境下工作、在地表行走，在发挥行走功能的同时要受到地面、环境的反作用。这些作用对机器行走功能实现的影响可分为有利与不利两个方面，机器行走就是要最大程度利用有利作用、克服不利作用。行走机械本身是由功能不同的器件、装置等组合而成，利用这些装置与器件各自功能的组合最终实现所构成机器的行走和作业功能。通过合理匹配将这些基础器件、机构等组成实现所需功能的系统、功能装置，借助这些装置器件协同工作最大程度发挥有利作用，减小或化解不利的作用。

1.2.1 机器行走功能的实现

机器实现行走功能需要由一系列器件构成的装置与机构完成既定任务，它们相互联系与协调实现人们所期望的功能。常规行走机械的各种构成器件中对实现行走功能贡献最大的器件是与地面接触的轮子，通常称之为车轮。车轮是机器实现行走的最基本元件，也是以圆周运动为行走基础的行走机械产生的前提条件。轮是圆周运动的载体，实体轮的圆周运动与大地作用的结合开启了机器行走的篇章。早期人类为了移动大型物体在其下放置圆木，利用圆木滚动使物体沿滚动方向移动，这类圆木可以看作最早出现的原始“车轮”。这种原始车轮可视为轮轴的直径恰好等于车轮的直径，而且两者是一个整体。随着人们的认识与技术水平的提高，人们对这种原始车轮进行改进与优化，首先在这种原始车轮的基础上削去圆木的中间部分，成为中间细两端粗的形状，从而进一步减少运行时的摩擦阻力。其次再进行结构改进，使轮轴分开制作，中间部分演变成细长的轴、两端部分演变成车轮。经历无数的创新发明、实际使用验证，到目前才有了各种各样的车轮用于现代行走机械。但行走地况条件变化使得常规轮式装置降低或失去行走能力，因此需要另外的装置或机构来保障行走功能的实现。与轮式行走装置对应的还有履带式行走装置，这类装置除了继承轮式行走装置连续行走的特点外，还能提高行走通过能力。

这两类行走装置在行走机械中获得普遍应用，采用这两类行走装置的机器构成行走机械的主体。若将这两类行走装置称为常规形式的行走装置，不同于二者的可视为非常规行走装置，采用其它非常规行走装置的行走机械实际应用较少。

车轮与轮轴是实现机器行走的基础元件，单轮结构的人力车是一种比较简单的行走机械，其基本构成需要有一轮、一轴和简单的机架。这种靠人力才能移动行走的小车功能单一，但它也体现了行走机械的构成基础，功能多、结构复杂的行走机械则是以此原始、简单机械为基点优化结构、拓展功能而获得。一台功能与结构基本完善的行走机械除要具备实现行走的装置外，还必须有动力装置产生动力，并且将动力转化为行走驱动力。从简单外力驱动发展到自身带有动力装置实现自主驱动，行走机械解决了能力与效率提高问题。但真正将一台动力装置安装到行走机械上，并且能够使机器正确工作、安全行驶，还必须存在动力及行走装置以外的机构与装置为其服务，以解决动力传递、速度变化、制动等问题，如还要逐一配备相应的制动、变速、操向等装置，来完成机器行走的停止、前进、后退、改变行驶方向等诸任务。因为一辆只能走不能停的车不能用，只能进不能退的车也不好用，只能走直线而不能改变方向的车更无法使用。

行走机械的功能各有不同，一台功能齐备、结构完善、能够行走的机器往往是由大量零件、装置构成的复杂体。零件是不可拆分的基础单元，由零件进一步组装成部件或装置。装置是相关零部件按一定关系集合起来可独立实现某种功能的组合体。在一台机器中为了实现某种功能需要将几种装置或零部件联系起来，通常将这一系列的装置与零部件的集合归为系统。如普通机动车辆中提及的转向系统，就包含转向器、转向拉杆、方向盘等与实现转向功能相关的全部装置、器件。系统中的各种功能装置分工协作才能使系统完成功能，构成机器的所有系统、装置都能实现其功能，机器才能最终满足功能与性能要求。机器实现其行走功能通常是在人的操控下基于地面与环境的作用完成，操控机器的人利用自身所获得的环境信息，确定机器行驶的速度大小、方向变化等控制输入。机器获得这些输入后，机器的装置、元件各尽其责，相关装置发挥功能使机器与接触的地面和环境发生交互作用，作用的结果是机器实现了行走功能。同时地面和环境也反作用于机器，这些反作用对机器和机器上的人和物产生影响，这种影响人和物的作用也是机器行走性能所要牵涉的内容。行走机械实现功能牵涉到人与环境，人和环境与机器工作之间的关系如图 1-2-1 所示。

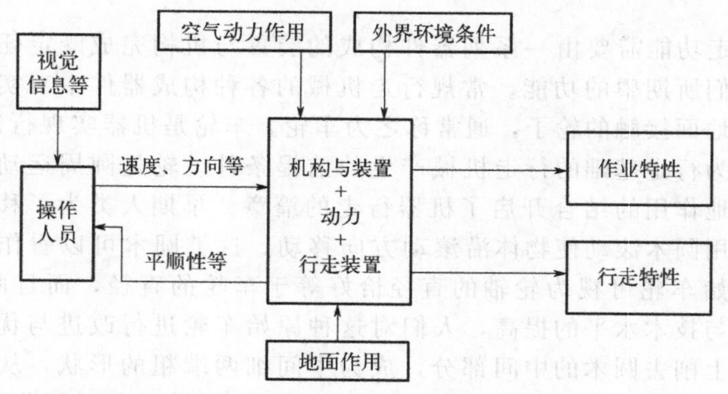

图 1-2-1　行走机械关系图

1.2.2 机器行走的关联功能需求

车轮是机器行走部分的最基本构成，用来保证机器实现行走、承载机体及驮负物品的负荷。但车轮必须借助于其它元件与装置才能实现其行走功能，车轮为了最终连接到机架或机体上，首先应安装在轮轴上，轮轴再与机架连接在一起。早期车轮的轮轴通常是一根直梁，轮轴的作用是连接车轮与支持机架，并在机架与车轮之间传递各种作用力。机架是整个机器或车辆的基础，所有的零部件都直接或间接地连接到机架上。车轮与轮轴构成的行走装置部分可以直接与机架连接，这种连接方式简单，但机架直接承受行走不平道路所产生的冲击和振动。也可以通过悬挂装置相连，悬挂装置是将机架和轮轴连接起来的部件，并在机架与轮轴之间传递力和力矩。机体重量通过悬架传给车轮，行走过程中所受地面的冲击也经过悬架传给机架。悬架可以作为独立装置完成功能，也可与相关部分集成在一起实现悬挂功能。优良的弹性悬架能缓和并吸收车轮在不平道路上所受到的冲击和振动，悬架的结构与行走部分的结构形式相关，不同的悬架结构具有不同的缓冲能力。

行走部分是机器实现行走功能的基础，现代行走机械的行走部分形式多样，功能与组成等也有一定的区别。普通的车辆一般包括悬架、轮轴及部分传动等装置与元件，集成了驱动、传动、转向、制动等功能。最早的车轮结构为一体式，逐渐发展成为分体式，车轮的材料也由单一材料向多样化发展。目前车轮通常为轮毂、轮辐、轮辋、轮胎的组合体，其中轮胎的材料与其它元件的材料差别较大。轮胎原料多采用具有弹性的橡胶制品，因其能起到缓和冲击和振动的作用而被大量使用。现代机动车辆的车轮需要兼具驱动、转向和制动等任务，如用作驱动轮时就必须具有接收动力并再将驱动力转变为牵引力的功能。为了实现驱动轮的动力输入，轮轴的作用与结构形式也随之不断发展，与驱动轮相连接的通常是具有承载、传动复合功能的驱动桥，而不是单一承载功能的轮轴。驱动桥由承载连接部分或外壳部分与传动部分或内部传动部分组合而成，用于承载的部分与悬挂装置结合连接机架与车轮，传动部分主要用于传递扭矩。传动部分实现动力传递的同时，为了配合转向功能的实施，通常还需实现差速功能。同理，用于实现转向功能的车轮则需与具有转向功能的转向桥或装置联系起来，兼具行走与转向功能。

能够行走的机器在行进的过程中必然要牵涉到方向改变，靠人力推拉的小型车辆还显现不出转向功能的必要，但随着自身配有动力装置的自行走式机器的出现，转向功能在这类行走机械中成为必要。行走机械的转向功能体现在改变行驶方向和保持直线行驶，其包括转向与转向操控两部分含义。转向是行走装置及整机要实现的运动，转向操控要解决如何才能使这些运动按人的意图实现。转向要通过车轮状态的变化来实现，如通过改变轮子的方向或速度改变整机行走方向。操控轮子的摆转来实现转向是最普遍的方式，通过车轮在水平面内偏转一定的角度来实现行进方向的改变。为使车轮能够偏转，需要借助机构和装置来实现，如利用转向器及转向拉杆协同车轮实施偏转转向。上述车轮偏转是车轮相对机体独立偏转，当然也可使同轴上的左右轮相对位置不变而共绕一轴相对机体偏转。也可以是前后轴相对偏转的折腰转向方式，利用前后两段车架绕铰接点的相对偏转来实现转向。

为了解决行走机械行走方向可控，产生了一系列用于转向的装置，同样为了能使其准确减速、按照人的意愿将其停止在任何地方，则需匹配可以实现制动的装置。具有一定质量的行走机械在一定行驶速度下，由于旋转运动的行走零部件及主体平移的惯性作用，即使切断动力、取消驱动扭矩，其仍然难以迅速停下。实施制动的目的就是要克服运动惯性，制动的原理是加以反向扭矩或力使运动减缓。制动通常是利用施加摩擦力的方式实现，制动的部位与制动所采用的方式则因不同的机器有所不同。制动装置通常要结合行走装置、传动装置的具体结构而实现，使用较多的形式是与行走轮结合在一起，制动装置起作用时直接使车轮停止转动，使车轮与地面产生滑动而增加运动阻力使整个机器停下。制动装置另外一类制动功能就是保持机器的静止状态，使其不因坡度、外来作用而改变静止状态。

1.2.3 行走传动与基础装置

蒸汽机是早期机动车辆配置的主要动力装置，目前内燃机和电动机作为动力装置在行走机械中使用较多。要使机载动力装置能够实施对行走机械的驱动，首先必须能够将其产生的动力传递给实现行走驱动的车轮，而且动力特性适于行走装置的驱动需要。为此在动力装置与行走驱动车轮之间通常配置传动装置或系统，用于实现传动、离合、变速、差速等功能，使动力传递能根据需要而平稳地接合或迅速地分离，保证驱动扭矩与速度能够在各种行进条件下协调变化。传动部分存在于动力装置与行走装置之间，担负传递动力与改善动力特性的任务，是整个行走机械中实现行走功能的中间环节。传动可以有不同的实现方式，机械传动出现得最早，也是传动最基本的方式，后来出现了流体传动和电力传动等。可根据行走机械的具体要求与实际条件，选用一种适宜的传动方式，也可采用两种或多种传动组合。

机械传动装置是行走机械动力传递的基础装置，传动装置通常指离合器、变速器、传动轴及差速器等。每种动力装置所能提供的扭矩、转速都有一定的范围限定，而行走装置由于行驶条件不同，要求行驶速度和驱动轮扭矩能在很大范围内变化。变速器是用于动力装置与驱动轮之间的变扭（变矩）变速装置，应能在各种行驶条件下保证该行走机械能够调速，发挥出所需牵引力，实现前进、后退、行走方向改变等功能。利用变速装置可调节驱动需求，驱动扭矩需求大时换挡，减小输出转速，而行驶阻力小时则增加输出转速。变速装置另一主要功用是改变输出动力的方向，用于弥补动力装置，特别是内燃机类动力装置的不足。内燃机动力由曲轴端输出，曲轴一般只能向一个方向转动，即输出扭矩的方向是不变的。而前进与倒退方向的改变需要车轮旋转方向的改变，为此利用变速装置中设置的倒挡来实现传动方向的改变。此外变速装置应具有空挡功能，实现整机处于静止状态而动力装置仍可处于工作状态。

离合装置一般安装在动力装置和变速装置之间，是传动系统中直接与动力装置相连接的部件。它是动力传递路线中的枢纽，主要用途是临时切断动力。行走机械传动中广泛采用的离合装置是摩擦式离合器，这类离合器依靠相互压紧的主从部分表面之间产生的摩擦作用来传递扭矩，不仅能切断和接合动力装置传给变速装置的动力，还能限制传动系统超载，严重超载时离合器打滑起保护传动件的作用。用于行走传动的离合器一般安装在发动机和变速器之间的飞轮壳内，操作者可根据需要操纵离合器以切断或传递发动机的动力输出。它能使发动机与变速器之间传动暂时分离或逐渐接合，暂时切断发动机与变速器之间的联系，以便于变速器能顺利挂挡、减少换挡时的冲击。

上面所述的变速器、离合器是两种常用的机械传动装置，此外行走传动中还需有差速器在同轴两驱动轮之间协调动力分配，传动中还有一些联轴器、万向传动轴等装置与元件实现大距离、倾斜角度传动。这些机械装置各自发挥功能，共同以机械传递动力的方式将动力装置产生的动力传递并转化为驱动轮适于接收的动力。图 1-2-2 所示为自行走式车辆的简图，从中可以简单了解行走机械中行走相关装置的相互关联。现代行走机械形式多样，单一的机械传动难以满足其传动的需求，因此液力传动、液压传动、电力传动等也大量应用。不同的传动方式各有所长，使用中应根据实际情况扬长避短。如在许多机器中使用液力变矩器利用液体作为传动介质，与离合器具有相似功能，在起到离合器的部分功能的同时还能实现变矩作用。组合不同传动方式、发挥各自优势、实现理想功能，是现代行走机械传动的趋势，如简单的齿轮变速器只能实现无动力换挡变速传动，而通过与变矩器、离合器等装置组合后可以实现动力换挡。而采用液压传动、电力传动时，利用液压系统容积变速、电力系统的变频调速，则可以很方便地实现行走无级变速。

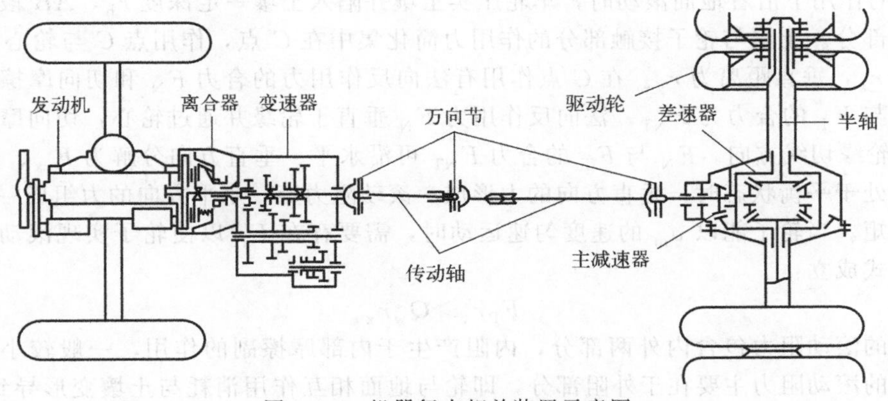

图 1-2-2　机器行走相关装置示意图

1.3　机器行走的基本原理

机器行走是借助相应的装置来实现，地面上的机器行走是行走装置与地面的作用结果。车轮是机器行走最早使用的行走元件，也是机器实现行走的装置的最基本构成。车轮在与地面的作用过程中实现滚动，滚动的车轮驮负机体移动，实现了机器行走的功能。当自身配置的动力装置在车轮上施加驱动扭矩后，车轮与地面相互作用产生驱动机器行走的牵引力，当牵引力克服了因行走而存在和产生的各种阻力后，该机器实现自驱动行走。

1.3.1　车轮滚动与滚动阻力

支承与承载机体是车轮的功用之一，这些车轮滚动时一定会受到垂直载荷的作用，车轮与地面在接触区域的径向、切向和侧向均产生相互作用力。车轮与地面也都存在相应的变形，无论是车轮还是地面，其变形过程必然伴随着一定的能量损失，这些能量损失是车轮转动时产生滚动阻力的根本原因。轮子的材料有刚性、弹性的不同，地面性质有坚实、松软的不同，由此可有四类不同组合，即刚性轮在坚实地面上滚动、刚性轮在松软地面上滚动、弹性轮在坚实地面上滚动、弹性轮在松软地面上滚动。

(1) 刚性轮与松软地面作用力学特性模型

车轮与地面接触滚动时，车轮是刚性轮、地面是坚实硬路面，可能比较接近理论力学的理想状态，滚动阻力为：

$$F_f = fQ_w$$

式中　f——轮子的阻力系数；

Q_w——垂直载荷。

而实际的轮子与路面都不是理论的刚体，都要变形，只是变形的程度有所不同。当金属钢轮与松软土壤作用时，为了分析方便，只考虑地面的变形，将车轮视为不变形的刚性轮。刚性轮与松软地面相互作用的几何关系如图 1-3-1 所示。承受垂直载荷 Q_w 的刚性车轮在牵

引力 F_P 的作用下沿着地面滚动时，车轮压实土壤并陷入土壤一定深度 r_h，AB 段为车轮与地面接触部分。土壤与轮子接触部分的作用力简化集中在 C 点，作用点 C 与轮心 O 点的水平距离为 r_x，垂直距离为 r_y。在 C 点作用有法向反作用力的合力 F_N 和切向摩擦力的合力 F_T，F_N 与 F_T 的合力为 F_{NT}。法向反作用力 F_N 垂直于轮缘并通过轮心，切向摩擦力的合力 F_T 沿轮缘切线方向。F_N 与 F_T 的合力 F_{NT} 可沿水平、垂直方向分解为 F_{cx}、F_{cy} 分量。当轮外力处于平衡状态时，垂直方向的力形成一滚动阻力矩，水平方向的力组成一推动轮子转动的力矩。当轮子能以 v_m 的速度匀速运动时，需要存在 F_P 以使轮子实现滚动，而且还需保证下式成立：

$$F_P r_y > Q_w r_x$$

轮子的滚动阻力包含内外两部分，内阻产生于内部摩擦副的作用，一般较小，可以忽略。轮子的滚动阻力主要在于外阻部分，即轮与地面相互作用消耗与土壤变形导致的阻力。外阻的影响因素较多，主要表现在车轮运动过程中对土壤加压形成沟辙的土壤压实阻力、车轮前方形成拥土的推土阻力、土壤黏附在车轮的黏着阻力等。

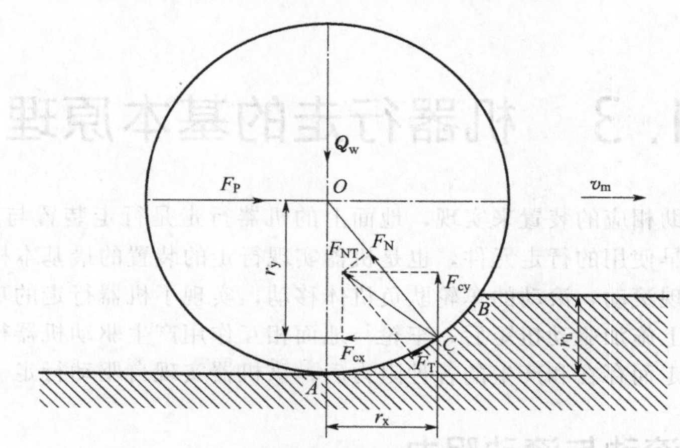

图 1-3-1 刚性轮与松软地面相互作用关系

(2) 弹性轮与坚实地面作用力学特性模型

在实际使用中最能体现弹性特性的车轮是配有充气轮胎的车轮，这种轮在坚实地面上滚动与理论弹性轮在刚性路面上滚动的特性相近。充气轮胎轮滚动时，除受到外部作用的阻力外，还有轮胎内部变形等原因而产生的内在阻力。轮胎在坚实地面滚动时，虽然也存在与路面间滑动所引起的摩擦、轮胎转动引起的风阻等，但主要滚动阻力是由轮胎壳体挠曲在轮胎材料中产生的弹性迟滞所引起，这部分阻力可占总阻力的百分之九十以上。载荷作用下弹性轮在硬支承路面上滚动时，轮胎组织以及橡胶、帘线等物质分子在加载与卸载过程中互相摩擦发热，产生迟滞损失。由于弹性迟滞要消耗能量，轮胎的这种能量消耗也表现为作用于车轮上的阻力。

车轮滚动时轮胎在其接触的地面上产生变形，轮胎的弹性变形导致作用在轮胎接地印迹的法向压力不对称分布，使地面作用于车轮前半部分的法向支持力比后半部分要大，其法向支持力合力作用线相对于车轮中心线前移了一段距离，因而形成了阻碍车轮滚动的力矩。在水平路面等速直线滚动的轮胎轮受力简图如图 1-3-2 所示，DE 为轮胎变形后与地面接触的印迹部分。车轮所承受的径向载荷为 Q_w，其法向支持力的合力 F_{ya} 大小与 Q_w 相等、方向相反。轮胎的变形使法向力 F_{ya} 相对车轮垂直中心线前移了一段距离 a。当滚动的车轮处于平衡状态时，作用于车轮滚动中心的扭矩为零，因此在轮胎接地印迹部分一定还同时存在一水平方向的作用力形成一反向力矩。该水平作用力通常称为滚动阻力，滚动阻力与作用在车轮上的垂直载荷之比被定义为滚动阻力系数。

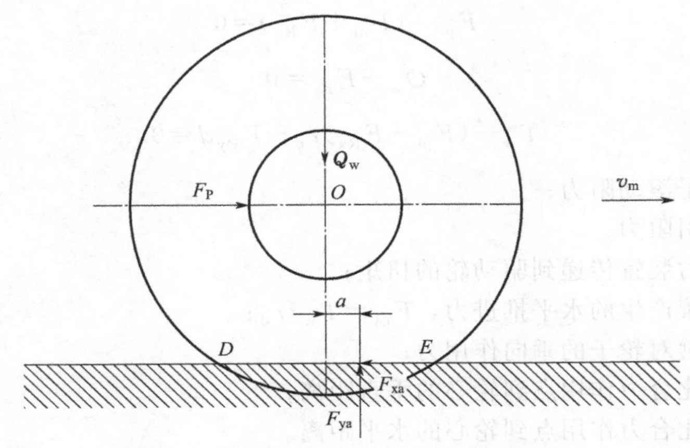

图 1-3-2　轮胎轮与坚实路面的作用关系

上述只是车轮与地面作用的两种简化模式，实际中的车轮不可能达到刚性，地面也不能没有一点变形，而是均有变形发生，只是程度大小不同。弹性轮与松软地面接触时则部分轮面将被压平，轮和地面都要变形，因此弹性轮与地面接触处作用形态非常复杂。就理论分析而言，同一车轮在不同的地况条件下使用，产生行走阻力的机理就有可能变化；即使同一车辆上的同迹行走的两个相同的车轮，行走过程中与地面的作用模式前后也有所不同。行走车轮与支承面间的作用关系相近，但因车轮内在因素的变化与地况条件的不同，导致车轮的滚动阻力特性不同。在实际问题的分析、计算、产品设计中，通常关注主要影响因素、忽略次要部分，最终要通过实验验证。

1.3.2　车轮附着力与驱动

当在车轮上施加一扭矩时车轮成为驱动轮，自转动的车轮与静止的地面相互作用，车轮实现相对于地面的滚动。轮的外缘与地表接触部位首先要产生滑动趋势，轮对地面施加向后的水平作用，驱动扭矩通过车轮的驱动半径转化为作用力。地面同时以反作用力作用于车轮，形成驱动其行走的驱动力，反作用推力的大小与地面承压特性及地面剪切特性等相关，当车轮对地面施加的作用力大于等于地面极限剪切力时，引起车轮滑转而降低牵引作用。

1.3.2.1　附着系数

受垂直载荷的轮子与地面的接触印迹面积为 A_S，当轮子运动时在接触印迹面积为 A_S 内的土壤直接产生摩擦和剪切等作用，这些作用形成的水平力总和构成推动车轮前进的驱动力，或谓之推进力、牵引力等。驱动力的大小与垂直载荷、地面条件、车轮几何尺寸有关，地面所产生的驱动力是印迹面积 A_S 和垂直载荷 Q_w 共同对土壤作用的结果。不同种类支承面产生的作用效果不同，如土壤产生驱动力的主要影响因素是土壤的黏聚系数、摩擦系数。黏性土壤的黏聚系数影响土壤剪切力而对驱动力产生的贡献大，而沙滩这类摩擦性土壤中沙粒间的摩擦力对驱动力贡献变大。多数情况属于摩擦黏性土壤，对驱动力的影响介于二者之间。由此可知不同土壤条件采取提高牵引力的方式有所不同，极限情况如对于无黏性土的沙滩首先采用加大接地面积方式，对于硬实黏性土壤则宜采用增加轮上载荷方式。

如图 1-3-3 所示的车轮受到驱动扭矩 T_w 的作用，当忽略摩擦力的作用后存在以下平衡方程：

$$F_{pt}-(F_{qf}+F_{Rx})=0$$

$$Q_w-F_{Ry}=0$$

$$T_w-(F_{pt}-F_{Rx})r_d-F_{Ry}d=0$$

式中 F_{Rx}——轮子滚动阻力；

F_{qf}——牵引阻力；

T_w——动力装置传递到驱动轮的扭矩；

F_{pt}——土壤产生的水平推进力，$F_{pt}=T_w/r_d$；

F_{Ry}——土壤对轮子的垂向作用力；

r_d——简化合力作用点到轮心的垂直距离；

d——简化合力作用点到轮心的水平距离。

驱动轮实现滚动需要有足够的驱动扭矩克服行走阻力矩，同时需要地面土壤能够提供足够的推进力。驱动轮行走需要满足的条件可表示如下：

$$(F_{pf}-F_{Rx})r_d-F_{Ry}d>T_{wmax}>(F_{pt}-F_{Rx})r_d-F_{Ry}d$$

$$F_{pf}>F_{qf}+F_{Rx}$$

式中 F_{pf}——附着力。

两式中上式的左侧为土壤反力所能提供的力矩，受限于土壤的附着性能；中间为轮子获得的扭矩，受动力装置与传动装置的制约；右侧为阻力矩，是需要克服的部分。满足此式驱动轮可以转动，再满足下式即可滚动前进。

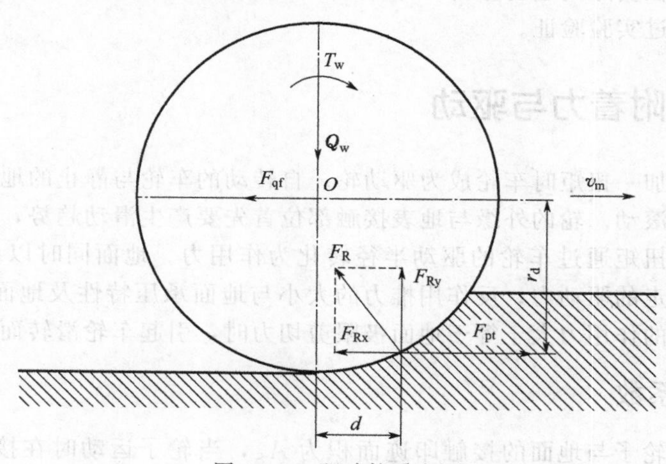

图 1-3-3　驱动轮受力图

附着力只是车轮接触的路面或土壤作用给车轮切向力的极限值，是地面土壤能为轮子提供的最大驱动力，当地面作用力达到此值时驱动轮将产生滑转不能行驶，通常表示为：

$$F_{pf}=\psi Q_w$$

式中 ψ—附着系数。

附着系数取决于土壤条件、滑转率、轮结构、材料等多种因素的综合影响，如坚实路面上的坚硬及微小凸起物和轮表面的机械啮合作用，导致附着性能好、附着系数变大。在松软土壤路面上行进，驱动轮的作用力容易破坏土壤的结构，可导致附着系数也下降。驱动轮相对地面的运动状态对附着性能也有影响，当驱动轮与地面存在一定的滑转率时，驱动轮与地面之间可产生较大的附着力，在最佳滑移状态下可实现最大附着力。

1.3.2.2 轮径与行走的关系

车轮是与地面接触的行走装置中的关键元件，行走驱动功能的实现直接与车轮相关。行走机械实际使用的轮子性能不一、接触的地面也变化多样，因此行走移动过程中轮子发挥的作用就存在差异。当承受一定重量载荷的车轮与地面接触时，二者的接触状态不可能与理论模型完全吻合，其中就有轮径的结构尺寸与实际发挥作用尺寸的差异。当有扭矩作用于车轮时，轮与地面接触印迹部位作用产生驱动力。由于车轮与车轮接触的地面都要产生变形，这时轮子的实际行驶距离将比理论自由滚动时小。原因在于车轮不是按照理论半径滚动，而是按车轮的有效滚动半径滚动。有效滚动半径等于轮中心的平移速度与轮子角速度之比。以车轮转动圈数 n 与车轮实际滚动距离 S_r 间关系换算得出的车轮半径，称为车轮的运动半径（滚动半径）r_r，即：

$$r_r = S_r/(2\pi n)$$

车轮处于无载状态时的半径可称为自由半径，受到垂直载荷作用发生径向变形后，车轮中心与接触地面的距离称为静力半径 r，它取决于载荷、轮胎的径向刚度，以及支承面的刚度。作用于车轮上的径向载荷除使车轮产生径向变形外，当再在其上施加扭矩时又有新的变化，此时轮胎既产生径向变形同时也产生切向变形。车轮中心至轮与接触面切向反作用力之间的距离称为动力半径，驱动扭矩转化为驱动力的大小直接与动力半径相关。在一般的分析中不计较它们的差别时统称为车轮半径，但在进行产品设计、力学分析、运动学分析时对车轮半径的使用要有区分，静力半径与动力半径一定小于其自由半径。

1.3.3 机器自驱动行走实现条件

车轮只是机器行走的基本装置，将车轮组合起来发挥作用才能实现机器行走的功能。行走的机器通常需要多个轮子支承，每个轮子的作用也不完全相同，自行走式机器需要存在驱动轮。机器实现行走不仅仅取决于车轮，车轮必须在能够提供足够附着力的地况条件下才能实现行走驱动，同时还必须具备动力装置，提供给车轮足够的扭矩，通过车轮转化为克服行走阻力的驱动力。

1.3.3.1 机器行走的基本作用形态

当轮子与其它元件、装置组合成可行走的机器后，使轮子滚动才能发挥出机器行走的功能。车轮只是行走的机器实施行走的装置的组成部分，同一机器的行走装置中车轮所起的作用也有所不同，其中就有被动滚动的从动轮和实现驱动的主动轮。两种车轮的结构尺寸、外观形态可以完全相同，但所起的作用不同。图 1-3-4 为一后轮驱动牵引车的简图，从该图可以看出不同车轮的受力状态不同，从中也可以简略了解机器的相互作用关系。其中 G_m 为整机的重量，该重量分配到驱动轮的垂直载荷是驱动轮实现驱动力所需的压力。F_{z1} 与 F_{z2} 分别代表地面对前后轮的支承作用力，二者之和与整机重量 G_m 相等。F_{f1} 与 F_{f2} 分别代表前后轮的滚动阻力，全部轮子的滚动阻力之和构成机器行走的滚动阻力。T_w 是驱动轮所能获得的驱动扭矩，该扭矩通过驱动轮与地面作用获得行走的驱动力 F_P。F_R 代表机器行走的其它阻力，F_q 代表机器能够输出的牵引力，该力是驱动轮获得的驱动力克服自身行走各种阻力后的剩余部分。

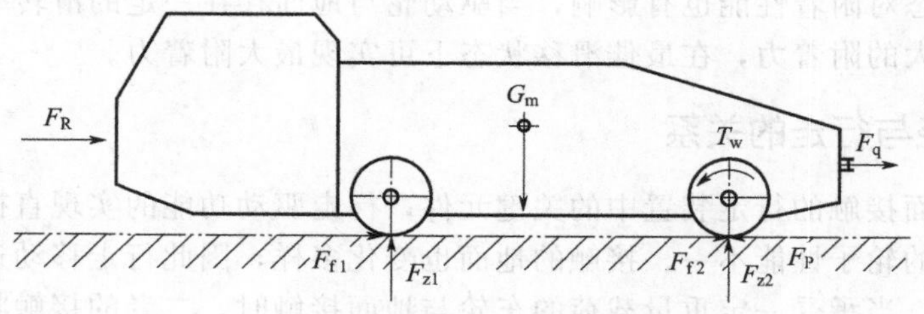

图 1-3-4　牵引车简化模型

行走机械中同时存在驱动轮与从动轮，二者所起的作用和受到的作用均不同。前后轮的垂直载荷与整体重心位置、重量载荷相关联，调整重心位置或重量即可改变驱动力及每个车轮的阻力状态。在实际作业中整体的重心位置、重量载荷往往根据装载负荷条件变化而改变，即使只用于牵引作业的机器，在牵引作业时也存在重量转移等实际情况。图 1-3-4 所表达的只是机器具备行走的基本条件，只体现了有动力驱动车轮转动起来的瞬时状态。车轮受驱动力作用克服滚动阻力滚动后，被车轮支承的机体部分实现平移行走。而要使一台机器能够实现行走仅此还远远不够，实际行走过程中的轮子作用也不仅是实现滚动、驱动即可，还需要实现转向、制动等功能。

1.3.3.2　机器行走的实际描述

机器行走时要应对各种地面条件，为了能够应对则要求机器本身具备相应的适应能力。机器行走要达到的目的主要是获得推动机器行驶的驱动力，当地面作用于行走机械，所有驱动轮上的驱动力之和大于等于整个机器行驶阻力之和时，机器便可以移动。其中用于克服自身行走阻力剩余的部分可以用于其它用途，如可以用来加速、爬坡以及牵引从动车辆等，一般称之为挂钩牵引力。挂钩牵引力在一定程度上表征了机器行走驱动的储备能力，越大说明储备能力就越强。所能发挥出的牵引力首先取决于机器自身的配置情况，其中动力装置的能力是主要关注目标。此外还要特别关注行走的地面状况，地况条件决定是否能为驱动轮提供足够的附着力。

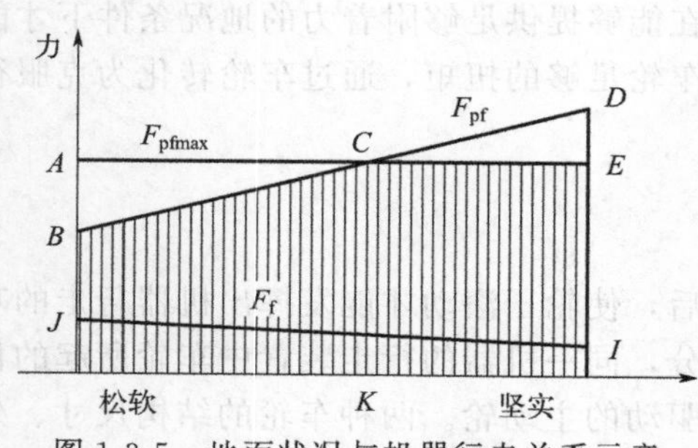

图 1-3-5　地面状况与机器行走关系示意

以发动机为动力装置驱动行走机械行走时，牵引力与土壤推进力、驱动力和阻力之间的关系如图 1-3-5 所示。发动机输出到车轮的扭矩接近恒定值，扭矩可转化为最大牵引力，趋势为 AE。扭矩转化为机器行走所能实现的最大驱动力或推进力，因其与土壤的附着性能相关也称附着力。附着力随着地面土壤坚实度加大而增加，总趋势为 BD。滚动阻力也与地面的坚实程度、土壤的成分有关，其趋势如 JI 所示，随坚实度提高有所减小。松软地面由于抗剪强度低，可能会出现附着力不足、牵引力不够而打滑，或者由于承压强度低而出现下陷过深使阻力增大。图中 BCE 以下的阴影部分是驱动轮工作区，在区域内推进力除了克服滚动阻力实现驱动外，尚能产生一定的牵引力。如果在 ABC 区域发动机传递给驱动轴的扭矩足够，但附着力不足，则出现打滑不能产生驱动推进。在 CDE 部分土壤的附着力足够，但是动力装置提供的扭矩不足而不能实现驱动，可能导致发动机熄火。

1.4 机器行走的运动特性

具备行走功能的机器当有足够的驱动力时，开始克服阻力由静止状态变为运动状态。机器从静止到具有一定的速度才真正实现行走，速度与加速度是运动的基本特性。机器运动除了要克服轮子运动所受的阻力外，还要面临整机不同运动状态所受到的各类作用，机器不同的运动状态也体现出不同的运动特性。

1.4.1 机器行走的阻力

物体运动就要牵涉到速度特性，速度的变化与加速度相关。物体从静止到具有一定速度或从某一速度变为另一速度时，可简单表述如下：

$$v_2^2 - v_1^2 = at^2/2$$

式中 v_1——初始速度；

v_2——运动速度；

a——加速度；

t——时间。

如果是从静止到达某速度或从某速度到静止，则为上式的特例，表达为：

$$v^2 = at^2/2$$

这是物体从静止开始运动或从运动到静止的最简单表达，机器行走同样具有这种运动特性。体现行走机械动力性能的是速度、加速度相关指标，机器开始行走获得速度必须克服惯性，而且驱动力要大于阻力。机器行走运动是驱动力克服阻力的过程，首先静止到运动克服静止摩擦阻力，然后是动摩擦阻力及地形相关阻力，速度增加还有加速阻力。速度低时运动风阻小可以忽略，速度增加到一定程度时则变得显著。机器行走是一种力平衡状态下的运动，实现行走的平衡方程为：

$$Ma = F_P - \sum F_f - \sum F_R$$

即：

$$F_P = Ma + \sum F_f + \sum F_R = Ma + F_{fR}$$

式中 M——机器总质量；

F_P——驱动力；

$\sum F_f$——总的静阻力；

$\sum F_R$——运动阻力之和；

F_{fR}——总阻力。

上式可表述为机器行走的驱动力必须克服的作用包括三部分，即惯性部分、静阻部分、运动部分。运动部分指高速运动时产生的风阻，低速时不明显可以忽略。惯性部分指产生加速度所需的阻力，稳态行驶时不存在。惯性与运动阻力两者均与速度有关，惯性阻力体现了速度变化，运动阻力主要与环境相关，通常主要表现为空气阻力。静阻部分与运动速度无关，而与地面条件相关，可分为基本阻力与坡道阻力两部分。

(1) 基本阻力

基本阻力既与地面条件相关，也与机器本身的一些因素相关。除了前面所述的车轮与地面之间的各种阻力外，还有机器内部产生的阻力，如轮轴与轴承的摩擦副之间的摩擦阻力，还可能有由于冲击振动等所导致的一些附加阻力。这类阻力在机器确定、路况条件确定时基本就确定，行走机械的滚动阻力就是基本阻力的集合。但是要注意摩擦阻力有动摩擦阻力与静摩擦阻力之分，静摩擦阻力要大于动摩擦阻力。在机器由静止开始到运动行走时，在不同的阶段要区分二者的不同。基本阻力可表示如下：

$$F_f = \zeta G_m$$

式中 ζ——阻力系数；

G_m——重量。

(2) 坡道阻力

坡道阻力是在坡道上运行时，由机器重力沿坡道倾斜方向的分力而引起的阻力。当机器沿坡度角为 α 的坡道上坡行驶时，其重力沿坡道斜面的分力 $G_m \sin\alpha$ 表现为对机器行驶的一种阻力，称坡度阻力。但沿坡道下行时，此分力则变成机器运行的动力。由于坡度阻力与滚动阻力均属于与道路有关的行驶阻力，故坡路行驶时把这两种阻力之和称为坡道阻力。坡道阻力表示如下：

$$F_\alpha = \zeta G_m \cos\alpha + G_m \sin\alpha$$

(3) 惯性阻力

物体都有保持原状态的惯性，要改变这种惯性需要施加作用力。如加速行驶时需克服其质量的惯性，机器行走状态是在整体平移运动的同时，还包含传动装置以及轮等部件的旋转运动，机器运动质量因而可分为平移质量和旋转质量两部分。加速时平移质量要产生惯性力，旋转质量要产生惯性力偶矩，为了考虑旋转运动对惯性阻力的影响，一般把旋转质量的惯性力偶矩，转化为平移质量的惯性力，用惯性换算系数来增大平移运动的惯性阻力。惯性阻力可用下式表示：

$$F_a = M_m (1+\gamma) a_a$$

式中 M_m——广义质量；

a_a——广义加速度；

γ——惯性换算系数。

(4) 空气阻力

机器行进时受到的空气作用在行驶方向上的分力称为空气阻力，它由压力阻力和摩擦阻力两部分构成。空气作用在机器外形表面上的法向压力的合力在行驶方向上的分力称为压力阻力，摩擦阻力是由于空气的黏性在车身表面产生的切向力的合力在行驶方向上的分力。空气阻力与空气的相对速度、机器迎风面积、机体形状有关，相对速度低、迎风面积小、流线型机体则阻力小。

1.4.2 机器行走的运动状态

机器行走有不同的状态，每种状态的运动受力平衡特点各异，为了表达方便将几种基本运动状态用力的平衡方程式来表达。

(1) 起步加速状态

机器行走首先要从静止状态起步开始，机器自身的动力装置产生的动力传递到驱动轮后，由驱动轮转化为驱动机器行走的驱动力，然后机器起步并以一定的加速度达到所需的行走速度后再匀速运行。在机器起动时机器处于起步加速运行状态，此时处于平直路面的机器沿着运行方向作用有牵引力 F_P、基本滚动阻力 F_f、惯性阻力 F_a。根据力的平衡原理此状态下的力平衡方程式为：

$$F_P - F_f - F_a = 0$$

起动时的滚动阻力与正常行驶时的滚动阻力不同，可理解为起步滚动阻力，其最大值在运动即将发生的瞬间，其阻力比运动发生后要大。如果处于坡地起动状态，则还需加上坡度阻力。

(2) 匀速牵引状态

机器行驶及牵引其它机具行驶时需要提供一定的牵引力，当产生的牵引力与各种阻力相等时机器可以出现一种匀速运动状态。匀速运动状态时机器自身所产生的牵引力与所有阻力的作用达到平衡，此时处于匀速运行的力平衡方程式为：

$$F_P - F_f - F_w = 0$$

此处滚动阻力与起步加速状态均由 F_f 表述，但数值大小是变化的，匀速行驶时的滚动阻力小。匀速运动不存在加速度，因此也没有加速阻力。此处 F_w 为空气阻力，在速度高时风阻比较大，而在无风行走时 F_w 可以忽略。最简单的无风、低速匀速行驶的力平衡方程式为：

$$F_P - F_f = 0$$

(3) 无动力惯性状态

机器行走过程中存在没有动力的状态，即在行走时切断动力后机器靠惯性运行，此时的机器为惯性运动状态，一般这种状态为减速运行。在惯性状态下牵引力等于零，机器依靠切断动力前所具有的动能或惯性继续运行。在这种情况下机器除了受到滚动阻力 F_f 外，还受到由于减速度所产生的惯性阻力 F_a。F_a 与运行方向相同，正是它使机器继续运行。无动力惯性状态时力平衡方程式为：

$$-F_f + F_a = 0$$

(4) 制动减速状态

要使行走的机器能够按照要求停止，不能只依靠惯性减速作用，还需要有可控的制动作用实现减速运行或停车。在制动状态下牵引力等于零，并利用制动装置施加作用使机器获得一制动力 F_B。这个制动力与机器运行方向相反，相当于增加一运动阻力，在力平衡方程式中应为负值。机器在制动力和滚动阻力作用下必定导致减速，因此此时惯性阻力 F_a 与运行方向一致。制动状态下的力平衡方程式应为：

$$-F_B - F_f + F_a = 0$$

利用上式可以求出在一定条件下制动装置必须产生的制动力，或者给定制动力求出减速度及制动距离。制动过程中车轮的运动比较复杂，车轮既有保持纯滚动状态，也有滑动状态，中间还有既滚动又滑动的情况，制动状态的阻力系数在不同阶段也不同。

1.4.3 机器行走的动力性能

机器自行走需要有动力装置提供动力，失去动力则失去自驱动的能力，动力对机器行走起到关键的作用。动力装置对机器行走的影响由动力性能所体现，对动力性能产生影响的因素较多，包括动力装置的输出特性与功率大小、传动系统的传动比与效率、车轮的材质与半径尺寸、机器的迎风面积及总质量等，通常用行走所能达到的最高车速、最大爬坡度和加速能力来表述机器行走的动力性能。

动力装置以扭矩与转速方式输出功率，动力输出以旋转扭矩的方式为主。输出功率为转速与扭矩的乘积，其输出功率表达为：

$$P_P = T_P \omega_P = 2\pi n_P T_P$$

式中 T_P——动力装置输出扭矩；

n_P——动力装置输出转速。

机器行走的过程是发挥驱动力克服各种阻力实现移动的过程，行驶所需的功率与行驶速度和驱动力有关，可由下式表示：

$$P_v = F_v v_v$$

驱动力可以表达为主动扭矩与动力半径的乘积，速度可以表达为车轮角速度与运动半径的乘积，此时若两半径一致，则上式可表达为：

$$P_v = T_v \omega_v$$

此处的功率是机器行走实际消耗的功率，与机器的动力装置所发出的功率还有一定的差别。动力装置发出的有效功率经变速器、传动轴等传动装置传给驱动车轮，车轮获得的是扭矩与转速。在不考虑传动效率、滑转等因素的影响时，动力装置发出的有效功率应全部传递给车轮，但因传动比的不同而导致驱动力与行驶速度的变化。

车轮可实现的驱动力 F_P 和行驶速度 v_v 分别表示为：

$$F_P = T_P i / r_d$$

$$v_v = \omega_P r_v / i$$

式中 i——总传动比；

r_d——动力半径；

r_v——运动半径。

上两式虽然表现为相互独立，但二者之间存在着很密切的联系，这一联系为动力装置提供给车轮的有效功率。正因为这一关联，使得机器行走的动力性能既可以用最高行驶速度评价，也可以用体现爬坡能力的最大爬坡度评价，或用加速能力评价。

(1) 最高行驶速度

速度表现物体移动的快慢，最高行驶速度体现机器行走实现速度的能力。行走机械的最高速度是指无风的条件下，在水平、良好的路面上能达到的最大行驶速度，初期可通过计算或作图方式获得。图 1-4-1 为某配置四挡变速器的行走机械的驱动力-行驶阻力平衡示意图，在以力为纵坐标、速度为横坐标的坐标系中绘制两种关系曲线：一是由动力装置以最大功率输出的驱动力 F_P 与速度的关系曲线，二是总阻力 F_{fR} 与速度的关系曲线。两曲线的相交之处 C 对应的 K 点数值就是最高速度。从图中还可以看出当行驶速度低于最高车速时，驱动力大于行驶阻力，这样就可以利用剩下来的驱动力加速、爬坡或牵引其它车辆。当需要在低于最高速度的某一速度匀速行驶时，只用部分负荷工作并且达到新的平衡。

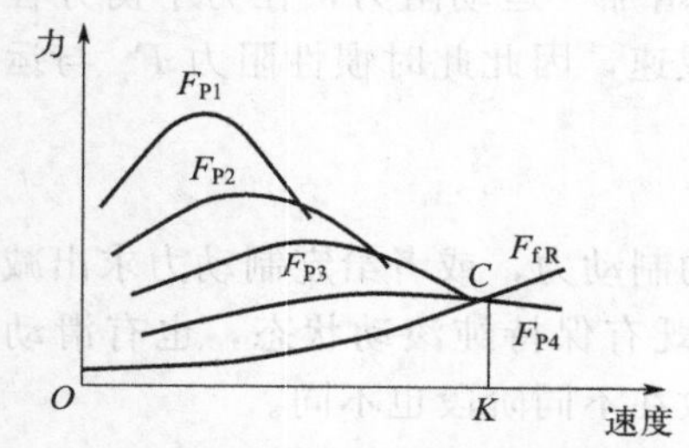

图 1-4-1 驱动力-行驶阻力平衡示意图

(2) 爬坡能力

爬坡能力体现了行走机械发挥牵引力的能力，其所能发挥出的牵引力越大，爬坡能力越强。爬坡能力是用最大爬坡度来评定，行走机械所能爬上的最陡坡道的坡度就是最大爬坡度。最大爬坡度是指满载时在良好路面上以最低挡所能爬行的最大坡度，此时机器发挥出的牵引力几乎都用于克服路面阻力和坡度阻力。即可近似表达为：

$$F_P-(\zeta G_m\cos\alpha+G_m\sin\alpha)=0$$

利用此式可计算求出机器爬坡的最大坡度值。考虑 $\zeta G_m\cos\alpha$ 一项数值较小，在坡度较小时可简化计算，将 $\cos\alpha$ 近似为 1，则有：

$$\alpha=\arcsin[(F_P-\zeta G_m)/G_m]$$

此处的坡度只考虑行走状态的爬坡能力，坡度对机器行走的影响是多方面的。如机器在斜坡上就需考虑坡道行驶的稳定性，即使不行走也要考虑坡道停车、起步等牵涉到的问题。

(3) 加速能力

行走机械的动力性能也可以从加速能力方面评价，加速能力体现了机器行走过程中克服惯性的能力。机器行走的平衡方程：

$$Ma=F_P-F_{fR}$$

则：

$$a=(F_P-F_{fR})/M$$

由于：

$$a=\frac{dv}{dt}$$

则有：

$$\frac{dv}{dt}=(F_P-F_{fR})/M$$

由此式可以看出在机器行走阻力不变的条件下，机器所能发挥出的驱动力越大、机器质量越小，加速能力越好。机器行走的加速能力由其能产生的加速度来评价，实际使用中常用加速时间来表明机器行走的加速能力，一般指在水平良好路面上行驶时，由最低稳定速度加速到一定速度或距离所需时间。动力装置提供的扭矩、转速必须保证机器行走预期的最大驱动力、最高车速要求，发动机功率愈大，其储备功率也愈大，加速和爬坡能力必然提高。

1.4.4 行走机械的多向运动

行走机械的理想行驶状态是通过车轮的滚动实现机体的平动，机器平动也只是纵向的前后运动和绕某点的转动。而由于机器结构、重心位置、车轮性能等内在因素的影响，以及道路凸凹不平、斜坡、土壤松软等外界条件的影响，机器实际行走过程中的运动不仅是纵向平移和转动，而且是多方向、多运动的叠加，十分复杂。机器沿曲线行驶时需进行转向，高速行驶中转向易出现意外情况，导致侧滑、倾覆等现象的发生。机器行驶过程中遇到紧急情况时需要制动，如果机器制动性能不佳，或前后轴制动不协调，则可能出现摆尾现象，这些都是机器行走中可能出现的运动。

为了表示方便，采用 X、Y、Z 坐标分别标识纵向、横向、垂直方向，如图 1-4-2 所示。纵向运动为主要运动方向，前进与加速沿 X 向前，后退与减速则沿 X 向后。现实的机器中由于轮胎变形、悬挂装置作用等原因，在加速和制动时会导致俯仰，俯仰则是绕 Y 轴转动。横向运动是沿 Y 轴方向的运动，正常行走一般不会发生纯粹的横向运动，但是可以分解为横向运动与其它运动的组合，如高速转向过程中可能会有侧滑的横向运动。垂直方向的运动在理想状态不会发生，因为垂直方向运动是车体上下运动，向上则升起离开地面，但在路面不平发生颠簸时则可能出现这种现象。路面不平可能产生的现象比较复杂，如左右不平还要产生绕 Y 轴的转动，即所谓的侧倾。

行走机械存在的原因就是实现行走功能，机器在实现行走运动的同时，可能伴随产生多

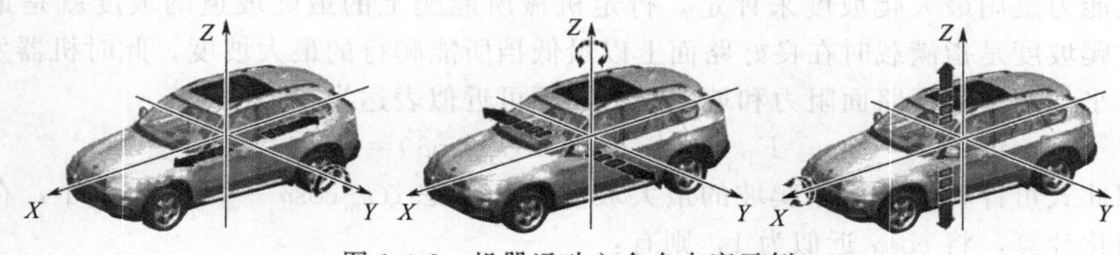

图 1-4-2　机器运动六个自由度示例

种形式的运动。其中有的是行走机器需要的，也有不需要，甚至是有害的。因此对机器行走运动必须控制，其目的是发扬有用与有益运动、抑制无用与有害运动，使各种运动都能约束在规定的限度内。

1.5　行走运动状态可控性

机器行走必然存在多种运动状态，机器需要既能保持这些状态又能根据需要改变状态，机器行走需要解决行走状态的改变与受控问题。机器行走从静止到运动是状态的改变，从直行到转弯行驶也是状态的改变，通过实现各种状态改变使机器行走功能得到完善。要实现不同状态的改变，则需要机器行走可控与受控，受控主要体现在运动方向、静动状态等的变化与外来作用的应对，机器应对这些运动或状态的改变要处于可控状态。可控的实质就是在任何时候不能失去操纵性，表现为行走机械对输入的行走状态信息的正确反应，并在行驶过程中具有抵抗各种干扰、保持规定行驶状态的能力。

1.5.1　机器行走操控与实现

运动的物体都有保持运动状态的特性，对于行走的机器而言必须有具体措施应对处理这一普遍特性，才能实现既定的行走功能。如机器行走既有直行又有转向，直行需要保持方向，而转向则是改变方向；再如行走完成后要将速度迅速减小，使机器停下，需要实施作用使车轮停止转动，实现机器由运动到静止的转变。这些改变虽然表现在机器上，但要受到人的控制，人在其中的作用是为机器提供不同的信息，通过机器上的操纵装置、机构将人的动作等信息转化为机器上相关装置的动作，最终实现对机器运动状态的实时控制。常规的行走机械均由驾驶操作人员来操作实施控制，有效控制的表现为能够正确地遵循驾驶操控者的操控，遵从并实现操纵机构、装置所给定的起停、方向及速度等控制目标，克服环境、地面等各种外界因素的干扰完成既定功能。行走的机器所要进行操控的内容与形式需要根据具体机器而定，如果只审视行走操纵特性，则主要关注点在于是否能实现规定的动作和是否能保持规定的行驶状态。机器实现行走功能往往需要人在其中多个环节中参与，如动力装置起动、传动装置确定扭矩、动力装置加速等。

通常所谓的操控是操作与控制的合称，操作是人的动作体现、控制是机器执行的体现。人对机器的控制首先通过人的操作将需要机器实施的动作信息传递给机器，机器对这些信息指令执行的最终结果是控制所要达到的目的。最终结果与操作者的预期一致则操控性好，如果偏差较大则说明操控性差。机器行走操控实质是对机器中的相关装置进行操作，进而使装置的工作状态产生变化而达到对机器的控制。行驶时首先要使动力装置处于工作状态，然后传动装置将动力准确地传递到行走驱动轮。动力装置的输出转速与驱动轮的转速相关联，驱动轮的转速与机器的行驶速度又相关联，因而控制动力装置就可实现速度控制，为此就有了用于人操作的加速装置实施对动力装置的操控。在动力装置与行走驱动轮之间的传动装置不但传递动力，而且需要实现变扭、变向的控制，通过操作传动环节的变速装置即可实现换挡、改变前进与后退的状态。上述这类操作与控制在非行走类机器上也有应用，最能体现机器行走特色的是对运动的操控，主要体现在转向与制动两方面。

机器行走状态的变化与保持的根本在于行走装置，行走装置中的车轮是操控运动的关键元件，操控的效果必须通过车轮来实现。由于车轮与地面接触，车轮的状态改变同时受到操控装置的控制与地面的作用。车轮的主要状态变化就是转动与偏摆，操控车轮偏摆可实现行走转向，操控车轮停转实现机器制动。方向控制包含方向保持与方向调整两方面的内容，一般是驾驶操作人员通过力、力矩操纵或位置操纵机构或装置对车轮加以控制，使车轮保持原状态或按操作输入产生相应的偏摆。也有控制车轮行驶速度方式最终实现机器转向，如调节左右两侧车轮的速度变化实现差速转向。机器行走也继承了运动物体保持惯性这一特性，制动的实质就是利用机体内施加于旋转副的摩擦作用、车轮与地面间的摩擦作用克服运动惯性。制动效果不仅受机器运动速度影响，更受自身重量、驮负载荷、牵引机器等影响。无论是转向还是制动都与外部行走条件相关，理想的操控在于无论外部条件怎样变化，操作输入仍能保持有效，控制响应达到既定要求。

1.5.2 行走转向操控性

机器在行走的过程中需要改变行驶方向时，驾驶操作人员操纵转向操作装置使机器实现转向。转向操控是机器行走必不可少的内容，其实质是对车轮实施偏摆或速度控制。在机器行走状态对行走装置或车轮的操控，是对运动状态的行走装置或车轮实施状态改变。由于运动惯性、路面条件等因素的影响，在较高的速度下实施转向要预防运动失控与机器失稳现象的产生。良好的操控性不仅体现机器能够按操控实现方向变化，而且具有抗外部干扰、保持行驶方向的能力。

1.5.2.1 轮式转向基本原理

轮式行走机械转向功能的实现与车轮直接相关，利用车轮偏摆改变车轮的运动方向，进而使整个机体偏转而改变行进方向。利用车轮的偏摆实现行走转向功能时，行走装置中的每个车轮都发生相应的变化，这种变化或是偏转，或是速度的变化。转向过程中不同位置的车轮作用与状态变化各有不同，最理想的状态是每个车轮都只滚动而不滑动。要保证转向时所有车轮都实现纯滚动，应满足每个轮轴中心线的延长线交于瞬时中心这一条件。此交点称为转向中心，绕转向中心转向可避免转向时产生的路面对机器行走的附加阻力。如图 1-5-1 所示的普通双轴四轮式车辆偏摆转向示意，其采用前两轮偏摆转向、后两轮配合完成。转向时为使各车轮纯滚动而不发生滑动，则要求转向时内侧转向轮

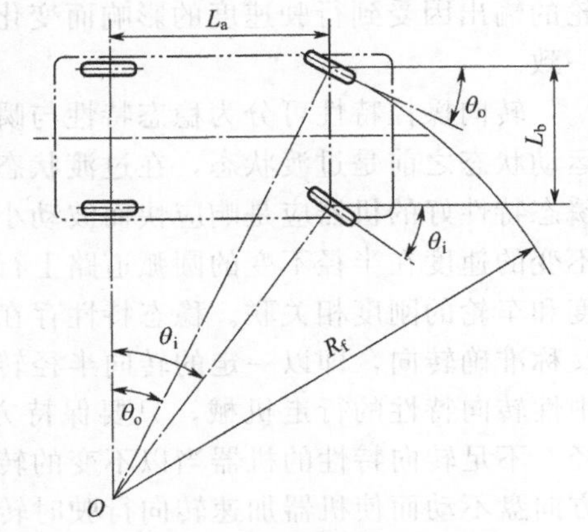

图 1-5-1 车辆偏摆转向示意图

的偏摆角应当大于外侧转向轮的偏摆角，内侧后轮的转速也要低于外侧。即图中所有车轮应绕共同的圆心 O 沿半径不同的圆弧轨迹滚动，以此可以确定内外转向轮转角之间的关系。

$$\cot\theta_o - \cot\theta_i = L_b / L_a$$

式中 θ_i——内侧转向轮转角；

θ_o——外侧转向轮转角；

L_a——轴距；

L_b——两转向轮之间的距离。

转向时若内、外侧转向轮的偏摆角能满足上述公式，则在转弯过程中其各车轮将纯滚动。当外侧转向轮偏摆角达到最大值时，实现最小转弯半径。图示 R_f 表示外侧转向轮的转弯半径，如果以这一半径为机器的转弯半径，则理想情况下最小转弯半径为：

$$R_{fmin} = L_a / \sin\theta_{omax}$$

转向轮偏摆转向时其它轮不偏摆，但绕中心点转向的速度要与整机转向相匹配，同轴外侧轮速度大于内侧轮。双轴结构的行走机械中的转向轮多布置在前端，有的行走机械因前端配置作业装置而将转向轮布置在后侧，其转向原理相同。对于一些多轮行走机械需要实现多轮转向，这时的关键所在是如何协调操控每个车轮实现相应的偏摆角，使转向时每个车轮都实现理想的滚动状态。上述转向轮为了保持转向过程中不滑移，两轮都要偏摆且需满足上述公式。行走机械行走装置的形式多样，其转向原理也有所不同。当上述四轮行走的机器中去掉偏摆的转向轮只剩另外两轮时，如果内外两侧的车轮速度不同则可实现转向。履带式行走装置的转向即是利用了这一差速原理，只是履带装置接地长度远大于车轮的接地长度，转向过程中伴随着滑移。

1.5.2.2 转向操控特性

机器的转向操控特性体现在行驶方向是否能够正确遵循操作人员通过操纵机构所给定的输入信息，其实质就是行走机械对驾驶控制输入的响应和对外界扰动的反应特性，而这些特性与机器本身结构布置、重心位置、车轮性能和行驶速度相关。机器在行驶过程中可能遇到地面不平、坡道、大风等各种复杂的情况，这些都对行驶状态保持产生外来干扰。行驶过程中具有抵抗改变其行驶方向的各种干扰，并保持稳定行驶的能力体现的是操控稳定性。在路况条件较好、低速行驶时控制转向轮的偏摆角度，使全部车轮都绕同一个瞬时转向中心做圆周运动可以达到比较理想的转向状态。但是速度较高时转向行驶还要受到离心力的作用，速度变化时还存在惯性作用，这类工况虽然给予转向轮同样的偏转角度的控制输入，但实际车轮的输出因受到行驶速度的影响而变化明显，机器的实际转向状态与控制预期响应产生了不一致。

转向操控特性可分为稳态特性与瞬态特性两类，从给出转向输入信号开始到形成稳定的运动状态之前是过渡状态，在过渡状态的操控特性为瞬时特性。瞬时特性受惯性影响较大，瞬态特性好的机器应是响应快而波动小。稳态是指转向工况不随时间而变的行驶状态，如以不变的速度在半径不变的圆弧道路上行驶，此状态转向特性与结构布置、重量分布、行驶速度和车轮的刚度相关联。稳态特性存在中性转向、不足转向和过渡转向三类，其中中性转向又称准确转向，即以一定的转向半径转向所需的导向轮偏摆角度，与前进速度无关。即驾驶中性转向特性的行走机械，只要保持方向盘的位置不动，加速行驶不会改变机器的转向半径。不足转向特性的机器当以不变的转向半径使之加速时，需要增大导向轮的偏摆角，即在方向盘不动而使机器加速转向行驶时转向半径增大。过渡转向与不足转向相反，当以一定的转向半径转向时，导向轮的偏摆角随车速的增大而减小。就转向输入的响应而言，过渡转向比中性转向反应灵敏，中性转向又比不足转向反应灵敏。

1.5.3 制动操纵性

制动的目的是保持机器静止或使运动的机器停止，制动功能是通过制动操纵装置、制动装置、车轮等组成的制动系统来实现。当操作者通过制动操纵装置发出制动信号或作用时，通过该系统中的装置、器件传递能量、执行动作，迫使行走的机器产生运动阻力而停止运动或使静止的机器保持原状态。制动系统能够使机器按照操作者的控制意图，传递与施加制动动作，实现制动功能。不同机器的行走制动系统没有本质上的变化，一般都利用踏板产生一定的行程，使得其联动的机构开始工作，为制动装置提供力或力矩，乃至能量的输入，迫使制动装置的制动器件动作，产生阻力矩，阻止车轮的旋转，同时车轮与地面的接触面也产生了反向的摩擦力。车轮在这些力的多重作用下，最终使得行走的机器减速直至停车。

1.5.3.1 车轮的制动原理

运动的物体保持一定的运动惯性，如果要在可控的距离内停止，必须施加与运动方向相反的外力，机器行走制动系统就是利用了这一原理实现制动。行走状态的机器运动包含两部分内容，一是整个机体的平动，二是机体内部旋转件的圆周运动，也正是这些旋转件的协同工作才使得机体实现平动。因此克服运动惯性要包含转动惯性与平动惯性，而且首先克服转动惯性。克服转动惯性需要施加一反向作用的阻力矩，摩擦制动器通常用来实现此功能。平动惯性需要施加一反向作用力，阻止机器平动惯性的作用力只能由空气和地面提供，由于空气的阻力相比地面产生的阻力小得多可以忽略不计。地面制动阻力是路面反作用给车的作用力，主要源于地面与车轮间的摩擦作用。在车轮上配置制动器是多数行走机械采用的制动方式，利用该装置克服惯性作用实现制动功能。机器在路面上行驶时制动器受到驾驶操作人员的控制，制动时产生一阻力矩作用于车轮或某传动元件，迫使车轮停止滚动，同时也阻止了传动路线中相关旋转件的转动。车轮虽然停止滚动，但受整机平动惯性影响还要继续滑动，滑动的车轮与地面之间的作用克服机器的平动惯性，地面作用于车轮的力是地面施予机器的制动力。

实施制动过程中车轮的状态是变化的，是由滚动逐渐转化为停止的过程。这个过程中地面作用于车轮的制动力也随车轮的状态变化而不同。随着制动器制动扭矩的增加，车轮逐渐从滚动状态转变为滚滑，最后抱死拖滑，此时地面的制动作用力逐渐增长。由于产生于地面的制动力是车轮与地面相互作用的结果，地面制动力受地面附着能力的限制，地面的附着系数越高可实现的地面制动力就越大，当地面制动力到达附着限度时不再上升。继续增加制动扭矩使车轮停止转动时车辆只能在地面上纯滑动，此时的制动力也只有滑动摩擦阻力了。机器制动性能的优良与否通常用制动效率来评价。制动效率就是车轮被抱死停止转动前所能达到的最大减速率（a/g，以 g 为单位）与道路附着系数的比，也是制动时地面附着系数的利用程度的表达。

$$\eta_b=(a/g)/\psi$$

式中　η_b——制动效率。

制动效率为百分之百，则表明制动器所产生的制动扭矩克服了与车轮相关联的旋转件的惯性，车轮在地面上产生的最大制动力只用于克服平动惯性。制动距离也广泛用来评价机器的制动性能，在实际应用中测量、计算也比较方便。

1.5.3.2 行走机械的制动特性

在行走状态实施制动时地面的摩擦阻力作用到车轮上，机器上实施制动的车轮布置、数量会对整机的制动性能产生影响。行走机械中双轴布置结构形式的机器较多，这类机器实现制动最简单的方式就是实施单轴制动。当同轴上的车轮保持绝对一致制动，则单轴制动与单轮制动相同。但是如果同一轴上的两车轮制动不同步或制动作用不一致，则会使整机产生偏摆而导致制动稳定性降低。而对于多轴制动的机器而言，每个车轮承受的最大制动力取决于垂直载荷和路面附着系数，如果制动力分配和道路条件能使每个轮同时产生制动作用，而且车轮接地面能够提供制动所需的附着条件，则制动效率最高、制动距离最短。由于前后轴载荷、制动力分配以及路面的附着系数等不可能全部处于理想条件，制动时可能会出现更多不利情况。制动过程中如果前后轴之间的制动关系不协调，不仅降低制动效率，而且不利于行驶稳定性。如出现前轮抱死，无法完成转向功能，有操向失灵的可能；后轮抱死时，后轮承受侧向力的能力减小，横向作用力会导致后轴横向移动而使车辆失控。

行走机械的任务是驮负、作业、输出动力等，其功用之一就是作为主动机牵引其它从动机器。牵引与被牵引的机器共同构成牵引列车系统，列车系统同样存在制动工况。与一般的两轴车辆制动相比，牵引列车系统的制动特性更为复杂。对于两轴车辆载荷转移只随减速度而变，而牵引列车系统制动时的载荷转移不仅与减速度有关，而且与从动挂车上的制动力有关。除了牵引主车中前轮抱死可能使操向失灵、后轮抱死可能造成行驶方向不稳定外，还因系统各单体的连接方式、制动力匹配等原因产生另外的影响。如果牵引车轮先抱死，可能使牵引车与从动挂车铰接装置产生相对偏转，使前后体之间出现折腰现象。而后部的从动挂车车轮抱死，还会引起整个列车偏摆而出现甩尾现象。牵引列车系统的牵引车制动与后车制动的关系不仅是载荷转移、制动力匹配，前后车的制动顺序对整个牵引列车系统也十分重要。

1.6 动力匹配与经济运行

行走机械发挥功用时需要消耗能量，其所配置的动力装置是用来转化能量、产生动力的功率输出装置，动力装置在行走机械功能实现过程中起到极为重要的作用。不同种类动力装置的工作条件不同、输出特性各异，行走机械要配置适宜的动力装置。适宜的含义不仅表明正确选用一种动力装置，而且要合理匹配。所谓的匹配不仅表现在与机器中相关装置在结构、性能方面的协调，其中还包含经济性相关因素的影响。

1.6.1 动力输出与功率匹配

1.6.1.1 动力装置的输出特性

为行走机械提供动力的工作装置是一种能量转化装置，它将输入给它的能量转化为行走机械作业所需要的能量形式。每种动力装置都有自己的工作特性，其工作效率也因条件的变化而不同。如行走机械最常用的发动机是将燃烧的热能转化为机械能，在消耗燃料的同时以扭矩与转速的形式输出动力。如图 1-6-1 所示的发动机外特性曲线，图中 P_e 代表输出功率，

T_e代表输出扭矩，G_f代表燃料消耗率，g_e代表单位功率燃料消耗率，n_e代表发动机输出转速。可以明显看出输出功率、燃料消耗、输出扭矩并非比例关系，最大功率、最大扭矩、最低燃料消耗率的位置各不相同，说明发动机经济性工作最佳区域与动力性最佳区域并不重合。这将导致输出匹配关注点有所不同，如果追求最大扭矩则需牺牲最大功率和最低燃料消耗率，如果追求最高功率则燃料消耗率增大且输出扭矩下降，同样如果要工作在经济的最低燃料消耗率点，则需要牺牲功率与扭矩。动力装置实际工作时是在不同的工作区域中变化，但要使主要工作区域尽量靠近燃料消耗率低处以获得较好的经济性。

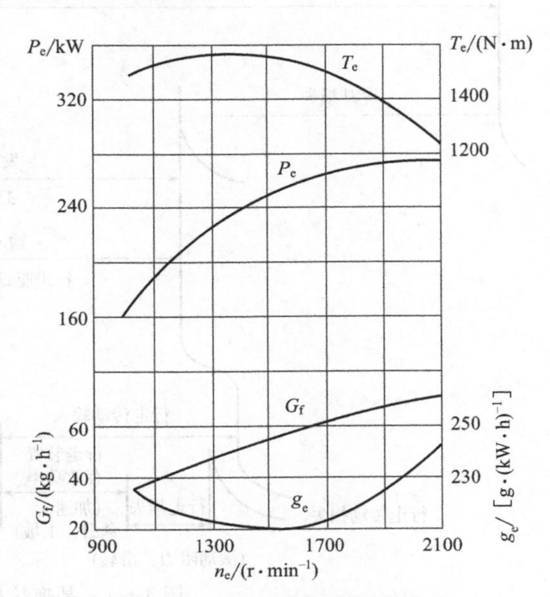

图 1-6-1 某发动机的外特性曲线

行走机械动力装置最大功率或额定功率在一定程度上表明了该机器的能力，要与具体机器的工作目标相匹配协调。如车辆最大功率可能出现在最高车速、最大牵引力及最大加速状态，如果是按期望的最高车速选择的动力装置，则功率应不小于以最高车速行驶时的全部功耗之和。动力装置功率的大小与工作能力相匹配，与机器内部相关联的装置也需相匹配，这种匹配是机器可靠工作的基础。功率既要满足峰值功耗要求，又要兼顾运行经济性，针对具体环境条件、作业内容适当提高功率储备。如使用内燃机这类动力装置的机器，在高原地区运行时由于空气稀薄动力性能变差，为此须适当增加功率储备。行走机械形式多样、实际机器的作业与行走之间关系复杂，功率的需求也各不相同。如同时需求与分时需求对动力装置的功率配置就不同，同时需求必须有较大的功率储备以满足峰值功耗要求，对于分时需求的机器则可按较高者确定后适当增加储备即可。

1.6.1.2 动力装置的功率平衡

动力装置与行走机械的匹配有点类似马拉车的关系，动力装置能力也要与机器相适应。过大如同大马拉小车导致无用功率消耗大而不经济；过小则出现小马拉大车的不配套情况。动力装置的实际输出功率要大于作业消耗的功率，因为动力装置发出的有效功率始终要平衡机械传动损失与全部作业阻力所消耗的功率。动力装置输出的有效功率与作业装置的消耗平衡，而如果作业消耗功率较动力装置可以提供的低得多，则是处于大马拉小车的状态，动力装置长时间处于这种低负荷状态则是不可取的。在发动机种类、技术水平、制造工艺等均相同的条件下，燃料消耗率与发动机的负荷率有关。以汽车这类道路运输型车辆而言，功率主要消耗在行走上。动力装置功率匹配时要考虑牵引、加速、上坡等方面所消耗的功率需求，更要关注以常用速度在路况良好的水平路面上行驶，这种较低功率需求的作业状态时间较长。因此在保证动力性足够的前提下，匹配小功率发动机可以提高发动机功率利用率，降低燃料消耗量。

更多的行走机械还要完成其它作业功能，因此还需要有用于作业的功率，同时动力装置自身也需要一定的消耗等，要使动力装置的输出功率与实际消耗功率达到平衡，需要兼顾众多关联因素。以动力装置为内燃机的机器为例来分析其功率的组成，如图 1-6-2 拖拉机的功率分配示意。内燃机将燃料燃烧的热能转化为有效机械能用于行走机械工作，这部分只是燃料燃烧总能量的一部分，还不到其中的一半。燃料在内燃机内燃烧的热功率可分为三个部分：一部分变成热能散发及用于自身冷却，还有一部分随废气排出机外消耗掉，去掉二者剩余的部分才能作为发动机产生的有效功率。发动机功率中还有一小部分为附件部分的功耗，主要输出部分用于行走驱动与动力输出。

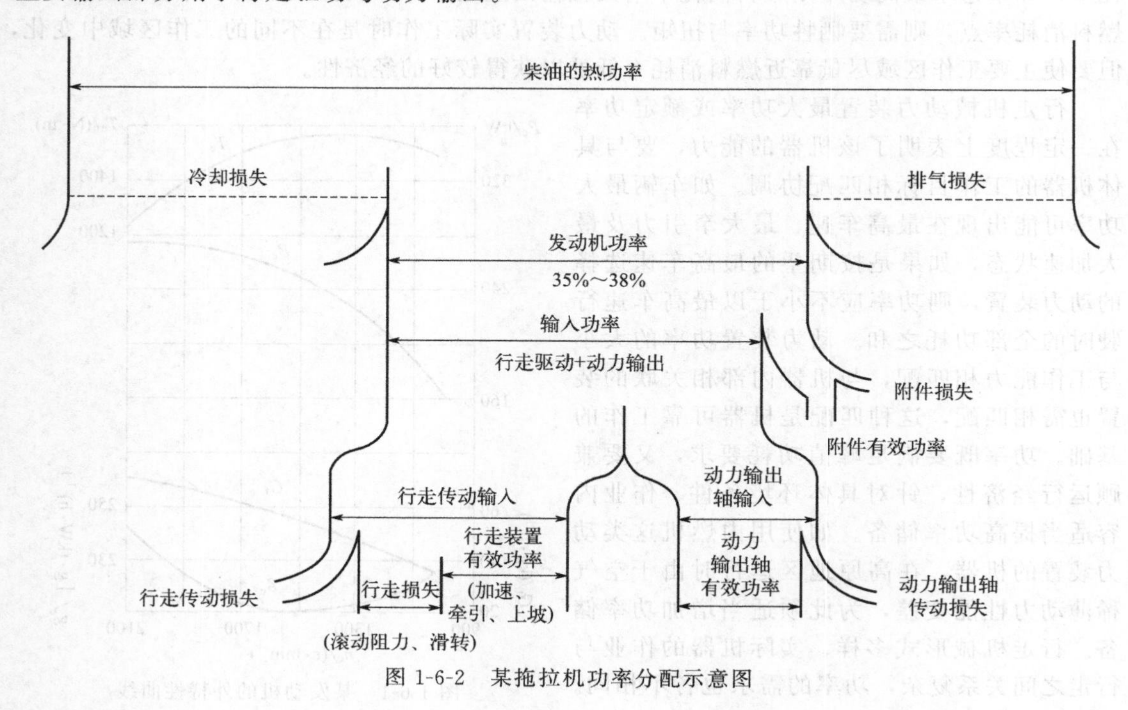

图 1-6-2　某拖拉机功率分配示意图

1.6.2　动力传递方式与意义

行走机械工作时需要有动力供给，动力装置则为其提供动力，如果所需的动力形式、大小与动力装置输出的动力完全吻合则是理想状态，这时只要将动力装置的动力不经任何变换直接传给作业装置即可。但实际上动力装置的输出与作业装置的需求很难完全吻合，为此需要由中间的传动环节来解决这一问题。传动装置或系统是整个行走机械动力装置与工作装置间的中间环节，动力装置发出的功率经传动装置或系统传到驱动轮或作业装置才能起作用，行走机械传动环节的首要任务是与发动机协同工作，以保证行走机械在不同使用条件下正常工作。如机器行走对动力装置的理想需求是在低转速时提供高的扭矩，以满足牵引、加速、爬坡能力的要求。除少数动力装置外都难以达到这一要求，需通过匹配适宜的传动装置或系统来满足这一需求。传动装置或系统的作用一是传递动力，二是变速变扭，后者可以提高、改善动力装置的适用性能。

实施行走驱动的动力装置要与变速装置匹配，再由变速装置输出适于行走驱动的动力。行走驱动轮则以一定的转速、扭矩作用于地面实现行走驱动，一般的动力装置也都是以扭矩与转速的方式输出动力，在形式上二者吻合但工作特性不同。如发动机作为动力装置驱动车辆行走时，发动机的输出特性有一确定的规律，而行走车轮需要的驱动扭矩随外阻的变化而增减，接近于等功率变化。这种不协调则由变速装置通过挡位的变换，使发动机的功率得以充分利用，利用多挡变速或无级变速使得最终输出特性与行走工作特性达到基本的统一，如图 1-6-3 所示。如对于采用机械变速的车辆，传动变速挡位数增加会改善动力性和燃料经济性。传动比增大，增强牵引驱动力，挡位数多使发动机发挥最大功率的机会增多，也使发动机在低燃料消耗区工作的可能性增加，但挡位数增多会使变速传动装置结构复杂。发挥各自功能的行走机械的传动系统在传递动力给行走装置和作业装置的同时，需要实现动力协调与速度匹配，动力协调要根据两类装置动力的需求状况，适时适度分配动力。

动力装置发出的动力或者直接用于驱动，或者经中间装置传递给驱动部件才能实现驱动，传动就是将动力从动力装置的输出端，以某种方式输送到驱动部件的动力输入端，根据传动方式不同分为机械传动、流体传动及电力电磁传动等。机械传动是应用最久、最基本的一类传动方式，既可以实现简单的动力传递，也可以组合成多种多样的变速装置与传动系统。机械传动可实现动力直接从动力输出装置传递到另一装置的直连，但受结构布置、变速要求限制较多。同样流体传动及电力电磁传动等也有其传动的优势与不足，传动方式的选择要根据具体机器的结构形式、动力装置与行走装置的特点而定。即使采用同类动力装置，动力装置的功率大小对传动形式也有一定的制约，同时对不同传动形式的传动效率也需关注。

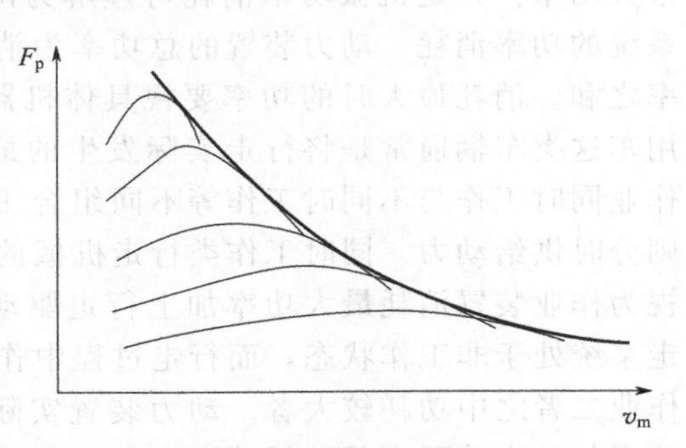

图 1-6-3　行走换挡变速动力特性

流体传动是利用流体的特性进行传递动力，流体传动又可分为液压传动、液力传动、液黏传动和气压传动。液压传动与液力传动在行走机械的应用较多，或独立实现传动，或与机械传动组合协同传动。机械传动、液力传动、液压传动是应用较普遍的三种传动方式。就变速而言，机械变速范围大，但实现无级变速较困难，而液力、液压能够实现无级变速但变速范围较小，因此在实际使用中往往是机械与液力、机械与液压结合，实现需要的变速结果。液压传动以柔性传输动力而著称，传动结构有较大的灵活性。但液压传动必须组成由液压泵加驱动部件构成的系统才能实施传动，动力装置输出的机械能在液压泵中转化为液压能，经管道和控制阀等传输到液压马达，在马达处重新转化为能克服负载的扭矩和所需转速并由马达直接或间接输出，因存在两次能量转换致使效率比机械传动低。液力传动的核心是液力变矩器或液力偶合器，这类装置通过同轴安装于一个公共壳体中的泵轮、导轮和涡轮在充液条件下的互相作用传递动力，传动方向与路线较难改变。

此外还存在一类混合传动，混合传动是指同机上有两个可交替或混合使用的动力源。通常情况下是一动力源是内燃机，另一动力源是由电池驱动的电动机。混合动力的目的是减少燃料消耗和排放，对于一些特殊场合还有特殊传动意义，如传动困难的大型机械采用柴油机带动发电机发电，再将电能传输到驱动电动机，再由电动机、减速装置驱动行走轮。这种机电转化方式与液压传动类似，不同的是输入元件是发电机，输出元件是驱动电动机，中间用导线连接，这种传输动力的“柔性”优于液压传动。

1.6.3　动力装置匹配经济性

动力装置是行走机械的关键装置，行走机械的动力装置的匹配通常采取择优选用方式。设计机器时首先需要了解已存在什么样的动力装置，其中哪类适合用在所设计的机器中。确定了动力装置的类型后要进一步解决与相关装置的匹配，牵涉到特性、效率、经济性等因素，具体匹配的内容包括功率、动力相关指标等。

(1) 动力装置选择

不管行走机械选用的是何种动力形式，其整机功率的确定方法是一样的，即在最大功耗状况时动力装置要正常工作，即动力装置提供的功率要大于正常使用过程中出现的最大功率。行走机械功率消耗可理解为两个方面，一是作业系统的功率消耗，二是行走系统的功率消耗，动力装置的总功率为消耗最大时的功率与动力装置内耗功率、储备功率之和。消耗最大时的功率要视具体机器的工作工况而定，道路高速行驶的乘用车、商用车这类车辆通常是将行走实际发生的最大功耗作为目标。作业类行走机械存在行走与作业同时工作与不同时工作等不同组合工况，同时工作需要同时消耗功率，不同时工作则分时供给动力。同时工作类行走机械的动力装置的功率消耗为二者消耗之和，基本可视为作业装置消耗最大功率加上行走驱动功率消耗。不同时工作类的行走机械作业时行走系统处于非工作状态，而行走过程中作业系统处于非工作状态，最大功耗应为行走与作业二者之中功耗较大者。动力装置实际所需功率应大于等于二者其中之一发生的最大功率与动力装置内部消耗功率之和。

随着技术发展与社会进步，行走机械的使用领域在不断地发展，行走机械的功用、性能、要求也在不停地进步。同时动力装置也在不停地发展，行走机械与动力装置的匹配水平也在不断提高。目前为止用于行走机械的动力装置主要有蒸汽机、内燃机、电动机及用于磁悬浮的电磁驱动装置，这些动力装置的不同特性使得各自的应用方式、与其它相关装置的匹配各有特点。早期蒸汽机的使用是唯一选择，因其它可以使用的动力装置还未出现，蒸汽机由于功率密度低逐渐被取代。现在可选择的对象多但要受使用环境等限制，如电动机作为动力装置利于环保控制，但这类机器又要考虑它从哪里获得所需的能量。轨道交通的电动驱动利用架线则方便电能供给，与传统的内燃机车相比综合经济性好。同样电动驱动用于道路交通车辆，则必须携带储存能量的蓄电池，确定动力装置的形式必然综合多种因素的影响。

(2) 匹配经济性分析

动力装置作为行走机械中的重要组成部分，其优良与否对配置它的行走机械影响较大。匹配动力装置不但应从技术角度审视，而且需从经济性角度考虑。如设计中选用发动机除满足扭矩、转速等需求外，还需对经济性相关的燃料消耗进行评价。现代行走机械中可选择、匹配的动力装置形式多样，更需要对比分析其能耗情况，其经济性也不只简单聚焦动力装置的能耗。动力装置的经济性应结合整个机器的生产、应用、发展等因素，分析要有多视角、系统思维、全局意识。多视角即要关注多方面的因素，如关注经济性就需要考虑生产、使用等不同方面的影响，发动机的经济性既有燃料消耗对使用经济性的影响，也包含发动机的成本、价格等对产品成本、生产者的效益的影响。系统思维是从机器实现的功用、性能方面考察动力装置及其关联装置的技术经济性，动力装置的匹配必须综合新技术、继承、通用等多种影响的结果，最终产生的机器要物有所值，比较通俗的说法就是性价比高。全局意识体现在关注社会的需求，设计之初就要使产品与社会发展相融合。如现代社会环保意识强，动力装置的选择与匹配的主要影响因素之一就是减排，如在匹配发动机这类有污染物排放的动力装置，需要选用低排放发动机或另外增加尾气处理装置。如果孤立地考察这类机器的生产成本与使用成本，相对普通发动机在一定程度上使经济性降低，而从社会全局角度则是提高了总体经济性。

1.7 行走机械的通过能力

通过性是对行走类机械通过各种地面和地形能力的表述，能力越强表明行走通过性越好。行走机械行走时要应对不同的环境条件，行走不但与支承表面的几何特征、接触到的表面物理特征相关，也与周围环境中其它实体存在关联。通过性不仅与行走装置相关联，也与整机的形状、姿态等密切相关。机器本身的几何特性、质量分布，甚至驱动能力等均与形态有关，只有整体形态与环境协调才能有效提高行走机械的通过性能。

1.7.1 机器形态与行走的关系

行走机械的通过性通常包括牵引支承通过性、几何通过性和越障能力三个方面的内容。支承通过性是指行走机械能顺利通过松软土壤、沙漠、雪地、沼泽等松软支承表面的能力，主要与支承表面物理特性、行走装置的形式相关。几何通过性主要描述行走机械通过不平支承表面的能力，取决于机器的结构、几何参数以及支承表面的几何参数等。行走过程中克服垂直障碍物和越过壕沟的能力为行走机械的越障能力，越障能力与行走装置结构、尺寸等相关联。具体的行走机械都是具有一定的形状与重量的实体，重量与尺寸对通过性都有制约，二者之间虽然不存在直接关系，但相互影响。行走机械的基本形状都可由其外廓的长、宽、高尺寸限定，其中长度一般是指沿前进方向的尺寸，宽度与高度为垂直前进方向的横向与竖直方向的尺寸。这些尺寸一旦确定其外廓就已限定，如果没有改变状态的作业机构和行走机构等，则整体运动形态外廓一般都保持在这一限定内。形态变化会对通过性产生影响，如采用轮式行走装置的车辆跨越壕沟这类障碍时，车轮直径必须足够大或布置的车轮数量足够多，而采用步行机构则利用机体的姿态变化可直接跨越障碍。

行走机械的形态不仅与行驶路况环境相关，有时也需与作业条件相适应。如同样长度的载重货车与牵引列车，通过弯曲道路时保证后者能通过时，前者不一定就能通过。长度方向行走装置的布置形式与机体下部的形状对通过性产生不同的影响，如对于双轴四轮车辆而言，前后轮及机体下部之间的间隙能超过对应范围内地面的各种起伏变化就可通过。轮式车辆采用多轴结构布置，可以提高通过性能，多轴方式使得与支承表面接触的车轮数量增加，接地面积变大。采用履带行走装置，极大地提高了接地面积，同等重量下接地压力小，通过性提高。而行走在倾斜支承面上时，整个机器与接触面间的接触关系、接触点与整机重力分布与载荷关系也影响通过性，如在坡面上行走不稳定、易侧滑，坡度小时可以通过，当坡度角大到一定值时，常规行走机械从行走原理已确定不可能通过。

1.7.2 几何通过性

几何通过性与地表几何条件相关联，更与整体几何形状、参数相关。从单一地表来评价行走通过能力不全面，需要进一步扩展到地面以外周围环境几何参数的影响，几何通过性包含地表通过性与外廓通过性。

(1) 地表通过性

支承行走机械行走的地表面并非都是平面，地面的凸凹起伏、坎坷不平均是普遍现象，这类地表外貌形状除了与行走装置发生作用外，还可能对机器的形状、尺寸等产生制约。每一机器都有其自身的形状、几何参数，机器下部的结构布置形式、轮廓尺寸与地面高低不平的非结构化表面相互影响。行走时行走机械下侧与不规则地面间的间隙不足，可能出现被托住而无法通过的间隙失效现象。用于描述几何通过性的参数有最小离地间隙、接近角、离去角、纵向通过半径、横向通过半径等，利用这些参数表达从前后侧、下侧可能产生影响通过的尺寸限定。上述尺寸与整机的结构布置直接相关，在设计之初即可决定。

离地间隙是影响通过性能的主要尺寸之一，离地间隙是地表面到车体下侧的最小尺寸，离地间隙不足可能就要被地面托住而无法通过。离地间隙还不能代表机器的通过能力，因为即使离地间隙足够大，如果接近角小于坡度角也无法前行通过。行走机械行走主要是纵向移动，因此纵向相关的一些结构尺寸与通过性关联密切。首先是机器的前后部下侧的结构影响行走通过性，为此定义有接近角与离去角。接近角是前轮外缘上切线与地面的夹角，该切线由水平起始绕轮心逆时针转动接触到机体突出点停止。此时切线的右上方涵盖机体所有突出点，前行时路面上的凸起首先与此处接触。接近角表明可以通过坡地而不与机体接触的能力，同样道理后端的离去角表明尾部触及地面而不能通过的程度。具体机器最小离地间隙的位置各有不同，因此也使得通过不同形状凸起的能力有变化。通常采用纵向通过半径、横向通过半径来进一步描述地表与机器下侧的通过性关系。前者为纵向前后三点构成圆弧的半径，该圆弧通过机体下侧最低点并与前后车轮相切。如果该机器行驶的道路有圆弧半径小于该圆弧半径，则可能就要被地面托住无法通过。横向通过半径则是在前后轴截面的尺寸，同样是该截面上左右车轮内侧与地面接触点、该截面内机体离地最低点三点形成的圆弧半径，如图 1-7-1 所示。

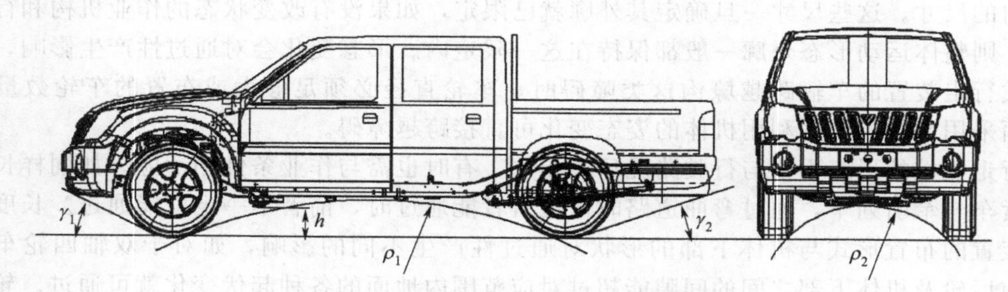

图 1-7-1 行走机械通过性几何参数

γ_1—接近角；γ_2—离去角；ρ_1—纵向通过半径；ρ_2—横向通过半径；h—最小离地间隙

(2) 外廓通过性

前面所述的各种参数所限定的通过性都是支承表面形态所限定的，行走机械在行驶过程中不仅如此，还要受到道路宽度、桥洞高度等的通过限制。任何一种机器均具有一定的形状，形状外廓尺寸限定了机器的最大几何尺寸，行走时需保证各向尺寸不受限制即可保证机器顺利通过。最大横截面高宽几何形状尺寸决定了过孔的能力，特别是高度尺寸对于需要通过孔、洞的行走机械尤为重要，如车辆从立交桥下通过就要注意桥的通过限制高度。最大水平截面长宽几何形状尺寸受窄道、弯路的限制，如在通过两侧路边存在墙壁、栅栏等隔离物的道路时，就要注意宽度尺寸的限制。在交叉窄路转弯时，就要注意突出部分的外缘是否能够顺利通过，此时通过性就要受到弯道形状尺寸限制，弯路行驶通过性表征通过狭窄弯道和绕过障碍的能力。这类通过能力在一定程度上受到整机尺寸的限制，有的还与灵活性、操控性能相关联。

弯路的通过性与机器的结构布置、转向能力等直接相关，机器本身的限定参数有最小转弯直径、机体的外摆值等。如图 1-7-2 所示为前轮转向、后轮差速的双轴四轮车辆转向示意图，行驶转向时转向运动瞬心在 O 点，整个机体也绕该点运动。图中 R_f 为前外轮转弯半径，R_r 为后内轮转弯半径，转向轮在最小转弯半径时，机体上与 O 点距离最远点绕此点的轨迹是外侧通过的限定值。图中前端外侧凸点运动轨迹与外侧前轮转弯半径存在突伸距离 a，该凸点转弯时运动轨迹与车体最内侧点转弯运动轨迹的差值为 A，则此转向状态该机器可以通过的转弯宽度需要大于等于 A。由此也可以看出整机布置如轴距、轮距等参数，以及轮轴与机体间的位置关系，对弯路通过性都有影响。

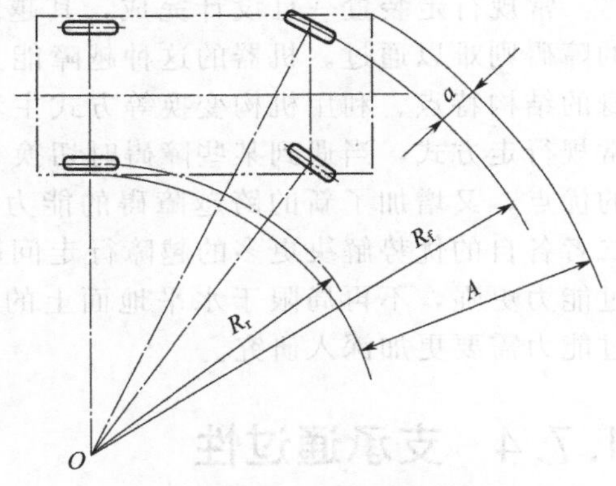

图 1-7-2 双轴四轮车辆转向示意图

1.7.3 越过障碍能力

行走机械须具有一定的通过沟坎等障碍物的能力，越障能力与行走装置的形式、几何参数，以及整机结构形式与布置均相关。

(1) 几何尺寸与越障能力

行走机械行走装置的几何尺寸直接影响通过性能，如轮式行走装置中车轮的几何尺寸直接影响跨越沟壑的能力。轮式行走机械的轮子在驱动力的作用下水平滚动时，当前面遇到垂直障碍时要么克服障碍滚过去，要么被阻挡住。从图 1-7-3 中可以直观地看到不同轮子直径与相关障碍结构尺寸对越障能力的影响，直径不同的车轮对于同一障碍的通过能力不同，轮径相对障碍物尺寸比越大通过性越好，轮径越大其越障能力越强。但在实际的机器中车轮要受到的结构、尺寸等影响不可太大，因此其跨越壕沟、台阶等的能力就受到一定的制约。

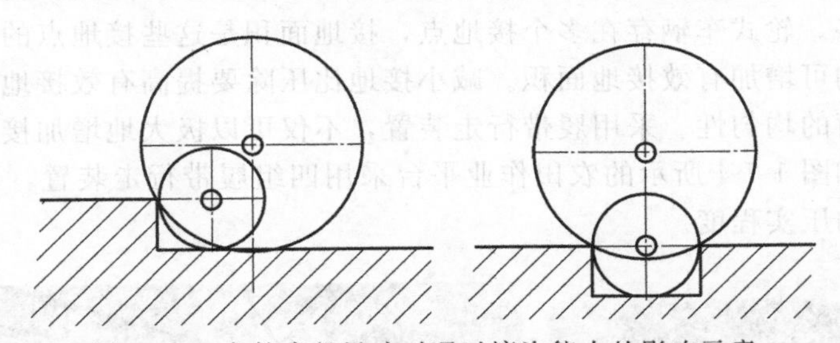
图 1-7-3 车轮直径尺寸对通过壕沟能力的影响示意

(2) 结构布置与越障能力

行走机械行走装置的几何尺寸影响越障能力，可以通过整机结构合理匹配克服几何尺寸的制约。如车轮轮径尺寸不能增加而又要提高越障能力，则可以考虑改变行走装置的形式，如采用履带式行走装置替代轮式装置。履带式行走装置跨沟能力远远优于轮式装置，其原因在于纵向接地尺寸大。适当配置履带装置的接近角，就可以提高通过突兀障碍的能力，履带装置一定程度上相当于直径增大的车轮，具有良好的跨越沟渠的能力。即使仍采用轮式行走装置而且轮径不变，只要在整体布置时采取提高通过性的措施，同样也能实现在通过性越障能力方面的提高。如行走部分采取多轴布置、多轴驱动形式，这类行走装置在接地、驱动等方面具有与履带装置相近的特性。

(3) 形态变化与越障能力

常规行走装置一旦设计完成，其越障能力就已基本确定，一旦遇到超越其通过能力的障碍则难以通过。机器的这种越障能力可视为被动式适应，有的行走机械可以借助自身的结构特点、利用机构变换等方式主动提高越障能力。这类机器一般在普通路况采用常规行走方式，当遇到某些障碍时切换行走模式实现越障，这样既保持了常规行走装置的优点，又增加了新的跨越障碍的能力。如将轮式行走装置与足式移动机构结合，利用二者各自的优势解决更多的越障行走问题。随着行走机械应用领域的扩大，所需要的通过能力更强，不再局限于水平地面上的不平与沟壕，还要攀爬与登高等，这些方面的通过能力需要更加深入研究。

1.7.4 支承通过性

支承通过性与支承表面力学特性密切相关，表现为支承表面的支承能力与附着能力，它不仅受机体本身的几何尺寸、重量载荷的影响，而且也与行走机械自身所能发挥的驱动能力相关联。

(1) 表面支承能力

行走机械在地面上行走的基本条件是有地面作为支承表面与行走装置接触，由于地表物理特性变化导致行走装置与地面接触时产生不同的效果。当接触松软土壤、沼泽、雪地等松软表面时，由于这类表面的承载能力较差，不可避免地会产生不可恢复的下陷，垂直载荷越大，下陷程度也越大。地面的承载能力与构成地表物质的物理特性相关，与其构成物质内部的黏合性、摩擦角等参数有关。在表面支承能力一定条件下要提高通过性能，则需在行走机械自身因素方面重点考虑，可以通过减小接地比压而达到提高通过性能的目的。接地比压是指行走机械对地面的单位压力，与重力载荷和行走装置与地表的接触面积相关。减小接地比压的措施可以是减小重量载荷或者增大接地面积，减小重量载荷受到一定的局限，增大接地面积方式应用较多。轮式车辆存在多个接地点，接地面积是这些接地点的接地面积之和，采用宽胎、低压胎均可增加有效接地面积。减小接地比压除要提高有效接地面积外，还要充分考虑整机重量载荷的均匀性。采用履带行走装置，不仅可以极大地增加接地面积，而且还能提高附着能力。如图 1-7-4 所示的农田作业平台采用四组履带行走装置，可通过增加接地面积来减小对土壤的压实程度。

图 1-7-4　农田作业平台

（2）行驶驱动能力

通过性还与行走机械能够发挥出的驱动能力相关，机器行走通过性通常还将其发挥出的净牵引力作为评价指标。净牵引力为支承面作用于整个行走装置上的驱动力与整机行驶总阻力之差，在车辆上又称挂钩牵引力。该力可以用来加速、爬坡以及牵引其它从动车辆，其越大行驶驱动能力越强。在松软土壤上行驶时，轮胎对土壤的压实、推移作用而产生的压实、推移阻力，要比在硬路面上的滚动阻力大得多。机器在松软地面上行驶时，附着力通常要比在一般硬路面上的小得多，更需要有足够的附着能力去发挥出足够的驱动力。轮式行走装置的驱动轮对地面施加向后的水平力，使地面发生剪切变形，相应的剪切力便形成了地面对车辆的推力，当驱动轮对地面施加的水平力大于等于极限剪切力时引起车轮滑转。驱动轮滑转可以在一定程度上提高驱动能力，但同时也降低了驱动效率，而且会使车轮下陷，车轮下陷到一定程度就无法实现行走功能。松软表面的附着能力差、行驶阻力大是限制通过能力的原因之一，为了应对，有的轮式行走装置在车轮的圆周上均匀地布置有轮刺、叶片等用以提高附着效果，增强驱动能力。如图 1-7-5 所示的插秧机利用浮板增加接地面积与浮力，利用带有叶片的驱动轮提高驱动能力。

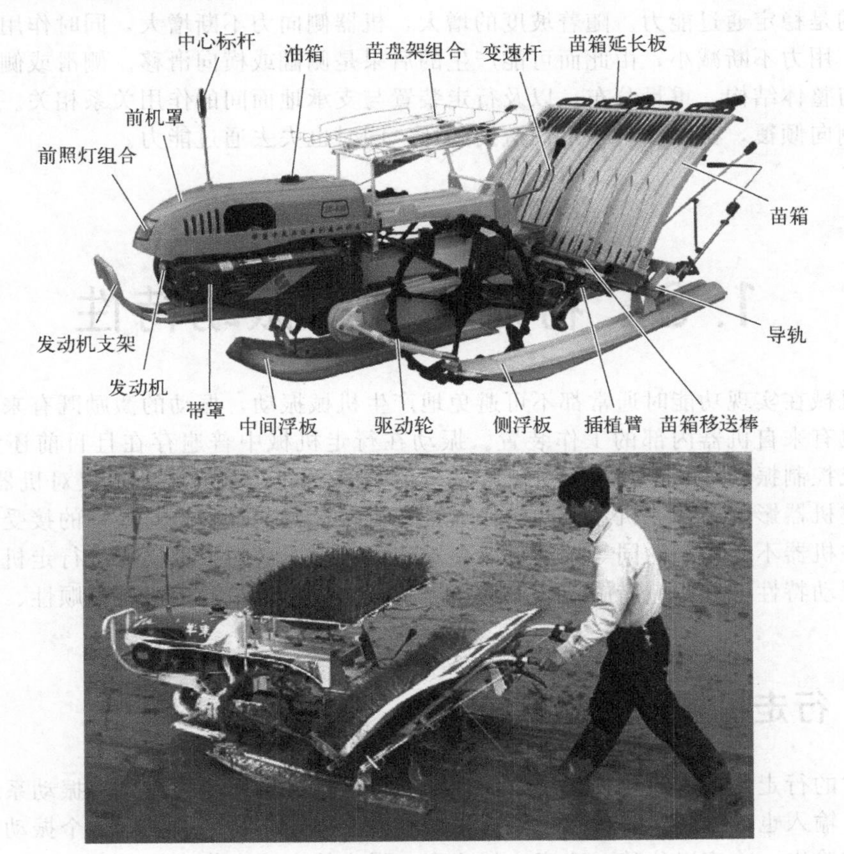

图 1-7-5 插秧机

1.7.5 倾斜行走能力

爬坡能力是衡量行走机械性能的一个重要指标，它关系到机器的动力性能、稳定性能，也体现了该机的通过性能。通过各类坡道的能力不仅受整机布置与结构形态尺寸制约，更与驱动力、重心位置相关。坡道通过性不仅关注爬坡能力，更要关注在纵坡、横坡上的稳定行走能力。

(1) 纵向稳定通过性

爬坡能力是行走机械的上坡通过能力，一般用该机在良好路面上的最大爬坡度表示。在坡路上行走时的载荷状态受坡度的影响，在纵向坡道上行走随着道路坡度增大，作用于机器的地面法向反作用力减小。当道路坡度大到一定程度时地面法向反作用力为零，作用于驱动轮的法向反作用力为零，则失去驱动能力。上坡时坡度阻力随坡度的增大而增加，克服坡度阻力所需的驱动力超过附着力时，驱动轮则滑转，机器无法前进上坡。作用于导向轮的法向反作用力小则导向能力差，在坡上行走的机器操纵性不好则可能要发生安全事故。而且如果机器重心较高，上大坡时容易发生绕后轴翻倒，纵向稳定性难以控制。

(2) 横向稳定通过性

通常被人们所关注的倾斜行走能力是体现爬坡能力的纵坡通过性能，而行走机械实际行走过程中不只纵向行走，在斜坡上横向行走也是难免。横向行走所关注的重点不是驱动能力，更多的是稳定通过能力。随着坡度的增大，机器侧向力不断增大，同时作用于机器的地面法向反作用力不断减小，由此而可能产生的后果是侧翻或横向滑移。侧滑或侧翻哪种情况先发生，与整体结构、重量分布，以及行走装置与支承地面间的作用关系相关。无论是发生侧滑还是侧向倾覆，都是横向稳定性遭到破坏，同时也失去通过能力。

1.8 行走机械的振动特性

行走机械在实现功能时通常都不可避免地产生机械振动，振动的激励既有来自于外部行走地面，也有来自机器内部的工作装置。振动在行走机械中普遍存在且目前还无法彻底消除，减缓或控制振动在一定程度上可以降低或消除其不利作用。振动不仅对机器本身无益，而且还通过机器影响工作在机器上的操作人员。机器及机器上的人对振动的接受程度是不相同的，往往机器不受影响的同等振动可能会导致人产生不适的生理反应。行走机械需要根据各自不同振动特性采取相应措施减缓振动，提高减振效果也是行走机械平顺性、宜人性方面的要求。

1.8.1 行走机械的振动系统

工作时的行走机械可简化视为一个振动系统，该系统同样存在输入、振动系统、输出三者的关系。输入也称激励，是导致机器产生振动的原因，激励通过机器这个振动系统才有振动响应或称输出，响应以位移、速度、加速度、噪声等方式在作为振动系统的机器上体现出来。当机器上有人时，振动响应通过机器作用到人体上，人体感受的振动强度和在其中暴露时间的综合作用使人产生疲劳、不舒适等的反应。振动激励存在不同的来源，其中路面对行走在其上机器的作用产生的响应效果通常用行驶平顺性来评价。行驶平顺性表示行走路面激励通过机器这一振动系统的响应对机器及其上人员作用的反应。平顺性好说明机器振动响应受输入激励的影响小，机器构建的振动系统可以控制或缓和振动。平顺性与机器结构组成和路况条件内外两方面相关联，提高机器行走的平顺性不能依赖随机变化的路况条件，而需从行走机械内部结构组成采取措施，构建出可以达到平顺性要求的振动系统。行走机械是人为设计制造的机器，通过设计与制造确定机器的装置与结构，改变弹性元件、阻尼元件相关质量，就可以构建出不同性能的振动系统，使道路与机器作用因机器系统而使最终相应输出的结果改变，使行走机械的平顺效果不同。

为了获得良好的平顺性，在机器设计之初就要考虑相应影响因素与应对措施，可能牵涉总体布置、结构设计、元件选择等多方面的内容。为此就要求掌握整个机器形成的振动系统牵涉到的各类影响因素，也包括人对振动的反应、机器系统的传递特性等。简单小车可以简化为单质量系统，单质量系统是只考虑垂直方向自由度的最简单模型，模型虽然简单但可比较方便地表达、分析振动系统与路面间的关系。如图 1-8-1 所示为单质量系统模型，它可视为质量为 m、弹簧刚度为 K、减振器阻尼系数为 C 的振动系统。在行走机械以一定速度沿 x 方向运动时，地面不平度引起的激励作用使得机器振动系统产生响应，q 是输入的路面不平度函数。而实际工作中的行走机械不仅存在道路不平而引起的冲击，还有加减速时的惯性力，以及发动机与传动轴振动等产生的激振力等作用。用于作业的行走机械的作业装置与外界作用也同样产生激励，这也增加振动系统的复杂性，此时的机器可视为多振动的复合系统。

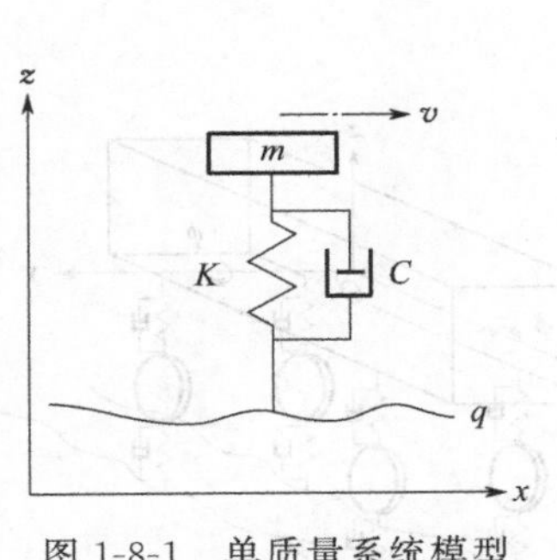

图 1-8-1　单质量系统模型

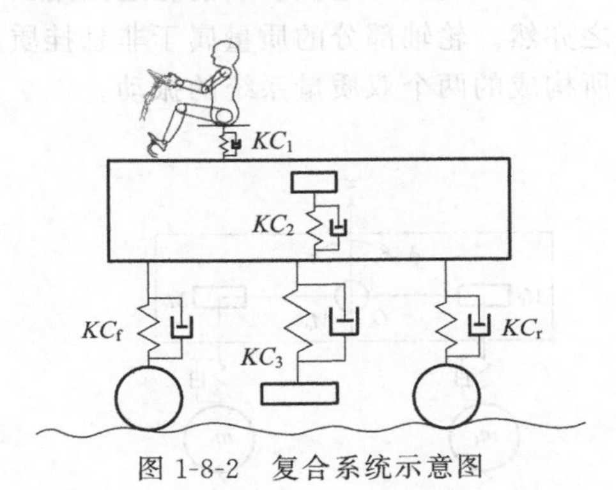

图 1-8-2　复合系统示意图

单质量系统模型表达出行走运动过程路面不平度和机器的简单关系，但不足以确切表达行走机械的振动系统。行走机械应是结构复杂的复合振动系统，该系统可以抽象为多个单质量振动系统的复合。其中路面不平度只是振动激励输入对一部分道路行驶车辆的情况，而对于作业类行走机械可能就不完全契合。作业类行走机械中的行走只是作业的组成部分，作业过程中其它装置产生的振动激励甚至要超过不平地面的激励。图 1-8-2 所示为一种行走机械复合系统示意图，行走时地面不平度产生的激励，经过由轮胎、悬架、座椅等弹性、阻尼元件等构成的振动系统的响应，以及内部振动等，最终被机器上的操作人员感受到。其中 KC_f 与 KC_r 两系统代表双轴行走机械前后行走部分的悬挂系统，同时忽略车轮弹性与车轮质量等的影响。KC_1 可视为机器机体与人员座位之间的弹性系统，可以是驾驶室与机体之间的弹性悬架，也可以是具有弹性的座椅系统。KC_2 代表机器内部装置构成的振动系统，因为动力装置起动、作业都要产生振动。KC_3 可视为作业装置对机体的振动系统，作业装置不作业时不产生振动，但增加机体部分的质量。

1.8.2 行走激励与机械振动

如果将行驶的行走机械简化为单质量弹性系统模型，则相当于机体部分通过弹性悬架支承并只在竖直方向做单自由度振动。为了提高行走机械的行驶平顺性，可从多角度寻求解决方案。如减少悬架系统刚度可降低固有频率，悬架系统中应具有适当的阻尼，以衰减自由振动和抑制共振。在实际的机器中连接车轮与机体的悬架部分除了弹性元件外，还有实现阻尼的减振器。减振器的阻尼效果好，能改善车轮与道路的接触条件，防止车轮离开路面而提高行驶平顺性。为了分析行走机械这一个复杂的振动系统，通常应根据实际工况对这一复杂的振动系统进行简化。一般将整体质量视为由彼此相联系的悬挂质量与非悬挂质量所组成，悬挂质量由机体及其上的总成所构成，该质量由减振器和弹簧与轮轴相连，而轮轴构成非悬挂质量，再经具有一定弹性和阻尼的轮胎支承于路面上。

当机器整体结构、重量分布接近对称于其纵向中心剖面，且左、右车轮接触到路面的不平度函数接近一致，此时机体可视为只有垂直和俯仰这两个自由度的振动，如图 1-8-3 为简化的四自由度的平面模型。车轮在整个系统中所起的作用很多，轮胎的弹性减小了系统悬挂刚度，轮胎变形时橡胶分子间产生摩擦又相当于引起振动衰减的阻尼增加。有时又因轮胎阻尼较小而予以忽略，只将轮胎视为弹性体而无阻尼作用，此模型中即如此。在这个模型中把机器质量、转动惯量按动力学等效的条件分解为前轴、后轴及质心的三个集中质量，这三个质量由无质量的刚性杆连接。当前轮遇到路面不平而引起振动时，前质量运动而后质量不运动，反之亦然。轮轴部分的质量属于非悬挂质量，在这种情况下可以分别讨论前后质量与前后轮轴所构成的两个双质量系统的振动。

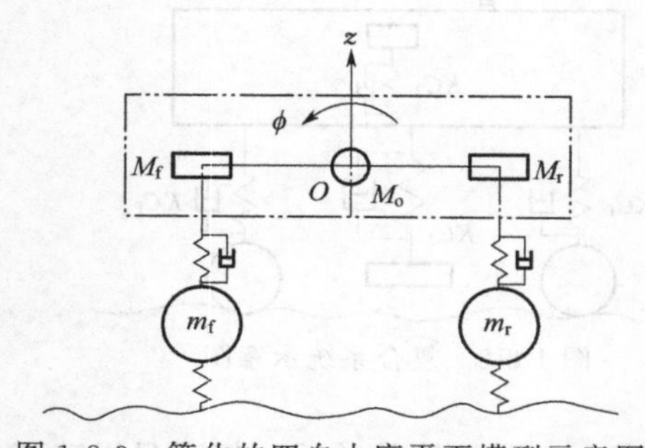

图 1-8-3 简化的四自由度平面模型示意图

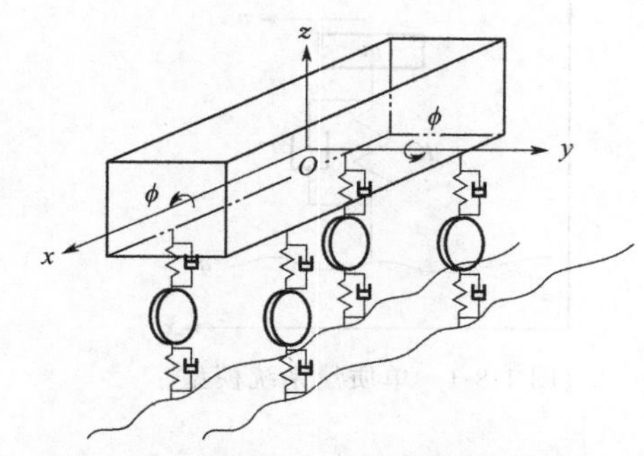

图 1-8-4 四轮独立简化立体模型示意图

图 1-8-4 所示为一个立体模型示意图，机架及其上的装置与总成共同构成悬挂质量部分，悬挂质量通过减振器和悬架弹簧与车轮相连接，车轮再经过具有一定弹性和阻尼的轮胎支承在不平的路面上。机体有四个独立悬挂系统，每个系统受到激励后的运动不受其它系统的影响。平面模型考虑前后两系统对机体的影响，立体模型要考虑垂直、俯仰、侧倾运动，牵涉的因素更多且更复杂。行走机械的质量分布对振动特性直接产生影响，减少非悬挂质量可以减少传给机身的冲击力。常用非悬挂质量与悬挂质量之比进行评价，比值越小则行驶平顺性越好。非悬挂质量主要体现在车轮与车桥部分，正确地选择参数、匹配好这部分与整机的质量，利于提高行驶的平顺性，采用非悬挂质量较小的独立悬挂更为有利。

1.8.3 行走机械上的减振措施

影响行走机械最终振动响应的激励来源不只是路面激励，作业接触的外界因素也可能输入振动激励，自身装置工作时也可能产生振动。机器工作产生振动很难避免，也很难彻底消除振动，但可以根据具体情况采取措施阻隔、减缓振动，保证机器正常工作、机上人员不舒适感觉不超过一定界限。

（1）弹性悬挂装置

行驶平顺性一定与行走装置部分存在关联，行走装置中的车轮直接接触地面并在地面上滚动，因而也接受地面的反作用而形成激励向上侧的机体传递。通常利用不同结构形式的装置连接在机架与车桥或车轮之间，其作用就是保证将行走车轮可靠连接到机架上并传递力与力矩。介于轮与机体之间的元器件中的一部分构成了悬挂装置或悬架。悬挂装置的功用就是连接作用，而且能够在一定程度上控制行走激励的响应，减缓、阻隔振动。悬架结构形式、组成元件、元件选材等因素的变化，可以改变机器振动系统的特性，改变因路面激励产生的振动、冲击对机体的作用。如采用弹性元件、减振器和导向机构三部分组成的弹性悬架比较典型，可实现减缓冲击载荷，吸收和衰减振动的作用。弹性元件主要有螺旋弹簧、钢板弹簧、扭力弹簧、空气弹簧等，其作用是将机架与行走车轮部分弹性地连接在一起。减振器是悬架中用来衰减振动的阻尼部件，主要有摩擦式减振器、液压式减振器和电磁式减振器等。导向机构负责传递纵向力、侧向力及其力矩，引导车轮按照一定的规律相对于车架运动。有的悬挂装置中还配有横向稳定杆，也叫防侧倾杆，其主要功能是限制机体产生较大侧倾，保持机体具有良好的平衡性。通常情况下弹性元件刚度为线性变化，使用中对载荷变化的适应性不理想，为此期望采用具有非线性特性的变刚度悬架来实现刚度随载荷而变的性能，满足这类需求的则需采用变刚度控制的主动悬挂系统。

（2）动力装置的减振连接

影响整机系统振动的不仅仅是路面激励，源于车轮和路面之间的作用只是其一，所有能够产生振动的激励源均影响最终响应效果，进而影响机器的宜人、舒适性等。路面激励、作业激励等是外部对机器作用的结果，机器本体内部同样也存在一些能激励振动的因素。机器构成中的装置本身工作时就会产生振动，如发动机这类存在往复运动的装置工作时产生振动，旋转装置中不平衡的旋转运动件也产生振动。处理这类问题除了通过优化结构、选取优良元件外，通用的解决办法是隔振。隔振最常用的办法就是将弹性元件安装在激发振动的装置与机架之间，如发动机与机架安装时通过减振装置连接。如图 1-8-5 所示发动机在与机架连接时，在发动机的每个支承点下侧都有一橡胶减振装置。

图 1-8-5　发动机安装减振装置

（3）外部作业振动隔离

行走机械还有行走以外的作业功能，对于同时还在作业的机器则存在作业相关的激励，作业装置在处理作业对象过程中也会相互作用，这些作用可能成为激励而引起机体的响应。这种多激励并行存在才是实际工况，只是激励对最终响应的贡献不同。有的行走机械速度较慢但作业时振动较大，此时影响最终响应的已不是路面激励而是作业产生的振动输入。如铣刨机作业时需要铣刨辊产生较大的冲击作用，不处理好也同样降低机器的宜人、舒适性。还有其它类似的作业中产生振动的机器，这类机器通常在作业装置与机架之间采用弹性连接装置实现减振。如振动压路机是利用压实辊产生的振动效果提高压实效率，但振动施加于路面的同时必然影响机上人员的舒适性等，为此在产生振动的压实辊体与压实辊架之间布置有减振连接装置。如图 1-8-6 所示，压实辊架 6 与压实辊体 9 通过减振装置 7 连接，以减轻振动对机上操作者及整个机体的影响。

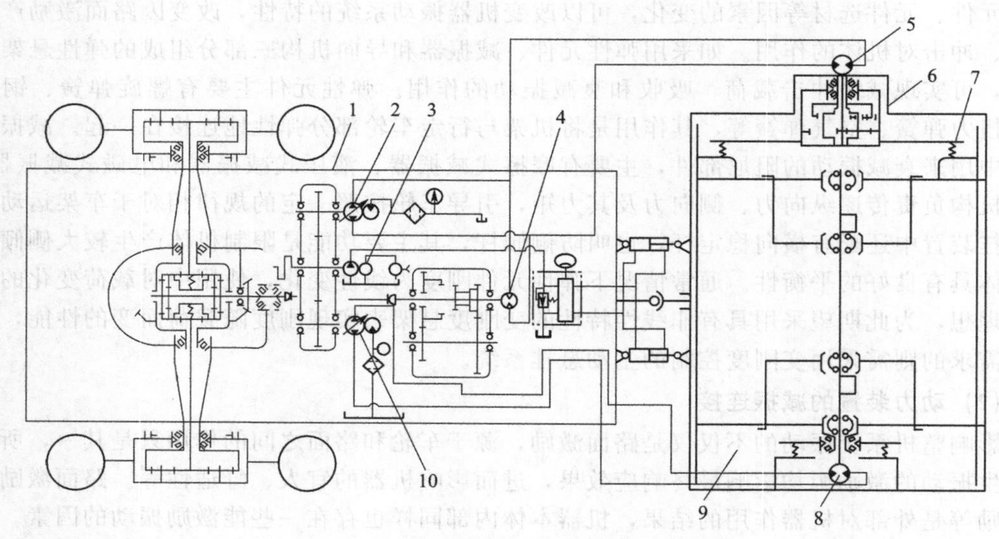

图 1-8-6　振动压路机示意图

1—主机架；2—行走驱动泵；3—转向及风扇泵；4—后桥驱动电机；5—压实辊驱动电机；6—压实辊架；7—减振装置；8—压实辊振动电机；9—压实辊体；10—振动轴驱动泵

1.8.4　行走机械的宜人性设计

行走机械在实现行走与作业功能的同时必须保证其宜人性，其中就要满足在其上相关人员的舒适要求。舒适性与所在位置的振动特性有直接关系，因此与整机布置、结构形式等直接关联。同一机器不同部位对振动特性的要求不同，为此可以采用振动分级隔离的方式提高工作人员的舒适性。通常机体部分通过悬挂装置与轮轴连接，通过弹性轮胎与道路接触，发动机等产生振动的装置也用带有弹性的减振器固定于机架上。行走机械要针对机器具体工作特性落实振动控制方案，高速车辆通常首先关注主体平顺性相关部分，再针对一些特殊部位实施特定振动控制。如货物运输车辆行走装置与车架间的悬挂系统可以满足货物运输要求，为了进一步提高驾驶乘坐人员的舒适性，在人乘坐的驾驶室与机体间、驾驶室与座椅设计悬架实现减振。人与机器、货物对振动的承受能力不同，驾驶室再配置一套专用悬挂装置进一步减振，既保证了人员的舒适性，也使整机悬挂系统设计合理与经济。

用于道路运输的中重型载重车辆，悬架一般采用刚度比较大的多片板簧结构。只用这一级悬挂装置减振要达到让人满意的舒适程度较难，通常在机架与驾驶室间增加一级悬挂，改善驾驶室的振动特性。用于驾驶室的悬挂装置分为固定式与悬浮式两种不同结构形式，前者刚度大，后者弹性好。固定式结构是采用橡胶隔振垫作为支承和隔振部件；悬浮式则全部采用或部分采用螺旋弹簧、空气弹簧等弹性元件作为主要支承和隔振部件。空气悬挂装置由于其空气弹簧的刚度较低，且刚度可呈非线性，无论驾驶室空、满载都可以获得较一致的系统固有频率，从而能够很好地保证驾乘舒适性。如图 1-8-7 所示为牵引车上采用的一种驾驶室悬挂装置。

图 1-8-7 牵引车驾驶室悬挂装置

舒适通常是人乘坐在机器上的感觉，上述主要是振动对人体舒适性的影响，行走机械上与人体舒适性相关的影响因素很多。如座椅可调节设计、仪表盘及操纵装置设计、微环境调节等与舒适性都有关联，这些体现在人机工程学设计所包含的内容。舒适也只是宜人性的一个方面，宜人性包含人对行走机械多方面、多角度的感觉品评，因此行走机械的宜人性也是多层次的，外观的形态美能使周围的人员赏心悦目，降低排放保护环境则是更高层次的宜人性。

1.9 行走机械工作安全性

行走机械在能实现功用的同时必须具备良好的安全性，安全性包含避免与保护两方面的内容。避免是避免意外事故的发生，保护是意外事故发生时对人等能够实现有效保护。前者体现了防止事故发生的主动安全保护，后者则是体现被动防御的被动安全保护。安全性虽然体现在使用过程中，但安全性的基础在其设计与制造中就已确定。根据行走机械具体工作特点分析安全影响因素，尽可能地预防、限制安全事故的发生。同时还要充分考虑对可能发生事故的应对与处理，保证即使事故发生也能最大限度地提供保护、减少次生危害的发生。

1.9.1 行走机械的安全特性

1.9.1.1 安全特性

机器设备的安全性是指其所具有的不导致人员伤亡、设备毁坏，以及危及人员健康和环境的能力，行走机械同样也必须具备这些能力。由于行走机械的行走作业特性，其安全性必须考虑行走及相关因素的影响，安全风险与要求也与一般机器设备有所不同。

(1) 行走运动速度风险

行走机械的行走是作业的需要或者是为了快速行驶，重载运输、作业匹配这些工况虽然不同，但共同包含因行走带来的安全风险。行走是行走机械区别于其它机械的显著特征，行走的运动特性对其安全的影响也是其它机械很少牵涉的内容。机器行走运动需要在掌控之中，失控则可能造成危险事故发生。造成行走失控的可能因素很多，如方向失控、制动失灵、超速行驶等，由于这些不该出现的问题可能导致碰撞事故发生。碰撞造成的后果又与机器行走速度大小相关，因此机器因行走运动而存在风险是固定作业机器所没有的。

(2) 作业过程变化风险

作业类行走机械中有的需要在行走过程中作业，这类机器要边移动机体边完成其它作业任务。在移动作业过程中路况条件、载荷状态等可能发生变化，如在坡路、凸凹路面上行驶时由于坡度引起的重力方向的改变，导致瞬时超载、重心位置移动等情况。行走机械都在地面支承作用下行走，当路况条件变化导致机器的重心投影超出倾覆轴线时就可能失稳而倾翻。即使是停机作业状态，如果载荷状态变化也存在倾翻的风险，如果外力相对倾覆轴线产生的倾覆力矩大于抗倾覆力矩，机器就无法保持稳定而发生倾翻。此外不当的转向运动也同样可能造成倾翻，这要在使用中限制转向时的向心加速度。

(3) 特殊环境条件风险

行走机械以移动为其一种主要工作特征，移动作业的区域范围较大，甚至可能进入到一些环境条件未知的场所。当对其活动范围内的环境条件事先无法预知时，进入这种场合作业就存在一定的风险。行走机械要保证工作安全，对环境的适应性也是其中要求之一，对于进入特殊环境作业的机器需要有一定的特殊要求。如要进入粉尘、油气这类容易产生燃烧、爆炸的环境，常规普通车辆就存在引起爆燃的风险。可以在这类场所作业的行走机械除具有相应的作业功能外，还要增加防爆功能以适应作业环境的要求。同样对于在有电磁兼容要求的环境作业，要根据具体要求保证其电磁兼容特性。

(4) 设计与技术风险

现代控制技术、传感技术的应用，提高了行走机械的功能与性能，其中也包含安全性。与此同时这类技术涉及的软硬件的质量与可靠性也直接影响整机的安全性，它们可能不直接与安全性相联系，但可能间接导致安全性问题，如控制软件中很微小的瑕疵，就可能造成控制失误而引起事故。影响行走机械安全性的因素很多，而如何处置影响因素与机器安全性的关系主要在机器设计环节落实，采取应对措施对影响安全性的一些因素加以控制。

1.9.1.2 安全性设计

安全性是行走机械必须满足的首要特性，行走机械要具有良好的安全性首先须从设计入手，通过设计消除已判定的危险或减少有关的风险。安全性设计寓于设计、制造等构成的整个产品实现过程之中，设计时首先要根据整机功能、任务、工作条件等信息，确定各项功能的失效影响和危害等，采取隔离、联锁、冗余、监控、告警等措施。设计时应尽量减少在系统的操作使用和维护保障中人为差错所导致的风险，为把不能消除的危险所形成的风险降至最低，应考虑采取补偿措施。当各种补偿设计方法都不能消除危险时，在装配、使用、维护和修理说明书中应给出报警和注意事项，并在危险零部件、器材、设备和设施上标出醒目的标记，以使人员、机器得到保护。

行走机械安全性设计要关注机器的各个环节，如图 1-9-1 所示的安全性设计流程与内容。在进行安全性设计时要从整体到装置全面分析，要充分分析整机、零部件在可能存在的故障模式下的安全风险，除了整机的安全保护设计外，对于可能产生危险事故的装置也必须考虑。首先要尽量在设计中将危险因素消除，不能消除的则需要采取措施将风险减小到可接受的水平。如果设计方案仍然无法达到要求，则可采用永久性的、自动的防护装置使风险减小。如果仍然难以达到可接受水平，则可采用报警装置来检测出危险状态，并发出报警信号。若上述措施仍不能满足要求，则要制定专门规程和进行相关的培训。

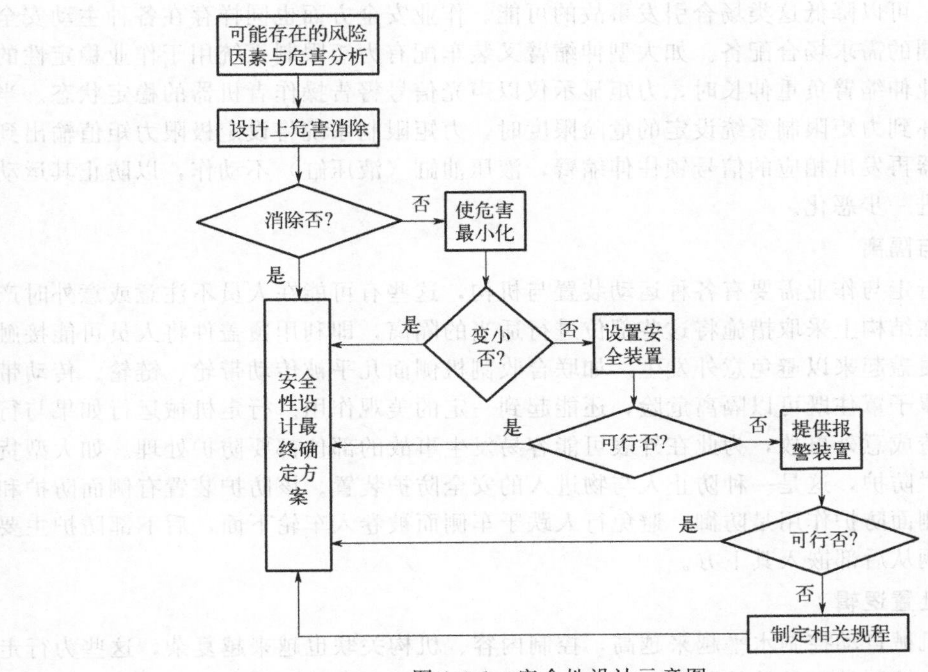

图 1-9-1 安全性设计示意图

1.9.2 主动安全性

主动安全是指能够通过事先防范来避免事故发生，期望最大限度避免事故发生。只有最大程度地减少事故发生率，才能最好地体现行走机械的安全性。对可能存在的不安全因素进行预判，采取相应措施进行主动干预，防患于未然、避免事故的发生，这是主动安全的体现。随着控制技术、传感技术的发展，在行走机械运动过程中实施事故预警和运动控制都成为可能，根据产品的工作特点配备适当的传感与控制器件构建安全系统。行走机械的安全防护既有自身特殊的要求，也有一些与其它设备通用的要求，在结构、系统设计上就预防潜在的不安全因素，为其提供主动安全保障。行走机械的主动安全性主要表现在以下几个方面。

(1) 运动预警

行走机械配置安全警示系统，该安全警示系统在检测到可能发生危险时，给出提示或发出预警，警示操作人员加以预防。系统中传感元件的配备与实际作业需求相适应，如要防止由于车辆偏离相应的行驶路线引起的碰撞或道路交通事故的系统，可能就需要有激光或超声波等测距传感器，利用它获取有关车辆邻近区域的车辆位置和移动信息，并与车速传感器、车轮摆角传感器的信息等共同送入控制单元，通过计算得到车辆与前方影响行驶物体的实际距离以及接近的相对速度，向驾驶人员发出预告信号与显示距离信息，或发出危险警告。如果仍未得到人为改变驾驶的指令，当距离低于设定的安全车距则会触发自动控制系统，控制制动装置实施自动制动，使得车辆减速或停止。

(2) 危险控制

现代的行走机械中一些主动安全装置得到普及，这些装置在机器行驶和工作中实现自动控制，预防发生事故。如从控制行走运动方面采取措施，利用自身的装置自动完成功能而减轻或避免事故。如在车辆中应用的ABS，即防抱死制动系统，ABS在车轮打滑场合起作用，增加附着能力，可以降低这类场合引发事故的可能。作业安全方面也同样存在各种主动安全装置，根据不同的需求场合配备。如大型伸缩臂叉装车配有力矩限制系统用于作业稳定性的控制，装载作业伸缩臂负重伸长时，力矩显示仪以声光信号警告操作者机器的稳定状态。当稳定性逐渐变坏到力矩限制系统设定的危险限度时，力矩限制系统将设定极限力矩值输出到控制器，控制器再发出相应的信号锁住伸缩臂，液压油缸（液压缸）不动作，以防止其运动而导致稳定性进一步恶化。

(3) 覆盖与隔离

行走机械行走与作业需要有各种运动装置与机构，这些有可能在人员不注意或意外时产生伤害。为此在结构上采取措施将这些部位进行适当的隔离，即利用覆盖件将人员可能接触到的运动部分覆盖起来以避免意外发生。如联合收割机侧面几乎被传动带轮、链轮、传动带链等占据，用罩子罩住既可以隔离危险，还能起到一定的美观作用。行走机械运行如果与行人接触就可能造成意外事故，为此在外表可能容易发生事故的部位都要防护处理。如大型货车下侧都有护栏防护，这是一种防止人与物进入的安全防护装置。该防护装置有侧面防护和后下部防护，侧面防护作用是防御、避免行人跌于车侧而被卷入车轮下面，后下部防护主要是防止小型车辆从后部嵌入其下方。

(4) 应急处置逻辑

现代行走机械自动控制水平越来越高，控制内容、机构关联也越来越复杂，这些为行走机械工作与安全控制带来益处的同时，也必须处理好作业控制与处置危险间的关系，保证构成机器的系统功能、装置作业、机构运动在应急处置时统一协调。出现某一危险情况时，处理该危险的安全控制系统自动起动，此时机器中的系统、装置等受到的控制指令应是停止或向安全方向动作，而不同系统、装置之间的控制逻辑应相互关联。如某传感器输入控制系统的信息表明危险可能要发生，则控制系统相应的应急保护功能开启，控制该状态不向危险方向发展。与此同时相关装置、机构的动作控制需要按照系统的安全逻辑互联互锁，确保向危险方向动作被全面禁止。

(5) 冗余备用

安全设计主要是预防为主，其中也包含影响安全的装置、器件本身失效对安全方面的影响。因此首先期望这些装置可靠性高，但还需考虑这些装置不可靠时需要采取的备用方案。如制动装置正常使用时均能达到功能要求，但在特殊情况下就难免失效，为此一些大型行走机械除了常规的制动系统外，还配置有辅助制动装置、应急制动装置等，这些装置是冗余备用装置。冗余备用不仅表现在多配备装置、器件上，而且融入安全设计之中，对安全性影响比较关键的元器件，可以利用冗余方式保障其可靠性。总之，保障安全最好是没有危险事故发生，不发生事故或尽量减小危险事故发生的可能，是主动安全性设计的主要内涵。

1.9.3 被动安全防护

主动安全性主要着眼于预防不安全事故发生，与之对应的被动安全性是在事故已经发生状态，能够对人、设备进行保护或减小损害程度。行走机械被动安全方面的实施措施可以从结构设计入手提高保护能力，也可以配置相关安全保护性装置。安全性设计已经融入现代行走机械的设计之中，安全相关的因素很多需在设计中注意。在结构设计上除了考虑强度、刚度的要求外，安全性要求也包含在其中。如小型乘用车行驶速度高，存在碰撞的潜在危险，安全性设计在结构设计上就要予以足够的重视。在结合整体各种工作载荷状态的情况下，车体结构与强度还要兼顾碰撞安全要求，要考虑碰撞减振、机体变形吸能等措施。优化车身结构使其具备吸收碰撞能量的特性，在发生碰撞时车身结构在外力冲击下能按预计的方式变形，车身变形吸收的能量与变形量能控制在一定的范围内，从而使传递给车内乘员的碰撞能量降到最低、所受到的冲击最小，并使乘员保持在安全空间范围内。

驾驶室是驾驶操作人员的工作区域，驾驶室不仅是布置各种仪表、操作装置的场所，也是与人员安全关系最密切的部位。驾驶室的安全性也关联着人机工程，如提高驾驶室的隔音效果是人机工程方面的需求，在一定程度上也是一种安全性要求，因为高噪声有害于人的身心健康，甚至可能引起操作失误导致危险发生。在设计与驾驶操作人员密切相关的驾驶室时，不但在结构上要保证足够的刚度与强度来提高安全性，而且还要考虑危险发生后的逃生问题。如有的机器在驾驶室设计时就已将其体现在结构中，驾驶室布置应急备用的安全出口，因为逃生时如果不能打开驾驶室门就需要有备用的出口。为了在发生危险时对驾驶室内的人员提供保护，根据不同需要采用相应的装置，具体配置的装置要针对事故性质及危险发生的可能性而定。如有高空坠物危险的工程机械为了保护操作者，则可以配置防坠物装置防护驾驶室或直接采用防坠物驾驶室。而对于高速行驶的道路车辆产生碰撞的可能性较大，这类车辆上最好能配置安全气囊这类能在发生碰撞时提供保护的装置。

装载机、伸缩臂叉车等均可用于高空装卸作业，还有一些在矿上、矿井作业的机器，在这类作业场合作业时必须面临坠物问题。坠物无法控制，因而只能利用防护措施保护工作人员，在驾驶室上增加上部防护能力，即使有物体落到驾驶室上也不会对驾驶人员产生伤害。这类机器作业还存在倾翻的危险因素，因此不仅要防倾翻，而且也需考虑倾翻后对驾驶人员的保护。倾翻事故可能造成驾驶室结构变形，侵入驾驶员容身空间，防倾翻驾驶室的核心是需要保证驾驶员安全生存空间。为了预防车辆碰撞对乘员产生伤害，现在的大部分乘用车都安装有安全气囊系统，当车以大于限定速度发生碰撞时安全气囊就会自动充气弹开，瞬时在驾驶员和方向盘之间充起一个很大的气囊，减轻对驾驶员头部及胸部的伤害。安全气囊的基本设计思想是在发生一次碰撞后、二次碰撞前，迅速在乘员与车辆内部结构之间打开一充满气体的囊袋，使乘员在发生碰撞时与气囊接触，而不与车体结构碰撞，如图 1-9-2 所示。通过囊袋的排气节流阻尼吸收乘员的动能，使二次碰撞得以缓冲，达到保护乘员的目的。车辆上安装的类似防护装置还有安全带，安全带主要靠织带的拉伸变形吸收能量减缓二次碰撞强度。

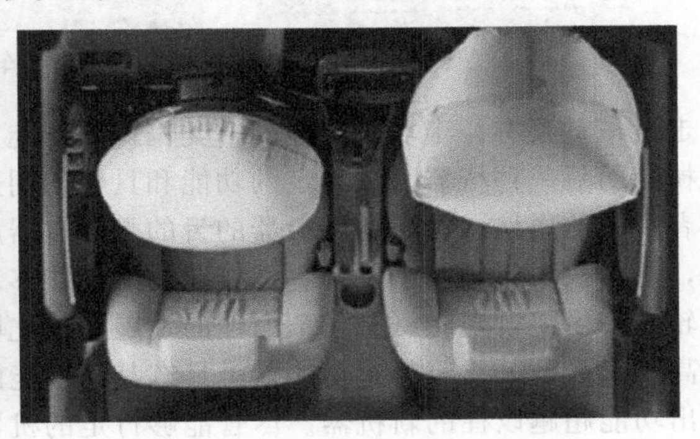

图 1-9-2　安全气囊

1.10 总结:行走机械功用与特性

机器可以被用来执行转换能量、变换运动和力、传递物料和信息等，人类发明、使用机器是为了更大程度延伸、拓展肢体的功用与能力，因而产生具有行走功能的机器也是必然。行走机械是具有行走功能的各类机器的概称，行走机械几乎应用到了人类生活和生产的方方面面。行走机械因适应需求、完成功用不同而存在各种不同形式，无论这些个体的形式如何都具有实现行走功能这一共同属性。

1.10.1 机器行走的基础

行走用于描述人类或某些动物的移动动作或状态，将其用于描述机器也是为了便于理解、利于统一。行走是动物的一种本能，为了能够广泛适应其生存环境，动物进化出腿、足这类灵活而可靠的行走器官用于行走，腿足行走是足底接触地面、交替迈步而移动。行走机械中也有少量的机器以腿足方式实现行走功能，而主流则是采用滚动轮子方式实现行走。轮子滚动是机器行走的基础，机器行走是轮子与地面连续接触的移动方式。轮子和每一种可行走的机器都是人发明的，但机器行走却背离了人自身的行走方式，如图 1-10-1 所示人与车的不同行走方式。行走不仅在具体的物种间存在差异，动物与机器间的差异更大，期待行走机械进一步发展，在未来有所突破。

图 1-10-1　人与车

行走机械是具有行走功能属性的一类机械，行走是这类机器的共有功能而非唯一功能。行走机械中的每一种机器都有特定的功能和具体的用途，所谓功能就是其发挥的作用，是满足使用者需求的属性。由于使用机器的目的是对机器所能发挥出功能的需求，实现功能需要有载体，行走机械就是用于实现各种作业功能且能移动行走的载体。

车轮的产生使行走机械有了革命性的发展，首先因为车的存在改变了人类货物运输的方式，提高了能力，其次将行走功能赋予具有其它功能的机器，不仅提高作业范围与效率，甚至创造出功能超越以往的新机器。尽管能够行走的机器各式各样、各有特点，但都具有行走共性，而轮子成为这些机器的统一基础。现代主流行走机械是以轮子旋转为行走运动的基础，行走驱动必须将传递给轮子的转矩转化为前进的驱动力，驱动力的产生与所接触的地面条件相关联，地面的附着能力直接限制了行走能力的发挥，轮式行走装置中的车轮不能离开地面，离开地面则失去行走能力。行走机械的主要特征体现在行走运动，轮子滚动的转速决定了轮心的移动速度，轮心平移速度也相当于机器行走的速度。主动行走的驱动轮转速取决于动力装置通过传动装置传递给车轮的转速，在行走驱动轮结构形式、尺寸确定后，输入转速对机器行走速度起决定作用。这类机器行走时车轮滚动与地面连续接触，行走方式要求有连续接触的支承面，一旦地面出现沟壑等不连续的情况就可能导致通过困难或无法通过，此时与支承面直接接触的轮径尺寸对越障通过能力影响较大。车轮滚动过程中地面与车轮相互作用，由于地面凸凹不平等原因导致在车轮上产生冲击或连续波动，这些激励通过车轮、悬架等响应后作用到机体，整个机器也是一复杂的振动系统，它的最终振动响应还要影响工作在其上的人。

轮子与轮轴等零部件组合成能够实现行走的行走装置，并连接到相关结构上才能实现行走功能。要实现自行走功能则还需配备实施能量转换的动力装置，通常动力装置将其它形式的能量转化为机械能并输出动力。动力装置输出的动力还必须能够根据行走需要传递到轮子上才能实现行走驱动，这要求在动力装置与驱动轮间还必须配备传动系统或装置。轮子驱动自行走是机器行走功能的一大技术进步，控制机器沿规定的方向行走和控制机器停与行也是机器行走的重要内容。实现行走方向的改变和行、停等状态的变化控制都需要有车轮的参与，通过改变轮子的方向或速度可实现行走转向，利用轮子与地面的作用使运动的机器停止。行走机械的功用各有不同，抛开具体特定的作业功能，行走机械要实现基本的行走功能应包含驱动功能、变速功能、转向功能、制动功能。每种功能的实现都需要相应的功能载体，这些功能载体的合理匹配则构成实现基本行走功能的机器，在此基础上增加功能、合理匹配则可获得各种既定功能的机器。因此每一台能够实现行走的机器都是各种功能装置的组合，装置功能的协调发挥实现机器需要的行走及其它作业功能。

1.10.2 行走机械的功用

最初以轮子为特征的行走机械主要是以运输为目的的车辆，在此之前运输货物只能靠人及牛马等牲畜的驮负或拖曳，车的使用解决了提高驮负能力、减小拖曳阻力的问题。但这些简单的人力车、畜力车只有行走装置，自身不存在使其行走的驱动能力，需要借用人、畜等外力牵引或其它方式才能行走，均属于所谓的非机动车。与非机动车相对的是机动行走车辆，所谓机动车是指自身配有动力装置，利用自身携带的动力装置发出的动力驱动行走。实现机动车行走的前提是具备可用的动力装置，在蒸汽机发明后才开始有了真正意义的机动车辆。机动车辆具有行走与发出动力的功能，仅仅用于运输任务只是实现驮负与牵引功能，这还不足以体现其能力的发挥。动力装置不仅仅用于驱动行走装置，同样也可以驱动其它作业的装置或机器。利用机器机动作业是人们的期望，而同时具备发挥行走与作业双重功能的机器也自然而然成为新的期望。这类机器继承了车的自行走的全部特征，又增加了另外功能的作业装置，二者有机组合为一体，成为一种既能行走，又能完成某些特定功能的行走类机器。

机械从结构组成与工作原理分类，可分为固定式机械和移动式机械。固定式机械没有行走装置，又称这类机械为设备或固定设备。具有行走装置的移动式机械为行走机械，特别是具有自行走功能的移动式机械是行走机械中的主体部分。从车的产生到机动车辆问世，再从机动车辆到行走机械的发展，体现了不同技术、各种机械的相互融合。行走功能与其它作业装置的结合，发展出具有各种不同功能与用途的机械，该机械具有车行驶的基本功能，又具备作业机具所特有的功能，极大拓展了机具的使用范围。行走机械中根据主要作业形式又可任意分为作业型机械及运输型机械，如图 1-10-2 所示的两类行走机械：汽车列车主要用于运输，联合收割机用于田间收获。运输型机械一般以牵引、驮负行走为主要特征，作业型机械从功能原理上可分为两个部分，相当于运输型机械与固定式机械的功能组合。可简单理解为将车的运载移动功能与一些固定式作业机械的相关工作部分结合，构成一类能够行走并完成相应作业功能的机械。"作业"一词所涵盖的范围十分广泛，因为作业的内容不同，采用的作业装置各有区别，因而用于完成"作业"的行走机械应用的范围广、形式多样。行走机械的应用范围不断扩大，种类也不断增多，不同的领域对行走机械也有了不同的分类与称谓。

图 1-10-2　道路运输与田间作业

人类作为行走机械的需求者与创造者在不断提出需求与发明创造，需求使行走机械产生与延续发展。行走机械实现的过程也是人类设计与创造的过程，人类智慧的高低决定了行走机械所能实现的功能与性能。现代行走机械的产生一般从设计活动开始，设计要完成的任务是从需求的功能出发，探求、规划整体结构与系统构成，以及机构、装置形式与零部件组合等，并以最终达到实现功能要求为目的。行走机械的用途、功用、性能、人机关系等各不相同，但最终都表现在形状、尺寸、重量、功率、装置的形态与物理参数等。任何机器、装置必在一定的环境内作业，功能的实现要面对更多因素的制约，构成机器的装置、结构形式、动力匹配等也需适应具体的环境要求与限定。目前为止行走机械还是以轮子接触地面行走的轮式行走装置为基础，以比较平整、坚实的地面条件为主要使用环境，因此在讨论行走机械的行走相关功能与性能时也通常以这类形态为主要参考。

1.10.3　行走机械的评价

行走机械最终都要以某种方式投入实际应用，不仅要具备满足使用需求的功能，还须有良好的性能才能为使用者所接受。行走机械因为功能而产生，行走机械的功能主要体现在满足使用需要的属性，作为功能载体的行走机械还要以性能优良为进一步追求的目标。性能指在一定条件下实现预定目的或者规定用途的能力，是对功能发挥效果的评价。行走机械在行走运动方面的功能及相关性能相对特殊，通用性能方面与其它机械具有共同之处。行走机械使用范围广泛，应用专业领域众多，行走机械实现的功用包含行走与作业两部分内容，其中行走是统一的而作业各有不同。对于行走机械中的某一具体机器功能、性能的考察评价，都以应用领域的专业角度对其给予综合评价。抛开不同行走机械具体的作业功能差异，从行走机械的共同行走属性角度观察分析，可以确定出行走机械比较统一的性能评价内容。这些性能具体的描述与内容可能因为关注的角度不同而变化，最终也都体现为功能适用、质量可靠、作业经济等内容。

行走是行走机械的特有功用，行走运动是行走机械必备的功能。发挥行走功能首先要关注的是运动条件与机器的用途，运动条件牵涉到地面的几何形状、路面的物理参数、环境气候等。在不同的环境条件下发挥出行走功能是行走机械行走通过能力的体现，行走能力强表明通过性能好。通过性表现为对行走支承面的适应能力、通过局部起伏不平地面和跨越障碍的能力，既与机器自身的结构尺寸形状、行走装置的形式相关，也与外界环境条件相关，也是机器对环境适应能力的一种体现。行走机械以一定的速度在地面支承下向前运动，行走装置行走过程中与地面相互作用，在行走机械上可能产生垂直、横向等方向的振动，这些振动对具体机器上的装置、人员都会产生一定的影响。地面对机器产生的反作用对机器本身，以及机器上的乘员的影响通常用平顺性来评价，平顺性好则说明机器对行走激励的振动响应小。行走机械不仅有行走地面的激励，机器作业不可避免地产生振动激励，这些激励作用于机器的振动响应也必然存在。行走机械的每一具体机器可视为特性不同的振动系统，可以借助弹性、阻尼元件组成的装置减缓振动，通过合理布置、优化结构也能减小振动响应。

行走机械具有实现行走运动的功能，与此同时更需要具有运动控制能力，即行走可控性。行走可控性可以理解为机器的行走状态可以保持在人所规定的状态，此处将行走运动中的制动、转向、操纵特性统一概括在行走可控性之内。制动性能表示改变运动状态的一种能力，主要体现在使行走运动的机器停下的能力。转向性能则是使机器实现按规定方向行进的能力，转向性能好不但指转向机动性好，而且要保持直线行驶性好。操纵性好就包含制动、转向均能实现可靠控制，而且不出现失控的事故。行走性能是行走机械的主要关注点，不同应用的机器所关注的角度和内容可能不同，如坡路行走性能就可以从不同的角度解读。行走机械爬纵坡的能力体现了动力性能，坡路上行走不侧滑、不倾翻表明通过性能好，在坡面作业不倾翻则又说明稳定性好，这类稳定性好也体现了作业安全性好。行走机械的安全性有运动安全与作业安全两方面内容：运动安全体现在对速度的控制与预防措施方面，作业安全性要根据作业特点、环境条件采取措施加以防护。

动力性能也是行走机械所关注的重要性能，行走机械的动力性能牵涉到作业能力、对外载变化的适应能力等，动力装置的性能以及传动系统的匹配对动力性的影响较大。不考虑作业装置的动力需求影响，单从行走角度考察行走机械动力性能，仍可以借用汽车动力性能的评价方法与内容。汽车动力性能通常用所能达到的平均行驶速度、最大爬坡能力、最短加速时间三个不同指标评价，速度体现其运动特性，爬坡能力体现其驱动特性，加速时间体现了机器行走过程中克服惯性的能力。动力性与经济性还存在一定的关联，如发动机的燃料消耗等与发动机的动力特性直接相关。

行走机械存在的原因在于其使用价值，其使用效果是其各种性能的综合评价，对行走机械功能、性能的要求概括起来就是适用。适用体现在方方面面的适应性，既要适应个体使用者对机器的不同需求，也要适应社会人文规范、适应时代发展趋势。

第2章 行走装置

2.1 车轮的变迁与橡胶轮胎轮

车轮是机器行走最原始、最基本的装置或元件，最基本的功用就是滚动并承受一定的负荷。随着技术的进步、行走机械的发展，车轮的功用也不断增多，其自身结构形式、性能要求也不断发展。

2.1.1 车轮的产生与进化发展

车轮是人类重要的发明之一，正是由于车轮的诞生才使车成为人类重要的交通工具，从此人们在陆地上搬运沉重的物体变得容易。车轮的发明使得以往以人、畜行走为主导的陆路运输进一步发展到以滚动行走为主导的器具运输，极大地提高了运输的能力与效率。最原始的车轮为轮与轴一体，后来逐渐演变成轴和轮相互分离为两个部分。轴演变成为通过车轮中心的长径比较大的横梁，车轮则变成长径比较小的绕轮轴旋转的圆盘。随着社会的发展与技术进步，车轮也逐渐从简单的圆盘形式演变而产生多种不同形式，这些车轮既有同一材料构成的单体结构，也有不同材料零件集合而成的组件。通常用作车轮的轮中心部位是一个用于与轴配合的圆孔，圆孔周围部分为了承载与连接的需要通常比较宽，该部位叫轮毂。轮的外边框叫轮辋，现代车轮轮辋的外侧通常与橡胶轮胎配合。连接轮辋和轮毂的部分为轮辐，早期轮辐为多个杆件从轮毂向周围发散与轮辋连接，如著于我国春秋时期的《道德经》中就有“三十辐共一毂，当其无，有车之用”的说法。轮毂、轮辋与轮辐构成基本的车轮，车轮与轴组合起来才具备实现行走的功能。当作为行走装置组合到车上时，将轴插入轮毂的轴孔内使轮与轴组合起来。为了防止轮从轴上脱落，还要用一称为“辖”的销类件插入轴上，以限制轮轴之间产生轴向窜动，如图 2-1-1 所示。

图 2-1-1 车轮基本结构

车要实现行走需车轮在地面上滚动，而轮轴通常只随车体平动，轮在轴上呈旋转运动。早期的轴与轮间的运动导致轴与轮毂配合表面的滑动摩擦，为了减轻或转嫁轮毂与轴间的磨损可在轴与轮毂之间加一过渡元件，这一过渡元件可以是一简单的轴套或滑动轴承，现代轮轴之间大量使用滚动轴承。早期车轮的材料主要是木材，后逐渐被强度高、寿命长的金属材料所取代。特别是钢铁材料优势突出，几乎可以加工成任何结构形式、任何尺寸的车轮。但金属质量较大、硬度较高，受使用环境限制较大。随着新型材料的出现，某些非金属高分子材料也用于制作车轮，其强度、韧性等方面不如金属车轮，一般加工成尺寸较小的车轮，或与金属结构组合使用。车轮的发展一直与时俱进，在结构、选材、功能上也不断进步以适应新的需求，因此也有了结构不同、形式多样的各类车轮。如图 2-1-2 所示的两类车轮，一类是轨道车辆用的在钢轨上滚动的一体结构的金属车轮，另一类是公路车辆用的金属轮体与橡胶轮胎组合而成的车轮。

图 2-1-2　金属刚性轮与弹性橡胶轮胎轮

车轮实现滚动就可完成其最基本的行走功用，随着使用需求的不断变化，对其要求也不断提高。随着自带动力装置的自行走车辆的出现，车轮的功能不但要从被动滚动变为主动驱动，同时需要实施转向、制动等功用，这对车轮的要求进一步提高，涉及车轮的结构形式、轮缘形态等，如轮缘的花纹与接地性能相关，用于驱动和用于导向的车轮轮缘花纹功用不同。如图 2-1-3 所示早期出现的一种自驱动行走的机动车，其前轮转向、后轮驱动，驱动轮与转向轮的花纹不同。刚性车轮难以满足普通路面高速行走要求，因此便有了弹性车轮发挥功能的空间，有了弹性材料与金属材料复合型车轮。橡胶轮胎的使用极大提高了车轮的运动性能，提高了车辆的行驶平顺性和乘坐舒适性。早期单体结构车轮的轮辋部分的外侧即为接地的外缘，现代的车轮轮辋已成为安装和支承轮胎的部件，安装在轮辋上的轮胎直接与地面接触。

图 2-1-3　车轮轮缘花纹

2.1.2　轮胎组合车轮

车轮的出现奠定了行走机械广泛应用的基础，而行走机械的发展又促进车轮的进步。早期机具上用的车轮，因材料、加工工艺等原因均为刚性车轮，刚性车轮的特性限制了其应用范围。现代行走机械中除了轨道车辆使用刚性金属轮、小型低速器械配置接近刚性的尼龙类车轮外，应用量最多、应用领域最广泛的是胎、体组合而成的弹性车轮。这类车轮的共同特点是其由轮胎部分与支承轮胎的轮体部分组合而成，轮胎部分通常为具有弹性的橡胶轮胎，轮体部分为金属结构。这类车轮的轮胎外缘部分与地面接触，具有一定弹性的轮胎的变形增大了接地面积，利于行走驱动能力与制动能力的发挥。金属结构的轮体继承刚性轮的优点，安装支承轮胎能保持必要的刚度与形态。这类车轮适应性强、适用范围广，应用几乎遍及各个领域。

组合车轮的轮体部分介于轮胎和轮轴之间，其结构形式与外缘连接的轮胎、内孔连接的轮轴结构相匹配。轮体可以是整体式结构，这类结构的轮体多数是铸造成基本形后再进行机械加工而成，也有采用焊合结构。比较常规的方式是将轮体部分设计成分体结构，轮体为几个金属零件的组合，一般由主要与轴连接的轮毂部分、与轮胎配合的轮辋部分和连接轮毂与轮辋的轮辐部分组成。轮辋是与轮胎结合的连接件，轮毂是与轮轴配合的连接件，轮辐是轮毂与轮辋之间的支承与连接部件。常见的轮辐为内孔外圆的辐板结构，辐板的外周与轮辋相连、内周连接轮毂。辐板一般采用板材加工以减轻车轮重量，多以冲压成形以提高刚度。辐条轮辐也是一种比较常见的结构形式，轮辐由多根金属辐条按一定的组合方式形成。全部辐条以轮毂为连接基础呈发散辐射状布置，一端与轮毂连接，另一端与轮辋连接。

轮辋是胎体组合型车轮的弹性轮胎与刚性轮体关联部位，为了便于橡胶轮胎与金属轮体的匹配，现代工业中已将比较常用的轮胎、轮辋标准化生产，因此需要时选型匹配即可。标准结构的轮辋也有多种类型以适应不同的需要，既可以是整体结构形式，也可以是几个零件组合结构。轮辋的常见形式主要有深槽轮辋和平底轮辋两种，此外还有对开式轮辋、半深槽轮辋、深槽宽轮辋、平底宽轮辋以及全斜底轮辋等，如图 2-1-4 所示。不同的轮辋结构适用于不同的轮胎和使用条件，应视具体应用而选择确定。如深槽轮辋结构简单，对于小尺寸弹性较大的轮胎最为适宜。对开式轮辋由左右可分的两部分组成，两部分轮辋之间用螺栓紧固在一起，装卸轮胎较方便。确定车轮轮辋时首先选用标准产品，只有无法选到合适的标准产品时再特定加工。

深槽轮辋

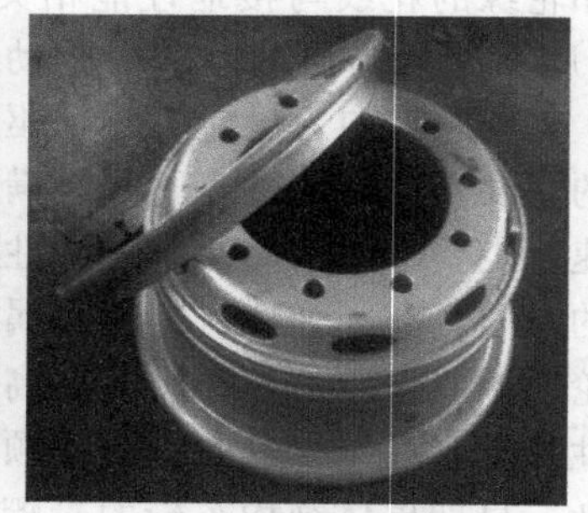

平底轮辋

图 2-1-4　轮辋

轮体采用分体结构便于车轮标准化与系列化，因为其中一个部分的改变对其它部分不影响。其中变化最多的部分是轮毂部分，大多数情况下轮毂部分单独制作以便与轮辐匹配。轮毂部分需要根据车轮的功用而变，如同车辆中的车轮就有从动轮与驱动轮之分，这直接影响轮毂部分内部连接结构。作为从动轮时轮毂通过轴承与轴连接，而作为驱动轮时轮毂与轴连接需要传动扭矩。无论轮毂内部结构如何，轮毂与轮辐之间的连接直接采用法兰结构即可。

只要保证法兰部位的结构尺寸与轮辐对应尺寸一致，即可实现车轮互换。在实际使用中轮辐与轮辋之间的相对位置关系影响整机行走部分的位置关系，轮辋与轮辐安装方式的不同组合也可得到几种不同的轮距。轮辐的结构形式、安装方式也需变化以适应使用需要，如提高承载能力可以并联使用，使两轮体部分组合到一起共同承载，如图 2-1-5 所示。

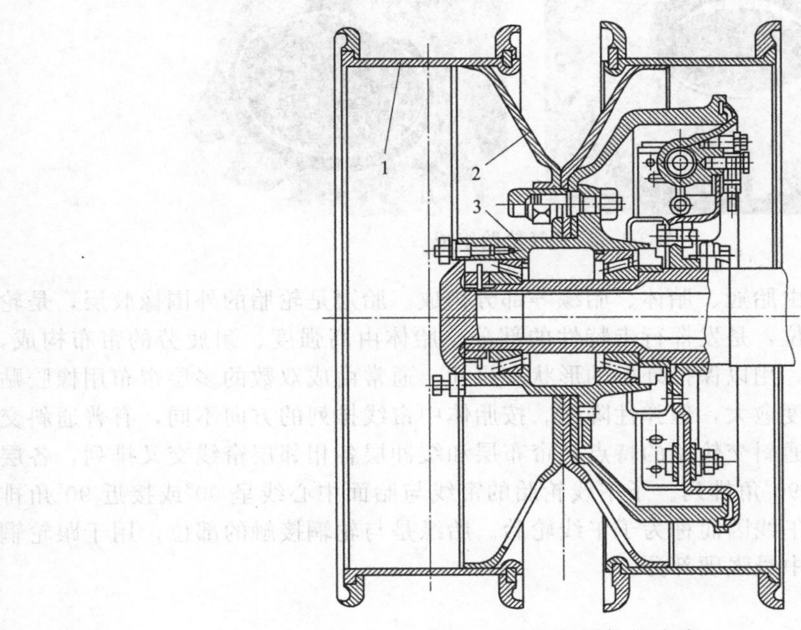

图 2-1-5　双轮同轮毂连接

1—轮辋；2—轮辐；3—轮毂

2.1.3　橡胶轮胎

橡胶轮胎按胎体结构不同可分为充气轮胎和实心轮胎，二者不同之处在于充气轮胎内部空间充气后才能使用，实心轮胎为实心结构，无需充气可直接使用。充气轮胎弹性强、适应性好、应用广泛。实心轮胎的弹性不如充气轮胎，而承载能力要大于同规格的充气轮胎，一般应用于低速场合。

2.1.3.1　充气轮胎

充气轮胎按组成分为有内胎轮胎和无内胎轮胎，前者分内外胎，分别发挥功能，后者则将全部功能集为一体。有内胎充气轮胎由外胎、内胎构成，外胎为一自然形态固定的橡胶壳体，内胎置于外胎内，充气后紧密地贴在外胎的内壁上。外胎承受外来的各种作用力，使内胎免受机械损坏，在内胎充气后使轮胎保持规定的尺寸，发挥相应的作用。内胎为有一用于充气的气门嘴的封闭橡胶环筒，其气密性好、弹性强。为了保护内胎不受轮辋组件的磨损，有的充气轮胎还带有垫带。垫带是具有一定断面形状的环形胶带，放置于轮辋与内胎之间，如图 2-1-6 所示。无内胎充气轮胎结构简单，没有内胎和垫带，只有与有内胎轮胎外胎结构相近的轮胎，轮胎的密封性是由轮胎紧密结合在与其配合的轮辋上而实现的。轮胎的内壁衬贴一层抗气体渗透的胶质密封层，防止充入的气体泄出，正对着胎面部位的密封层与轮胎之间还有一自黏层，可使轮胎穿孔时自行将孔黏合。无内胎轮胎的优点是轮胎穿孔时压力不会急剧下降，能安全地继续行驶，也不存在因内、外胎之间摩擦而发热。

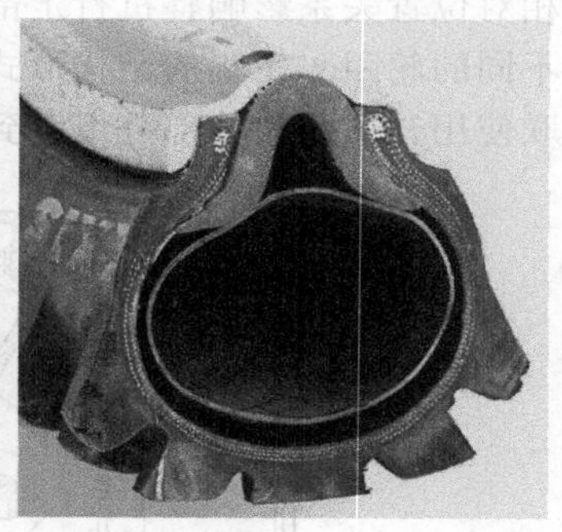

图 2-1-6　充气轮胎组成

充气轮胎的外胎通常由胎冠、胎体、胎缘等部分构成。胎冠是轮胎的外围橡胶层，是轮胎上唯一跟地面接触的部位，是发挥行走特性的部分。胎体由高强度、耐疲劳的帘布构成，帘布层是充气轮胎的骨架，用以保持外胎的形状和尺寸，通常由成双数的多层帘布用橡胶贴合而成，帘布层数愈多强度愈大，但弹性降低。按胎体中帘线排列的方向不同，有普通斜交轮胎、子午线轮胎等。普通斜交轮胎的特点是帘布层和缓冲层各相邻层帘线交叉排列，各层帘线与胎面中心线呈小于 90°角排列。子午线轮胎的帘线与胎面中心线呈 90°或接近 90°角排列，帘线分布如地球的子午线因而称为子午线轮胎。胎缘是与轮辋接触的部位，用于跟轮辋配合密封，也是轮胎结构中最强硬部分。

2.1.3.2　实心轮胎

实心轮胎存在不同的结构形式，不同形式的实心轮胎使用环境可能不同。实心轮胎胎体既有与标准充气轮胎一致的截面形状，也有特殊专用形状。其径向厚度尺寸即轮胎截面高度，与缓冲性能要求相关，胎体厚可以满足高弹性需要。同时胎体厚热传导性差而易于导致轮胎温度升高，行驶速度快时使胎体内产生的热量多，因而需限制实心轮胎速度以提高其使用寿命。在选择一些特定条件下使用的某种实心轮胎时应注意，其结构形式、加工方法等变化都可导致实心轮胎的性能不同。

(1) 钢圈压配式实心胎

钢圈压配式实心胎一般是为在平整的水平硬实路面上缓行的工业车辆设计，主要用于应对高负载工况，具有接地比压高、滚动阻力小、耐刺破能力强和免维护等特点。同其负载能力相比，它们的外形尺寸较小，因而是低剖面工业车辆的较佳选择，如图 2-1-7 所示。

(2) 灌注式实心胎

灌注式实心胎是将两种高分子材料灌注到轮胎内部，在一定的温度下使其发生化学反应，产生一种高弹性的聚合物与轮胎形成一体。通常用于防弹安全轮胎，即使在受到枪弹袭击而胎体出现损坏的情况下，创口不会继续裂开和扩大，仍能保持车辆良好的行驶平顺性。

(3) 三体式复合实心胎

三体式复合实心胎采用三种不同特性的橡胶材料分三层布置构成胎体，其中与地面接触的外层为耐磨胎面，胎面部分布置有轮胎需要的沟槽和花纹。中间层为高弹性材料，其两侧外表反弧形结构可有效吸收振动能量。与轮圈接触的基体部分采用的橡胶较硬，且在其中有钢环加强，这类实心轮胎用于高载荷低速行走机械。如图 2-1-8 所示。

图 2-1-7　钢圈压配式实心胎

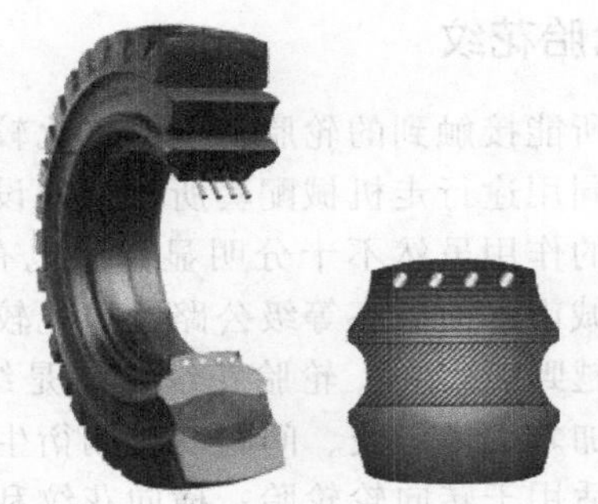

图 2-1-8　三体式复合实心胎

2.1.4　轮胎的特征

轮胎是车轮行驶中接触地面的部分，需要满足承载、行驶等各个方面的需求。能承受机体负荷、吸收来自地面的冲击是对所有轮胎的要求，不同用途的车轮上的轮胎还需有更具体的要求。驱动轮需要发挥牵引力，轮胎需要具备良好的附着性；用于导向轮的轮胎，胎面花纹应适宜转向及保持行驶方向稳定性。

2.1.4.1　轮胎截面形状

轮胎为整体环状而截面形态则各有不同，由此轮胎对行走性能产生影响。通常用外半径与内半径之差表示轮胎截面高度，轮胎两侧最大间距为轮胎的宽度，如图 2-1-9 所示。根据截面形状常用轮胎有标准轮胎或称普通轮胎、宽断面轮胎或称宽基轮胎，还有拱形轮胎和椭圆轮胎等。标准轮胎与地面接触面积较小，适合在硬实路面工作。在同等条件下与标准轮胎相比，宽断面结构能增加接地面积、降低接地压力，但滚动阻力和转向阻力加大。轮胎不同截面形态对行走性能产生影响，因而也利用这一特性应对一些特殊行走环境。标准轮胎在越野时容易下陷并因而增大滚动阻力，而采用高越野性的宽断面轮胎代替普通轮胎，可以更大程度地提高轮式行走机械在无路条件下的行走性能。充气轮胎的气压与施加其上的载荷都对其截面形态、接地状态产生影响，压力调节也是一种提高不同工况行走通过性的手段之一。

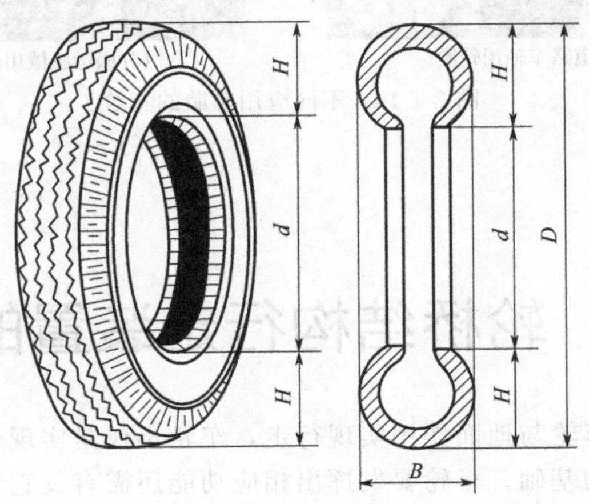

图 2-1-9　轮胎结构尺寸

D—轮胎外径；d—轮胎内径；H—断面高度；B—断面宽度

2.1.4.2 轮胎花纹

目前人们所能接触到的轮胎外廓形式比较相近，而轮胎胎面的花纹却各式各样，这都是生产厂家为不同用途行走机械配套所进行的设计。每种花纹都具有一定的特点与适用场合，花纹所能起到的作用虽然不十分明显，但也有一定的应用特点，如图 2-1-10 所示。如花纹细而浅适用于城市路面、高等级公路这类比较好的硬路面，花纹凹部深而粗，在松软土壤上的附着性好、越野能力强。轮胎花纹基本是纵向、横向及纵横组合，在此基础上进一步变形、变向，再加之沟槽深浅、间距变化则衍生出各种不同形态。总体而言纵向布置的花纹利于转向稳定，适用于转向轮轮胎；横向花纹利于驱动性能的发挥，适于驱动轮轮胎使用。当然这种纵横只是趋势并非绝对形状，具体还应考虑排水排泥等因素，实际花纹还需存在一定的角度或间断等。同样都带有某种形状的花纹，但使用的场合不同可能就要起反作用。在田间作业的车辆采用人字形大突纹，具有较强的连续针入土壤的能力，旋转方向有利于向外挤压出突纹之间的土壤时，就能够获得一定的自动清洗程度。但这种轮胎公路性能差，因为它只有少量的橡胶与路面接触，在公路上还容易产生振动和噪声。

(a) 农田作业机械用轮胎　(b) 全地形车辆用轮胎

(c) 道路车辆用轮胎　(d) 搬运机械用轮胎

图 2-1-10　不同应用轮胎的花纹

2.2　轮桥结构行走装置的类型

轮式行走机械通过车轮与地面作用实现行走，车轮不仅是实现运动的基本装置，也是承载机体负荷、实施驱动的基础。车轮要发挥出相应功能还需有其它装置与机构的配合，其中称为车桥的装置与车轮匹配最为常见。大多行走机械采用轮桥式行走装置，通常车桥上连机体、两端安装车轮，车轮与车桥构成轮式行走装置的基础部分。

2.2.1 轮桥行走装置形式

2.2.1.1 轮式行走装置布置

车轮的功用就是要承载机体实现移动，对行走机械内部而言要支承机体、对外部环境而言要与地面接触发生作用。由于需要承受与传递来自内外部的作用力，因此对于承载能力一定的车轮而言，车轮数量与承载能力需要密切相关。车轮数量的增多必然牵涉到车轮与整机的关系，即车轮的布置位置关系。保持刚性物体平衡至少存在三点支承，行走机械也必然遵循此规律。要保持机体支承平衡需要在其下侧至少实现三点支承，即行走装置有三个车轮构成三点接地支承就可保持整机平衡。因此行走装置通常采用三轮、多轮布置方式，是为了实现三点、多点支承。无论是三轮方式还是多轮布置，其中采用两轮同轴线布置简单适用。三点接地支承结构通常一单轮在前或后，另外两轮同轴布置，三点构成一纵置的等腰三角形。这种基本布置形式简单但承载能力受限，所以多用于一些小型、轻载车辆。伴随着车轮数量的增加来分担重量载荷，承载能力提高，随之使得接地支承点数量增加为四点、多点等。

同轴线布置的两轮可简单地利用一根轴将其组合起来共同支承机体，这也是两轮支承结构行走装置最简单的形式。需要多轮布置时简单增加轴数即可方便实现，如应用最广泛的四轮结构行走装置，就是采用纵向双轴布置。为了使同轴两轮能够协同工作，且使行走装置结构简单、模块化，便利用车桥将两轮联系起来。车桥为将两侧同轴布置的车轮联系起来的多零件组合装置，该装置使左右两车轮能协同工作。其基本作用是支承机架承载负荷，在机架与车轮之间传递各种作用力，还要实现机器要求的特定功能。如常规四轮车辆的行走装置由两种不同功能的车桥组成，即实现转向功能的前桥和实现驱动功能的后桥。

2.2.1.2 车桥的基本类型

通常根据车桥与车轮组成的行走装置作用不同，将车桥分为驱动桥、转向桥、转向驱动桥和支承桥等类型。通常所谓的车桥多指整个车桥为一体式结构，有时也将多组零件、机构等组合在一起称为车桥，这类车桥通常为形体可变的分体结构。

(1) 支承桥

简单轮轴结构的行走装置中的轮轴仅起车轮与机架之间的联系与支承作用，支承桥的功能与只用于支持作用的原始轮轴的功能相近，因而其结构也有一定的相似。支承桥的中间部分可以是截面为不同形状的梁，只在梁的两端加工出用于与车轮配合的端轴。两端轴同轴布置，而中间梁部分可根据安装需要布置。车轮安装在端轴上可绕端轴转动，两侧的车轮独立转动而互不干涉。这类结构的车桥通常用于从动场合，挂车的车桥即属于这类结构，如图 2-2-1 所示。

(2) 转向桥

行走转向是行走机械必不可少的功能，这一功能的实现通常就是通过转向桥、转向轮实现。转向可利用车轮的偏摆产生的效果，为了使车轮能够偏摆，转向桥连接车轮部分能与中间桥体部分铰接，两车轮可以实现绕铰接立轴转动。此立轴也被通称为转向主销，转向主销因转向桥与转向轮之间的结构、连接关系不同而变化。转向桥要使左右车轮实现协同转向，还需配置将左右轮关联起来的转向机构。

(3) 驱动桥

驱动桥不但肩负承载功能，还需要将动力分别传递给左右两驱动轮。为此驱动桥通常采

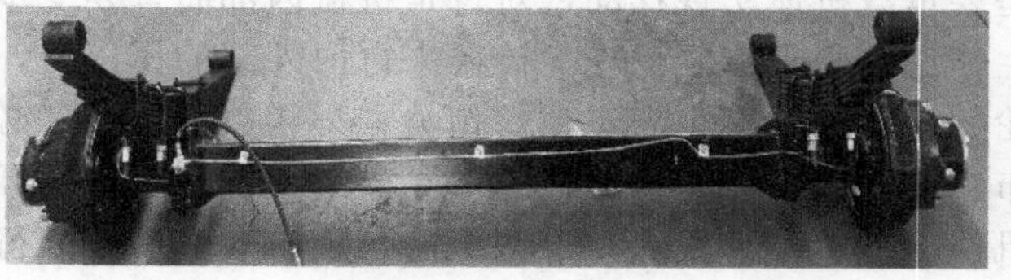

图 2-2-1　支承桥

取承载与传动分开处理、利用壳体包含传动装置的结构，如图 2-2-2 所示。其中桥壳体用于连接机体，承受由车轮传来的路面反作用力和力矩，承载并保护内部的传动部分。壳体内布置有主减速器、差速器、半轴和末端传动等，其功能是将动力协调分配并传递给左右驱动轮。

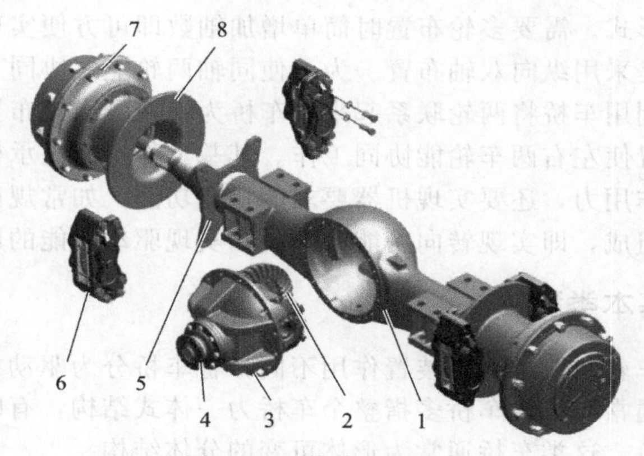

图 2-2-2　装载机驱动桥

1—桥壳；2—中央传动；3—中央传动壳；4—连接盘；5—制动钳安装座；6—制动钳；7—轮毂；8—制动盘

(4) 转向驱动桥

转向驱动桥兼具转向与驱动功能，因而也要配置相应的机构与装置，导致结构比较复杂。单一驱动功能的车桥只实现动力传递不需要考虑转向桥车轮偏摆的功能；单一转向功能的车桥只实现车轮偏摆而不传递动力。既驱动又转向必须考虑传动路线方向变化给传动带来的影响，需要将传递给固定轴的动力变为传递给摆动轴，在传动半轴到车轮驱动轴之间的传动路线上需增加传动装置。通常采用万向传动装置将两轴连接起来，如图 2-2-3 所示。也有在二者之间加装一套锥齿轮传动装置的，如图 2-2-4 所示。

上述车桥均指整体式结构，整体式结构车桥对车轮的约束较多，为了提高两侧车轮运动的灵活性，将车桥设计为非整体刚性结构，这类结构中左右车轮的水平位置可以比较灵活地上下浮动，如图 2-2-5 所示。浮动结构车桥通常将弹性悬挂机构与固定结构结合形成动静复合结构，这类结构的驱动桥可将主减速器与差速器部分固定在车架或车身上，利用悬挂装置连接车轮，驱动车轮的半轴分为两段用万向节连接，既能保证动力传递，又适应驱动轮独立上下浮动。

图 2-2-3　万向传动装置传动的转向驱动桥

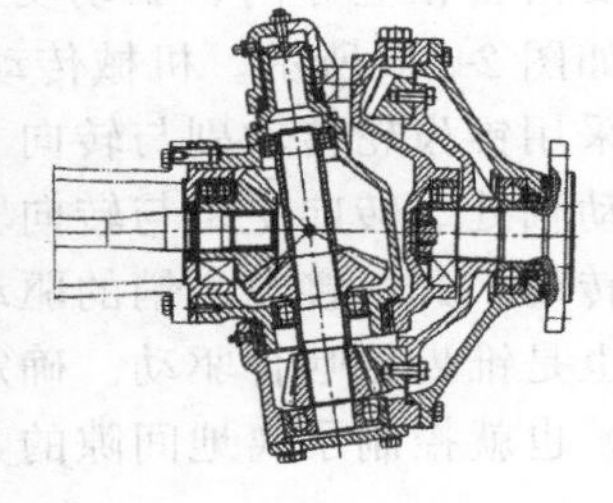

图 2-2-4　转向驱动桥及其轴端锥齿轮传动图

图 2-2-5　浮动结构驱动桥

2.2.2　车桥结构的变化

虽然车桥因不同的功用而结构形式各异，但通常情况下车桥桥体部分的横向水平轴心线与车轮的轴线重合或间距较小，车轮与车桥相互间的位置关系也确定。与这些普通车桥相对的，一些特定的场合需要应用存在特定要求的车桥，为此应改变结构形式以适应使用需要。因而也产生了多种特定结构形式的车桥。

2.2.2.1 离地间隙变化

（1）低底板客车车桥

为了便于乘客上下车，越来越多的城市公交车辆采用低底板结构，这类车辆的行走装置结构也要与之匹配，为此在保持车轮尺寸不变的情况下，车桥的水平中心与车轮中心要有较大落差才能满足要求。转向桥与支承桥的共同特点就是不存在驱动，因此实现低底板结构相对比较简单。如桥梁部分设计成下沉梁，尽量加大下沉部分宽度、紧凑端部装置尺寸。转向桥为了适应大落差的要求，转向臂水平布置与转向系统中卧式转向器配合，使转向拉杆运动时占用的垂直空间较小。传统机械传动的驱动桥需要考虑传动部分结构尺寸的影响，若仍采用常规结构的驱动桥布置方式，将导致驱动桥外壳最大尺寸处于纵向中心线位置，对降低此处的底板高度十分不利。为此这类驱动桥一般采用偏置驱动桥结构，即将主减速器部分布置在尽量靠近端部处。

（2）高地隙车桥

在农田作业的一些行走机械，为了在作物生长到一定高度后仍可在田间作业，需要有足够的离地间隙来避开作物，由此而出现高地隙行走机械。高地隙行走机械具有同类普通轮式行走机械的特点与功能，而离地间隙大大增加。其布置方式仍与普通轮式行走机械相近，车桥需要具备相应导向、驱动功能。当需要实现四轮驱动时，前后桥其中之一需是转向驱动桥，如图 2-2-6 所示。机械传动的高地隙转向驱动桥中半轴与车轮轮轴存在一定的高度差，一般采用锥齿轮传动副与转向主销结合的方式，将处于高处半轴传递的动力经主销降低到车轮驱动轴处。转向主销与转向驱动轴之间是通过一对锥齿轮啮合，因而转向轮驱动轴既可绕主销转动，又可接收主销的驱动。主销与半轴的位置关系与传统结构一样，但主销与半轴的关系也是锥齿轮啮合驱动。确定主销的长度以及两对齿轮副的位置，即可控制半轴与轮轴的间距，也就控制了离地间隙的大小。

图 2-2-6 机械传动高地隙转向驱动桥

2.2.2.2 形态尺寸可调

（1）轴距调节

在一些特定条件下使用的行走机械需要具有不同的轮距，如农田作业的拖拉机，为了满足不同的垄距，就需要有不同的轮距与之相适应，轮距可调的车桥在这种场合比较适用。变轮距要结合转向与驱动桥的结构，在改变车桥横向结构尺寸时仍要保证原有的转向与驱动功能。转向桥桥体部分结构比较简单，通常采用伸缩结构调整桥体的长度来改变轮距。转向桥通常是桥梁中部与主机架连接、梁的两侧安装车轮，为了实现轮距调整，可将桥梁设计成内外镶套横向抽拉结构。外梁为整体结构仍与机体连接，内套分为左右两部分与车轮连接。在内外管梁上有根据轮距要求均匀分布的孔，并用螺栓将内外管梁固定在一起。当需要调整轮距时将螺栓取出，相对移动内外管梁来调整轮距后将螺栓紧定，注意转向机构的连杆等也需进行相应的调整，如图 2-2-7 所示。

图 2-2-7　转向桥有级伸缩调节

驱动桥因传动相关部分的存在采用上述调整方式不太方便，驱动桥可采用半轴承载结构以便于调整轮距。驱动桥将传统的中央传动与轮边减速器等装置集中布置在中间位置，而左右半轴直接与驱动轮轮毂连接。这两根半轴既作为驱动轮的扭矩传动轴，又作为重力载荷的承载轴。轮毂在轴上可以轴向移动，因此可用来适当调节轮距，如图 2-2-8 所示。

图 2-2-8　半轴承载驱动桥

(2) 前束改变

行走机械行驶过程中除了转向轮转向时调整车轮外，一般不需要改变车轮的状态。但在一些特殊使用场合需要使车轮实现左右倾斜一定的角度，如平地机在工作中由于刮刀的倾斜会产生横向阻力，在斜坡上作业也会产生横向阻力。这个横向阻力会引起平地机的跑偏，利用前轮竖直截面左右倾斜功能可以增加其作业稳定性。该机的前桥为转向桥，要使前轮实现左右倾斜一定的角度，实质上是调整转向主销的内倾与外倾。为了调节主销左右偏摆，车桥的结构也要比常规车桥复杂。需要在桥端与主销部分之间增加一中间机构，同时将两主销由一横拉杆分别铰接使二者偏摆时协调一致。在桥体与主销之间布置一倾斜油缸，该油缸驱动并带动拉杆协同完成车轮的左右倾斜，如图 2-2-9 所示。

2.2.2.3　非传统结构

一般意义的车桥都是一独立结构的装置，如刚性驱动桥虽然有多个零部件，组合起来是一独立存在的整体。而有的行走机械由作业的特殊性决定，采用这种结构形式的车桥不十分适宜，常常采用一些特定结构形式的车桥。如联合收割机的驱动桥，虽然起的作用与传统结

图 2-2-9　自行走式平地机前桥

构的驱动桥一样，但在结构形式上区别很大。联合收割机由于作业装置部分占据机体的大部分空间，动力装置与行走驱动桥之间的空间距离较大，传动方式也不适合常规的结构形式。联合收割机行走驱动部分的传动系统的各个零部件，并不像一般的驱动桥那样在驱动桥的壳体内，承载弯矩的部件也不是驱动桥壳，而是机架承载结构的一部分，传动装置只是借用此部分作为连接安装结构。

如图 2-2-10 所示，机架前部下侧的承载横梁为驱动桥的依附体，横梁的两端连接有轮边减速器，轮边减速器输出轴驱动车轮。横梁的后侧安装有变速箱，变速箱内包含差速器，与差速器连接的左右半轴从变速箱的两侧输出。半轴连接左右轮边减速器小齿轮，通过齿轮传动最后驱动左右驱动轮。变速箱的输入可以是机械、液压等不同的形式，而输出形式一致，直接通过半轴驱动轮边减速器。其特点是变速箱与轮边减速器均为驱动桥的组成部分，同时这些装置在装配主机前又是互不相关的独立装置。

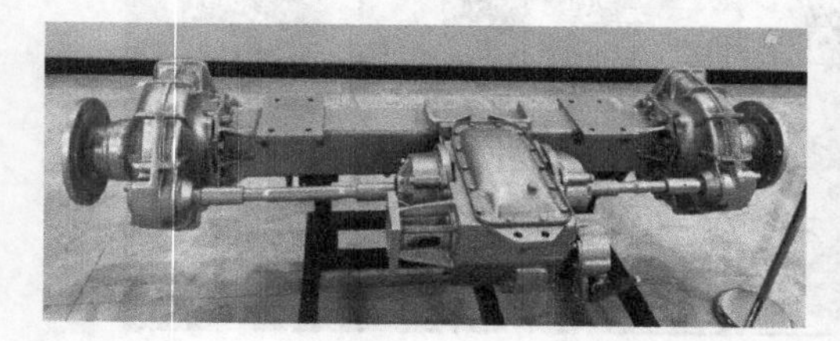

图 2-2-10　联合收割机驱动桥

传统意义的车桥只是传动与承载的机械装置，而电动车辆的发展进一步改变了驱动桥的含义。电机驱动桥可以将动力装置与机械传动、承载装置组合在一起，该车桥既是驱动装置，又具有传统车桥的形式与功用，如图 2-2-11 所示。这类车桥形式多样，其特征就是将电机置于车桥之中，这类车桥如果去掉电机则失去驱动的作用。类似结构的车桥还有液压马达驱动形式，如图 2-2-12 所示。液压马达与电机都输出动力，只是电机直接将电能转化为机械能输出，而液压马达需要与液压泵匹配构成液压系统由泵提供高压油液驱动其工作，将液压能转化为机械能输出。

图 2-2-11　电机驱动桥

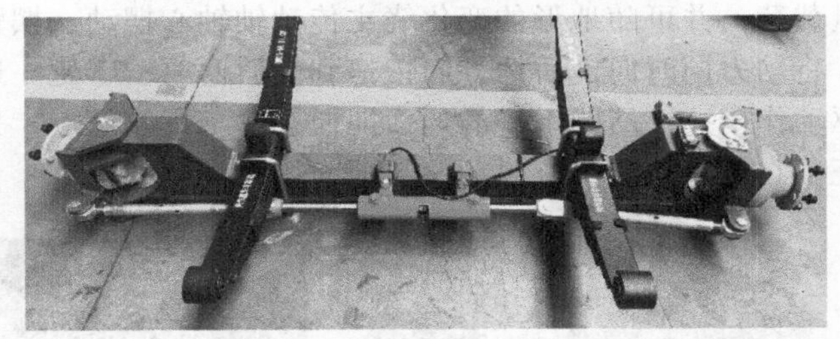

图 2-2-12　液压马达驱动桥

2.2.3　机体铰接车桥

采用轮桥结构行走装置的行走机械中，车轮通过车桥与机体发生关联，车桥与机体最简单的连接是采用直接连接。直接连接使车桥与机体形成一体，车桥的运动直接传递到机体。双桥及多桥布置的行走机械与地面接触车轮的数量一定多于三个，为超静定支承结构。如果车桥与机体全部刚性固定连接，当地面凸凹不平时对转向、驱动等性能都会产生不利影响，因此需要其中部分车桥相对机体能够调节以便提高适应性。

2.2.3.1　横向摆动结构

行走机械的车桥与机体直接刚性连接成一体时，四轮双桥结构行走装置在高低不平的地面行走则可能有一轮失去支承悬空，这样可能直接影响驱动、转向等性能的发挥。如驱动桥的一侧轮悬空空转，则由于驱动桥中的差速装置的作用，接地的驱动轮失去驱动能力。为了防止这类事件发生，通常将其中的车桥与机架铰接，使该车桥可以在一定角度内绕纵轴摆动。低速双桥四轮行走机械中可采用如图 2-2-13 所示的铰接形式，车桥与机架的连接采用中央枢轴铰接，路面横向不平度变化由该桥的摆动来适应。机体或机架的连接部位布置有连接支座，车桥上对应部位也有一配合的支座或轴，利用支座中绕轴转动，使车桥相对机体实现横截面内的摆动。

图 2-2-13　横向摆动结构

2.2.3.2 纵向摆动结构

与纵向铰接实现横向摆动的方式类似，可以使驱动车轮实现纵向摆动。这类结构中的驱动桥与车轮的连接结构相对复杂，其中中部桥体部分与传统结构的驱动桥类似，桥的两侧铰接有摆臂，每侧的摆臂连接有前后两个车轮。摆臂绕驱动桥轴心摆动带动车轮以车桥轴心为中心在纵截面内摆动，使同侧两轮实现纵向高低不同的变化。整个装置由中间桥部分与两侧左右两个摆臂部分组成，两摆臂相互独立并在外侧安装两驱动轮，如图 2-2-14 所示。摆臂的外壳用于承载重量载荷，并可随地形的变化绕主传动轴轴心摆动。摆臂内部布置有传递动力到两轮的传动副，将动力同时向前后两方向传递到前后两驱动车轮，这种结构形式能够使同侧两轮同时发挥驱动作用。在凸凹不平的地面即使有一个车轮悬空，另外一个轮仍然可以发挥驱动作用，保证了在任何状态都有驱动轮与地面接触。

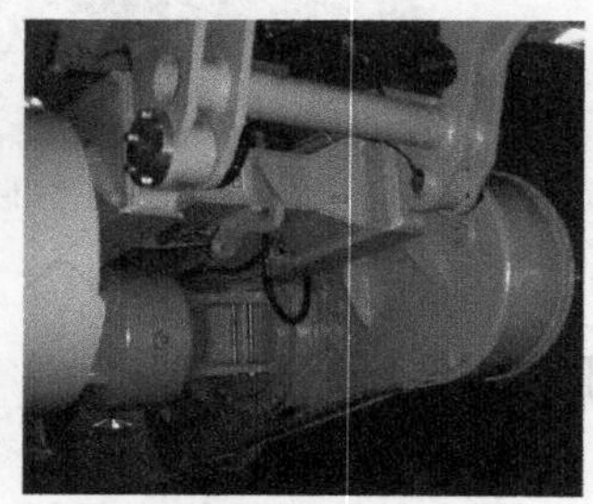

图 2-2-14　纵向摆动结构

2.3　轮式行走机械的悬挂装置

轮式行走机械中实施行走功能的轮桥部分除了直接与机体连接外，还可借助悬挂装置将其与机体连接起来。悬挂装置与行走部分关联紧密，根据对同轴布置的左右车轮的影响不同，分为独立悬挂与非独立悬挂两类结构。独立悬挂结构中同轴两侧车轮的连接特点是多环节非刚性连接，其中一侧车轮的运动不会影响另一侧车轮的状态。非独立悬挂结构中两侧车轮的横向连接是由一整体结构的部件连接，其中一侧车轮的垂直位移会影响同轴另一侧车轮的状态。两类悬挂结构布置、配置元器件不同，应用与功能各有优势。

2.3.1　悬挂装置构成与元件特点

悬挂装置应能保证行走部分与主体之间具有弹性关联，并能起到传递载荷、缓和冲击、衰减振动等作用。基本悬挂装置通常由弹性元件、减振器和导向机构三部分组成，有些悬挂装置中还有缓冲块和稳定杆等元件。其中减振器和弹性元件并联安装起缓冲、减振作用；导向机构主要起运动导向作用。

2.3.1.1　弹性元件

用于悬挂装置的弹性元件形式不一，钢板弹簧被大量用作行走机械悬挂装置的弹性元件，其它形式的弹性元件诸如螺旋弹簧、扭杆弹簧、橡胶弹簧、流体弹性装置等也相继出现在悬挂装置中。其中钢板弹簧悬挂装置相对简单，钢板弹簧本身能起到导向作用，可以独立实现悬挂功能。钢板弹簧是由若干宽度一致长度不等的弹簧钢片按长度依次上下叠放在一起，整体看起来近似一根中间部分厚、两端薄的弹性梁。运动过程中两端变形大、中间部分变形小，可以通过改变钢板弹簧片的数量实现刚度变化以适应不同载荷。螺旋弹簧与钢板弹簧相比有质量小、所占纵向空间小的优点，但由于螺旋弹簧只能承受垂直载荷，故需要与减振器、导向机构配合以应对垂直力以外的各种力和力矩。扭杆弹簧本身是一根由弹簧钢制成的断面通常为圆形或矩形的长杆，扭杆发生扭转变形起到弹簧的作用。

橡胶本身具有弹性，因而也可以用作悬挂装置的弹性元件。橡胶弹性元件的特点是可以承受压缩载荷与扭转载荷，而且其单位质量的储能量较金属弹簧多，且隔音性能好、工作无噪声。由于橡胶的拉伸载荷特性受限，而且其内部摩擦较大具有一定的减振能力，所以多在悬挂装置中用作缓冲元件和辅助作用的弹性元件。利用气、液流体的特性可以制造出具有弹性特征的器件，这类器件也可用于悬挂装置之中。相对于金属材料制成的板式弹簧、螺旋弹簧、扭杆弹簧等弹性元件，其最突出的不同是具有变刚度的特性。气体弹簧是主要用橡胶件作为密闭容器，利用密封在橡胶气囊内的压缩空气作为弹性介质的一种类似弹簧的弹性装置。这种弹性装置随施加其上载荷的增加，容器内压缩空气压力升高而使其弹簧刚度也增加；载荷减少时弹簧刚度也随空气压力减少而下降，具有理想的变刚度弹性特性。还有气液复合结构的弹性装置，是以气体作为弹性介质、油液作为传力介质，不仅具有弹性元件的作用，也可实现阻尼作用，根据需要可以实施主动控制。不同的弹性元件各有其特性，弹性元件的复合使用可以发挥各自的优势，因此在同一悬挂装置中可以存在不同的弹性元件。

2.3.1.2 减振器

钢板弹簧可以单独作为悬挂装置发挥作用，原因在于其不仅具备弹性元件共同具有的弹性，而且能在一定程度上保证运动稳定性和减振作用。钢板弹簧片宽度方向具有较好的刚度，便于运动方向保持，叠加在一起的钢板弹簧片运动时在各片之间产生摩擦，具有阻尼作用。但对减振效果要求提高时则需有其它减振器的配合，如钢板弹簧通常与筒式减振器组合共同实现悬挂功能，如图 2-3-1 所示。减振器是为了迅速衰减振动而存在，但绝不仅仅是衰减振动。它能吸收及转化弹性能量、抑制车轮的跳动，进而提高行走平顺性和乘坐舒适性，也利于操作稳定性。悬挂装置单独使用弹簧而没有减振元件时，当路面对轮子的冲击力传到弹簧时，弹簧产生变形，吸收的动能转换为弹簧的势能，起到了缓和地面冲击的作用。但是弹簧本身不消耗能量或消耗很少的能量，储存了势能的弹簧将恢复原来的形状又把势能重新转化为动能，配备减振器就是增加阻尼消耗弹簧中的能量。使用较多的减振器是内部充有液

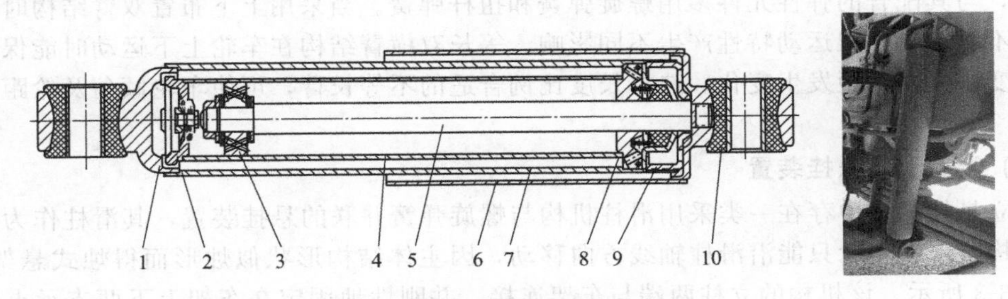

图 2-3-1　筒式减振器

1—贮液筒座；2—压缩阀总成；3—活塞总成；4—缸筒；5—缸杆；6—防尘罩；7—贮液筒；8—缸杆导向器；9—毛毡油封盖；10—橡胶衬套

体的液力减振器，弹性元件振动时使减振器内的液体流经阻尼孔，液体与阻尼孔间的作用及液体的黏性摩擦形成了对振动的反向阻力，将振动能量由此转变为热能并散发到周围空气中去，达到迅速衰减振动的结果。这种减振器的阻尼是不变的，还有如电流变和磁流变等阻尼可变减振器，这类减振器是在液体介质上施加一定强度的电流场或磁流场，通过改变介质的黏度以达到改变减振器阻尼的目的。

2.3.1.3 导向机构与稳定杆件

悬挂装置中的弹性元件、减振器的承载与传力能力都受到一定的限制，如采用螺旋弹簧只承受垂直力而无法限制侧向作用，因而对于侧向力、纵向力及力矩需加设其它机构或装置承受和传递。导向机构在悬挂装置中的作用也正是如此，用于在车轮与机架之间传递各种力与力矩，并保证车轮相对于机体有确定的运动规律。在独立悬挂结构中的导向机构不仅决定了车轮跳动时的运动轨迹，还影响车轮定位参数的变化。导向机构具有传递作用力、限定运动的性质，与这一特性类似的还有一些杆件用于配合悬挂装置工作，如在行走装置与机体之间还常设置一些杆件起稳定作用，提高整机的操纵稳定性和抗倾翻能力。

辅助杆件有稳定杆和推力杆等，不同杆件所实现的功用有所侧重。横向稳定杆又称防倾杆，作用是防止机体在转弯时发生过大的横向侧倾。拉杆一端与机体或机架连接，另一端与悬挂装置发生关系。横向稳定杆是用弹簧钢制成的U形杆，横置在机体的前端或后端，杆身的中部用套筒与机架铰接，杆的两端分别固定在左右悬挂装置上。当机体只做垂直运动时，两侧悬挂装置变形相同，横向稳定杆不起作用。当机体侧倾时两侧悬挂装置运动不一致，横向稳定杆两边的纵向部分向不同方向发生扭转，稳定杆所产生的扭转力矩就阻碍了悬挂装置弹簧的变形，成为继续侧倾的阻力而起到横向稳定的作用。推力杆主要是承力，纵向推力杆主要承受运行过程中的制动、加减速产生的纵向力，斜向或横向推力杆承受转向时和运行过程中产生的侧向力等。如横臂式悬挂装置的上下叉形摆臂杆等构成了运动导向机构。

2.3.2 独立悬挂结构

采用独立悬挂结构的行走装置，同轴车轮间运动关联较小，这类悬挂装置使车轮受其它车轮运动的影响变小。因其采用的弹簧类型、减振器形式、导向机构多样，因此组合成的悬挂装置也形式各异，比较常见的有以下几种形式。

（1）横臂式悬挂装置

横臂式悬挂装置能使车轮实现在横向平面内摆动，导向机构中横摆臂内侧端与机架纵向铰接，臂外侧端连接车轮，如图 2-3-2 所示。横臂式悬挂装置摆臂大多做成V形，内端宽、外端窄，与其配合的弹性元件多用螺旋弹簧和扭杆弹簧。当采用上下布置双臂结构时，两臂等长与不等长对悬架运动特性产生不同影响。等长双横臂结构在车轮上下运动时能保持车轮倾角不变，但使轮距发生变化。选择长度比例合适的不等长臂，可使车轮倾角及轮距变化均不大。

（2）麦弗逊式悬挂装置

独立悬挂结构中存在一类采用滑柱机构与螺旋弹簧并联的悬挂装置，其滑柱作为运动的定位机构，限制车轮只能沿滑柱轴线方向移动，因主体结构形状似烛形而得烛式悬架之名，如图 2-3-3 所示。该机构的立柱两端与车架连接，并刚性地固定在车架上下两支承点上。麦弗逊式悬挂装置结合烛式悬架滑柱与摆臂悬架摆臂部分结构形式，将滑柱的下端与摆臂外端铰接起来组合使用。悬架的滑柱部分竖直布置、摆臂部分水平布置，滑柱的上端与机架相

图 2-3-2　横臂式悬挂装置

连，摆臂的内端与机架铰接，如图 2-3-4 所示。车轮运动仍是沿滑柱滑动，但同时受限于摆臂的摆动。摆臂摆动导致滑柱下端随摆臂外端运动，使得滑柱产生轻微的摆动，这也是与烛式悬挂系统的不同。其滑柱、螺旋弹簧、安装形式等与烛式悬架相似，而且将滑柱与减振器合为一体。通常减振器上端通过橡胶支承与车身相连接，减振器下端与横摆臂铰接，该橡胶支承能起到球铰的作用。该装置常用于转向轮悬挂，此时滑柱也相当于转向主销的作用，转向节可以绕着它转动。车轮上下运动时滑柱摆动导致主销轴线的角度会有变化，通过适当地调整布置可使变化量控制在极小的范围内。

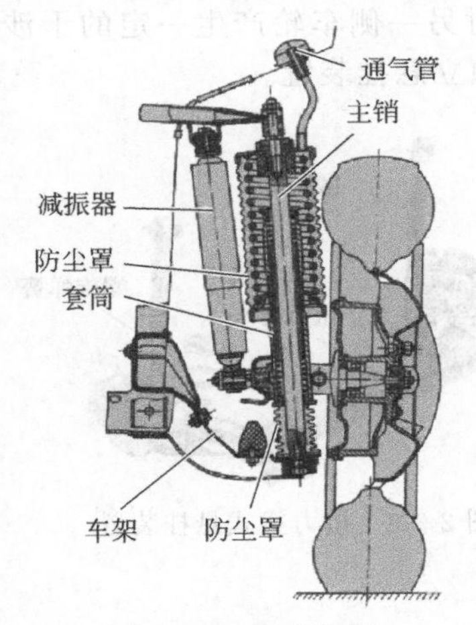

图 2-3-3　烛式悬架

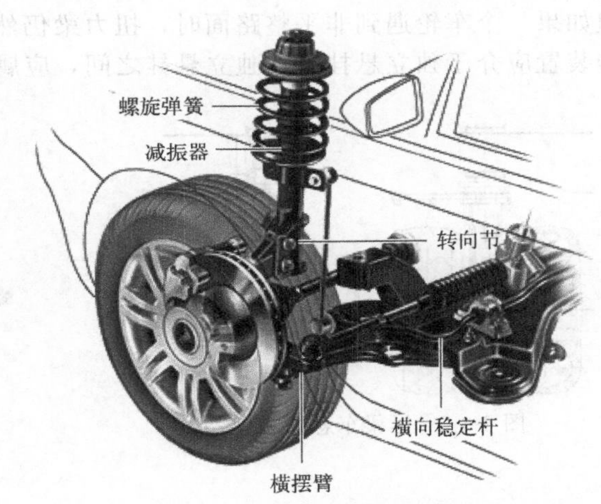

图 2-3-4　麦弗逊式悬挂装置

(3) 纵臂式悬挂装置

纵臂式悬挂装置的导向机构带动车轮可在纵向平面内摆动，这类悬架同样也有单纵臂式和双纵臂式两种形式。单双纵臂的运动特性与单双横臂相同，但车轮摆动的方向不同。无论纵臂式装置处于何种工作状态，轮距始终保持不变，而轴距或左右轮纵向位置可能发生变化。如图 2-3-5 所示为一种单纵臂悬挂装置，该独立悬挂装置由纵臂与扭杆、减振器等组成。

(4) 多连杆式悬挂装置

多连杆式悬挂装置（图 2-3-6）是由数根杆件组合起来控制车轮的位置变化，是横臂式和纵臂式的折中方案。适当地选择摆臂轴线与机体纵轴线所成的夹角，可不同程度地获得横臂式与纵臂式悬挂结构的优点，能满足不同的使用性能要求。

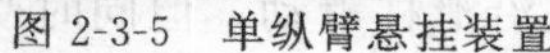

图 2-3-5　单纵臂悬挂装置

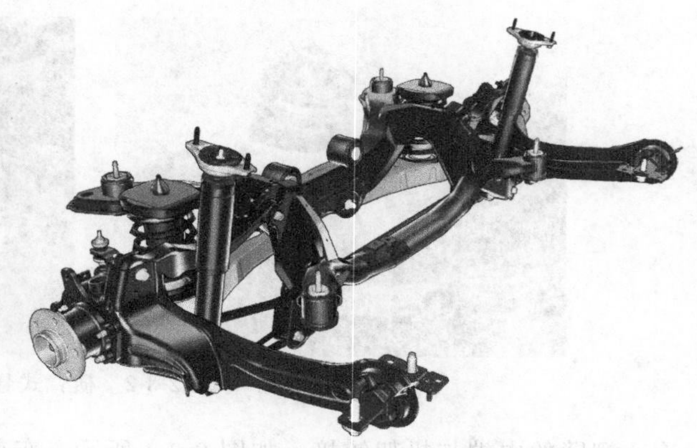

图 2-3-6　多连杆式悬挂装置

(5) 其它形式悬挂装置

与单纵臂式悬挂比较接近的结构形式在重型行走机械中又有进一步发展，可以借助液压系统的主动介入，实现悬挂功能的同时还可以用于支承高度与载荷的调节，如图 2-3-7 所示。扭力梁式悬挂装置与纵臂式悬挂装置类似，带有纵臂，两拖拽臂通过一根扭力梁连接，扭力梁可以在一定范围内扭转，如图 2-3-8 所示。虽然两个车轮之间没有刚性桥、轴直接相连，但如果一个车轮遇到非平整路面时，扭力梁仍然会对另一侧车轮产生一定的干涉作用，该悬挂装置应介于独立悬挂与非独立悬挂之间，应属半独立悬挂装置。

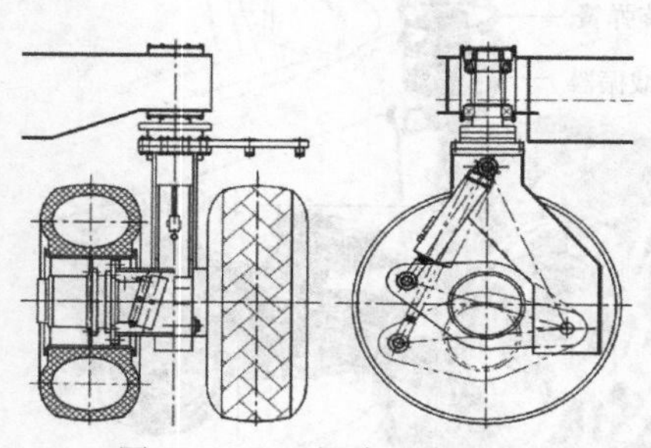

图 2-3-7　运梁车悬挂装置

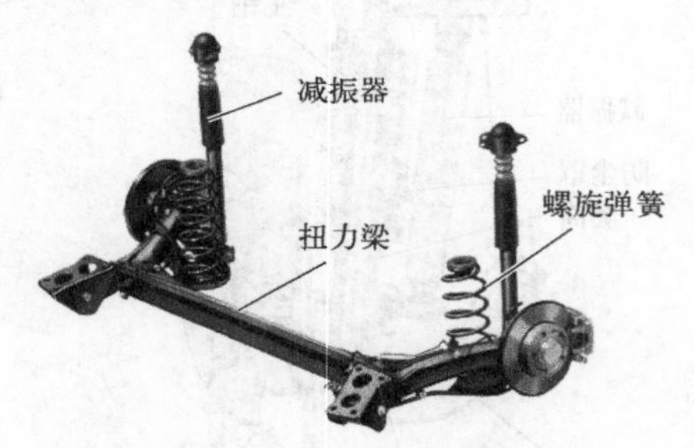

图 2-3-8　扭力梁式悬挂装置

2.3.3　非独立悬挂结构

行走与悬挂两部分关系在不同结构的行走机械中的表现不同，采用独立悬挂结构的机器中悬挂的特色比较突出，而车桥的含义相对较轻。非独立悬挂结构中以整体结构的车桥为主，悬挂部分处于与车桥匹配的位置，悬挂结构、元件的选择要与车桥的结构形式与使用条件相适宜，与车桥的匹配形式也多样。

2.3.3.1　单桥非独立悬挂

非独立悬挂装置通常与车桥发生关系后再影响车轮，这类悬挂结构一般是以机体纵剖面对称布置悬挂装置的弹性元件、减振元件及运动承力机构等，因弹性元件的不同导致结构形式变化。

(1) 钢板弹簧悬挂装置

弹性元件应用最多的是钢板弹簧，其集弹性元件与导向元件于一体，这类悬挂装置通常配以减振器即可。通常连接形式是钢板弹簧纵置于机架的两侧，中部被U形螺栓固定在车桥上，两端分别与车架连接，如图2-3-9所示。其前端通常利用吊耳销和吊耳与固定在车架上的吊耳支架相连，钢板弹簧后端卷耳与吊耳支架活动连接，当车轮受到冲击带动车桥运动时使钢板弹簧变形实现缓冲作用。

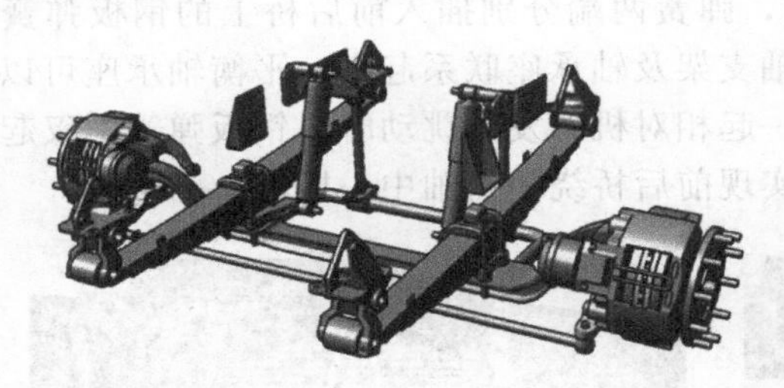

图2-3-9 钢板弹簧悬挂装置

(2) 螺旋弹簧悬挂装置

螺旋弹簧多用在独立悬架中，在非独立悬架中也可使用螺旋弹簧，如图2-3-10所示。由于螺旋弹簧不像钢板弹簧那样具有横向稳定性，因此需要配合杆件机构保证纵、横两个方向的运动稳定性。

图2-3-10 螺旋弹簧悬挂装置

(3) 空气弹簧悬挂装置

一些大型运输车辆上常采用空气弹簧悬挂装置，空气弹簧的纵向、横向承载能力也较弱，因此以其为弹性元件的悬挂装置需要与克服纵横方向载荷的承力杆件机构配合，协调工作以发挥其优势而克服其不足，如图2-3-11所示为两种不同形式的空气弹簧悬挂装置。

图2-3-11 空气弹簧悬挂装置

2.3.3.2 双桥平衡悬挂

悬挂装置不仅仅与单个车桥匹配，也可以与前后两双桥关联成平衡悬挂，此时悬挂特性要产生一定变化。如当行走装置为多轴布置时，就可将相邻的两车桥用两纵置钢板弹簧联系起来形成平衡悬挂结构，如图 2-3-12 所示。这时两钢板弹簧平行布置在机体两侧，弹簧中部与连接在机体上的平衡轴铰接，弹簧的两端分别与前后两车桥连接。纵向布置的钢板弹簧中间部位通过 U 形螺栓与平衡轴承座相连，弹簧两端分别插入前后桥上的钢板弹簧导向座内。左右贯通的平衡轴将机架两侧的平衡轴支架及轴承座联系起来，平衡轴承座可以围绕平衡轴旋转。当受到地面作用的车轮与车桥一起相对机架发生跳动时，钢板弹簧不仅起到弹性元件的功能，而且还起到摆臂的作用，可实现前后桥绕平衡轴中心摆转。

图 2-3-12　平衡悬挂

图 2-3-13　三轴挂车平衡悬挂结构

1—前支架；2—钢板弹簧；3—支承桥；4—中支架；5—平衡臂；6—拉杆；7—机架

在一些装载质量较大的挂车上采用多轴承载结构，采用平衡悬挂结构利于各轴上的车轮与地面良好接触使载荷均匀。图 2-3-13 所示为三轴挂车的钢板弹簧平衡悬挂结构，其特点是前后两组钢板弹簧之间装有平衡臂，平衡臂与固定在车架上的支架铰接。钢板弹簧在中部用 U 形螺栓紧固在支承桥的桥梁上，前后两钢板弹簧的对应端通过平衡臂串联起来，靠平衡臂的杠杆作用使前后车桥的位置变化与路面高低相适应，同时弹簧的弹性变形使各车桥上车轮对地面的适应性更好。通过调整拉杆可以调整车桥的相对位置，使车桥与机体的相对位置能够保持比较理想的状态。

2.4 主动悬挂系统组成与特点

悬挂装置在行走机械行驶过程中能有效地抑制和降低地面作用对机体的影响，但同时由于机体与行走装置间存在弹性又降低了操纵与稳定性能。常规悬挂装置中弹性元件的刚度和减振器阻尼系数等都固定不变，这类悬挂装置一经确定则特性参数再无法调节，难以保证在实际路况条件与设计预期差异较大时仍能达到既定的效果。为了克服上述这类悬挂装置的不足，可采用具有刚度、阻尼系数可调等特性的悬挂装置。这类悬挂装置可根据行驶路况变化主动对相关参数进行调节，实施调节需要有外部能量输入与操控，因而主动悬挂并非单一装置可实现，而需要构建一套主动悬挂系统。

2.4.1 主动悬挂的形式与特点

主动悬挂的主动性体现在悬挂装置可以施加人为控制、主动调节，调节与控制主要表现在三个方面：其一是弹性元件刚度控制，使悬挂装置满足运动或舒适的要求；其二是实现阻尼控制，以提高操纵稳定性；其三是悬挂装置的运动范围可调，用于高度调节便于状态调整与装载。传统悬挂装置所用的弹性元件与减振器难以适应这些要求，因此需要采用具有相应功能的器件实现这些调节功能。主动悬挂系统通常利用流体的特性传递运动，通过控制流体介质运动实现悬挂装置中的一些特性参数变化，进而实现对悬挂装置的主动控制。主动悬挂系统中悬挂装置的动作需要自主实现，因此悬挂装置需有动作发生的器件。为了配合动作发生器的工作，又要存在与其配套的动力供给部分，此外为了实现运动控制还需检测反馈元件和控制器等。主动悬挂是主要以流体为介质传递运动的一套系统，目前实际使用的主动悬挂系统主要有气、液、气液组合三类不同方式，应用上各有其特色。

(1) 空气弹簧悬挂系统

空气弹簧悬挂系统是以空气为工作介质的主动悬挂系统，悬挂装置的弹性元件为空气弹簧。所谓的空气弹簧是由橡胶和帘布所组成的柔性橡胶气囊，利用空气的可压缩性实现弹簧作用。空气弹簧的橡胶气囊内部充入一定量的压缩空气，内部气体的压力为弹性恢复力。充气后的气囊同时也是一种减振元件，利用空气的可压缩性起到缓冲、减振、降噪等作用。气囊在结构上具有金属弹簧所没有的特点，随着载荷的变化气囊内压缩空气压力相应变化，气囊的刚度也随之变化，利用供气系统对空气弹簧内压缩空气的控制即可实现悬挂系统部分参数的调节。空气弹簧结构简单、振动频率较低，利于提高行驶的平顺性和乘坐的舒适性。

(2) 气液组合悬挂系统

气液组合悬挂系统中的悬挂装置通常称为气液悬架或油气悬架，其中的气为惰性气体、液或油脂液压油。气液悬挂装置中的动作装置不仅实现驱动，而且将减振元件、弹性元件的功能共同表现出来。这类悬挂装置的动作元件是悬架油缸，以液压油作为介质来传递压力驱动油缸动作。悬架油缸动作所需的能量来源于液压系统，液压系统中匹配有蓄能器作为悬挂系统的弹性元件，蓄能器内的惰性气体与液压油的相互作用起到一定的缓冲作用。悬架油缸内部配有阻尼孔及单向阀等使其具有一定的减振功能，悬架油缸集动作元件与减振元件于一体。

(3) 液压悬挂系统

液压悬挂系统是以液压油为介质的工作系统，在系统功能与动作元件方面与气液组合悬挂系统存在一定的相似性，都是采用液压油缸作为动作元件，都是利用液压系统传递能量。但液压悬挂系统没有配备用于实现弹性缓冲的蓄能器，因而悬挂装置的缓冲功能降低，但同时也简化了液压系统与控制。液压悬挂系统实现运动的元件是常规伸缩功用的油缸，油缸的伸缩运动依赖于油流的变化，因而悬挂装置的运动是通过油流的流动实现。由于液压油的不可压缩性，一旦流经油缸的油流停止则油缸不动，此时的悬挂变成刚性悬挂。

2.4.2 空气悬挂系统

2.4.2.1 空气悬挂系统布置形式

空气悬挂系统的核心部分是空气弹簧，由于空气弹簧只能承受垂向力，不能传递纵向、横向力，因而空气弹簧需要与其它实施导向、减振、稳定的元件协同实现悬挂功能。空气悬挂中空气弹簧的布置与螺旋弹簧类似，安装在机架与行走装置之间。如图 2-4-1 所示的非独立空气弹簧悬挂装置，空气弹簧作为弹性元件，另外配套有减振器、推力杆、稳定杆等元件。空气弹簧和减振器下端安装在与车桥连接的支座上，上端与车架连接。空气悬挂系统中存在较多的杆件，杆件的布置形式多种多样。图示结构的四根推力杆分成两组上下布置，下面两根推力杆纵置。上面两根斜向布置推力杆一端通过 V 形垫板与车桥连接，另一端与机架连接，也有直接把这两个斜向布置的推力杆做成一体式结构。

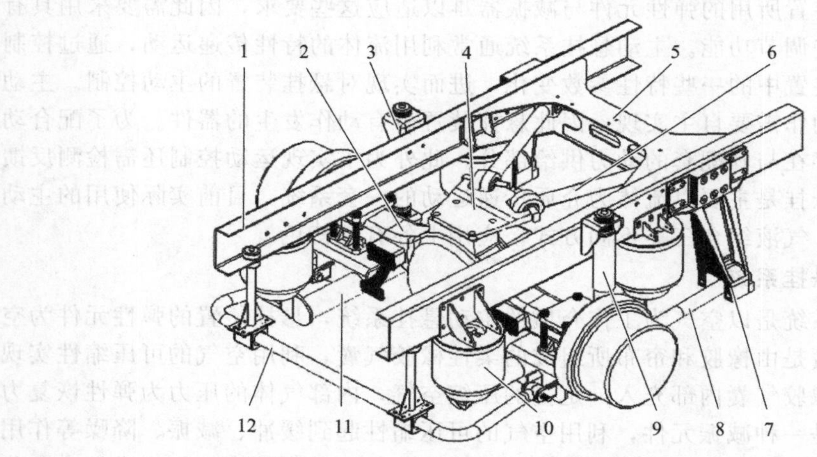

图 2-4-1　非独立空气弹簧悬挂装置

1—机架大梁；2—车桥；3—减振器上支架；4—V 形垫板；5—后推力杆横梁；6—斜置推力杆；7—纵推力杆支架；8—纵置推力杆；9—减振器；10—气囊总成；11—均横梁；12—稳定杆总成

上述这种空气悬挂系统中的弹性元件只有空气弹簧，是一类空气弹簧单独实现缓冲作用的悬挂装置，空气弹簧还可以与其它弹性元件组合使用共同实施弹性功能。其中纵置钢板弹簧复合式空气悬挂装置就是两类弹性元件的结合，钢板弹簧与空气弹簧并联结构中的钢板弹簧作为导向元件兼作承载元件，钢板弹簧作为导向元件保证车桥合理的跳动轨迹，同时又要作为承载元件和空气弹簧共同承受垂直负荷。空气悬挂系统通过空气弹簧的胶囊充放气改变弹簧的支承高度，通常利用高度阀或电控系统通过控制空气弹簧充放气保持机架和车桥之间的距离。

2.4.2.2　空气悬挂系统的控制

空气悬挂系统中空气弹簧实现动作还要有一套供气管路提供保障，还需要根据悬挂装置的运动行程的变化实现对空气弹簧充、放气的控制。对空气弹簧充、放气的控制可以采用电控方式实现，电控则需匹配有电控单元、电磁阀、高度传感器等元器件。电控模式通过控制电磁阀的开启调节对气囊的充放气，使其按照标定高度自由升降。其中高度传感器负责检测其高度的变化；电控单元将接收输入信息、判断当前状态并控制电磁阀工作；电磁阀动作实现对各个气囊的充放气调节。控制也可以采用机械方式实现，利用高度控制阀实现控制是一种机械方式，这种方式因简单易行而被大量应用。

采用高度控制阀控制气囊高度，在机体载重量发生变化时以及高速行驶中实现机身高度的自动调节，保持机身高度不变。连接有摆杆的高度控制阀固定在车架上，摆杆的端部与调节杆上端连接，调节杆座安装在与车桥连接的支座或托梁上，如图 2-4-2 所示。车架与车桥之间相对位置的变化通过摆杆的角度变化反映到高度控制阀上，通过高度控制阀控制气流来调整气囊高度。当整机的承载力加大时摆杆上摆，高度控制阀出气接口向气囊里充气；承载力减小时摆杆下摆，高度控制阀排气口向大气中放气。高度控制阀尽量布置在靠近纵向中心线的位置，使高度控制阀能够更灵敏地反映机体载荷的变化以保持机体姿态。高度控制阀与空气弹簧匹配使用，可以多个空气弹簧共用一个高度控制阀。如图 2-4-3 所示双轴布置的车辆，高度控制阀可选用前二后一的三点布置方案。前悬架左右各一个，相对于整车纵向中心线对称布置，分别控制左右两侧的空气弹簧。

图 2-4-2　高度控制阀自动调节装置

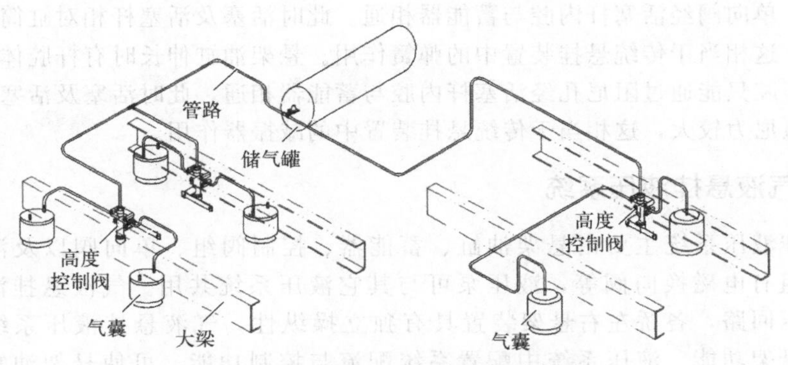

图 2-4-3　空气悬挂气路控制示意图

2.4.3 气液悬挂系统

气液悬挂系统主要由气液悬挂装置与气液悬挂液压系统组成，悬挂装置部分采用悬架油缸与导向推杆连接机架与车桥，内部带有节流控制功能的悬架油缸将垂直负荷转换为油液的压力，压力通过管路与蓄能器相关联。利用液压控制阀的通断操控不仅可实现常规悬挂功能，还可实现刚性闭锁、轴载平衡、车身高度调整等功能。

2.4.3.1 气液悬挂装置

气液悬挂装置多用于整体刚性桥与机架之间的支承，悬挂装置主要由两个悬架油缸与四根导向推杆组成，呈左右对称布置，如图 2-4-4 所示。悬架油缸与铅垂面成一定的角度倾斜支承在车桥与机架之间，其上下两端采用铰接方式分别与车桥和机架连接。悬架油缸只能承受轴向力，主要起承受垂直载荷与侧倾稳定作用。四根推杆通常分上下两层布置，主要起牵引、导向、稳定等作用。一般上层两根推杆与机体纵向中心线存在一个水平夹角，下层两根推杆纵向平行布置，推杆两端亦采用铰接方式连接。

图 2-4-4　气液悬挂形式

悬架油缸主体结构与活塞缸一致，但在其中增加一些油路，能使活塞杆在伸缩运动中油缸内部油腔间存在油液流动。虽然悬架油缸存在不同的结构形式，但其工作原理是相同的。比较典型的悬架油缸结构是在活塞杆的内部有一个空腔，该腔一端通过几个阻尼孔和单向阀与油缸的小腔相通，该腔另一端与一侧的蓄能器相通。悬架油缸上有两油口分别与左右两侧的蓄能器相通，悬架油缸无杆腔通过另一油口与另一侧的蓄能器相通。在不平路面行驶时活塞杆、活塞相对缸体产生往复运动，如果油缸缩短则有杆腔体积增大，单向阀开启，有杆腔通过阻尼孔、单向阀经活塞杆内腔与蓄能器相通。此时活塞及活塞杆相对缸筒运动时受到的阻尼力较小，这相当于传统悬挂装置中的弹簧作用。悬架油缸伸长时有杆腔体积缩小，单向阀关闭，有杆腔只能通过阻尼孔经活塞杆内腔与蓄能器相通，此时活塞及活塞杆相对缸筒运动时受到的阻尼力较大，这相当于传统悬挂装置中的减振器作用。

2.4.3.2　气液悬挂液压系统

气液悬挂液压系统主要由悬架油缸、蓄能器、控制阀组、单向阀以及液压管路等组成，控制阀组有电磁换向阀等，液压泵可与其它液压系统共用。气液悬挂液压系统采用多桥并联液压回路，各桥左右悬架装置具有独立操纵性，气液悬挂液压系统可实现弹性悬架、刚性悬架功能。液压系统中配置系统配流与控制功能，可使悬架油缸同时动作或者单独动作，这就可以使机体完成整体升降、前后升降和左右升降等不同动作，实现体位与姿态的调整。

如图 2-4-5 所示的气液悬挂液压系统，当电磁换向阀处于失电状态时相应油路为截止状态，悬架油缸的大腔与蓄能器的连接断开。此时尽管悬架油缸的小腔仍与蓄能器相连，但由于油液的不可压缩性致使悬架油缸不能产生伸缩运动，整个悬挂机构处于刚性闭锁状态。当气控球阀接通时悬架油缸的大、小油腔分别与另一侧悬架油缸的小、大油腔互相连通，且与相应的蓄能器相连，悬架油缸可自由伸缩并压缩蓄能器内气体，起到缓冲和吸收振动能量的作用，整个悬挂机构处于弹性悬挂状态。当悬挂机构处于弹性承载状态时，同一轴两侧的油缸油腔相互串联，此时若因为转弯而使两侧车轮的载荷发生变化，则载荷增大侧的悬架油缸被压缩，导致该油缸大腔压力增大。因该腔与另一侧悬架油缸的小腔相连，故另一侧悬架油缸的小腔内压力亦随之增大，这样另一侧悬架油缸也相应地压缩而降低了机体的侧倾角，从而能保证车辆具有良好的行驶稳定性。

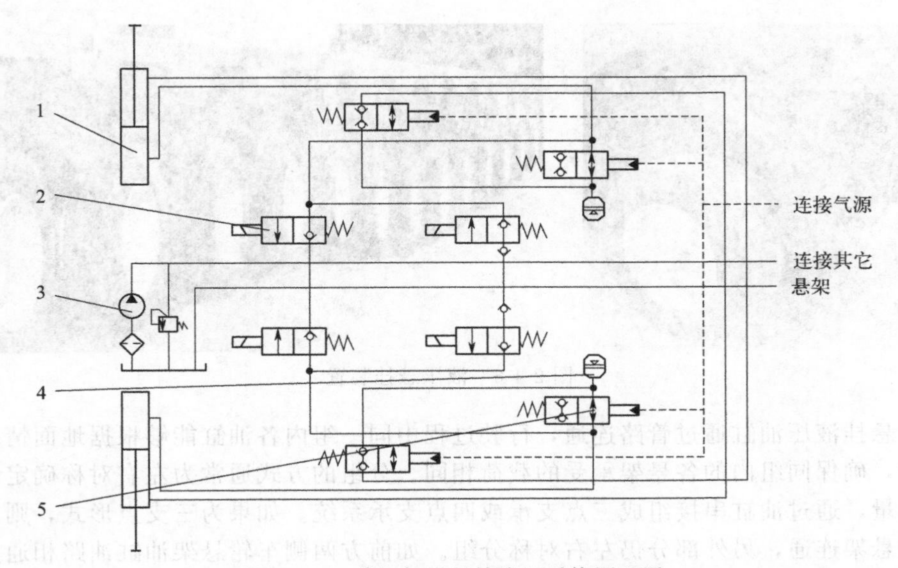

图 2-4-5 单组气液悬挂液压系统原理图

1—悬架油缸；2—电磁换向阀；3—液压泵；4—蓄能器；5—气控球阀

2.4.4 液压均衡悬挂系统

液压悬挂主要用于多轮重载运输车辆上，悬挂系统由多个独立悬挂装置及液压系统构成。悬挂装置与行走单元紧密结合，而且是行走单元的主体结构的组成部分，液压系统实现行走单元之间的载荷均衡。

2.4.4.1 悬挂装置结构

液压悬挂装置是液压油缸与臂架机构的组合，由平衡臂、悬挂臂、支承油缸、轮轴等组成，悬挂臂上端固定于行走单元回旋支承上，悬挂臂的另一端与平衡臂铰接。液压油缸上部连接悬架、下面与摆臂连接，臂架机构通过液压油缸的伸缩实现动作，如图 2-4-6 所示。油缸伸缩驱动平衡臂使其与悬挂臂之间的铰接轴转动，带动铰接在平衡臂端部的轮轴上下运动，实现车轮与机体间间距的调整。平衡臂端部加工有端部轴头用于连接行走轮的轮轴，行走轮轮轴两端安装车轮、中部与平衡臂的端轴铰接，因此车轮可绕平衡臂的端轴中心线摆动，以适应横向地面的不平。机体通过液压悬挂来适应不平路面，使机体或载货平台保持水平。前后行走单元间的调节用于解决纵向不平的适应性，支承油缸的压力变化可以调节车体载荷平衡。当出现横向斜坡、地面不平等路况时，单个行走单元车轮的横向摆动具有一定的适应能力，液压系统对相应位置的悬挂液压缸的油流进行调控而使油缸伸缩，进而使机体两侧悬挂机构升降来适应地况条件。

2.4.4.2 悬挂液压系统

悬挂系统的功用是保证车轮和机架之间能传递载荷、缓和冲击、衰减振动等，重载车辆的悬挂液压系统还肩负均衡载荷、调节车身位置等功用。重载车辆多个独立悬挂装置共同支承一个承载平台，为了确保在不平整路面上行驶的稳定性，保证载荷均匀分布在各轮组上，通常还利用悬挂液压系统实现载荷均衡。这类重载车辆将行走单元分为三组或四组，同组内

图 2-4-6　液压悬挂装置

的若干个悬挂液压油缸通过管路连通，行驶过程中同一组内各油缸能够根据地面情况自动调整伸缩量，确保同组内的各悬架承受的载荷相同。分组的方式通常为左右对称确定每组支承油缸的数量，通过油缸串接组成三点支承或四点支承系统。如果为三支点形式，则前部或后部左右侧悬架连通，另外部分仍左右对称分组。如前方两侧车轮悬架油缸油路相通为第一支点，后左侧车轮组为第二支点，后右侧车轮组为第三支点，如图 2-4-7 所示。三点受力便于运输及载荷平衡，四点分组主要便于调试整车的水平高差。为了防止液压系统的管路爆裂，悬挂管路的设计都采用液控单向阀、联梭阀等组成双防爆冗余管路连接，如果某一悬挂液压缸供油的软管意外破裂，这时能保证另一油路通畅而起到安全防护的作用，从而防止悬挂液压缸发生突然泄油事故而导致整个支承点受影响。

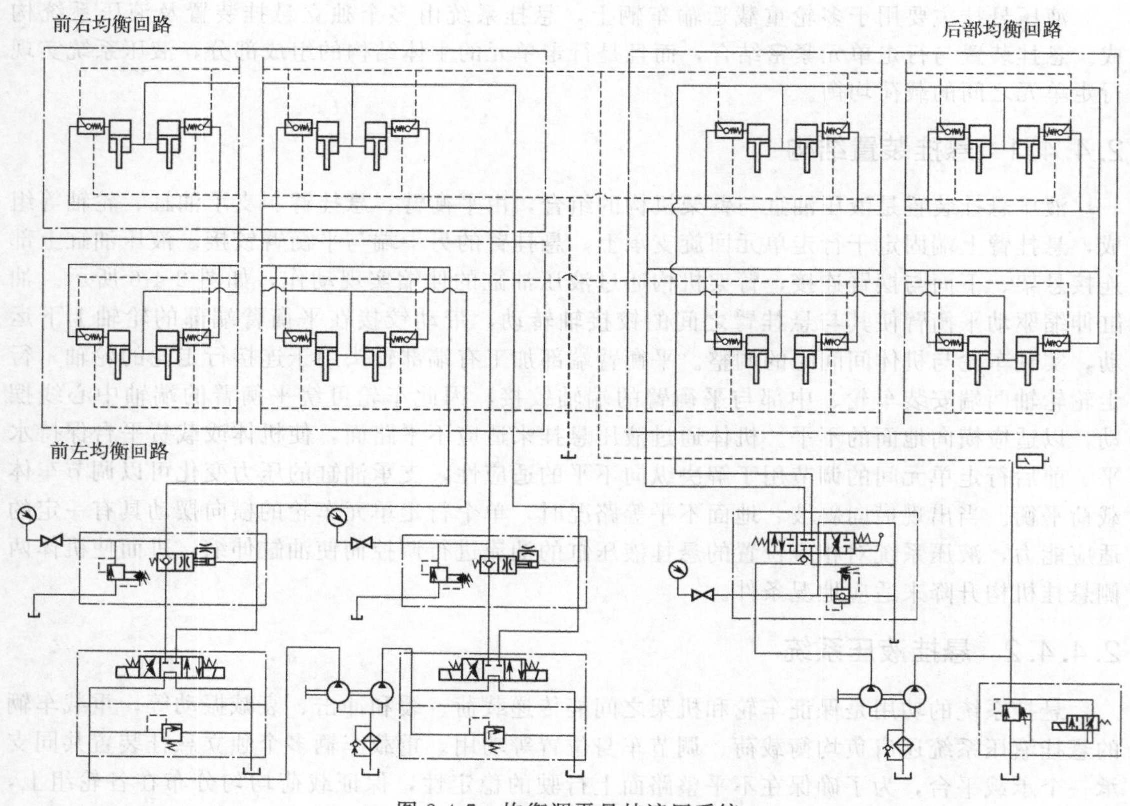

图 2-4-7　均衡调平悬挂液压系统

2.5 履带行走原理与装置形式

履带类行走机械采用履带式行走装置，履带装置的履带与地面相接触实现行走功能，相对轮式行走装置其接地面积大、通过能力强。虽然其与轮式行走一样均为连续轨迹行走，但实现行走功能的方式又各有不同。履带行走装置基本构成与行走实现方式相近，而装置的形态及与机体间的关联关系存在多种不同形式，这些不同均有其存在的原因，也因此而产生了各种具有特色的履带行走装置。

2.5.1 履带行走原理与特点

履带式行走机械实现行走的是履带行走装置，履带行走装置是通过一条卷绕的环形履带支承在地面上，行走驱动轮与履带啮合或摩擦使履带卷绕使整个装置移动，进而带动机体运动实现行走。动力装置的动力通过传动系统传给驱动轮使驱动轮旋转，驱动轮与履带的相互作用使履带卷绕并将履带接地段向后拉动。驱动作用欲使履带相对于地面产生滑转，但由于履带相对于地面的摩擦力、履带上的履刺受到土壤反作用力等阻止了履带的滑转，因而在履带的驱动段内形成了张紧力，这一张紧力使履带行走装置产生向前运动的水平推力，由此形成履带行走机械前进的驱动力。在驱动轮的作用下，后方地面上的履带则不断地由驱动轮卷绕收起向前输送，并在前方连续不断铺放，在履带不断卷绕、铺放的过程中行走装置向前移动。行走机械的机体被支承在履带行走装置上，整个机器也随履带循环运动的过程向前行驶。

履带行走装置除了履带、驱动轮外，通常还有支重轮、托带轮、导引轮及其张紧装置等，在行走的过程中各司其职。行走装置工作时驱动轮将履带卷起并向前输送，向前运动的履带经导引轮引导铺到运动前方地面上，支重轮在不断铺设的履带轨道上行进。支重轮是用来支承机体重量并在履带上滚动，另外还用来夹持履带使其不能横向滑脱，并迫使履带与地面良好接触。导引轮的功用是支承履带和引导它正确运动，导引轮通常也是张紧轮，作为张紧装置的组成部分与其它张紧机构一起使履带保持一定的张紧度。张紧装置可以缓和地面的冲击，减轻履带在运动中的振跳，并可减少履带在运动过程中脱落的可能。通常履带板上都配有垂直的导齿，导齿与支重轮的轮缘结合防止履带脱落。履带行走装置通常还利用托带轮来托住履带，防止履带下垂过大，以减少履带运动时的抖动以及侧向滑脱。

履带行走装置通常都是四轮一带结构配置，用在具体机器上则有所取舍，可以根据需要进行简化和省略，但驱动与支重两种轮必不可少。驱动轮主要发挥驱动扭矩作用，一般不用承受垂直载荷。支重轮专门用于承载垂直载荷而不参与驱动，有时也可将两种或多种功用集于一身。履带式行走机械不像轮式行走机械采用前后轮支承结构，一般是通过左右两侧和地面相接触的两套履带装置支承机体。两侧各有一个主动轮驱动履带实现行走，履带行走装置实现行走转向只能采用差速方式，转向过程中伴随着履带的滑移。因而履带装置结构布置尺寸与转向性能的关系较密切，主要是履带接地长度与履带轨距宽度比值的限定，长宽比超过一定值则无法转向，小于某值时导致转向稳定性差。

履带行走装置对机体同样要起到支承作用，同轮式行走机械一样存在刚性悬挂与弹性悬挂之分，刚性悬挂没有弹性元件存在，机体全部重量不经弹性元件直接传递到支重轮上，行走时履带和支重轮所受的冲击也由支重轮传到机体上。刚性悬挂结构中支重轮轮径较小，通常有一车架结构连接支重轮，且相互位置关系固定。这类结构的行走装置结构简单、作业时有较好的稳定性，适合于低速行走机械。采用弹性悬挂结构时，机体的重量经弹性元件传给支重轮，其中也包括行走装置中的托带轮、导引轮、驱动轮等的重量。弹性悬挂的支重轮一般轮径较大，通常直接悬置在机体上。弹性悬挂结构中轮间结构关系相对独立，这类行走装置的结构复杂。

2.5.2 履带行走装置布置形式

履带行走装置是履带与四种功能轮的组合，功能轮结构布置不同使环绕在轮组外围的履带环的形状不同，形状不同在一定程度上也体现了性能的差异。支重轮与下侧接触地面的履带接触，永远处于与地面最近的部位。驱动轮与导引轮相对支重轮的布置位置与结构尺寸，直接影响着履带行走装置的形式。攀爬越障与履带装置前部的接近能力相关，接近能力体现在前部履带的倾斜角度的制约，与支重轮和前部的导引轮或驱动轮位置关系相关。将导引轮或驱动轮抬高，则有较大的接近角度，攀爬能力较强。图 2-5-1 所示为两种倒梯形布置形式，上图中的履带装置外廓形状为典型的倒梯形，装置中四种功用的轮配备齐全、各负其责。下图中的履带装置中支重轮的结构尺寸较大，同时省去托带轮。这两种形式对高速越野车辆比较适合，增加前轮高度能提高车辆越过垂直障碍的能力，增加后轮高度使车辆爬坡及过起伏地况时避免后部与地面相碰撞。

图 2-5-1　驱动轮与导引轮高位布置

每套履带装置由一驱动轮驱动，驱动轮将传动装置传来的扭矩用于缠绕履带，再通过履带与地面相互作用产生推动整机运动的牵引力。驱动轮的布置位置既牵涉到整机结构形式，也关联到履带装置的形式及履带的受载状态。驱动轮是在履带装置的前部还是后部要结合整机的使用与结构布置，可以有前置、后置与上置等不同方式，布置位置不同履带受力状态变化很大。后部驱动履带装置只是下侧和后侧的履带受到驱动轮的卷绕牵引作用，前部驱动则除此之外上侧的履带也要受到作用，行驶过程中导致驱动轮前下部履带产生松懈趋势，转向行驶时履带容易脱落。如图 2-5-2 所示三角形布置的履带行走装置，其驱动轮均在高位但前后位置不同。

图 2-5-2　驱动轮高位与导引轮低位布置

履带行走装置的负重功能主要由支重轮实现，按每个支重轮承担的负荷基本相同，根据总载荷即可大致确定支重轮的个数。支重轮的数量受履带长度限制，要增多支重轮就必须减小直径或使用可重叠的支重轮。支重轮的结构形式要结合履带导齿以保证侧向定位，支重轮的布置应尽量增加履带的接地长度。在履带接地长度相同的条件下轮径小可布置较多的支重轮，可降低每个支重轮的负荷以提高其使用寿命，加大轮径有利于减小滚动阻力。履带行走装置中的不同功能轮有时可以功能兼备方式使用，当驱动轮与导引轮低位布置时还肩负部分支重轮的作用，如图 2-5-3 所示。

图 2-5-3　驱动轮与导引轮低位布置

履带是履带行走装置的特征部件，金属结构的履带是由多个金属单元节组合起来的环带，通过与金属驱动轮之间的啮合传递动力。现代行走机械中也大量使用橡胶履带，橡胶履带是以橡胶为主要材料构成的整体式环带，橡胶履带与金属履带既有共同之处，又有各自特点。采用传统驱动形式的橡胶履带与金属履带的驱动方式相同，而采用摩擦传动的履带行走装置的履带及其驱动轮则与传统啮合传动完全不同。采用摩擦传动的橡胶履带结构上无须存在实施啮合传动的金属芯块，驱动轮也无须存在啮合所需的轮齿或轮孔。而为了提高传动效果需要增大传动包角，如图 2-5-4 所示的摩擦驱动橡胶履带行走装置，其布置采用主动轮和张紧轮均接地的方式，橡胶履带与摩擦驱动轮的传动包角超过 180°。

图 2-5-4　摩擦驱动橡胶履带行走装置

2.5.3　履带行走装置支承结构形式

履带行走装置主要功用是驱动与支承，驱动由履带与驱动轮来完成，支承则由支重轮及其悬挂装置实施。根据支重轮与机体之间的载荷传递关系可以分为刚性、半刚性、弹性三类支承结构。在刚性支承结构中，支重轮直接或通过托架刚性连接在机体上。弹性支承结构中支重轮通过带有弹性元件的悬挂装置与机体连接，并且各支重轮之间的运动相互独立。介于二者之间的称为半刚性悬挂或支承，作用也介于二者之间。支承性质不同源于其结构与构成装置特性的变化，三种支承结构各有其特色。

（1）刚性支承

采用刚性支承结构的履带装置中，所有的支重轮与机体之间没有弹性元件，支重轮可以与机架直接连接，也可通过通常称为台车架的支架连接。履带装置可以利用一支架作为基础，将履带与各功用的轮组安装其上构成一套相对独立的装置，台车架的存在与否要根据实际结构设计而定。如果采用台车架则支重轮安装到台车架上，然后台车架再刚性地连接到机体上。如图 2-5-5 所示的行走装置，由左右整体台车架进一步连接而组成行走机架。整体式台车架结构坚固，台车架上安装作业机具方便，每侧各支重轮轴线相对固定。刚性支承结构的支重轮状态一致，可使每个支重轮下的压力接近均匀分布，但对于凸凹不平的地面就无法实现接地均匀，为此可采用平衡架结构使支重轮有一定的运动自由度。采用平衡架结构的行走装置中支重轮成组配置，各组支重轮之间用平衡架连接起来。可将两支重轮组成一对安装在平衡架的两端，平衡架中间铰接在机架或台车架上，地面不平对行走装置的影响因平衡架的作用得到一定的缓解。

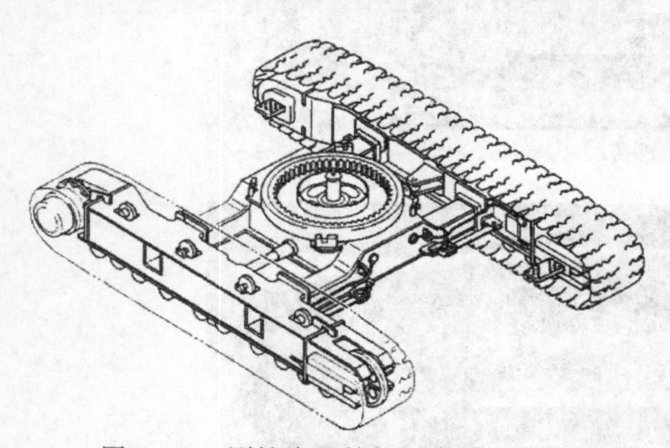

图 2-5-5　刚性支承结构履带行走装置

（2）半刚性支承

半刚性支承结构中存在弹性元件，但弹性元件的支持作用只是一部分。这类支承结构的履带行走装置中存在台车架，台车架是一种用于连接与安装的骨架，主要用来安装支重轮和连接机体。通常台车架中部安装支重轮，一端通过弹性元件与机体相连，另一端刚性铰接于机体，台车架和机体的连接点有三个或四个，其中必须有左右对称两铰接点，另外连接为弹性连接。如果是单点弹性连接则需将两侧的台车架利用横向平衡梁连接，在平衡梁中间与机体通过弹性元件连接。如果两端弹性连接则平衡梁可绕铰接轴摆动，两端落在橡胶弹簧上。以钢板弹簧为弹性元件的结构中，钢板弹簧横向布置可以起到平衡梁的作用。在不平地面行走过程中势必导致台车架绕铰接轴产生摆动，摆动的台车架带动履带运动，使履带能够紧贴地面。半刚性悬架中的弹性元件能部分地缓和行驶时的冲击，但其非弹性支承部分重量很大，高速行驶时冲击大，故多用于速度不高的行走机械。

台车架可以作为平衡悬架的基础，与平衡悬架共同实现减振功能。如图 2-5-6 所示的履带行走装置中，台车架不直接与支重轮连接而与一平衡悬架的一端铰接，平衡悬架的另外一端上侧与台车架之间有橡胶减振块。在平衡悬架上安装两支重轮，两轮既可随平衡悬架绕平衡悬架与台车架之间的连接轴摆动，又可绕平衡悬架上的铰接轴摆动。履带会因重力作用尽量贴近地面，支重轮也因重力尽量贴近履带。在行驶过程中受到冲击时，平衡悬架摆动使其上侧的橡胶减振块起作用以减小冲击。

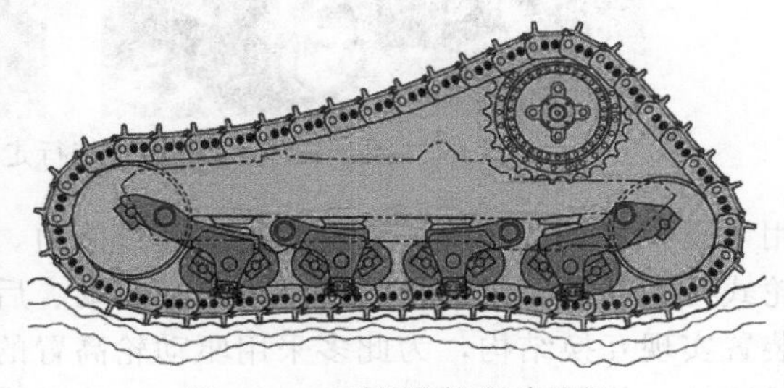

图 2-5-6 平衡悬架摆动机构

(3) 弹性悬挂结构

采用弹性悬挂结构的履带行走装置中，弹性元件及阻尼元件布置在支重轮与机体之间，通常是每个支重轮用单独的构件和弹性元件与机体连接，一个支重轮相对另一个支重轮或相对机体在垂直平面内能移动，即支重轮的运动是相互独立的。根据支重轮与机体的连接方式，弹性悬挂分为平衡托架式和独立式两类。独立式悬挂结构中每个支重轮通过单独的构件和弹性元件构成的悬挂装置与机体连接，支重轮各自独立互不影响，悬挂装置非悬挂质量小、缓冲性能好，但结构复杂。弹性悬架能够使行走装置在不平地面行驶时履带与地面接触、有较好的附着性能，也能保证在高速行驶时对机体有较好的缓冲作用。弹性悬架的缺点是沿履带接地表面的长度方向上压力分布不均匀。

2.5.4 半履带行走装置

在履带行走装置应用的初期，一般同机布置有履带和轮式两种行走装置，其中轮式行走装置主要起转向作用。随着履带式行走装置的不断发展与进步，履带式行走机械逐渐发展出独立行走的模式。对于同机中同时采用轮、履两种行走装置的履带行走装置，通常称之为半履带行走装置。半履带行走装置是履带行走装置中的一种，可视为将履带装置按照轮式装置布置使用的一种形式，只负责整个行走装置或前部或后部其中之一，构成全部行走装置其中的“半”部分。而常规的轮式行走机械通常为双轴四轮布置形式，机体的左右侧各有前后两个车轮支承机体。采用半履带行走装置的行走机械也是前后双轴布置形式，只是其中一轴布置的是履带装置，而且通常转向采用轮式行走装置、驱动为履带式行走装置，如图 2-5-7 所示。半履带行走装置在整体上的承载形式与轮式行走机械相同，这类行走机械行走部分的结构通常以轮式行走装置为基础，有的机器可以实现轮、履装置互换。

半履带装置通常要与轮式装置互换使用而与传统结构的驱动桥匹配，驱动轴不仅是履带装置驱动力的传动轴，通常驱动轴还是履带装置摆动的中心，即半履带装置能够绕驱动轴中心摆动来适应行走路况的变化，如图 2-5-8 所示是用于联合收割机的半履带行走装置。联合收割机的轮式行走装置在泥泞的田间环境作业时行走性能下降，于是一些大型联合收割机采

图 2-5-7　采用半履带行走装置的运输车和联合收割机

用半履带装置替代轮式装置以提高通过能力。行走驱动主要靠履带式行走装置，导向仍采用轮式行走装置，整机行走形成前履带驱动、后轮导向的形式。半履带行走装置多与轮式行走装置实现互换结构，为此多采用驱动轮高置的三角形结构。行走装置通过安装架与车桥、车架连接，使驱动轮不承受重量载荷，消除了地面直接传递到驱动轮上的垂直载荷。

图 2-5-8　三角形半履带行走装置

2.6　履带行走装置的基本构成

履带行走装置是履带与几种不同功用轮子的组合体，即通常所说的“四轮一带”，其中的带即为履带，四轮是指驱动轮、支重轮、导引轮及托带轮。传统的履带一般为金属构件组装而成的柔性环带，以橡胶为主体材料的橡胶履带为一体式结构。履带环绕在所有轮子的外侧与地面接触，履带的作用是与接触的地面作用产生牵引力，并在地面上铺设一条负重运动的连续轨道。布置在履带内不同位置的轮子在履带内侧与履带配合，轮子各司其职与履带共同完成行走功能。

2.6.1　履带装置中的轮履匹配

履带行走装置实现行走是履带与多个不同功用轮子协同工作的结果，与履带配合的每一轮子都有其特定的作用关系。其中驱动轮与履带之间是驱动与被驱动的关系，驱动轮要实现对履带的卷绕。导引轮配合驱动轮支承履带保持一定形态，并配置张紧机构一起张紧履带。支重轮担负着机体的重量并在履带上滚动，轮履二者之间相互限制不能脱离。托带轮布置在导引轮和驱动轮之间，与柔性的履带悬垂处接触使履带不再下坠。

2.6.1.1 履带装置中的功能轮

驱动轮用来卷绕履带以驱动履带装置移动而使机器行走，通常驱动轮通过轮齿与履带上的孔啮合使履带运动，驱动轮的形式与结构需要与履带匹配。如驱动轮的齿排与履带的孔排匹配，履带为单孔则采用单排齿驱动轮驱动；采用具有双排齿的驱动轮时，相应地在履带上也有两排啮合孔，如图 2-6-1 所示。驱动轮通常用碳素钢或低碳合金钢制成，其轮齿表面须进行热处理。驱动轮的形式多样，安装在最终传动的输出轴或轮毂上。

图 2-6-1　履带行走装置驱动轮

履带行走装置中的支重轮与履带关系十分紧密，二者之间的匹配对行走装置的功能发挥影响很大。履带式行走机械在转向过程中会产生横向作用力，极容易使履带甩脱，因此支重轮不仅在履带上滚动，同时需要与履带板上的导齿匹配，防止履带脱落。履带板中间配有单导齿的与双轮缘支重轮的轮缘内表面结合，导齿在轮缘间通过，如图 2-6-2 所示。履带板上配有双导齿的与单轮缘支重轮配合，导齿在单轮缘支重轮的两侧通过。一般情况下同一行走装置上的几个支重轮结构尺寸一致，布置在导引轮与驱动轮之间，有的装置中端部的支重轮与驱动轮或导引轮的功能合并，此时端部的支重轮转化为负重驱动轮或负重导引轮。

履带行走装置中的托带轮用来托住履带，防止履带下垂过大，以减少履带运动时的振跳现象，并防止履带侧向滑落。托带轮一般驮负带的一侧，利用支座结构尺寸的变化可以调节支承的横向位置。托带轮受力较小，所以它的结构比较简单、尺寸较小，对材质等要求也较低。每侧通常安装两到三个轮体结构相同的托带轮，由安装支座长短不同改变驮负位置。如图 2-6-3 所示的托带轮支座用螺栓固定在车体上，轮体通过两个球轴承支承在支座轴上。有的履带装置中支重轮直径较大，履带装置中可省去托带轮。

图 2-6-2　双轮缘支重轮

2.6.1.2 履带的张紧与张紧机构

履带行走装置中驱动轮布置位置受到整机布置、动力装置位置等影响，有的布置于前端，有的布置在后端，而导引轮或称诱导轮的位置布置在另外一端。驱动轮的位置相对机体一般都固定不动，而处于另外端的导引轮则不同，位置需要变化来发挥其功能。导引轮是用来引导履带正确绕转，防止其跑偏和越轨的关键件，导引轮轮缘的结构通常是中间凸起或下凹与履带匹配，使履带处在正确位置上运动，也防止转向时履带横向滑脱。导引轮与张紧机构共同使履带保持一定的张紧度，防止履带因磨损或运动产生松弛而轮履脱离。

图 2-6-3　托带轮

通过导引轮的位置移动实现履带张紧，张紧机构移动导引轮的方式有摆动式与直线平动式两类。张紧机构可以是人工定期调整的刚性机构，也可以是采用弹性元件实时张紧的形式。前者适宜低速、刚性支承的履带装置，后者用于高速、采用弹性悬挂的履带装置。图 2-6-4 所示的为用螺杆调整长度的平动调节机构，这种机构只能维持履带的静态紧度。平动调节机构也可以采用螺旋弹簧实现实时张紧，通常与带有台车架的行走装置匹配，张紧机构由导引轮或称张紧轮、连接叉及螺旋张紧弹簧等组成。连接叉前端铰接张紧轮，后部可以在台车架上固定的叉座内滑动。螺旋张紧弹簧可在行走过程中调整履带松紧度，使履带保持一定的张紧，防止履带松弛。有的将两种张紧机构组合使用，实现实时张紧与定时调整结合。如图 2-6-5 所示的组合张紧装置，当换新的履带或履带因铰接销磨损而伸长时，张紧装置调整其松紧度可通过向油缸注油或放油来实现。

图 2-6-4　平动调节结构

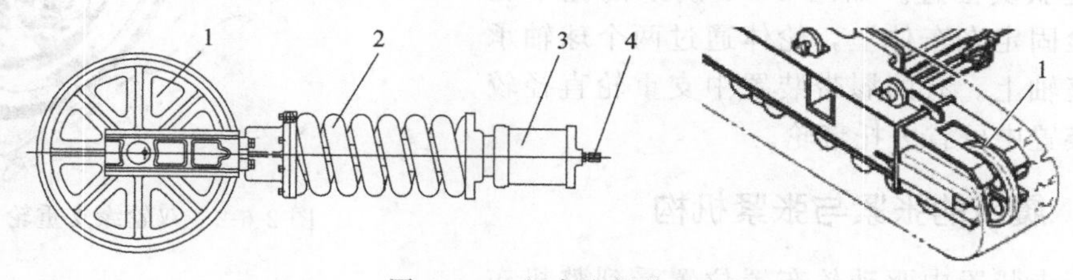

图 2-6-5　组合张紧装置

1—张紧轮；2—螺旋张紧弹簧；3—张紧油缸；4—注油嘴

履带行走装置采用摆动方式张紧履带时，一般把导引轮安装在一个摇臂上，可以利用螺杆等装置调节摇臂摆角实现张紧。摇臂也可以利用弹簧或靠液压方式张紧，多用于采用弹性悬挂结构的履带装置的动态张紧。由于弹性悬挂结构允许支重轮上下运动，通过起伏地形时履带的紧度将会发生较大的变化。张紧机构不仅需要有较大的调整范围，而且要有较快的反应速度，为此可将张紧机构与支重轮的运动相关联而实现调整补偿。如有的坦克上把摇臂的导引轮连接到支重轮平衡肘上，当支重轮上升时就带动导引轮向前运动，这样可把因支重轮上升而松弛的履带拉紧，同时作用在导引轮上的履带的张力又使支重轮下降。

2.6.2 金属履带

金属履带是由多块金属履带板连接而成的坚固、柔性、可绕曲的环带，履带板和铰接销轴是构成履带的关键部件。由于履带板无法变形，履带板之间通过销轴铰接，使履带板之间能够相对转动，从而实现履带卷绕。根据履带板的结构与组成方式不同，分为整体式履带板和组成式履带板两类，对应的金属履带为节销式履带和链轨式履带。

2.6.2.1 节销式履带

节销式履带由整体式履带板依次连接起来，整体式履带板的两端带有铰接孔，前一履带板的尾端与后一履带板的首端由履带销连接。履带重量轻且拆装简便但结构复杂，既要设计有用于驱动轮啮合的凹孔，又要有限制支重轮侧向运动的凸齿。节销式履带有单销式和双销式两种，单销式履带的履带板前面的销耳与前一块履带板后面的销耳交替结合，并用一根履带销连接起来，如图 2-6-6 所示。双销式履带的每块履带板都带有两根履带销，相邻的履带板靠单独的连接器连接。单销式履带传递动力是由履带板与驱动轮啮合实现，而双销式履带则靠其相邻的两个端部连接器与驱动轮啮合。单销式履带与驱动轮啮合摩擦造成履带板的磨损，该磨损是确定履带板使用寿命的一种限制因素。因双销式履带靠其相邻的两个端部连接器与驱动轮啮合，修复时只更换连接器而履带板可继续使用。

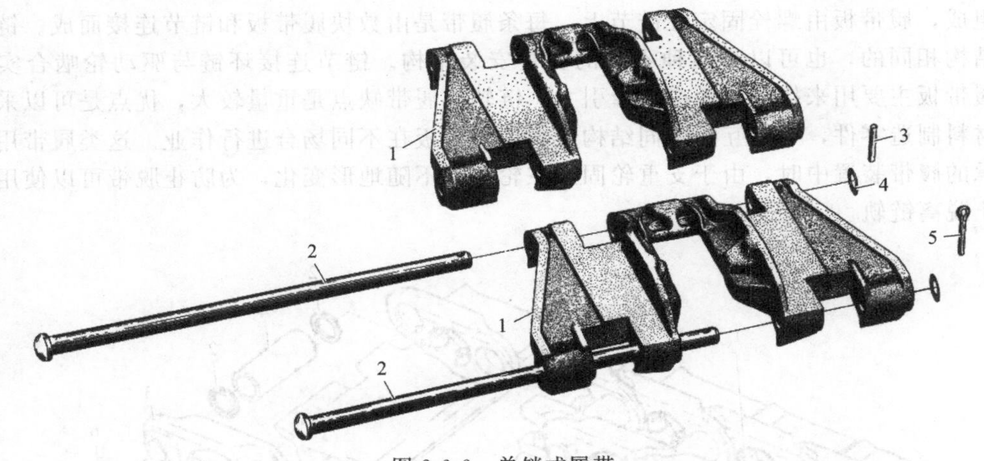

图 2-6-6 单销式履带

1—履带板；2—履带销；3—销；4—垫片；5—开口销

单销式履带的一块履带板前面的销耳与前一块履带板后面的销耳交替结合，并用一根履带销连接起来，拆装履带板时需将履带销穿入销耳上的孔中或从孔中拔出。双销式履带的每块履带板都带有两根履带销，两履带销平行布置在履带板的前后端。相邻履带板中前履带板的后履带销与后履带板的前履带销由连接器在两侧连接。配套的驱动轮采用双齿排结构与履带板两侧的连接器配合，因而这种履带板上不设计用于驱动啮合的孔。双销式履带连接方便，断开履带时不再需要抽出履带销，只取下连接器即可。如图 2-6-7 所示的一种双销式橡胶金属铰链履带，其履带销与履带板销孔之间加了一层橡胶衬层。

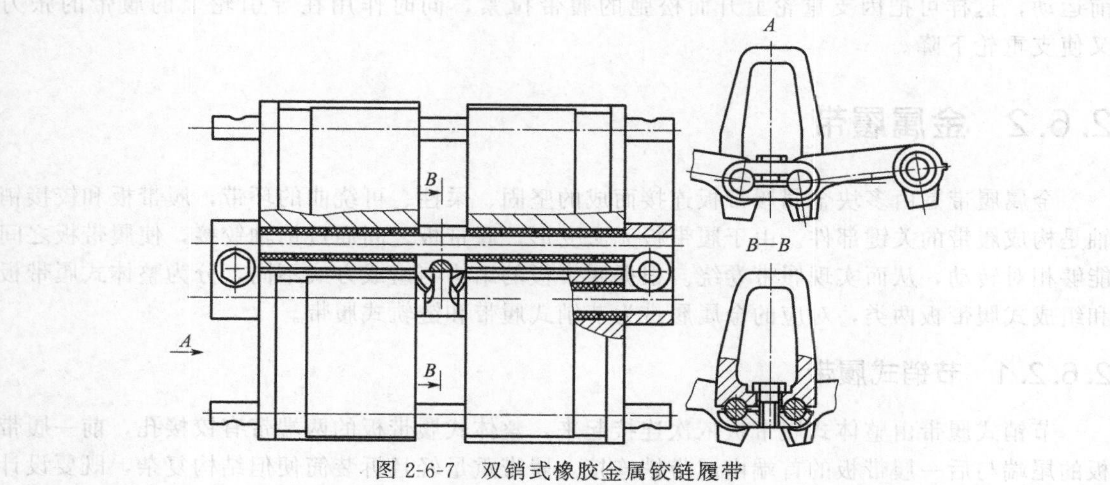

图 2-6-7　双销式橡胶金属铰链履带

2.6.2.2　链轨式履带

链轨式履带是由链与板组合而成的环形链带，履带的链由一系列链节与销轴等构成，刚性的链节由销轴铰接起来形成环形链，履带板由螺栓固定在链节上。这类履带可视为链与板的复合形式，履带由导轨部分和支承板部分构成，首尾相接的环链构成履带环形基础，履带板安装在环链的外侧。这类履带中的链凸出在履带的内侧，自然成为支重轮的行驶轨道，也成为轮与履带之间的防脱装置。如图 2-6-8 所示，链轨式履带由履带板、链轨、链节销和销套等组成，履带板由螺栓固定在链节上，每条履带是由数块履带板和链节连接而成。链节可以是结构相同的，也可以是两种不同的交替安装结构。链节连接环链与驱动轮啮合实现驱动，履带板主要用来接触地面产生牵引力。链轨式履带缺点是重量较大，优点是可以采用不同的材料制造零件，可以互换不同结构形式的履带板在不同场合进行作业。这类履带用于刚性支承的履带装置中时，由于支重轮固定在轮架上不随地形变化，为防止脱带可以使用夹轨器防止脱离链轨。

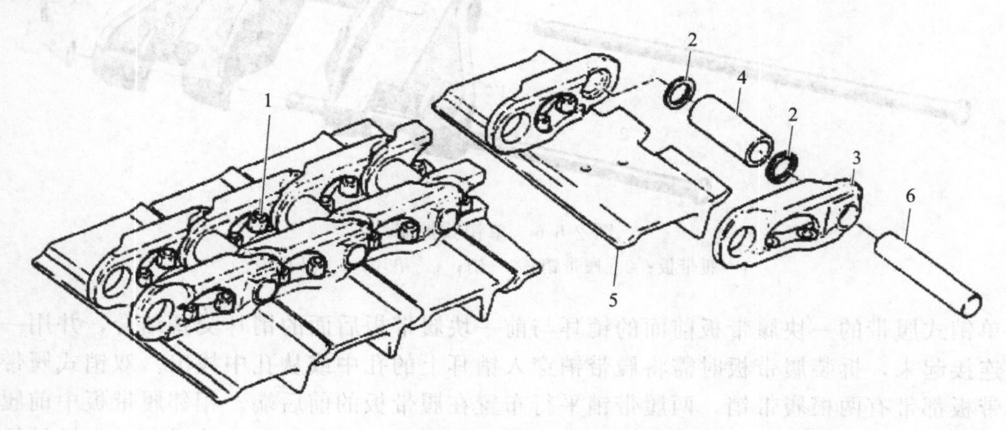

图 2-6-8　链轨式履带

1—履带螺栓；2—防尘圈；3—链轨；4—销套；5—履带板；6—链节销

2.6.2.3 履带板及连接销

金属履带运动体现在履带板与连接销之间的运动，履带连接销既指直接铰接履带板的履带销，也包括链轨的链节销，二者所面临的作业条件是相同的。将金属结构的履带板连接起来首先是选用金属销铰接，既可实现连接又可实现相互间的摆动。履带的工作条件很差使直接连接的金属履带销与销孔容易磨损导致寿命降低，为此有的履带销与销套间采用密封式润滑结构。也可将金属销直接铰接方式改为金属橡胶复合铰接方式，这样可减小噪声且提高寿命。通常是环绕金属销外周紧密固连一层橡胶套，再压配合在履带板销孔中，履带板之间的相对运动的要求通过对橡胶衬套的剪切作用而得到满足。扭转时只有橡胶环产生弹性扭转，履带销和履带板销孔之间无直接摩擦。

为了提高在恶劣环境下的工作寿命，履带板多用耐磨的高锰钢制成。履带板结构形式既要考虑结构安装方面的问题，更要关注使用条件。链轨式履带的履带板在内侧与轨链连接，不参与驱动轮之间的啮合作用，内侧结构相对简单。节销式履带两端带有铰接孔，履带板的内侧带有导齿。履带板的外侧需要应对所接触的各种地况条件，对于不同的应用场合采用适宜的履带板才能发挥出良好的性能。对于长时间在黏性土壤中作业的机械，履带板上就需要有容易刺入土壤的着地筋，履带着地筋将刺入土壤表层以下的土层以便利用其剪切作用产生较大的附着力。对于需要在硬实路面行驶的履带式行走机械，带着地筋的履带对路面可能要造成破坏，这类机械的履带板可以是金属与橡胶复合结构，在履带板底面安装橡胶垫块，可对硬实路面起保护作用。

2.6.3 橡胶履带结构

金属履带行走装置具有支承面积大、接地比压小、履带不易打滑、牵引附着性能好的特点，但也存在金属履带重、结构复杂等缺点。配备橡胶履带的行走装置在继承金属履带行走装置全部优点的同时，克服了金属履带固有的一些不足，因此橡胶履带的应用进一步提高了履带行走装置的优势。

2.6.3.1 橡胶履带的结构组成

普通橡胶履带是一种橡胶与金属或纤维材料复合而成的环形带，主要由金属芯、强力层、缓冲层和橡胶四大部分组成，如图 2-6-9 所示。金属芯是传动承载件，起动力传递、导向及横向支承作用。金属芯为平行布置在环形橡胶带内多个形状相同的金属结构件，每个芯块的结构、形状相同，主要用于与驱动轮啮合、限制支重轮与履带的横向位置关系，使用材料主要有球墨铸铁件、锻钢件、铝合金与合金钢板材冲压成形组合件等。强力层是橡胶履带中的承受纵向牵引并保持履带节距稳定性的抗拉体，是承受张力、传递动力的骨架层，通常采用钢丝帘线等材料。为了防止强力层的钢丝与金属芯摩擦、不受外力作用而破坏，利用帘布、纤维材料等在其间形成缓冲层，承受履带行驶中各向力所引起履带体的变形、振动与冲击。橡胶把其它部件紧密地结合为一个整体，提供整体的缓冲、减振和降噪功能，同时橡胶在履带内外侧形成各种几何形状的凸凹，对行走驱动等起到一定的作用。与金属结构的履带相比，橡胶履带用橡胶的弹性变形代替了金属履带销轴、销套间的转动摩擦而减少行走阻力，相对金属履带更能减少振动与噪声。

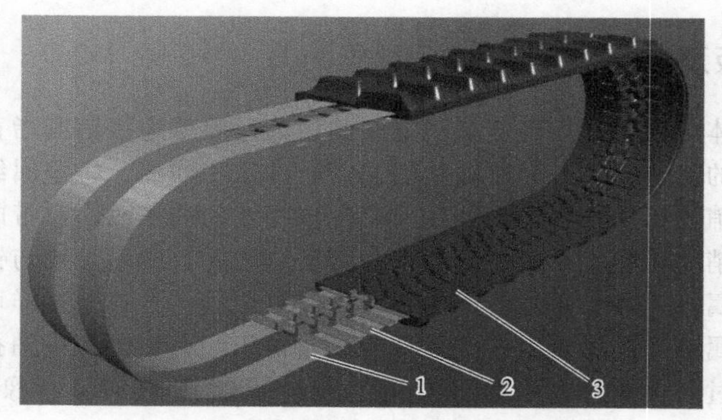

图 2-6-9　橡胶履带结构示意图

1—强力层；2—金属芯；3—橡胶

2.6.3.2　橡胶履带与驱动轮的关系

金属履带与驱动轮之间的作用是通过孔与齿间的啮合实现，普通的橡胶履带也是采取同样方式。因驱动轮有轮孔式或轮齿式两种结构，橡胶履带对应也有两种形式。轮孔式橡胶履带与轮缘上带孔的驱动轮匹配，驱动轮的轮缘上设置有驱动孔，该孔与履带上的齿进行啮合实现对履带的驱动。带孔的驱动轮与带齿的履带作用时容易跳齿，一般只在驱动能力要求不高的小型机械中采用。轮齿式驱动是驱动轮轮齿插入带孔的橡胶履带的孔内，该形式与常规金属履带驱动类似，使用也较广泛。

普通橡胶履带虽然不同于金属履带，但驱动还要依靠金属芯与金属驱动轮的啮合。而摩擦式橡胶履带可以进一步简化履带的结构，利用驱动轮与橡胶履带间的摩擦实现驱动。摩擦式驱动是利用了橡胶履带和驱动轮之间的摩擦来传递动力的，该形式通常为无金属芯橡胶履带，如图 2-6-10 所示。履带内表面与驱动轮面接触摩擦传动，传动噪声低、振动小，适于行驶速度比较高的履带式行走机械。由于需要行走驱动轮与履带之间产生尽可能大的驱动作用，驱动轮与履带配合采用较大的接触包角。

图 2-6-10　无金属芯橡胶履带

2.7　弹性悬挂结构的履带装置

履带行走装置与机体之间的连接关系主要体现在机体与支重轮之间的悬挂与支承，履带行走装置的支重轮与机体连接方式可以采用弹性悬挂，即在支重轮与机体之间布置有弹性元件，利用弹性悬挂装置传递作用在支重轮和机体间的载荷，缓和行驶时经支重轮传到机体的冲击。与轮式行走机械的弹性悬挂装置相比，履带装置中的悬挂机构运动受到限定，支重轮的运动轨迹都在同一纵向铅垂面内，即实现上下前后运动而不发生横向运动。同时支重轮的运动与履带运动形态相关联，必须伴随履带并限制在履带许可范围内。

2.7.1 履带行走装置弹性悬挂结构特点

履带式行走机械与轮式行走机械悬挂装置的工作原理一致，但由于履带行走装置中履带的限制，在具体结构、机构运动等方面有其特殊要求。悬挂装置是连接车体和支重轮的所有部件和零件的总称，其中同样包括弹性元件、阻尼元件、导向装置及其辅助零件。履带式行走机械采用的弹性悬挂有独立悬架与平衡悬架两类形式。独立悬架结构中的每个支重轮配置一套挂架，每一支重轮相对另外支重轮的运动是独立的。平衡悬架结构中两个或多个支重轮构成一组悬挂机构，同一机构中的支重轮运动相互影响。履带行走装置与轮式行走装置的不同之处包括支重轮结构尺寸小、布置紧密程度，这要求履带行走装置的悬架结构必须紧凑，在元件选择与结构设计时就要考虑占用较小的空间。支重轮与履带之间存在相互制约与伴随的关系，使得悬架机构运动受到一定的制约，悬架机构的运动都在纵向垂直平面内，支重轮的运动要与履带相伴随以保障履带不脱离。

履带行走机械的独立悬架与平衡悬架各有其优点，采用不同悬架的履带行走装置的适应性存在差异，因此应用于不同使用场合的履带式行走机械需匹配适宜的悬架。采用独立悬架的履带行走装置中支重轮单个独立运动、相互之间关联小。独立悬架中的一个支重轮的负荷变化对其它支重轮的影响较小，在通过高低不平地况时其中一个支重轮失效不会破坏其它支重轮作用。平衡悬架中一支重轮负荷变化时同一平衡悬架内的支重轮均受影响，其中一轮失去作用则该平衡悬架失效。与平衡悬架相比，独立悬架通常弹性好，具有较高的能量吸收储备和较大的位移量，通常需要有减振器与之匹配。平衡悬架刚性较大、高速性能不如独立悬架，但能够自动调节履带张力、均匀分布载荷。履带行走装置的悬架结构与形式在不断进步，在传统结构的基础上发展出一些新型气液悬挂结构并获得良好应用效果。如图 2-7-1 所示为克拉斯公司农田作业机械的半履带行走装置，其中的新型悬挂装置提高了田间行走作业性能。

图 2-7-1　克拉斯半履带行走装置

2.7.2 独立悬架形式与结构特点

履带行走装置中通常有多个支重轮，每个支重轮对应有自己的悬架，这样就保证支重轮间的运动互不影响。构成悬架的元件可以有不同的选择，因元件匹配等不同就影响悬架的结构形式。纵向摆臂式悬架是履带行走装置主要采用的独立悬挂装置，摆臂是悬架中的导向元件，其一端连接支重轮，并可绕连接在机体上的另一端摆动。不同的悬架中摆臂与支重轮的连接关系类似，不同在于弹性元件的形式、阻尼元件的选用、弹性元件及阻尼元件与摆臂之间的作用关系等。

2.7.2.1 独立悬架结构特点

履带行走装置中支重轮的运动与履带相关联，带动支重轮运动的悬挂机构也要因此受到限制。这类机构通常设计为纵向摆动结构，以保障其运动适应履带行走的需要。摆臂在纵向平面内摆动实现支重轮的上下运动，配以弹性元件与减振器等则构成独立悬挂装置，如图 2-7-2 所示。弹性元件可以是螺旋弹簧、钢板弹簧，扭杆弹簧也在其中获得充分的应用。往复式减振器作为减振元件被广泛应用，同时摆臂式减振器也被大量使用，如扭力轴与摆臂式减振器的组合悬挂结构在履带式战车上应用较多。

图 2-7-2 摆臂式悬挂装置

螺旋弹簧是独立悬架中的一种常用弹性元件，螺旋弹簧以弹簧的直线伸缩运动来配合悬架机构的运动，使支重轮的直线运动或臂的摆动转化成弹簧的拉伸与压缩，因此产生的弹性形变成为悬架提供给车体的支承力。这类悬架作用原理类似，实际结构与元件布置可以不同。如图 2-7-3 所示的独立悬架中，弹性元件与减振器平行倾斜布置，这种倾斜布局可降低整个悬挂装置所需的高度。悬架弹簧拉动摆臂机构使支重轮支承在履带与机体之间，利用弹簧的拉伸形变的力来支承车体载荷。同样也可以使用弹簧压缩形变来支承车体，这种悬架是以摆臂压缩弹簧获得支承车体载荷的作用力。

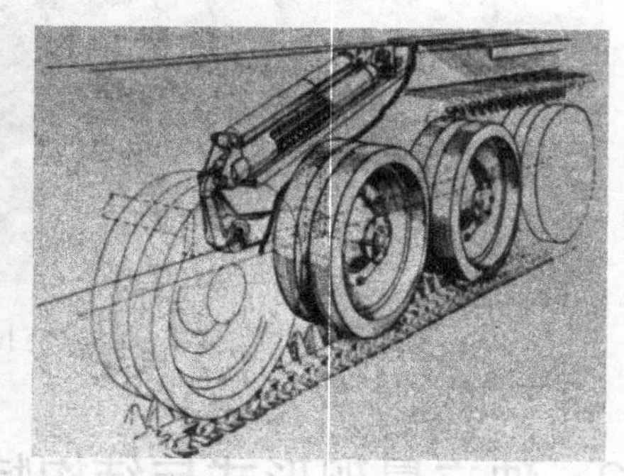

图 2-7-3 螺旋弹簧独立悬架

钢板弹簧也可以用于履带行走装置的独立悬架中，与轮式行走装置中的应用方式不同，此处只利用传统钢板弹簧结构的一半作为弹性元件发挥作用。如图 2-7-4 所示将弹簧元件与安装支重轮的摆臂连接起来，支重轮位置变化迫使摆臂绕轴摆动时弹簧起作用。

摆臂在机体侧面与悬挂支轴铰接，摆臂的下端安装支重轮、上侧布置有钢板弹簧。钢板弹簧一端连接到摆臂上，另一侧由固定在机体侧壁上的销轴限位。车体的重量通过该销轴作用于钢板弹簧，利用杠杆原理向弹簧施力，使弹簧产生一定弹性形变并形成预紧作用。行走过程中支重轮受到冲击则使摆臂运动压紧弹簧，当地面下凹时弹簧释放预紧力使支重轮随履带仿形。

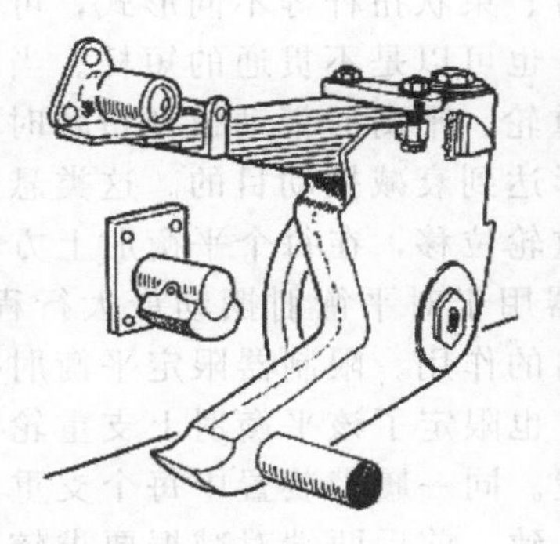

图 2-7-4　钢板弹簧独立悬架

2.7.2.2　扭杆与摆臂减振器组合悬架

扭杆式悬挂装置通常由扭杆、减振器、平衡肘等构成，广泛用于履带式战车。扭杆悬挂装置中的弹性元件为扭杆，又称扭力轴，是钢制细长杆状的弹性元件。扭杆截面形状一般都为圆形，杆的两端加工有花键以便与其它器件连接。通常是将其一端固定，另一端用于施加垂直于扭杆轴线的作用力。作为活动扭转端的花键与平衡肘的内花键相连，作为固定端的花键插入机体另一侧的固定花键孔内。平衡肘是连接支重轮与弹性元件的摆动式承载装置，是悬架中起导向作用的部件，它决定支重轮运动相对机体的位移轨迹，并将来自履带作用于支重轮的力传递给弹性元件、减振器等，如图 2-7-5 所示。平衡肘一般为金属锻件，可以是一体式结构也可以是分体式结构，一体式结构的平衡肘的臂体与轴套部分为整体结构，轴套内

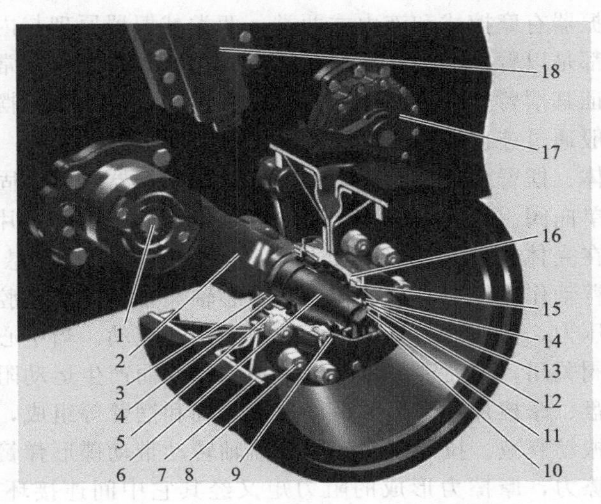

图 2-7-5　某履带式战车支重轮与悬架

1—扭力轴；2—平衡肘；3—挡油盖；4—油封；5—螺栓；6—轮轴；7—支重轮；8,11—螺母；9—螺钉；10—轴盖；12—垫片；13—垫圈；14—挡圈；15—轴承；16—轮毂；17—摩擦减振器；18—弹性缓冲器

加工有花键与扭杆弹簧花键配合。轴套外径与安装在机体侧面的轴承配合，轴套在轴承内转动受扭杆弹性控制。平衡肘的结构形态要根据具体悬挂需求而确定，平衡肘臂体上通常还有与缓冲器撞击用的圆台和连接减振器拉臂的销耳孔等。

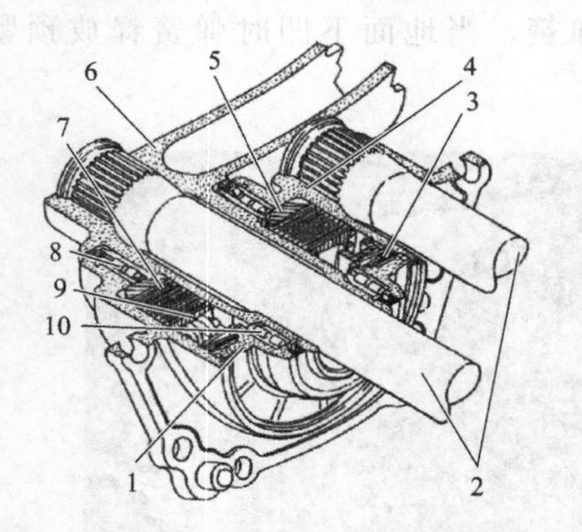

图 2-7-6　集成摩擦减振器的扭杆悬挂装置
1—支承盘；2—扭力轴；3—碟片弹簧；4—壳体；5—支承体；6—平衡肘；7—摩擦片；8,10—轴承；9—压板

作为弹性元件的扭杆其布置形式有多种，通常横向布置在机体的下侧与平衡肘配合，扭杆弹簧有单扭杆、双扭杆、束状扭杆等不同形式，可以是贯通车体的长杆，也可以是不贯通的短杆。当有地面冲击力致使支重轮、平衡肘带动扭杆扭转时，利用扭杆的扭转变形达到衰减振动目的。这类悬挂装置中为了限制支重轮位移，在每个平衡肘上方的机体上安装有限制器用于对平衡肘摆动最大行程限制，也起到缓和冲击的作用。限制器限定平衡肘摆动的最大摆角位置，也限定了该平衡肘上支重轮可向上移动的极限位置。同一履带装置中每个支重轮的悬架不一定完全一致，前后两端对减振要求较高需要配置减振器，位于接近中心部位的悬架有的就不配置减振器。扭杆弹性元件的结构与运动特点，使其可以与减振器实现同轴运动，如图 2-7-6 所示的摩擦减振器与扭杆同轴安装。平衡肘轴承支承机构内布置的阻尼元件以转动摩擦方式实施减振，同轴减振器没有杠杆的连接关系，所以不受支重轮的行程限制。

2.7.2.3　摆臂式减振器

履带行走装置悬架中可用的减振器有多种形式，应用比较多的是往复式减振器，这类减振器与轮式车辆上用的筒式减振器类同。但是在一些重型履带式战车上，因为缺乏良好的散热通道，这种减振器的性能发挥受到很大限制，而摆臂式减振器在这类车辆上多有应用。摆臂式减振器也称旋转式减振器，这类减振器用螺栓直接固定在机体侧板上，可以保证必要的散热条件。摆臂式减振器有摩擦式和液力式两类，两类减振器原理与内部结构不同，外部的机构运动方式一致，都是以臂的摆动实现作业功能。摆臂式减振器通常布置在支重轮摆动中心附近的机壁上，保证其摆臂也在纵向平面内运动。摆臂式减振器的摆臂与带动支重轮摆动的平衡肘相关联，一般通过连接拉杆实现二者的连接。

液压减振器由壳体、摆臂、叶片、中心轴等构成，减振器壳体由固定隔板分成两个工作腔，每个隔板设一个单向阀。壳体内的工作腔内有可旋转的叶片，叶片安装在中心轴上并随中心轴动作。中心轴在壳体外侧端安装有摆臂，中心轴借助摆臂与悬架的导向机构发生联系。悬架运动牵连摆臂动作而使中心轴被转动，中心轴又带动叶片在腔内摆转，进而使充满油液的工作腔内产生压力，使油液通过隔板上的单向阀并流动。当中心轴反向摆转时叶片另一侧产生压力使单向阀关闭，迫使油液流过轴中央的针阀而产生运动阻力。摩擦式减振器主要由减振器体、支承盘、摩擦片、碟形弹簧、减振器轴和摆臂等组成，减振器由主从摩擦片产生的摩擦阻力来使振动衰减。拉动摆臂使减振器轴转动带动碟形弹簧压缩，其作用力将主从摩擦片压紧产生摩擦力，摩擦力形成的阻力矩又经其它中间连接环节传递并减缓悬架运动。如图 2-7-7 所示，减振作用通过摆臂、拉臂传到平衡肘上并阻止其转动，从而对支重轮行程起阻力作用。这种减振器的特性是摩擦力矩与支重轮行程大小成正比，当支重轮行程小时摩擦阻力小，支重轮行程大时减振器产生的阻力也增大。

2.7.3 平衡式弹性悬架特点

图 2-7-7　摆臂式减振器与平衡肘连接形式
1—弹性缓冲器；2—摆臂；3—平衡肘；
4—拉臂；5—摆臂式减振器

履带行走装置的平衡式弹性悬架通常包括一套杆件、平衡臂和弹簧等，它们之间的连接组合使得两个或多个支重轮在一个纵列上可同时动作。这种悬挂方式能将负荷平均分布到一对纵列布置的支重轮上，当其中一个支重轮产生位移或承受道路的垂直作用时，平衡臂上的另外支重轮也受到相应的作用。在通过不规则地面时不会对悬置质量产生过大的冲击，也不会使负荷分布发生较大变化。平衡式弹性悬架不适于高速工况，超过一定速度则失去弹性悬架的作用，因此多用于低速履带式行走机械。

2.7.3.1　平衡式悬挂机构特点

履带行走装置采用的平衡悬架有多种形式，平衡悬挂机构运动的方式不同但其作用相同，都是通过弹簧的拉压使两支重轮之间存在弹性作用，当其中一轮受到外来作用时另外一轮也受到影响，使支重轮随履带的仿形作用得到加强。平衡式悬挂机构中的支重轮一般成对出现，这类履带装置中支重轮的数量也为偶数。一套平衡悬架通常由两个支重轮与平衡机构、弹簧、减振器组成，支重轮的运动既有独立运动的可能，又相互受到一定的限制而共同运动。平衡机构通常采用结构对称布置，匹配的弹性元件可以是螺旋弹簧或钢板弹簧，因匹配弹簧不同其结构形式变化也较大。多数情况下利用水平布置的弹性元件、减振器将两个或两组支重轮的运动关联起来，支重轮可绕其摆臂、平衡梁的铰接轴纵向摆动。平衡悬架中的弹性元件与平衡机构是必配的部分，而减振器则是根据需要而匹配。图 2-7-8 所示的是几种不同结构的平衡悬架，各有其特色。

图 2-7-8　平衡悬架

2.7.3.2　螺旋弹簧平衡悬架

平衡悬架中的弹性元件也有不同的形式，其中螺旋弹簧在平衡悬架中应用较多。螺旋弹簧弹性较好，但只能承受轴向力而不能承受横向力，平衡悬架的结构也正是利用螺旋弹簧这些特点。如图 2-7-9 所示平衡悬架由一对互相铰接的平衡臂组成，两平衡臂在中间部位由销铰接在一起。每个臂的下端连接一支重轮，臂的另一端相对并将螺旋弹簧压缩在之间，以此承受机重载荷及缓冲来自地面的作用力。其中一平衡臂上有与机架安装的孔，利用该孔将整个平衡悬架铰接在机架的支轴上，整个平衡悬架可以绕该轴摆动。静止或平地行驶时两支重轮处于同一平面内，机重载荷通过支轴作用于悬架上使两支重轮同时绕支轴向上摆动。支重轮向上运动导致两平衡臂上端相对移动靠近，使螺旋弹簧压紧至受力平衡。当行驶过程中经历不平地面时，位于前端的支重轮根据履带的高低起伏开始仿形，如果是凸起，则前轮抬高导致螺旋弹簧被压缩，反之被拉伸。当弹簧被压缩到极限位置时，该悬架成为暂时的刚性平衡悬架，悬架只绕支轴摆动。这类平衡结构的悬架如果需要进一步减振，可以在两臂之间像布置弹簧一样纵向布置一往复式减振器。

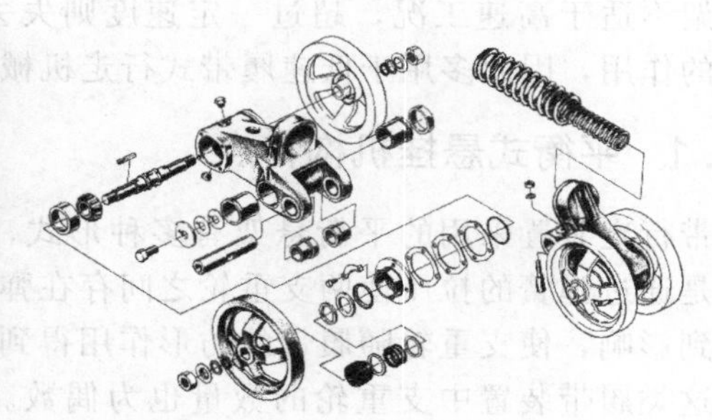

图 2-7-9　履带拖拉机平衡悬架

2.7.3.3　钢板弹簧平衡悬架

钢板弹簧是弹性悬挂装置常用的弹性元件，在轮式车辆中的非独立悬挂中应用较多，其优点是具有抵抗侧向运动的能力而使悬挂机构简单。在悬架中也大量采用钢板弹簧为弹性元件，而且使用的方式也多种多样。如图 2-7-10 所示的钢板弹簧平衡悬架，钢板弹簧既作为弹性元件，也是平衡机构的一部分，可整体绕定轴产生一定的摆动。如图 2-7-11 所示的早期履带式车辆的平衡悬架，其钢板弹簧既可在中部与平衡梁连接，也可两端与平衡梁相接，弹簧变形带动平衡梁上下移动，同时平衡梁可以绕轴摆转使平衡梁两端的支重轮仿形行走。平衡梁还可采用主从结构，即平衡梁的两端连接的不是支重轮而是小平衡梁，小平衡梁两端安装支重轮。小平衡梁的中部与平衡梁铰接，平衡梁摆转使两端连接的小平衡梁随动，小平衡梁绕平衡梁铰接轴摆转使支重轮仿形行走。

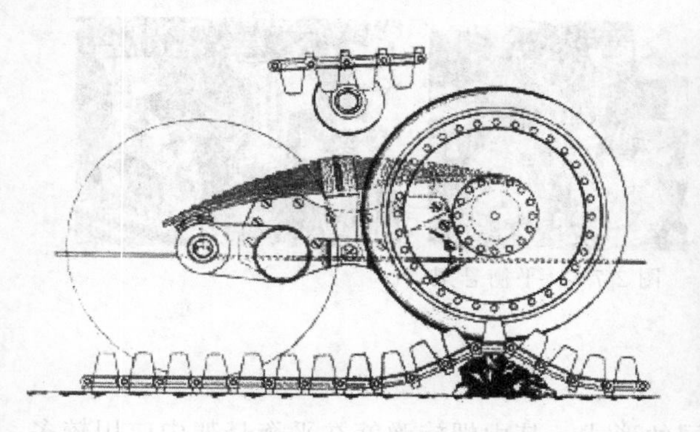

图 2-7-10　钢板弹簧平衡悬架

图 2-7-11　早期履带式车辆采用的钢板弹簧平衡悬架

2.8　传统轨道车辆的行走装置

轨道车辆是以轨道为行走基础的一类行走机械，因行驶的轨道不同而使行走装置结构形式有所变化。轨道车辆中应用最广、最传统的是铁路车辆，这类轨道车辆采用的是轮轨行走方式，以金属材料的车轮构成轮对在两根平行钢轨上滚动实现车辆移动。通常将两个或多个轮对组合成转向架作为一相对独立的功能装置，转向架是构成轨道车辆行走装置的基础单元。

2.8.1　转向架的组成与功用特点

转向架是轨道列车在轨道上实现移动的装置，是把两个或几个轮对用专门的构架或侧架组成一个双轴或多轴轮式行走装置。该装置的功能与道路车辆的行走装置一样，需要完成行走、导向、承载、减振并传递各向载荷等任务。但与道路车辆不同的是转向架中的车轮必须在轨道限定条件下行驶，这就使得转向架的结构、转向架与机体的连接关系等有一定的特点。

2.8.1.1　列车与转向架关系

轨道车辆通常组成列车运行，列车由多个单体车辆连接而成，转向架按照一定方式支承在列车每一单体下侧，多个转向架组合起来构成列车的行走装置。同一列车中的转向架可以有不同的功用与形式，而作为行走装置的基本单元担负支承车体的任务是一致的。由于列车可以是由不同类型的单体轨道车辆连接而成，此时的每个单体轨道车辆相对独立。通常每个单体由两套或多套转向架支承，每套转向架只与该单体发生关联，这也是轨道列车比较常规、比较传统的结构形式，如图 2-8-1 所示。

与常规转向架支承车体的连接方式不同，还存在一种侧端铰接式连接方式。铰接式连接的列车组成模式和结构上的最大特点是车体在相邻的位置上共用一台铰接式转向架，转向架布置在相邻车体相连的端部位置，车体间通过铰接而使整列车成为一个整体。使用铰接式转向架的列车不再需要车钩缓冲装置，车辆单元之间主要靠铰接式转向架及相应的装置连接。如图 2-8-2 所示，连接处还安装有起缓冲作用的纵、横向减振器，这样可减少列车的冲击力以使整个列车的运行稳定。

图 2-8-1　转向架常规支承连接方式

图 2-8-2　铰接式转向架车端连接

2.8.1.2 转向架的类型与基本构成

列车中的车辆单元有负责主动牵引功能的牵引车，有被牵引的被动行走的拖车，虽然每种车上都有转向架支承车体、带动车体移动，但转向架的功用却不同。行走装置的功能之一就是实现驱动，能够实现驱动功能的转向架称为动力转向架，这类转向架能够把动力装置的动力通过车轮与轨道的作用转化为牵引力。专门输出动力的动力机车采用动力转向架，动力转向架也用在动车组列车的动车车厢上。列车中被牵引的从动车厢配置没有驱动功能的非动力转向架，这类转向架只起支承和被动行走的作用。轨道列车以运输为主要目的，因运输对象不同有客运列车与货运列车之分，因而用于不同列车的转向架也有了客车转向架与货车转向架之分。二者之间不只是简单的称谓变化，有些具体要求也不相同。如客车转向架在运行平稳性方面要比货车转向架要求严格，客车转向架要有良好的减振性能。

转向架的基本构成包括构架、轮对、轴箱、悬挂弹簧、机体连接件等，如图 2-8-3 所示。其中构架是转向架的骨架，一般由左右两侧梁和一根或几根横梁或端梁组成。构架用以安装转向架各组成部分和传递各方向的力，并用来保持轮对在转向架内的位置。轮对是由两轮与一轴组合而成或直接加工为一体结构，其作用是直接向轨道传递机体重量，并通过轮对的回转实现整个转向架在钢轨上的运行，若用作驱动轮对则通过轮轨间的黏着产生牵引力或制动力。轴箱是联系构架和轮对的活动关节，它除了保证轮对进行回转运动外，还能使轮对相对于构架适当活动以适应轨道行走需要。悬挂弹簧用于缓和轨道不平顺对列车的冲击，对运行品质要求相对较低的列车转向架只设有一系悬挂弹簧减振，对运行品质要求较高的转向架设置二系悬挂弹簧，即在两个部位设置悬挂弹簧进行串联减振。

列车的车体由转向架支承，转向架上需要配置与车体连接的装置，连接装置用以传递车体与转向架间的重量载荷及各向作用力，并能使转向架在机车通过曲线时能相对于车体回转。连接装置与车体上对应部分相匹配，连接形式可能各有不同但最终实现的作用相近。转向架通常还需要具备制动功能，为此配备制动轮对的基础制动装置以便对列车实施制动。对

图 2-8-3 转向架示意

1—轮对；2—轴箱；3——系悬挂弹簧；4—二系悬挂弹簧；5—构架

于动力转向架则需要增加传动装置或动力驱动装置，现在运行的大部分列车的动力转向架采用电机驱动，这类转向架上直接布置有驱动电机及其传动装置。

2.8.2 转向架的结构形式

转向架虽然都是由构架、轮对、轴箱、悬挂弹簧等装置构成，但具体的结构形式与使用功能相关，体现在转向架构成及组件间相互关联、转向架与机体的连接关系。

2.8.2.1 构架的结构形式

构架是整个转向架的骨架部分，同时是转向架其它装置的安装基础。构架都是纵横梁架结构，因布置的轮对数量不同导致横梁数量的不同。构架常采用的是整体焊接结构形式，这类构架将纵横梁焊接为一体结构。构架也可以为分体结构，将两独立结构的侧架与其它件组装后成为转向架的基础构架。

如图 2-8-4 所示的转向架构架为分体结构，该转向架主要由轮对和轴箱、摇枕、侧架、悬挂弹簧等组成。转向架为中心销盘集中承载，这种承载方式中的中心销盘装置既是转向架转动中心也是牵引装置。侧架下侧的两端张口是与轴箱连接的轴箱承台导框，中部方孔部位底面连接弹簧托板。车体通过中心销盘坐落在摇枕上，摇枕两端坐落在左右摇枕弹簧上，左右摇枕弹簧又直接坐落在构架的两个侧架上。

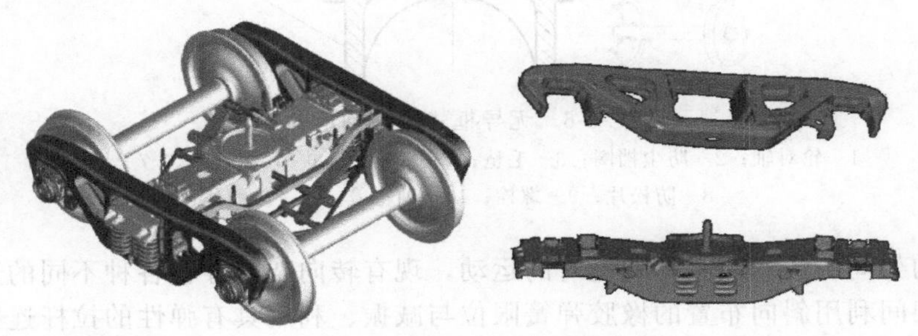
图 2-8-4 分体结构的转向架构架

整体式构架由不同结构形式的横梁纵梁组焊成一体结构，如图 2-8-5 所示的是一种无摇枕、无摇动台、无旁承式转向架的构架。该构架由两根侧梁和两根横梁组成，侧梁为中间下凹的鱼腹形，每个侧梁均由钢板组焊成箱形封闭结构。侧梁上有一系弹簧支承座、空气弹簧安装座和牵引拉杆座、横向减振器座等。两横梁平行并将侧梁连接起来，通常在横梁上焊有基础制动装置吊座、牵引电机安装座、齿轮传动箱吊挂座等。

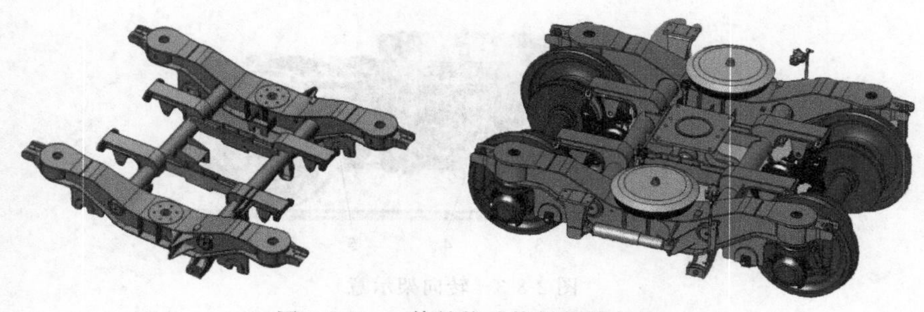

图 2-8-5　一体结构的构架与转向架

2.8.2.2　轮对与构架的连接关系

构架与轮对连接起来才能构成可实现行走功能的转向架，轮对与构架间的连接形式也有多种。轮对由一根轮轴和两个相同的车轮组合而成，轮轴接合部通常采用过盈配合使两者牢固地结合在一起。轮对的两轴端通过轴承与轴箱联系起来，再通过轴箱与构架关联起来。轴箱与构架发生联系最简单的方式是刚性连接，将轴箱与构架用紧固件连成一体，这类结构简单但减振与导向性能均较差。可以采用机构与弹性元件的组合结构限制轴箱纵向运动，同时使垂直方向有一定的自由度以便于实现减振功能。如图 2-8-6 所示为客车转向架上的无导框式滚动轴承轴箱部分。

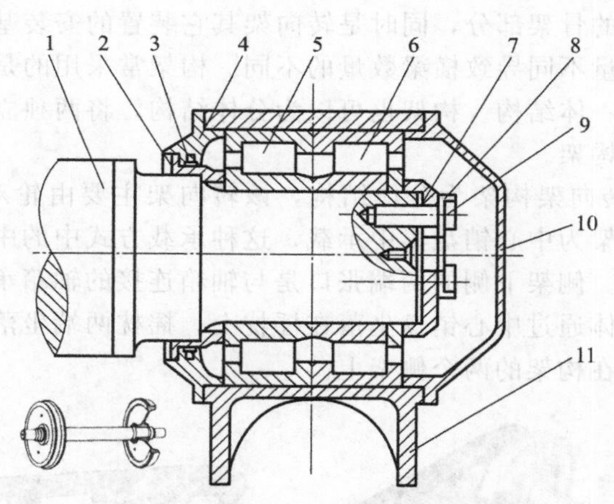

图 2-8-6　无导框式滚动轴承轴箱

1—轮对轴；2—防尘挡圈；3—毛毡；4—轴箱后盖；5，6—轴承；7—压板；8—防松片；9—螺栓；10—轴箱盖；11—轴箱体

轴箱与构架间的连接关系影响轮对的运动，现有转向架中存在各种不同的连接形式。如在轴箱与构架间利用斜向布置的橡胶弹簧限位与减振、利用具有弹性的拉杆连接构架和轴箱等。如图 2-8-7 所示是采用可分离式轴箱转臂定位方式，装置主要部分包括轮对、轴承、轴箱、垂向弹簧和垂向减振器等。轴箱转臂一端与轴箱体连接，另一端通过定位座与构架相连。这种方式既可保证轮对与构架间的运动和弹性关联，又限制了轴箱与构架之间的横向与纵向位移量。

2.8.2.3　驱动与制动功能的实现

为了使列车能够减速停车，转向架上配置有基础制动装置。基础制动装置是将车上传递

图 2-8-7 轴箱转臂及转向架

的制动信号和作用施加于轮对，使轮对停止转动的机构与组件。基础制动装置可由若干制动单元组成，每一制动单元包括一个制动缸和它所驱动的一套杆件系统和闸瓦。基础制动有单侧制动及双侧制动之分，每个轮对分别在车轮的两侧实施制动的称双侧制动，只在车轮一侧布置闸瓦实施的称为单侧制动，如图 2-8-8 所示。现代动车组列车的转向架中采用夹钳制动结构，该结构的轮对轴上布置有专门用于制动的制动盘，夹钳上的摩擦片与该盘接触实施制动。如图 2-8-9 所示动车转向架，这种制动方式直接制动车轮，摩擦、发热对车轮产生不良影响。

图 2-8-8 闸瓦制动

图 2-8-9 动车转向架

能够实现驱动的转向架称动力转向架，转向架实现驱动有三类方式：一类是现在已经很少应用的蒸汽机直接驱动形式，另外两类是内燃机驱动和电机直接驱动形式。内燃机驱动需要将动力传递给轮对，如果采用机械传动则动力装置的动力先要通过传动轴传递到转向架上的传动装置，再由传动装置输出动力到驱动轮对。这种驱动形式的转向架结构比较复杂、应用较少，使用最多的是电动转向架。电动转向架即在转向架上布置有驱动轮对的电机，而且多为电机独立驱动单一轮对的形式。动力转向架上驱动电机数量因轮对多少可能有所不同，机车转向架轮对数量多为多电机驱动。动车转向架通常为两轮对形式，如图 2-8-10 所示。两轮对的牵引电机与齿轮传动箱采取对角布置，其装置结构形式相同而电机的输出动力旋向相反。

图 2-8-10 动车转向架的两轮对形式

1,5—电机；2—牵引装置；3—构架；4—轴箱；6—二系悬挂；7—制动装置

2.8.3 转向架与车体连接

转向架的功能是承载车体并实现行走，承载体现在车体与转向架之间、转向架与轮对之

间载荷传递，不同的承载方式对装置、结构的需求就有差异。除了安全可靠地支承车体、承载并传递各作用力外，转向架承载的方式不同使得转向架与车体相接合部分的结构及形式也各有差异。

2.8.3.1 承载与连接形式

无论哪一类转向架都要承载车体的载荷，支承车体并传递载荷，转向架的承载方式可以分为心盘集中承载、非心盘承载和心盘部分承载三种。为使车辆顺利通过曲线，车体与转向架之间应绕不变的旋转中心相对转动，对于心盘集中承载结构转向架而言，心盘装置是牵引装置，也是相对转动中心。这类结构的转向架构架的中心部位布置有中心销盘，在车体机架上安装与之配合的中心销，中心销与转向架上的中心销盘铰接，机体上的重量通过中心销盘装置垂向传递给转向架，同时水平方向的牵引力和制动力也由该装置传递。非心盘承载结构的转向架通过弹性装置支承车体，车体的重量通过悬挂弹簧、旁承等装置直接传递给转向架构架。心盘部分承载结构是上述两种承载方式的结合，即车体上的重量按一定比例分配，分别传递给心盘与旁承使之共同承载。

心盘集中承载结构转向架利用心盘装置传递牵引力，而无心盘结构的转向架与车体之间需有其它的牵引装置。如在转向架与机体间配置形式与数量不同的杆件用以传递纵向力，即二者之间采用牵引杆连接，纵向牵引力及制动力等通过牵引杆传递。如有的动车组列车转向架与车体之间的连接采用牵引拉杆装置，车体由带有辅助橡胶堆的空气弹簧直接支承，在车体和转向架之间装 Z 形双拉杆牵引装置，同时配有主动控制的抗蛇行减振器。

2.8.3.2 转向架悬挂形式

轨道车辆为了减振与缓冲同样需要弹性元件、阻尼元件组成弹性悬挂装置，这些元件的形式、原理与道路车辆类同，只是在具体应用形式上有变化。转向架本身就具备行走车辆的特征，车轮与构架间就存在悬挂关系，整个转向架作为行走单元与车体间也存在悬挂关系。通常将轮对与构架之间的悬挂称为一系悬挂，将构架与车体之间的悬挂称二系悬挂。采用一系弹性悬挂的轨道车辆，从车体到轮对只设有一系弹簧实现一级减振作用。采用二系或多系弹性悬挂的轨道车辆，可实现两级或多级减振作用而改善性能，如图 2-8-11 所示。

图 2-8-11 螺旋弹簧悬挂结构

由于弹性悬挂的存在就需要有运动限制，如在轮对与构架之间利用弹性元件组成悬挂机构，这类用于轴箱与构架之间的悬挂运动限定在纵向与垂向，限制了横向运动。有摇枕、摇动台的转向架中的悬挂装置要产生一定的横向运动，因此这类转向架中在构架与摇枕之间设有横向橡胶止挡，以限制车体相对转向架的横向振动。同一转向架中的两个轮对与构架之间的悬挂关系可以是独立的，也可以是相互关联的平衡悬挂方式，如均衡梁式转向架利用均衡梁将全部载荷均匀地分配于前后轮对。

2.8.3.3 径向转向架

轨道列车车轮的运动是靠导轨导向，传统结构的转向架为了保持直线行驶能力，都采用约束轮对运动的结构，这类结构的转向架通过曲线轨道的性能较差。能在通过曲线轨道时进行调节轮对位置的转向架更利于曲线轨道行走性能，这类转向架称为径向转向架。径向转向架主要是适当释放纵向定位刚度，解除同一转向架两轮对间的摆动约束，通过曲线轨道时调整机构使前、后轮对间相互关联，耦合前、后轮对的摆动运动。在列车通过曲线时利用轮轨间的蠕滑产生的导向力矩，使轮对径向位置向理想行走曲线偏转，从而大幅度提高曲线轨道通过能力。

径向转向架通过解除对轮对的水平摆动约束，使前后轮对同时趋于曲线径向位置，按导向控制方式大致可分为自导向、迫导向两种。自导向依靠车轮与轨道间的蠕滑力的作用，迫使轮对产生一定的摆动达到导向结果。迫导向机构利用车体与转向架之间的相对运动，或者是相邻车体之间的摆转，迫使轮对趋向径向位置。径向转向架的关键部件是径向调整机构，径向调整机构一般由一系列杆件机构组成。列车进入曲线轨道时车体相对转向架偏转，这一偏转通过这些杆件机构调整轮对偏摆以便于通过曲线轨道。

2.9 非常规行走与非传统装置

机器行走必须存在行走的支承基础，与行走支承基础的作用原理不同而产生了不同形式的行走装置。目前为止行走机械还是以轮式和履带式为主要形式，人们也把轮式和履带式这两类行走装置视为机器实现常规行走的传统型行走装置，对应地可将其它各种不同形式的行走装置称为非传统行走装置。采用不同行走装置的行走机械行走方式表现出差异，这些差异的实质主要体现在行走装置与支承地面的作用关系不同。行走装置与支承基础间的作用可以是直接接触方式，也可以是非接触的间接作用。

2.9.1 连续轨迹非常规行走装置

常规轮、履行走装置主要用于普通常规地面条件，但由于行走机械的使用场所的条件各种各样，常规轮、履行走装置在一些特殊场合使用就难以发挥出其已有的功能，为此出现了一些在某些特殊场合使用的特种用途行走装置。

(1) 螺旋推进行走装置

为了使行走机械在沼泽、雪地等地况行进，人们进行了各种探索，20 世纪苏联的研究人员研制出采用螺旋推进行走装置的雪地车，如图 2-9-1 所示。螺旋推进行走装置一般由两根纵向布置在机体下面的螺旋装置构成，螺旋装置由中空的封闭筒体与环绕在其上的螺旋叶片构成。两个螺旋装置结构相同，螺旋叶片的旋向相反。通常筒体中间为圆柱体、前后为锥体，螺旋叶片贯通前后。工作时动力传递给螺旋装置驱动滚筒转动，突出筒体的螺旋叶片旋入泥土、雪等松软的接触体，叶片旋转并推剪泥土、雪等物体产生反推力。由于两个滚筒螺旋叶片对称，旋向相反，所以两个螺旋滚筒反向旋转时，两个螺旋叶片受土壤的反推力的横向作用分力大小相同、方向相反而相互抵消，两纵向分力则相互叠加合成为行进的驱动力。

通过控制两螺旋滚筒的转速变化或旋转方向变化则可以实现转向功能，使其中一侧螺旋滚筒停止旋转或两侧螺旋滚筒同向旋转，则螺旋推进装置就实现转向。这类装置受到的行驶阻力较大，两螺旋滚筒同时停止转动，即可利用行走阻力实现制动。

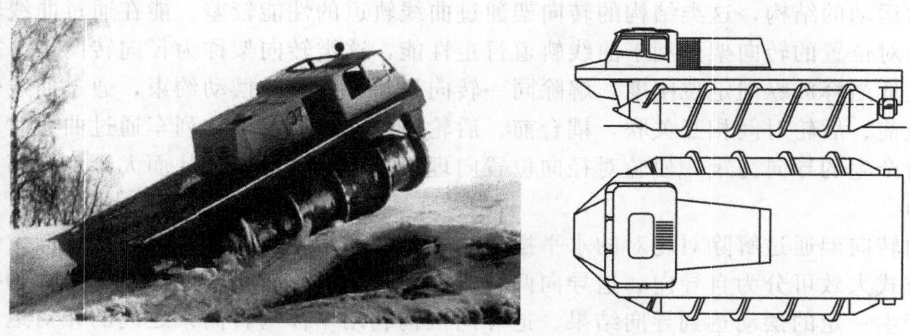

图 2-9-1　苏联研制的螺旋推进雪地车

采用螺旋推进行走装置的行走机械应用在地表承载能力差、附着条件不佳的场合，为了适应沼泽、雪地、水面等行驶工况对接地压力的要求，两螺旋滚筒采用中空结构以提高通过能力。机体通常也将下侧制成封闭结构配合在这类环境条件下作业，使其能在泥水混杂的沼泽地、厚雪地带，乃至水面行驶时发挥一定的浮力效用。螺旋推进装置在沼泽、雪地、水面都进行过尝试，这类场合采用螺旋推进的行走方式具有一定的适应性。但螺旋推进装置在硬实路面效果不佳、对路面损坏较大，因而这类行走装置的应用具有一定的局限性。图 2-9-2 所示为几种螺旋推进装置的应用示例。

图 2-9-2　螺旋推进装置应用

(2) 复合驱动行走装置

随着行走机械应用领域的不断扩展，对行走装置的要求也在不断变化，因而也产生了一些不同寻常的行走装置，其中麦克纳姆轮行走装置就是利用特殊结构的车轮与驱动控制相结合，将行驶、转向等功能的实现与每个独立车轮的驱动速度、旋转方向的控制相关联，能够实现传统行走装置无法实现的横向移动等特殊功能。麦克纳姆轮行走装置是由多个独立驱动的麦克纳姆轮构成的轮组，轮组通常由四个结构相同的麦克纳姆轮组成，呈左右对称布置构成行走装置，如图 2-9-3 所示。麦克纳姆轮为边缘上按一定角度布置有一定数量辊子的组合结构，可以自由滚动的辊子受轮体驱动与接触地面的制约。行走装置中的每个麦克纳姆轮均为驱动轮，行走时无动力的辊子不仅可绕轮毂轴公转，也可在地面摩擦力作用下绕各自的支承芯轴自转。

麦克纳姆轮行走装置结构紧凑、布置方便、行走转向灵活且不需要专门转向机构操控，

图 2-9-3　麦克纳姆轮行走装置

适合用于在转运空间有限、作业通道狭窄的环境作业的行走机械。麦克纳姆轮在绕固定的轮轴转动时，轮缘上斜向布置的各个辊子形成的包络线形成轮子的滚动圆周面，该轮以此圆周面向前连续滚动。每个麦克纳姆轮工作时整个轮体绕轮轴转动，同时辊子绕自己的轴心线旋转，麦克纳姆轮产生的驱动力是接触地面的辊子与地面的作用力，其力的方向是辊子轴线垂线方向。由于辊子的布置方向与车轮轴心线成一定角度，因此该驱动力可分解为纵向前进和横向作用两分力。要保持直线前进则需使横向总的作用相互抵消，这对每个车轮作用负荷与地面条件提出更高的要求，否则难以保证实现理想的行走状态。

(3) 机构与轮组合装置

为了能够适应诸如跨越沟坎、攀登台阶这类非常规地况的行走，可以采取多轮与机构组合的方式，利用轮子的滚动行走与机构实现姿态调节的优势结合提高通过性能。常规路况使用轮子滚动行驶，遇到特殊情况借助机构的调整能力，改变运动状态实现跨越或攀爬等功能。如在一些特殊用途车辆中采用车轮与杆件机构组合，如图 2-9-4 所示。车体两侧的车轮与机构分别组合成具有一定姿态调节能力的联动装置，当其中一个车轮遇到障碍无法前进时，机构则开始发挥作用使该轮抬高或降低，同时调节其它车轮参与作业替代该轮的功用。

图 2-9-4　机构与多轮组合行走装置

三支点机构与轮组合装置在越障与攀爬阶梯方面具有优势，正常行走时两轮接触地面绕各自的轴心滚动，两轮支承既提高稳定性，又增大接地面积。在跨越或上台阶时则三轮的运动状态发生变化，整个机构绕三支点的轴心转动，致使其中一轮作为承载支承轮，另外两轮离开地面升高而攀登或跨越障碍。如在向楼上运送货物时就可采用这种装置的小车上楼梯，该装置在人对小车的拉动作用下绕三支点机构支点轴转动，使支点上的车轮随机构运动而翻转，每翻转一次上一级台阶。这类装置用于大型行走机械有时还需要驱动，此时可将该机构变为三轮驱动形式。正常行走时与地面接触的两轮驱动，遇到障碍时机构向前翻转，使上面的轮接触地面实现驱动，同时后面的轮腾空离开地面，如图 2-9-5 所示。

(4) 变形轮

行走装置中的车轮可以通过改变形状与结构以提高某些方面的能力，甚至发挥出新的功用。在常规轮子的基础上加宽则可以降低接地压力，利于在泥泞下陷的地况行走，长时间行

图 2-9-5　三轮组合行走装置

走在沙滩的轮式车辆轮胎越宽越适用。如果需要依靠车轮附着在泥水面上行进，则带有叶片的轮或具有横向花纹的轮胎比较适合。因此用于沙漠地带工作的特种车，应采用低压超宽轮胎。用于水田作业的插秧机、机耕船等采用的车轮都带有叶片，通过叶片拨动泥水而产生更大的驱动力。

上述轮子只能居于一种固定的状态，因而适应性较差。为此研究人员努力寻求能够改变这种现实的轮子。美国研究人员发明了一种可以改变形状的车轮，在一定程度上解决了轮子路况适应性问题。如图 2-9-6 所示的变形轮由内部的金属机构与外部履带构成，其实质是一可变形的半履带行走装置。该变形轮的特殊之处在于不是固定结构的圆形轮辐、轮辋与轮胎的组合，而是采用三角形轮辐及其铰接在顶端的六个动臂构成了履带支承机构，控制动臂导致轮辐的位置变化可实现外侧履带的变形，履带伴随机构的变化而呈现车轮的圆形和半履带的三角形。

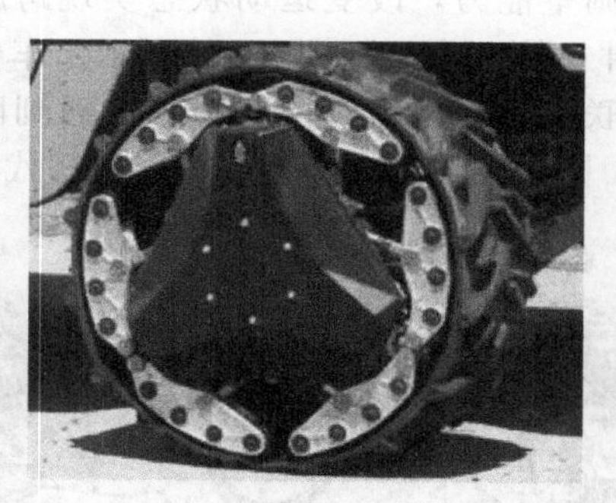

图 2-9-6　变形轮两种状态

(5) 非常规履带装置

履带行走装置存在接地比压小、通过能力强等诸多优点，但同时也存在结构复杂、体积较大、运动的灵活性较差等不足。能够结合轮、履装置的优点，减小其各自短处则是人们所追求的目标，采用小型半履带结构布置在一定程度上体现了这种思想。如采用半履带替代车轮可以最大限度地减小接地压力而提高通过能力，同时半履带结构体积相对较小，转向阻力又不会太大，可以实现轮式装置的运动，能够与车轮互换以便在一些特殊场合替代车轮作业。

非常规轮式行走装置中有的车轮是在圆形车轮基础上改变部分结构实现的，非常规履带装置也同样可以改变履带的部分结构达到其目的。如在雪地、泥水中作业的履带车辆，为了提高驱动能力，履带要有较高的凸起，甚至安装辅助叶片。要实现水陆两栖作业，为了增加在泥水中的浮力，履带通常与浮箱装置配合以适应这种环境条件。更有一些特殊的履带结构形式与传统履带完全不同，这是一类具有类似履带行走功能的环形结构的运动机构，可以实现常规履带行走装置在特殊场合难以实现的功能，通常这类行走装置也存在一定的局限，即只对一些特定场合有效，如图 2-9-7 所示。

图 2-9-7　非常规履带行走装置

2.9.2　悬浮行走装置

机器行走一般是指在地表面支承条件下的运动，这与空中的飞行与水中的航行区别开。在地面上行走一般都存在与地面接触的行走装置，通过与地面作用实现整个机体的移动。现代技术的发展使得行走不一定需要直接接触地面，磁悬浮技术与气垫运输技术应用于运载领域，产生了无直接接触的悬浮式行走机械。

(1) 气悬浮行走

气悬浮行走是利用气体作用在机体下侧与地面之间，使机体能够脱离地面悬浮起来。这类行走机械离开地面源于气体的作用，要满足的基本要求就是气体必须能够向上产生超过机体总重量的作用力。悬浮行走除了应用于气垫船外，还大量应用于工业生产中大型设备的搬运。现在广泛应用的气垫搬运平台大多采用的是静气垫技术，利用压缩空气在机体下侧流动产生托起物体的浮力。这类搬运平台作业时离地间隙很小，整个平台悬浮在一层空气薄膜上移动。由于气膜的摩擦系数非常小，很小的力就能推动气垫平台移动。

气垫平台的主要工作装置是布置于机体下侧的气垫装置，包括气源气路、气囊、支承机构等，如图 2-9-8 所示。工作时空气压缩机向气垫中导入压缩空气使气囊膨胀，继续导入压缩空气则气囊中的压缩空气经小孔进入气室，并在气室中形成承载压力。当压缩空气通过气室的排气孔向四周排气时，溢出的压缩空气在气囊与地面之间形成一层非常薄的空气膜，从而使气垫平台处于悬浮状态。气垫平台的气垫装置只能使机器悬浮，要使机体实现移动行走，还需要有转向、驱动、操控等部分的协同工作。这类气悬浮行走对地面条件要求比较高，工作地表质量直接影响气垫平台的作业效果，行走作业经过的地面需要是没有台阶、没有裂缝的连续平面。

(2) 磁悬浮行走

磁悬浮行走集中体现于磁悬浮列车，磁悬浮列车是轨道类行走机械，即其必须沿预定的轨道行驶。磁悬浮列车行驶作业时也是处于悬浮状态，其悬浮源于电磁作用，如图 2-9-9 所示。磁悬浮列车利用车体下侧安装的电磁材料与轨道上铺设的电磁材料产生作用，在行驶过

图 2-9-8　气垫装置

程中利用磁吸力或磁斥力使机体与轨道间脱离接触处于悬浮状态。如超导磁悬浮列车底部安装超导磁体，在轨道上按一定规则排列铺设一系列金属线圈，利用布置在车体下侧的超导磁体与轨道上的无源线圈之间的相对运动，来产生排斥力将车体悬浮起来。

图 2-9-9　磁悬浮示意

电磁作用在这类轨道车辆中不仅可以实现悬浮，而且也可以实现行走驱动，其驱动原理是利用电磁作用产生的力作为行驶驱动力。这种驱动形式完全改变了传统的旋转驱动方式，动力装置不再是输出扭矩和转速的装置，而是直接产生驱动力的直线电机。直线电机是一类特殊形式的电磁转换装置，不需要中间转换机构就能将电能直接转换成直线运动的机械能。称为电机的只是存在与普通电机转子或定子作用原理相同的装置，直线电机中的所谓的转子与定子分别安装在车体和轨道上，如果轨道上安装定子绕组，则车上安装相当于转子作用的绕组。地面牵引供电系统为定子绕组供电产生磁场，与车载转子励磁磁场相互作用驱动车辆前进。

2.9.3　仿生行走装置

轮、履行走装置的行走特点是行走轨迹都是连续接地，在一些非连续支承场合则难以发挥功能，这时行走非连续轨迹的步行式行走装置则有了用武之地。步行行走装置是以机构运动并与地面间断接触实现移动，在形形色色的步行机构中有一类是仿生运动装置，这类装置借鉴生物的运动，如果实现高度仿真则可以实现传统行走装置所不具备的跨越、腾空、蹬踏等运动与姿态变化。其具有这些优点的同时也有不足，其承载能力、运动稳定性、高速行驶方面还难以与轮、履装置媲美。这类机构运动控制的复杂程度远高于轮、履装置的旋转控制，必须要有完善的控制机制才能使仿生行走装置实现理想的行走功能。

仿生行走装置是模仿动物腿足的行走机理而设计的一类运动机构，其中步行机构是模仿肢体动作，在行走过程中交替地支承机体并负重向前行进，如图 2-9-10 所示。其中每只腿足为一运动肢体单元，按一定的顺序和轨迹提起和放下，实现向前行进运动、完成行走过程。人与动物用于行走的腿足可以实现运动的自由度很多而且可控，利用机构完全模仿困难较大，原因在于自由度数量增加会给机构的结构、控制、运动带来很大的难度。同时机械装置的刚性关系与动物肢体的刚柔完美结合机制不同，机械机构目前只能实现部分生物肢体的功能。动物肢体肌肉的作用与多自由度运动的结合即可实现运动缓冲作用，而步行机构中实现弹性缓冲与机构运动稳定控制还存在一定的矛盾。

图 2-9-10　仿生行走

仿生行走装置的运动状态与静止状态存在较大的差别，甚至状态发生变化会导致运动平衡保持成为问题。状态体现了机体位姿变化和行走机构的支承状态变化，协调控制好相互的位姿变化，才能保持良好的稳定性和灵活性，提高适应崎岖地况的运动能力。仿生行走装置的优势发挥不在于机构本身，而是与机体及相互间的协调。仿生行走装置不仅要实现单一运动单元内部的控制，还要协调行走装置各个单元。如四足步行装置步行时三支承腿足立于地面上，另外一腿足离地处于运动状态，该单元的机械机构要实现空中抬跨、向前摆动等运动。控制系统在控制该单元运动的同时，需要选择确定地面上的最优地面支承点，以便为后续其它腿足的运动形成稳定的支承。

2.10　总结：机器行走的功能装置

行走机械的基本功能特征是可以行走，机器行走的功能是由器件组成的各类装置来实现的。车轮与轮轴是最早用于实现行走功能的器件，也是现代绝大多数行走机械实现行走的最基本构成，以轮、轴为基础经不断发展演变产生出各种不同形式的行走装置。行走装置必须连接到机体部分构成完整的机器才能发挥出应有的行走功能，行走装置与机体部分之间的悬挂连接不仅将与地面接触的运动器件和机体实现结构匹配，而且需要实现载荷传递与调整平衡等功用。

2.10.1　机器行走功能需求

行走机械实现行走功能需要一些装置、机构等与地面发生作用，通过装置、机构的运动而实现机体的移动。抛开装置与机构的具体形式与实现行走的方式，从功能实现的角度可以将行走机械抽象为主体部分与行走部分结合。行走部分为与行走支承面发生作用，与机器运动、移动以及驱动直接关联部分，主体部分可视为除了行走部分以外的全部。机器需要行走部分发挥相应运动功能实现行走，行走部分所能发挥的功能要受到机器本身和外界条件的影响与制约。

(1) 机器行走的特点

行走通常用来说明人的一种运动状态，将行走一词用于机器也是用于说明运动。机器的这种运动与承载机器的支承面相关联，而且这一运动导致整个机器在支承面内产生位移。例如道路的路面就是道路行驶车辆行走的支承面，车轮在路面上滚动并驮负车体从一处移动到另一处。由此也看出机器的这类运动是有序并保持状态稳定的运动，其有序体现在行走部分的运动带动机体运动，状态稳定体现在行走部分的运动能够保证机体部分实现某些运动的同时保持平衡状态。机器存在被动与主动两种行走方式，被动行走是借助外来作用的随动，主动行走才是真正意义上的行走。主动行走必须具备行走驱动功能，即行走部分与支承表面发生作用能产生推动机器移动的驱动力。另外，机器行走具备一定的移动速度，要使一定运动速度的机器停止，需要实施制动，行走部分还需要实现阻碍继续运动的制动效果。行走机械行走部分形式多样，以不同的原理、结构实现机器行走功能，行走部分的形式变化也是行走机械种类繁多的原因之一。

(2) 外界条件的应对需求

行走机械行走功能的实现体现在行走部分，行走部分的装置、机构与行走支承面直接作用或发生关联。行走装置与支承面接触或发生作用，因此也与机器行走的路面关系最密切，路况条件对行走装置的影响也最大。如轮式行走装置行走时利用车轮在路面上连续滚动实现行走，这种行走装置实现行走的前提是支承机器行走的路面必须是连续状态，如果存在中间不连续的间断则无法通过。而对于具有跨越功能的步行式行走装置就可以跨过间断处，这类行走装置的行走特点是非连续轨迹。由此也说明行走装置与行走路况的适应关系，各具特色的不同行走装置各有优势与不足。路况条件较好采用轮式行走装置适宜，轮式行走装置相对简单，但是遇到潮湿、松软的土地则通过困难。应对这种路况条件履带行走装置比较适宜，履带行走装置接地部分的面积远远大于轮式行走装置，而且这种情况下履带装置的驱动能力也优于轮式装置。履带行走装置与轮式行走装置均为滚动连续轨迹行走，但履带行走装置边行走边为行走车轮铺设轨道。履带式行走机械实质是在轨道上行走，只不过轨道不固定。还有一类轨道固定的行走机械，这类机械的行走装置必须与轨道相匹配，轨道可视为行走装置的组成部分，离开轨道则无法实现行走功能。

(3) 整机匹配与要求

行走装置作为行走机械的组成部分之一，其实现行走功能的最终目的是服务于整机，必须与机器的其它部分有机地结合在一起，在为主机提供行走功能的同时兼顾其它功能、性能需求。行走装置是主机与行走支承面间的关联装置，主机体通过行走装置支承在行走的路面上保持平衡状态。实现行走的必要条件之一是要保持机体的协调与平衡，行走部分与主体部分结构匹配、行走装置运动机构的形式与布置对机器平衡、稳定都有影响。如步行式行走装置与轮式行走装置就截然不同，比较同样是两点接地的步行行走机器人与两轮车即可分晓。机器人行走既要保证两点接地时的稳定，更需要保障迈步时一点接地的稳定性，而对于同轴两轮车只是存在两点支承条件的平衡与稳定。机体的重量载荷通过行走部分支承机体的装置向下传递，同样地面对行走装置的反作用也传递给机体。采用刚性结构连接行走装置与机体，则行走装置所受路面的反作用均直接传递到机体。为了使机体部分尽量少地受外界影响，可在行走部分与主体结构之间增加一些弹性元件、机构等用于吸收或减轻外来作用。这些元件、机构组合起来构成悬挂装置或悬架，与行走部分很难完全划分开，关联紧密者如果拆分，则导致整个行走部分既无法实现与机体的连接，也失去行走功能。

2.10.2 行走功能装置的构成与功用

行走机械的行走部分要实现的最基本功能是支承机体并带动其移动，为机器行走匹配的行走功能需要适应地况条件与外界环境，行走装置的形式、构成也要随机器的用途、性能的具体情况而定。以轮滚动实现移动的连续轨迹类行走机械可将行走部分概括为悬挂、行走等独立功能部分，对应也有了悬挂装置、行走装置的说法。这种说法不一定适用于采用其它行走方式的行走机械，如仿生步行式行走机械行走部分就无法严格说清楚其中装置的作用是悬挂还是行走。

(1) 行走装置

行走机械的行走装置是直接与地面接触并能与地面产生位置变化的装置与机构的统称，车轮与轮轴构成行走装置的最基本元件，车轮与地面接触而实现滚动，轮轴支承机体移动实现机器行走。结构复杂的行走装置中轮与轴也是其最基本构成，只是布置、结构、数量等变化。由于行走功能需求的不断提高，车辆从单轴结构到多轴结构，车轮从单纯的从动行走变成驱动轮、转向轮等，行走装置因车轮在其中所起的作用不同其内涵也随之变化。行走机械常用的行走装置概括表达为轮式行走装置、履带式行走装置，二者既有共同之处又有各自特点。轮式行走装置在保持车轮与支承面作用完成滚动运动的统一条件下，可以涵盖其余各种不同与变化。如在最基本的单一轮轴构成的简单行走装置的基础上增加驱动功能，则有了主动行走装置与从动行走装置之分；增加转向功能，则有了单一行走功能与可实现转向行走的多功用行走装置之分。履带式行走装置是轮式行走装置的发展，其特征是环状的履带替代车轮与地面接触。履带式行走装置是轮组与履带组合而成的行走装置，以驱动轮带动履带、履带与地面接触实现行走装置运动，因履带增大与地面的接触面积提高了对不同路面条件的适应性。

(2) 悬挂装置

早期的轮轴行走装置中车轮在地面上滚动，支承车轮滚动的元件是轮轴。轮轴以一定的结构形式与机体连接，使机体与车轮发生联系。行走部分与机体是简单的刚性连接，地面的作用通过车轮直接传递到机体，路面的凸凹起伏状况以及产生的作用直接影响机体。在不断探索与应用中将弹性及其相关元件形成组合或机构用于行走部分与机体部分的过渡连接，产生了各类悬挂装置。悬挂装置通常理解为行走部分与机架连接的中间装置，机体重量通过悬挂装置传给行走装置，行走过程中行走装置所受地面的冲击也经过悬挂装置传给机架。悬挂装置的结构与行走部分的结构形式相关，不同的悬挂结构具有不同的缓冲能力。悬挂装置与行走装置虽然可人为视为两部分，但实际是协调统一的组合体。如轮式行走装置中通常由车桥支持机体或机架，并在其间传递各种作用力，在有些场合所谓的车桥就包含了悬挂部分。悬挂与行走之间结合紧密、互相依存，如果相互分离则其存在的意义就发生变化，甚至无法实现功能。

2.10.3 行走装置的形式

行走机械中最能体现其特征的是行走装置，依据行走机械所配置的行走装置的特点将其归为不同类型，尽管具体机器因应用于不同的领域而称谓不同，但可将行走机械归为轮式、履带式、轨道式、仿生足式等类型。

(1) 轮式行走装置

采用轮式行走装置的轮式行走机械最为普及，车轮是这类行走机械所必需的基本构成。最原始的车轮都是被动轮，其功能主要是支承车体，在外力的作用下克服滚动阻力运动。自行走式车辆的出现，使车轮有驱动特性与转向特性。驱动轮是自行走类行走机械所必需的功能装置，它是在一般的车轮基础上连接动力装置而实现驱动功能。驱动轮除具有一般车轮的承载、滚动功能外，还要产生驱动力实现各种行走运动。所产生的驱动力不但要克服自身的滚动阻力，甚至要克服其它从动轮的滚动阻力、惯性阻力等。改变行走机械行进方向通常借助车轮的作用，导向轮在转向装置的作用下实现行走操向功能。为了能够更好地实现驱动与导向功能，车轮的轮胎表面设计有不同的花纹，甚至不同的结构形式。通常同轴布置的车轮相互关联起来组成一套协同工作装置，如同轴的两驱动轮借助驱动桥连接起来，利用驱动桥的传动和差速功能使两驱动轮更好地发挥功能。车轮主要用于机器在地面上行走，但行走工作条件的差异常使常规的车轮难以在各种场合都发挥出已有的功能，为此出现了一些在非常规场合使用的特殊或专用车轮，如适用于不同作业条件的水田轮、沙漠轮等。随着行走机械发展的需求不断增加，对轮子的功能要求也在增加，由单一功能逐渐向多功能方向发展，如麦克纳姆轮是将驱动、转向融为一体，使行走机械多向行走变得简单。

(2) 履带式行走装置

履带式行走装置集驱动、承载、减压功能于一体，履带式行走装置的基本构成为四轮一带，即驱动轮、支重轮、导向轮、托带轮和履带，而具体的形式各有不同。履带式行走装置的履带相当于自身携带可以随时随地铺设的轨道，不同功用的轮子组成的装置各尽其职，在环形履带内协同工作，使整个履带式行走装置实现行走。动力装置的动力传到驱动轮上迫使驱动轮旋转，驱动轮与履带啮合不断地把履带从后方卷起。直接与土壤接触部分的履带对土壤产生一个向后顶推、挤压和摩擦的作用力，而土壤对上述作用力的反作用水平分力构成推动履带前进的驱动力。驱动轮向前输送的履带再经导向轮铺设到前方地面上，支承机体重量的支重轮在不断铺设的履带轨道上行进，轮履协同实现行走功能。由于履带装置的结构特殊，行走机械只需要左右各一组履带装置即可支承机体保持平衡，两组履带装置通过差速实现行走机械的转向。履带装置中的履带早期由金属零部件组装而成，整体式橡胶履带目前也已大量使用。

(3) 轨道式行走装置

借助轨道完成行走功能的一类行走机械只能在人为铺设的轨道上运行，其行走装置与运行轨道必须严格匹配。轨道对于行走装置而言既是支承行走装置的路面，也是限制行走装置运动方位的装置，也由此保证了行走机械运行轨迹的确定性。常规轨道行走装置中与轨道接触匹配的是轮对或车轮，轮子在轨道上滚动并接受轨道的限制最终实现整机沿轨道行走。常规的轨道行走是行走装置与轨道有接触，通过轮子与轨道间的作用产生行走驱动力。同时还有无接触的悬浮行走方式，如磁悬浮列车在行进时与轨道间保持一定的间隙。实现悬浮就需要在轨道与机体间产生保持悬浮的作用力，磁悬浮列车是利用车体与轨道之间的电磁作用使机体悬浮。利用气动也可以产生悬浮而且不受限于轨道，气动悬浮在气垫船和重载搬运领域有所应用。

(4) 仿生足式行走装置

广泛应用的轮、履行走装置其行走需要与地面连续接触，因此采用这类行走装置只能够适应非间断连续状态的路况条件，对于非连续、接触面离散的场合则难以应对。而对于行走运动轨迹是离散足印的人和腿足类动物而言，应对这类行走场合正是发挥优势的机会，其原因在于非连续接地行走方式。因此采用仿生步行机构作为行走装置的行走机械，能够增强运动的灵活性与对环境的适应性。这类行走机械的特征是模仿动物爪、足的行走运动，利用步行机构与地面发生作用，通过机构的运动而产生位置变化实现自身的移动。这类装置对离散地形行走适应性较强，但需要多个运动杆件和多自由度的协调运动，同时需要调节爪、足机构的结构尺寸、步幅的大小、伸展程度等，以调整重心的位置、保持整体机体平衡稳定。进一步发挥仿生爪、足的效果，可以利用其抓握能力提高攀爬功能。

(5) 其它非常规行走装置

行走装置是行走机械与行走环境条件关联最密切的部分，行走装置对行走环境的适应能力也在一定程度上体现了该机器的行走通过能力。常规形式的轮、履装置实际使用较多、适应范围也较广，但对一些比较特殊的地况条件难以应对。应对这些非常规路况条件可以采用一些非常规的特殊行走装置，这类行走装置可以是原理不同，也可以是不同装置的结合。如轮式装置与步行机构的组合，可以利用行走方式的转换应对连续行走与间断跨越的问题。这类装置也带来结构复杂、成本高等不足，因此确定行走装置具体形式与功能时，不仅要考察实际使用工况条件与适用情况，而且需要兼顾机器本身配置与经济性等限制。行走装置实现行走可以是连续轨迹，也可以是非连续轨迹，可以是接触方式行走，也可以是非接触行走，实现这些不同行走方式依据的原理可能不同，所采用的装置与机构的功能特性也各有不同。每种装置与机构都有一定的适用范围，也都存在优势与不足，确定某一机器所需的行走装置是多因素综合的结果。

第3章 能量转化

3.1 热机形式及其应用

机械运动需要做功而消耗机械能，机械能通常来自于动力装置。动力装置是一种能量转化装置，其中有一类利用燃烧燃料获得热能并转化为机械能的机器，这类机器因燃烧产生热能统称为热机。热机也是人类最早使用的动力装置，随着技术的进步热机也在不断发展演化，目前为止已存在多种各具特色的热机类动力装置。

3.1.1 热机类动力装置

热力学中热机被简化为一个由高温热源、工作系统和低温热源构成的循环，热量由高温热源传递到工作系统中，一部分通过做功转化为机械能，另外一部分传到低温热源。工程中用于产生动力的热机主要是将热能转化为机械能的装置，该装置利用工质获得热量并进一步完成能量转化过程。在热源和工作系统之间用来进行能量传递和转化的媒介称工质，因对工质加热的方式不同热机有内燃机与外燃机之别。以水蒸气作为工质推动主机对外做功的蒸汽机属于外燃机，它是利用燃料在发生动力的装置以外燃烧做功。蒸汽机的锅炉炉膛内燃料燃烧所产生的热量对锅炉内的水加热而产生蒸汽，蒸汽在蒸汽机内膨胀做功，将蒸汽所蕴含的热能转化成机械能输出。热蒸汽膨胀做功后温度降低或回到锅炉再被加热，或进入更低一级热量转换装置继续做功。

蒸汽机类动力装置主要由两部分构成：一是燃料燃烧加热水变成蒸汽的蒸汽锅炉部分，二是蒸汽做功发出动力的蒸汽机部分。蒸汽机工作时燃料的燃烧由于是发生在动力机外的锅炉中，燃料适应性好，但整体结构庞大。蒸汽机有往复式蒸汽机和蒸汽轮机两类：往复式蒸汽机以往复运动形式输出动力，蒸汽轮机则是将蒸汽的能量转换为涡轮的旋转运动后实现动力输出。其中往复式蒸汽机几乎完全被其它形式效率较高的动力装置所取代，较往复式蒸汽机能提供更大功率的蒸汽轮机仍在火力发电和核能发电领域应用。现代蒸汽轮机热效率也大幅改善，特别适用于核能发电这类能量转化场合。原子反应堆既不直接产生机械能，又不直接产生电能，是利用水加热变成蒸汽，通过蒸汽轮机做功驱动发电机发电。

蒸汽机以蒸汽为工作介质，蒸汽机工作过程中有蒸汽排入大气需要不断补充，属于开式循环热机，与开式循环对应的另一类为闭循环热机。斯特林发动机（Stirling engine）是一种闭循环热机，是利用封闭工质在冷热环境转换时的体积变化来做功。斯特林发动机一般采用氢气或氦气做工质，该发动机利用封闭空间内的工作介质受热膨胀，驱动活塞机构往复运动实现热能到机械能的转变，而发动机内的工作气体本身不参与任何形式的能量转换。斯特林发动机属于热机中的外燃机类，与外燃机相对的另一类发动机是内燃机，内燃机是将燃料在自身的有限空间内燃烧，燃料的化学能转化成机械能的一类热机。

燃料在内燃机中燃烧是一氧化过程，最常见的氧化剂是空气中的氧气。普通内燃机在体内燃烧需要吸取空气而获得氧气作为氧化剂，如行走机械匹配的发动机通常就是利用空气与燃料混合后燃烧。与此相对的还有另外一类不用空气、自备氧化剂的动力装置，如火箭喷气推进装置就不依赖空气。火箭喷气推进装置是喷气发动机的一种，将装置内的推进剂等反应物料燃烧变成高速射流而产生推力，如图 3-1-1 所示。其最大的特点在于其氧化剂来源不是从空气中获得而是自身携带，这就使得装备这类发动机的火箭可以在大气层外飞行。虽然火箭发动机还有离子推进器、霍尔推进器、磁等离子推进器等，但现有技术条件下所能提供的推力都远不如内燃式火箭发动机。

图 3-1-1　火箭发动机

内燃机将燃料在其内燃烧的热能转化为动力输出，膨胀做功直接产生推力输出是其中一种方式，这类内燃机的燃料燃烧膨胀后喷出体外，形成高速射流而直接产生推力，这类内燃机多用于航空航天领域。更多的内燃机将热能通过机械装置转化为旋转扭矩输出，行走机械中配置的内燃机主要就是这类发动机。内燃机中燃料燃烧的方式有连续燃烧和循环燃烧两类。其中循环燃烧是指燃料的燃烧、做功、更换等过程都是可以从时间上区分、依次完成的，内燃机工作就是在不断重复每一次的循环过程，活塞往复式发动机的燃烧过程即如此。而对于连续燃烧的内燃机而言所有过程是混合在一起的，无法明确区分燃烧发生过程的各个阶段，如涡轮式内燃机。

3.1.2 涡轮式内燃机

涡轮式内燃机是利用燃料连续燃烧做功的一类内燃机，输出可以是以喷出高温废气的反作用力产生推进力，也可以是主轴转动的扭矩。前者如用于飞机的喷气发动机，后者如用于驱动军舰、发电机组等的燃气轮机。燃气轮机与蒸汽轮机相比存在一定的共同之处，即气体驱动涡轮旋转做功，但燃气轮机的工作介质是燃气而不是蒸汽，燃烧反应的位置也不同于蒸汽轮机。如图 3-1-2 所示，燃气轮机使燃料在燃烧室内燃烧，燃烧所产生的高温高压燃气再进入燃气轮机推动涡轮旋转。工作时压气机将新鲜空气由进气道吸入燃气轮机，然后由压气机加压成为高压空气。从压气机出来的高压空气进入燃烧室，与燃烧室进口处喷入的燃料进行混合，在燃烧室进行燃烧成为高温高压的高能气体，高能气体膨胀驱动涡轮转动做功。涡轮将燃气的能量转化为动能后，一部分用于压气机压缩空气持续进行热力学循环，另外一部分用于动力输出。

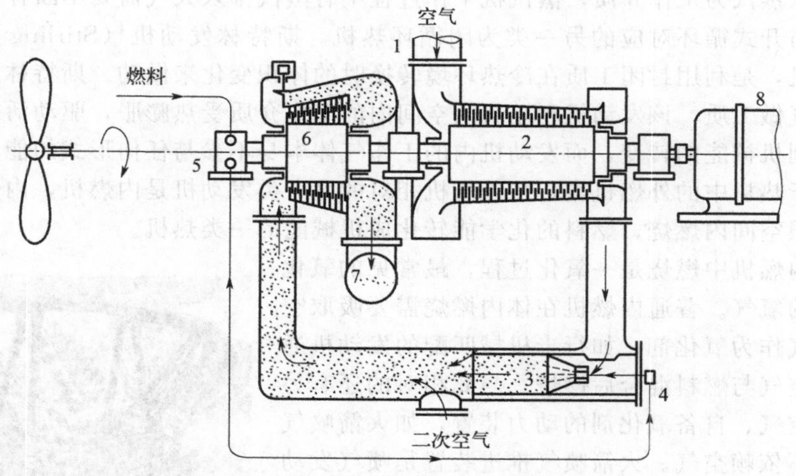

图 3-1-2 燃气轮机工作示意图

1—进气道；2—压气机；3—燃烧室；4—喷油嘴；5—燃料泵；6—燃气轮机；7—排气道；8—起动机

喷气发动机（jet engine）通过加速和排出的高速流体做功实现直接推进。这类用于飞行器驱动的动力装置中，除了使用少量脉动喷气发动机、冲压喷气发动机外，使用最多的是燃气涡轮发动机。燃气涡轮发动机工作时从前端吸入大量的空气，燃烧后从后部高速喷出，在此过程中气体也给发动机一个反作用力，进而产生推动机体前进的作用力。这类发动机既可以输出推力也可以输出轴功率，采用轴输出功率时涡轮轴的动力需要经过减速器、传动轴等带动螺旋桨等转动。燃气涡轮发动机在飞机上大量使用，主要有涡轮喷气发动机、涡轮风扇发动机、涡轮螺旋桨发动机、涡轴发动机、螺桨风扇发动机等。

喷气发动机又称涡轮喷气发动机，简称涡喷发动机，由进气道、压气机、燃烧室、涡轮和尾喷管等组成，军用战机的涡轮和尾喷管间还有加力燃烧室。压气机是专门用来提高气流的压力的，空气流过压气机时压气机工作叶片对气流做功，使气流的压力和温度升高。从燃烧室流出的高温高压燃气流经与压气机装在同一轴上的涡轮，燃气的部分内能在涡轮中膨胀转化为机械能带动压气机旋转。经过燃烧后的燃气能量大大增加，涡轮出口处的压力和温度要比压气机进口高很多，发动机产生的推力就是源于这一部分燃气的能量。从涡轮中流出的高温高压燃气在尾喷管中继续膨胀，沿发动机轴向从喷口向后喷出，由于此气流速度比气流进入发动机的速度高得多，使发动机获得了反作用推力。

图 3-1-3 GP7000 涡轮风扇发动机

1—低压涡轮；2—燃烧室；3—外涵导向叶片；4—风扇；5—包容环；6—高压压气机；7—高压涡轮

涡轮风扇发动机是在涡轮喷气发动机基础上发展为双涵道结构，进入该发动机的气流分为两部分：一部分进入内涵道用于燃烧，另一部分则经外涵道不燃烧直接排到空气中。内涵道原理与涡喷发动机无异，为核心机，其涡轮带动前端的一排或几排大直径风扇，气流被风扇分流到内外涵道，如图 3-1-3 所示。可以通过调整涡轮、风扇等的结构参数，改变内外涵道的空气流量比使性能优化。

涡轮螺旋桨发动机简称涡桨发动机，涡桨发动机工作原理与涡轮风扇发动机有一定的相似之处。涡桨发动机的螺旋桨也由后部的涡轮带动，螺旋桨后部的气流就相当于涡轮风扇发动机的外涵道。由于螺旋桨的直径比发动机大很多，气流量也远大于内涵道的流量，因此这种发动机实际上相当于一台超大涵道比的涡轮风扇发动机。但涡桨发动机和涡轮风扇发动机在产生动力方面却有着很大的不同，涡桨发动机的主要功率输出方式为螺旋桨的轴功率，而尾喷管喷出的燃气推力较小。受到螺旋桨效率的影响，它的适用速度不能太高。

与涡轮螺旋桨发动机相近的还有一种涡轴发动机，这种发动机多用在旋翼的直升机上。涡轴发动机同样具备进气道、压气机、燃烧室和尾喷管等基本构成，但高能燃气驱动涡轮旋转，并通过传动轴输出功率。直升机中配置的涡轴发动机输出的动力还需借助传动装置，经传动装置改变传动方向带动旋翼旋转。

3.1.3 活塞往复式内燃机

热机的做功原则是在高压下输入能量、低压下释放能量，内燃机是通过在体内燃烧实现该过程。活塞式内燃机是利用燃料与空气混合后，在密闭的气缸内燃烧、膨胀做功的机械，分时依次完成进气、压缩、燃烧、排气这四个能量转换过程。这四个过程合起来称作一个工作循环，工作循环不断地重复进行就连续实现了能量转换，使发动机能够连续运转输出动力。活塞在完成工作循环过程中不断运动，因运动方式不同而有活塞往复式发动机和转子发动机之别。前者活塞在气缸内做往复运动，因使用的燃料有了约定俗成的汽油机、柴油机等名称，这两类内燃机应用普遍，也是行走机械的主要动力装置。转子发动机则是以复合旋转运动完成做功过程，这类活塞式内燃机应用较少。

转子发动机又称为米勒循环发动机，是一种特殊形式的活塞发动机，又称三角活塞发动机。转子发动机的三角形转子把整个燃烧室分成三个独立空间，三角形转子采用不间断旋转运动方式工作。转子的运动过程中这三个工作腔的容积随转子转动而周期性地变化，三个空间各自先后完成进气、压缩、燃烧和排气四个过程，将燃烧膨胀做功转化为驱动扭矩。转子发动机工作过程中各个工作腔内分别完成不同的工作过程，因此对于单个转子来说是连续做功输出动力。转子发动机的优点在于动力可以由转子直接输出，但也存在耗油量高等不足，因此除用作个别赛车的动力装置外很少有其它的应用。转子发动机与活塞往复式发动机的运动机构区别较大，前者使用转子偏心机构而后者采用曲柄连杆机构。

活塞往复式发动机气缸内的可燃混合气燃烧膨胀做功，活塞承受燃气压力在气缸内做往复运动。活塞与连杆铰接、连杆另一端铰接曲轴，连杆将这种运动转变成曲轴的旋转运动，动力通过曲轴输出，如图 3-1-4 所示。通常将以汽油为燃料的内燃机称为汽油机，以柴油为燃料的内燃机称为柴油机。汽油机是点燃式发动机，燃料与空气的混合气体在压缩行程的末端被火花塞点燃，随即发生爆燃并推动活塞做往复运动。柴油机是压燃式发动机，燃料一般喷入气缸后被压缩发生自燃，自燃后的混合气体也爆燃膨胀而推动了活塞做功。

活塞往复式内燃机将燃料燃烧产生的热能转变成机械能，工作时活塞上下运动完成进气、压缩、燃烧、排气过程。进气时活塞自上而下运动

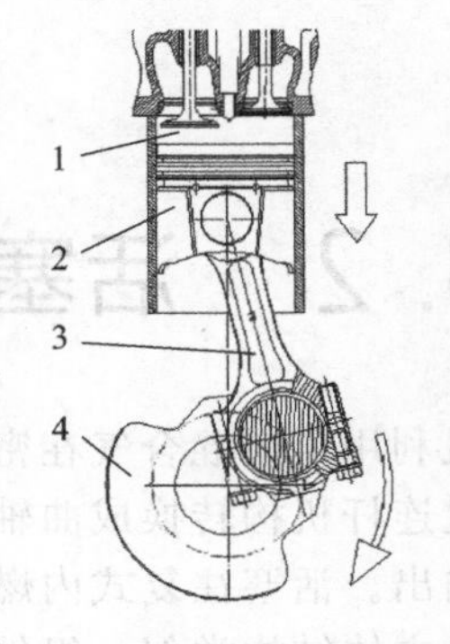

图 3-1-4　活塞往复式内燃机工作装置

1—气缸内燃烧室；2—活塞；3—连杆；4—曲轴

到下止点将气体吸进气缸，活塞这个运动过程也称吸气行程。活塞再从下止点向上运动使吸入气缸内的气体受到活塞的压缩，称压缩行程，这一阶段压力逐渐提高，气缸内温度也随之升高。活塞运动到上止点时高温高压的混合气体燃烧、膨胀，推动活塞向下运动并通过连杆推动曲轴转动对外输出动力，活塞这一运动过程也称为做功行程。活塞运动到下止点时气缸内充满燃烧后的废气，活塞需要通过向上运动的排气行程将废气排出燃烧室外。完成这样一个工作循环活塞需要在气缸内上下往复运动四个行程，这类活塞往复式内燃机称为四行程内燃机。同理活塞在气缸内上下往复运动两个行程完成一个工作循环的内燃机称为二行程内燃机。

在内燃机驱动蒸汽机发展过程中，还曾经出现过一类与汽油机、柴油机相近的活塞往复式内燃机，因其在气缸盖上存在用于助燃的球状结构而通常称之为热球式内燃机。这种内燃机特殊之处是在气缸盖上的球状体内空腔与燃烧室相连，燃油进入空腔内并与红热内表面接触而点燃。起动发动机之前在外部用喷灯等热源加热该球体，转动发动机起动，待运转起来后移走外部热源，燃油燃烧的热量可维持热球的温度保证发动机自行运转。热球式内燃机结构简单、制造成本低，它最大的优势是能够使用各种低质燃油，甚至可以烧废机油。但机器笨重且排放环保性差，这种发动机产品在我国早已不用。

汽油机、柴油机是使用量较大的活塞往复式内燃机，它们使用的都是液体燃料。也有以天然气这类气体为燃料的活塞往复式内燃机，这类发动机燃烧做功原理与液体燃料发动机相同。气体燃料通常在高压状态储存，燃料供给需要通过高压管道输送、调压器减压等过程。气体燃料发动机主体结构保持与汽油机、柴油机这类传统结构内燃机主体结构一致，只是在燃料储存、供给方面要依据燃料特点存在局部改变。现阶段气体燃料发动机也是在原汽油机、柴油机基础上发展起来的，有的还可实现气、液双燃料工作状态切换，当然这需配备两套供给系统和两个独立的燃料存储装置。如图 3-1-5 所示为气体燃料车载存储装置。

图 3-1-5　气体燃料车载存储装置

3.2 活塞往复式内燃机

活塞往复式内燃机利用可燃混合气在密闭的气缸内燃烧后膨胀做功，使活塞在气缸内做往复直线运动，再通过连杆机构转换成曲轴的旋转运动，活塞往复式内燃机的动力从曲轴的轴端以旋转方式对外输出。活塞往复式内燃机中最常用的是汽油发动机与柴油发动机，这两类活塞往复式发动机的主体结构类似，组件构成与工作方式则有所不同。

3.2.1 发动机组成与特点

无论是汽油发动机还是柴油发动机，均以活塞往复运动为基础实现功能，这类发动机中曲柄连杆机构是实现工作循环、完成能量转换的核心机构。曲柄连杆机构只是运动的传递与转换机构，该机构存在的原因在于将活塞的往复运动转化为曲轴的旋转运动。活塞的运动源于气缸内燃气有序燃烧膨胀，为了实现有序燃烧必须控制燃气的供给。因此还需有与曲柄连杆机构工作配合的燃气配给机构，配气机构使可燃混合气或空气能够按需进入气缸。曲柄连杆机构与配气机构必须集成到布置有气缸的发动机机体上才能实现功用，作为燃烧室的气缸是这类发动机的标志性结构。按照气缸数目不同可以分为单缸发动机和多缸发动机，缸数少时一般是单列垂直布置，多缸发动机的气缸则有不同的布置方式。多缸发动机气缸可以是双列 V 形布置、对置排列方式等，而星型发动机的气缸则是单列圆周布置结构。

发动机工作时气缸内燃烧的燃气是空气与燃油的混合气体，还必须配备供气、供油相关的装置与系统定时、定量供给。燃烧后的废气必须排出燃烧室后才能进行下一循环的工作，排气系统既要满足此需求，同时也要对排放的废气进行一定的处理。机构运动需要润滑以减小摩擦阻力、减轻机件的磨损，润滑系统的功用是向做相对运动的零件表面输送定量的清洁润滑油，并对零件表面进行冷却、清洗。发动机工作时混合气在气缸内燃烧，气缸内的高温不可避免传给气缸外壁，为此这类发动机配有冷却系统。为了能使发动机由静止状态过渡到工作状态，必须先用外力转动发动机的曲轴使活塞做往复运动，为此还需要配备起动装置。

因汽油与柴油的燃烧特性不同，两类发动机的油、气供给方式也有差异。汽油机中的燃料与空气的混合气体在压缩行程的末端被点燃，而柴油机气缸内的混合气被压缩后自燃。由此导致两类发动机在供油、供气、可燃混合气形成，乃至起动等方面存在不同。柴油机因是压燃而不需要点火系统，汽油机需要配置点燃气缸内的可燃混合气的装置，为此在汽油机的气缸盖上装有火花塞，火花塞头部伸入燃烧室内高压放电点燃混合气。汽油机燃料供给系统的功用是根据发动机的要求，配制出一定数量和浓度的混合气后再进入气缸；柴油机燃料供给系统的功用是把柴油和空气分别供入气缸，在燃烧室内形成可燃混合气。

发动机由众多零部件组合而成，其中既有固定件，又有运动件，这些零件组成功能装置和运动机构，通过各自功能的实现最终实现发动机动力输出的结果。虽然都将发动机归结为曲柄连杆与配气机构两机构和供给、润滑、冷却、起动等几大系统，但这些组成中的装置对发动机的必要与紧密程度有所不同，其中那些必不可少的为基本装置。发动机的基本装置只要各负其责，就可使发动机运转起来，通常也是发动机出厂的基本配置，此外发动机还需要其它相关辅助装置与其匹配协同完成工作。

3.2.2 发动机的基础构成

发动机要实现的主要功能是燃烧燃料和产生动力并输出，发动机的结构与构成也要以此为核心。作为燃烧室的气缸和输出动力的曲轴是发动机动力实现所必需的结构，曲柄连杆机构将燃烧室内活塞的运动与曲轴联系起来，配气机构进排气时刻的控制与曲轴的运动又紧密关联。机体组件、曲柄连杆机构、配气机构是发动机实现功能的主体部分，发动机的主体结构、形式等与布置、安装这些机构与器件相匹配。

（1）机体组件

机体组件包括气缸盖、缸体、气缸套和油底壳等固定不动件，是发动机主要的机体部分，也是其它装置、机构实现相关功能的基础。缸体为机体组件的核心结构部分，其上连气缸盖、下接油底壳。缸体通常分上下两部分：上部为活塞运动实现能量转化的气缸体部分，下部为承载实现动力输出曲轴的曲轴箱部分。气缸体部分有气缸套镶嵌其上，活塞利用活塞环与气缸套内表面配合并沿其轴向运动。燃气混合气体在气缸盖、气缸套和活塞顶部形成的封闭空间中被压燃或点燃，因此该空间称为“燃烧室”。曲轴被支承在下部曲轴箱上，曲轴箱下侧开放并与油底壳相连，油底壳内的润滑油用于曲轴及一些运动副的润滑。气缸盖连接在气缸体的上端面，其结构与燃烧室的形式及配气机构的布置等有关，气缸盖上对应每个气缸都有进排气门座、通道、燃烧室顶等。机体还要担负燃料燃烧后的散热冷却功能，水冷式发动机缸体内有用于冷却液循环的通道、风冷机外部带有散热片。此外缸体还是其它附件的安装基础，缸体外部还要连接喷油泵、起动机等零部件。

（2）曲柄连杆机构

曲柄连杆机构是发动机完成工作循环、实现能量转换与动力输出的机构，主要由活塞、连杆、曲轴、飞轮等零部件组成。其中活塞利用铰接轴连接连杆的一端、连杆另一端与曲轴偏心轴颈铰接，而曲轴的一端连接有用于储存能量的飞轮，如图 3-2-1 所示。曲轴相当于一根主轴与数个偏心轴的集合体，同一主轴结构有与气缸数量相同、方向各异的偏心轴颈，如图 3-2-2 所示。曲轴绕主轴颈支承于曲轴箱并可绕该轴心线做旋转运动，曲轴绕主轴颈轴心线做旋转运动时偏心轴颈绕主轴中心线旋转。受到气体爆燃的作用活塞向下运动完成做功行程，活塞的运动通过连杆驱动偏心轴颈绕曲轴主轴中心线旋转，驱动曲轴旋转并带动飞轮运动。在进气、压缩、排气行程中曲轴端的飞轮将从活塞做功行程中吸收的能量释放出来，带动曲轴转动并由偏心轴颈通过连杆反向驱动活塞运动。曲轴端输出动力可借助飞轮的作用，利于与其连接的离合器、联轴器、变矩器等装置将动力传递出去。曲轴的另外端连接有齿轮或链轮、带轮，与配气机构中的凸轮轴端的传动元件匹配，实现曲轴旋转与配气机构动作之间的关联传动。

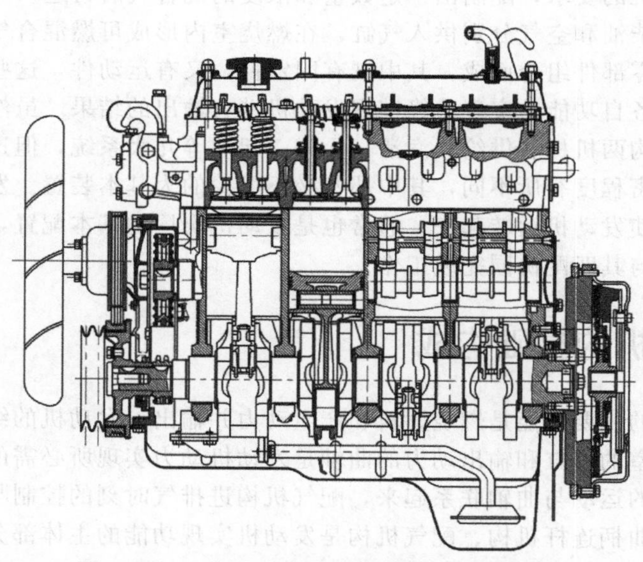

图 3-2-1　飞轮上连接有离合器的发动机剖视图

图 3-2-2　发动机的曲轴、活塞与连杆

(3) 配气机构

配气机构的功用是按照发动机各气缸工作过程和顺序的需要，定时地开启或关闭进、排气门，使清洁空气及时进入、燃烧后的废气及时排出气缸。配气机构可划分为三个不同功用的部分，即气门部分、传动部分、凸轮部分，如图 3-2-3 所示。气门部分布置在气缸盖上，由气门、气门弹簧等件构成，气门头部与气缸盖上的气门座锥面配合，尾部的弹簧保证气门座与气门在常态下闭合。凸轮部分主要有凸轮轴、传动齿轮、链轮等，凸轮轴与曲轴平行布置，轴上的凸轮数量与进、排气门的数量相关联，每个凸轮均对应驱动一根推杆运动。凸轮轴端与曲轴对应安装有传动齿轮、链轮，通过齿轮啮合或带传动实现与曲轴旋转运动相关联。传动部分由推杆、摇臂等零件构成，推杆垂直于凸轮轴布置且下端通过挺杆等装置与凸轮的外廓面接触，凸轮轴转动使得推杆沿自身轴心线做往复运动。推杆的往复运动通过顶端传给摇臂，再利用摇臂另外一端的摆动作用于进气门的尾端，与气门弹簧结合使气门实现往复运动以达到驱动气门开与闭的结果。

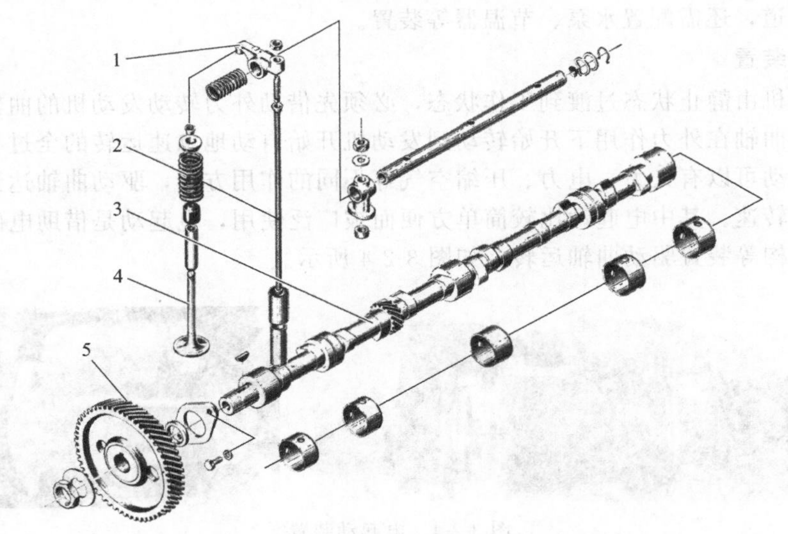

图 3-2-3　发动机配气机构

1—摇臂；2—推杆；3—凸轮轴；4—气门；5—凸轮轴正时齿轮

3.2.3 系统匹配与配套装置

要成为可以使用的动力装置，具备上述基本配置的发动机还需要其它相关装置与其匹配协同工作，主要有以下几类系统及装置。

(1) 润滑系统

发动机配置的润滑系统通常由润滑油道、机油泵、机油滤清器和一些阀门等组成，这些装置或者集成在机体内部，或者安装在发动机机体上。其任务是将一定数量的清洁润滑油送到各个相对运动的零部件之间的摩擦表面进行润滑与冷却。润滑系统用的机油通常储存在油底壳内，由机油泵通过内部油道或外部管路输送到相关部位，润滑后的机油或多余的机油经机油滤清器返回油底壳。有的发动机需要润滑系统担负更多的冷却功能，为此还需另外外接机油散热器。

(2) 供给系统

供给系统包括燃料供给与空气供给，主要任务是完成燃料输送。由于燃料不同其供给所采用的装置有所变化，但必须有喷嘴、机油滤清器、油泵、油管等基本配置。供给系统因发动机燃料不同其配置的核心装置存在差别，柴油采用高压喷射的方法送入气缸，配备的主要装置有喷油泵与调速器等。汽油机通常将油气混合气送入气缸，老式汽油机配备化油器与节气门等装置。

(3) 冷却系统

冷却系统对燃烧室周围等承受高温的部件进行冷却，保证发动机在最适宜的温度状态下工作，以防止因温度过高而失效。根据冷却方式不同可以分为液冷和风冷两类，因冷却方式不同使得发动机机体结构与所需匹配的装置有所差异。风冷发动机是利用流动空气作为冷却介质进行冷却，气缸体与气缸盖外表面设计有散热片之类的冷却结构。液冷有蒸发冷却和循环冷却两种：前者以水为冷却介质，多用于小型机；循环冷却借助冷却液作为冷却介质换热冷却，应用较普遍，但系统比较复杂。循环冷却系统中发动机气缸体和气缸盖中需要设计有冷却液循环流道，还需配置水泵、节温器等装置。

(4) 起动装置

要使发动机由静止状态过渡到工作状态，必须先借助外力转动发动机的曲轴使活塞先做往复运动。从曲轴在外力作用下开始转动到发动机开始自动地怠速运转的全过程是发动机的起动过程。起动可以有人力、电力、压缩空气等不同的作用方式，驱动曲轴达到发动机进入自行运转必需转速。其中电起动比较简单方便而被广泛使用，电起动是借助电磁开关、直流电机、传动机构等装置驱动曲轴运转，如图 3-2-4 所示。

图 3-2-4 电起动装置

(5) 电气控制

早期的发动机电气控制要求不高，除了汽油机点火外可以不依赖于电气控制。现代发动机对电气控制的依赖越来越高，发动机工作需要配置的不只是普通的电气系统，而且需要专门的控制系统才能实现工作目标。电控发动机需要配备控制器、传感器等器件，及其相关软件组成的控制系统，该控制系统虽然只是用于发动机控制，但当发动机装备于机器后还需与机器其它控制相关联。

3.2.4 发动机配套辅助装置

发动机的辅助装置虽然不是绝对必要，但缺少这些装置的配合发动机也难以正常、可靠、高效作业。辅助装置包含两类：一类是空滤器、消声器这些常规必备类附件；还有一类如增压器、排气净化装置等进一步提高性能的装置。

(1) 进气附件

发动机在工作过程中气缸要吸入大量空气，如果吸入了带有尘土的空气，将造成气缸套、活塞环、气门等件的磨损而降低使用寿命，为此通常在发动机本体进气管外部连接有空气滤清器以保持进入的空气清洁。空气滤清器可分为干式和湿式两类：干式空气滤清器主要指微孔滤纸滤芯过滤器（图 3-2-5），湿式空气滤清器主要指油浴式空气滤清器。空气进入干式空气滤清器外壳后经滤芯过滤后进入进气管，杂质被阻留在集尘罩中或由排尘口排出。空气进入油浴式空气滤清器壳体后与油液面冲击接触后改变方向通过滤芯，空气中的尘粒在气流改变方向时由于惯性作用而分离沉入油底，在通过滤芯时空气又进一步被清洁。

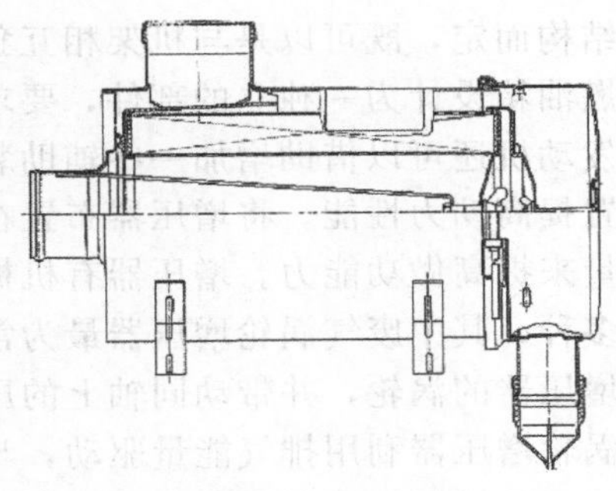

图 3-2-5　发动机进气附件及微孔滤纸滤芯过滤器剖视图

(2) 排气附件

发动机工作时要从气缸中排出废气，排出的废气不仅温度较高，而且常带有不利于环保的成分，同时废气以很高速度直接冲入空气还产生较大的振动噪声。为此需要在发动机机体的排气管外侧连接集成有消声器的排气管，需要提高排放废气的清洁度时再加装尾气处理装置等。发动机本体上的排气管件将各气缸废气分别引出集中到一个出口，外接排气附件与本体排气管连接，具体布置形式要根据发动机在机器上的布置位置确定，消声器连接在排气管上与排气管统一布置，如图 3-2-6 所示。

(3) 冷却附件

冷却附件主要是配合循环液冷类发动机，循环液冷系统利用液体将发动机机体内的热量带出并与空气换热冷却。其中用于与空气换热的散热器独立于发动机，通过上下管件连接到发动机缸体上的冷却液进出口。散热器的功能就是将冷却液中的热量在空气中散发出去，通常与发动机上的风扇、水泵等配合实现冷却功能。

(4) 燃料附件

存放燃料的燃料箱作为发动机供给系统中的一个部分，根据发动机的类型、工作要求、使用场合等条件进行匹配。汽油机与柴油机的燃料箱在常压下存放液体油料，也统称为油箱或燃油箱，油箱容积的大小决定加注一次燃油能够工作的时间。燃油箱的结构完全是根据整

图 3-2-6　与发动机连接的消声器和排气管等附件

机的结构而定，既可以是与机架相互独立的部件，也可以借用机架某一封闭空间。一般的情况下燃油箱设计为一独立的部件，要求不高者可以选用或借用已有产品的油箱。

发动机还可以借助增加一些辅助装置来提高某方面的性能，其中广为应用的就有利用增压装置提高动力性能。将增压器布置在进气管路上，通过压缩更多的空气进入气缸来增加燃烧热量来提高做功能力。增压器有机械式增压器、废气涡轮增压器、气波增压器、惯性增压器等多种，其中废气涡轮增压器最为常见。废气涡轮增压器是利用发动机排出的废气能量来驱动增压器的涡轮，并带动同轴上的压气机叶轮旋转，将空气压缩并送入发动机气缸。由于废气涡轮增压器利用排气能量驱动，与发动机之间没有任何机械传动连接，使得它的机械效率更好。采用增压装置可使发动机在排量不变、重量增加不大的情况下达到增加输出功率的目的，但随着增压器的压比的增大、增压器部件的温度升高和进气叶轮的压缩作用，流过增压器的新鲜空气会升温膨胀，这又导致发动机的容积效率降低致使发动机功率下降。为了解决增压后空气升温造成的不良影响，通常利用散热装置为增压后还未进入气缸的气体降温，这个散热装置就叫做进气中间冷却器，简称中冷器。如图 3-2-7 所示，为带有中冷器的废气涡轮增压系统示意。

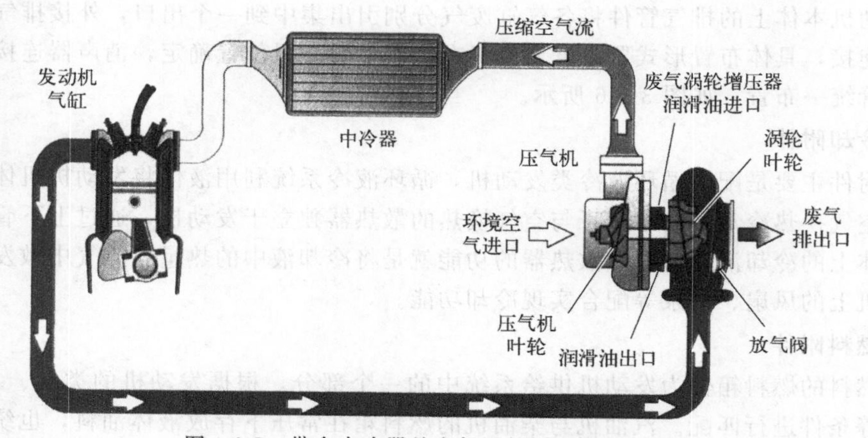

图 3-2-7　带有中冷器的废气涡轮增压系统示意图

3.3 汽油发动机的特性

汽油发动机因使用的燃料是汽油而得名，汽油机的工作过程、组成装置、输出特性方面都与汽油燃料特性相关。汽油燃料与空气形成油气混合气的方法决定了汽油发动机供给系统的特点；油气混合气在燃烧室内引燃触发爆燃的方式决定了汽油发动机点火系统的必要性。

3.3.1 汽油机的点火系统

汽油机气缸内可燃混合气的燃烧需要点燃，因此汽油机需要一套功能完备的点火系统，因引燃点火方式不同有触点式、无触点式和电控点火式等不同类型的点火系统。触点式点火方式曾被汽油机广泛采用，因此又称为传统点火系统。触点式点火系统优点是比较简单，但对高速发动机适应性较差，已被无触点、电控点火系统逐渐取代，越来越多的汽油机匹配电控点火系统。

3.3.1.1 传统触点式点火系统

传统触点式点火系统由火花塞、分电器、点火线圈、高压导线以及与其配套的点火开关、蓄电池等电器构成，如图 3-3-1 所示。火花塞安装在气缸盖上使其点火的顶端伸入气缸顶部，火花塞的顶端布置有中心电极和接地电极，在两电极间接入高压时两极间隙被击穿而产生电火花，利用此火花引燃气缸内的可燃混合气。火花塞的另一端有高压导线连接分电器，分电器是多缸汽油机点火系统的关键装置，其作用是按规定的顺序将点火脉冲分配到各个火花塞。分电器由断电器、配电器、电容器、点火提前角调节装置等构成，分为固定不动与旋转运动两部分。配电器包括分电器盖部分和分火头或称分电头部分，盖上有一个中心电极和与气缸数相等的若干旁电极，中心电极、旁电极分别与点火线圈、火花塞相连。断电器由断电凸轮、断电触点等构成，断电器的凸轮和配电器的分火头同轴，该轴旋转是由发动机配气机构的凸轮轴驱动。通常在断电器底板的下方和分电器外壳上布置点火提前角调节装置用于调整点火提前角，在断电触点处并联有电容器用来减小断电瞬间产生的电火花以免烧灼触点。

当断电器的凸轮、配电器的分火头同轴旋转时，断电触点不断地断开与接合、分火头上面的导电片依次接触到旁电极。断电触点闭合时电流从蓄电池正极出发，经点火线圈的初级绕组、断电器活动触点臂、触点、分电器壳体搭铁流回蓄电池负极。点火线圈是由铁芯、线圈等构成的用于产生高电压的装置，点火线圈工作时其铁芯中磁通量变化伴随自感电动势产生。当触点被断开时初级电路则断路，初级绕组中的电流迅速下降到零、线圈周围和铁芯中的磁场迅速减小到消失，因此在次级线圈中产生感应电动势。与此同时与其同轴旋转的分火头恰好与对应于某一气缸的旁电极对接，点火线圈次级线圈中产生的高压电经中心电极、分火头、旁电极、高压导线传至火花塞，分火头每转一圈各气缸轮流点火一次。初级电流下降速率越高、磁通量变化越大，次级绕组感应电动势越高，次级绕组中产生的高压电通过高压导线引至该火花塞致使火花塞顶端电极击穿放电。汽油发动机上常用的火花塞如图 3-3-2 所示。

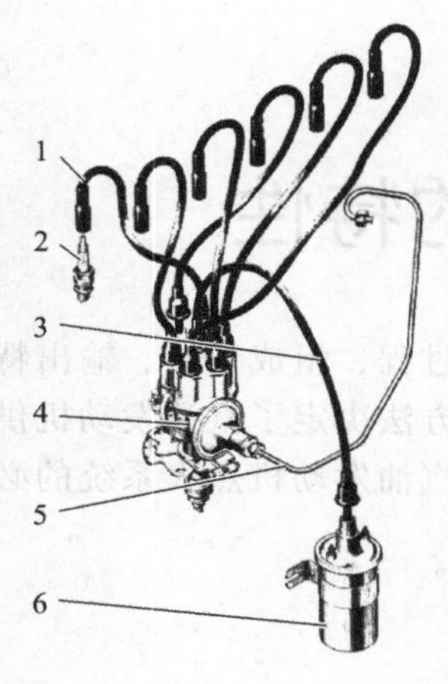

图 3-3-1　传统触点式点火系统

1—接火花塞高压导线；2—火花塞；3—接点火线圈高压导线；4—分电器总成；
5—至化油器真空连接管；6—点火线圈总成

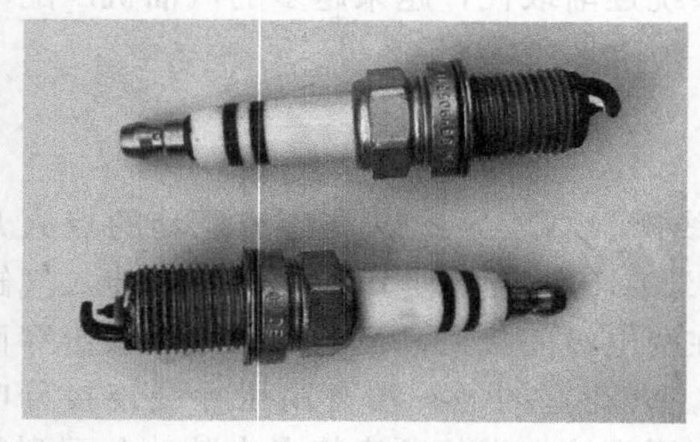

图 3-3-2　火花塞

3.3.1.2　电控点火系统

传统点火系统利用分电器机械触点装置控制点火，装置寿命与系统可靠性都不理想。点火时刻的调整是依靠机械装置实现，由于机械的滞后、磨损及装置本身的局限性，也难以精确保证点火时刻。为了克服上述不足而出现了无触点电子点火等方式，无触点是相对于有机械触点的一种点火方式，它是以信号发生器取代分电器机械触点的功用。这类点火系统与传统触点点火系统具有类似的构成，如磁感应式无触点点火系统同样有火花塞、点火线圈、高压导线，以及与其配套的点火开关、蓄电池等电器，不同之处在于电子点火器与点火信号发生器。传统点火系统中的机械式分电器由配电器与点火信号发生器组成的无触点分电器取代，同时点火信号发生器与电子点火器匹配使用。接通点火开关时点火线圈初级绕组通过点火开关连接电源，同时电子点火器也接通电源，分电器内磁感应式点火信号发生器产生的点火信号输入电子点火器。电子点火器主要作用是控制初级电路的通断，其利用开关晶体管控制电路的导通和截止，进而使点火线圈初级绕组适时地通断，使点火线圈的次级绕组产生高压电。

电子点火系统是利用电子元件作为开关来接通或断开初级电路，电子点火系统的主要控制功能由计算机来实现，则成为计算机控制的电控点火系统。电控点火系统可以取消分电器，发动机各气缸的火花塞上连接独立的点火线圈或点火模块，这些点火线圈的工作状态由电控单元或控制器统一控制。点火控制具有定时和缸序等要求，电控点火系统必须配备传感器监测发动机运行工况，并将获得的曲轴、凸轮轴等位置信息传递给电控单元。如电控单元根据曲轴转角传感器获得的曲轴转角位置信息，控制点火线圈初级绕组中电流的通断。电控点火系统可以采用独立的电控单元，这种点火系统的控制器可以制成独立元件布置在发动机上。通常电控点火系统作为电控汽油机控制中的一个子系统，与电控汽油喷射及其它控制项目合用一个控制器，图 3-3-3 所示为电控汽油机。

图 3-3-3　电控汽油机

3.3.2 传统汽油机供给特点

汽油机做功必须使按一定配比生成的雾化汽油与空气在气缸内爆燃，雾化汽油是汽油机实现工作循环必须完成的一道工序。汽油机燃烧所需的油气混合气是在气缸外形成，进入气缸的已经是混合好的可燃气体。传统的油气混合气生成是由机械式化油器来完成，现在只在小型汽油机上使用化油器，中、高功率的汽油机供给系统都采用电控喷射装置替代化油器。

化油器是汽油机较早采用的一种雾化汽油的机械装置，其作用是将汽油与空气二者在进入气缸前完成混合，如图 3-3-4 所示。化油器作用是利用较窄的喉管加速发动机吸进的空气，利用吸入空气流的动能实现汽油的雾化。化油器安装在空气滤清器与汽油机进气管之间，根据汽油发动机的工作要求配比出相应浓度汽油与空气的混合气，并将该混合气输入发动机气缸。化油器是一比较复杂的机械装置，其内部构成有浮子室、喉管、怠速量孔、主量孔、主喷管、节气门等。化油器的喉管是实现油气混合的部位，喉管两端截面大而中部的截面小，恰在咽喉处有一喷口，该喷口与临时存储汽油的浮子室连通。当汽油发动机处于吸气

图 3-3-4　位于空气滤清器与汽油机进气管间的化油器

行程时，气缸吸入的空气首先需要通过化油器喉管，空气流经化油器喉管时因喉管截面变小而使流速变高、风压降低，此时浮子室的汽油在气流的作用下流经浮子室的量孔从喷口喷出。喷出的汽油瞬时被高速空气冲散、雾化并与空气混合形成可燃混合气。喉管的末端布置有节气门，可燃混合气通过节气门后才能进入气缸，变更节气门的开度即可调整进入气缸可燃混合气的量。配备汽油机的车辆上的加速踏板控制的就是节气门开度，通常将该踏板称为“油门”踏板。

实现汽油雾化及配比油气混合气只是化油器的基本功能，化油器还须满足发动机各种不同运行工况的供气要求。由于混合气的浓度变化与发动机运行条件、负荷变化都紧密相关，化油器不仅适应于稳定载荷工况，还要在不同的环境、负载、加速度、冷热起动等情况下对应提供混合配比适当的油气混合气。如化油器在发动机从小负荷至满负荷的工作范围内，可在节气门的开度变化配合下配制出符合需要的混合气体，但还要进一步采取其它措施解决怠速、起动这类极端状态的供气，因此化油器构造都非常复杂。发动机本身运转但对外不做功时为怠速运转，此时节气门近于关闭状态，导致进气量小而使喉管内的负压不足以将燃油吸出与雾化。为解决这一问题化油器在节气门后设有怠速喷口，利用此处的真空吸出燃油并使燃油雾化。发动机在起动时转速很低，燃油的雾化和气化都很差，因而要求供给更浓的混合气以保证内燃机起动燃烧，因此发动机起动时需要有提供极浓混合气的装置。在化油器喉管前端装一阻风门，起动时将其关闭使喉管处形成很高的真空度，迫使燃油大量喷出形成更浓的混合气。

3.3.3 汽油机电喷系统

化油器可以根据发动机的不同工作状态需求配出相应的油气混合气，为了使配出的混合气混合得比较均匀，汽油机也有采用电控化油器。电控化油器通常在传统化油器的基础上加设一个控制空气与汽油比例的电磁阀，利用其动作控制油路及空气的流量。汽油发动机不仅采用化油器实现可燃混合气体的产生与供给，也可以取消化油器直接采用燃油喷射方式实现供油。这类发动机的燃油供给系统是在一定的压力作用下，利用喷射器将一定量的汽油喷入进气管道或直接喷入气缸，大多采用进气管道喷射方式。喷射器可以安装在进气管道原来化油器的部位，将燃油喷入进气流形成混合气体，然后进入进气歧管再进入气缸。可以在每个气缸的进气管上均安装喷射器，每个喷射器将燃油直接喷射在各缸的进气门前，这种多点喷射方式精准性好，但需要多个燃油喷射器完成喷射作业。燃油喷射是一种主动制备燃气混合气的方式，必须实现精准控制才能达到理想效果，为此除了喷射装置外通常还需电控单元、传感器等与其组成系统，即电控燃油喷射系统，简称电喷系统，这类采用电喷系统的发动机也称电喷发动机。

汽油发动机电喷系统存在不同的形式，而基本的系统构成是相同的。要实现主动控制油气混合气的制备、获得该工况下发动机运行的最佳空燃比，必须对空气供给、燃油供给和燃油喷射实施监控。制备油气混合气在于油与气的配比，在喷油器可控的条件下另一主要因素就是空气量的控制。电控单元根据空气流量传感器、进气压力传感器及发动机转速传感器等传来的反映进气量的信息确定基本喷油量，再根据如冷却液温度、进气温度传感器等反映的发动机其它相关工况参数信息对基本喷油量进行修正。当电控单元发出喷油执行指令给喷油器时，喷油器动作将一定压力的定量汽油喷射到指定空间内。为了实现各个环节的监测与控制，在发动机相关位置布置传感器，在供气、供油、喷射相关部位安装执行器。如供气需要有流量或质量的传感器、节气门位置的传感器等，供油需要有燃油泵、调压器等执行器件。

进气系统的传感与控制关联度较高，因检测方式不同而有直接测量和间接测量两类。间接测量是一种推算结果，速度密度方式就是根据进气管压力和发动机转速推算出吸入的空气量。直接测量是直接获得进入气缸内空气的参数，有体积流量、质量流量不同实现方式。体积流量是通过传感器的测量结果计量出气缸充气的体积，用这种空气计量方式需要考虑大气压力的修正问题。采用质量流量计量的电控燃油喷射系统，是直接测量进入气缸内空气的质量，将该空气的质量转换成电信号输送给电控单元，再根据空气的质量计算出与之相适应的喷油量以控制混合气的最佳空燃比值。

如图 3-3-5 所示电控燃油喷射系统是一种采用质量流量检测方式的系统，该系统采用热线式空气流量计直接测量吸入的空气质量。空气供给部分主要由空气滤清器、热线式空气流量传感器、进气管道、节气门、怠速空气调节器等组成。该流量计安装在空气通过的部位，当发动机吸入的空气流过时，从传感器上带走热量改变传感电路中的压降，换算后获得空气的流量质量。该类传感器中装有一根加热到一定温度的铂丝，当空气流过铂丝时带走热量使铂丝冷却降温，空气流量越大带走的热量越多。热铂丝受到冷却导致其电阻值减小，进而使传感电路的电压发生变化，这个电压的变化量就反映了空气流量的变化。供油部分主要由燃油箱、燃油泵、输油管、燃油滤清器、油压调节器、喷油器和回油管等组成。发动机工作时燃油泵将汽油从燃油箱里泵出，先经燃油滤清器过滤到油压调节器，油压调节器将自动调节燃油压力保证供给喷油器的油压基本不变。当喷油器接收到电控单元发出的喷油指令时将汽油喷射在进气门附近的空间，并与供气管道中的空气混合形成雾化良好的可燃混合气，电喷发动机控制系统如图 3-3-6 所示。

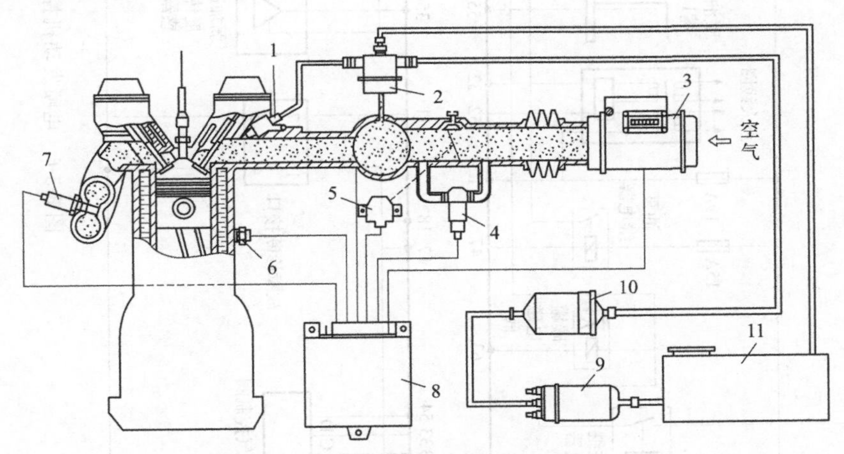

图 3-3-5　电控燃油喷射系统示意

1—喷油器；2—油压调节器；3—装有热线式空气流量计的空滤器；4—怠速空气调节器；5—节气门位置开关；6—水温传感器；7—氧传感器；8—控制单元；9—燃油泵；10—燃油滤清器；11—燃油箱

相对其它形式的发动机，汽油机具有转速高、轮廓尺寸及质量小、振动及噪声小等优点，因此目前仍大量应用于高速车辆和小型机械上。设计时在综合了使用条件、结构布置、动力性能、经济性要求、环保限制等因素后确定产品匹配汽油发动机后，应从发动机制造厂获取选定型号发动机的外特性曲线图，从中可以确切了解该汽油发动机所能输出的最大功率、最大扭矩以及它们相应的转速和燃料消耗量等内容。外特性曲线一般是发动机在试验台上不带空气滤清器、消声器、发电机等附件的测试条件下得到，实际工作中的发动机必须配置这些附件，因此匹配时应予以注意。

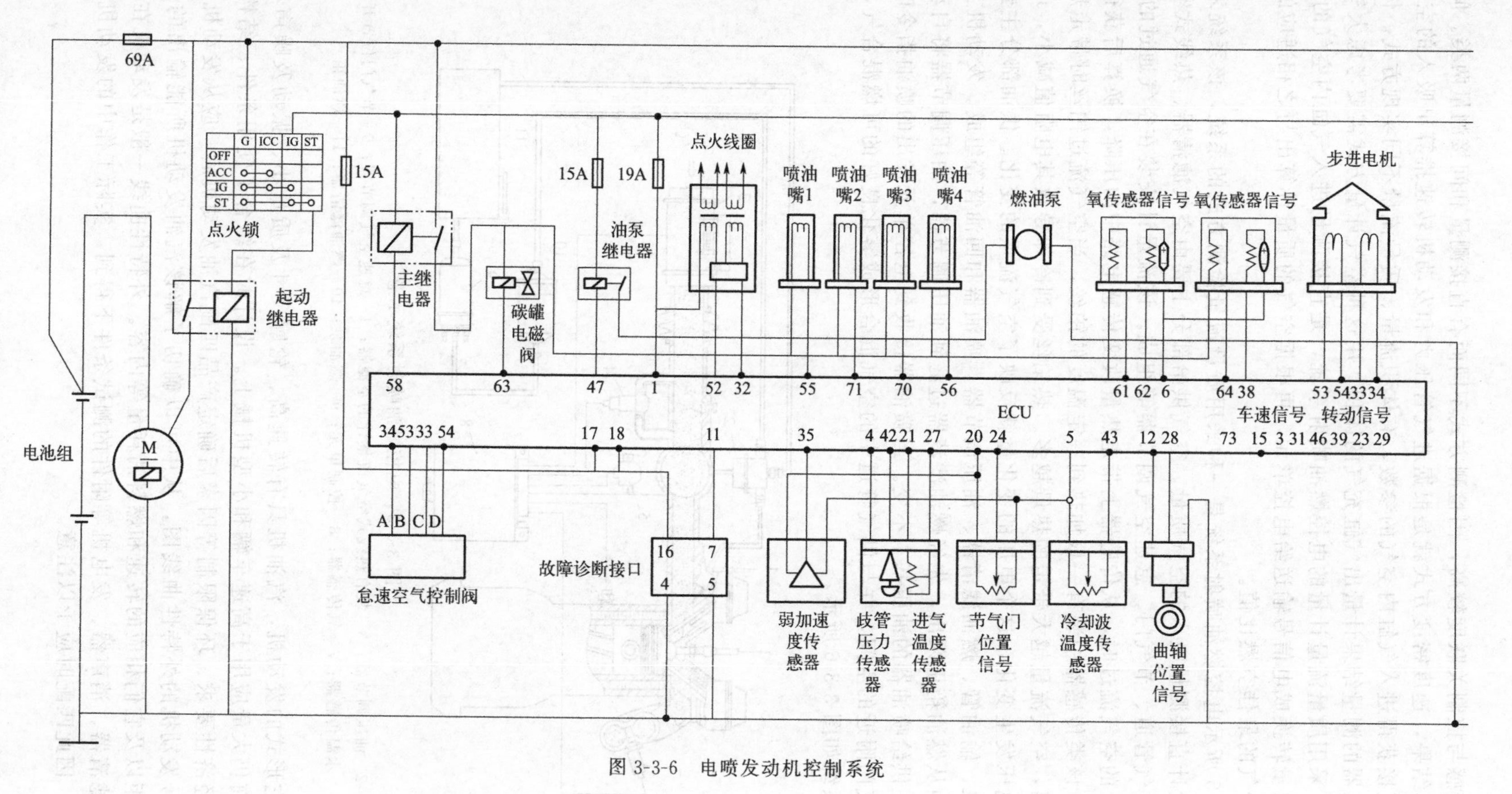

图 3-3-6　电喷发动机控制系统

3.4 柴油发动机的特性

柴油发动机是以柴油为燃料的内燃机，工作时燃油被直接喷入气缸后与空气混合形成燃气混合气，当气缸内的燃气混合气被压缩至燃点时开始爆燃做功。为了保证喷入气缸柴油的计量精度，柴油发动机供油系统中需要配置喷油及相应的控制装置。传统柴油机采用机械装置实现燃油供给的控制，电控柴油机则以电控方式实现柴油喷射量的精准计量。

3.4.1 柴油发动机供给系统

柴油发动机供给系统按照工作过程与负荷变化将清洁柴油以一定压力定时、定量喷入气缸燃烧室，该系统分为高压、低压两部分。低压部分有油箱、油泵、滤清器、油管等用于柴油储存、输送的常规器件；高压部分主要是柴油喷射相关部分，负责将柴油加压并适时适量喷入气缸。传统柴油机柴油喷射部分主要由喷油泵、喷油器、高压管路、调速器等构成，喷油泵将柴油加压变为高压燃油通过高压管路送到喷油器，高压燃油的压力达到喷油器的开启压力后，喷油器自动打开将柴油喷入柴油机的气缸，整个喷油过程都是机械装置自动实现。

喷油器的作用是将喷油泵送来的高压柴油按要求喷入燃烧室，喷油器的形式多样而原理相同，而且关键部位的零件都是高精度要求的配合偶件。喷油器主要由喷油器体、针阀、针阀体、挺杆、弹簧等件构成，如图 3-4-1 所示。喷油器体安装在气缸盖上，体内安装针阀体、挺杆、弹簧等零件并加工有油道，针阀体布置在喷油器体内，针阀体的一部分突出喷油器体外。针阀体上加工有油道与喷油器体油道相通，顶端加工有喷油孔。针阀体与针阀配合并可实现轴向相对运动，弹簧的作用力通过挺杆等传递给针阀，使针阀轴向压紧针阀体而使针阀体端部的喷油孔封闭。当有高压柴油经喷油器体油道、针阀体油道到达针阀顶端时，对针阀产生的作用力通过针阀、挺杆等作用于弹簧，当作用力足以克服弹簧的压力时针阀轴向移动，高压柴油从喷油孔喷入燃烧室。喷油器需与整个燃油供给系统相匹配，直接由喷油泵控制的喷油器较简单，电控喷油器则需要进一步集成电控执行机构。有的柴油机上采用高压油泵与喷油器组合方式，喷油器本身兼具二者的功能。

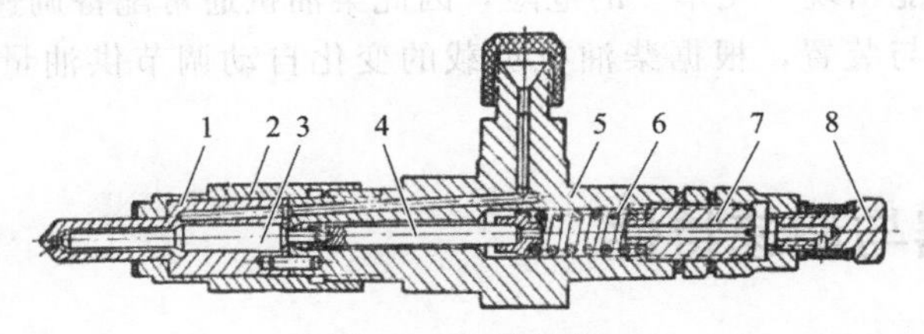

图 3-4-1 喷油器

1—针阀体；2—固定螺母；3—针阀；4—挺杆；5—喷油器体；6—弹簧；7—调整螺钉；8—回油管接头

喷油泵是实现柴油喷射的主要部件，它能在瞬间使燃油产生很高的压力迫使喷油器将燃油喷入气缸。如图 3-4-2 所示，喷油泵有直列柱塞式、转子分配式等不同形式，其中直列柱塞式喷油泵在柴油机上使用的历史较长。直列柱塞式喷油泵一般由泵体、分泵、凸轮传动机构、油量控制与调节机构等组成，柱塞泵的柱塞与套筒是一对精密偶件。在传统的多缸柴油机供油系统中，对应每一个气缸都需要配备一组结构相同的柱塞式供油装置，也称该装置为分泵。将这些分泵由泵体组装在一起共用一根凸轮轴驱动，再配上调节机构即成为柱塞式喷油泵。凸轮轴端部有齿轮与发动机正时齿轮啮合而被驱动，每个分泵的柱塞在凸轮轴上的凸轮、柱塞弹簧作用下往复运动。柱塞下行到下止点时柴油从柱塞套进油口进入泵油腔，柱塞上行时柴油被压缩使压力急剧增高，在该压力作用下分泵的出油阀开启为喷油器供油。柱塞继续上移使柴油压力进一步升高超过喷油器弹簧预紧力时，喷油器针阀便被打开，高压油呈雾状进入发动机气缸。柱塞泵的柱塞外周带有一螺旋斜槽，柱塞顶面中心轴向孔与其连通。当柱塞上的斜槽与进油口相通时，压力油从顶端经轴向孔到斜槽，再经进油口迅速回流，泵油腔压力迅速下降停止供油。

图 3-4-2　柴油机喷油泵

柱塞式喷油泵柱塞相对于柱塞套的运动行程保持不变，但柱塞与柱塞套之间的转角变化时，斜槽与进油口的相对位置则变化，因此可以改变燃油喷射供油量的大小。当转动柱塞时会使柱塞套上的进油口与柱塞斜槽上边线的距离发生变化，从而使供油有效行程发生变化，以此满足发动机不同工况的喷油要求。有的采用齿条、调节臂等机构来转动柱塞改变供油量，再通过拉杆等装置推拉齿条、调节臂使柱塞相对柱塞套转动，进而改变柱塞供油的有效行程。供油量增加可使柴油机输出功率与扭矩继续增加，当供油量增大到使发动机燃烧不彻底、排气冒黑烟时，虽然功率与扭矩增加但耗油高、经济性差，因此规定一合理的最大供油量为额定供油量，喷油泵在这一额定供油量工作时柴油机为满负荷工作，此时柴油机发出最大有效扭矩。柴油机在供油状态不变条件下有效扭矩随转速变化的曲线很平缓，这使得外部负荷的微小变化可能导致柴油机的输出转速产生较大波动。负荷稍微增加可能导致柴油机熄火，负荷突然减小可能出现“飞车”的危险，因此柴油机通常配备调速器。调速器是柴油机供油油量调节的机构与装置，根据柴油机负载的变化自动调节供油量，维持其规定的转速范围。

3.4.2　调速器与调速特性

3.4.2.1　调速器

为了调节油量、保持柴油发动机稳定运行，通常配置调速器来调控喷油泵按转速等变化来调节供油。调速器按调速范围分限制柴油机的最高转速不超过某规定值的极限调速器、能使柴油机转速保持在规定范围内的定速调速器、能维持柴油机的最低运转转速并可限制其最高转速的双制式调速器等。应用较多的是全程式调速器，它能在最低稳定转速到最高转速的范围内，自动调节喷油量以保持任一设定转速。调速器有机械、液压、电子等不同形式，最原始的是机械直接作用式调速器，这类调速器利用旋转装置产生的离心力驱动机构运动，通过该机构再去拉动喷油泵的油量调节机构，以达到调节柴油机转速的结果。机械调速器通常与喷油泵结合紧密，调速器轴的转速与喷油泵轴的转速关联紧密。

柴油机工作时喷油泵的凸轮轴带动调速器轴转动，调速器轴带动其上的飞块旋转，飞块转动产生的离心作用转化为一轴向移动装置的轴向运动，飞块转速越高离心作用力越大，轴向作用力也越大。调速器内配置有调速弹簧，用于平衡该装置的轴向作用力。如果柴油机负荷稳定，供油量又恰好适应负荷需要，转速在此条件下相对稳定，调速弹簧与该装置轴向作用力平衡。如果负荷因故减小则发动机转速增高，发动机转速增高必然带动喷油泵提高转速，喷油泵凸轮轴转速增高带动调速器轴转速升高。这就破坏了轴向移动装置移动作用力与弹簧力的平衡，轴向移动装置产生轴向移动。喷油器的调节机构通过拉杆与轴向移动装置相关联，移动装置带动拉杆运动使调节机构调整减小供油量。直到供油量减小到与发动机负荷相适应时转速停止升高，调速器达到新的平衡，反之亦然。调速器既是一种转速传感器，又是调节喷油量的执行器，二者结合成为柴油机的一种转速调节装置。配置全程式调速器的柴油机安装到机器上使用时，尽管也将操控手柄或踏板称为“油门”，但此时操控的并非柴油机的供油量，操纵的只是调速器的弹簧，供油量的变化由调速器自动控制。

3.4.2.2 柴油机的特性与匹配

当供油量调节机构的位置一定时，柴油机的功率、转矩、燃油消耗率（油耗率）等指标随转速变化的关系称为柴油机的速度特性。将供油量调节装置固定在最大油量位置时所得的速度特性称为全负荷速度特性或外特性，将供油量调节装置固定在小于外特性供油位置时所得的速度特性称为部分负荷速度特性。为了使柴油机的转速不超过规定的界限，就必须用调速器约束限制它的最高转速。安装调速器后的柴油机在调速器的作用下，柴油机的转矩、功率、燃油消耗率等指标随转速而变化的关系称为调速特性，调速特性的表现形式随调速器的不同作用而有所差异。柴油机不再完全按照原来的特性工作，而是将调速范围内的负荷从全负荷到空负荷的转速变化范围变更。柴油机采用调速器的调速特性如图 3-4-3 所示，由于调速器的作用使柴油机本来的速度特性曲线发生改变。图中 A 点为调速器起作用点，从 A 点以后速度特性发生改变。没有调速器的参与时负荷与转速的关系为虚线部分，当调速器起作用时负荷由 T_H 变到零，转速由 n_H 变更到 n_x。n_H 到 n_x 为调速工作区。全程式调速器调速操控装置可固定在不同位置，相当于 A 点的位置沿曲线变化，因此也存在对应的多个调速曲线。

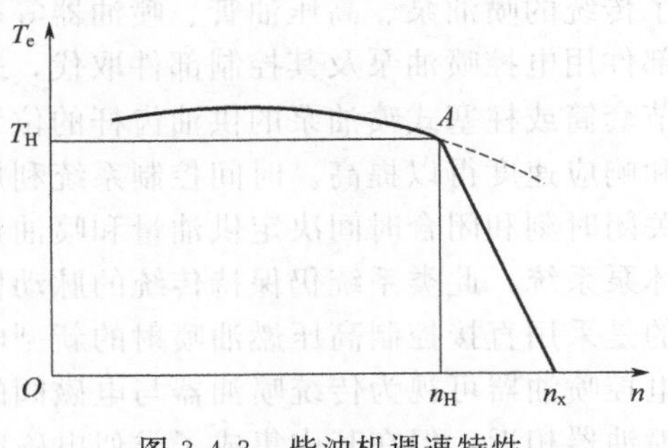

图 3-4-3　柴油机调速特性

柴油机外特性曲线图显示了柴油机的最大功率、最大转矩、最小燃油消耗率所对应的转速，以及不同转速下柴油机所能发出的功率、转矩及燃油消耗率等，从中可选择柴油机最有利的转速范围和适应性，如图 3-4-4 所示。柴油机的最大功率并没有一个明显的转折点，随转速提高发动机的功率仍能继续增大，这是由于喷油泵的供油量随着转速的增长而继续增大。在外负荷比较稳定的情况下，发动机外特性曲线上与外负荷平均值相对应的工作点可以选在额定工况附近，发动机的输出功率仅有微小的波动，大部分时间内将输出最大功率。当柴油机在变负荷工况下工作时，为了使外载最高载荷低于柴油机的额定转矩，外载平均阻力矩的工作点选择则低于额定转矩，此时输出功率必然较低。

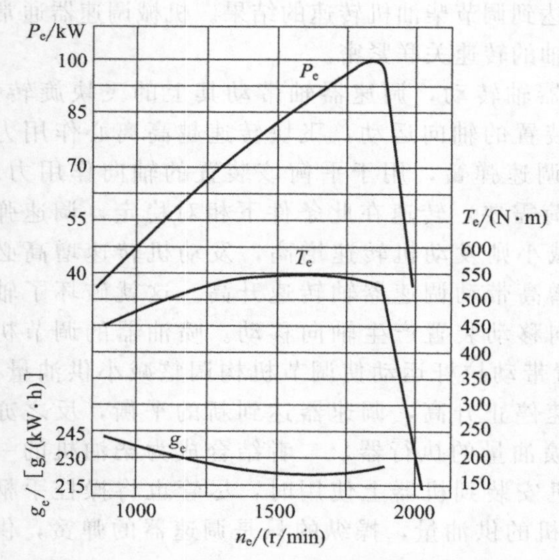

图 3-4-4　调速器作用下某型柴油机的外特性曲线

3.4.3　电控喷射柴油机

传统柴油机燃油供给系统中的喷油泵、调速器等几乎是由纯机械装置构成，这类柴油机难以解决诸如随工况变化的最佳供油定时、对供油率进行任意控制等问题，也很难做到精准喷油量和爆燃时刻的控制，而电控柴油机能够比较容易地解决这类问题。电控柴油机的电控可以是多方面的，其中燃油供给系统的燃油喷射控制就是其主要体现。早期的电控喷射是将调速器等部分采用电控机构，而燃油的压送部分仍用原来的机械装置。后来在此基础上采用高速电磁阀对喷油量与喷油时间进行控制，使得燃油喷射控制不再依赖于发动机上的机械元件间的位置关系。高压供轨技术的应用又进一步增加了压力控制，将喷射压力的产生和喷射过程彼此完全分开，使油液压力的产生、高压油压力大小与发动机的状态无直接关联。

(1) 电控柴油喷射系统

根据供油量、喷油正时、喷油速率和喷油压力等的控制方式不同，电控柴油喷射系统有位置控制和时间控制不同方式。位置控制不改变传统喷油系统的工作原理和基本结构，保留了传统的喷油泵、高压油管、喷油器等基本组成，只是将原有的机械式喷油泵及其机械控制部件用电控喷油泵及其控制部件取代，采用电控组件代替调速器。对分配式喷油泵的油量调节套筒或柱塞式喷油泵的供油齿杆的位置进行调节，以控制喷油量和喷油定时，使控制精度和响应速度得以提高。时间控制系统利用高速电磁阀直接控制高压燃油的喷射，由电磁阀的关闭时刻和闭合时间决定供油量和喷油正时。时间控制喷油系统可以是电控喷油器、电控单体泵系统，此类系统仍保持传统的脉动供油方式，但由电磁阀开闭来控制油量和定时。更多的是采用直接控制高压燃油喷射的新型电控喷油器系统，这类系统的关键在于电控喷油器。电控喷油器可视为传统喷油器与电磁阀的结合体，喷油器的喷油原理、结构、组成等与传统喷油器相近，但在其中集成了类似电磁阀的执行装置，控制单元控制该执行装置使针阀适时实现往复运动达到喷油控制的结果。目前的电控柴油机的含义已不是单纯的燃油喷射控制，柴油机电控系统的控制已从单纯的供油量控制、喷油正时控制等最基本控制，扩展到包括怠速、进气、增压、排放、起动、故障自诊断、发动机与变速器的综合控制等在内的全方位控制。

(2) 高压共轨喷射系统

在传统的喷油泵、喷油器供给系统中，每一个气缸都需要配备一个独立的完全相同的高压供给系统。喷油器动作与喷油泵的相关动作同步进行，喷油器的动作与发动机的转速密切相关。这类泵的油量及供油规律靠柱塞螺旋槽、油量控制套筒控制，喷油定时靠机械或液压提前器控制，这类系统的供油方式都是脉动的。共轨喷射系统改变了脉动供油方式，利用公共高压油道或蓄压室向各喷油器提供所需的高压燃油。其独特之处在于它将喷油压力的产生与计量、喷射过程完全分离开来，可实现随工况变化实时调节喷射压力和喷油规律。

高压共轨喷射系统主要由电控单元、高压油泵、油轨、喷油器以及各种传感器等组成，如图 3-4-5 所示。燃油泵将燃油输入高压油泵，高压油泵将燃油加压送入安装有压力传感器、限流器和限压器等器件的高压油轨中。传感器将油轨的压力信号传送到电控单元，油轨中的压力由电控单元根据压力的需要进行调节。油轨内的燃油经过高压油管被送到每个喷油器，由电控单元根据机器的运行状态确定合适的喷油定时、喷油持续时长，控制各个气缸对应喷油器的开启时刻及开启时间长短。油轨起蓄压器的作用，它能减弱高压油泵的供油压力波动和喷油器喷油过程引起的压力振荡。其上的限流器保证在喷油器出现燃油泄漏故障时切断对喷油器的供油，限压器保证高压油轨在出现压力异常时迅速泄放高压油轨中的压力。

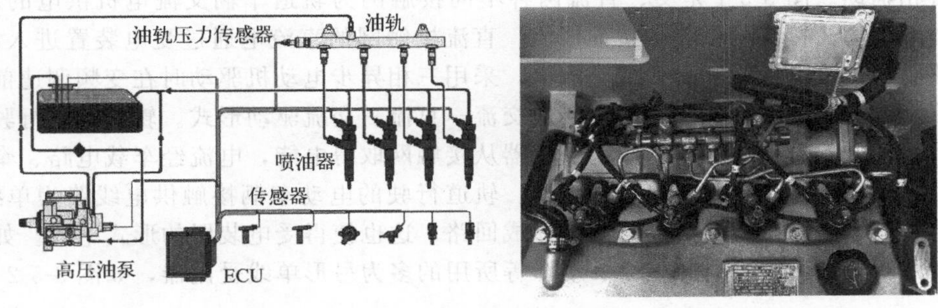

图 3-4-5　高压共轨喷射系统

3.5　行走驱动电力系统

电动行走机械是指采用牵引电机作为动力装置实现行走驱动的一类机械，牵引电机的作用是将电能转化为机械能，通过传动装置或直接驱动车轮实现行走功能。与内燃机驱动的行走机械相比，电动行走机械具有结构布置简单、方便传动、覆盖功率范围大、利于环境保护等优势。要实现行走机械的电动行走功能只靠电机无法满足需求，需要组成电力驱动系统才可实现行走机械的行驶需要。

3.5.1　电力驱动能量供给

电力驱动的动力装置是电动机，电动机实现驱动所需的能量是电能。用于行走驱动的电能供给来源有外来输入与车载能源两类，能量来源不同必然导致行走机械的系统匹配、使用场合等不同，行走机械应选用适于自身工作的能量供给方式。

3.5.1.1　外部线路供给特点

到处可见采用电机驱动的固定位置作业的机器设备，电能通过电网线路传输到设备上的电机，由于设备位置不变供电线路一旦连接完成机器与线路的关系状态保持不变。当电机作为行走机械的动力装置时，由于行走机械的行走特点决定了电机的位置是变化的，因此为其供给电能的线路就不能按传统连接方式供电。为此设计有专门的供电线路为行走机械供能，这类行走机械也要按照一定的路线行驶与作业。如轨道行驶的电力驱动车辆必须沿轨道行进，沿轨道沿线建设供电线路即可保证电能的传递。供电线路建设完成后是固定不动的，为了将固定的供电线路与移动的行走机械上的用电系统接通，这类行走机械需要配备专用的装置接收并传送供电线路输入的电能。受流器是一种车载接收电网电能的装置，行走机械车载电力系统通过它与供电的架空线或轨道接触受电。受流器有接触导线受流和接触轨道受流两类：前者是将接触导线架设在空中接触，后者是通过在沿线走行轨道一侧平行铺设的附加第三轨接触。

发电厂发出的电经由变电所输出给供电接触网，供电有直流与交流两种不同方式。用于行走驱动的牵引电机也有直流与交流两种不同形式，电机与供电系统的匹配还需要有相应的电气设备相辅助。图 3-5-1 是交、直流两种不同接触网为轨道车辆交流电机供电的示意图，车辆电力系统均为接触网供流、接地回流。直流接触网的直流电通过受电装置进入机内后，为了能够驱动交流电机必须逆变成交流电。采用三相异步电动机驱动时在变频调速前须加上中间直流环节，为此在交流供电时会形成交流—直流—交流驱动形式。轨道车辆行驶轨道也是供电系统的一部分，如电力机车由受流器从接触网取得电能，电流经车载电路、牵引电机后，再经轨道流回为接触网供电的变电所。轨道行驶的电动车辆接触供电线路为单线即可，而无轨电车的接触供电线路必须为双线形成回路，这也使得受电装置的形式不同。如城市无轨电车多用双杆受流器，有轨电车、动车等所用的多为弓形单线受流器，如图 3-5-2 所示。

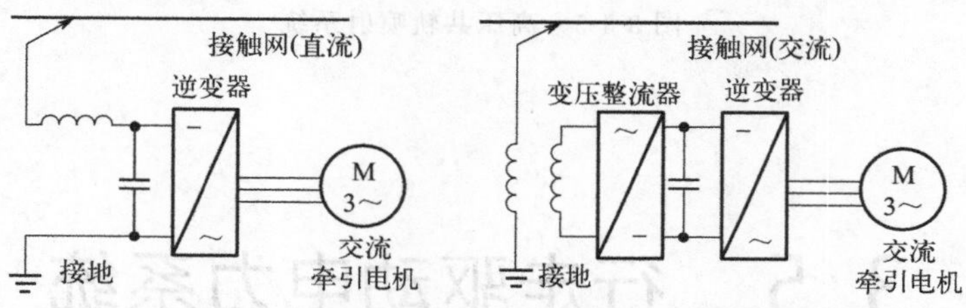

图 3-5-1　不同供电方式交流电机驱动轨道车辆示意图

图 3-5-2　无轨与有轨电车受流形式

3.5.1.2　车载能量供给系统

依赖外部供电线网供给电能时，行走机械的运行路线必然受制于供电线路的位置，除了少量几类轨道电动车辆利用线网输入电能外，电动车辆大都选用车载供能方式，以便任意移动而不受限制。电动行走机械所需的能量是电能，车载能源只要能为电机提供电能即可满足需要。蓄电池是电动行走机械最基本、最常用的车载能量储存装置，但蓄电池供电不是唯一车载供电方式。除此之外还有利用能量转化装置将车载燃料的能量转化为电能，此时车载的不是储能装置，而是储能原料与能量转化装置。其中发动机带动发电机发电是一种常用的电能转化方式，用在一些大型电动车辆、混合动力车辆上。燃料电池是另外一类能量转化装置，配备燃料电池的行走机械同样是由电机来驱动。采用车载能量供给实现电力驱动时，虽然几类能量供给方式均可采用，但需综合使用需求、实际条件等影响因素确定一种适宜方式。

（1）车载蓄电池供电

采用蓄电池作为车载储能装置因简单、方便而广为应用，如目前大量使用的纯电动汽车就是采用蓄电池作为车载电源。这类供电方式一般适合用电量相对较小的行走机械，由于需要以充电方式补充电能，因而使用环境需要具有比较好的充电条件。

（2）燃料电池供电

燃料电池也是一种能量转化装置，利用燃料在电池堆内发生催化反应实现能量转化，燃料的能量被转化为电能不断输出。燃料电池作为一种应用于电动行走机械的新兴车载能量转化装置，目前要与蓄电池、电容等组合起来共同完成车载电源的功用。

（3）车载发电机组供电

车载发电机组供电驱动的一类行走机械通常是大型机械，所需功率大而电池供电又无法满足要求，如电动轮自卸车、电力机车等大型车辆就采用发动机带动发电机供电，实现电力驱动车辆行驶作业。车载发电机由发动机驱动、发电机为电动机提供电能，电动机输出动力驱动车辆行驶。车轮在不同工况下的负荷与牵引电机的输出要达到平衡，保持平衡的过程要与发电机以及发动机相关联。为此发动机也对应有相应的匹配工况配合能量转化，使发电机发挥出适合牵引工况的外特性。如电动轮自卸车的驱动主要分为休息、准备、牵引和制动四种工作模式，发动机须有对应的工作状态。休息模式对应柴油机怠速工作、电力系统中发电机无励磁不发电、牵引变频器的母线电压为零。准备模式对应柴油机处于某一转速、牵引变频器的母线有电压。车辆在平路或上坡行驶这类工作模式对应柴油机处于正常工作输出状态，柴油机驱动发电机提供电能驱动主牵引电机。制动模式与发电机组的关联不强，主要将牵引电机转换成发电机使车辆的动能转换成电能，再通过制动电阻栅转变成热能消散在大气中。发动机驱动发电机发电，发电机为电动机提供电能驱动车辆行驶，这种类似工作方式在混合动力车辆中也存在，而混合动力车辆同时还存在其它行走驱动方式。

3.5.2 车载蓄电池供电系统

以蓄电池组为储能装置的行走机械，蓄电池及其相关装置构建的车载电源为全部用电器供电，即机器上的每一用电器都要与蓄电池发生直接或间接关系。因此车载电源系统除了应根据需要配置不同容量的电池组外，还要根据不同的用电需求提供不同的供电方式、电压等级，以满足所有用电需求。蓄电池组供电输出的是直流电，车载电源的蓄电池组一旦确定后输出电压便确定。为满足匹配需求通常利用电源转换器等实现不同电压输出，如与行走机械电气系统使用的常规低压电器匹配更是如此。

3.5.2.1 车载电源的匹配

可以用于车载电源的蓄电池有多种，但每种电池的容量、工作电压、终止电压、质量、外形尺寸等均不同。一旦选定电池后就要根据行走机械的用电需求组成电池组，用电池组的特性参数与机器匹配。依据匹配结果确定出所需单体电池的数量，将这些电池按一定串、并联连接方式组合成为电池组模块，电池组模块的结构形式与布置位置需要与整体结构匹配协调。在实际使用中电池组可以是一个模块，也可以是多个模块分散布置。车载电源不仅需要电池组容量适宜，兼顾体积、质量与能量需求间的关系，而且电池组的工作电压、电流与放电模式等必须与电动装置、车载电器相匹配。根据不同的电压等级和用途供电可分为低电压系统和高电压系统两个部分，行走机械中高、低压系统分别对应用于动力装置与辅助设施。

行走机械中行走驱动电机和用于驱动作业装置的电机，一般都是大功率、高压电气设备，此外还有大量的常规用电装置与低压电器。车载电源电池组的额定电压通常要与主要驱动电机的需求匹配，因此电源输出电压通常都较高，低者也大于等于48V。常规车载电器都是与直流12V或24V电源匹配，这类车载电器无法直接匹配，为此车载电源通过DC/DC转换装置，将电池组的高压直流电转换为低压直流电，为车载低压电器与仪表、照明和车身附件等提供低电压电能。行走机械除了蓄电池组构成的车载电源外，通常都还带有另一个常规12V车载蓄电池，以便停车时附件从该蓄电池获取电能，可为整车控制器、高压电气设备的控制电路和辅助部件提供电能。

3.5.2.2 电机驱动形式

电机是电动行走机械的主要动力装置，既要实现行走驱动，也要实现作业装置的驱动，驱动作业过程中经常需要实现调速与换向，电机调速与换向功能较其它动力装置好，但需要通过供电控制实现。蓄电池组车载电源为直流方式供电，对于不同电机的匹配需求通常采用供电转换方式满足。

(1) 直流电机驱动

蓄电池组为直流电机供电匹配比较方便，如果只驱动而没有其它特别要求，只要电压、电流匹配即可使电机工作。当作为行走驱动电机要求调速与换向功能时，则需在蓄电池组与电机之间增加变速、换向功用的电器与电路，如图3-5-3所示。直流斩波器可以用于输入与输出压差比较小的场合的小功率直流电机调速，斩波器根据加速控制装置的不同给定信号，把蓄电池组的输出电压平滑地加到电机绕组上，从而使电机平滑地变速转动。电路中间的换向接触器控制电机的旋转方向，进而控制行走机械的行进方向。更多的电动车辆中电机驱动由驱动控制器实施，控制器使电动机实现速度调节变得简单方便。直流电机调速可采用控制占空比方式实现，采用脉宽调制（PWM）技术的驱动控制器即如此。

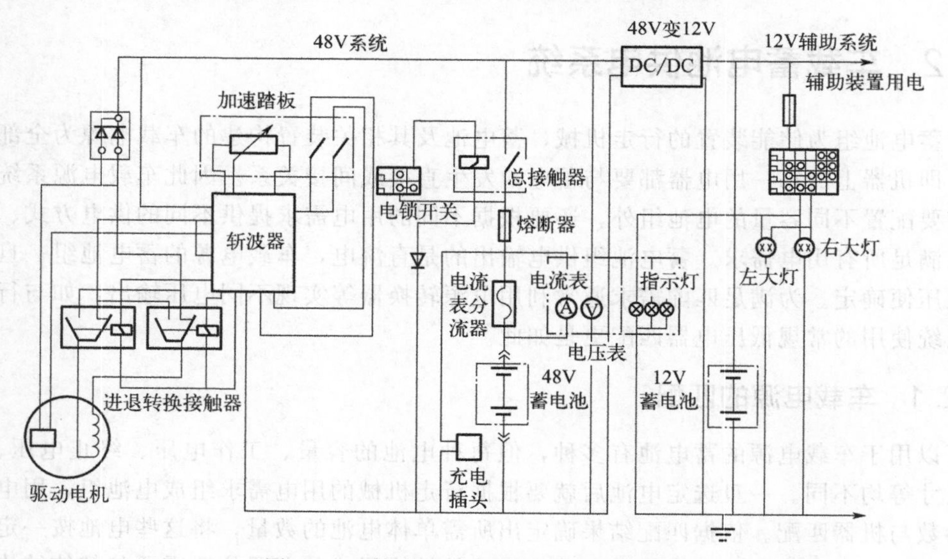

图3-5-3 某小型电动车行走电驱动系统

(2) 交流电机驱动

蓄电池组车载电源为直流电机供电比较方便，而如果驱动电机为交流电机则需进行逆变后供电，这时就必须将蓄电池输出的直流电用直流变交流的DC/AC逆变器变流。交流电机及电机驱动控制器构成的交流驱动系统中，电机驱动控制器输入端与电池组输出相连，输出端与交流电机相连。其中DC/AC逆变器一般集成于电机驱动控制器中，蓄电池的直流电经电机驱动控制器后供交流电动机使用。电机驱动控制器由外界控制信号接口电路、电机控制电路和驱动电路组成，身兼控制与执行等多重功能。接收信息、发出指令给执行装置等是控制的体现，具体驱动执行体现在电源与电动机之间电力输送、电流与电压的变换等能量传输方面。

3.5.3 电动行走驱动系统

电动行走机械的动力装置是电机，围绕驱动电机匹配有相应的电气装置、线路等构成电动系统，整个电动系统的性能主要取决于电机、电源、电控三方面。电机驱动要实现传统行走机械的发动机动力输出功能，但在结构布置、动力传递等方面体现诸多优点。采用电机作为行走机械的动力装置的优势之一是驱动的灵活性，电机既可以作为集中动力装置，也可以是分散方式多电机驱动。单电机集中驱动与传统内燃机驱动形式相同，可以直接由电机取代发动机驱动演变而成，同时相对内燃机又大量减少辅助装置。采用分布式电机驱动时电机与驱动对象的关系更加紧密且灵活，可以直接或通过减速装置驱动，缩短传动路线、简化传动系统。电机作为行走驱动的动力装置为行走机械带来方便的同时，也提高了对电机，乃至整个机器系统控制方面的要求。控制首先要体现在电机本身的驱动功能方面的需求，同时也体现在电动行走机械整机的控制与协调。如多电机独立驱动时需要协调驱动与转向控制间的关系，以电控差速实现传统机械差速的功能。单电机集中驱动的行走机械，虽然可以继承传统内燃机驱动的一些操控方式，但在加速、能量供给等控制方面均有不同。

行走机械电动系统如图3-5-4所示。为行走驱动电机提供电能的蓄电池组并不是直接为电机供电，而是需要通过一些功能装置后才能转化为电机可用能量。行走机械实际设计中通常将继电器、熔断器等一些关联电器集中布置在配电箱中，一般在蓄电池组与配电箱之间配备有应急开关，以便必要时切断供电。电驱动系统通过配电箱中继电器的吸合控制电流的通断、分流等功能，蓄电池组的电能通过配电箱分流到不同的用电系统。配电箱分流至少有动力驱动、低压电器两路，通过配电箱的低压一路经过DC/DC降压变换后用于车载低压电器。动力驱动一路到达电机驱动控制器，电机驱动控制器能根据相关信息、指令等，将接收

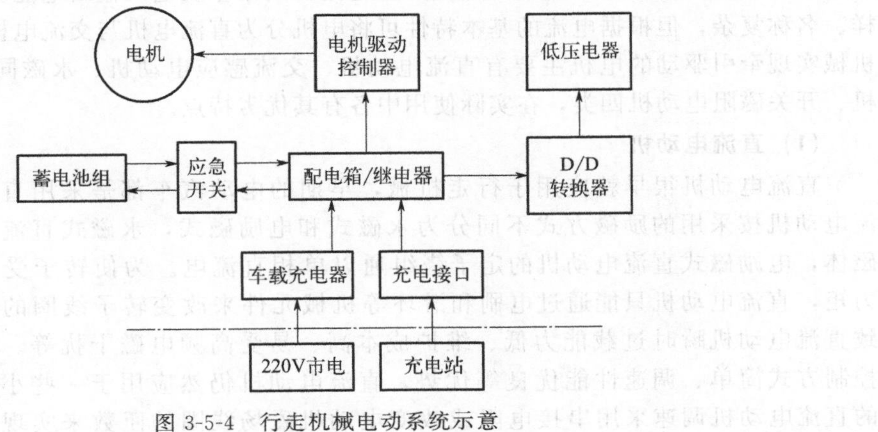

图3-5-4 行走机械电动系统示意

到的电压、电流转换为与电机工作匹配的电压、电流等。如果电机还要肩负能量回收功能，则电机驱动控制器还需有反向转换功能。电能输出通过配电箱，同样电能输入也要通过配电箱。无论是充电站至充电接口充电电路，还是车载充电器电路，均经配电箱后再经应急开关到蓄电池组。

控制在电动行走功能实现的过程中发挥重要作用，电动行走系统中的多个环节需要自动控制。电源需要一套管理系统管理蓄电池组的状态，管控电能的输入、输出；电机需要有驱动控制器协调输入、输出匹配，动力输出实现与作业载荷的适宜。这类控制只体现了局域或单装置的控制，实现行走还需要关联机器全域内与行走相关部分的控制。全域电控控制内容因不同机器可能各有不同，如电机数量不同其控制流程就需变化，主控制与电机驱动控制器间的信息交流也不同，电机控制、电池管理、驾驶控制等相互间的关联控制与信息交流也同样如此。电动行走驱动系统实现功能传输能量的同时，还有另外一传输线路或网络输送操控相关信息，这些信息是正确传输和使用能量的保证。

3.6 行走驱动电机特性

电动行走机械的行走驱动的动力装置是电动机，电动机是实现电能转化并输出动力的装置。每种电动机都有其特性，电动机的动力特性应满足电动行走机械各种行驶作业的工况要求。实施驱动的牵引电机须根据行走机械的使用特点选用，应具有较宽的调速范围和功率输出特性以适应不同工况、不同负载的变化。

3.6.1 电机的种类

电机是发电机与电动机的统称，发电机是接收外来动力输出电能，电动机是由外部输入电能而输出机械能。用于行走驱动的牵引电机可以是单一功能的电动机，也可以是兼有发电、电动功用的电机。电机由定子和转子两大部分组成，定子与转子上有绕组线圈或永磁体构成的磁极。依据采用磁极是永磁体还是绕组线圈，将电机分为永磁与励磁不同形式。绕组通电后形成磁极、磁场，在定子、转子磁场的相互作用下使电动机转子旋转。如果有外来作用驱动转子旋转，反过来切割磁力线产生电流，则用作发电机输出电能。虽然电机的形式多样、名称复杂，但根据电流的基本特性可将电机分为直流电机与交流电机两类。适用于行走机械实现牵引驱动的电机主要有直流电动机、交流感应电动机、永磁同步与无刷直流电动机、开关磁阻电动机四类，在实际使用中各有其优劣特点。

（1）直流电动机

直流电动机很早就应用于行走机械，早期的电动汽车都是采用直流电动机驱动。直流电动机按采用的励磁方式不同分为永磁式和电励磁式，永磁式直流电动机的定子为永磁体，电励磁式直流电动机的定子绕组通以单相直流电。为使转子受到固定方向的电磁力矩，直流电动机只能通过电刷和滑环等机械元件来改变转子线圈的电流方向，这也导致直流电动机瞬时过载能力低、维护成本高、易受高频电磁干扰等。但直流电动机具有控制方式简单、调速性能优良等优势，直流电动机仍然应用于一些小型电动车辆。早期的直流电动机调速采用串接电阻或改变电动机磁场线圈的匝数来实现，因其调速会产生附加的能量消耗或使电动机的结构复杂现在已很少采用。通常采用脉宽调制（PWM）的方法控制调制信号的占空比来控制转子绕组的电压，如采用PWM斩波器均匀地改变电动机的端电压实现电动机的无级调速。

(2) 交流感应电动机

交流感应电动机又称异步电动机，异步电动机按照转子结构形式不同有笼式和绕线式两种。该类电动机的定子绕组加上三相交流电源后产生旋转磁场，转子绕组切割该磁场而感应出电动势，在闭合的转子线圈内产生感应电流。转子绕组通过电磁感应接收定子绕组的能量，转子沿定子旋转磁场相同方向旋转。由于转子转速与旋转磁场的同步转速存在差异，异步电动机称谓也由此而来。对交流感应电动机施以适当的控制，可以获得与直流电动机相媲美的可控性和更宽的调速范围。交流感应电动机多采用变频、矢量控制等方式实现调速。变频调速是改变电机定子电源的频率，从而改变其同步转速的一种调速方法。矢量控制是通过正交变换将定子电流矢量分解为按转子磁场定向的励磁电流和转矩电流两直流分量，控制励磁电流分量相当于控制磁通、控制转矩电流分量相当于控制转矩。

(3) 永磁同步与无刷直流电动机

无刷直流电动机与永磁同步电动机结构和工作原理大体相同，都是用永磁体取代绕线式励磁绕组。二者的功能和电磁关系相似，只是永磁体转子励磁磁场在定子绕组中感应出的电动势波形不同。永磁同步电动机由于定子三相绕组接入三相对称交流电而产生旋转磁场，定子电枢绕组磁场与转子永磁体产生的磁场均同步旋转。定子电枢绕组磁场拖动转子永磁体同步旋转而称这类电机为同步电动机，永磁同步电动机采用矢量控制方式可以实现宽范围的恒功率弱磁调速。无刷直流电动机实质相当于永磁同步电动机的转子与定子关系的转换，其转子是永磁体、定子上安装有绕组。无刷直流电动机用传感器、电路、开关器件组成的控制电路，取代了传统直流电动机中电刷和换向器。其机械特性和调速性能与直流电动机相似，因此通常采用与直流电动机相同的调节占空比的PWM控制。

(4) 开关磁阻电动机

开关磁阻电动机的定、转子均为普通硅钢片叠压而成的双凸极结构，转子的凸极数一般低于定子凸极数。定子装有简单的集中绕组，一般是径向相对的两个绕组串联成一相，转子上不设绕组。开关磁阻电动机运行与上述其它电动机不同，其遵循磁通总要沿磁阻最小路径闭合的磁阻最小原理。具有一定凸凹形状的转子运动时，必然使其凸极与定子的凸极靠近。定子相通以直流电，供电相拖动转子转动，转子随供电相方向旋转。控制电动机绕组中电流脉冲的幅值、宽度及其与转子的相对位置，即可控制电动机转矩的大小与方向。根据这一调速控制的基本原理，可以采用PWM斩波控制，也可以改变绕组导电相角大小等来控制。开关磁阻电动机具有直流调速系统的可控性好的优良特性，但转子上产生的转矩是由一系列脉冲转矩叠加而成，由于双凸极结构和磁路饱和非线性的影响，合成转矩不是恒定转矩而有一定的谐波分量。

3.6.2 行走驱动电动机

实现行走驱动的电动机必须满足行走机械的工作特点，因此也产生了一类专门用于行走驱动的实现牵引功用的电动机。确定行走驱动电动机首先要综合整机的使用需求与动力性能要求，选择电动机的类型并落实功率、扭矩、转速等具体参数。根据整机布置与结构要求确定驱动形式与传动方式，再具体落实接口、形状、尺寸等内容。

3.6.2.1 牵引电机的使用特点与要求

用于行走驱动的电动机也称牵引电机，这类电机使用条件相对恶劣、作业工况相对复杂，虽然工作原理与工业用电机一样，但其使用要求大不相同，主要体现在以下几方面的要求。

(1) 负荷变化大

电动机比较适宜的使用工况是长时间连续在额定负荷附近作业，在负荷变化不大的条件下电动机匹配功率略有储备即可。牵引电机的作用工况复杂、负荷变化范围大，在常规路况行驶载荷较小，加速与爬坡时载荷急剧增加，经常在过载状态下运行会因过热而导致电机过早损坏。所以需要电机的过载能力强以应对负载变化需要。提高储备功率利于克服过载等不利情况，但过大又导致电机经常在低负荷欠载状态下运行而使效率及功率因数等指标变差。

(2) 调速要求高

速度是与行走机械关联密切的物理定义，行走机械需要实现从起步到最高行驶速度的转换，以满足不同作业工况的需求。行驶速度与驱动行走的动力装置的输出转速直接相关，发挥电动机调速功能也是电动行走驱动的优势所在。因此这类电机需要具备较宽的调速范围，低速时运行要转矩大以满足快速起动、加速、爬坡等大负荷需求，高速时变速性能好以满足平路、超车等高速行驶要求。

(3) 高效工作区

行走机械上的牵引电机与工业用电动机相比，高效工作区有所不同，工业用电动机工作在额定工作点附近比较小的高效率区范围内即可。行走驱动电机要求在具有高的功率密度和较宽的转速、转矩范围内都有较高的效率，即电机应在较大的工作载荷范围内具有较高的效率。因此牵引电机要根据既定的使用工况确定电机运行范围区间，装置与系统的匹配应尽量保持电机在高效率范围内运转。

(4) 多电机关联

在分布式电机驱动的行走机械中电机关联性强，电机之间需要协同工作、动力输出需要协调统一。常规行走机械转向过程中驱动桥的差速器要根据转向需求匹配输出扭矩和转速，分布式电机驱动的两轮边电机或轮毂电机要协同输出实现差速功能。如同轴左右两轮的驱动电机不仅要完成驱动车轮的功能，而且要将传统驱动桥的分动功能也体现出来。

(5) 环境随机性

工业电机一旦随所匹配的机器固定到确定作业位置后，工作环境条件就基本确定而不会产生较大的变化。行走机械所匹配的电机与此恰好相反，必须随机器移动处于变化的环境中。由于机器行驶的路况、周围环境的差异，使得电机经常处于运动、振动，甚至潮湿、灰尘等恶劣环境中，由于需要适应机载导致的环境变化与恶劣工况，这类电机需要采取相应的措施应对。

3.6.2.2 牵引电机的使用方式

电动机作为行走机械的动力装置，具有体积小、重量轻、换向方便、输出特性适宜等优势，采用电动机实现驱动行走可以省掉机械换向等装置，使传动系统简化、整机布置方便。而且还可以实现多电机协同驱动，多电机驱动是以多点分布式动力输出取代传统的集中输出动力的驱动方式。传统集中驱动方式中发动机输出的动力通过离合器输入变速箱，变速箱输出的动力经传动轴输入到驱动桥，再通过驱动桥的差速装置将动力传递给左右驱动轮。电动行走机械可以完全继承这种结构布置与传动方式，由电动机取代发动机驱动变成电动行走。由于电动机比发动机结构简单、体积小，而且具有较好的变速、换向控制性能，因此可省去换挡变速、换挡变向、离合等装置，只剩下简单的减速传动部分。

电动机集中驱动方式可以与以传统发动机为动力装置的布置形式完全相同，只是传动更加简单。如图 3-6-1 所示为用于货运车辆的电机布置形式，纵向布置的电动机通过传动轴将动力输入驱动桥，这类形式对传统结构、原有装置的继承性好，只要解决好电动机与驱动桥间的匹配连接即可。驱动桥与电动机之间的连接还可以更紧密，将电动机输出与驱动桥的输入利用一套齿轮传动装置传动，桥壳与电动机壳体由传动装置的壳体联系起来，使二者合为一体。如图 3-6-2 所示的电动机直接安装在驱动桥上，电动机通过一级减速传动与驱动桥由主减速器联系起来，再经驱动桥上的差速器、半轴将动力传递给车轮。这类结构形式在小型电动车上应用较多，电动机的布置形式也有纵横不同。

图 3-6-1　货运车辆电机传统布置形式

图 3-6-2　电动机直接与驱动桥连接

电动机与传动装置的结合可以十分紧密，而且有的电动机结合有差速功能的传动装置。如图 3-6-3 所示的一体结构的电驱动装置，该装置的电动机通常横向布置并与机械差速器结

图 3-6-3　电动机与传动装置二合一形式

合，电动机的动力直接或平行传递到差速器后再由差速器向左右两侧分流动力。越来越多的电动机与传动装置组合为一体结构的二合一装置，而且将电控装置组合在其上的三合一结构也发展迅速。电动机与传动装置组合结构还用在单轮直接驱动上，在一些小型单轮驱动的电动行走机械中，电动机通过一套传动装置直接驱动车轮。如果将这类驱动轮用于多轮驱动行走机械中，则形成一类分布式驱动的电动行走机械。

3.6.3 分布式电机驱动与轮毂电机

分布式电机驱动是电动行走所特有的方式，实施分布式电机驱动的前提是动力装置体小质轻，轮毂电机的应用进一步提高了分布式电机驱动的适用性。

3.6.3.1 分布式电机驱动特点

采用分布式电机驱动时电动机一定是分别布置在不同位置，电动机与驱动对象的关系更加紧密，实施驱动的电动机数量变化也使得驱动形式不同。即使实施驱动的只有两电动机，两电动机也可以分别与前后桥配合，电动机通过驱动桥再对车轮实施驱动。两电动机也可以分别单独驱动左右轮，这种方式为独立轮驱动。独立轮驱动的含义是车轮由单个电动机独立驱动，对于整机而言这种电动机独立驱动必须协调配置才能有效实现功能。独立轮驱动体现在一个电动机驱动一个轮，即使如此电动机与所驱动的车轮之间的关系也不同，如一般电动机轮边驱动与轮毂驱动在结构上存在较大差异。独立轮驱动的电动机与整机结构关系不同，也导致独立驱动的电动机间存在不同的关联方式。

独立轮驱动能够简化整机结构，可以将电动机与驱动轮构成的驱动单元直接与机体连接，特别适用于机体结构无法使用车桥的场合。如图 3-6-4 所示，电动机同轴对称布置在车体的两侧，电动机壳体直接或通过减速器壳体固定在机架上。为了实现制动通常与内部集成行车制动器的减速传动装置组合，通过控制电动机转速变化等来满足转向需要。可以将两独立驱动的电动机通过机械结构组合成一体式驱动桥，驱动桥中的两电动机仍然是独立实施驱动功能。如图 3-6-5 所示，此时电动机同轴左右布置，电动机的输出轴端与车轮相连。这种组合方式电动机的壳体作为驱动桥机械结构的组成部分，通常还布置有减速装置、制动装置等，这样可以继承传统车桥承载结构及功能而取消其中间传动等环节。

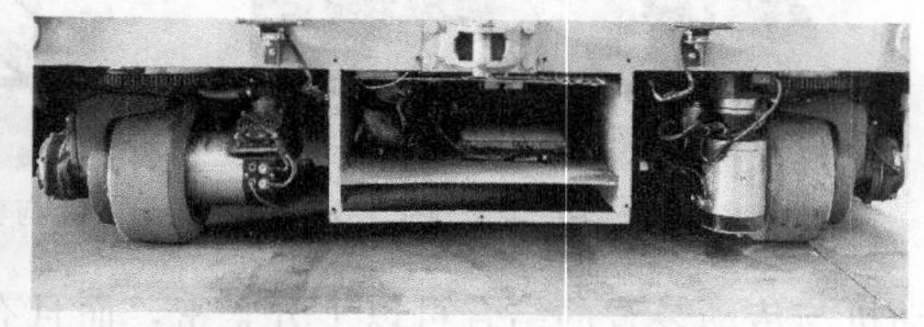

图 3-6-4 无桥独立结构

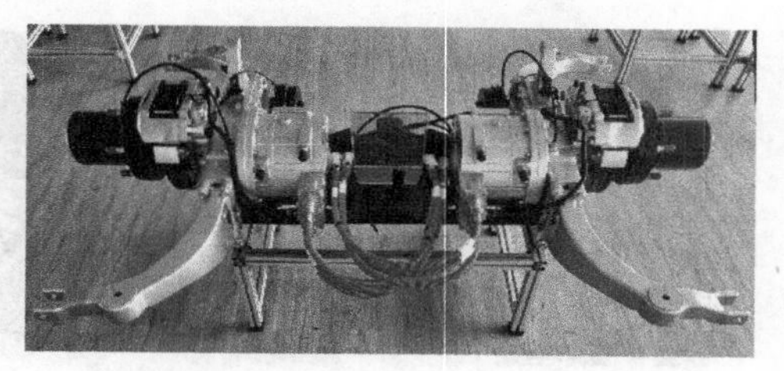

图 3-6-5 一体式结构

3.6.3.2 轮毂电机

轮毂电机的使用进一步提高了分布式电机驱动的优势，采用轮毂电机驱动的行走机械可以获得更好的空间利用率。轮毂电机的主要特点就是将用于驱动的电动机，以及传动、制动等装置整合到轮辋内，使得电动行走机械的机体部分得到简化。电动机驱动的通常方式是电动机的转子带动输出轴转动，电动机的定子部分固定在电动机的壳体上。驱动车轮时电动机壳体部分与机体连接，电动机轴直接或通过减速装置与车轮的轮毂联系起来实施驱动。轮毂电机仍采用这种内转子电动机时，处于轮辋内的电动机仍然需要与主机部分固定，实施驱动时电机机体与轮辋、轮辐间存在相对运动。与内转子、外定子相对的是外转子、内定子结构的电机，这类电机作为轮毂电机使用比较有利，因为电机机体部分可与车轮连接而一起运动。外转子电动机驱动输出与内转子电动机的输出恰好相反，这也导致电动机安装方式的不同。外转子电动机的中间定子部分与主机部分相连固定，外转子部分与电动机壳体及轮辋部分连为一体，通过电动机壳体输出转矩驱动车轮。

采用轮毂电机驱动的电动车很早就出现，如图 3-6-6 所示。近些年轮毂电机受到的关注较多，因其集成度高、结构紧凑而被电动车辆广泛使用。如图 3-6-7 所示为一种轮毂电机，该轮毂电机驱动系统还将电控部分集成在内。轮毂电机作为行走机械驱动装置也存在一定的缺点：将电机驱动系统全部集成到轮辋内相当于车轮的质量加大，使得悬挂系统的簧下质量增加、轮子的转动惯量增大，对行走机械的制动、转向等操控性能有所影响。

图 3-6-6 早期的轮毂电机及电动车

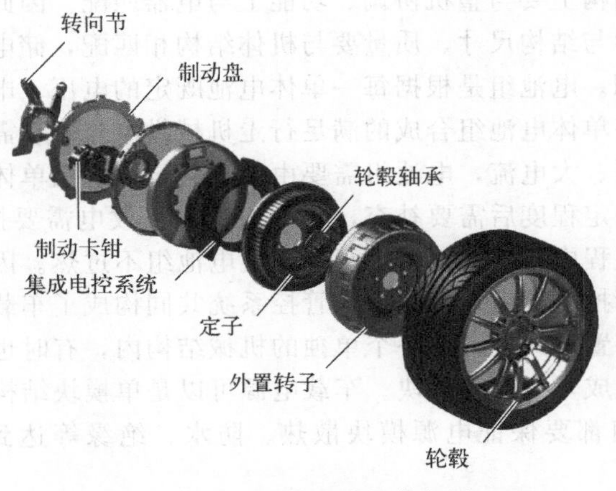

图 3-6-7 某轮毂电机分解图

3.7 车载电池电源系统

电动行走机械的车载电源多为蓄电池组，蓄电池是一类能量储存装置。虽然能够储存能量的装置有多种，但蓄电池用于车载储能装置更有优势。蓄电池组是由一个个单体蓄电池组合而成，而每种电池由不同材料的电芯及其相关器件构成。蓄电池组的性能既与单体电池性能相关，也与电池组组合体性能相关联。蓄电池组在行走机械用电时放电、补充能量时充电，为了能够有效完成这些功能需要配备相应的装置、电器、电路等构成完善的电源系统，电源系统是电动行走机械能量供给的保障。

3.7.1 储能装置与电源

高效蓄能一直是人类追求的目标，储存能量的方式也因所依据原理不同而多种多样，如因储能的介质与储能装置不同有机械储能、液压蓄能、压缩空气储能等等。这些储能方式都有一定的适用条件与应用场合，要拓展应用到行走机械上也存在能量释放控制、能量转化等因素的制约。如以飞轮装置为基础在发动机上广泛使用的机械储能装置，其储能具有转换效率高、功率密度大的特性。目前以飞轮为基础的飞轮储能装置，虽然比单纯的飞轮储能提高一大步，能够实现机电转化对外输出电能，但利用其独立作为储能装置供能还难以满足实际工作要求，作为辅助能源使用则有一定的优势。与其类似不宜独立作为储能装置使用的、作为辅助能源使用具有优势的储能装置还有超级电容。电容器是一种储存电荷的储能装置，超级电容是一种不同于传统意义的电化学电容。作为一种能量储存装置它更类似充电电池，它兼具电池和传统物理电容的优点，具有更高的功率密度和更长的循环寿命，但超级电容较低的能量密度使得它目前单独用作行走机械车载能源还不成熟。电化学电池是一类应用比较广的存储能量的装置，就目前应用而言电化学电池还是最适用的车载储能装置。

车载电源系统是构成电动行走机械的组成部分之一，要求其能安全可靠地为行走机械工作供给能量，同时在结构上要与整机协调、功能上与电器匹配。因此作为车载电源系统储能装置的蓄电池组的外形与结构尺寸、质量要与机体结构相匹配，储电容量、输出电压与电流等要与用电装置相协调。电池组是根据每一单体电池既定的电压、电量等性能指标，通过不同形式的串联、并联将单体电池组合成的满足行走机械供电与驱动需要的装置。为了能输出驱动电动机所需高电压、大电流，电池组需要由数十甚至数百只单体电池组合而成。蓄电池组存储的电量释放到一定程度后需要补充，电池组的充、放电需要按一定的规则进行管控，同时应对电池组工作过程中产生的热量进行控制使电池组不过热。因此也需要能够实现一定自动控制功能的系统管控电池组，电池组与管控系统共同构成了车载电源系统。车载电源的蓄电池通常按一定的布置形式放置在一个单独的机械结构内，有时也将相关装置、电气元件同时与其组合在一起构成车载电源模块。车载电源可以是单模块结构，也可以是多模块组合结构，但不论形式如何都要保证电源模块散热、防水、绝缘等达到使用要求，如图 3-7-1 所示。

电动行走机械中蓄电池组的功用类似内燃机驱动行走机械中油箱的作用，蓄电池是一类

图 3-7-1 电动乘用车车载电源

电化学能储存装置，其能量密度因构成材料、成分等不同差别也较大，但蓄电池的储能能力相对燃油还是低得多。如铅酸电池质量能量密度为 35～40W·h/kg，而汽油为 10000～20000W·h/kg，由此可知电动行走机械必须协调电池重量与行驶里程的关系。每种电池的容量都有一定的限度，增加行驶里程必然需要增加容量而加大电池组的重量，增加重量又提高该机的行驶能耗。车载电源中的蓄电池组部分体积与重量都比较大，其结构形式要与整机布置相匹配、安放位置要与整机重量分布相协调。车载电源为了完成它的既定的能量供给功能还需要与各类电器、线路连接起来，连接至少包含内、外两部分接口。其中内部为其供能接口，主要是连接车载电器组成的电力系统；外部连接充电接口，主要是用于蓄电池组接收外来电能，如图 3-7-2 所示。

图 3-7-2 电动车铅酸电池组

3.7.2 蓄电池与蓄电池组

电池是将化学能直接转化为电能的一种装置，放电后能够用充电的方式使内部活性物质再生而储存电能的电池为蓄电池。蓄电池的核心是发生电化学反应的电芯部分，电芯由正负电极、隔膜及电解液等组成。其中电极的材料对电池的性能影响较大，因电极材料改变而产生了一些不同特性的电池。将蓄电池依据使用需要组合起来则成为蓄电池组，电池组既继承了电池特性，又形成了自身结构与功能特征。

3.7.2.1 常用几种蓄电池的特点

可用于行走机械的蓄电池有多种类型，目前比较常用的有铅酸电池、镍基电池、锂基电池等，名称中直接表明了其电芯极板材料的主要成分。电芯材料不同电池在能量密度、功率密度、循环充电次数、安全性以及成本等方面都存在差异。铅酸电池因具有成本低廉、使用可靠的优点，在电动车辆上得到了广泛应用。但是铅酸电池能量密度低，充电一次行驶路程较短，另外铅酸电池使用寿命较短。早期的电动车辆除了用铅酸电池外也用镍镉电池，但镍镉电池含有重金属镉，正在被与其特性相似，又不存在重金属污染问题的镍氢电池所取代。镍氢电池能量和功率密度、循环使用寿命均高于铅酸电池，而且可快速充电。但镍氢电池存在自放电损耗大，对高低温变化的适应性能较差的问题，而且单体电池电压较低，价格也远高于前者。

锂基电池如磷酸铁锂、钴酸锂、锰酸锂、三元锂电池等越来越被关注，相比其它类蓄电池具有较高的能量、功率密度，综合性能较好、性价比较高。但锂基电池极板材料稳定性略显不足，极板材料稳定性又与使用安全性相关联。上述几种电池同是锂基电池但其特性也各不相同，实际应用中各有优势与不足。钴酸锂电池能量密度大但稳定性不好，用于行走机械可以获得较强的续航能力，但同时需要加强安全性设计。锰酸锂电池能量密度不如钴酸锂电池，但其它综合性能比较出色，因此也赢得较大的市场占有率。磷酸铁锂电池安全性较好、寿命较长，但相对其它锂电池其能量密度较低。三元锂电池是阳极板含有一定配比的镍、钴、锰三种材料的锂基电池，其能量密度比前三者都高，其安全性也优于钴酸锂电池。

3.7.2.2 蓄电池技术指标

蓄电池是存储电能的装置，容量是衡量蓄电池性能的主要指标之一。在一定的放电条件下充满电的电池放电到放电终止电压所能放出的电量称为电池的容量，此处的放电终止电压是指蓄电池放电时允许的最低电压。电池的容量为放电电流与放电时间的乘积，通常以安时(Ah)为单位表示。蓄电池的充电、放电具体体现在电压、电流、时间三因素的关系，充放电电压与电流乘积体现了能量的含义，单位时间充入、放出的电能又体现为电池的功率。电池的材料和体积等也决定电池所能存储的电量，不同蓄电池的体积、质量不同，因此有了体积能量密度、质量能量密度的概念，即单位体积、单位质量的蓄电池所能输出的能量，与此类似又有了功率密度的概念。能量密度影响整机的布置、重量及续航里程等，功率密度是影响电动行走机械动力性能的重要指标。

蓄电池出厂时一般给出标称电压与额定容量。标称电压是指电池正、负极之间的电势差，由极板材料的电极电位和内部电解液的浓度等决定。额定容量是制造厂标明的Ah容量，是用于验收蓄电池的技术指标。如我国道路车辆用动力电池的额定容量通常使用3h率放电容量表示，其含义是在恒流放电条件下，正好用3h把充满电的电池放到终止电压时能够放出的电量。工作过程中蓄电池的电容量是不断变化的，该变化通常用电池的荷电状态描述，荷电状态表示为剩余容量占额定容量的百分比。蓄电池的工作实质就是充电、放电的循环过程，所以通常所谓的电池寿命是指充电、放电循环使用寿命。即按充电、放电一次为一个循环，电池容量降低到某一规定值以前的充放电循环次数总和为蓄电池工作寿命。

3.7.2.3 蓄电池组性能

单体蓄电池容量小、电压低，无法直接满足行走机械车载电源的使用要求，将多个单体蓄电池按一定规则组合起来构成电池组则可以满足要求。基于整机对电源的电压、容量和功率要求，以及每只电池的电压、容量等因素，将所需数量的单体电池按照串联或并联的方式组合连接起来，由形状适当的电池箱盛装，如图3-7-3所示。电池组的功率决定了电动行走机械的动力性能，容量显示出潜在的行驶距离，循环寿命决定了蓄电池充放电次数，蓄电池的体积和重量影响整个机器系统的效率。蓄电池组容量应保证整机规定的行驶里程或作业循环要求，通过增加单体电池数量增加容量必然伴随蓄电池组体积、重量的增加，因此电池组中单体电池的数量要适宜。单体电池连接成电池组时端子间的连接器件要可靠，电池箱的结构必须保证在满足容纳空间基础上还具有足够的强度。

电池箱既是蓄电池的容器，也是与机体连接的结构件，通常也是电源相关各种器件的载体。它要将电池可靠地与机体安装在一起，同时起到保护电池免受损伤的作用。蓄电池在充放电过程中发热，在组成电池组时单体电池间留有间隙有利于散热，能更有效地避免过热。

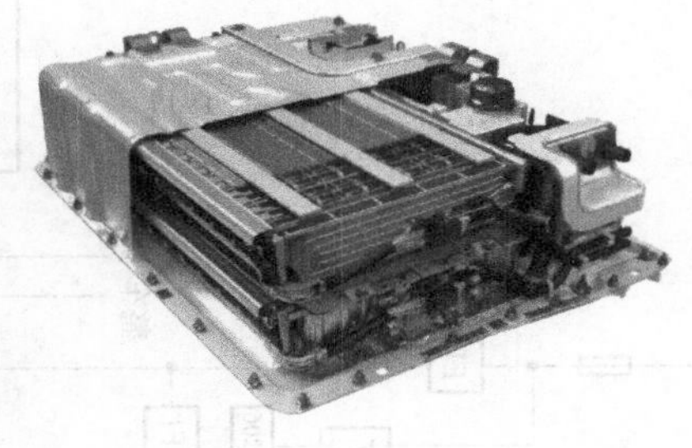

图 3-7-3 锂电池组与镍氢电池组

电池箱则要考虑电池组的散热冷却等因素，采用自然通风可满足电池组的散热最好，不能满足要求时则必须采取强制冷却方式。强制冷却通常可采用风冷或水冷，还可采用相变材料冷却。无论何种冷却方式均需电池箱结构设计加以实现，如采用风冷方式需要在结构上考虑散热风扇安装，散热通风口、风道布置等问题。

3.7.3 车载电源的管理

蓄电池只是电动行走机械车载电源的基本组成，要保证蓄电池能在适宜的状态下合理使用，还需要匹配其它的装置与电器、电路共同组成车载电源。电源功能不只是简单地储存、供给电能，而是在此基础上对蓄电池进行适当管控，主要体现在能量、安全、热量、状态等方面的管理。

3.7.3.1 电源系统的组成与功能

车载电源所采用的蓄电池可以有不同的种类，每种蓄电池有其自己的特点，因此采用不同蓄电池所组成的电源系统的构成、管控方式等均有所不同。如早期的电动车辆采用铅酸蓄电池供能，这类车载电源比较简单，现代电动车中采用锂电池的电源的要求就比较高，系统也比较复杂。不管由何种蓄电池构建的电源系统，除了最基本的蓄电池组外还必须匹配输出能量的放电电路与补充能量的充电电路，这部分电路及其相关的电器构成电源的主电路。当作为车载电源工作时为了了解蓄电池组的电压、电量相关参数，需要配备相应的检测、显示等器件，这些器件及电路构成车载电源系统中的辅助电器部分。为了有效控制电能的输出与输入、监控电池组的工作状态等，又有控制单元及其相关器件、电路构成电源管理部分实施对蓄电池组的管控。某电动车辆车载电源系统如图 3-7-4 所示，从中可以对车载电源略加了解。

对蓄电池的管理越来越受到重视，电池管理部分所实现的功能也越来越多。电池管理要达到能够时刻监控蓄电池的工作状态、保护蓄电池的使用安全，并对机载设备与人员用电作业安全提供保障。为此蓄电池组要配置电压、温度等信息采集传感器及线路，对电池单体的某些状态、对电池组工作状态进行实时监测。需要采取措施实施调控，如利用均衡电路实现对蓄电池组内电池单元间的电量均衡控制。电源蓄电池组的额定电压常常高于人体所能承受的电压值，为了保证驾驶和乘坐的安全性，除了采取绝缘措施外还要实施安全管控。如对电源高压主回路监控，一旦出现意外则自动控制线路断开，使潜在的危险高压在任何时候都不使人接触到。电池管理系统围绕电池组工作，蓄电池组通过电路与管理系统的硬件相关联。如图 3-7-5 所示，为某车载电源部分配套电器。

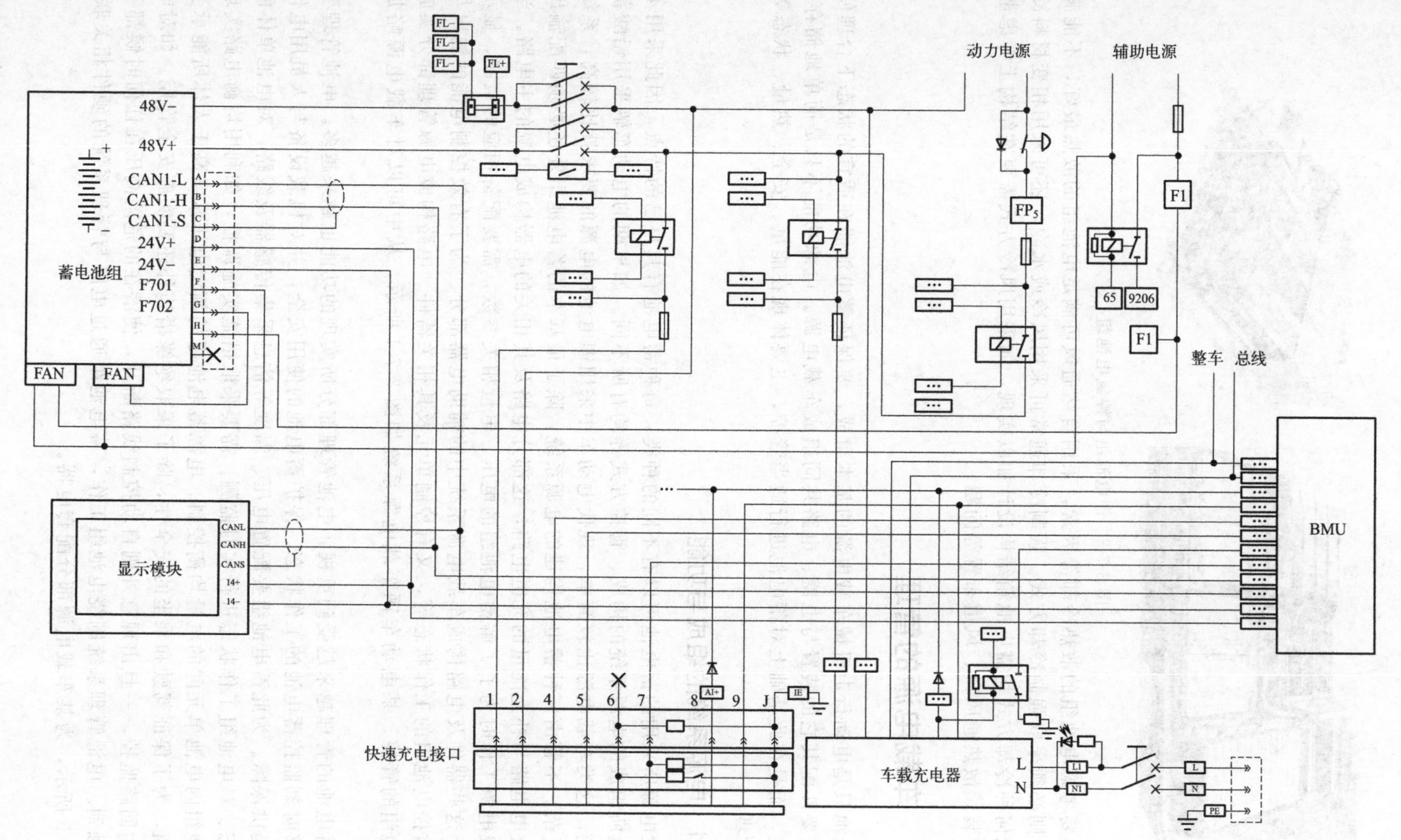

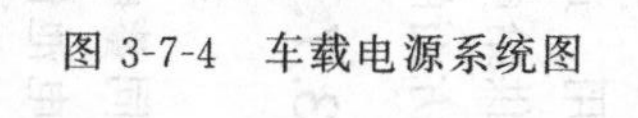
图 3-7-4　车载电源系统图

图 3-7-5　车载电源部分配套电器

3.7.3.2　电池管理系统

电池管理系统（BMS）是针对某一蓄电池组的管控而设置，通过该系统的运行使电池组能够维持更好的工作状态。系统首先要实时监测电池状态，通过监测电池的电压、电流、温度、绝缘阻抗、通断情况等参数，进一步采用适当的算法计算或估算电池的剩余容量、放电及充电功率限制、电池寿命等运行数据。其次依据获得的电池状态信息对过压、欠压、过流、低温、高温、短路、不一致性等实施诊断与处理，实现对蓄电池的保护与管控。同时需要建立起可靠的内外通信连接，与显示系统、控制器和充电器等实现数据交换。电池管理系统通常是以微处理器为核心的控制系统，牵涉到硬件与软件两部分内容。

电池管理系统硬件部分表现为元器件、装置的集成与组合，而软件部分主要体现在编写一些策略、算法等程序。硬件部分无非是电路、模块、元件的集成，包含高压部分的能量输入输出、低压部分与信息的输入输出。其中充放电为高压部分，后者为本身用电及采集电路、通信总线等。电压、温度等信息输入主控模块，均衡管理、温度管理等从主控模块输出到蓄电池组，此外还得与其它控制单元、显示单元等进行信息交流。如图 3-7-6 所示，主控

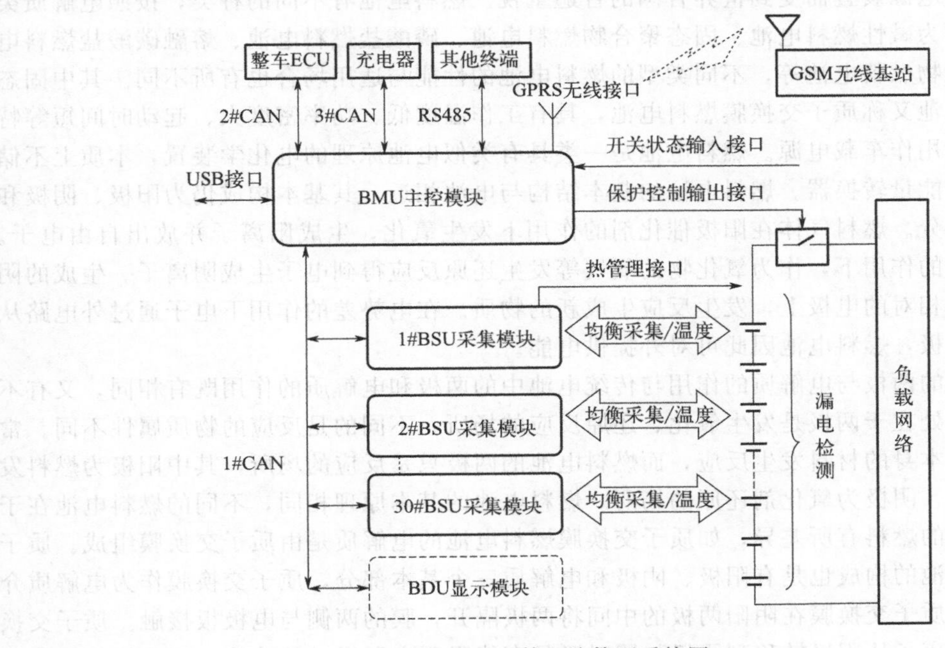

图 3-7-6　某电池管理系统图

模块通过CAN接口与采集模块进行通信，通过对电池组数据的实时采集、分析制定电池管理策略，通过热管理、均衡管理、充放电管理等手段控制电池工作在合适的工况，同时与整车ECU及充电器进行信息交换。软件是管理系统的内在体现，软件部分除了系统运行、数据存储、外设配置、通信定义等系统运行必需的程序外，具体电池管理部分的软件设计与编程依据是既定的规则与控制策略。如在软件编程中电池充电要根据电池情况采取不同的控制策略，定义充电电压、电流与充电时间、温升的关系，当电池的最高温度超过最高允许温度时，应立即停止充电进行自身保护。此外一些无法直接获得的参数通过软件获得更加方便，如电池的剩余容量无法直接测量获得，通常采用电流积分等方法编程估算即可方便获得。

3.8 燃料电池驱动系统

燃料电池外部有输出电极，内部构成有极板与电解质等，它具备能储存电能的蓄电池的特征，但它不是储电装置而是发电装置。燃料电池的燃料多为氢气或富氢的天然气、甲醇等燃料，它利用燃料和氧气在催化剂作用下发生化学反应，将化学能直接转化为电能并连续释放出来，其特点是能量转换效率高、环境污染小。将燃料电池作为能量的转化装置用于行走机械，为电动行走机械的发展提供了一条新的途径。

3.8.1 燃料电池原理

燃料电池的思想早在十九世纪就出现，二十世纪六十年代应用于航天、发电等领域，近年来用作车载电源装置而受到世界各国的普遍重视。燃料电池有不同的种类，按照电解质类型的不同可分为碱性燃料电池、固态聚合物燃料电池、磷酸盐燃料电池、熔融碳酸盐燃料电池、固体氧化物燃料电池等，不同类型的燃料电池的性能与适用场合也有所不同。其中固态聚合物燃料电池又称质子交换膜燃料电池，具有工作温度低、功率密度大、起动时间短等特点，比较适合用作车载电源。燃料电池是一类具有类似电池原理的电化学装置，本质上不储能，只是一个能量转换器。燃料电池的基本结构与电池相近，其基本构成仍为阳极、阴极和电解质三个部分。燃料气体在阳极催化剂的作用下发生氧化，生成阳离子并放出自由电子。在阴极催化剂的作用下，作为氧化物的氧气等发生还原反应得到电子生成阴离子。生成的阴阳离子运动到相对的电极上，发生反应生成新的物质。在电势差的作用下电子通过外电路从阳极运动到阴极，燃料电池因此可对外提供电能。

燃料电池的两极与电解质的作用与传统电池中的两极和电解质的作用既有相同，又有不同。其相同之处在于两极是发生氧化、还原反应的场所，不同的是反应的物质属性不同。常规电池是两极本身的材料发生反应，而燃料电池的两极只是反应的场所，其中阳极为燃料发生氧化的场所，阴极为氧化剂还原的场所。燃料电池的基本原理相同，不同的燃料电池在于电解质、供给的燃料有所差异，如质子交换膜燃料电池的电解质是由质子交换膜组成。质子交换膜燃料电池的构成也是有阳极、阴极和电解质三个基本部分，质子交换膜作为电解质介于两极之间，质子交换膜在阴阳两极的中间将两极隔开，膜的两侧与电极板接触。质子交换膜能够完成氢离子从阳极转移到阴极，同时又具有能阻碍电子通过的功能。两电极板与质子交换膜接触的内侧带有催化剂铂，燃料与氧化剂进入电极板，并在极板内侧与膜接触部位发生氧化、还原反应，其原理可看作是电解水的逆向过程。工作时作为燃料的氢气通过阳极侧的流场通道被送入燃料电池的阳极板（负极）内，作为氧化剂的氧气或空气通过阴极侧的流场通道被送入燃料电池的阴极板（正极）内。进入阳极板内的氢气经过催化剂铂的作用导致氢分子被分裂，并使氢原子中的一个电子被释放出来。电子无法通过质子交换膜，只好经外部电路到达燃料电池阴极板，从而在电路中产生电流。氢离子进入电解质中并穿过质子交换膜到达燃料电池阴极板，进入阴极板内的氧气分子经过催化剂铂的作用被分裂成氧离子，氧离子与失去电子的氢离子化合成水分子，如图 3-8-1 所示。

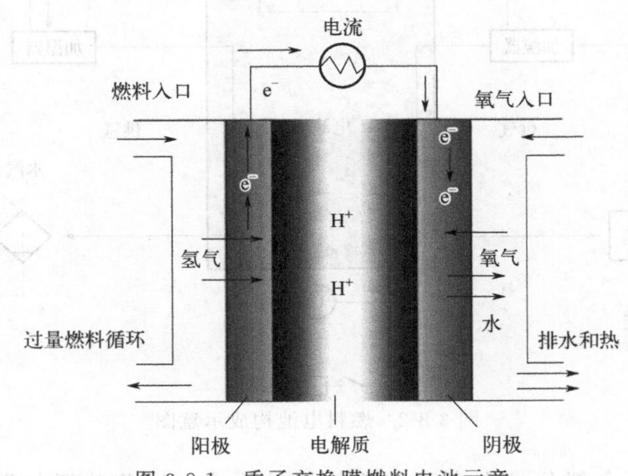

图 3-8-1　质子交换膜燃料电池示意

由于供给阴极板的氧可以从空气中获得，因此只要不断地给阳极板供给氢气、给阴极板供给空气，在两极间的外电路就不断有电流流过。燃料电池与其它电池具有一相同的特点，即每一电池单元所能产生的电压有限。为了获得足够高的工作电压，通常将多个电池单元串联组合，构成输出电压满足实际负载需要的燃料电池堆。燃料电池是一发生化学反应的场所，化学反应可能同时伴随物质的转移、产生新的物质和热量等，如工作时就存在氢气供给、空气输入，以及产生热、水和水分迁移等现象。因此在燃料电池实际使用时必须存在一套较为复杂的系统，保证燃料与氧化剂的供给、电池堆的散热和排水管控、电力输出及控制等有序运行，如图 3-8-2 所示。

3.8.2　燃料电池装置

燃料电池是由多个燃料电池单元组合成燃料电池堆，改变燃料电池堆的单体电池数量可输出不同的功率、电压、电流。燃料电池堆是燃料电池装置或系统的最基本的部分，燃料电池堆本体工作才能向外提供电能。而电池堆工作时需要一系列的辅助支承才能完成，如同内燃机工作一样需要解决燃料供给、氧化剂供给、废弃物处理、系统散热等需求，否则电池堆无法正常提供电能。以质子交换膜燃料电池为例，维持燃料电池堆正常作业必须有氢气供给、空气供给、散热冷却、生成水排放等部分的协同工作。燃料电池系统正常运行时氢气与空气分别经各自的供给装置输入电池堆，氢与氧在电池堆内发生反应产生直流电输出。反应产生的水、过量未反应的氢流出燃料电池堆本体后，经处理后可循环使用或在开放空间直接排放到空气中。工作过程中电池堆产生的热量，也需要主动

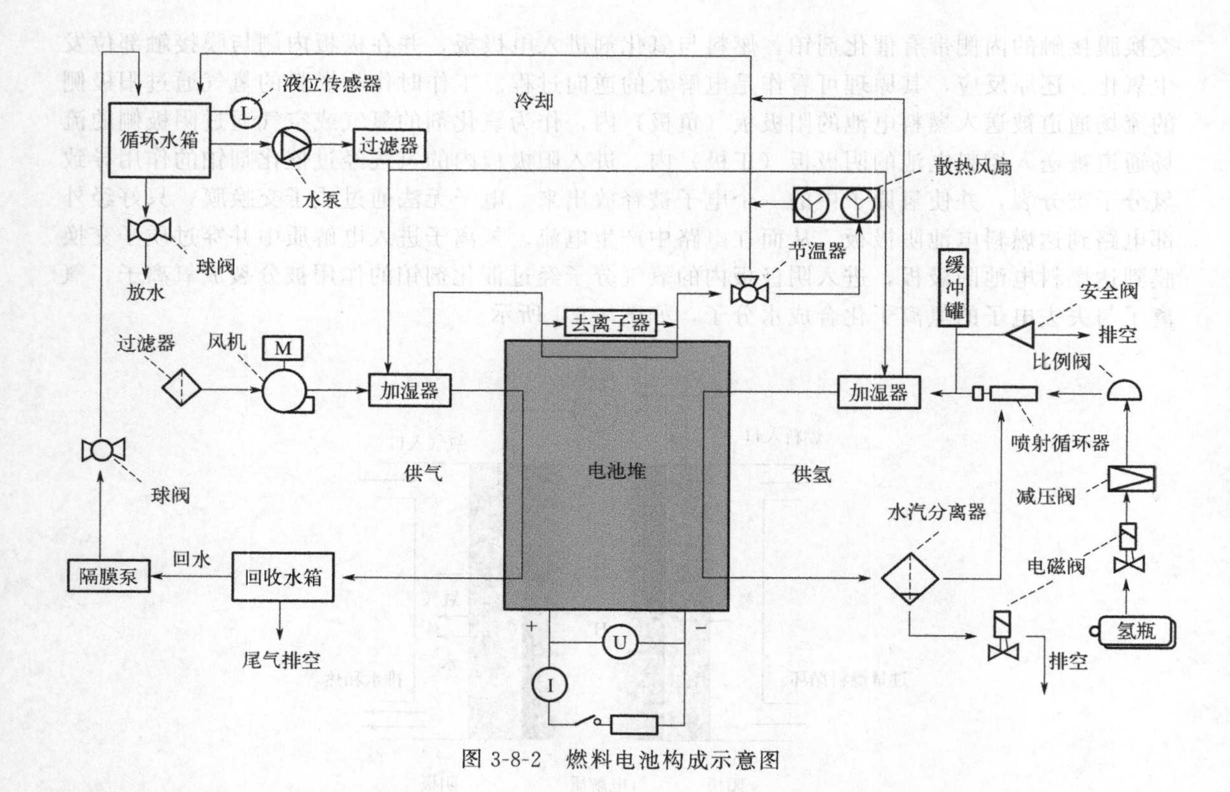

图 3-8-2 燃料电池构成示意图

换热并散发出去。每个部分又由多种装置与器件构成，这些装置与器件各司其职，协同工作，才能使电池堆输出电能。

(1) 燃料供给

燃料供给首先要有燃料储存的容器，以氢为原料的燃料电池的原料通常是液态氢，储存处于高压状态的液态氢气需要用高压储气罐。从高压储气罐到燃料电池堆之间需要一套复杂的供气系统来保障，系统除了常规管路、仪表、阀组等供气器件外，还需要一些专门用于燃料电池供气的装置，其中氢气循环装置、加湿器等设备是氢气供给系统能否正常运转的核心。燃料电池工作采用过量氢气供给策略，多余未反应的氢气处理后再循环进入电池堆，引射器和氢气循环泵等正是用于实现这些功用的氢气循环装置。作为电池堆中电解质的质子交换膜工作时要保持湿润状态，以利于质子传递及降低内阻。为保持电池堆内部的水动态平衡，采用加湿器为进入电池堆的氢气适当加湿。

(2) 氧化剂供给

氧化剂的来源有从空气中获取氧气或从氧气罐中供给氧气，因直接利用空气中的氧气简单方便而多被采用。内燃机燃烧工作时也是从空气中获得氧气，同样需要供气系统保障氧化剂的供给。内燃机本身具有吸气功能，而燃料电池堆没有这种功能，所以供气系统中必须配备风机、空气压缩机之类的供气装置。风机、压缩机能提高供气压力、供气流量，进而增加燃料电池反应的速度。电池堆供气与内燃机供气也有相同之处，就是在进气系统的初始端配有过滤装置。供气系统要保证足够的氧气进入极板，同时需要足够的气流携带出电池堆工作时氢和氧反应产生的水。不必要的水分由阴极过量的气流带出，可再循环利用或排掉。

(3) 冷却与水管理

燃料电池中的水与热量直接关系到其是否能够正常工作，二者既不可缺少，又不可过多。质子交换膜在工作时需要保持适当的湿润状态，否则很难传递氢离子而影响燃料电池效率。电池堆中的水分又使得本来不佳的冷起动性变得更差，停止工作时不将水分排净将影响低温起动性能。燃料电池工作时要产生水与热，散热与排水处理也是燃料电池正常运行的需要。通常将散热与水处理结合起来，首先将反应生成的水回收到循环系统，循环系统的管路、水箱、水汽分离器等装置具备一定的散热冷却效果。另外可利用循环系统将冷却后的冷却液输入电池堆内的热交换装置或流经其结构内的流道将热量吸收，吸收完热量的冷却液流出电池堆再经管路进入散热器，通过散热器将冷却液中的热量散发出而降温。

燃料电池是电、气、液共同存在的一个系统，该系统以燃料电池堆为核心，配置所需的相关功能的器件与装置，最终构成燃料电池供电装置或系统。燃料电池实际应用的形式可能由于这些装置与电池堆的紧密程度有所不同，可以集中组合，也可以分散布置使用，整个系统形式虽然变化但结果相同。如图 3-8-3 所示为两种不同形式的燃料电池装置。

图 3-8-3　燃料电池装置

3.8.3 车载燃料电池动力系统

燃料电池用作车载电源驱动的行走机械，其驱动模式是以电动机作为动力装置的电力驱动。燃料电池是一种直接将燃料的化学能通过电化学反应直接转化为电能的发电装置，作为车载装置使用的燃料电池在一定程度上兼具发动机能量转化与电池组电力输出的使用特性。但燃料电池与传统内燃机动力装置有着本质的区别，内燃机将燃料的化学能直接转化为机械能，以扭矩与转速的形式输出。其输出的动力需经过离合器和变速箱等装置后再传递到驱动轮，以满足行走驱动的需求。而燃料电池输出的不是扭矩与转速而是电能，要实现驱动还需有将电能转化为机械能的电动机的配合，为此需要配备电动机以及其它车载电器装置，如逆变器、电机控制器等。

燃料电池所产生的直流电需要经过 DC/DC 变换器进行调压，即在用电器和燃料电池之间要有功率部件进行阻抗匹配，这样一方面可以优化燃料电池的输出特性，另一方面可以控制电压的波动范围。如在行走驱动电机控制器与燃料电池之间配置 DC/DC 变换器，保证燃料电池输出的动态响应满足行走负载频繁剧烈变化的需要。在采用交流电动机的驱动系统中，与其它电动行走机械一样还需要用逆变器将直流电转换为三相交流电。有的场合为了对应于传统的发动机，也将燃料电池及其相关装置组合在一起，称为燃料电池发动机。这时通常是将燃料电池的基本构成装置与 DC/DC 变换器、驱动电机、控制系统等集成在一起，集成后的装置可以实现如同发动机一样以扭矩与转速方式对外输出动力。

采用单一燃料电池供能的行走驱动系统具有结构简单、便于实现系统控制和整体布置等优点，但燃料电池应在较大的输出范围内有较高的效率，对燃料电池系统的动态性能和可靠性也提出了较高的要求。以燃料电池为单一电源的驱动模式因受到燃料电池驱动特性所限，难以完全满足车辆的最佳状态、实现整车能量效率最佳。可将燃料电池与其它储电装置结合起来以弥补这一缺点，其它储能装置既可以是蓄电池也可以是超级电容，但这同时要增加重量和体积以及驱动系统的复杂性。燃料电池和蓄电池辅助电源混合驱动是一种比较流行的方式，采用辅助电源起到快速调节功率的作用。起动时辅助电源可以加速燃料电池的起动，加速或爬坡时提供辅助动力以调整燃料电池的功率输出，保持燃料电池在经济区域内运行。在具有能量回收功能的系统中，行走机械制动时驱动电机变成发电机，蓄电池可用于储存回馈的能量。

3.8.4 燃料电池驱动示例

燃料电池是利用电化学反应直接将燃料中储存的能量转化为电能，燃料电池工作时输出电能同时需要有燃料供给，燃料电池需要燃料供给这一特性与传统发动机相似，必须配置有燃料储存装置与供给系统。这类燃料与普通燃料运载与存储特性均有不同，如为了有效存储及运输不仅需要配备相应的高压车载存储装置，而且需要有与车载存储装置配套的加注装置与供给系统。

燃料电池布置到行走机械上还需与其它相关装置、器件关联起来才能实现功能，这些装置与器件的布置需要与机械结构相匹配。如图 3-8-4 所示是一款燃料电池乘用车中燃料电池相关器件及布置形式。其中燃料电池、电动机、减速器、转换装置等都紧密集成在一起布置在车前部的动力舱盖下，整体结构形式与普通发动机乘用车接近，行走驱动与电动乘用车的驱动方式相同。该车能量供给采用燃料电池供能与蓄电池供能两部分组合形式，车前部布置燃料电池部分，后部配备了存储电能的蓄电池。存放氢燃料的储气罐布置于车身靠后部位，采用了快速排气系统的氢燃料罐可以保证在事故发生时快速、安全地排空氢气避免次生灾害发生。

图 3-8-4 燃料电池驱动系统

应用于行走机械的燃料电池具体形式可能各有不同，而基本构成、作用与驱动模式一致。丰田 Mirai 是一款搭载燃料电池的乘用车，为燃料电池加电池组的混合驱动方案，如图 3-8-5 所示。该车以氢燃料电池系统为主要动力源，除燃料电池发电供能外，也配有镍氢电池组辅助供能。电池组配合燃料电池系统进行工作，不仅起到预热车辆、回收能量等作用，还可以提升续航里程。加速时电池组和燃料电池共同输出能量保证整车的加速性能，负载低时燃料电池堆发出来的电可以给蓄电池组充电。该车的驱动系统各个部分相对独立，电机驱动部分布置在前部，燃料电池及其升压器布置在车底架的中部，而储能蓄电池与储气罐均布置在后部。

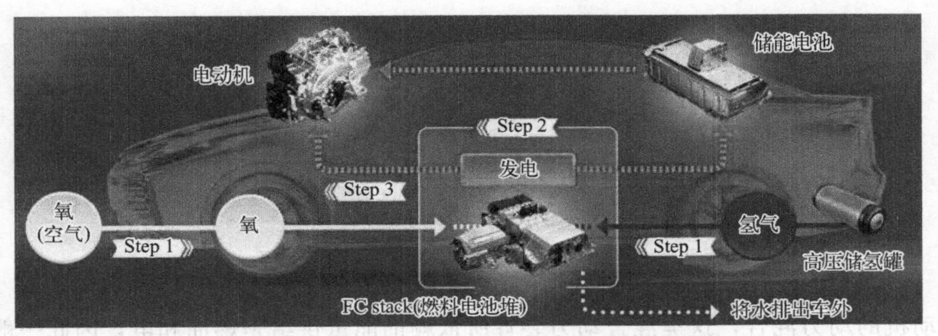

图 3-8-5　丰田 Mirai 车载的燃料电池系统

3.9　混合动力驱动系统

行走机械上可用的动力装置有多种，而每种装置各有其特性。发挥其优势而避开其劣势则是人们所追求的目标，其中混合动力的思想就是一种体现。混合动力是将两条传递动力路线上的动力集合到一条传动路线上，使来自两个独立的动力源或动力驱动装置的两股动力耦合。现代行走机械中的混合动力主要用于行走驱动，而且主要是指内燃机与电动机之间的动力混合，即人们常说的油电混合动力。

3.9.1　联合动力与混合动力技术

动力装置驱动机器并不是都在一种工况下工作，而是可能需要多工况作业。如何在多工况变化条件下提高经济性与适用性，则是匹配动力装置使用所面临的问题。在舰船上有采用两种热力装置组成联合动力装置，联合动力装置能发挥其各自的优势，以实现常规动力装置无法实现的功能。柴油机和燃气轮机双机组合可以适应舰船推进动力的实际需求，如舰船在低速航行时采用柴油机工作，当舰船需要高速航行时柴油机和燃气轮机并机运行。在行走机械中也有类似的使用双动力装置的情况，其目的也是适应不同工况对动力的需求，而且尽量使机器在各种工况都能经济运行。拖拉机发展过程中曾出现过串联、并联形式，这类拖拉机采用双动力的主要目的是增强其作业能力，如图 3-9-1 所示。这类联合动力或组合动力采用两种或两种以上的动力装置联合作业，在一定程度上提高了动力装置的使用经济性与适宜性，但能实现匹配的工况局限性较大，配合协同性还有待提高。现代混合动力技术也是两种或两种以上动力装置的联合，而这种联合的协同程度大大提高，理想状态的混合动力可相互耦合、互为补充。

混合动力是两种或两种以上动力的耦合，产生这些动力的能量至少来自两种不同动力装置。理论上讲不同动力的混合就是实现能量的合流，但在实际实施动力耦合时不同来源动力相互匹配的难易程度不同。由于电机的良好可控性、电能使用的方便性，使得电机成为混合动力首先选用的一类动力装置，如果不特别说明混合动力中的动力装置，其中之一必然是电动机。目前行走机械使用最多的动力装置是内燃机，因此行走机械中的混合动力主要是内燃

图 3-9-1　双动力拖拉机

机与电动机的动力混合，这类混合动力装置所依赖的能量供给是燃油和电，因此一般称之为油电混合动力。行走机械上混合动力技术的应用主要体现在行走驱动方面，利用混合动力的优势提高运行的经济性。油电混合动力技术应用于行走机械是为了突出不同动力装置驱动的各自优势、弱化劣势，能使发动机工作在高效、低污染的状态，也解决了车载电源等储能设备能量密度过低的问题。但混合动力系统的复杂程度远高于常规的动力与传动系统，采用混合动力与否、采用何种形式的混合动力还需要视具体情况而定。

混合动力技术集中体现在行走机械上的行走驱动，通常将混合动力分为串联、并联、混联等混合动力模式。行走机械实际应用的混合动力系统或装置形式多样，尽管其组成、形式等各不相同，但都可抽象归结为其中的一种模式。

(1) 并联混合动力

并联混合动力系统中的发动机和电机（电动机/发电机）能独立工作，又能以机械能叠加的方式共同驱动车辆，主要以扭矩、转速耦合实现动力流混合。并联混合动力驱动系统结构非常灵活，比如变速箱和离合器的位置、结合形式与控制方式、发动机和电机的参数匹配等都可以根据具体情况进行选择，对各部件的体积、连接形式等也没有严格的限制，因此也具有明显的多样性，可以在比较复杂的工况下使用。在一些车辆中还存在另外一种形式的动力混合方式，如前后轮驱动分别采用发动机和电动机驱动，以驱动力复合的方式实现动力混合，这种方式与上述动力混合方式既有关联又有区别。

(2) 串联混合动力

串联混合动力系统中实施直接驱动的能量转换装置只有电动机，发动机不能直接传递动力驱动行走装置。发动机通过驱动发电机发电为电动机供电，通过电动机实施驱动，主要以能量复合方式实现混合动力。发动机仅用于带动发电机发电，所产生的电力输送给电动机，如果有盈余可以给车载蓄电池组充电。蓄电池组主要功能是平衡功率，当蓄电池组的荷电状态较高时或在要求零排放的环境下也可以单独驱动电动机。

(3) 混联混合动力

混联混合动力系统是串联式和并联式的综合，它的结构形式和控制方式结合了两种形式的优点，可在两种模式下工作，既能实现能量复合也存在转矩复合。系统具有更全面的混合动力工作模式，能量分配灵活度高、复杂行驶工况适应性好。混联系统在综合了串联系统与并联系统优势的同时，也带来了装置、传动复杂的缺点，至少需要两个电机、相应的控制要求高，使得整个系统成本和复杂程度大大提高。

3.9.2 动力混合方式与策略

动力混合至少牵涉到两类动力装置，油电混合动力系统将发动机与电动机紧密关联起来。发动机、电动机本身均可独立驱动行走装置，将二者集成到一起协同驱动就必然考虑二者之间的匹配。实现匹配关联功率、结构、控制等诸多内容，所采用的匹配策略因机而异，也正因如此使得混合动力在实际应用中形式多样。

3.9.2.1 动力匹配与控制策略

油电混合动力系统的动力装置是电动机和发动机，即采用混合动力的行走机械中存在两套或多套动力装置。动力装置的配置要与机器相匹配，其中首先就要实现功率匹配，配置的动力装置应功率适当。如果机器需要在两种动力装置零混合状态分别独立完成各种工况的驱动，这类情况要求每种动力装置的功率配备均为百分之百配置。如果真是这种配置方式则失去混合动力的意义，混合动力是根据实际工况需要合理匹配两种动力装置功率，通过动力装置的单独工作、协同工作的不同方式，实现作业功率与作业工况相匹配，实现经济运行。动力匹配与混合动力控制及作业工况紧密相关，如针对车辆行驶作业循环的复杂状态，将其归纳总结为起动、加速或爬坡、巡航行驶、减速与制动、怠速停车等几种主要模式，确定不同工作模式需匹配电机驱动、发动机驱动规则。混合动力系统工作时根据作业工况按照对应的规则确定动力装置的状态，如有的车辆巡航行驶时全部采用电机驱动，而发动机不工作或处于经济工作状态，当为加速或爬坡工况时电机与发动机同时驱动。

混合动力系统中动力装置的技术指标是匹配的基础，通常要在设计时综合作业工况需求与控制策略等因素予以确定。极限峰值功耗工况关系到动力装置的功率配置，如果此时采用混合动力方式驱动，不需发动机与电动机都能实现完全独立驱动，则可减少峰值功率配置。在两种动力装置的匹配中通常以一种为主导，配备较高功率，另外一种与之匹配相对应的功率。如以发动机驱动为主导的混合动力车辆中，发动机的功率配置要高于电动机，发动机完成主要工作、电动机辅助发动机工作。采用混合动力的车辆上也要配置蓄电池组，其电能的主要来源是发动机驱动发电机为其充电，有再生制动功能的车辆也可少部分制动反馈能量给蓄电池。采用混合动力的车辆也可将电动车的充电系统引入，由于外接充电加强了电力供给而使该车辆可在一定程度上发挥纯电动车的作用。纯电动车的电能供给均来自车载蓄电池，有的电动车上配有小型发电机组可以为蓄电池应急充电，这类增程式电动车在一定程度上又有混合动力的特征。上述几种不同系统虽然都有混合动力的性质，但作业模式、控制策略、实现目标等都有差异，每一系统都有自己的动力混合实施方式。

3.9.2.2 动力混合实施方案

混合动力要实现两种或两种以上动力装置的动力合并，必然存在动力装置、传动装置及其能量传递系统。油电混合动力系统主要有发动机及其辅助装置、电机与蓄电池组、动力混合及传动装置等。发动机与电动机都是用于实现驱动功能，但实施驱动的工况、工作范围等可能有所不同。混合动力系统中通常电动机只用于实现动力驱动，直接或混合后驱动行走装置。发动机不仅用于直接或混合后驱动行走装置，同时要为混合动力系统中的发电机提供动力。系统中的发电机可以是专门用于发电功用，也可同机不同工况分别实现电动与发电功能。在只有电动机实施行走驱动，而发动机只驱动发电机供电这类串联系统中，为电动机供电有发电机、蓄电池供电等不同方式，而实现动力输出的永远是电动机，在驱动力产生之前已经实现能量的转化与耦合。在发动机与电动机均实施驱动的并联系统中，存在先耦合后驱动与先驱动后耦合两种情况。先驱动后耦合情况表现在双桥独立驱动场合，将两动力源的动力分别传递给两驱动桥上的车轮。控制动力源的输出既可以实现单桥驱动，也可实现双桥驱动，其中双桥驱动则是混合驱动工况。如图 3-9-2 所示双桥驱动结构，发动机与电动机分别通过前后桥中的一桥实现对前轮或后轮的独立驱动。

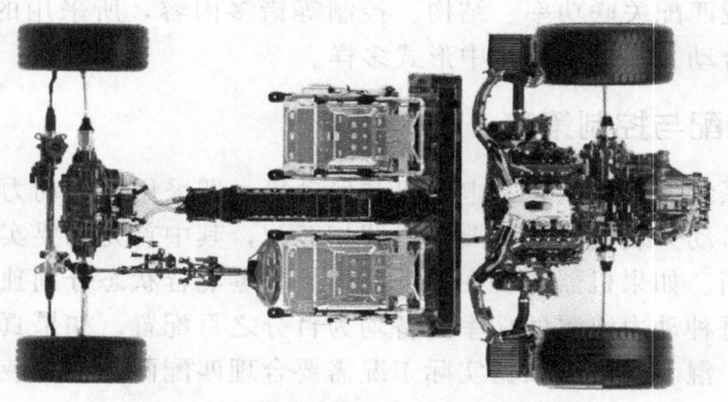

图 3-9-2　双桥驱动混合动力系统

上述的先驱动后耦合方式只是动力混合的一种特例，混合动力通常是在实施驱动之前已完成动力的耦合。先耦合后驱动则需要动力混合装置将两动力装置传递来的动力耦合，动力混合装置是一套能够实现可控动力通断、合流、分流的机械装置，通过控制其不同工作状态实现所需的动力耦合。机械离合器、行星齿轮机构等多用于动力混合系统，离合器可以控制动力的进入与输出，行星齿轮机构可接收双流输入与输出。如利用行星齿轮机构将发动机和电动机的两路动力进行耦合，此时两动力装置传递到动力混合机构的转速、扭矩按既定的比例关系混合后输出。当运行过程中发动机或电动机其中之一状态发生变化，可以调节另外一动力装置保证动力输出稳定，同样道理也可以通过调控获得不同需要的各种输出动力。现代的动力混合系统集成度较高，电动机直接与传动装置集成在一起，有的还将电动机与发动机动力输出装置集成在一起，如图 3-9-3 所示。

图 3-9-3　油电混合动力装置

3.9.3　混合动力装置示例

混合动力的关键在于动力的耦合，而耦合装置则是实现动力混合的实施者。耦合装置利用机械机构、装置实现啮合、制动、离合等功能，通过这些功能的不同组合实现两动力的结合及输入输出控制。能够实现动力耦合的机械机构有离合器、齿轮、传动带等多种，但由于传动带滑动损失较大已很少使用。目前实现动力混合的装置主要是离合器与齿轮，使用较多的是行星齿轮机构。实际应用的各种动力混合系统形式多样、各有特色，相互间的不同主要表现在动力耦合方式与电机数量的多少。电机数量变化有限，即使采用相同数量的电机而采用不同的动力耦合机构，整个混合动力系统的差别也很大，耦合机构对混合动力装置的影响较大。

(1) 独立耦合方式

来自两条传动路线的动力利用动力耦合装置实现动力混合是最基本的设计思路，在实际的应用中则形式多样，其中采用行星齿轮机构实现动力耦合具有一定的代表性。丰田公司的Prius是最早实现量产的混合动力车辆，Prius混合动力系统的动力耦合方式就是以行星齿轮机构为主导。该混合动力系统的主要装置是发动机、发电机、电动机、行星齿轮机构，以单排行星齿轮机构作为耦合装置将发动机与两电机联系起来，发动机与两电机同轴布置如图3-9-4所示，后期产品有两电机平行布置结构。其中发动机与行星齿轮机构中的行星架相连，通过行星齿轮将动力传给齿圈和太阳轮，太阳轮轴与发电机相连、齿圈轴与电动机相连。该装置将发动机的一部分转矩传递给驱动轴，其余部分用于驱动发电机发电。发电机发出的电能根据控制系统的指令给电池充电，或用于驱动电动机输出动力。在起动与低速工况由电动机驱动，正常行驶工况发动机功率分流驱动行走和驱动发电机发电。在加速与爬坡等需要大功率的工况，电动机从蓄电池中获取能量与发动机混合驱动。

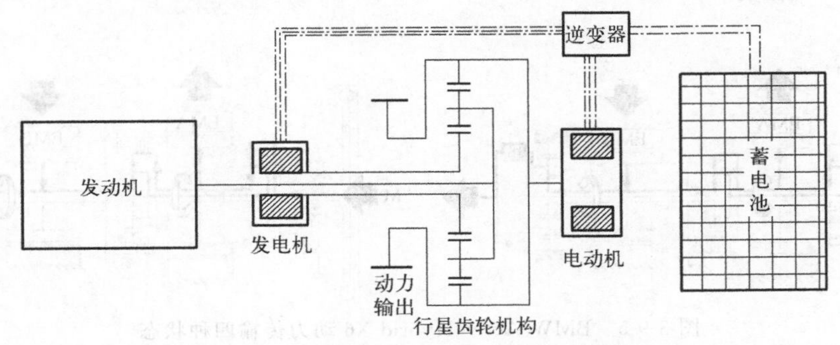

图3-9-4　丰田Prius混合动力系统示意简图

丰田Prius混合动力系统的集成化程度较高，两电机及行星齿轮机构结构布置紧凑，与发动机组合到一起成为一个完整的混合动力装置。本田的混合动力i-MMD系统与丰田Prius混合动力系统在结构与布置上具有一定的相似性，二者都是发动机与两电机同轴布置，结构都很紧凑。但动力耦合起主要作用的装置不同，本田的混合动力i-MMD系统是借助离合器的作用实现动力的耦合以及动力流向的改变。

选择两种为示例以助于对混合动力的理解，其中一种与变速传动装置结合紧密，另一种动力耦合装置比较独立、功用相对单一。就相互关系而言，前者电机融入变速装置，与变速装置结合紧密，后者电机与发动机关联更密切。

(2) 多机构耦合方式

混合动力的动力装置所起的作用是在传动过程中实现动力的耦合。机械变速装置既是变速装置也是传动装置，利用离合器与行星齿轮机构组合起来实现多机构耦合，不仅可将变速与混合动力融合起来，而且还可增加变速功能。变速与动力耦合集为一体最适宜的装置就是变速箱，可将电机作为变速箱的组成部分布置于箱体内，借助电机与其它机械装置的协同工作使动力混合在变速箱内完成。如图3-9-5所示的混合动力变速装置内布置有两个电动机、三个行星齿轮机构、四个片式离合器，该变速箱与发动机直接连接。发动机变速箱之间没有主离合器，起步过程发动机转速与输出转速差异通过电动机可以补偿。如果忽略固定基本挡位的不同传动比，变速箱的工作状态就如同电动机安装在发动机的输出轴上一样。在发动机起动的过程中利用电动机驱动，发动机开始工作后驱动其中一个电机发电，同时从变速箱输出轴上输出的扭矩驱动行走装置。在变速箱进行换挡时也需要电动机配合工作，它可以与发动机一起提供输出扭矩，并保障换挡过程离合器分离和接合顺畅。

图 3-9-5 中所示分别为纯发动机工作、纯电动机工作、发动机起动期间、发动机和电动机混合驱动四种动力传输情况，其中的 M 代表发动机，EMA 为发电机，EMB 为电动机。这类结构中离合器的结合与分离在不同模式转换过程中起到一定的作用，同样将变速箱、电机、离合器都变成相对独立的装置，布置在同一传动路线中也可起到近似的作用。如有的混合动力车辆在发动机后布置离合器，离合器与变速箱之间布置电机，控制离合器的通断与电机的工作状态就可实现不同模式的动力输出状态。

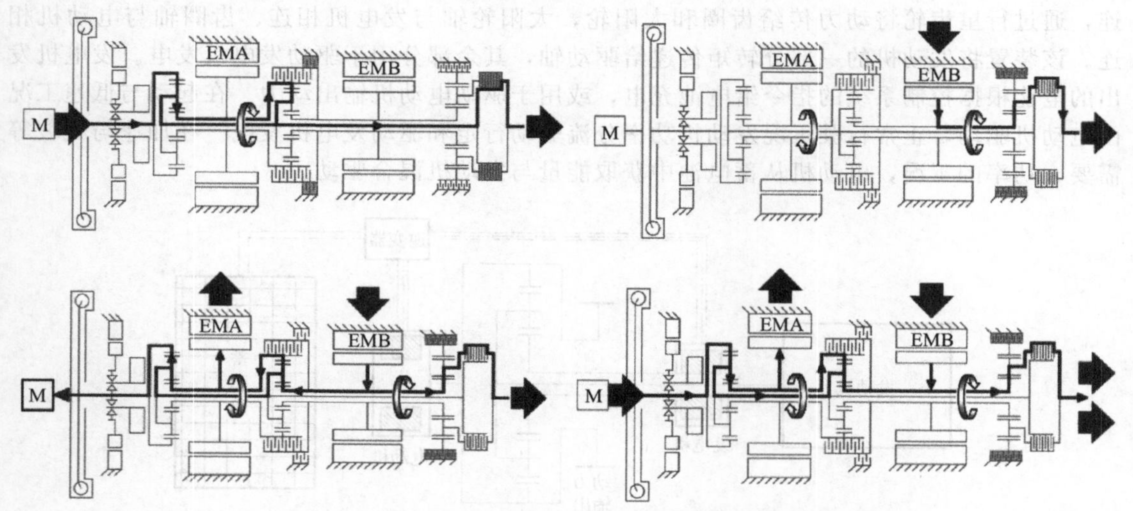

图 3-9-5　BMW ActiveHybrid X6 动力传输四种状态

3.10 总结：动力装置及工作特性

行走机械实现行走与进行作业都是消耗能量对外做功的过程，发挥功能时通常是将不同存储形式的能量转化为适宜驱动机器工作的动力输出。行走机械实现功用首先必须能够克服能量获取与能量转化的制约，能量的来源、存储形式、转化方式等对行走机械的动力产生与装置匹配影响较大。动力装置的主要功用是将能量转化为动力，其关联着能源供给与动力输出，是自主动力驱动行走机械的关键装置。配置不同种类的动力装置不仅使机器系统匹配、结构形式等变化，也直接影响行走机械驱动特性。

3.10.1 能量来源与能量存储

目前人类使用的能源取自于大自然，现存的能源主要有油、煤、气等化石燃料，此外还有水能、核能、风能、太阳能、生物质能和海洋能等不同的形式，但要使这些不同形式的能源为人类有效利用，还必须经过适宜的转化方式使其成为可用的能量形式。如利用水力发电机械将流水能量转化为可使用的电能，也可以用风力发电机将风能转化为电能。行走机械的最重要的特征是移动，这也是对能源利用与能量供给的一种制约。行走机械上使用的能量要适合机器行走与运动，主要体现在便于车载状态的接收、存储、携带与转化。

3.10.1.1 能量获取方式

行走机械所需的能量来源均在其之外，但能量形式与供给方式有所不同，有直接获取、有源输入、自携原料等不同方式。直接获取也是自给方式，自给方式指自身具有吸收或产生能量的功能，并将这些能量转化为行走机械所需的动力。如最有希望实现的方式是太阳能利用，这种方式首先在机体表面布置有吸收太阳能的光伏板，如图 3-10-1 所示，再将获得的太阳能转化为电能存储到车载蓄电池中，电能则是行走机械可方便利用的能源，通过电动机转化为驱动机器的动力输出。只要能够提高太阳光吸收效率，在这类行走机械上配备相应的吸收与转化装置，就可获得足以保证驱动的能量。但这种方式受到光照、时间、地点等外界因素的影响较大，要确保供给能量的连续性与稳定性存在一定的难度。

图 3-10-1 可以吸收太阳能的电动车

有源输入是一类实时供给方式，通常以电能、电磁能的形式为行走机械供给能量，具有保证随用随取的优点，行走机械本身甚至可以不配备能量储存装置。这类行走机械的特点是要与能量供给源保持连接，如通过架空线、轨道等设施将电能实时输入给运动状态的行走机械。有源输入受到线路或轨道的制约，只能沿固定的行驶轨迹运行，运动范围受限是其存在的一种短处。自携原料是现阶段行走机械最常用的能量供给方式，通常在机器上配置燃料存放装置或能量存储装置。采取定期补给方式向车载存储装置加注燃料或补充能量，每次供给一定量的原料或能量可保证机器使用一段时间，机动车上的燃料箱、电动车上的蓄电池均属这类装置。这类行走机械的优势在于行走范围可以不受限制，这也是大部分行走机械采用这种方式的原因之一。但储能装置及其燃料箱的存在，既增加机器的重量、空间，也使得机器结构复杂。

3.10.1.2 能量储存与转化

行走机械的作业方式决定了其需要移动，配备车载储能装置及动力装置便于机器移动作业，同时储能装置与动力装置匹配需适于其作业特点。与热机配套的储能装置可简单视为燃料的盛载容器，多用于存放化石类液体、气体燃料及固体燃料。这类储能装置结构简单，盛装的原料要与实现能量转化的热机相匹配。热机因能量转化为动力的方式不同存在多种形式，如汽油发动机燃烧汽油输出动力，是利用液体汽油在内燃机中燃烧将化学能量转化为机械能。蒸汽机则是通过燃烧煤、油等燃料把锅炉中的水加热变成蒸汽，再把蒸汽中的热能转化为机械能。这类行走机械其共同特征是燃烧储能原料，无论燃料形态如何都以原料状态存储携带。这类机器产生动力是能量转化的过程，能量转化的过程也是燃料消耗的过程，这一过程伴随着重量的减小与废弃物的排出。

能量储存装置是可以直接输出能量的储能装置，储能装置因储存能量的原理、形式不同而变化，如存储液压能的有液压蓄能器、存储机械能的有飞轮装置、压缩空气可以存储压力等。这些能量存储装置存在存储的能量密度低的弱点，不太适合作为行走机械携带的能量储存装置使用。现在行走机械使用最多的储能装置是用于储存电能的装置，主要有蓄电池、超级电容等电能存储装置。其特点是以充、放电方式获得、输出能量，整体重量几乎不受充放电能量变化的影响，而且在能量使用过程中几乎不产生废弃物。现代行走机械上还存在一种称为燃料电池的能量转化装置，虽然称为电池但与传统储存电能的电池存在较大区别。燃料电池从外部看有正负极、内部有电解质等，与电池很像，但实质是一个化学发电装置。如质子交换膜燃料电池消耗氢与氧产生电能，将氢气和氧气输入其中并在极板上催化剂的作用下经电化学反应产生电能输出。

3.10.2 动力与动力装置

3.10.2.1 行走驱动形式

物体运动受环境因素的制约和影响，在陆、水、空三种不同环境条件下实现移动的方式差别很大。在近地空间中环境充满空气，驱动物体在空中运动要利用空气的作用，在保证能够悬浮条件下直接产生推力即可，如喷气产生的反作用可推动飞机飞行。也可以利用间接产生的推力作用，如螺旋桨在空气中旋转产生推力，但在这种情况下需要考虑保证空气对飞机向上的作用力不能小于整机重量。物体在水中移动与空中具有一定的相似之处，产生驱动需借助于流体水的作用。由于水的浮力较大足以将物体自然浮起，通常采用螺旋桨类装置产生的间接推力驱动其移动。陆地上的物体移动与在水、空中不同，是在有实体支承条件下实现移动，虽然也可以采用上述直接、间接推力方式实现驱动，但借助支承行走装置的地面附着作用实现驱动更有优势，利用轮子与地面作用产生驱动力是地面行走机械的特色。

早期行走机械移动靠外来力的作用，主要是靠人力和畜力推拉作用使其移动。后来的自行走机械配有动力装置，动力发生装置通过能量转化产生动力用于驱动机器实现行走。前者受外来作用实现行走为被动行走机械，后者利用自身配置的动力发生装置产生动力实现主动行走。动力发生装置或称动力装置是能量转换装置，行走机械利用该装置将能量转化为可驱动机械作业的动力。动力装置的动力输出可以是气体喷射、往复运动、旋转运动、电磁非接触等形式。喷气方式是直接产生作用力的输出动力方式，这类动力装置在航空航天领域大量应用。动力以往复运动方式输出的装置曾在早期的车辆上使用过，这类动力装置的代表就是现已很少使用的蒸汽机。非接触输出主要是借助于电磁作用实现驱动，这种作用完全改变传统行走驱动的理念，但这类装置对工作条件要求比较高，实际使用受到一定制约。行走机械最常选用的动力输出方式是扭矩与转速输出方式，旋转输出方式也是对绝大多数行走机械驱动比较适宜的输出方式。

3.10.2.2 动力装置配置要求

自行走式行走机械都要配备动力装置，动力装置必须适应该种行走机械的特点，配置的动力装置不仅要在动力形式、功率匹配等方面相适应，而且要在环境变化、移动作业等方面体现出较好的适应性。行走机械随时移动的特性要求其匹配的动力装置对外界的依赖尽量小，本身需要具有比较完善的车载自服务系统。如发动机要实现动力输出需要燃烧燃料，必须为其配备燃料供给、散热冷却等辅助支持系统。行走移动的路况条件是随机的、作业环境是变化的，这些因素需要动力装置有较强的适应环境变化与防护能力。如发动机常温起动与低温起动性能就不同；车载电动机必须提高防护等级以应对泥水的侵袭。动力装置的体积与重量直接影响行走机械的结构尺寸与重量，在同等功率、输出动力条件下体积越小、重量越轻，则越适宜用作行走机械的动力装置。

每种动力装置都具有自身的结构特点与输出特性，这也为不同用途行走机械的匹配提供优选的可能。如同是内燃机的柴油发动机与汽油发动机，外负载对柴油发动机输出转速的影响较小，从外特性曲线看扭矩曲线比较平缓。因此在作业负荷不稳定但需要转速保持不变的场合，配备柴油机比汽油机适宜，选用柴油机优势大。而在同等重量的条件下汽油机功率大，输出转速也较高，这又是汽油机的优势所在。行走机械配置动力装置还关系到动力传递相关装置的匹配，进而影响传动系统以及整机结构。如电动机与往复活塞内燃机均以转速与扭矩方式输出动力，但对驱动行走装置的传动部分的匹配需求不同。往复活塞内燃机只能向一个方向旋转，当用作行走驱动的动力装置时往复活塞内燃机必须与有倒挡的变速箱匹配，否则无法实现倒车功能。以电动机为动力装置实施行走驱动则不存在这一问题，电动机能很方便地实现正反两方向旋转，变速装置部分的结构可以大大简化，甚至可以省略变速传动装置。

3.10.3 行走机械动力装置的发展

行走机械实现功能的过程是能量转化并消耗的过程，行走机械中的动力装置就起能量转化的作用。能量源于大自然的形式各有不同，不同类型能量的获取与转化原理及方法的差异，产生了各种不同形式的动力装置。将热能转换为机械能用于驱动机器工作的热机类动力装置较早用于行走机械，最早是蒸汽机用于驱动车辆行走。蒸汽机是通过燃烧燃料把水变成蒸汽，再把蒸汽中的热能转化为机械能的热力装置。蒸汽机的使用为自主驱动的行走机械发展奠定了基础，促进了行走机械动力化的发展。蒸汽机及其锅炉、凝汽器和冷却水系统等体积庞大、笨重，用于大型行走机械还可以，但要用于体小质轻的行走机械则不能令人满意。蒸汽机的能量转化效率也低，在行走机械上的应用逐渐被其它类型的动力装置所替代，除在少数国家的轨道行走机车上仍有应用外，其它行走机械中已很少应用，已基本被淘汰。

蒸汽机属于外燃机，继蒸汽机产生之后又出现了内燃机类的动力装置。二者均是将物质蕴含的化学能先转化为热能，再进一步变成机械能的机械装置。同样是将燃料燃烧放出的热能转换为机械动力，但二者的燃烧发生的位置不同，能量转化的方式也不完全相同。内燃机是将燃料在机体内燃烧产生的热能转化为机械能，蒸汽机则是燃料燃烧产生热量加热锅炉中的水转化为蒸汽，通过蒸汽在蒸汽机中做功驱动机械装置运动而实现动力输出。蒸汽机等外燃机对燃料的要求较低，而内燃机则对进入机内燃烧的燃料要求较高。广泛应用于行走机械的两类内燃机是以其燃烧的原料而命名的发动机，即汽油发动机与柴油发动机。这两类内燃机是将汽油或柴油送入气缸燃烧室内爆燃，驱动气缸内的活塞实现往复运动。活塞的往复运动通过曲柄传递到曲轴，活塞的作用力与往复运动在曲轴处转化为扭矩与转速输出。

电动机是一类将电能转换成驱动力的装置，电动机是利用定子和转子的电磁作用使电机转子旋转输出扭矩与转速。电动机一般用于驱动固定作业的机械，当然也可以用于行走机械的驱动，用于行走驱动在某些方面还有一定的优势。由于电动机是将电能转换成机械能，而不需要内燃机那些热能发生装置，因而结构简单、体积小，也没有内燃机工作产生的振动和噪声。电机主要有交流与直流两类，电机是发电机与电动机的合称。从理论上讲电机本身就有可以逆向使用的特性，既可以作为发电机工作发电，反过来又可作为电动机输出动力。电机作为行走机械的动力装置具有零排放、低噪声的优点，但受电能的供给与存储等因素的制约，电机驱动多应用于中小功率的行走机械。

内燃机与电动机用于行走机械的动力装置各有特色，将二者组合起来使用可以利用各自的优势。内燃机与电机组合起来实现动力混合又产生一种驱动模式，这类驱动的动力组合装置中既有发动机，又有电机，可实现单独由电机驱动或发动机驱动或相互参与驱动。通过电机与内燃机的合理匹配能实现多模式驱动，能够平衡内燃机的功率输出和效率，可以改善内燃机的工作状况，提高燃油利用率。当然这种组合使用方式必然使动力系统的复杂性增加，配置混合动力的机器成本也要增加。燃料电池在现代行走机械中的应用越来越多，燃料电池本身只是能量转化装置，不能单独作为动力装置使用，需要有电动机配合才能在行走机械中发挥作用。

行走机械匹配动力装置受技术水平、社会需求等众多因素影响，即使同一机器也可以配置不同的动力装置，现阶段的行走机械实施驱动的主要形式如图 3-10-2 所示。其中采用汽油、柴油这类常规燃料的内燃机用作行走机械的动力装置已经司空见惯，同时也有一些液化气类燃料替代常规燃料使用。除了轨道车辆和规定线路的车辆采用电网直接供电方式外，其它纯电动行走机械基本的配置是电机驱动与车载蓄电池供能的组合方式。车载蓄电池的能量主要由外电网为其充电供给，也可以吸收存储内部生产的或其它方式转化的电能。这种储存电能装置的存在为车载装置使用电能提供了方便，如配置混合动力的行走机械、采用燃料电池的行走机械均需匹配储能用的电池。内燃机与电动机结合实施混合动力是为了发挥两种装置的优点，使机器运行更经济、更环保。配置燃料电池的行走机械兼具内燃机车辆动力装置系统配置、纯电动车辆电机驱动各自的一部分特点，但比内燃机工作更环保、比蓄电池的续航能力更强。

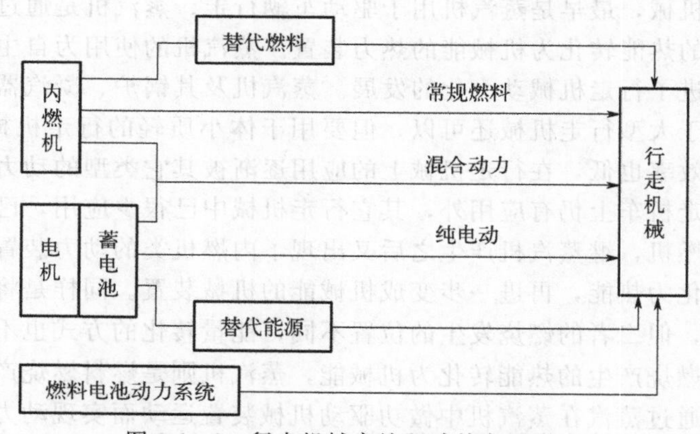

图 3-10-2 行走机械实施驱动的主要形式

第4章 动力传递

4.1 机械传动基础装置

动力装置的动力只有传递到工作装置后行走机械才能实施驱动功能，动力装置到工作装置之间往往需要有一些机构、装置实施动力传递工作。将具有相关功能的各种机械装置组合起来构成传动系统，可以满足行走机械的动力装置到工作装置之间的动力传递需求。传动系统作为动力装置与工作装置间的纽带，既要根据传动需要组合功能与匹配装置，又要协调动力装置动力输出特性与工作装置负载状态之间的关系。

4.1.1 机械传动形式与特点

机械传动是应用最早、最广泛的传动方式，机械传动采用机械器件、利用机械原理实现运动与力的传递，其中用于动力传递的主要元件都是比较简单的轴类、齿轮类、传动带与带轮、传动链与链轮等，这些简单的元件经过不同的组合方式组成相应的机构和装置，几乎能够实现各种传动功能。这些机械装置传递动力主要以转速、扭矩形式实现，所以实现旋转功能的器件成为传动的主要功能器件。轴可以单独作为传动元件实现功用，更多是与其它件组合实现传动功能。轴单独传动时能严格保持原始输入传动，只能改变动力传递的空间距离，而不改变所传递的转速与扭矩。齿轮传动必须是一对偶件啮合才能实现，可以实现变速传动和变向传动。链传动、带传动是一对旋转件与中间传动件共同运动的结果，二者传动性质相近只是传动件不同。因链、带可实现的变速能力不同，带传动的摩擦特性使其可以实现无级变速传动，链传动只能实现有级变速。

实际应用中需要利用各类传动的不同特点满足使用需求，行走机械中传动装置的种类与形式很多，而传动基本原理、基础元件形式都比较简单。复杂的传动可以分解为简单传动的组合，传动系统可分解为传动装置的组合。要构建行走机械的传动系统，首先需要认识基本的传动形式，行走机械中比较常用的基本传动主要有以下几种。

(1) 等速轴向传动

直接传动负责将动力直接从输入端传递到输出端，或将动力从一装置输出端传递到另一装置的输入端，传递过程中方向与速度不发生变化。轴传动比较适合这类传动场合，这类专门用于传递动力的轴称为传动轴。轴传动的特点是在同轴轴向传递动力，为了实现轴与轴之间的轴向连接，通常利用联轴器将传动轴互相连接起来实现等速传动。利用万向节轴向连接两传动轴组成万向传动轴，可以实现小角度传动方向的改变。这种变向传动对传动速度有波动影响，当需要传动方向变化大时则需采用其它传动方式。

（2）变向变速传动

齿轮啮合传动功能强大，不仅可以实现传动方向的改变，传动的扭矩与转速也能改变。一对齿轮的啮合圆直径尺寸改变，就可实现传动速度与扭矩的互逆变化。圆柱齿轮传动用于平行轴线的传动，通常用于轴线距离较小的场合；锥齿轮传动可实现不同输入输出方向的传动，多用于输入输出传动轴线垂直的传动。齿轮啮合传动特点是传动精度高、结构紧凑，适于组成独立装置用于传动系统。

（3）大距离平行传动

圆柱齿轮传动用于轴线距离较小、精度较高的平行轴线的传动，而距离较大的平行轴线传动通常采用链、带传动。采用传动带与带轮、传动链与链轮传动可以实现较长距离的平行传动，由于传动链与传动带的长短可以张紧控制，因此具有两轴间的距离尺寸精度要求可以降低的优点。这类传动一般都是定轴、定传动比传动，其中两带轮、链轮的工作直径比即为传动比。在某些场合可以实现变比传动，如在控制带轮直径可变的情况下，带传动可实现一定范围内的无级变速。

4.1.2 行走机械传动基础

行走机械上传动系统的组成及具体形式，取决于动力装置类型、总体结构布置、行走装置结构形式等诸多因素，需要视具体情况而落实传动方式及传动装置。传动系统要解决的是动力装置到工作装置之间的全部传动问题，其中最具共性的是动力装置到行走装置之间的传动。共性传动部分需要能够改变速度、控制动力的接合与断开，而且能改变前进与后退行驶方向，归结起来主要有起步行驶、降速增扭、变速变矩、差速、进退换向、停车怠速等功能。为了实现这些功能行走机械必须配置相应装置构建传动系统，传动系统一般由离合器、变速箱、中央传动、差速器和末端传动等基本装置组成。如常用的载重车辆发动机通常纵向布置在前部且以后轮为驱动轮，发动机发出的动力依次经过主离合器、变速器、由万向节和传动轴组成的万向传动装置传递给驱动桥，再经位于驱动桥内的主减速器、差速器和半轴传到驱动轮。行走机械传动系统形式多样、构成简繁不一，实现传动的功能装置可以是独立的装置，也可以是两种或多种功能装置组合为一体，只要相互间匹配得当即可。图 4-1-1 为某履带式车辆的传动示意图，从中可看出同一传动系统也可以是机械、液力、液压等多种不同传动形式的结合。

（1）离合装置

离合装置也称离合器，作用是临时截断动力和平稳接合动力，由主动部分、从动部分、压紧机构和操纵机构四部分组成。控制主动部分和从动部分两者之间暂时分离以切断传动，控制主从部分逐渐接合则接通动力。行走机械中使用较多的是摩擦离合器，离合器接合后借接触面间的摩擦作用传递动力，在传动过程中允许主从两部分相互间存在微量运动。主离合器是传动系统中直接与发动机相连接的部件，其功用是保证行走机械平稳起步、换挡平顺、防止传动过载等。主离合器接合时发动机的动力从离合器经变速装置的齿轮副传动输出，再

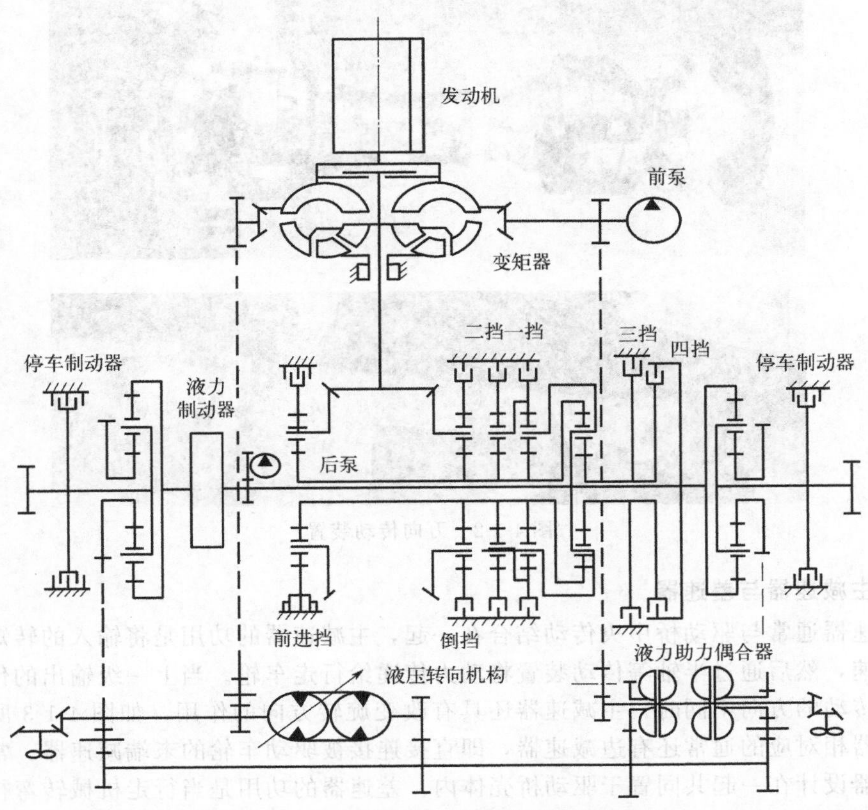

图 4-1-1 某履带式车辆传动示意图

经其它各级传动最后传给驱动轮。

(2) 变速装置

变速装置也称变速器，通常指可以实现多级或较大范围无级变速的装置，由于这类装置中的传动件集中在箱体结构中，所以也可称之为变速箱。变速器多以齿轮传动为基本结构形式，同一变速器内的多对齿轮按不同传动比设定，每个定比传动就对应变速器一个挡位。这种通过改变挡位变速的装置为有级式变速器，它只能在固定的传动比工况实现有级变速变扭。有级变速传动的主要优点是装置结构简单、造价便宜、传动效率较高，缺点是对负荷适应性差，起步与换挡时冲击较大，且有动力中断现象。为了追求较理想的传动效果就需要配置较多的挡位，即使如此也很难实现速度与扭矩的平滑变化。无级变速器则可弥补有级变速器的这一缺点，无级变速器的传动比可在最大值和最小值之间的范围内无级变化。

(3) 万向传动装置

在行走机械传动中实现距离较大的轴向传动采用传动轴比较方便，但当动力的输出与输入部位不同轴时就不能直接采用轴传动。利用万向传动装置或称万向轴的传动装置则能够解决这类存在径向位置变化的轴向传动。万向传动装置是万向节和传动轴的组合，由于有了万向节的存在，使得传动轴可以实现一定角度范围内的轴向传动，如图 4-1-2 所示。万向节按其在扭转方向上是否有明显的弹性，可分为刚性万向节和挠性万向节。刚性万向节又可以分为不等速万向节、准等速万向节和等速万向节，其中十字轴式刚性万向节为广泛使用的不等速万向节，该万向节具有结构简单、传动效率高的优点。

图 4-1-2　万向传动装置

(4) 主减速器与差速器

主减速器通常与驱动桥中央传动结合在一起，主减速器的功用是将输入的转矩增大并相应降低转速，然后通过半轴等传动装置将动力传递给行走车轮。当上一级输出的传动方向与行走输入传动的方向不同时，主减速器还具有改变旋转方向的作用，如图 4-1-3 所示。与中央主减速器相对应的通常还有边减速器，即直接连接被驱动车轮的末端减速器。常将中央传动与差速器设计在一起共同置于驱动桥壳体内，差速器的功用是当行走机械转弯行驶或在不平路面上行驶时，使左右驱动车轮以不同的转速滚动，即保证两侧驱动轮运动为纯滚动。上述差速器是解决同轴驱动轮之间的差速问题，在两驱动桥间配置差速器可实现轴间差速，轴间配置差速器可以实现轴间动力合理分配，能够减少寄生功率的产生。

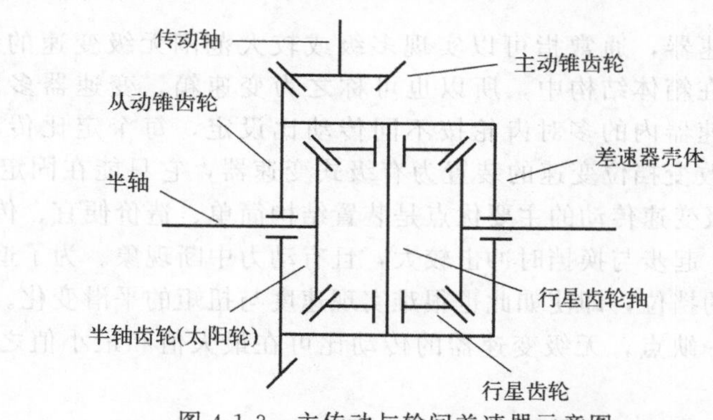

图 4-1-3　主传动与轮间差速器示意图

4.1.3 动力输出装置

行走机械配置的动力装置主要是发动机与电动机，其中电动机布置方便、传动简单，而发动机的动力输出与传动匹配则相对复杂。行走机械所用发动机的绝大多数是以曲轴一端的飞轮为主输出动力部位，机器所用的主要功率由此处输出。也有双端动力输出发动机，此类发动机应用起来并不方便，产品种类也较少。一般发动机除了配置全动力输出的飞轮端外，有的还配有其它部位的部分动力输出口，这些输出口的位置、空间等都受限，多用于匹配液压传动装置，如图 4-1-4 所示。行走机械对动力的需求多种多样，动力需求单一的机器对动力输出及传动要求较低，复杂机器可能需要多路动力输出或分流传动，此时则需要动力装置输出与传动装置匹配协调实现动力分流供给。以行驶为主要功用的一类行走机械传动路线较简单，发动机的动力输出主要用于驱动车轮。如小型道路车辆的发动机以飞轮连接主离合器、离合器后接变速器输入轴，这一单路动力输出即可满足工作需求。对一些作业工况复杂的行走机械，动力必须同时输出多路，此时需要根据动力需求与工作要求选择适宜的动力分流形式与装置。

图 4-1-4　液压泵连接在发动机部分动力输出口上

从动力装置的动力输出端输出的动力通过分流传动实现多目标驱动，动力分流传动形式多样，通常是以一机械装置与动力装置的输出端口相连，该装置有两个以上输出传动接口用于不同传动对象。如果是需要多路动力输出驱动不同目标的行走机械，比较简单的方式是发动机与分动箱匹配分流动力，分动箱的输入端与发动机的飞轮相接，分动箱输出端存在多个接口用于分别传动给不同的路线。此时分动箱壳体与发动机壳体相连，发动机的动力通过飞轮传入分动箱内的主动齿轮，该齿轮通过与其它齿轮啮合传递动力给各个输出轴输出动力。这类分动装置输出端配有多个平行的输出轴输出动力，比较适合匹配多路液压传动，这类结构在工程机械中多有应用，如图 4-1-5 中右图所示，这类结构中与分动箱连接的液压泵并行

图 4-1-5　液压泵串联布置与并行布置形式

布置，还有一类如图 4-1-5 中左图所示的串联布置方式，其利用液压驱动分流传动的功能一致。

带传动是比较常用的一类传动，利用带传动实现动力分流更加简便，这类传动在农田行走作业机械中大量使用。如图 4-1-6 所示的带传动是联合收割机主传动的一种，联合收割机是一类用于田间收获作业的行走机械。联合收割机整个车体从前到后布置工作装置，这些工作装置集合起来构成主机体部分，主机体下侧连接行走装置、上侧布置动力装置。发动机通常横置于机体的上部，发动机输出带轮突出在机体的一侧，传动带在机体的侧面向下分别传动给工作装置和行走装置。发动机输出的动力全部由该带轮传递，而且要分流传动给行走、作业、辅助等不同部分，所需动力的大小、传动比均不同，所以在同一轮体上轴向必须同时存在几路传动。动力输出轴一端与飞轮连接，另一端由设计形状特殊的飞轮壳的端口支承并将动力传给带轮。飞轮壳的大端口侧与发动机机体匹配连接，另一侧端口较小，通常还用作动力输出带轮的支承。带轮上同时有几路带传动，每一路分流一股动力向下传递到驱动部位。

图 4-1-6 带分流传动

4.1.4 行走驱动力输入

动力装置的动力经传动系统后要传递到行走装置实现驱动，或是轮式行走装置的驱动轮，或是履带行走装置的履带驱动轮。传动系统末端装置与驱动轮关联起来并将动力传给驱动轮，动力装置产生的动力才能变成驱动车轮行走的驱动力。车轮不只发挥行驶驱动功能，它还必须肩负支承机体与实施制动，转向驱动系统中还要完成转向功能。因而与驱动轮发生关联的装置可能还要兼备其它功能以适应不同的要求，这样使得传动系统与车轮的连接结构形式多样。独立驱动相对比较简单，电机、液压马达这类装置在轮边直接或间接驱动车轮，其输出轴直接与驱动轮的轮毂接合匹配即可，而常规的左右轮协同驱动情况就比较复杂，这类驱动通过两半轴与驱动轮关联匹配完成驱动轮的动力输入，为了适应不同行走条件的变化还需配置差速器协调动力分配。

半轴与驱动轮二者连接接口相互匹配，如半轴是轴输入则车轮需要轮毂与其配合，如果半轴是法兰输出则车轮用辐盘连接结构与其匹配。半轴的作用是将上级传动输入的扭矩与转速传递给车轮，但因行走部分与机体部分关联关系不同也要随之适应。当车轮与整体式刚性结构的驱动桥匹配时，半轴一般都布置在桥壳内，驱动桥壳两端半轴套管部分与半轴、驱动轮轮毂的支承形式决定了半轴的受力状况，半轴与车轮之间的相对位置不变。半轴的内端用花键与差速器的半轴齿轮相连接，半轴的外端凸缘用螺栓和轮毂连接，从差速器分配过来的动力通过半轴直接驱动车轮。当车轮与转向驱动桥匹配驱动时，单体结构的半轴不再适于向驱动轮传递动力，半轴必须与万向联轴器组合连接以适应对摆动车轮的动力传递。当驱动桥不是整体结构且采用弹性悬挂结构时，虽然半轴与车轮的驱动关系不变，但半轴的结构不可能是固定结构，不仅位置发生变化，而且长度尺寸可能需随运动而改变。上面提及的动力传递都是半轴与驱动轮直接发生关联，有时为了进一步减速在半轴与驱动轮之间加一末端传动装置，该传动装置主要实施减速功能。此时半轴只负责将动力传递给末端传动装置，传动装置的输出端连接车轮实施驱动。

4.2 动力通断实现装置

在动力传递过程中需要对动力的通与断进行控制，传动系统具有动力通断控制功能的装置就是离合器。离合器是传动系统中实现动力接合与断开的重要装置，多用于原动机与工作机之间、传动的主动轴与从动轴之间实现运动与动力的传递与分离，也可与其它机构配合实现更多的功能。

4.2.1 离合器的工作原理与功用

离合器是一类能够实现动力通断的传动装置，离合器的功用是协调主动机与工作机的动力关系，通过装置中的主动部分和从动部分接合和分离来实现相应的功能。离合器通常有接合、分离、离合过程三种工作状态，每种工作状态各有不同的要求。接合状态主动部件与从动部件之间具有刚性传动的特性，接合后传递额定及以下扭矩不产生相对滑转。当传递的扭矩超过规定的扭矩时离合器主从部分之间产生滑转，防止传动系统过载。处于分离状态的离合器要分离彻底，主动部件与从动部件之间互不影响。离合过程包含分离与接合两种相反的过程，其中接合的过程需要动静结合，静态的要以逐渐增速方式达到主动部分的转速，接合过程二者之间存在相对运动，强调接合柔和平顺，减小工作冲击。分离的过程与之相对，需要从运动中将二者分离，分离动作应迅速以使动力即刻中断。

离合器的主动部件与从动部件之间不直接连接，而是借助两者之间的摩擦、啮合、电磁等作用来传递转矩，其中使用较多的是利用摩擦作用传递动力的摩擦离合器。摩擦离合器必须存在主动的摩擦件部分和被动的摩擦从动盘部分，主从件转动时施加一定的压力二者间会产生摩擦力矩。主动件和从动件之间通过接触摩擦来传递动力，产生摩擦所需的压紧力可以采用弹簧、液压、电磁等作用产生。影响摩擦离合器传动转矩的因素包含压紧力、摩擦系数、总的摩擦面积等，离合器传递的最大转矩取决于摩擦面间的最大静摩擦力矩，传动转矩超过此值离合器即开始滑转。由于摩擦片与从动盘间的摩擦面积受结构尺寸制约，能传递的最大扭矩有限，为提高能力可以加大单摩擦片结构尺寸，也可做成多片结构。多片式离合器内有多组从动盘和摩擦片，摩擦片与从动盘相间布置增加摩擦效能。多片式离合器通常浸在油中以提高冷却效果，因此也称为湿式离合器。

离合器可分为常开式与常闭式两类：常开式离合器的常态为分离状态，常闭式离合器不施加操作时为接合状态。常开式离合器因为分离是其常规状态，操控其动作首先是接合，即工作顺序一般是接合—工作—分离，常闭式离合器工作顺序正好相反。如行走机械中一些车辆上使用的主离合器，通常采用弹簧压紧的常闭式摩擦离合器，车辆在行驶的过程中离合器处于接合状态，动力是保持传递的，只有在起动、换挡等非常态情况下暂时分离离合器而中断动力。离合器工作过程中离合状态改变时需要操控，操控方式有自动离合与外来控制离合两类。外来控制是通过外部施加作用使离合器改变原来状态，外来控制的操作可以由机械、气动、液压、电磁等方式实现。自动离合不依赖于各种外来操作的控制，而是伴随工作条件的变化自主实施，这类离合器多用于限速限扭、安全保护等场合。

4.2.2 摩擦离合器的应用

在行走机械的传动中大量应用摩擦离合器，应用场合与使用的方式也多样，特别在主传动路线和需要外部操控的场合应用较多。

4.2.2.1 主传动离合器

行走机械中有一些车辆配置的发动机动力输出首先通过离合器再向下传递，这类离合器位于动力装置与其它传动装置之间，通常称为主离合器。主离合器作为主动机与工作机的传动装置，通常在传动系统中直接与发动机相连接。它位于整个传动系统动力流的枢纽位置，其主要用途是临时切断主动力，起到降低发动机起动负荷、使变速器能顺利变换挡位、保护动力装置避免过载等作用。主离合器控制的是动力装置输出的全部动力或主要部分的动力，主离合器分离意味着发动机与主要工作装置断开动力传递。发动机起动时离合器分离就意味着起动时不带外载，以此降低起动负荷提高起动性能。发动机起动后再使离合器接合实现动力传递，动力传递到最终的工作装置的途中通常还要经过变速装置。变速装置的功用是变速变矩传动，但变速变矩的实现过程通常需要离合器的配合，如变速换挡时需要离合器切断动力才便于啮合机构变更以实现挡位的改变。操控离合器的接合与分离有所不同，接合需在动与静之间逐渐过渡实现动力平稳传递，分离是切断传动，切断动力要迅速彻底。

主离合器与动力装置的关联比较密切，通常与发动机的主输出端直接连接，如图 4-2-1 所示。主离合器总成布置在飞轮壳内并用螺钉将其与飞轮连接起来，离合器的输出轴就是变速箱的输入轴。离合器由主动部分、从动部分、压紧机构和操纵机构四部分组成，其中主动部分包括离合器盖、压盘等。主动部分与发动机连在一起，发动机发出的转矩通过飞轮及压盘与从动盘接触面的摩擦作用传给从动盘。从动部分可以由单片、双片或多片从动盘所组成，它将主动部分通过摩擦作用传来的动力传递给变速器的输入轴。从动盘由从动盘本体、摩擦片和从动盘毂三个基本部分组成，为了避免转动方向的共振、缓和冲击载荷，大多数主离合器的从动盘上附装有扭转减振器。压紧机构主要由螺旋弹簧或膜片弹簧组成，它以离合器盖为依托将压盘压向飞轮，从而将处于飞轮和压盘间的从动盘压紧。

主从动部分和压紧机构是保证离合器接合并能传递动力的基本结构，操纵机构是使离合器主从动部分分离和接合的一套机构。行走机械的主离合器操纵机构一般采用脚踏板操控，通常在驾驶部位布置有操控离合器的离合器踏板等装置。当驾驶人员踩下离合器踏板时，通过中间机构或装置传动动作或作用力到离合器，通过分离叉、分离杆等的作用迫使压盘移动，也就是使离合器的主动部分与从动部分分离。此时摩擦件与被摩擦件完全不接触，因而也就不存在相对摩擦，从而实现主、从分离而中断动力。

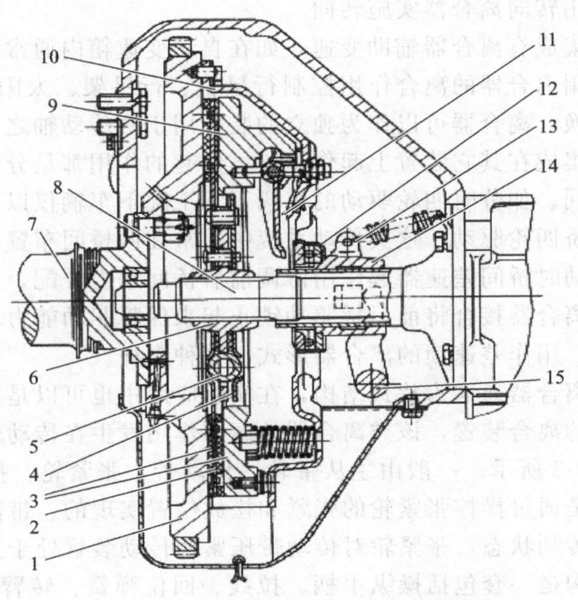

图 4-2-1 某型汽车主传动单片离合器结构图

1—飞轮；2—从动盘；3—摩擦片；4—减振器盘；5—减振弹簧；6—从动盘毂；
7—发动机曲轴；8—变速箱第一轴；9—压盘；10—离合器盖；11—分离杆；
12—分离轴承；13—回位弹簧；14—分离套筒；15—分离叉

4.2.2.2 中间传动离合器

主离合器用于主传动路线，分支传动路线上也要使用离合器，离合器形式与作用也各不相同。其中履带式行走机械中转向离合器就是一类应用，如图 4-2-2 所示。履带式行走装置采用偏转方式转向比较困难，因此履带式车辆转向通常与轮式车辆转向方式不同。依靠两侧履带相对速度的不同而使行驶方向发生偏转，这就需要专门的转向机构改变两侧履带卷绕速度大小或方向。这类履带车辆通常在左右行走装置传动的路线上直接串联上离合器用于转向，通过操控离合器的接合与断开使两侧履带驱动速度不同。转向离合器一般采用多片式摩擦离合器，行走时靠摩擦表面的摩擦力传递转矩。当某一侧的转向离合器分离时，就可以减少或切断传递给该侧驱动轮的转矩，使两侧履带行进速度产生差异而实现差速转向。转向离合器因结构简单在早期的中小型履带式拖拉机、推土机上得到了广泛运用，轮式行走机械中

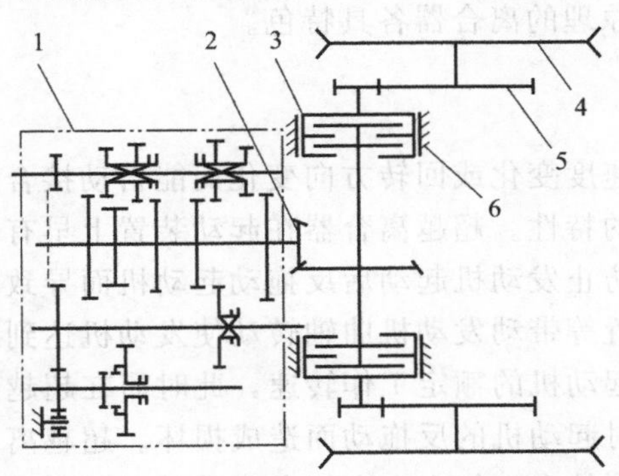

图 4-2-2 转向离合器示意图

1—变速箱；2—中央传动；3—离合器；4—驱动轮；5—末端传动；6—制动器

的手扶拖拉机也是采用转向离合器实施转向。

有的变速装置中集成有离合器辅助变速，如在自动变速箱内通常配置有多片离合器与行星齿轮机构匹配，利用离合器的离合作用控制行星轮、行星架、太阳轮的锁止与自由旋转，以实现不同挡位的切换。离合器可以作为独立的装置用于两传动轴之间相交的位置，也可以作为装置的组成部分集成在其它装置上起作用。虽然起的作用都是分离与接合，但不同的场合的称谓可能有所不同。如分时四轮驱动的车辆正常工况下车辆仅以单桥双轮驱动，在需要增加驱动力时变为双桥四轮驱动，这类传动系统中通常在两桥间布置有桥间差速器和一组离合器。当双桥四轮驱动时桥间差速器起作用协调前后桥间动力分配，当前后桥间存在较大的转速差影响驱动时，离合器接合将前后桥驱动锁止起来保障驱动能力发挥出来。这类离合装置通常又称为差速锁，用作差速锁的离合器形式也多种多样。

采用摩擦原理的离合器通常为片式结构，在实际应用中也可以是其它结构形式。带离合器也是利用摩擦特性的离合装置，该类离合器的摩擦作用发生在传动带与带轮之间。带离合器结构简单，如图 4-2-3 所示。一般由主从带轮、传动带、张紧轮、托带板、张紧机构等构成，传动接合与分离是通过操控张紧轮的张紧和松放位置实现的。带离合器中的传动带用于改变主从带轮之间的传动状态，张紧轮对传动带压紧使传动装置处于正常工作状态，相当于离合器接合。张紧机构是一套包括操纵手柄、拉线、回位弹簧、转臂等零部件的操控系统，由驾驶操作人员通过驾驶室的离合器操纵手柄操控，这种类型的离合装置在田间行走机械中多有应用。

图 4-2-3 带离合器

4.2.3 自动离合器

离合器的作用是控制动力的通断，人为操控可以依据人的意愿实施通断状态，而在一些限速限扭、安全保护等应用场合采用自动离合方式更适宜。能自动完成离合作业的离合器形式多样，不同形式、不同原理的离合器各具特色。

4.2.3.1 超越离合器

超越离合器是一种随速度变化或回转方向变化而能自动接合或脱开的离合器，顾名思义可知其具有速控自动分离的特性。超越离合器在起动装置上早有应用，如发动机的起动机上就安装有这类装置，用以防止发动机起动后反拖动起动机而导致起动机损坏。起动时起动机通过超越离合器、齿轮装置等带动发动机曲轴转动使发动机达到工作转速，发动机起动后它的转速逐渐升高可能高于起动机的额定工作转速，此时需在超越离合器的作用下使起动机脱开发动机，这样可以避免对起动机的反拖动而造成损坏。超越离合器中有一种棘轮棘爪机构的离合器在小型车辆上使用较多，如人力自行车后轮传动链轮内大多安装有类似的离合器，这种离合器是利用啮合元件工作表面之间的法向压力来传递单向扭矩。

自行车后轮上小链轮固定在后轴的右端，与主动大链轮保持在同一平面，通过链条与链轮相连接构成自行车的传动系统。当人脚踩踏自行车脚踏板时大链轮被驱动而旋转，通过链条传动使在车后轮上的小链轮随着转动。小链轮主要由外齿套、挡圈、弹簧、棘爪等零件组成，该小链轮部件内部的棘轮机构其实质是一超越离合器，其原理如图 4-2-4 所示。自行车后轴上固定安装有棘爪机构的转盘，小链轮、棘轮、棘爪等组合在一起形成棘轮机构。棘爪由弹簧压向棘轮，棘爪与棘轮之间的作用关系决定了链轮与轮轴之间的运动状态。当链轮相对轮轴逆时针方向旋转，棘爪与棘轮咬合则离合器处于接合状态；当链轮相对轮轴顺时针转动，棘轮脱开棘爪的咬合处于分离状态。双脚踩踏自行车脚踏板时驱动自行车向前行进，小链轮在链条的带动下转动，与小链轮为一体的棘轮随之逆时针转动，进而通过棘爪、转盘、轮轴带动车轮转动。通常在以一定速度骑行过程中双脚停止踏动脚踏板时，链条和链轮都不旋转，但后轮在惯性作用下仍然向前转动，这时轮轴逆时针旋转速度高于小链轮速度，此时棘轮相对不动或顺时针旋转而车轮带着棘爪转动，棘爪脱离咬合在棘轮齿面滑过。

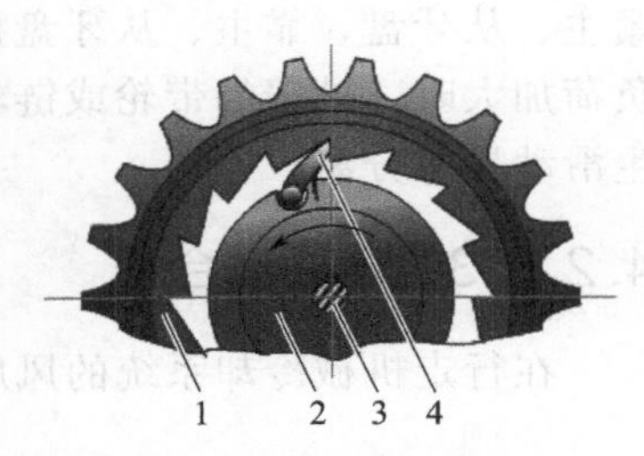

图 4-2-4　自行车小链轮内超越离合器示意图

1—棘轮；2—转盘；3—后轴；4—棘爪

4.2.3.2　限扭离合器

在一些传动场合需要对传递的扭矩加以限制，这类离合器也被称为限扭离合器。限扭离合器中有一类牙嵌离合器，这类离合器通过主从接合件上的牙、齿或键等的嵌合来传递扭矩，也相应地称为牙嵌、齿嵌、键嵌离合器等。最为常用的牙嵌离合器的两个接合件的端面都有凸起的牙，若将主、从动接合件上的牙相互嵌合或脱开，则能使主、从两部分接合或分离。牙嵌离合器牙型可以是三角形、梯形、矩形等，根据限扭需要设计接合齿的斜面。牙嵌离合器作为限扭装置使用时以接合状态为主要工作状态，当传递的扭矩超过其限度时自动分离。牙嵌离合器往往结合实际传动结构与其它传动件匹配，如图 4-2-5 所示。该牙嵌离合器是以新疆-2 为基型的联合收割机使用的一种限扭离合器，用于该机作业装置中的复脱器堵塞保护。该牙嵌离合器与传递动力的带轮或链轮等同轴布置，正常传动状态下弹簧由一侧压

图 4-2-5　牙嵌离合器

紧主、从牙盘，靠主、从牙盘接合牙间斜面的摩擦与啮合传动。当复脱器堵塞导致复脱器轴负荷加大时，轴端的带轮或链轮传递的扭矩不足以驱动该轴转动，主、从牙盘的接合齿间产生滑动导致分离。

4.2.3.3 硅油离合器

在行走机械冷却系统的风扇传动中还常用到硅油离合器，硅油离合器是利用硅油的黏稠特性实现传动。硅油风扇离合器由前盖、壳体、主动板、从动板、阀片、主动轴、双金属感温器、阀片轴等组成（图 4-2-6）。前盖、壳体、风扇和从动板用螺钉组合成一体，通过轴承装在主动轴上。从动板与前盖之间的空腔为存放硅油的贮油腔，从动板与壳体之间的空腔为工作腔。从动板上有由阀片偏转控制进油的孔，阀片的偏转由双金属感温器控制。当发动机冷起动或小负荷下工作时气流温度不高，感温器不起作用从而进油孔被阀片关闭，此时工作腔内无硅油，离合器处于分离状态，主动轴转动时风扇随同壳体在主动轴上打滑。当发动机负荷增加时冷却液和通过散热器的气流温度随之升高，感温器受热变形而带动阀片轴及阀片转动，进油孔被打开使硅油从贮油腔进入工作腔，主动板借助硅油的黏性带动壳体和风扇转动，此时风扇离合器处于接合状态，风扇随主动轴旋转。当流经感温器的气体温度低于设定值时，感温器恢复原状使阀片将进油孔关闭，工作腔中硅油从从动板外缘回油孔流回贮油腔，风扇离合器又回到分离状态。

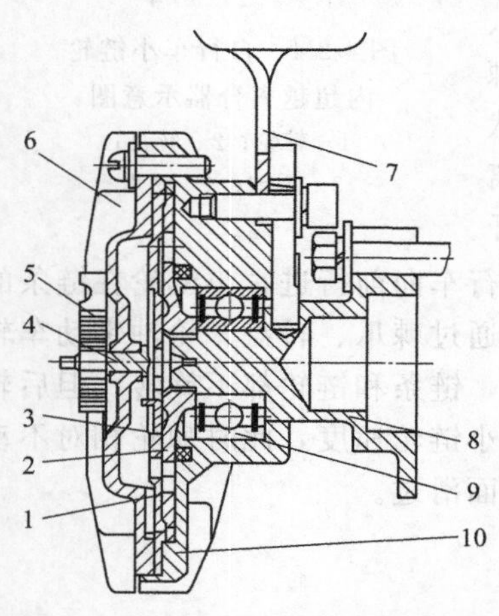

图 4-2-6　硅油风扇离合器示意图
1—从动板；2—主动板；3—阀片；4—阀片轴；5—感温器；6—前盖；7—风扇；8—主动轴；9—轴承；10—壳体

4.3 手动换挡变速装置

变速装置作为行走机械传动系统的一个组成部分，其变速要求、结构形式等必须与所匹配的机器相适应。手动换挡变速装置是一类比较简单的机械变速装置，通过手动操作改变传动比，实现输出扭矩与转速的变化。这类机械变速装置内布置有齿数不等的多组齿轮副，每组齿轮副的传动比不同，通过操控换挡机构改变齿轮啮合传动路线实现变速。每一传动比对应一变速传动状态，也对应操作机构的一位置状态，通常将传动装置可实现的传动比数称为挡位数。通常行走机械的最高挡位的传动比由所需的最大行走速度限定，而最低挡的传动比由最大驱动扭矩限定。

4.3.1 机械变速传动

行走机械的地面行走阻力和工作负荷变化很大，而所匹配动力装置的扭矩适应系数较小。变速装置存在的原因就在于协调动力装置的输出动力与克服作业负荷所需动力之间的矛盾，行走变速装置需要实现的功能主要体现在变速变扭、实现空挡、实施倒车三方面。变速装置要能通过变换挡位改变传动比，在较大范围内改变行驶速度和驱动轮上的扭矩，使动力装置的输出特性满足实际行走驱动需要。不仅适应如起步、加速、上坡等经常变化的行驶条件，同时可使发动机在经济工况下工作。实现空挡是为了动力装置有动力输出到变速装置，而变速装置不输出动力到行走装置，即利用空挡切断动力装置与驱动轮之间的动力联系。利用空挡中断动力传递，便于发动机这类动力装置在空载状况起动、长时间处于怠速状态而不熄火。发动机这类动力装置的动力输出一般只能有一个方向，如果没用中间变向传动装置改变传动方向，行走驱动轮也只能向一个方向转动。利用变速箱中设置的倒挡来实现输出轴反向旋转，以此实现驱动轮的反向驱动，在动力装置旋转方向不变的前提下使行走机械能倒行。

变速装置是传动系统中的一个主要环节，与整机结构和相关装置间的关联密切。其动力输入端关联动力装置、输出端关联下级传动及行走装置，在性能上与动力装置、行走装置相匹配，在结构上适应于总体结构与布置的要求。变速传动是变速装置实现变速的基础，构成这一基础的是齿轮与轴。输入轴上的齿轮与输出轴上的齿轮啮合实现动力传递，两齿轮的齿数相同实现等速传动，输入齿轮齿数多于输出齿轮齿数则减速传动。由此可知两啮合齿轮的齿数比不同，同样的输入而输出结果发生变化。机械变速装置由有一系列不同传动比的齿轮副、输入与输出轴、中间轴、倒挡轴以及壳体等组成，改变传动啮合齿轮组合使传动比变化实现多挡有级动力输出。挡位数量的选择与动力性、燃油经济性有着密切的关系，挡位数增加会改善动力性和燃油经济性，挡位数增多又会使变速装置结构复杂。变速传动中齿轮与轴的相互关系有定轴和行星两种结构形式，定轴结构中所有齿轮都有固定的旋转轴线，而行星式传动中有些齿轮的轴线也在旋转。前者布置各种附属装置方便，适于需要降轴、变轴和前后都要动力输出的情况；后者结构紧凑、可实现同轴传动，适于同轴布置、单向输出。

变速装置主体部分通常为箱形结构，箱体的结构形式需视具体传动结构而变，既有独立结构，也有前后与其它传动装置壳体连接的结构。箱体内布置有轴与齿轮等传动件，其中动力输入轴也称变速装置的第一轴。第一轴的一端与其前端的传动装置相连接收动力，如它的前端花键直接与离合器从动盘的花键套配合，从而传递由发动机传过来的扭矩。第一轴上的齿轮与中间轴齿轮常啮合，只要输入轴转动则中间轴及其上的齿轮也随之转动。中间轴也称副轴，轴上固连多个齿数不等的齿轮。变速装置的动力输出轴又称第二轴，轴上布置有前进挡齿轮，当其中不同的齿轮与中间轴对应齿轮啮合实现相应转速及扭矩的输出。通常输出轴的尾端有花键等与下级传动装置相连，将通过变速装置变速变扭后的动力向其后的装置传递。挡位的变换通过换挡齿轮或啮合套等的轴向移动，进而改变啮合传动的齿轮副，传动齿轮副变化即导致了传动比的变化。变速装置实现变速功能还需有换挡机构和操纵机构的配合，换挡机构是实现不同挡位改变的执行机构，操纵机构的主要作用是控制换挡机构实现换挡动作。

4.3.2 变速传动装置基本结构

变速装置通常为一箱体结构的外壳内部布置有轴与传动齿轮的装置，所以也常称为变速箱。变速箱要实现的变速传动功能由内部的轴与齿轮实现，外壳箱体是这些零部件的载体，也是与其它装置连接或组合的基础结构。变速装置的变速挡位最少可以有两挡，一般车辆多为四挡以上，多的则有数十个挡。每一挡都由某一对啮合齿轮决定其传动比，这些齿轮都布置在箱体内的轴上。变速器箱体内轴的数量与结构布置不一，有两轴、三轴、多轴等不同形式。两轴是指前行时传递动力的轴只有第一轴和第二轴，其中第一轴为输入轴，第二轴为输出轴。三轴是指前行时传递动力的除了第一、第二轴外还有一中间轴，多轴则有多个中间轴。两轴布置的变速装置结构简单、紧凑，用于中小型车辆上具有一定的优势，如图 4-3-1 所示为一两轴变速箱，用于某型发动机纵置结构的轿车。

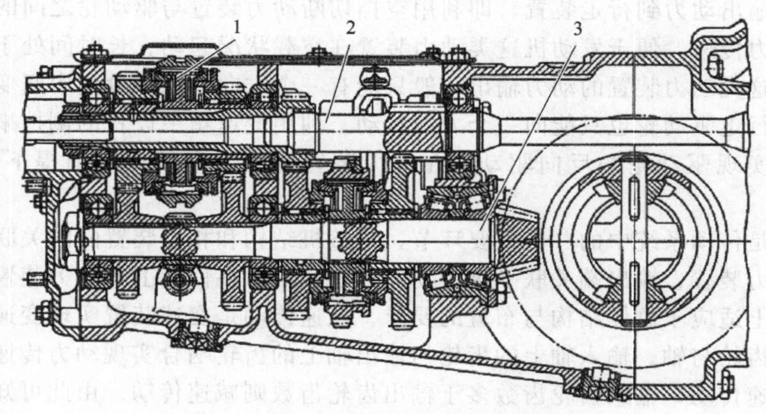

图 4-3-1 轿车用两轴变速箱

1—同步器；2—第一轴；3—第二轴

三轴结构的变速装置中的输入、输出轴通常同轴布置，第一轴的输入端与第二轴的输出端分别在箱体的两侧，如图 4-3-2 所示。两轴在箱体内的轴端相互支持，可以是输出轴端支承在输入轴中心孔中，反之亦然。两轴上的齿轮分别与中间轴上对应的各齿轮啮合，通过接合套接合某对齿轮与轴形成动力传递路线，此时动力经第一轴到中间轴再到第二轴将动力输出，相对两轴式变速箱，三轴式变速箱各挡多了一对齿轮传动。当将第一轴与第二轴直接接合传递转矩时成为直接传动挡，此时中间轴与齿轮不承载。

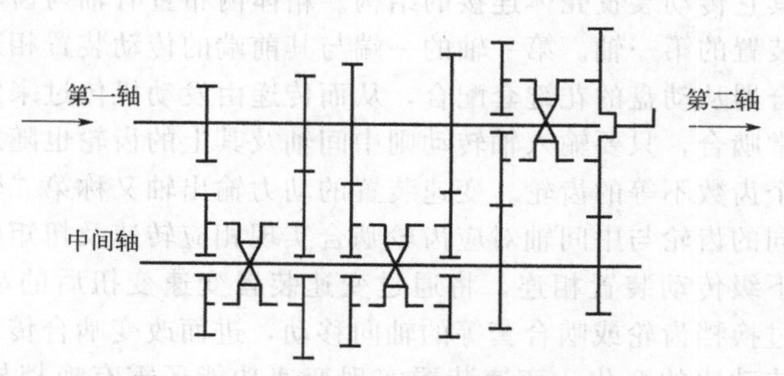

图 4-3-2 三轴结构变速装置传动示意图

多数行走机械的变速装置挡位的变化都体现在前进挡，倒退挡因使用较少通常只有一个挡位。有些作业机械倒挡工况较多，因此变速装置配置挡位时需要较多的倒退挡，如图 4-3-3 所示的推土机多后退挡的多轴变速装置，所示的动力路线为前进一挡状态。装在输入轴（D）花键上的齿轮（A）同中间轴上的前行齿轮（H）常啮合，同齿轮（A）成一体传动的齿轮（B）与另一中间轴上的后退齿轮（N）常啮合。当动力传入输入轴（D）时前行齿轮（H）和后退齿轮（N）被动转动，同时与后退齿轮（N）同轴的齿轮（O）与后退齿轮（N）一起转动。操作中间轴上啮合套（E）向左移动使前行齿轮（H）的外部齿轮同啮合套的内齿相啮合，输入轴的旋转运动被输送到中间轴。操作中间轴上另一啮合套（F）往右移动，啮合套（F）的内齿同齿轮（M）外部齿轮相啮合。动力经中间轴到齿轮（M）再传递到输出轴齿轮（G），齿轮（G）将动力传递给输出轴再由小锥齿轮（Q）输出。此变速装置采用两换挡杆操控方式，操控时需要两处操作换挡，其中操控啮合套（E）处为前进与后退变挡，另外一处为变速换挡。

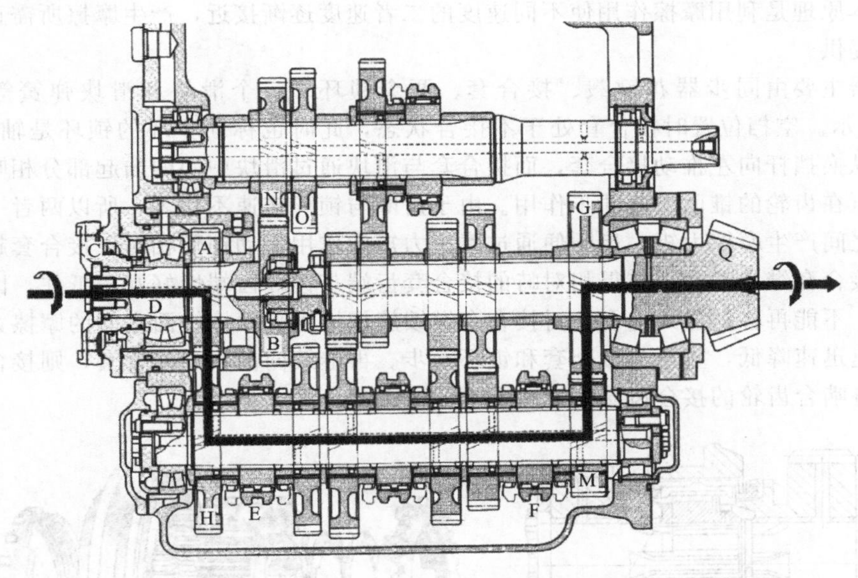

图 4-3-3　前后多挡变速装置

变速装置的变速挡位数越多越复杂，可以采用主副变速箱组合方案增加挡位数量。这种方式可以利用已有的基本型变速箱为主体，通过在其前或后加装副变速箱得到更多的变速挡位。副变速箱通常为两挡，副变速箱既可布置在主变速箱前侧，也可在后侧，但前后布置的用意略有不同。前置副变速箱主要用于分割主变速箱相邻挡位之间的间隔；后置主要用于扩大传动比范围、提高驱动能力。与在主变速装置后增加一副变速箱功能类似，有的车辆在变速装置后面布置一兼具变速功能的行走传动分动箱。这类分动箱用于多轴驱动的车辆传递和分配动力到各个驱动桥，其输入轴直接或通过万向传动装置与变速箱第二轴相连，其输出轴则有若干个，分别经万向传动装置与各驱动桥连接。

4.3.3　换挡执行装置

变速装置改变传动比是通过改变齿轮的传动关系来实现，改变齿轮传动关系就牵涉到不同齿轮的啮合状态变化。改变齿轮的啮合状态可以直接改变相互啮合的齿轮，直齿滑动齿轮式换挡装置即采用这种方式。它是通过移动直齿齿轮直接换挡，齿轮内孔有花键孔套在花键轴上，由拨叉移动齿轮与另一轴上的齿轮进入啮合或退出啮合状态。这类换挡方式的变速装置换挡冲击大，噪声也大，这类齿轮移动换挡也不适于斜齿轮传动。接合套换挡不需要考虑啮合齿轮的形式，是利用移动套在花键毂上的接合套与传动齿轮上的接合齿圈相啮合或退出来进行换挡。接合套换挡方式适应性强、操作轻便，该换挡装置接合齿短、换挡时拨叉移动量小。

换挡需要两换挡齿轮处于静止或同步状态，而实际换挡过程是在运动的齿轮与静止的齿轮之间进行，尽管此时动力已经切断但运动的齿轮仍有一定的惯性，所以换挡时仍存在同步问题。同步器式换挡装置是在接合套式换挡装置的基础上又加装了同步元件而构成的一种换挡装置，可以保证在换挡时使接合套与待啮合齿圈的圆周速度迅速达到同步，并防止二者同步前进入啮合，从而可消除换挡时的冲击。同步器有常压、惯性和惯性增力等多种类型，它们均是由同步装置、锁止装置和接合装置三部分组成，其中惯性式同步器应用广泛。惯性式同步器基本原理是利用摩擦作用使不同速度的二者速度逐渐接近，产生摩擦所需正压力由换挡操纵力提供。

同步器主要由同步器花键毂、接合套、两个锁环、三个滑块和滑块弹簧等组成，如图 4-3-4 所示。空挡位置时接合套处于不接合状态，此时也称同步环的锁环是轴向自由的。挂挡时操纵换挡杆向左推动接合套，而接合套与滑块通过滑块中心的凸起部分相啮合，同时推动锁环压在齿轮的锥面上起同步作用。由于齿圈与锁环转速不相等，所以两者一经接触便在其锥面之间产生摩擦力矩，齿圈便通过摩擦力矩的作用带动锁环相对于接合套超前转过一个角度。接合套继续移动，使得相对峙的接合套齿端与锁环齿端恰好互相抵住，因而接合套被“锁止”不能再移动进入啮合。对接合套继续施加推力，摩擦锥面之间的摩擦力矩就会使齿圈的转速迅速降低，直至与接合套和锁环同步。再继续向前拨动接合套，则接合套得以继续移动与待啮合齿轮的接合齿圈啮合。

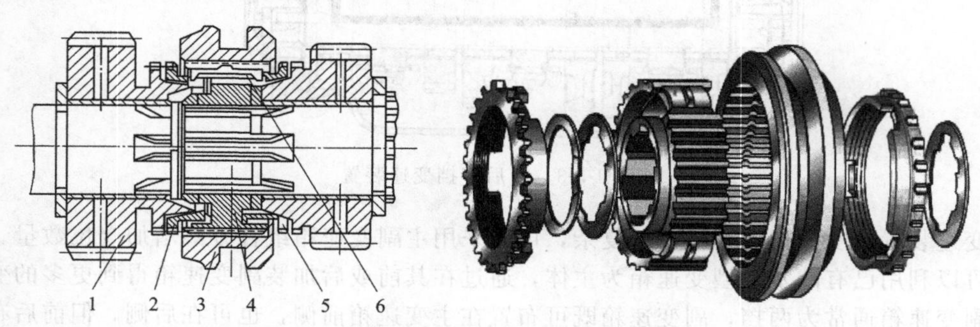

图 4-3-4　换挡同步器示意图

1—齿轮；2—锁环；3—接合套；4—花键毂；5—同步环；6—滑块

4.3.4　换挡操纵机构

换挡操作就是利用换挡操纵机构将人的动作传递给换挡执行机构，使换挡执行机构准确、可靠改变齿轮的啮合状态。变速操纵机构（图 4-3-5）形式可能不同而实施变速方式类同，一般都是通过拉动变速箱内的变速拨叉，利用拨叉的动作使执行变速的接合套或变速齿轮等轴向滑动，进而改变啮合对象实现传动比的改变。换挡操纵机构与变速装置和驾驶操作人员相关联，驾驶位相对变速装置安装位置不同，就要导致换挡机构变化，主要体现在操控动作传动方式和路线的变化。驾驶员操控变速装置的手动杆件称为变速杆、换挡杆、换挡手柄等，手柄要布置在操作人员方便操作的位置。若变速装置距驾驶位近可实现直接操纵，这时换挡杆及相应的装置都设置在变速器盖上，驾驶员操纵换挡杆可直接拨动变速箱内的换挡执行装置实施换挡。当变速装置距离驾驶员座位较远时，换挡手柄和变速装置之间通常需要用机构连接进行远距离操纵。为此在变速操作手柄与变速装置之间必须存在一套传动杆件或推拉软轴构成远距离操纵传动机构。

图 4-3-5　变速操纵机构

变速换挡不管是驾驶人员直接操作还是通过中间机构操控，都要体现在变速箱内换挡拨叉机构的运动，因为换挡拨叉机构带动相应的换挡拨叉移动，拨叉拨动换挡齿轮或接合套实现换挡。换挡拨叉机构主要由拨叉轴、拨叉等组成，拨叉和拨叉轴的数量及排列也因挡位数量及排列位置不同而异。拨叉轴平行于变速装置的传动轴布置，拨叉通常固定在拨叉轴上并随轴一起轴向移动。拨叉的叉端与换挡齿轮或接合套接触，当拉动拨叉轴带动拨叉移动时，拨叉便使滑动齿轮或接合套沿轴向随之移动，使齿轮改变啮合对象或使接合套改变接合位置。在操纵机构操作拨叉机构运动时，自锁、互锁、倒挡锁三个安全机构同时为正确挂挡提供保障，这些机构通常集中布置在变速装置的箱体上部。

自锁机构一般包含自锁钢球及自锁弹簧，其功用是对各挡拨叉轴进行轴向定位锁止，以防止其自动产生轴向移动而造成自动挂挡或脱挡，并保证各挡传动齿轮、接合套以全齿长啮合。当需要换挡时通过变速杆对拨叉轴施加一定的轴向力，克服弹簧的压力而将自锁钢球从拨叉轴凹槽中挤出，拨叉轴便可滑过钢球进行轴向移动。当拨叉轴移至其上另一凹槽与钢球相对正时钢球又被压入凹槽，此时拨叉所带动的接合套或滑动齿轮便被拨入空挡或另一工作挡位。互锁装置的作用是阻止两根拨叉轴同时移动，即当拨动一根拨叉轴轴向移动时，其它拨叉轴都被锁止以防止同时挂入两个挡位。倒挡锁为防止无意中误挂倒挡，挂倒挡时必须实施与挂前进挡不同的操纵方式或对变速杆施加更大的作用力。

4.4 动力换挡变速装置

采用普通机械换挡变速装置的行走机械在行进中换挡时，需要分离主离合器以切断动力传递然后才能进行换挡操作，传动系统在离合器分离与接合之间就有动力传递暂时中断的现象。为解决这一问题而产生了可在不中断动力状态下换挡的动力换挡变速装置，动力换挡变速装置在切换挡位时是在有负载状态下进行，因此也称动力换挡为负载换挡。与普通机械换挡变速装置相比换挡方式有所不同，以摩擦元件代替啮合元件实施挡位切换是其主要变化，换挡通过换挡离合器分离与接合实现，带来的优点是免除了传统换挡方式切断动力所带来的功率流中断和冲击等传动缺陷。动力换挡变速装置也提高了自动控制程度、简化了换挡操作，但也要付出结构复杂、制造成本高的代价。

4.4.1 动力换挡变速装置工作原理

动力换挡变速装置换挡一般采用摩擦式离合器，通过操纵换挡离合器的接合与分离进行挡位变换。动力换挡是借助于几组摩擦元件来实现行进中不切断动力的情况下进行换挡，过程简单且动力不中断。动力换挡变速装置中的齿轮副均为常啮合状态，通过换挡离合器的接合与分离实现换挡变速，如图 4-4-1 所示。动力由动力输入轴 1 输入，套在该轴上的前行主动齿轮 2 和倒挡主动齿轮 5 是否传递动力受控于前行离合器 3 和倒挡离合器 4，两离合器同时处于分离状态则输入轴不传递动力处于空挡状态。当前行离合器 3 接合倒挡离合器 4 分离时，前行主动齿轮 2 与动力输入轴 1 接合传递动力，输入轴的动力通过该齿轮与前行齿轮 10 啮合传递到动力输出轴 9，此时行走机械前进行驶。当倒挡离合器 4 接合前行离合器 3 分离时，倒挡主动齿轮 5 与动力输入轴 1 接合传递动力，输入轴的动力通过该齿轮与中间轴 7

上的中间齿轮 6 啮合，中间齿轮 6 再与倒挡齿轮 8 啮合。由于有了中间齿轮 6 过渡使得倒挡齿轮 8 的旋转方向与输入轴的旋转方向相同，也使得动力输出轴 9 动力输出的旋转方向与前者前行离合器接合时相反，此时行走机械处于倒退行驶状态。

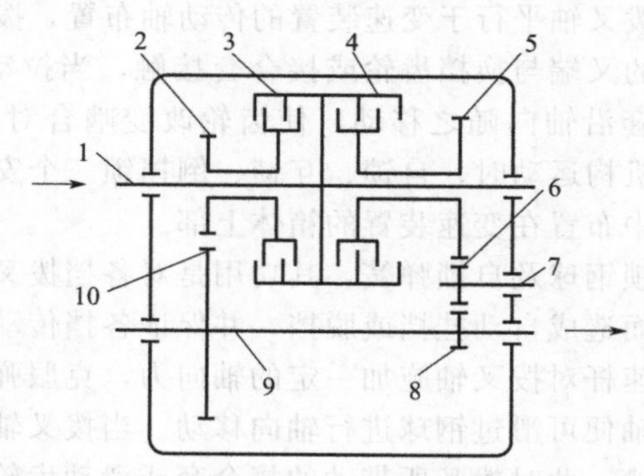

图 4-4-1 动力换挡工作示意图

1—动力输入轴；2—前行主动齿轮；3—前行离合器；4—倒挡离合器；5—倒挡主动齿轮；6—中间齿轮；7—中间轴；8—倒挡齿轮；9—动力输出轴；10—前行齿轮

动力换挡变速装置变速的基础也是齿轮传动，按照齿轮工作原理和结构可分为行星式和定轴式两类。定轴式动力换挡变速装置顾名思义可知其中的轴位置固定不动，传动齿轮间的相对位置也不变。这类结构中输入轴和输出轴布置方便，也容易布置各种附属装置，适于需要降轴、变轴和前后都需要动力输出的情况。行星式动力换挡变速装置结构紧凑、同轴传动，适于同轴布置、单向输出的机械。每个行星机构有两个自由度，通过合理组合可用较少的行星机构和摩擦元件获得较多的挡位。动力换挡变速装置除了基本机械传动部分外，还需要有电、液系统协同工作。换挡离合器中摩擦元件的分离与接合动作的执行通常由液压系统实施，而控制换挡离合器则由电控系统实现。也有的变速装置换挡采用离合器与接合套、同步器等接合方式，但分离、接合控制均采用电控液动的工作模式。动力换挡变速器通常配置液力变矩器与动力装置连接，为了解决变矩器低速效率低的问题，通常在系统中配置机械闭锁离合器，用于机械锁定后直接实现机械传动。

4.4.2 定轴式动力换挡变速装置

定轴式动力换挡变速装置的基本构成主要有齿轮、离合器、轴、箱体等，根据实际传动布置需要确定其输入轴和输出轴相对位置与输入输出接口。由于布置灵活而便于匹配相关联的装置，也便于调节输出位置及实现双端输出。这类变速装置一般都是多轴结构，所有齿轮均为常啮合状态且轴向相对位置不变，齿轮与轴的关系有固连结构，也有空套在轴上。由于轴的数量与布置形式变化，使得变速装置整体结构与形态各异。

如图 4-4-2 所示的是一款用于工程机械的定轴式动力换挡变速装置，该变速装置可实现六个前进挡、三个倒退挡变速。变速箱内共有六组离合器，六组离合器结构相近，分别布置在三根中间轴上。其独特之处在于除输入轴和输出轴是可以转动的外，其它所有中间轴和倒挡轴都是固定不可转动的，在这些固定不转动的轴上的齿轮都是独立的旋转件。在同一轴上的齿轮可通过离合器接合，接合后连接成一体共同旋转、分离时相互独立旋转，其中接合成一体时为传递动力状态。该变速装置换挡是离合器直接在齿轮和齿轮之间进行接合与分离，中间轴不起传递扭矩作用，只用于支承。同一中间轴上布置三个齿轮与两组离合器，通过同

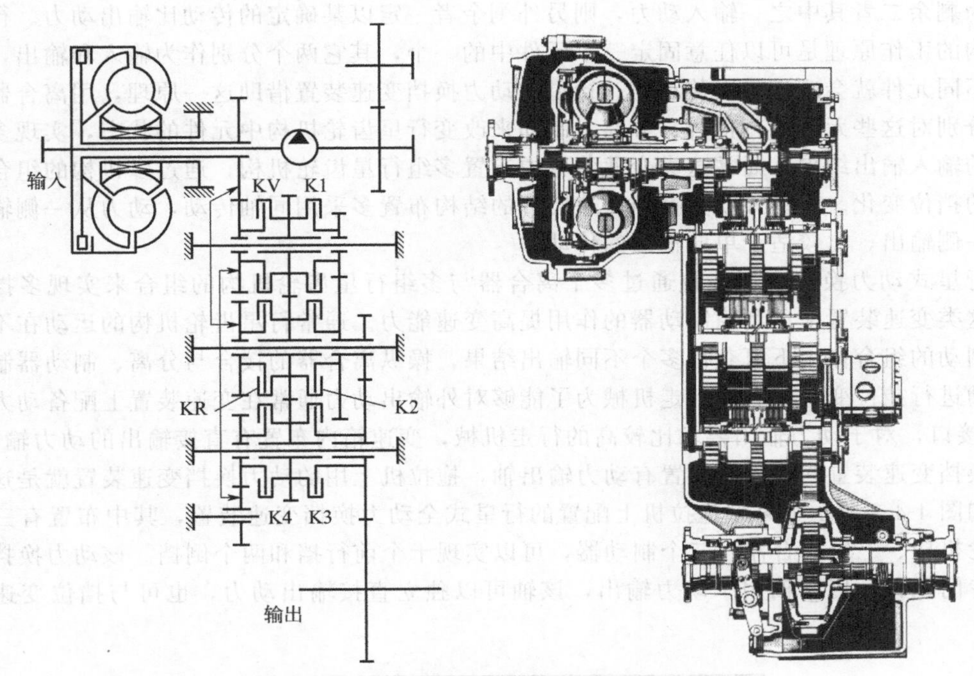

图 4-4-2　WG180 变速器剖面图和传动简图

轴两组离合器的状态改变实现传动路线改变。每组离合器都有特定的任务，通过它们之间的相互组合实现不同的挡位控制。KV、KR、K4 三组离合器负责方向控制，其中 KV、K4 负责前进，KR 为倒退。其余 K1、K2、K3 三组为负责挡位变换的离合器，主要负责高低挡位变换，每个挡位必须有两个离合器同时工作才能实现。表 4-4-1 为各个挡位工作时的离合器组合工作情况。

表 4-4-1　挡位离合器组合工况

挡位	1	2	3	4	5	6
前进	KV+K1	K4+K1	KV+K2	K4+K2	KV+K3	K4+K3
倒退	KR+K1	KR+K2	KR+K3			

为了实现更好的传动效果、提高挡位数量，动力换挡变速装置也可采用主副变速组合方式。这类变速装置通常采用主变速与副变速相串联的方式实现多挡传动，变速装置中无论是主变速部分还是副变速部分，换挡均通过摩擦式离合器实现。这类结构的变速装置由于其传动比为多级分配、传动比变化率大，同等传动条件下与单变速装置相比，换挡离合器可工作在相对转速较低的情况下，其作业工况较好，利于提高传动能力。

4.4.3　行星式动力换挡变速装置

行星齿轮机构在传动系统中应用很多，齿圈、行星轮及轮架、太阳轮是其最基本的组成。行星齿轮机构中布置在中心位置的齿轮统称为太阳轮，与太阳轮啮合并绕太阳轮旋转的齿轮为行星轮，行星轮与太阳轮啮合的同时还与外部齿圈啮合。一套行星齿轮机构中有多个行星轮，由行星轮轮架将行星轮组合起来一起工作，行星轮的运动最终由行星轮轮架体现出来。因此太阳轮、行星轮轮架、齿圈三者的旋转运动相互关联，当三者之中任意一个固定不动，为剩余二者其中之一输入动力，则另外剩余者一定以某确定的传动比输出动力。行星齿轮机构的工作原理是可以任意固定三个元件中的一个，其它两个分别作为输入和输出，通过固定不同元件就会改变输出传动比。行星式动力换挡变速装置借助这一原理，用离合器、制动器分别对这些元件进行接合、分离、制动来改变行星齿轮机构中元件的状态，实现多种传动比的输入输出结果。通常这类变速装置中布置多组行星齿轮机构，通过多机构的组合获得更多的挡位变化。行星式动力换挡变速装置的结构布置多采用同轴传动，动力从一侧输入从另外一侧输出，比较适于单向输出的传动。

行星式动力换挡变速装置通过多个离合器与多组行星齿轮机构的组合来实现多挡位变速，这类变速装置中还利用制动器的作用提高变速能力。通常行星齿轮机构的运动在不同离合、制动的组合作用下可获得多个不同输出结果，操纵离合器的接合与分离、制动器制动与不制动进行挡位变换。有的行走机械为了能够对外输出动力通常在变速装置上配备动力输出PTO接口，对于动力输出要求比较高的行走机械，变速箱内布置有直接输出的动力输出轴。动力换挡变速装置同样可以布置有动力输出轴，拖拉机上用的动力换挡变速装置就是这种结构。如图4-4-3所示为某型拖拉机上配置的行星式全动力换挡变速装置，其中布置有三个行星齿轮机构、三组离合器、三个制动器，可以实现十个前行挡和两个倒挡。该动力换挡变速装置专门配置一传动轴用于动力输出，该轴可以独立直接输出动力，也可与挡位变速协同输出。

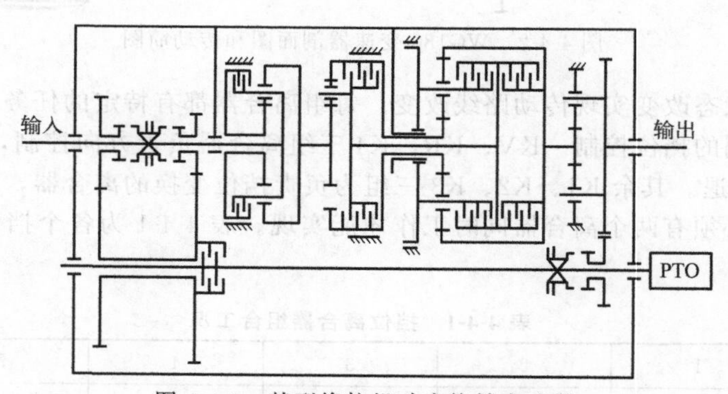

图 4-4-3　某型拖拉机动力换挡变速器

4.4.4　双离合器变速装置

双离合器变速装置兼具离合器换挡与接合套换挡的特征，在同一装置中二者共同发挥功能。双离合器变速装置是基于平行轴式机械变速器发展而来，从整个传动系统视角看它是用两套离合器取代原主离合器，两套离合器集成在变速装置内起作用。双离合器变速装置中的两套离合器分别接轴和套在轴上的套管轴，两离合器分别通过轴和套管轴来传递动力给相应齿轮。变速装置的变速挡位按奇、偶数分别布置，相应的齿轮由两离合器所连接的两个输入轴传动。动力装置的动力必须经其中一组离合器接合才能进入齿轮传动环节，通过离合器的交替切换可实现动力换挡。变速装置在某一挡位工作时必有其中一离合器接合，与该离合器相连轴带动的一组齿轮啮合输出动力。要换挡时处于分离状态的离合器关联轴传动的齿轮中预选下一挡位的传动齿轮，在换入下一挡位时处于接合状态的离合器分离，同时接合另一组离合器。几乎同时将使用中的齿轮脱离动力传递状态，被预选的齿轮副进入下一挡传动状态。在整个换挡期间两组离合器轮流工作，确保两条传动路线中有一路在输出动力。

双离合器变速装置通常与发动机相接，发动机的动力输出装置与离合器相连为变速装置输入动力。如图 4-4-4 所示的双离合器变速装置中两离合器分别与传动轴与套管轴连接，传动轴、套管轴都固连有齿轮，且分布于两输出轴上的齿轮对应啮合。挡位选择与挂接均为自动控制，发动机起动时两离合器均处于断开状态，且起动后自动挂Ⅰ挡，即最低挡。由于离合器处于分离状态，即使处于挂挡状态也没有扭矩输出。当控制Ⅰ挡传动的离合器接合时，发动机的动力经该离合器到实心传动轴，经过Ⅰ挡齿轮传动到输出轴。同时控制Ⅱ挡的离合器此时处于分离状态并不传递扭矩，Ⅱ挡齿轮已被预先选定与啮合套挂接做好传动准备。再继续换挡时两离合器同时切换，则变为Ⅱ挡传动状态。同样当Ⅱ挡传动需要继续升速时，与Ⅲ挡传动相关的准备均已做好，只要一切换离合器即可进入Ⅲ挡传动，依次类推。两输出轴的动力再经主减速齿轮向下一级传递，最终动力要经差速器、半轴等到达驱动轮。该变速装置变速传动齿轮接入传动采用传统接合方式，不同挡位的切换由离合器完成。变速换挡需依次升挡或降挡循序进行，这也利于实现自动变速。

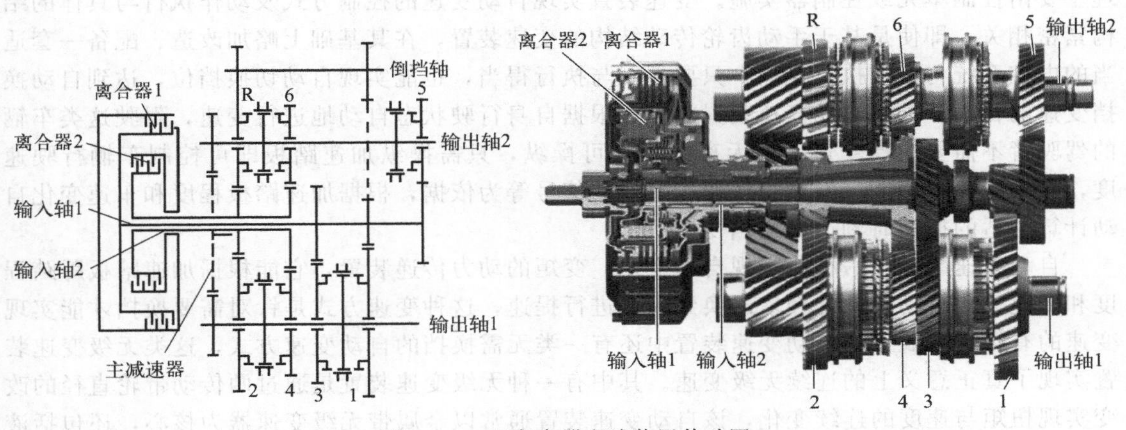

图 4-4-4　双离合器变速装置传动图

4.4.5　动力换挡与自动变速

采用普通机械变速装置的行走机械需布置有主离合器，主离合器位于发动机与变速装置之间控制动力装置输出动力的通与断。由于这类变速装置只能在动力中断的状态才适宜变速装置换挡，所以换挡操作除了采用手动换挡操控手柄外，通常采用脚踏板控制离合器的通断状态。动力换挡变速装置换挡过程是在不断开动力的状态下实施，这类行走机械由于不存在主离合器也取消了操控装置，简化了换挡操作环节。动力换挡变速装置不需要人来操控动力的通断，不意味着没有离合器存在与动力通断控制，而是离合器数量增多与控制的自动化程度提高。动力换挡变速器中通常配置多个离合器，这些离合器需要能根据换挡的需要而自动分离或接合，如图 4-4-5 所示。动力换挡变速装置在换挡等方面实现了一定程度上的自动控制，因此更适合实现自动变速。

动力换挡变速的实现为自动变速带来了方便，自动变速装置中或多或少地继承了动力换挡变速装置的成分。自动变速装置相对于传统的手动操作的变速装置而言，能够根据行驶速度和发动机转速等信息自动进行变速，既可以是有级换挡变速，也可以是连续无级变速。自动变速是借助自动控制系统替代人控制变速装置，该系统能够实时处理装置负荷、行驶速度等信息，发出指令给换挡或其它变速执行元件以调节驱动力与行走速度，通常变速控制和管

图 4-4-5　ZF 变速箱

理主要由控制单元或控制器实施。变速装置实现自动变速的控制方式及动作执行与具体的结构紧密相关，即使是基于手动齿轮传动结构的变速装置，在其基础上略加改造、配备一套适当的电控系统与液控执行机构，只要控制与执行得当，也能实现自动切换挡位，达到自动换挡变速的目的。配备自动变速装置的车辆根据自身行驶状态自动地进行变速，驾驶这类车辆的驾驶者不需要换挡变速，也无离合踏板可操纵，只需操纵加速踏板即可控制车辆行驶速度，自动变速装置能以发动机转速传感器的信号等为依据，根据加速踏板程度和车速变化自动计算合适的换挡时刻适时换挡变速。

自动变速装置是一种能实现自动变速、变矩的动力传递装置，它能根据加速踏板踩踏程度和车速变化自动地从低挡依次换到高挡进行提速，这种变速方式是针对需要换挡才能实现变速的有级变速装置。自动变速装置中还有一类无需换挡的自动变速方式，这类无级变速装置实现了真正意义上的连续无级变速。其中有一种无级变速装置是通过两传动带轮直径的改变实现扭矩与速度的连续变化，该自动变速装置通常以金属带无级变速器为核心，还包括液力变矩器、液压系统、离合器与行星齿轮机构等，这些装置各尽其用共同构成自动变速装置，如金属带与带轮实现连续无级调速，控制离合器与行星齿轮机构实现进退行驶方向的改变。

4.5　液力传动与变矩器

液力传动是利用液体为工作介质，借助于液体的高速运动来传递功率的一种传动方式，其基本工作原理是通过与输入轴相连接的泵轮，把输入的机械能转变为工作液体的动能，与输出轴相连接的涡轮把工作液体的动能转化为机械能输出。行走机械传动中也常用到液力传动，其中液力变矩器是一类比较常用的液力传动装置。液力变矩器的工作特点是输入的转速与扭矩基本恒定，或虽有变化但变化不大，而输出的转速和扭矩可以大于、等于或小于输入的转速和扭矩，并且输出转速与输出扭矩之间可以随着工作负荷大小自动地连续调节变化。在实际应用中液力变矩器通常作为传动系统中的一个环节，与其它传动装置组合共同完成传动任务。

4.5.1 液力变矩器结构与传动特点

液力变矩器是以液体工质为介质的柔性传动连接装置，对负载波动、外界冲击起一定的缓冲作用，能减缓动力装置、传动系统中相关零部件的作用载荷。常见的液力变矩器多为泵轮、涡轮、导轮三总成元件组成的结构，并辅以壳体、单向离合器、闭锁离合器等组件，如图 4-5-1 所示。泵轮与发动机等主动装置连接，工作时泵轮在动力装置带动下将液体工质充入涡轮带动涡轮转动，实现了动力由动力装置向传动系统的传递。泵轮转动迫使液体运动使机械能转化为液体的动能，液体以高速运动状态进入涡轮冲击涡轮叶片推动涡轮转动，液体的动能转换成涡轮旋转的机械能输出。液体流经各轮时由于受到各轮叶片的作用运动方向也发生变化，液体在涡轮处转换能量后流出并经导轮变换流动方向后又流回泵轮，在泵轮叶片带动下工质液体再以一定的绝对速度冲向涡轮叶片实现力矩与转速的传递。液力变矩器具有自适应性，即当外界载荷增大时液力变矩器的涡轮力矩自动增加、转速自动降低；外载荷减小时涡轮力矩自动减小、转速自动升高。在泵轮转速一定的条件下，扭矩只能在一定的范围内随工况变化，如果外载负荷的扭矩超过了涡轮的最大扭矩，涡轮转速将减小直至为零，在这一过程中各轮的扭矩负荷不会超出其固有的变化范围，因而起到限矩保护作用。与液力变矩器比较类似的液力元件还有液力偶合器。液力偶合器结构简单，相当于液力变矩器去掉了导轮。液力偶合器不具有变矩功能，但可以具有限矩与调速功能。

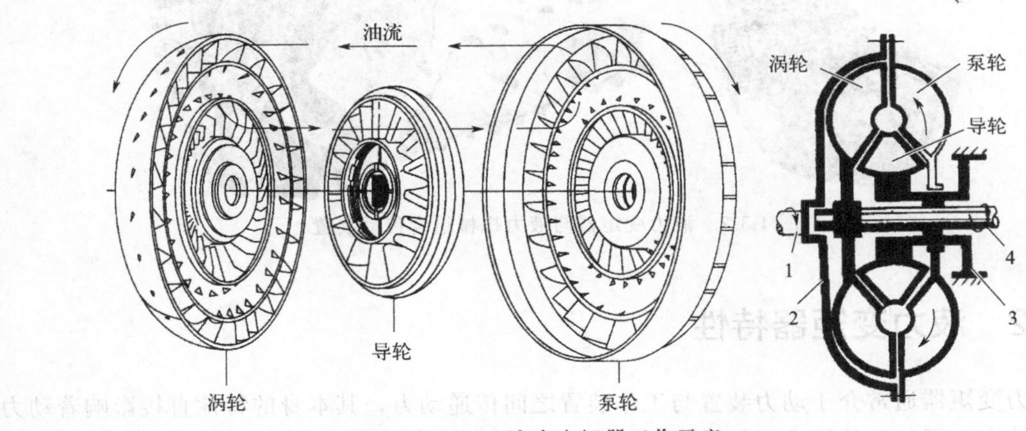

图 4-5-1 液力变矩器工作示意

1—输入轴；2—变矩器壳；3—导轮轴；4—输出轴

液力变矩器具有自适应的优点，但变矩比较小，单一变矩器还很难完全满足行走机械变矩变速的要求。液力变矩器通常与机械变速装置组合传动，能够扬长避短、发挥各自的优势。液力变矩器与机械变速装置结合组成机械液力传动装置在行走机械中应用也较多，通常将液力变矩器布置在机械变速装置的前端，动力装置的动力通过液力变矩器再传入机械变速箱。这类传动形式相当于液力变矩器代替机械传动的主离合器，介于动力装置与变速装置之间，由于液力变矩器输入和输出之间无刚性连接，可以减轻和隔离振动载荷。配置这类装置的行走机械起动时液力变矩器的从动轴转速为零，主动轴的转速等于发动机曲轴转速，这时的传动比、变矩比最大，从而保证该机具有良好的起动性能。有些行走机械既要利用液力变矩器克服阻力的韧性，又要具备高效传动的性能，为此可在液力变矩器上设置闭锁离合器以便用于直接传动。利用闭锁离合器传动时，液力变矩器不参与传动，传动系统又转化为高效率的纯机械传动。

在设计行走机械传动系统时，需要全新设计变矩器的情况并不常见，这是因为一组效率高、性能好的液力传动装置往往需要经过多次反复的设计、大量试验后才能获得。通常的情况是在已有的成熟产品内选择，通过合理匹配满足整机性能的要求。根据行走机械设计需要设计或选择液力变矩器时，首先要确定的是功率、转速、有效直径、公称力矩等技术参数。其次还要进行传动性能匹配，匹配的依据是外特性曲线或在不同传动比（变速比）i 值下对应的效率、变矩系数等。所设计或选择的液力变矩器作为传动系统中的一个环节，其结构形式也需要与前后装置相匹配，这也牵涉到具体形状、结构、尺寸等。技术参数是确定液力变矩器的初始依据，在主要技术参数能够满足总体技术要求的基础上，才能进入到具体的性能、结构匹配。外特性曲线或数据是为性能匹配而准备，没有外特性曲线就无法对所要选取的液力变矩器进行充分的了解，不了解其性能就很难进行合理匹配设计。外形及结构尺寸是机器总体布置与结构设计的依据，其与最终产品结构、形态的关联紧密。图 4-5-2 所示为液力变矩器和变矩器与机械传动组合的传动装置，该组合传动装置用于伸缩臂叉装车，应整机总体布置需要而成为图中组合结构形式。

图 4-5-2　液力变矩器与液力机械组合传动装置

4.5.2　液力变矩器特性

液力变矩器通常介于动力装置与工作装置之间传递动力，其本身的特性直接影响着动力的输入输出，了解其特性才能优化装置匹配，提高传动效果。通过多种液力变矩器的主要性能参数与曲线的解读，可以对其形成基本的认识。

4.5.2.1　液力变矩器主要特性参数

液力变矩器以液体为工作介质传递动力，作为一种传递扭矩与转速的传动装置，既有与其它传动装置相同的特性，更有其特殊之处。通常描述其性能指标的主要参数有以下几个：

(1) 变矩系数

变矩器的变矩系数反映了变矩器改变力矩的能力，为涡轮扭矩 T_T 与泵轮扭矩 T_B 之比，通常用 K 表示。一般用起动工况的起动变矩比来比较变矩器的变矩性能。

$$K=T_T/T_B$$

(2) 变速比

变速比用来表示变矩器的运转工作范围，为变矩器涡轮转速 n_T 与泵轮转速 n_B 之比，即输出转速与输入转速之比，用 i 表示。

$$i=n_T/n_B \quad 或 \quad i=\omega_T/\omega_B$$

(3) 变矩器效率

变矩器效率为涡轮输出功率 P_T 与泵轮输入功率 P_B 之比，用 η 表示。液力变矩器的效率高于某一规定值的范围称为高效范围，以此范围内最高变速比与最低变速比的比值来表示高效范围的大小，高效范围也是评价液力变矩器经济性能的指标之一。

$$\eta=P_T/P_B=T_T\omega_T/(T_B\omega_B)$$

(4) 泵轮扭矩系数

泵轮扭矩系数是表示变矩器工作能力大小的参数，用 λ_B 表示。对于同一液力元件 λ_B 是变速比的函数，几何相似的液力变矩器在变速比相同时 λ_B 值相等。不同的变矩器具有不同的 λ_B，每个变矩器 λ_B 的变化规律表示由于负荷或工况变化而引起的加给动力装置的负荷变化规律，可以此辨识液力变矩器的透穿性能。

(5) 透穿性能

透穿性能是指液力变矩器涡轮轴的扭矩和转速变化对泵轮轴扭矩和转速影响大小的一种性能，当涡轮轴的扭矩变化时泵轮轴扭矩保持不变或大致不变，这种变矩器具有不可透穿的性能。若涡轮轴的扭矩变化能引起泵轮轴扭矩也有所变化，这种液力变矩器具有可透穿性能，根据其透穿情况不同有正透穿、负透穿和混合透穿之分。透穿性能关系到外来载荷变化时是否影响动力装置的工作情况，负透穿性的变矩器因使动力性变差而很少使用。

4.5.2.2 变矩器特性曲线

液力变矩器的一些特性参数之间的关系可以用特性曲线图来描述，对于行走机械设计所关注的主要有三种特性曲线，即外特性或称输出特性、无因次特性和输入特性曲线。液力变矩器的外特性是表示液力变矩器的扭矩、效率等各参数与涡轮转速之间的关系，通常用泵轮转速 n_B 为常数时，泵轮扭矩 T_B、涡轮扭矩 T_T 和变矩器效率 η 随涡轮转速变化的关系曲线表达，如图 4-5-3 所示。外特性曲线只说明单一液力变矩器的某些性能，是对一定形式和尺寸的液力变矩器而言，即使同一类型的变矩器，当尺寸变化后外特性曲线就完全不适用了。而无因次特性曲线（图 4-5-4）表达的是一组具有相似关系的变矩器的外特性曲线，无因次特性曲线是根据相似理论，建立起的以变速比 i 为自变量，泵轮扭矩系数 λ_B、变矩系数 K 和变矩器效率 η 随 i 而变化的关系，它们表示一组相似的变矩器群在任何转速下的输出特性。只要确定了有效直径 D 和泵轮转速 n_B，就可根据无因次特性获得该类型液力变矩器的外特性。

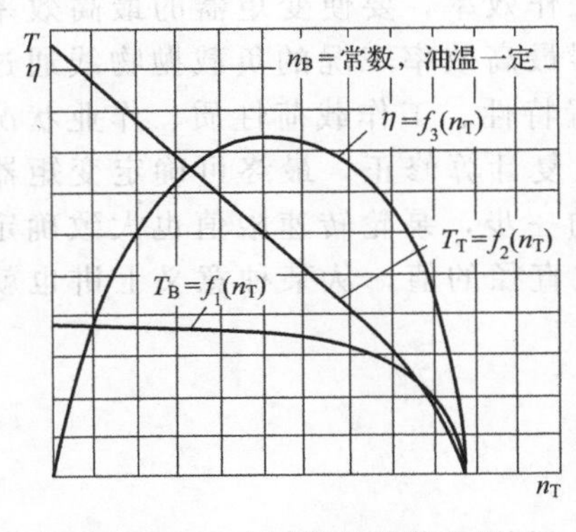

图 4-5-3　变矩器外特性曲线

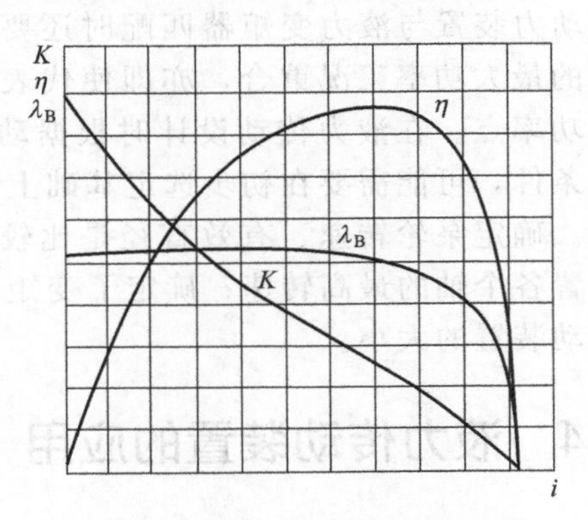

图 4-5-4　变矩器无因次特性曲线

液力变矩器的输入特性与工作介质、结构尺寸等相关联，输入特性曲线是以不同变速比作为参数而绘制的泵轮扭矩 T_B 与转速 n_B 间函数关系的曲线。泵轮扭矩与泵轮扭矩系数 λ_B 存在如下关系：

$$T_B=\lambda_B \gamma n_B^2 D^5$$

当变矩器结构尺寸给定后则有效直径 D 为定值，工作介质确定后则 γ 也确定，因此泵轮扭矩变化在于 λ_B 和 n_B。在式中 λ_B 是一个与变速比有关的变量，$\lambda_B=\lambda_B(i)$，给定一变速比 i 就对应一 λ_B。则每给出一变速比 i 的数值就可画出一条通过坐标原点的扭矩与转速关系曲线。为了表示变矩器的全部工况，就必须给出一系列不同的 i 值。这样在曲线图上将绘出一组通过坐标原点的抛物线族，这组抛物线就是该液力变矩器的输入特性曲线，输入特性曲线是与动力装置匹配的基础依据。

4.5.3 变矩器与动力装置匹配

每种动力装置输出动力都有各自的特性，当动力装置与液力变矩器匹配后由变矩器输出的动力特性已发生改变。发动机与液力变矩器结合后，液力变矩器输出动力特性已经改变了原来发动机的输出特性，新输出特性是二者特性匹配后的结果。变矩器的输入特性与发动机输出特性看作这种复合动力装置的内部特性，而共同的输出特性则显示两者联合工作的最终结果，共同的输出特性是行走机械进行牵引计算等的依据。匹配时可将发动机的外特性曲线绘到初选的变矩器泵轮输入特性曲线上，组成两者共同的输入特性，发动机外特性曲线与泵轮输入特性曲线的交点，就是在稳定状态下的共同工作点。

不透穿变矩器的 λ_B 为常数，输入特性曲线只有一条，与发动机外特性曲线只有一个交点。可透穿变矩器变速比 i 可变，λ_B 也随之而变，因此这类液力变矩器的输入特性曲线为一族曲线。此时在同一图上以相同比例画出发动机外特性曲线，则液力变矩器的输入特性曲线与发动机外特性曲线有多个交点，二者的交点为共同工作点。每一工作点的 T_B、n_B 对应于一变速比 i，而每个变速比 i 都有对应的变矩系数 K 值。

按：　$T_T=KT_B$　和　$n_T=in_B$

计算得到一系列的 T_T、n_T 值，画出对应的（T_T，n_T）的点，连接这些点就得到共同的扭矩输出特性曲线。图 4-5-5 所示为一伸缩臂叉装车的发动机与变矩器匹配曲线，图中的抛物线族为变矩器的输入特性曲线，粗实线曲线为柴油机外特性曲线。获得的各交点坐标值即为泵轮的扭矩与转速，再由液力变矩器的特性公式计算出涡轮各个对应的扭矩与转速值，以这些值为坐标绘出曲线即得共同的输出特性曲线。

在动力装置与液力变矩器匹配时还要考虑工作效率，要使变矩器的最高效率工况和发动机的最大功率工况重合，亦即使代表变矩器最高效率工况的负载抛物线通过发动机的额定功率点。在液力传动设计时根据动力装置特性、工作载荷性质、作业状况以及匹配限制条件，可能需要在初步选定基础上进行反复计算修正，最终可确定变矩器的型号与规格。确定泵轮转速、有效直径是比较重要的一步，泵轮转速限值也大致确定了液力传动装置各个轴的最高转速；确定了变矩器有效直径的值，从某种意义上讲也就确定了液力传动装置的大小。

4.5.4 液力传动装置的应用

液力变矩器通常作为动力传递系统中的一个环节，需要与其它机械传动装置配合组

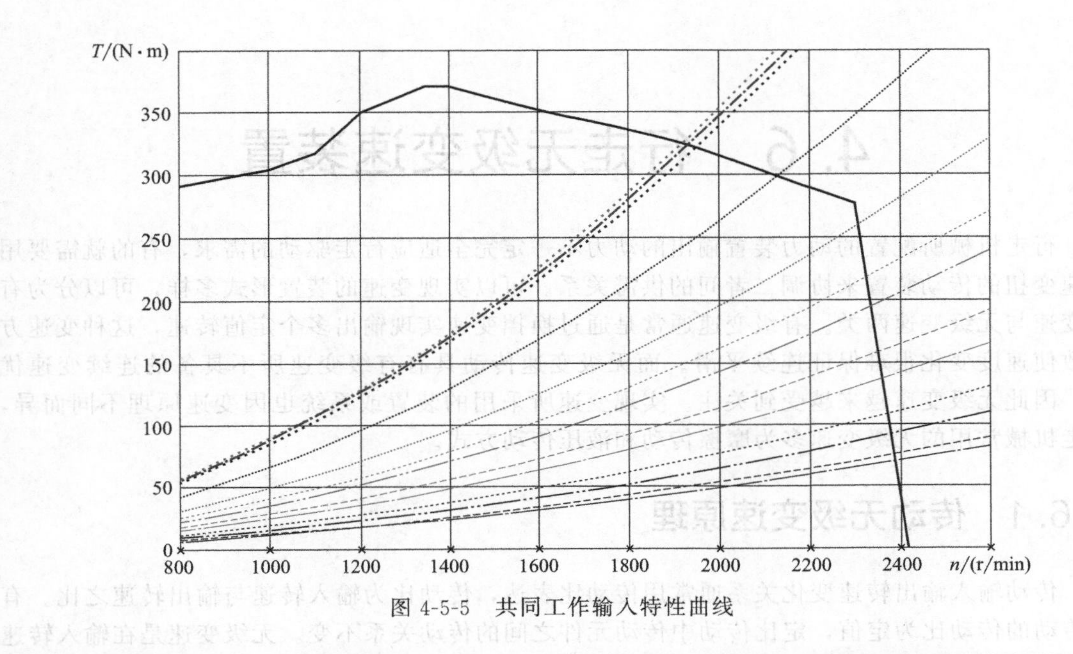

图 4-5-5　共同工作输入特性曲线

成液力传动装置使用。为了能够设计出满足要求的传动系统，不仅需要选择适宜的液力变矩器，而且要协调好变矩器与其它装置的匹配关系。液力变矩器存在多种类型以适应不同的需要，常用的三元件基本结构形式变矩器是单级单向变矩器，在此基础上进一步演化出各种不同形式。在一些需要高速行驶的工程机械上采用的综合式变矩器是一种单级两向变矩器，其泵轮与涡轮对称布置、导轮支承在单向离合器上。当导轮自由旋转时变矩器失去变矩能力转化为液力偶合器，综合式变矩器集变矩器与耦合器功能于一体。双涡轮变矩器具有两种工作状态，低速重载时两涡轮同时工作、变矩比大。高速轻载时可在小变矩比工况工作，此时只有其中一个涡轮工作。其作用相当于两挡变速而增大变矩比范围，进而简化与其匹配的机械变速装置结构。在有的装载机上使用可变容量变矩器，该变矩器泵轮分内外两个，内泵轮与发动机相连，外泵轮经滑差离合器与内泵轮相连。离合器完全接合时内外泵轮为一体，变矩器吸收功率最大；离合器完全脱开时外泵轮空转，变矩器吸收功率最小。此外还有多级液力变矩器、导轮可反转液力变矩器等，对变矩器功能要求越高则其结构越复杂，甚至还要牺牲效率，因此这类复杂结构变矩器的实际应用逐渐减少。

除选定变矩器种类与形式外，还必须考虑结构尺寸能否满足液力传动装置的结构要求，选配液力变矩器时牵涉到有效直径和公称力矩的参数确定。为了使用上的方便和对液力变矩器的容量进行标定，工程上引入公称力矩的概念。液力变矩器泵轮转速 $n_B=1000\mathrm{r/min}$，最高效工况时的泵轮力矩称为该液力变矩器的公称力矩。在实际设计中可以参照产品的已有应用进行对比选用，往往是将变矩器与机械变速箱一起选取、定型，更注重二者共同的尺寸与特性。采用液力变矩器的目的就是变矩、变速，期望变矩范围越大越好，而变矩器泵轮尺寸大小的变化可以用机械变速箱来弥补。液力变矩器一般布置在动力装置之后、机械变速装置之前，除要求有较高的变矩器效率、较宽的高效范围外，要有尽可能小的透穿性能。在选用变矩器时必须注意到高变速比时的透穿性，过大的负透穿度会超过柴油机允许的超载率，从而不得不降低变矩器实际可用的最大变速比。

4.6 行走无级变速装置

行走机械所配置的动力装置输出的动力不一定完全适应行走驱动的需求，有的就需要用变速变扭的传动装置来协调二者间的供需关系。可以实现变速的装置形式多样，可以分为有级变速与无级变速两类。有级变速通常是通过换挡变速实现输出多个定值转速，这种变速方式致使速度变化很难保证连续平滑。而无级变速传动具有有级变速所不具备的连续变速优势，因此无级变速越来越受到关注。实现变速所采用的装置或系统也因变速原理不同而异，行走机械常用的无级变速多为摩擦传动和液压传动方式。

4.6.1 传动无级变速原理

传动输入输出转速变化关系通常用传动比表达，传动比为输入转速与输出转速之比。有级传动的传动比为定值，定比传动中传动元件之间的传动关系不变。无级变速是在输入转速不变的情况下，装置或系统输出转速可实现连续变化，即无级变速传动的传动比在一定范围内连续变化。无级变速传动中必须存在使传动比变化的因素才能实现调速，摩擦传动和液压传动均存在连续可变的因素，前者通过传动结构尺寸的连续变化实现传动比的连续变化，后者则是利用流体容积连续变化实现无级变速。

4.6.1.1 摩擦传动变速原理

机械变速传动是在输入轴与输出轴之间所体现，两轴之间的传动基本是啮合传动和摩擦传动原理。其中啮合传动有齿轮与齿轮、链轮与传动链之间的啮合，摩擦传动可以是轮与轮间摩擦，也可以是轮与传动带之间的摩擦。在常规传动中啮合传动与摩擦传动均为定比传动，即一旦传动结构确定则传动比固定不变。啮合传动通过轮齿间的啮合实现动力的传递，摩擦传动实质相当于啮合传动的极限情况，即驱动半径不变而啮合齿数趋于无穷的极限情况。摩擦传动比较方便实现传动比的改变，因此机械无级变速装置采用摩擦传动方式为主，同样有轮与轮摩擦的摩擦轮无级变速装置，也有通过轮与传动带之间摩擦的无级变速装置。摩擦轮无级变速装置相对复杂、实际使用中应用不多。目前实际应用较多的机械式无级变速装置是采用V形带与变径轮组成的带式无级变速装置。带式无级变速装置主要包括主动轮、从动轮、V形带等基本部件，由于主动轮和从动轮的工作半径可以实现连续调节，从而实现了变速比无级调节。

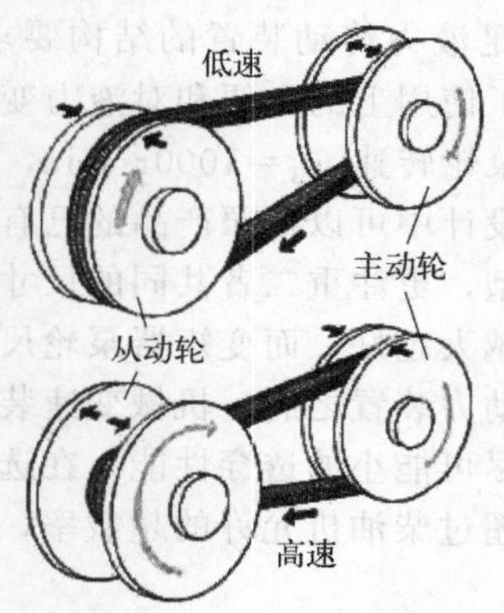

图 4-6-1　带式无级变速装置示意图

V形带变速传动与普通带传动形式一样，输入、输出轴平行布置。位于输入、输出轴上的主动轮、从动轮结构类似，均由左右布置的定盘与动盘两部分构成，如图 4-6-1 所示。其中定盘与轴固连、动盘可在轴上滑动，动盘可做轴向移动使得主、从动轮锥面与V形带的工作半径变化而改变传动比。两轴上的动盘和定盘相对布置，以保持传动带滑动时传动带中心位置不变。两轮之间传动的V形带的侧面与变速轮盘的斜面接触，并可沿轮盘斜面滑动。当其中一轮的轮盘间距变大时，传动带向该轮的轴心方向滑动，相当于此轮传动半径变小。由于传动带的周长不变，使得另外一轮上的传动带向远离轴心方向移动，相当于此轮传动半径加大，因而实现传动比的变化。在传动带宽度一定、传动轮盘斜面倾角一定的条件下，要调节变速范围就需要改变轮的传动半径，而传动半径的变化取决于动盘相对于定盘移动的距离，所以加大动盘与定盘间的可移动间距，则可加大变速范围。带式无级变速传动为恒功率传动，在变速的同时传动的扭矩也随之反比例变化。

4.6.1.2 液压传动变速原理

液压传动是利用液压油液为工作介质实现动力传递，利用液压元件工作容积的变化及介质的流动特性可以实现无级变速传动。液压无级变速系统为液压泵与马达组成的液压系统。液压传动系统按油液循环方式不同可分为开式系统和闭式系统，行走机械中应用的液压无级变速系统主要是闭式系统。开式系统中的液压泵从油箱中吸油，输出的压力油经控制阀后流向液压马达，马达的回油经控制阀流回油箱。闭式系统的主液压泵与液压马达的油口之间直接成对相连构成一个对称的封闭回路，另由一个补油泵经过单向阀和溢流阀使这个回路始终维持一个基础压力（图 4-6-2）。采用变量泵的闭式系统中主泵两个油口的油流方向可根据变量泵的调节随时变化，液压系统中变量泵的输出流量与自身的输入转速相关，从某一起调转速开始工作。变量泵在此输入转速条件下，通过自身的调节功能能够实现零到额定排量的连续调节。系统中的马达无论是定排量还是变排量，通过泵的排量改变可使马达的输出转速在零到最大之间无级调节。

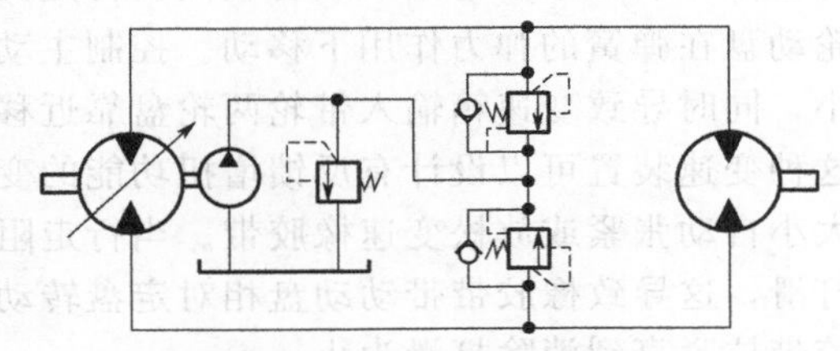
图 4-6-2　闭式系统示意图

闭式系统回路中的理论流量为泵排量与泵转速的乘积，不考虑泵与马达各自的容积效率这也是供给马达的流量。当泵的转速确定、马达的排量确定时，马达的输出转速只随泵的排量变化而变。当系统中变量泵的排量为零时，系统回路中没有油液流动，因没有流量通过马达而使马达输出转速为零。当泵的排量从零逐渐增加时，流经马达的流量也同时增加，单位时间流入马达油量的增加就使马达输出转速提高。利用改变液压泵或液压马达的工作容积的方式来实现调速，这种容积调速回路已被广泛使用。液压传动系统中的液压变速传动元件可以选择不同的搭配方式，通常采用变量泵与定量马达或变量马达组成系统。可以根据调速的要求不同选择容积调速元件的不同调节特性，这样可以实现希望的调速特性，又使系统的效率大大提高。液压无级变速系统的输出由液压马达实现，马达的输出扭矩只与马达排量、液压系统工作压差相关，采用定排量马达液压变速系统为恒扭矩输出。

4.6.2 带传动无级变速装置

各种带传动无级变速方式的变速原理相同，而实际的变速装置各有特点，一般采用定轴传动结构，也有采用双带动轴传动形式。传动带大多采用橡胶变速带，也有采用金属链式传动带。带传动无级变速装置的结构与形式，要结合具体机器的传动要求、结构特点等才能确定。

4.6.2.1 定轴传动无级变速装置

定轴传动无级变速为单变速带式无级变速装置，它必须是一对对应的变径带轮，才能实现变速功能，通常采用液压油缸驱动主动轮动盘轴向移动实现传动轮径变化。当等速传动时传动带位于主/从动轮轮径相同的中间传动状态，即传动带与带轮接触部位处于可变轮径的中间部位。需要变速时操纵变速油缸伸缩，从而使主动轮轮盘间隙被改变导致无级变速带沿轮盘斜面滑动，通过改变轮盘间距达到改变工作直径的效果。主动轮的轮径变化同时导致传动带传动状态被改变而影响从动轮，与主动轮相配合的从动轮也是一变径带轮，其运动原理与前者一样。从动轮的动盘一般是在弹簧作用下实现轴向压紧，使两轮盘的斜面与传动带侧面接触。传动带与轮盘接触位置变化时弹簧自动调节动盘轴向移动，主动轮变化经传动带传递到从动轮，两传动轮直径变化趋势正好相反。当需要增速时主动轮的动盘在液压油缸的作用下向定盘移动靠拢而使主动轮工作半径变大，由于变速带的长度不变、两变径带轮的轴距不变，必然迫使从动轮动盘移动远离定盘而减小工作半径。如图 4-6-3 所示的单级变速带式无级变速装置中，下图为联合收割机行走无级变速装置，其从动轮也是变速箱输入带轮，该轮动盘在弹簧的弹力作用下移动。控制主动轮动盘向离开定盘方向移动，则该轮工作半径减小，同时导致变速箱输入带轮两轮盘靠近移动，从而改变传动比实现变速箱输入转速下降。这种变速装置可以设计有反馈增扭功能的变速结构，称为增扭器，可实现按行走所需扭矩的大小自动张紧或放松变速橡胶带。当行走阻力变大时带有增扭器的变径带轮定盘与动盘之间打滑，这导致橡胶带带动动盘相对定盘转动一个很小的角度，使动盘向定盘方向靠拢而将橡胶带拉紧直到消除打滑为止。

图 4-6-3 单级变速带式无级变速装置

橡胶带传动受其自身结构与材料特性等的制约，其传动时最小回转半径、传动带的牵引能力均受到限制。采用金属元件组合而成的金属变速传动带或链，其传动的基本原理与橡胶带一样，两侧斜面摩擦传动。只是橡胶带是连续接触，而金属传动带是利用其构件独立接触，这就可以具有单体零件组合结构的优势，获得橡胶带传动无法实现的结果。利用金属的高强度提高传动带的牵引能力，利用多零件组合变形的灵活性减小传动半径，因此金属带传动较橡胶带传动其优势在于可以减小传动半径、增大传动带的传动力，当然金属带或链结构要比橡胶带复杂得多。金属带无级变速也是单变速带传动，与橡胶带定轴传动无级变速结构形式基本相同。主动轮组和从动轮组均由可动盘和固定盘组成，与油缸靠近的一侧带轮可以在轴上滑动，另一侧则固定。可动盘与固定盘都是利用斜面形成V形槽来与金属传动带接触。通过主动轮与从动轮的可动盘做轴向移动来改变主、从动轮锥面与传动带接触部位，从而实现改变工作半径、达到改变传动比的结果。金属传动带或链与一体结构的橡胶带最大的不同在于结构形式，金属传动带或链是采用多个金属元件连接而成的组合结构，如图 4-6-4 所示。

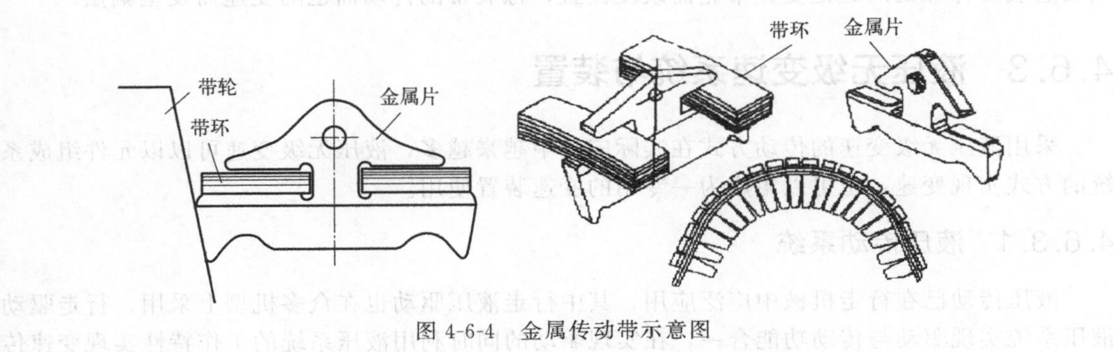

图 4-6-4 金属传动带示意图

4.6.2.2 双变速带式无级变速装置

双变速带式无级变速装置需要两条传动带参与变速传动，实施变速的只有一套变速带轮。该变速带轮是无级变速的核心部件。这种无级变速传动的特点在于两级带传动，第一级是动力输入到变速带轮的传动，第二级是变速带轮到输出带轮的传动。变速带轮由定轮和可在其间轴向滑动的动轮组成，动轮与定轮共同构成双槽带轮。如图 4-6-5 所示的双橡胶带式无级变速装置，变速带轮的定轮由左右轮盘和轴套组合而成，两轮盘分别固定在轴套的左右两侧。动轮安装在两轮盘之间的轴套上，并可在轴套上轴向滑动。轮轴穿过轴套两端与摆架连接固定，整个变速带轮绕轮轴转动。变速带轮实质为一双槽带轮，与普通双槽带轮不同的是该带轮两槽的宽度是可变的，而且变化时一槽变大则另一槽随之变小。与变速带轮匹配的输入输出带轮的结构仍为常规结构，在无级变速传动中只起传动作用。实施无级变速时只要迫使中间动轮轴向移动，就会改变两传动带对应带轮的传动半径尺寸，进而实现传动比的连续变化。

图 4-6-5 双橡胶带式无级变速装置

1—右侧定盘；2—轮轴；3—轴套；4—中间动轮；5—左侧定盘

为了保证两级传动达到比较理想的传动状态，在实施变速过程中必须合理调节变速带轮的位置，即只有该带轮能够沿既定曲线移动才能实现无级变速。实际应用中通常将该曲线简化为一弧线轨迹，通过一摆动装置使变速带轮摆动实现。图 4-6-5 所示为常用的一种结构形式，变速带轮布置在摆架的一端，利用液压油缸驱动摆架摆动致使变速带轮与输入、输出带轮的距离变大变小。同时变速带轮动轮在传动带的作用下在定轮中间滑动，进而改变传动带与带轮的接触位置，而且传动带在对应轮槽内工作半径的变化是相反的。这种无级变速装置在联合收割机中应用较多，以新疆-2 为基型的联合收割机产品均采用这一结构。双带式无级变速装置存在的问题是变速带轮需改变位置，橡胶带的传动面也随变速而发生偏摆。

4.6.3 液压无级变速系统与装置

采用液压无级变速的传动方式在实际应用中越来越多，液压无级变速可以以元件组成系统的方式实现变速，也可以集成为一专用的变速装置使用。

4.6.3.1 液压传动系统

液压传动已在行走机械中广泛应用，其中行走液压驱动也在众多机型上采用。行走驱动液压系统实现驱动与传动功能合一，在实现驱动的同时利用液压系统的工作特性实现变速传动。液压系统的调速方式可以是节流调速，也可以是容积调速，前者利用回路中控制阀的节流作用实现工作介质流量的变化，这类调速会引起系统发热等不良反应，使用的范围受限。后者是通过改变液压泵或液压马达的工作容积来实现调速，具有效率高、适用性好的特点，也更适合传动无级变速。行走液压驱动系统的基本构成元件是液压泵和液压马达，系统中只要选用可调变量泵、变量马达其中之一组成液压传动系统时就可实现无级调速。可以组成变量泵-定量马达调速、变量泵-变量马达调速、定量泵-变量马达调速等不同组合形式的系统，其中定量泵-变量马达调速与前两者相比优势不大、应用较少。由于变量泵本身兼有调节流量和改变流向的双重功能，行走驱动液压系统不但可方便地通过泵调节流量，而且可以利用反向供油实现行走机械前进与倒退方向的改变。图 4-6-6 所示为变量泵与两种液压马达构建的液压系统示意。

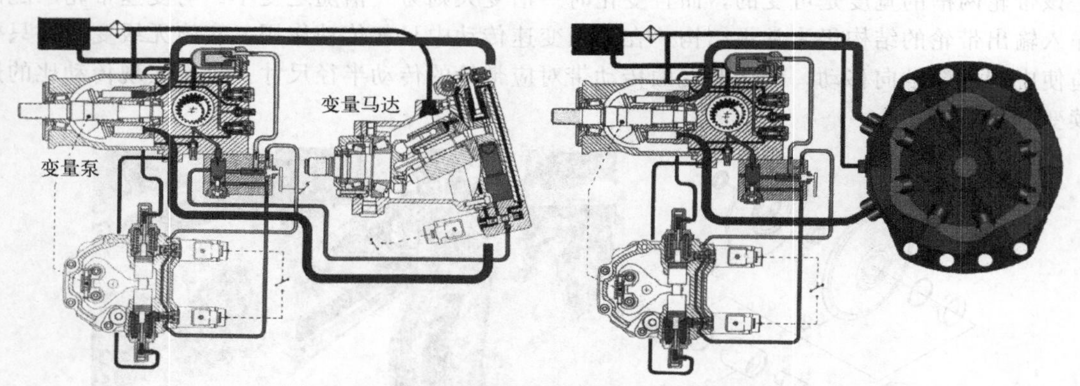

图 4-6-6 变量泵与液压马达构建的液压系统示意

4.6.3.2 液压无级变速装置

液压无级变速装置通常由变量泵、定量马达等组成，主泵、补油泵、马达等组成的闭式液压变速系统，一般都将泵、马达等主要部分集成在同一壳体内成为一个液压无级变速装置，也称为 HST 装置，如图 4-6-7 所示。通常液压无级变速装置的壳体中或阀座中有高低压油道，油道上设置了单向阀、溢流阀等，壳体外部连接有外配的油箱、油滤器等器件。变量主泵与补油泵均由动力装置传递来的动力驱动，定量马达轴即为变速后的动力输出轴。补油泵通过过滤器和单向阀向工作回路补油，多余的油液通过卸荷阀流回油箱。HST 装置在保留了液压传动所具有的功率密度高、布局方便、过载保护能力强和控制方式灵活等优点的同时，又具备了由马达输出的无级调速和连续运转的动力。因为调节功能和安装布局方面均有特殊优势，HST 装置才得以应用得越来越广。这类液压无级变速装置也是以容积调速方式实现无级变速，一般用于传递功率不大的场合。

图 4-6-7　液压无级变速装置（HST）

4.7 行走驱动力分配

行走机械从动力装置到行走驱动轮之间的全部传动装置的组合构成传动系统，传动系统除了要解决动力高效传递、通断操控、扭矩的改变、速度方向的变化等，还要解决动力在驱动轮之间的分配与传递的问题。行走装置为双轴三轮以上的行走机械，其驱动一般都是两轮及多轮驱动，动力装置的动力经变速装置后需要进一步传递到每个驱动轮，这一传动环节所要完成的是同轴驱动轮动力的传递与分配，多轴驱动时还需要进行轴间动力传递与分配。

4.7.1 行走驱动中的分动与差速

行走传动系统中通常需要将单轴输入的动力通过传动装置改变传动方向、分流输出，如采用桥式结构的行走装置中需通过中央传动传递动力给同轴的两驱动轮，这一传动过程可能既需要改变方向又需要分流传动。输入给驱动桥的中央传动装置的动力需要分配给左右驱动轮，如果左右轮由一根轴同时驱动则受到的驱动一致、行驶速度完全相同，这在左右驱动轮路面状况相同直线行驶条件下可以。当进行转弯或车轮越过障碍物时，两个车轮要产生速度差异，此时仍采用上述传动则车轮必然产生滑移。为此在中央传动部位配置一差速器，动力经差速器分流后再经过左右半轴传递给左右驱动轮。差速器的主要功能是将动力根据实际工况分配给左、右驱动轮，使左、右驱动轮能具有行驶运动学所要求的差速功能，在路况条件不同、曲线行驶等场合减小车轮滑移。

差速器的传动特性为行走机械正常行走带来方便的同时，在一些特殊场合也影响行走通过性和牵引性能。当行走机械行驶过程遇到一侧车轮打滑时，差速器会将中央传动接收的扭矩大部分或全部传递到打滑的车轮上，却无法将扭矩分配给不打滑一侧的轮。如当同轴两驱动轮分别接触坚实路面和冰雪、油污路面时，在路滑一侧的驱动轮可能因附着力不足而打滑，在这种情况下无法获得足够牵引力实现正常行驶。为此要设法限制差速器的差动作用，让大部分扭矩甚至全部扭矩传给不打滑的驱动轮。采用具有限滑或锁止功能的限滑差速器，在发生打滑时能限制差速器差动引起的负面作用。限滑差速器因限滑原理、作用方式等不同而形式多样，既包含部分限滑功能，也包含差速锁止功能。

差速器是动力传递过程中的一个环节，它既可以作为装置独立布置在传动路线中，也可以作为其它传动装置的一部分集成其中。差速器有轮间差速和轴间差速之分，用于同轴两驱动轮之间的差速器称为轮间差速器，轮间差速器通常与驱动桥集成在一起，作为驱动桥中央传动的一个组成部分。对于多轴驱动的行走机械轴间同样存在驱动力的传递与分配问题，可以在各驱动桥之间装设轴间差速器。轴间差速器的功用与轮间差速器的功用类同，可以优化轴间驱动性能、减少内部寄生功率产生等。多轴驱动中经常有单轴驱动与多轴驱动的切换状态，此时轴间差速器锁止功能显得重要。

4.7.2 普通齿轮差速器

差速器是一种差速传动机构，主要用于同一驱动轴线上两驱动轮的扭矩匹配，保证在各种不同条件下传递动力给驱动轮，同时避免或减小轮胎与地面间的滑动。能够实现差速功能的机构与装置形式多样，其中使用较多的是行星齿轮差速器。通常驱动桥中的差速器采用对称式锥齿轮差速器，这种差速器由行星齿轮、半轴齿轮、行星齿轮轴和差速器壳体等组成，如图 4-7-1 所示。其中两直径相等、对称布置的半轴齿轮同时与行星齿轮啮合，行星齿轮既可以绕着差速器半轴齿轮中心“公转”，而且还绕着差速器行星齿轮轴“自转”。分别以 ω_1、ω_2、ω_0 代表左右半轴与差速器壳体转速，则普通差速器工作时的转速关系为：

$$\omega_1+\omega_2=2\omega_0$$

由上述关系式进一步可知存在以下几种工况的转速关系：

① 当 $\omega_1=\omega_2=\omega_0$ 时，差速器壳体转速与半轴齿轮转速一致，此时行星齿轮在行星齿轮轴的带动下只有公转而没有自转，此时为直行工况。

② 当 $\omega_1=0$，$\omega_2=2\omega_0$ 或 $\omega_2=0$，$\omega_1=2\omega_0$ 时，驱动轮中一个不动，另一个驱动轮以差速器壳体两倍的速度运动，此时的差速器成为传动比为 2 的行星齿轮传动。

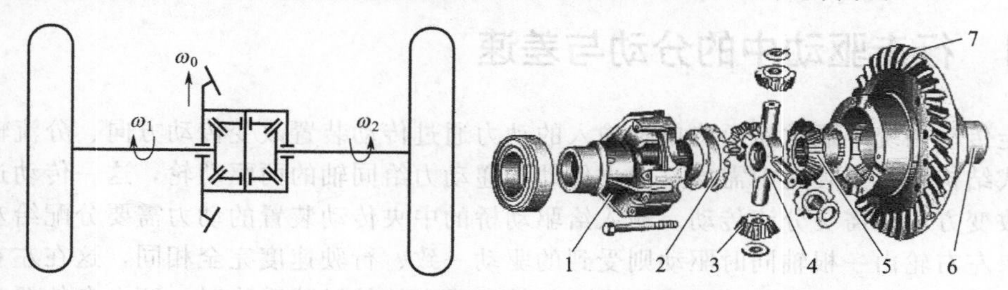

图 4-7-1 对称式锥齿轮差速器

1—差速器左壳；2—左半轴齿轮；3—行星齿轮；4—行星齿轮轴；5—右半轴齿轮；6—差速器右壳；7—中央传动从动齿轮

③ 当 $\omega_0=0$，$\omega_1=-\omega_2$ 时，差速器壳体不动，左右驱动轮转速相同、旋向相反，此时差速器成为传动比为 1 的齿轮传动。

这种差速器通常与中央传动的从动齿轮集成在一起，从动齿轮固定在差速器壳的凸缘上。中央传动的主动齿轮与从动齿轮啮合，从动齿轮带动差速器壳体一起转动。差速器壳体通常设计为左右两体用螺栓紧固在一起，行星齿轮轴端部安装在差速器壳的圆孔内，每个轴颈上套有一个带有滑动轴承的直齿圆锥行星齿轮，行星齿轮的左右两侧各与一个直齿圆锥半轴齿轮相啮合。半轴齿轮的轴颈支承在差速器壳体的孔中，其内花键与半轴相连。直线行驶时左右驱动轮的路面状况相同、所受的阻力相同，此时行星齿轮不发生转动，差速器壳、行星齿轮轴以相等的扭矩同时带动两半轴齿轮一起旋转，左右两驱动轮和差速器壳体以相同旋转速度滚动。行走机械转弯行驶时左右轮阻力发生变化，此时行星齿轮产生转动，差速器实施差速作用。两轮阻力不同使两半轴齿轮之间的扭矩产生差异，迫使行星齿轮在公转时也要自转，使得负荷小的半轴齿轮转速加快，与其相连的车轮速度也必然高于另一侧的轮速。正是由于差速器的差速作用，行走机械转弯行驶时外侧车轮的速度高于内侧车轮速度。轮间差速器大多都集成在驱动桥内，安装形式如图 4-7-2 所示。

图 4-7-2　差速器安装形式

4.7.3　普通差速器限滑与锁止

只具备差速这一基本功能的差速器通常也称为普通差速器，在其基础上增加一些功能装置则可实现限滑、锁止等更多的功用。限滑差速器是相对普通差速器而言，其比普通差速器增加了限滑功能，既可以实现部分限滑，也可以实现完全锁止。

4.7.3.1　带有摩擦元件的差速器

在普通差速器的基础上增加摩擦片、摩擦盘等元件可组合成有限滑功能的差速器，这类具有一定限滑功能的差速器也可称为非刚性差速锁差速器。如图 4-7-3 所示是一种摩擦片式限滑差速器，当直行时差速器壳体的扭矩在左右半轴间平均分配，扭矩是经两条传递路线由差速器壳体传给半轴。一条是由差速器壳通过行星齿轮轴、行星齿轮、半轴齿轮等传给半轴，另一条是由差速器壳通过主、从摩擦片等传给半轴，无差速传动时传递的扭矩为行星锥齿轮差速器传递的扭矩与摩擦部分传递扭矩之和。当一侧驱动轮由于滑转使两驱动轮间产生转速差，此时差速器壳体转速与两半轴齿轮转速均不同，因摩擦作用在差速器壳体两侧分别产生摩擦力矩。该摩擦力矩的大小与摩擦系数及压紧力相关，方向则与半轴相对差速器壳体的转速相关。转速高于壳体一侧的摩擦力矩方向与该半轴转向相反，转速低于壳体一侧的摩擦力矩方向与该半轴转向相同，这犹如将部分驱动力矩由快转侧转移给慢转侧，即旋转速度低的一侧驱动轮的驱动扭矩大于高速侧，提高行走驱动能力。

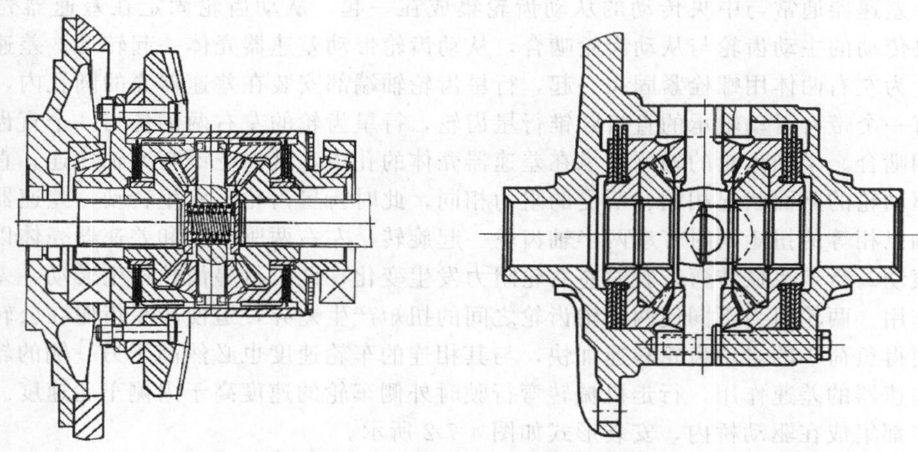

图 4-7-3　摩擦片式限滑差速器

利用摩擦作用实施限滑的限滑差速器形式多样，限滑功能的实施控制可以是本身自动完成，也可接受外来操控，图 4-7-4 所示的液控限滑式差速器是采用一种液控方式。差速器壳体的右端加工有内花键，右半轴齿轮的轴套上加工有外花键，摩擦离合器的主动盘 5 与被动盘 6 分别用花键与差速器壳 3 和右半轴齿轮 9 相连。正常行驶时动力经中央传动从动锥齿轮 10 传递给差速器壳体，通过行星齿轮轴 4 行星齿轮带动左右半轴齿轮工作，此时两半轴齿轮可相对转动实现差速。当要求左右半轴等速作业时，控制液压系统的油路使液压活塞 7 在高压油液的作用下移动，通过压紧作用迫使摩擦离合器接合，此时的右半轴齿轮与差速器壳在摩擦力的作用下暂时结合到一起，使左右半轴锁止不能相对转动。这种差速锁的特点是利用摩擦力锁紧，两根半轴处在任何相对转角位置都可以随时锁住，通过操控电磁阀可随时将差速锁打开或接合。

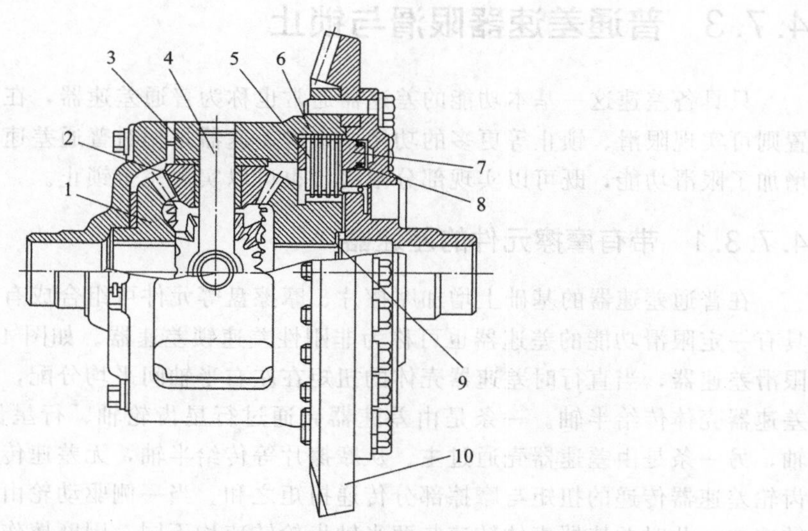

图 4-7-4　液控限滑式差速器

1—左半轴齿轮；2—行星锥齿轮；3—差速器壳；4—行星齿轮轴；5—主动盘；6—被动盘；7—液压活塞；8—密封圈；9—右半轴齿轮；10—从动锥齿轮

4.7.3.2 锁止差速器

在普通差速器基础上增加一摩擦式限滑装置，一般还达不到完全锁止的效果，在普通差速器基础上匹配刚性差速锁构建的锁止式限滑差速器能够实现完全锁止。这类差速器一旦锁止则两半轴相当于刚性连接，无论两侧车轮受到的外来阻力如何两轮均同步转动。锁止的结果是强制两半轴同步转动，强制同步的方式虽然有所不同，但一般都是利用锁止机构将半轴与差速器壳体锁定在一起。半轴与差速器壳体一旦锁定则半轴只能随壳体转动，输入动力从中央传动的从动齿轮经差速器壳体直接带动半轴转动，差速器已不存在差速作用。

锁止机构也被称为差速锁，比较常用的锁止方式有啮合套式、指销式等。啮合套式差速锁通常是将轴与差速器壳体连接锁止，如图 4-7-5 所示。锁止机构的啮合套与半轴花键连接并可在该花键轴上轴向移动，需要锁止时可用拨叉推动啮合套移动，使啮合套上的接合齿与差速器壳体上接合齿相咬合，使半轴与差速器壳体锁止在一起。这类啮合装置的结构、操控可能不同，其锁止工作原理类似。指销式差速锁是利用销轴的移动将半轴齿轮与差速器壳体锁止，销轴插入为锁定状态，退出则二者分离仍为差速状态。锁止差速器可以在一侧车轮打滑的情况下触发机械锁合或人工强制锁合，将全部动力传递到有附着效果的驱动轮上。但锁止差速器的差速锁一旦锁止，则差速器完全失去差速作用，只能在特别恶劣路况条件使用，一旦行驶到较好路面应将差速锁止机构松开。

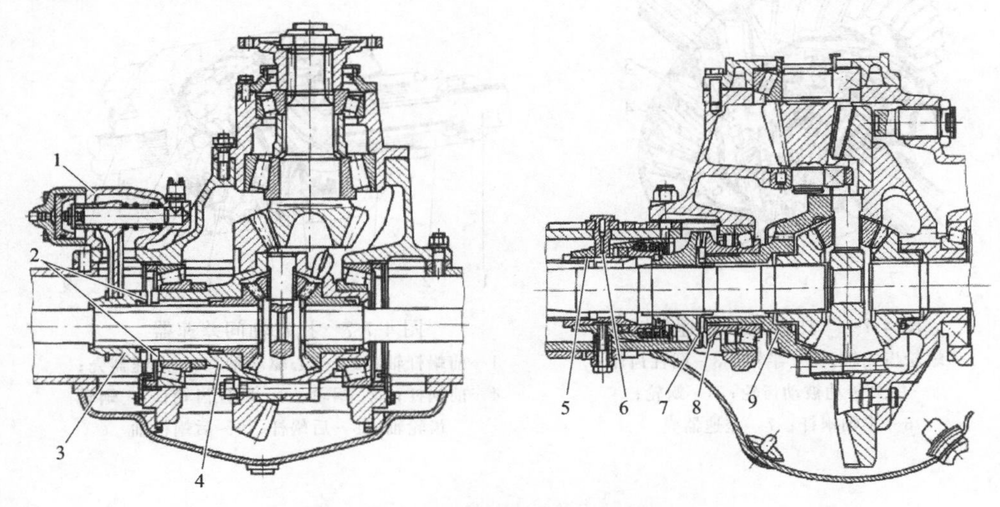

图 4-7-5　两种锁止差速器

1—操纵机构；2—接合齿；3—啮合套；4—差速器左壳；5—工作气缸；
6—气路管接口；7—外接合器；8—内接合器；9—差速器壳

4.7.4 其它限滑差速器

上面所提及的差速器都是以行星锥齿轮为基础的差速装置，实现差速还有其它方式，其中就有蜗轮式差速器和自由轮差速器，这两类差速器都可以实现限滑差速。

4.7.4.1 蜗轮式差速器

限滑差速器中有一类基于蜗轮蜗杆传动的差速装置，比较有代表性的是托森（Torsen）

差速器。托森差速器核心是蜗轮、蜗杆啮合机构，它巧妙地利用了蜗轮蜗杆传动的不可逆性实现机械锁止功能。蜗轮蜗杆机构只能单向从蜗杆到蜗轮传动，而蜗轮不能反向使蜗杆自由转动。如图4-7-6所示为托森轮间差速器，由差速器壳、左半轴蜗杆、右半轴蜗杆、蜗轮齿轮轴、圆柱齿轮和蜗轮等组成。蜗轮齿轮轴的中间安装一个蜗轮、两端各一个齿轮，蜗轮与齿轮通过蜗轮齿轮轴安装在差速器的壳体上。六组蜗轮齿轮两两平行绕传动轴布置，构成结构形式相同的两组装置，每组装置中的三个蜗轮分别与对应的半轴上的蜗杆啮合，对应的圆柱齿轮互相啮合。当中央传动被动齿轮带动差速器壳体转动时，六组蜗轮齿轮随同壳体一起转动，蜗轮带动蜗杆一起随壳体转动，此时为无差速行驶工况。当两侧车轮转速不一致时，半轴间产生偏转带动蜗杆也偏转。蜗杆的转动带动蜗轮转动，蜗轮又带动相互啮合的齿轮转动，两对齿轮转速相同、旋向相反，进而使另一侧半轴的转速增加或减慢。

托森差速器在转速、转矩差较大时有自锁作用，因此用作轴间差速器的应用更多，在四轮驱动的轿车上已获得应用。托森轴间差速器与轮间差速器的区别在于动力输入路径，输入轴间差速器的动力首先经由空心驱动轴，再到与空心驱动轴花键连接的差速器壳体，带动托森差速器的前后蜗杆轴。传向后桥的蜗杆轴直接输出即可，而传向前桥的蜗杆轴又要在空心驱动轴内反向向前桥方向传动，如图4-7-7所示。

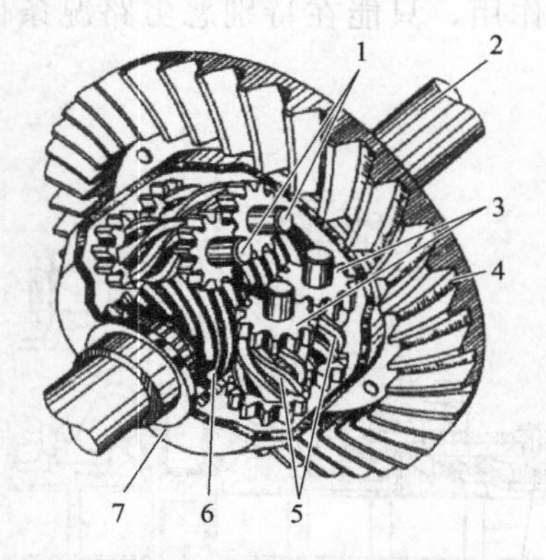

图4-7-6　托森轮间差速器

1—蜗轮齿轮轴；2—半轴；3—圆柱齿轮；4—中央传动被动齿轮；5—蜗轮；6—半轴蜗杆；7—差速器壳

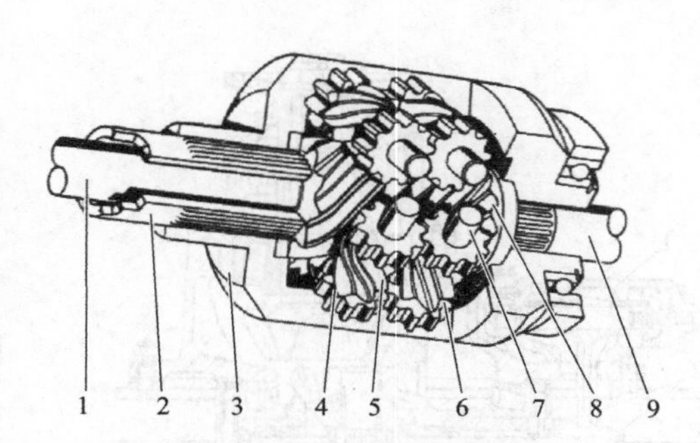

图4-7-7　托森轴间差速器

1—前蜗杆轴；2—空心驱动轴；3—差速器壳；4—前蜗杆；5—蜗轮；6—圆柱齿轮；7—蜗轮齿轮轴；8—后蜗杆；9—后蜗杆轴

4.7.4.2　自由轮差速器

差速器中有一类采用自由轮机构实现差速，这类差速器为自锁式差速器。自由轮差速器根据左右车轮的转速变化进行工作，转向行驶时差速器自动将高速侧的半轴与差速器脱开，并将全部转矩传给低速侧半轴。自由轮差速器有滚柱式和牙嵌式等结构形式，前者应用不多、后者在载重货车上有应用。

如图4-7-8所示，牙嵌式自由轮差速器左壳体1、右壳体2与主动环3以螺栓连接，同时也与传动输入齿轮10连接，固定在差速器左、右壳体之间的主动环工作时随壳体一起转动。主动环是一个带有十字轴的牙嵌圈，沿圆周均匀径向布置着许多倒梯形断面的传力齿，用以向两端从动环4传递动力。主动环的中间孔内装有中心环，二者之间滑动配合，利用卡环9轴向定位。中心环两侧面也有与主动环相同布置的倒梯形断面的传力齿，分别与从动环内圈内侧相应的梯形齿接合，在弹簧的作用下主、从动环处于接合状态。花键毂6内外均有

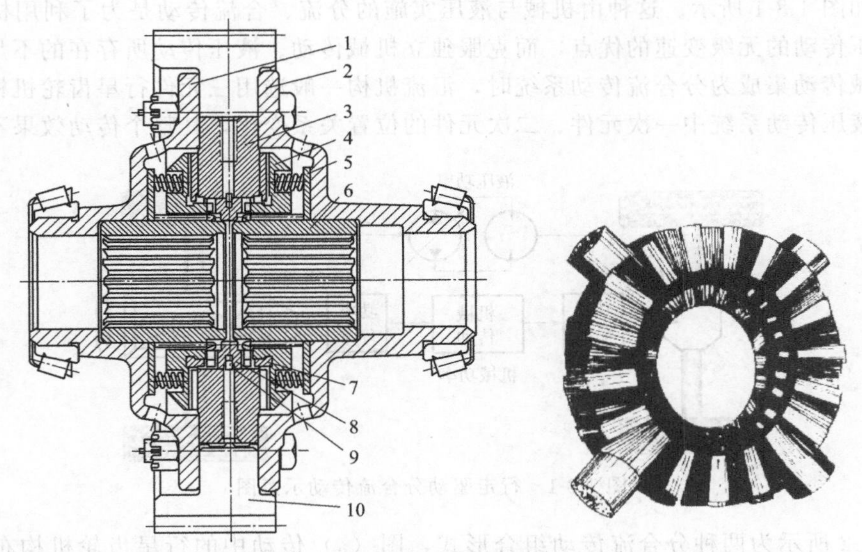

图 4-7-8　牙嵌式自由轮差速器装配与主动、中心环实体
1—差速器左壳体；2—差速器右壳体；3—主动环；4—从动环；5—弹簧；6—花键毂；
7—消声环；8—中心环；9—卡环；10—传动输入齿轮

键齿分别与半轴和从动环连接，直线行驶时主动环带动两从动环、从动环分别带动各自的花键毂与半轴。当转向行驶时两侧驱动轮快慢不同，其中慢转一侧的从动环与主动环间压得更紧，主动环带动从动环实现动力传送。快转一侧的从动环相对主动环有超越趋势，使中心环和从动环内圈梯形齿面产生轴向作用，压缩弹簧而使从动环外移脱离主动环，当主、从动环传力齿脱离时该侧完全没有扭矩输入。

4.8　机液双流复合传动

行走机械动力装置的动力需要分配给多个工作装置时，将动力分流成几路分别传递到不同的作业装置，这是常见的分流传动。合流传动是相对分流传动而言，可以是将两动力装置产生的动力合流，也可将同一动力装置分流后的动力合流，后者也称为分合流传动。应用较多的分合流传动是机液组合形式的复合传动，这类传动的传动路线中存在机械传动与液压传动并行的两种传动形式。通常是同一动力装置的动力分流为机械传动和液压传动两条路径，然后又汇合再向后传递。这种传动可将效率高的机械传动和可以无级变速的液压传动组合在一起，通过选择输入与输出之间合适的传动比，优化动力装置的工作区域、提高总体工作效率和作业效果。

4.8.1　机液复合双流传动基本形式

行走机械上的双流复合传动主要应用在动力装置与行走装置之间的传动，动力装置输出的功率流在传动系统的输入端先被分为两路，分别经液压、机械两路并联传动到输出端再进行合流，如图 4-8-1 所示。这种由机械与液压实施的分流、合流传动是为了利用机械传动的高效和液压传动的无级变速的优点，而克服独立机械传动、液压传动所存在的不足。将液压传动与机械传动集成为分合流传动系统时，汇流机构一般选用三元件行星齿轮机构，汇流机构相对于液压传动系统中一次元件、二次元件的位置关系变化，其整个传动效果不同。

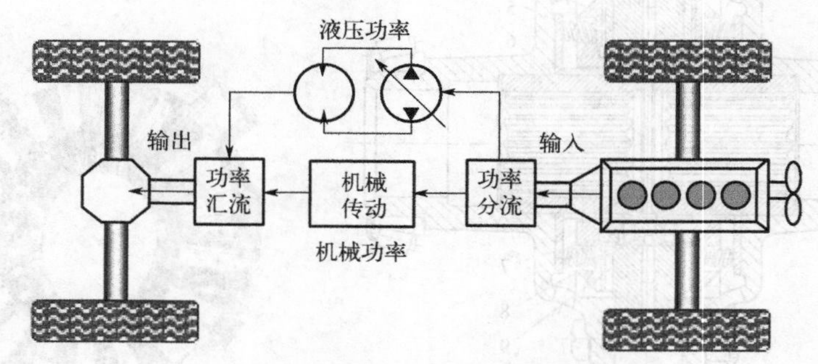

图 4-8-1 行走驱动分合流传动示意图

图 4-8-2 所示为两种分合流传动组合形式，图（a）传动中的行星齿轮机构布置在液压系统输出端，动力装置的动力通过一对定轴齿轮传动分为两路，两路动力在行星齿轮机构中合流后由行星架输出。一路直接经机械传动输入行星齿轮机构，驱动行星齿轮机构中的太阳轮。另一路作为液压系统的输入动力驱动作为一次元件的变量泵，液压系统中作为二次元件的马达的输出轴上的齿轮与行星齿轮机构齿圈啮合。传动系统中的液压泵选用变量泵即可实现变速传动，操控液压泵的变量机构改变泵排量大小即可改变行星齿轮机构的输出。泵排量变化致使流经液压马达流量变化而使马达输出转速变化，三元件行星齿轮机构的齿圈转速也随之变化，进而导致行星齿轮机构行星架输出转速的变化。控制液压泵排量为零则液压系统中没有动力传递，全部动力均由机械传动实现传递，此时传动效率也就达到理论峰值。

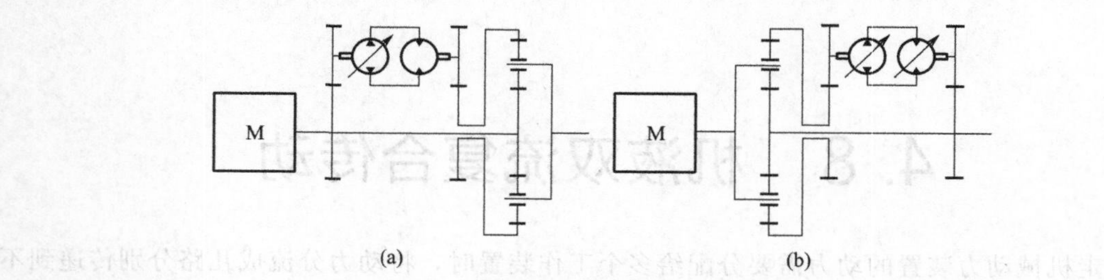

图 4-8-2 分合流传动示意简图

将三元件行星齿轮机构布置在液压系统的前端，如图（b）所示。此时行星齿轮机构的行星架与动力输入轴连接，液压泵由行星齿轮机构的齿圈驱动，太阳轮与动力输出轴相连，而液压马达的输出通过一对定轴传动齿轮与太阳轮输出轴接合。该传动系统中的液压泵与马达均为可变排量，操纵泵的排量大小及流向变换可以确定行驶的方向。当泵零排量时处于停车状态，泵达到最大排量时操控液压马达变量可达到最大正向传动速度。

上述两种传动方式均采用一套行星齿轮机构，是机液分合流复合传动的基本形式。分合流传动还可以根据需要采用两套行星齿轮机构，分别布置在液压传动的两端，变量泵与变量马达分别与前、后行星齿轮机构相关联，这类系统也相对比较复杂。机械与液压分合流传动能利用两种传动的优点，已被应用于大功率拖拉机、推土机以及坦克等行走机械上，其变速特性既有用于实现轮式行走装置的无级变速，也有用于实现履带行走装置的差速转向。

4.8.2 机液复合双流传动在轮式拖拉机上的应用

机液复合双流传动逐步得到商品化应用，这类传动在拖拉机上使用得越来越多。拖拉机上利用机液复合双流传动实现无级变速，可根据拖拉机前进速度进行液压功率分配。液压系统与机械传动结合实现分合流工作原理相同，但实际应用的具体结构形式与匹配则各有不同。机液复合分合流传动在拖拉机产品上最具代表性的应用是芬特公司的 Vario 拖拉机变速传动装置，该传动装置中匹配的大功率液压元件覆盖整个工作区间，能够保证从全速倒车到全速前进之间连续无级变速。发动机的动力通过行星齿轮机构接合传动系统，行星齿轮机构将发动机的输入动力分配给传动系统的机械传动和液压传动。液压传动由变量柱塞泵驱动变量马达等构成的闭式回路液压系统实现，机械传动部分由行星齿轮机构的太阳轮轴输出动力。该传动系统在机液分合流传动实现无级变速的基础上，还配置了两挡变速装置以实现田间作业和运输工作两种模式。

如图 4-8-3 所示为芬特公司的 Vario 拖拉机变速装置传动简图，发动机通过一个扭矩阻尼器和传动轴带动行星齿轮机构的行星架转动，发动机的动力被行星齿轮机构分流。其中一部分分流到齿圈上，齿圈通过一级齿轮传动将动力传递给变量泵，该部分的动力经该变量泵与变量马达构成的液压系统传递。该液压传动系统由一个双向变量泵驱动两个单向变量马达，泵、马达与机械传动元件一起布置在同一变速箱中。两马达安装在同一传动轴的两端并同步调节，两马达通过该传动轴上的齿轮传动输出液压功率流。其中一部分分流到太阳轮上，太阳轮轴传递机械部分的动力，其上的传动齿轮与液压马达输出轴上的齿轮啮合完成机械与液压两部分传动汇合。通过液压系统中变量泵与马达的调节，实现大功率高效机液复合无级变速传动。汇合后的机械传动路径中设置了高低两个挡位，经高低挡选择后的传动为常规的机械传动方式，其中圆柱齿轮传动于前桥，圆锥齿轮传动到后桥。

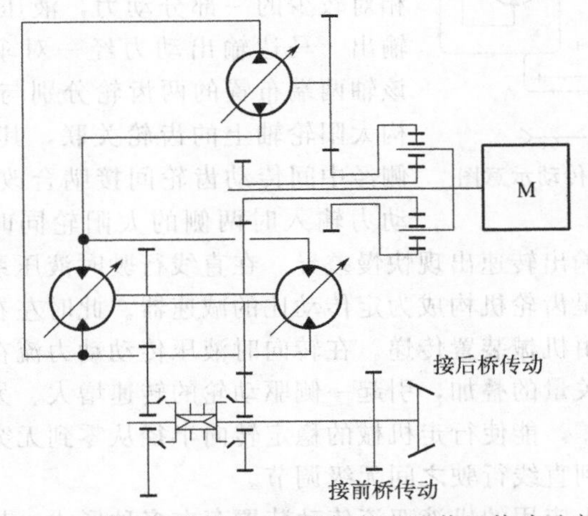

图 4-8-3　芬特公司的 Vario 拖拉机变速装置传动示意图

拖拉机起步前变量泵排量调到零、变量马达排量调到最大，起步时动力全部由液压系统传递、起步性能好。起步后变量泵的排量逐渐增大，发动机的动力一方面驱动液压泵通过液压系统的马达输出动力，另一方面由于驱动泵的载荷增加使得行星齿轮机构齿圈运动阻力矩增大，进而使得行星架经太阳轮、太阳轮轴输出动力。太阳轮轴的输出动力与马达输出动力叠加后，由齿轮啮合传动到后面的机械传动环节。变量泵的排量进一步增大，各输出轴转速也随之增加，拖拉机行驶速度也增加，当车速最大时全部动力由机械系统传递。当变量泵排量达到最大、变量马达减小到零时，马达不再输出动力而被反拖动。此时在闭式液压回路中建立起压力，该压力使与泵轴接合的齿圈实施制动作用。行星齿轮机构中齿圈被固定后，由行星架输入的发动机动力全部由太阳轮、太阳轮轴一路机械传动输出。

4.8.3 机液双流传动在履带行走传动上的应用

履带行走机械的行走转向是通过改变两侧履带的运动速度实现，在一些重型履带行走机械上利用机液双流传动的优良调速特性来提高转向性能。利用液压系统与行星齿轮机构的结合不仅可以完全替代传统的转向离合器、制动器等装置，而且也能改善转向操控性、舒适性等。这种机液双流复合传动系统两路传递动力的比例因作业工况不同而变化，可以是独自一路传动实现驱动，也可两路协调匹配作业。通常在直线行驶时控制变量泵的排量为零，机械装置传递全部动力、液压系统不传递动力。转向行驶时根据匹配关系不同存在不同的传动方式，如果只实现原地中心转向只要将机械变速机构置于空挡状态，由液压系统传递转向所需的全部动力即可，此时机械传动的贡献理论上可以为零。

图 4-8-4 所示为一履带行走装置的传动示意图，动力装置的主动力输入到机械变速箱后向左右两侧履带的驱动轮传递。在变速箱两侧与驱动轮轮边减速器之间布置有行星齿轮机构，其中变速箱输出轴连接该机构的齿圈。同时还有另外一路动力驱动液压系统的变量泵，液压系统马达的输出轴通过齿轮传动与两行星齿轮机构的太阳轮关联。两路动力在行星齿轮机构汇流后，由行星架轴输出动力到轮边减速器。由变量泵和定量马达组成的液压变速系统传递相对较少的一部分动力，液压系统传递的动力由马达输出。马达输出动力经一对伞齿轮传递到一传动轴，该轴两端布置的两齿轮分别与左右两侧的行星齿轮机构太阳轮轴上的齿轮关联，其中一侧直接啮合，另一侧经中间传动齿轮间接啮合改变传动方向。当有液压动力输入时两侧的太阳轮同时受到方向相反的驱动，这必导致两侧行星架轴输出转速出现快慢差异。在直线行驶时液压系统输出动力，传动轴被液压马达制动，汇流行星齿轮机构成为定传动比的减速器。此时左右履带的线速度相等，几乎全部行驶所需动力均由机械装置传递。在转向时液压传动动力流在行星齿轮机构中与机械动力流汇流，并进行相关量的叠加，引起一侧驱动轮的转速增大、另一侧减小。由液压系统控制的履带之间的速度差，能使行走机械的稳定转向半径从零到无穷大之间无级调节，即可在绕机体中心原地回转到直线行驶之间无级调节。

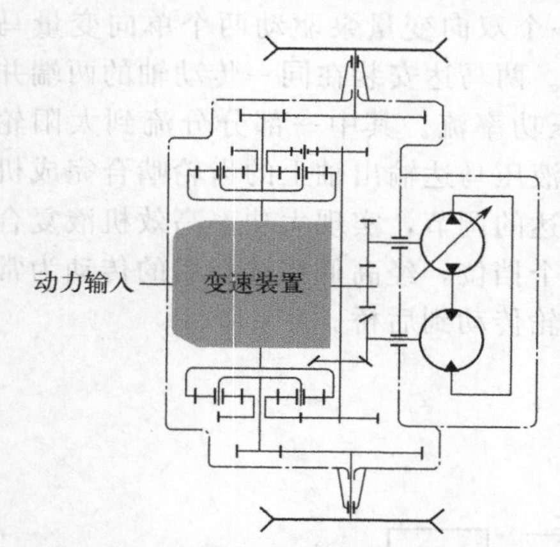

图 4-8-4 履带行走双流传动示意图

在履带式行走机械上应用的机液双流传动装置存在多种形式，其机液分流、合流传动原理相同而传动结构、布置等可能不同，这些传动装置或系统中的以静液压传动系统实现无级变速传动方式类似，不同主要在于机械变速装置结构及其与行星齿轮机构的结合方式等。不仅如此，有的传动装置中还增加了液力传动环节，以液力偶合器为助力元件转向时辅助静液压系统完成工作。机液双流复合传动在履带式军车、履带式工程机械与农业机械上都有应用，如一些大型履带式推土机、拖拉机等产品上都有机液双流差速转向技术的应用，如图 4-8-5 所示的双流差速转向机构即为挑战者拖拉机所用。

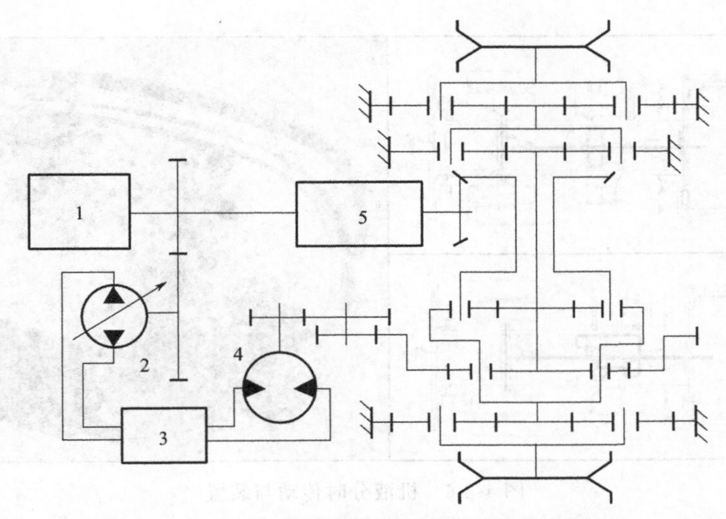

图 4-8-5　挑战者拖拉机双流差速转向机构

1—柴油机；2—变量柱塞泵；3—转向阀；4—液压马达；5—变速箱

4.8.4 机液复合传动其它应用

在同一传动系统中同时采用机械、液压两种传动形式，通过不同的匹配组合能够获得单一传动无法达到的结果。根据具体使用需求可将液压与机械传动进行组合，因需求、所选用装置等不同，机液复合传动形式多样。其中将成品泵、马达与机械传动装置匹配实现液压机械复合传动，就是一种在实际应用中便于实施的方式，也同样可以实现个性化设计与特定功能效果，适合一些生产批量小、需求特殊的特种行走机械产品。

4.8.4.1 机械液压复合分时传动

行走机械中一些专用车辆的作业工况与运输行驶工况差异较大，此时采用机液复合传动有利于协调动力匹配与使用。如为了协调重载行驶大扭矩无级变速和轻载转移高速度之间动力匹配的悬殊差异，可采用机械与液压分时驱动的方式解决这种矛盾。这类场合机械传动与液压传动既独立又相互匹配，机械传动装置用于高速行驶、附加液压传动装置或系统用于低速作业。图 4-8-6 所示为一种机械传动装置与液压系统组合构建的传动系统，通过控制机械传动装置与液压系统的接合关系，改变主体传动路线和机液传动的复合方式。发动机输出动力由机械传动装置传递到驱动桥，机械传动装置如变速箱或分动箱是传动的中间关键环节，也是机液传动路线改变之处。为了实现复合传动，机械传动装置需与液压元件匹配，机械传动装置既有机械传动输出输入接口，又有与液压泵、马达连接的接口。传统的直接传动方式是采用纯机械传动，动力直接输入机械传动装置并通过该装置输出，即均以机械能传递方式实现能量传递，整个传动中理论上没有其它形式的能量转化。而采用机液组合传动时机械传动装置驱动液压泵，液压泵将机械能转化为液压能再由马达传递到机械传递装置，然后再通过机械方式传递输出动力到行走装置。

上述传动中液压传动元件与机械传动装置结合，机械装置与液压元件的接口、转速等需要匹配，以确保泵、马达均与机械传动装置合理匹配。机械传动装置同时存在两输入、两输出接口，其中主传动输入接口匹配上级机械传动装置，主传动输出接口连接下级机械传动装

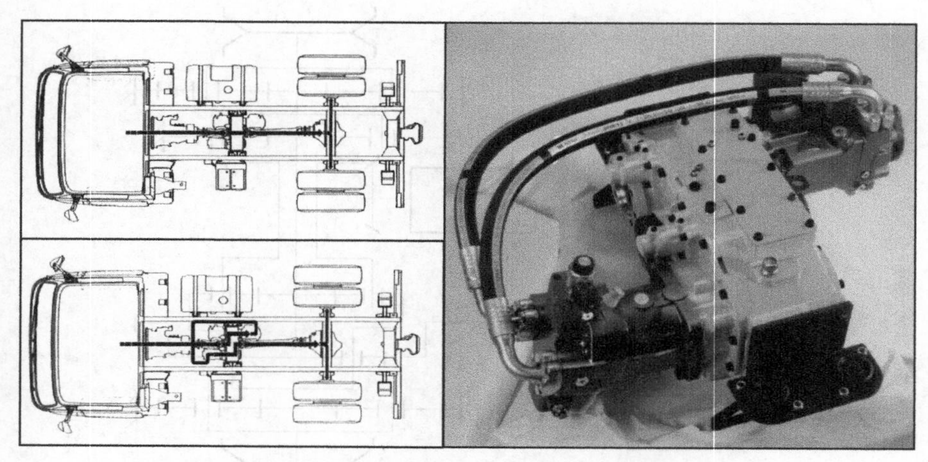

图 4-8-6　机液分时传动与装置

置。另外一传动输入接口需满足马达的匹配要求，另外一输出接口与泵匹配。传动有机械传动和机液复合传动两种状态，其中的机液复合传动表现为机械与液压串联传动。在这类传动中也有比较简洁的方式，利用液压马达与传动轴结合即可，如图 4-8-7 所示，在换挡变速器之后的传动轴上套装一特殊结构的液压马达，专门的液压泵与该马达组成液压系统供油驱动。液压系统不工作时马达不起作用，机械传动与传统机械传动一样，常规高速行驶采用这种传动。需要低速爬行时利用马达驱动传动轴实现传动功能，这时需要液压系统使马达输出动力，液压系统工作时该传动轴前端的机械变速器置空挡即可。

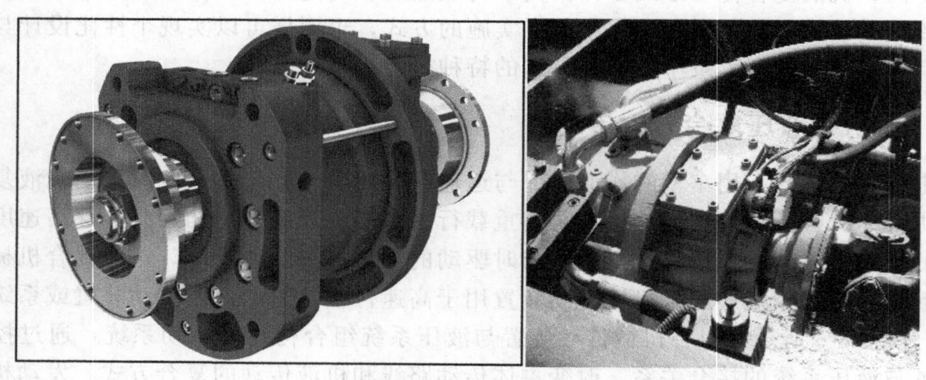

图 4-8-7　轴间马达与传动

4.8.4.2　多马达机液组合传动

机液复合传动中液压马达与机械装置的传动组合通常一一对应，也有多马达与同一机械变速装置组合传动形式。这类机液组合传动也具有一定的双流传动的分流、合流特点，此双流中的分流体现在液压系统内部，机械装置实现合流。这类传动主要为了实现有级变速与无级变速结合，扩大变速变矩范围。图 4-8-8 所示为双马达与机械装置组合传动示意，这种组合传动在轮式装载机有应用。其中两个变量马达与带有换挡离合器等挡位切换装置的变速装置匹配，通过马达、机械挡位切换的不同组合，可实现双马达并联驱动、两马达各自独立驱动等状态。通过液压马达的不同组合实现排量的变化，机械离合器的不同离合组合实现机械变挡，最终达到增加可变换挡位数量、实现宽范围无级变速的结果。

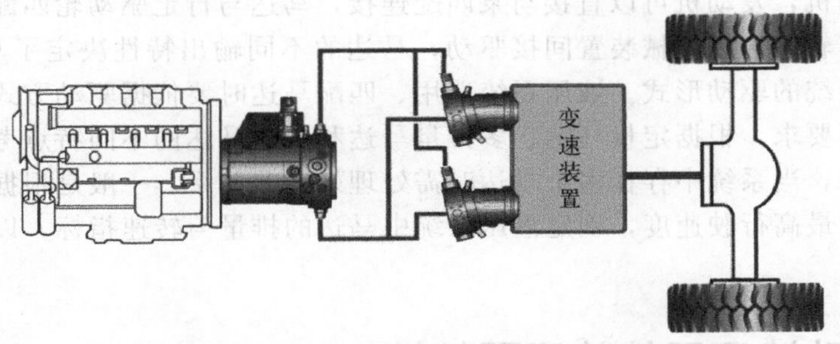

图 4-8-8　双马达机液组合传动示意图

4.9 行走驱动液压系统

行走机械的行走驱动力传递可以采用液压传动方式来实现，利用液压泵、液压马达、液压阀等元器件构建的液压系统传递动力，不仅实现了动力的柔性传输，而且能实现无级调速和换向。液压传动系统不仅可以作为行走机械整个传动链中的一个环节，而且能独立完成从动力装置到驱动轮之间整个传动中的全部任务功能。

4.9.1 行走驱动液压系统的组成

行走驱动液压系统是以液压泵、液压马达为主要元件的液压系统，泵将动力装置传来的动力转化为液压系统中液体的压力与流量，高压液体通过管线流入马达驱动马达转动，马达将高压液体中的能量转化为机械能，并以转速、扭矩形式输出驱动车轮或机械装置。液压泵是行走驱动液压系统中的主动元件，行走驱动系统中通常为单泵系统，即整个液压系统中只存在一个用于系统驱动的主泵。马达是执行元件，系统中可以只存在一个马达系统，也可同时有多个马达。液压泵、马达及相关液压元件组成的液压系统，按油液循环方式的不同有开式回路系统、闭式回路系统之分。闭式液压系统中的泵与马达的匹配关系确定后，马达的输出速度取决于泵的流量，输出扭矩取决于系统建立起的压力，液压系统的工作压力取决于外负荷。因此液压传动中速度与负荷之间无必然联系，外负荷变化对驱动速度影响很小。传动系统的速度调控是利用泵、马达排量的不同匹配，通过液压油流量变化实现容积调速。如单位时间内泵提供给马达的液压油流量大，则马达的转速就高，反之转速低。闭式系统中的变量泵不仅可以调节排量，而且可以改变液体流动的方向，液流方向的改变意味着马达旋转方向的变化，进而实现行驶正反向的改变。这类可逆向传递动力的液压驱动系统，变量泵的输出流量小于实时行驶速度对应的马达所需流量时，马达与泵的功能将互换导致反向驱动，进而通过发动机的动力制动作用使车辆减速，系统主油路的流量趋近于零时完全制动。

液压驱动系统的任务就是将输入动力转化为行走驱动适宜的输出动力，其输出特性满足行走驱动需要，以获得预期的驱动力和行走速度。要实现这一功能不仅要使液压系统中液压元件匹配合理，而且更要解决好液压系统与动力输入、接收装置的匹配关系。液压行走驱动系统的动力由动力装置输入给液压泵，液压系统的液压马达再输出动力给驱动轮。最常用的动力装置是发动机，发动机可以直接与泵匹配连接，马达与行走驱动轮匹配连接。马达直接将动力传递给车轮或通过机械装置间接驱动，马达的不同输出特性决定了马达的驱动方式，甚至影响整个系统的驱动形式。液压系统选用、匹配马达时要依据驱动方式确定系统中马达的数量、排量等要求，根据定量马达、多排量马达和变量马达的不同特点考虑不同组合方式所能实现的结果，当系统中存在多个马达时需处理好串并关系。一般是根据行走驱动所需的最大驱动扭矩、最高行驶速度，确定液压系统中马达的排量与转速指标，以此作为进一步匹配的基础。

4.9.2 驱动液压系统的匹配特性

驱动液压系统要将动力装置输出动力转化并传递到行走驱动装置，实质是动力装置与液压系统组成了一个复合动力系统输出动力。复合动力系统要充分兼顾二者的特性，使复合动力系统具有最高的综合性能。复合动力系统的特性主要体现在动力装置、液压泵、液压马达自身的特性与匹配关系，匹配主要是动力装置与液压泵、泵与马达之间的匹配。如发动机与变量泵等构建的复合动力系统，发动机要尽量工作在高效低耗区，发动机工作负荷略低于满负荷，使发动机有一定的动力储备。最大输入转速为液压泵所能承受的转速，泵的额定转速往往要比发动机的转速高得多，需要通过增大排量来达到功率匹配的目的。变量泵具有调节排量功能，调节排量又可扩展发动机的工作能力。液压系统中马达的许用功率应大于泵或与其相等，马达的工作区间尽可能涵盖零转速到最高转速以及全部压力范围，极限转速与压力要能涵盖极限工作条件。

(1) 泵工作特性

液压驱动系统的输入特性主要由泵的特性、发动机的特性所影响，输入特性确定了液压驱动系统的可工作区域。泵在与发动机匹配时可设定发动机的目标负荷率90%，此目标是发动机从怠速转速 $n_{\min}$ 到最大扭矩转速 n_{Mmax} 之间的负荷率，在这种状态复合动力系统效率高，发动机还有一定的动力储备。在最大扭矩到额定功率之间使目标值负荷率与转速成正比增加，在额定功率点达到100%，这也需要泵的变量功能起作用以增加排量。如图4-9-1所示为变量泵与柴油机外特性曲线，其中 T_e 为柴油机的外特性曲线，曲线 bcf 为理想目标负荷率曲线。带有控制装置的变量泵在低速段形成的负荷扭矩普遍低，相当于 ac 线段。由于低速范围为机器起步及辅助工作区间，为非正常作业范围。中高转速范围为工作区间，液压泵要保证达到目标负荷。在设计中对高速工作区负荷匹配，往往采取图中 cde 段这种简化等值方法，虽然可能使发动机超载，但可充分利用发动机额定工况附近的功率。

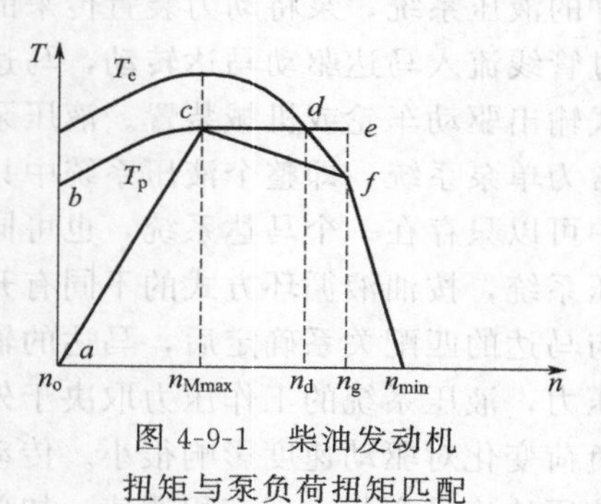

图 4-9-1 柴油发动机扭矩与泵负荷扭矩匹配

(2) 马达工作特性

在输入液压泵的转速相对稳定的条件下，马达的输出转速、扭矩及功率的关系特性即为输出特性。在以输出转速为横坐标、输出扭矩为纵坐标的坐标系中，理想情况下的最大输出扭矩与最大输出转速，分别为一水平线和铅垂线。由于容积和机械损失等原因，马达在很低的转速下不能发挥其功能，其实际工作特性曲线是 $OABCD$。液压驱动系统的马达所输出的

转速 n_o 和扭矩 T_o 及功率范围都是有限的，如图 4-9-2 所示为第一象限运行区域，区域的每段包络线意义各有不同。其中 AB 段对应最大输出扭矩，由马达最大排量与最高工作压差的乘积决定，理想状态下与转速无关为一水平线。CD 线对应最高输出转速，由马达许用最高转速与泵最大流量时马达可达到的最高转速两者中较小者决定，理想情况下不随 T 变化为一垂线。BC 对应于最大输出功率，由泵和马达的最大许用功率中的较小者决定，在极限情况下 AB、CD 两直线的交点代表系统输出的功率极限，此功率称为角功率。实际工作中行走机械不仅要前进，还要后退与制动，即可以有 T、n 为负值的情况，输出特性可以在坐标系四个象限中体现出来。

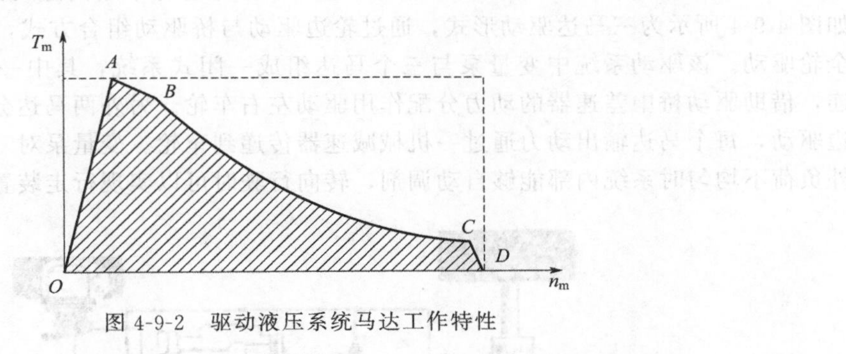

图 4-9-2　驱动液压系统马达工作特性

4.9.3　行走驱动液压系统的形式

行走驱动液压系统要完成动力形式转换、动力传递、驱动实现等功能，动力形式转换通过动力装置匹配液压泵来实现，动力传递通过液压系统实现。而驱动形式则需要结合行走机械整机传动形式、行走装置的特点而定。行走驱动液压系统通常由单泵与数量不同的马达匹配，马达的数量根据实际所要驱动部位的数量而定。行走驱动液压系统也可以是双泵组合驱动形式，此时则既可以并联组成行走驱动液压系统，还可以实现双泵合流驱动液压系统。

(1) 单泵单马达液压系统

行走机械的驱动力可以通过机液组合方式实现传递，机械传动与液压传动组合成一串联传动系统，从动力装置到驱动轮间的动力传递路径中既有液压传动又有机械传动，这类传动通常是单泵单马达液压系统与机械变速装置结合。动力装置直接驱动液压泵，或通过机械传动装置驱动液压泵，液压马达驱动减速或变速装置等间接驱动车轮，如图 4-9-3 所示。这类液压系统比较简单，发动机经由变量泵和马达组成的闭式油路将动力传到变速器，变速器再经传动轴分别向前后驱动桥传输动力，这样不仅使发动机和变速装置的位置有较大的选择范

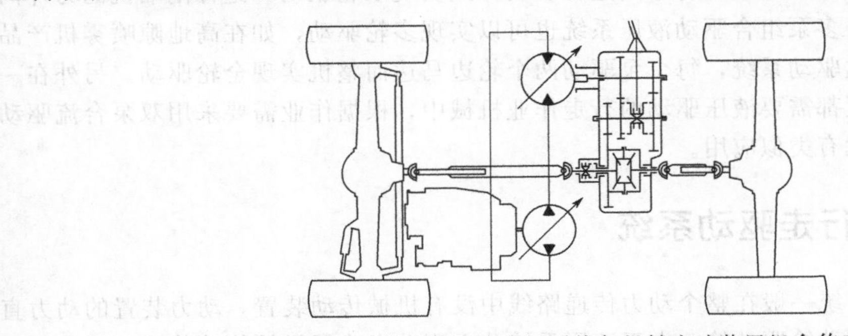

图 4-9-3　单泵单马达液压系统与机械变速装置组合传动

围，还使行走装置实现无级变速。由于马达与机械变速装置匹配，选用的马达通常是额定转速比较高、额定扭矩比较小的马达。

(2) 单泵多马达液压系统

行走驱动采用单马达系统往往还需要配置其它的机械传动装置，采用多马达驱动方式在一定程度上可以简化机械传动。如上述传动中可以用两马达分别驱动前后桥，同样也能实现四轮驱动效果，但可以省去机械分动装置或变速装置。采用马达轮边驱动能够进一步提高行走机械布置的灵活性，但通常要增加马达的数量，同轴至少需要两马达分别驱动左右驱动轮。轮边驱动可采用低速大扭矩马达直接连接车轮，也有采用高速马达配置减速器的方式。如图 4-9-4 所示为三马达驱动形式，通过轮边驱动与桥驱动组合方式，实现四轮行走机械的全轮驱动。该驱动系统中变量泵与三个马达组成一闭式系统，其中一马达直接与驱动桥相连，借助驱动桥中差速器的动力分配作用驱动左右车轮。另外两马达分别对应左右轮实施轮边驱动，每个马达输出动力通过一机械减速器传递到车轮。变量泵对三个马达并联供油，在外负荷不均匀时系统内部能够自动调剂，转向行驶时可以实现行走装置的自动差速。

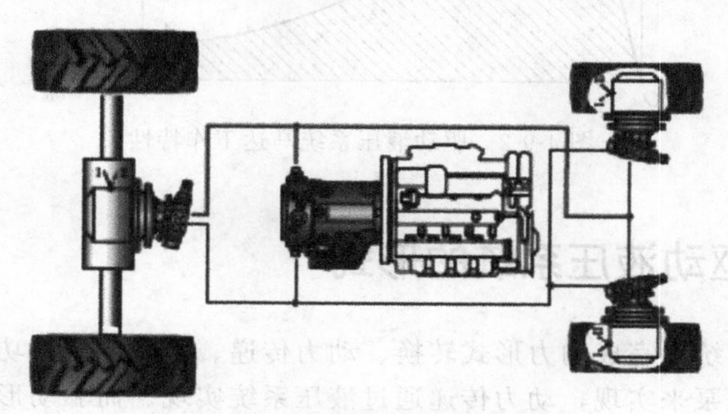

图 4-9-4 三马达轮桥组合驱动形式

(3) 多泵组合液压系统

行走驱动液压系统也有采用多泵组合形式，比较常见的是双泵双马达组合驱动系统。该驱动相当于两套独立液压系统在工作，马达驱动各自的驱动轮，而两个马达又分别由各自系统的泵驱动。这类驱动通常采用两同型号泵串联由同一动力装置驱动方式，每个泵及其对应的马达组成一驱动回路，两形式相同回路并联组成行走驱动液压系统。这种驱动的优势在于两个泵在作业时可以分别以不同的排量为马达供油，由于供油量不同使得马达的输出转速变化，可使驱动轮间速度出现差别。通过操纵两变量泵的排量来改变驱动轮的速度即可以实现差速转向，这对于需要差速转向的履带行走装置十分适宜。轮式行走装置也有采用这种驱动方式，如自行走式割晒机产品中就有采用这种驱动方式实现双轮驱动，这种割晒机的另外两轮采用随动结构即可。多泵组合驱动液压系统也可以实现多轮驱动，如在高地隙喷雾机产品中就有采用双泵四马达驱动系统，每个泵驱动两个轮边马达而整机实现全轮驱动。另外在一些行走装置和工作装置都需要液压驱动的行走作业机械中，根据作业需要采用双泵合流驱动方式，如在挖掘机上就有类似应用。

4.9.4 全液压行走驱动系统

全液压行走驱动系统一般在整个动力传递路线中没有机械传动装置，动力装置的动力直接通过液压驱动系统传动给驱动轮。由于液压系统独立驱动省略了机械传动装置，因此机械传动装置所要实现的功能必须由液压系统全部实现。液压独立驱动主要体现为多马达轮边驱动系统，该驱动系统同样要实现机械传动的变速、差速、同步等传动功能。液压系统利用容积实现无级变速功能不用详述，这种驱动系统也可实现有级变速。有级变速可以直接利用马达排量的变换实现，如当液压系统中采用双排量马达时，切换马达的排量可实现有级变速。对于多马达驱动系统改变实施驱动的马达数量，相当于改变马达的排量使整个系统可以实现有级变速变扭。对于四轮驱动行走机械的全液压四轮驱动系统，根据扭矩输出需要的不同改变工作马达的数量，实现四轮驱动和两轮驱动的切换。

如图 4-9-5 所示的全液压四轮驱动系统，该液压驱动系统由一个变量柱塞泵和四个内曲线马达构成。四个马达分成前轮马达和后轮马达两组，利用内曲线马达具有的“自由轮”功能，改变实际工作马达的数量达到变速变扭的目的。具有“自由轮”功能的马达可以处于“自由轮”状态，所谓“自由轮”状态就是通过液压系统对马达内部控制，使其输出轴可以自由转动，则该马达驱动的轮就可以根据实际需要随时变成随动轮。通过自由轮阀的切换使得后轮马达的工作状态变化，实现四轮驱动和两轮驱动的变换，两轮驱动时两前轮马达工作，两后轮马达处于“自由轮”状态。图中的 A、B 分别与主泵的进出油口相连，C、D 与主泵的补油系统的油口相连，E 单独与一齿轮泵相连用以控制行车制动。这种多马达轮边驱动系统的转向差速也由液压系统实现，曲线行驶时所应具备的差速功能很容易通过并联马达的方式实现。这种方式同时也存在驱动轮防滑功能差的特性，需采用一些特殊的措施来进一步实现同步与防滑功能。

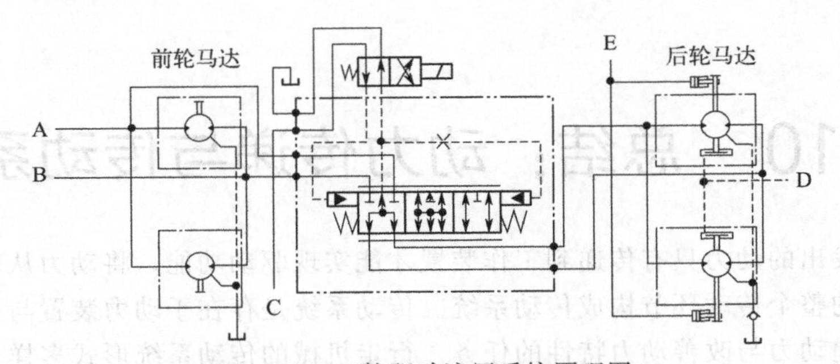

图 4-9-5　四轮驱动液压系统原理图

同步与防滑可以采用电控强制分配各马达流量的方式限制马达最大流量来实现，通过使转速超限马达流量受到限制建立回路压力。在系统中监测每个马达的转速，当某马达转速超出所有马达转速平均值时，认为相应的车轮打滑、减小这个马达的流量，当马达转速正常时再恢复到与其它马达相同状态。图 4-9-6 所示四轮驱动系统中，马达上装有检测转速的转速传感器，传感器的数据直接输入控制器。每个马达均与一电控差速阀相连，差速阀由控制器控制，在常规行驶状态下马达都工作正常时差速阀不起作用。当某个驱动轮工作出现异常，如出现打滑而使得驱动轮的转速提高时，转速传感器将检测到这一结果并输入控制器，控制器控制该轮的差速阀工作，使该马达的回路产生截流，从而控制整个系统的流量转移。

同步也可以通过液压系统供油回路来实现，如可以通过串联马达油路的方式来强制它们同步运转。但串联油路中每个马达的工作压差都只能为系统压力的一部分，整个系统作业经济性差。可以采用特殊结构马达组成同步驱动系统，如可用一种孪生双排量马达实现同步功能而克服串联系统的不足。该双排量马达实质是一对以机械方式联锁，但又各自具有油口的孪生马达，这种马达中的一部分排量与其它相关马达串联形成强制同步系统，余下的排量仍

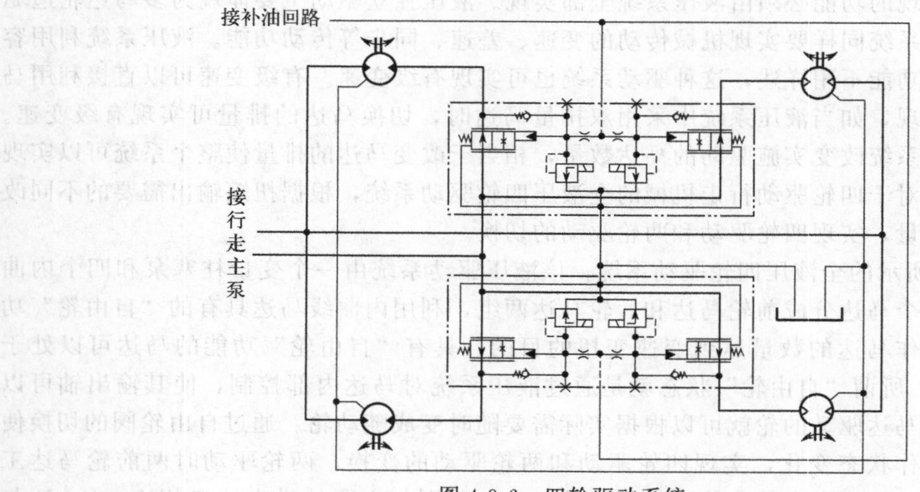

图 4-9-6　四轮驱动系统

然并联以充分发挥扭矩。当小半径转向时也可将马达的串联部分通过油路切换改为并联，以满足此时内、外轮马达差速运转的要求。这样就可以较好地解决差速和同步防滑两种功能间的矛盾，又没有增加主油路中的节流损失。

4.10 总结：动力传递与传动系统

动力装置发出的动力只有传递到工作装置才能实现驱动功能，将动力从动力装置传递到最终实现驱动的整个传动环节构成传动系统。传动系统是存在于动力装置与工作装置之间的纽带，担负传递动力与改善动力特性的任务。行走机械的传动系统形式多样、简繁不一，既有多个传动装置组合的复杂系统，也有单装置独立完成传动功能。最基本的传动方式是机械传动，液体、电力等传动方式也越来越普及，同一传动系统中既可以是纯粹某一种传动形式，也可以是不同传动方式的组合。

4.10.1 传动系统的任务功能

传动可以只是动力装置的动力传递，更广义的含义是运动、动作等的传递。要实现传递必须具备用于传递的机构、装置、介质等条件，因应用场合与传递要求等不同，采用相应的实现方式与装置。如行走机械中操控变速、制动的机械机构可视为一类传动装置，其将人的动作传递到相应的机构并通过该机构实现既定功能。这类机构或装置主要用于操控作业的力与运动等传递，而通常提及的传动一般是指动力装置到工作装置的动力传递。对于行走机械而言这类动力传递可以分为两大类：一类是将动力装置的动力传递给行走装置，另一类是传递给行走装置以外的作业装置。行走机械的工作装置各式各样、种类繁多，传动形式也应作业装置需要而变化多样。虽然行走装置也是各具特点，但传动具有一定的共性。提及行走机械的传动，如不特殊说明一般都是围绕行走动力传递而言。行走动力传递是从动力装置到行走驱动轮之间的传动，整个传动系统必须同时肩负多项任务。

（1）动力与行走驱动装置间连接纽带

在大多数的情况下动力装置与行走装置之间无法直接连接，二者之间必须有传动装置来匹配连接。动力装置动力输出接口各异，行走装置动力输入接口形式不同，传动系统中的相应装置要实现接口匹配，将动力从动力源引入行走装置实现驱动。

（2）动力输出特性与工作负荷匹配

动力装置输出特性不一定完全适合工作装置的作用需求，为此需要有中间环节协调二者之间的差异。如内燃机的输出特性与行走机械的行走驱动特性的匹配就不理想，通过中间变速装置既实现动力传递功能，又通过变速变扭功能优化性能匹配。

（3）动力分流与合流

行走机械在工作时可能在多处、不同的部位需要有动力实现驱动，动力装置输出的动力需要被分配并传递到这些地方，这就需要传动环节实现分流并传递到相应的地方。如有的行走机械在行走过程中同时需要作业装置工作，这时至少需要将动力装置的动力分为两部分，分别传递给行走和作业装置。有的时候需要来自不同传递路线的动力同时驱动一套装置，这时则需要合流传动装置实现功能。

（4）优化结构布置位置

动力装置与工作装置之间很难全部达到比较理想的位置关系，利用传动装置改变传动路线与方向能够协调相互间的连接关系。通过传动系统匹配协调可以克服两装置间连接结构、空间位置、方向状态等方面对动力传递的制约，使得各装置均可按总体结构需要布置在合理位置。

（5）动力流的中断与接合

实现行走驱动是使用动力装置的动力过程，使用动力就必须能够控制动力的用还是不用两种状态变化。虽然可以通过起停动力装置实现动力的供给与不供给，但这种方式使用起来不方便，也不很理想。而传动路线中利用可实现分离与接合动作的离合装置解决这一问题比较适宜，根据使用需要利用离合装置实现对动力通与断的控制。离合功能虽然不是所有行走机械对传动系统的要求，但对于大多数行走机械而言是一十分必要的功能。

（6）变速变扭传动

动力装置一般以旋转方式输出动力，输出扭矩与输出转速很难完全满足作业机器的要求，通过改变传动而使工作机部分获得满意的转速和扭矩，同时也能使动力装置的功率得到充分利用。通过动力装置变速变扭传动，行走机械可获得所需的行驶速度和驱动力。

（7）改变速度方向

行走机械在行走作业时既要前进又要后退，也就要求驱动轮必须能够实现双向旋转，即输入驱动轮扭矩的方向可以改变。而内燃机这类动力装置的动力输出部件的旋转方向是固定的，一般无法实现正反双向旋转输出。这类动力装置驱动的行走机械改变前进与后退方向的任务又归到传动系统，如利用齿轮传动装置啮合副的改变实现输出动力方向的变化，进而达到前进后退行驶换向功能。

（8）差速与动力分配

当行走机械转弯行驶或在路面条件恶劣的路况行驶时，左右驱动车轮要以不同的转速滚动，此时传递给驱动桥中央传动的动力要按不同的比例分配给每个驱动轮，这需要有差速传动装置实现这类功能。差速器能够实现动力分配功能，差速器通常用于同一驱动桥的左右轮之间，双桥驱动时可用于桥间差速。

(9) 提供动力输出接口

通常情况下动力装置与本体工作装置相匹配即可，但有的行走机械需要协同其它机器一起工作，而且需要行走机械提供动力。这类行走机械的动力不但自用还需要输出给其它装置使用，动力输出通常也在传动环节实施，利用某一传动装置提供外接动力的输出接口实现动力输出功能。

4.10.2 传动基本形式与特点

动力装置输出的动力或直接用于驱动，或经中间装置传递给驱动部件才能实现驱动，将动力从动力装置的输出端以某种方式输送到驱动部件的动力输入端就完成了传动过程。以机械装置实现动力传输是最基本的传动方式，纯机械传动组成的传动系统在行走机械领域应用广泛。动力的传递可以通过不同的装置、介质来传递，单纯用机械装置实现动力传递则称为机械传动，此外还有利用流体介质参与的流体传动和利用电磁原理实现的电磁传动。这些不同的传动方式各有特点，在行走机械领域都有应用。

(1) 机械传动

机械传动是最基本、最传统的传动方式，利用轴、齿轮、传动带、链条等基础机械零件组合成具有相应功能的装置，实现动力传递、离合、换挡变速等功能，将这些装置根据功能需求组成传动系统，可以实现动力从动力装置到工作装置的全过程传递。用于行走机械传动的装置功能不同、形式多样，传动系统中常用的机械传动装置有离合器、变速器、传动轴、万向节、差速器、半轴等。这些机械传动单元可以是独立装置或零件，也可以几个、几组集合为一体，如通常将差速器、半轴组合起来共同集成在驱动桥内。纯机械传动系统的主要优点是结构简单、造价便宜、传动效率较高。缺点是装置间的连接匹配较严格，传动路线必须保持准确的空间位置关系。

(2) 流体传动

流体传动是利用流体的特性进行动力传递，流体传动在一些特定的传动中起到不可替代的作用。流体分为液体与气体两类，利用气体为工作介质来传递动力一般多用于操控动作实现等，而用于驱动行走装置的传动较少。液体传动以液体为工作介质，液体传动又有液压传动、液力传动、液黏传动之分。液黏传动是通过液体特性的变化实现动力的传输，利用液体的黏性或液膜的剪切力来传递动力，只能用于某些特定场合。液力传动是靠液体的动能传递动力，利用液体的动能与机械能互相转换是其主要特征。液压传动是依靠液体的压力传递动力，液压传动以柔性传输动力而著称，传动路线的布置有较大的灵活性。

(3) 电磁传动

电磁传动是利用电磁原理实现传动，主要应用在电力驱动方面，这类传动最终要体现于电动机驱动。通常表现为发电机发出的电能通过线路传递给电动机，电动机实施对工作机的驱动，这类传动更多体现在电能的传递。一些重型行走机械就采用这类传动方式，如利用柴油机带动发电机发电，再由电力系统将电能传输到电动机，由电动机、减速装置驱动行走车轮实现行走。这类传动系统继承了电力系统的优良调速特性，具有调速范围宽广、输入输出元件及控制装置可分置安装等优点，输入输出元件中间用导线连接，这种传动方式的“柔性”优于其它传动方式。

上述传动方式各具特点，在实际应用中不但可以独立实现功能，也可以相互组合实现传动。组合传动在实际应用中深受欢迎，原因在于可以发挥不同传动方式的优势。因此在一些比较复杂的行走机械的传动中，为了满足工作需要可能同时配置不同的传动形式。图 4-10-1 所示为一种铲运车的传动系统示意，铲运车是一种既要实现铲装作业，又要负荷搬运的行走机械，从图中可以看出铲运车的传动系统既有机械传动，又有液压、液力传动。其中液压传动主要用于作业装置驱动与操控及行走转向等操控，行走传动部分由液力传动与机械装置等共同实现。液力变矩器与机械变速箱匹配发挥各自传动的优势，不仅能满足机器对行驶速度的需求，也能够自动匹配负荷并防止动力装置过载。

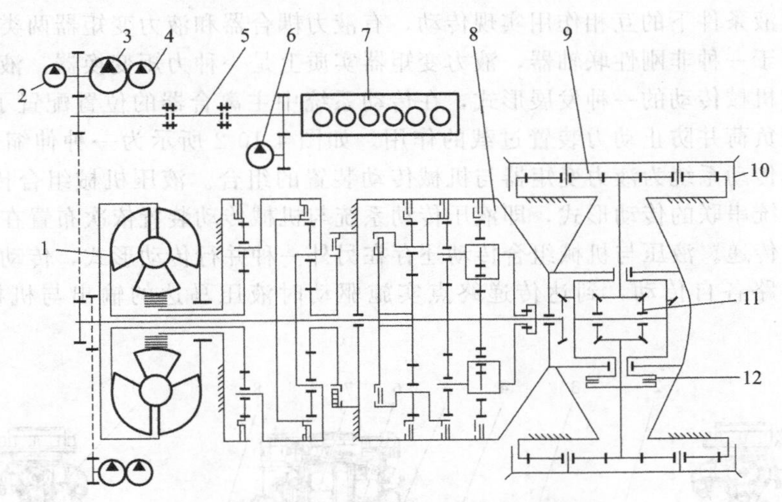

图 4-10-1 某铲运车传动示意图

1—液力变矩器；2—缓冲液压泵；3—工作液压泵；4—转向液压泵；5—传动轴；6—回油泵；7—发动机；8—变速箱；9—轮边减速器；10—驱动轮；11—差速器；12—摩擦离合器

4.10.3 行走驱动力的传递

行走驱动最终体现在车轮的驱动，动力装置发出的动力只有变成驱动装置的驱动力才能实现行走功能。对车轮实施的驱动可以分为独立驱动与差速协同驱动两类。独立驱动只能是利用布置在轮边或轮辋内的液压马达、电机，直接或通过减速器实现驱动。差速协同驱动是通过中央传动装置接收上级传动装置输入的动力，再经差速装置分配给左右轮实现协调驱动。纯机械传动实现轮边独立驱动比较复杂，通常需要有液压、电力传动的参与或液压、电力传动独立实施。从动力装置到最终驱动实现的中间传动环节形式不一，担负传递动力与改善动力特性的任务不变，但如何完成这一任务则需要根据具体机器的作业要求、结构形式等因素而定，而且设计工程师的设计思想对其影响也很大。

(1) 纯机械传动

从动力装置到行走驱动轮之间的传动可以采取纯机械传动方式传递动力，一般都需要由多个具备特定功能的装置协同工作完成任务。在发动机驱动的轮式行走机械中，发动机与车轮分别是动力装置与行走装置，在二者之间一般要布置有离合器、变速器、传动轴、驱动桥等装置。其中离合器主要用于控制动力的通断，在主传动路线布置离合器时通常紧靠动力装置。机械换挡变速器用于有级变扭变速，这种变速装置换挡过程需要有离合器配合切断动力，动力换挡变速装置则可以在不切断动力的条件下实现挡位的切换，提高动力传递的连续性。直接传动用传动轴最为方便，采用万向传动轴还能适用于传动方向略有变化的传动。通常与驱动轮相关联的是驱动桥，驱动桥壳体与机体相连，内部布置有用于传动的中央传动、差速器、半轴等装置。通过万向传动轴或传动轴将变速装置输出的动力传递到驱动桥的中央传动，再经差速器、半轴传递动力到驱动轮。

(2) 机液组合传动

机液组合传动存在两种完全不同的含义：一是机械变速装置与液力传动的组合，二是液压系统与机械传动装置的组合。液力传动装置是通过同轴安装于一个公共壳体中的泵轮、导轮和涡轮在充液条件下的互相作用实现传动，有液力耦合器和液力变矩器两类形式。其中液力耦合器相当于一种非刚性联轴器，液力变矩器实质上是一种力矩变换器。液力机械组合传动可看成是纯机械传动的一种发展形式，在传动系统中主离合器的位置配置了液力变矩器，起到自动匹配负荷并防止动力装置过载的作用。如图 4-10-2 所示为一种伸缩臂叉车行走驱动示意图，其传动系统为液力变矩器与机械传动装置的组合。液压机械组合传动形式多样，通常都是指传统串联的传动形式，即液压传动系统与机械传动装置依次布置在同一传动路线上，动力依次传递。液压与机械组合传动还存在另外一种并行传动形式，传动时液压流与机械流同时分两路各自传动，到达传递终点实施驱动时液压马达的输出与机械传动的输出合流。

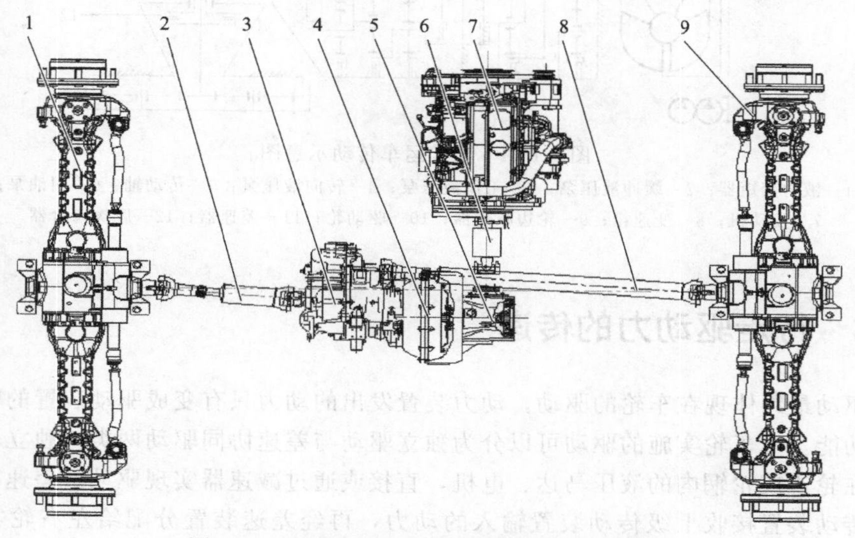

图 4-10-2 液力变矩器非直联式组合传动系统

1—前桥；2—前传动轴；3—变速箱；4—液力变矩器；5—换向齿轮箱；
6—动力输出轴；7—发动机；8—后传动轴；9—后桥

(3) 机电组合传动

机电组合传动与液压机械组合传动存在一定的共性，近年来也发展很快，特别是在混合动力领域尤为突出。发动机、电动机两种不同性质的动力装置同时配置在同一机器上，二者既需要独立输出动力，也需要动力混合后输出。用于这类场合的传动系统既存在机械传动与电力传动两路并联，也有依次实施两类传动的串联方式。

(4) 全液压传动

液压传动必须组成液压泵与马达等元件构成的液压系统才能实施传动，动力装置输出的机械能在液压泵中转化为液压能，经管道、阀等传输到液压马达，在马达处重新转化为机械能，并由马达输出机械能。液压传动虽然存在两次能量转换而导致效率比机械传动低，但其传动的柔性、无级变速等优势促进其被广泛应用。液压传动可完成从动力装置到驱动轮间传动系统的全部功能，中间不需要其它机械传动装置，如图 4-10-3 所示。图示为采用低速大扭矩马达直接驱动车轮的全液压四轮驱动系统，该系统中的液压泵直接由发动机驱动、单泵驱动四个马达。这种传动系统只要适当调节泵与马达的排量，即使很小的输入功率也能获得低速大扭矩输出。

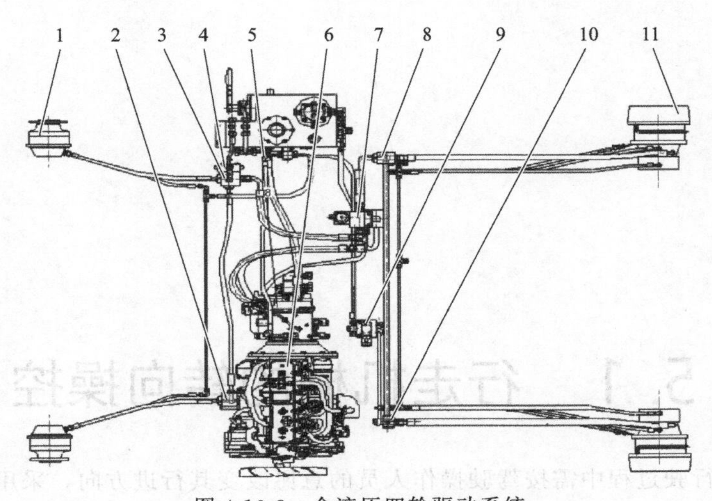

图 4-10-3　全液压四轮驱动系统

1—前轮马达；2—左前油路阀块；3—右前油路阀块；4—冲洗阀；5—液压泵；6—发动机；
7—自由轮阀；8—右后油路阀块；9—滑行阀；10—左后油路阀块；11—后轮马达

第5章 运动操控

5.1 行走机械的转向操控

行走机械在行驶过程中需按驾驶操作人员的意愿改变其行进方向，采用轮式行走装置的行走机械实施转向时需要对车轮实施操控，通常采取的方式是使车轮的行进方向相对于纵轴线偏转一定角度。为了使车轮方向改变则需要对车轮施加作用，最简单的方式是施加作用扭动轮轴使其偏转而改变方向。驾驶操作人员要让机器完成转弯行走任务需要借助机构、装置来配合，通过操控这些机构、装置使车轮实现与驾驶操作人员输入相对应的规定动作。这些相关机构、装置及其车轮共同构成行走转向实现系统，这套系统既能实施转向，也具有保持行进方向的功能，在转向轮受到路面侧向干扰作用自动偏转时，可自动或在驾驶操作人员控制下使转向轮反方向偏转以保持原来的行驶方向。

5.1.1 基本机械转向系统

行走机械的转向系统因具体产品不同而简繁差异较大，自行车或人力车这类单轮转向的机构简单、直接，两轮以上的多轮转向行走机械的转向系统相对复杂，由于操控人员远离转向轮、多转向轮需要协同等因素的影响，需要通过多个机构或装置组合起来才能实现。以机械机构和装置组成的机械转向系统，实施转向的操作由驾驶员实施，转向所需的作用力也源于驾驶员的体力。机械转向系统由转向操纵部分、转向器、转向传动机构和转向机构四部分组成，从方向盘到转向传动轴这一系列零件即属于机械转向系统的转向操纵部分，驾驶人员对方向盘施加的转向力矩，通过转向传动轴输入转向器。转向器是一种减速增扭的传动装置，方向盘的旋转运动经转向器转化后输出的运动为转向垂臂的摆动，摆动的垂臂拉动纵拉杆而将方向盘的转动转化为拉杆的移动。纵拉杆另外一端连接到转向节上的转向臂，将垂臂的运动与力传递到转向臂。转向臂可直接连接在其中一转向节臂上，在迫使转向节扭转的同时，通过转向节臂推拉横拉杆传递力与运动到另外一转向节臂。转向节臂摆动带动转向节摆转运动，进而再带动转向轮偏摆实现转向功能。转向臂也可设计为如图 5-1-1 所示结构形式，直接与横拉杆关联，再通过横拉杆带动两转向节臂运动。为使左右转向轮偏转角度相协调，横拉杆与两转向节臂由球铰连接成梯形机构，通常称为转向梯形。通常也将转向器与转向机构之间传递动力的部分，即转向垂臂与纵拉杆等合起来称为转向传动机构。

图 5-1-1 拖拉机机械转向系统

转向器是将操作人员的输入操作转化为转向轮可执行动作的装置，转向器上连发出操作动作的方向盘，下连传递运动与执行动作的传动机构和转向机构。因转向器的原理、结构等不同而导致与其匹配的传动部分各异，而操作人员对转向器的操作方式基本不变，利用方向盘的转动操控转向器是最普遍的方式。转向操纵机构是负责发出命令或动作的人机界面，不同应用场合的行走机械所适宜的转向操纵机构可能存在较大的差异。如机械传动履带行走机械的转向操纵机构有的是拉杆与踏板结合的形式，而液压驱动和电动行走机械中有的转向操纵机构就是一个或两个手柄。

转向机构与行走装置的结构形式密切相关，转向机构直接牵涉到车轮的运动，通常要结合车桥形式、悬架动作等因素设计相适应的机构。通常轮式转向机构与转向桥上的转向节关联，转向节可视为连接车轮、桥体、转向机构的枢纽。转向节部分可理解为竖直的转向主销与水平转向节两部分的组合，竖直的主销连接到转向桥端的竖孔中，水平的转向节部分与转向轮轮毂轴承连接。转向节为分体结构时通过上下两耳与主销的上下端连接，转向桥端竖孔部分伸入转向节两耳之间，主销将上下耳与转向桥竖孔连接起来，如图 5-1-2 所示。通常在上耳或下耳上安装有转向机构的转向臂和转向节臂，左右转向节臂由转向拉杆连接共同构成转向梯形机构。转向主销与转向节为一体结构时，转向桥的端部为一竖筒结构，筒上下端安装轴承与一体式转向节的主销连接，转向桥的端部直接安装在转向节之上。此类结构的转向节主销上端与转向臂、转向节臂键连接，转向臂和转向节臂可以是一体 V 形组合结构，连接在一侧的主销上。与转向器垂臂相关联的纵拉杆同 V 形组合转向臂中的一臂连接，该转

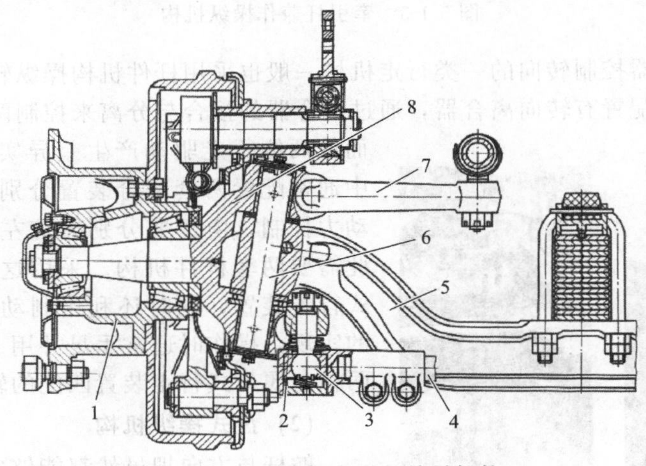

图 5-1-2 导向轮及其相关零部件

1—轮毂；2—转向节臂；3—球销；4—横拉杆；5—转向桥；6—主销；7—转向臂；8—转向节

向臂中另外的臂与转向梯形中转向拉杆连接。纵拉杆推拉V形组合转向臂转动驱动该臂连接的转向节，同时通过转向拉杆带动另一侧的转向臂运动，使得转向机构连接起来的两个转向轮协调转向。

5.1.2 方向操控装置

方向操控装置是人发出转向命令的机构或装置，驾驶操作人员的意图通过方向操控机构或装置发出，转向机构执行可实施的动作或命令信息。行走机械上用于方向操控的机构与装置可大致分为操纵杆件、方向盘、手柄开关三类。

(1) 操纵杆件机构

操纵转向的杆件机构主要是结构简单、作用直接的舵杆与方向把等，这类机构不需要其它中间装置可直接操控车轮偏转。适用于单轮转向、人力操控的小型车辆，如三轮车、自行车，以及步行操作的电动叉车等。单轮转向机构中的转向车轮一般由立轴与机架铰接，立轴的上端与操纵杆连接，扳动操纵杆使单轮偏转即可实现转向。操纵杆因而也成为舵杆，舵杆操控方向在早期的单轮转向车辆上使用过，现在这种形式多用于随行式行走机械的操向，人扳动舵杆偏转致使导向轮随之改变方向实现偏转转向。舵杆通常以单手操控即可，而在一些特定的场合用双手操控更适合，因而有了如自行车、摩托车上的双手操作的方向车把。对于需要外力拖拉的从动行走类拖车，方向舵杆既用于控制方向也是用于牵引的牵引杆。舵杆操向多用于直接操控车轮的单轮转向，也可以用于双轮转向。用于双轮转向时需要有相应的转向机构配合，才能使双轮协调偏摆，如图5-1-3所示。

图5-1-3 牵引杆兼作操纵机构

采用转向离合器控制转向的一类行走机械一般也采用杆件机构操纵转向，这类行走机械的行走传动中通常配置有转向离合器，通过离合器的接合与分离来控制两侧动力的通断，进而使两侧行走驱动产生差异实现差速转向。传动中通常配置两套离合装置分别用于左右驱动轮的动力控制，由于要分别操控左右两套离合装置因此需要两套杆件机构。采用这种转向方式的履带式行走装置，同时还利用制动装置辅助转向功能的实现，操作时通常手足并用。如图5-1-4所示为两种与履带式行走装置匹配的转向操纵机构。

图5-1-4 履带式行走装置转向操纵机构

(2) 盘式操纵机构

舵杆与方向把虽然都能够实现车轮转向操纵，但操作起来受到空间位置、动作行程等因素的制约使其应用受到一定限制。采用圆盘形式的方向操纵机构则能克服前者存在的问题，利用方向盘圆周回转运动替代杆件的摆动更符合人体工程学原理。整个盘式转向操纵机构由方向盘、转向轴、转向柱管等组成，方向盘输出旋转运动，利用转向轴将该运动传递给转向器，通过与不同功能转向器的配合，驱动转向机构运动实现转向功能。方向盘的结构尺寸、具体形式可能多种多样，一般都是由盘缘、盘辐和盘毂构成的近圆盘形的内部金属构架，构架外面一般包有柔软的合成橡胶或树脂，以便有良好的手感而且可防止手握方向盘打滑。方向盘中部盘毂毂孔上加工有细牙内花键与转向轴连接，转向轴另一端直接与转向器的输入轴连接。转向轴位于转向柱管内，转向柱管两端有轴承支承转向轴。转向柱管固定在驾驶座位的正前方，有的转向柱管部分设计成可调节结构，以适应不同驾驶人员的需要。

(3) 手柄开关

盘式转向操纵机构是轮式行走机械最基本的配置方式，盘式转向操纵输出以运动为主的动作，通过转向器识别这些动作并转化为转向轮偏转的运动。现代电液技术在行走机械上的大量应用，为转向控制提供了新的操控方式。在液压驱动的行走机械上应用的电液控制手柄，只要一只手握住手柄轻轻摆动即可实现转向操作功能。在一些遥控行走机械上操控方向的装置更小巧，通过手指操作遥控装置的开关、旋钮即可实现操控。遥控装置利用发出的电信号来控制转向，利用导线连接或无线连接替代方向操控装置和转向执行装置之间的机械连接，转向系统兼备动力转向驱动和电控转向控制的特征。遥控操作装置多为结构小巧紧凑、便于随身携带的随行操纵盒，如图 5-1-5 所示。只用两手的手指操作小旋钮手柄，即可使数十吨乃至上百吨的车辆实现转向。当然如果还要保持常规方向盘的驾驶习惯，也可采用方向盘作为控制信号的输入装置。此时的方向盘与传统方向盘有所不同，方向盘不是向转向器输入动作，而是为转向控制系统的控制器提供运动信息。安装在方向盘转轴套上的角位移传感器在方向盘转动时检测出转角、方向等信息，这些检测结果代表驾驶操作人员发出的转向指令。控制单元根据这些信息以及转向轮的偏转量反馈值等信息，控制动力转向执行机构实施转向动作。

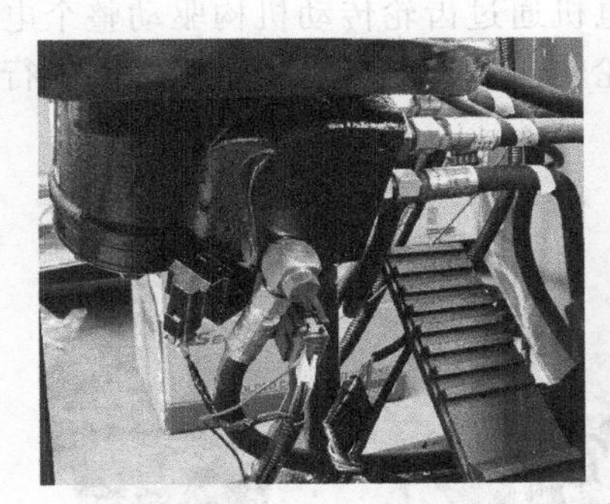

图 5-1-5　手动、电控双模式液压转向器与遥控操作装置

5.1.3　转向系统的动力匹配

轻型行走机械可以人力操作上述的机械转向系统，而重型行走机械实施转向需要较大的作用力，只靠人力完成操作比较困难，须借助其它动力协助实施。根据外来动力的使用情况不同有动力转向与助力转向方式，这两类转向操作与人力转向操作方式相同，而转向装置与转向动力实施方式则不同。动力转向所需的力完全源于人以外的动力装置，助力转向所需的力其中一小部分来源于驾驶操作人员，主要部分由动力装置提供。不是所有动力装置的动力

都可直接用于转向系统，动力装置及其提供动力的形式直接对转向系统的配置与性能产生影响。内燃机动力难以直接用于转向驱动，通常转化为液压能参与转向作业。电动行走机械则利用电能参与作业，而且由于电机驱动布置灵活、便于控制的特点，电动转向系统可以省略中间环节，直接驱动转向执行部件。

人力转向是由人操作转向操纵机构动作同时输出体力，通过机械转向装置将转向动作转化为转向机构可执行的运动和所需的作用力，转向机构接受运动与力的作用执行转向任务。当有操作人员以外的动力输入转向系统助力时，必存在两种作用的交汇之处，转向装置通常就要担负这一功能。助力转向是兼用操作人员体力和动力装置的动力，它是在机械转向系统的基础上加设转向助力功能，对转向系统的转向装置或某一传动环节施加液、电等形式的作用，与人的操作结合后产生的作用力用于驱动转向机构。这类转向系统的操纵部分、转向机构部分与常规转向系统差异不大，关键变化在于转向助力动力的形式与施加作用部分，其中机液结合的助力转向装置形式多、应用广泛。动力转向有液压转向与电动转向之分，二者在转向操作、转向执行机构等方面均有不同。液压转向主要体现在液压转向器及液压传动部分与传统的人力机械转向系统不同，在转向操作、转向实现等方面还有一定的继承。电动转向可以完全抛开人力机械的转向模式，省略传统转向系统的中间环节，通过操控动力装置实现转向功能。电动转向通常应用于电动行走的行走机械上，控制电机实施转向因驱动对象变化其转向方式也不同。

用于电动行走装置上参与转向的电机有两类：一类是专门用于转向驱动的转向电机，还有一类则是行走驱动电机。以转向电机为主导实施转向功能时，转向电机通过齿轮啮合等方式驱动车轮偏转实现行驶方向的改变。这类转向机构中的车轮装置铰接到机体上，并且车轮可绕立轴转动。转向电机上的齿轮与立轴上的齿轮啮合，控制转向电机动力输出即可控制车轮立轴相对机体的转角。这类电动转向装置通常与转向轴等组合为独立的转向行走单元，这种行走单元在小型电动车辆中广泛应用，而且行走单元可以是驱动与转向功能兼备。如图 5-1-6 所示的转向驱动单元，两只电机分别实现驱动功能与转向功能，用于驱动行走的电机既可水平布置也可竖直布置，另外一竖直布置的电机通过齿轮传动机构驱动整个电动轮绕竖直轴转动，以改变驱动轮的方向。这种转向是单轮转向方式，当用于多轮转向的行走机械时，通过控制协同即可满足所需的转向要求。

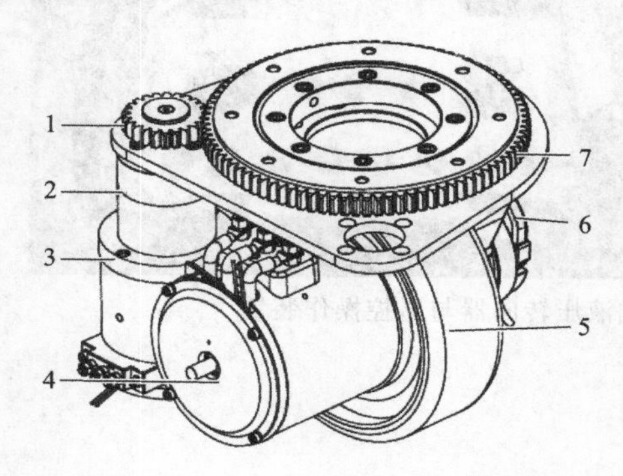

图 5-1-6 转向驱动单元

1—转向驱动齿轮；2—减速器；3—转向电机；4—行走驱动电机；5—车轮；6—行走电机制动器；7—转向从动齿轮

在采用电机轮边驱动时，可以利用电机的调速特性、正反输出特性等实现转向功能。这类行走装置中完全取消了传统的转向所用的装置与机构，也不需要转向电机的存在，只要协调控制好左右两侧行走驱动电机的输出即能实现所需的转向效果。这种行走装置的行走驱动电机也是控制转向的电机，通过两侧电机输出不同实现差速转向。这类转向方式通常用于随动轮与驱动轮组合场合，采用左右双轮独立驱动结构。如果是采用三轮布置形式，三个轮呈等边三角形布置，其中两驱动轮同轴布置、随动轮单独布置。为了平衡载荷也可以采用四轮布置，这类布置一般为左右对称结构，其中两个驱动轮同轴线布置在车体的两侧，由两个电机分别驱动。另外两个轮一般对称布置，既可以是随动轮也可以是可控转向轮。随动轮与机体铰接，只起支承作用，有外来作用时绕铰接轴转动，转向时随机体的运动而随时改变自身的运动方向。基于电机轮边驱动的优势可利用差速方便实现行走单元的独立转向，如图 5-1-7 所示的行走单元与机体铰接，同一行走单元上的两轮分别由各自电机驱动。控制两电机使两轮同速同向旋转则直线行走，两轮速度或旋转方向不同则行走单元的行进方向发生变化。

图 5-1-7　双电机差速独立转向行走单元

5.2　转向装置与助力转向

转向器是转向系统中用于实现运动转化、增加转向作用力等功能的装置，转向器形式多样，功能也有不同，其中用于人力转向系统的机械转向器是最早应用，也是最基本的形式。随着行走机械的质量与体积的增加，转向助力也开始逐渐应用。助力转向系统同样存在转向器，这类系统的转向器不但要继承机械转向器的功能，而且还具备电液控制、能量转化等功能。助力转向的助力主要以电动、液压两种方式实现，其中液压助力应用广泛。

5.2.1　机械转向器

机械转向器也称为方向机、转向机，用于将方向盘等操控装置的旋转运动转化为转向执行杆件的往复运动，同时该装置又将输入作用扭矩放大后输出。转向器输出端的运动可以是线位移，也可以是角位移，无论是何种输出均与输入转角成比例关系。转向器能将操作输入动作转化并传递到转向轮，而按转向轮受到路面的反作用是否能被反向传递到方向盘又将其划分为两类。地面对转向轮的作用不能反馈到方向盘的转向器为不可逆转向器，可逆转向器则能将来自路面的反作用的一部分通过转向传动机构反向传递到方向盘。机械转向器有多种形式，较常使用的循环球式、齿轮齿条等转向器为可逆转向器。

（1）齿轮齿条转向器

齿轮齿条转向器的传动副为齿轮与齿条，是通过齿轮与齿条的啮合将齿轮的圆周运动转化为齿条的直线运动，再由齿条连接相应的传动元件带动转向节臂左右摆动，带动转向节运动而使转向轮偏摆。这类转向器中转向柱或转向传动轴末端的圆柱斜齿轮与装配在壳体上的齿条啮合，转向器通常布置在前轮轴线后，转向齿条水平布置与转向桥平行。齿轮齿条转向器分两端、中间和单端输出方式，作为传动副主动件的转向齿轮轴通过轴承安装在转向器壳体中，其上端通过花键直接或通过万向节与转向柱连接。两端输出结构的齿条两端利用球铰与两根中间连接的推拉杆铰接，通过中间连接杆件与转向节臂相连。中间输出的齿轮齿条转向器，其结构及工作原理与两端输出的齿轮齿条转向器基本相同，不同之处在于它与左右转向横拉杆相连的连接位置在齿条的中部。单端输出的齿轮齿条转向器，只在齿条的一端通过内外托架与转向横拉杆相连。齿轮齿条转向器传动比较小，一般用于微型汽车和轿车。

（2）循环球式转向器

循环球式转向器是应用最广泛的机械转向器之一，该转向器一般有螺杆螺母传动和齿条齿扇两级传动。为了减少螺杆与螺母之间的摩擦，二者间的螺纹并不直接接触产生滑动摩擦，而是在其间装有多个钢球以实现滚动摩擦，如图 5-2-1 所示。螺杆和螺母上都加工出断面轮廓为两段或三段不同心圆弧组成的近似半圆的螺旋槽，二者的螺旋槽能配合形成近似圆形断面的螺旋管状通道。螺杆转动时通过钢球将力传给螺母，螺母即沿轴向移动。同时在螺杆及螺母与钢球间的摩擦力作用下，所有钢球在螺旋管状通道内滚动形成“球流”，转向器工作时钢球只是在自己的封闭流道内循环而不会脱出。螺母还肩负另外一传动功能，其外侧加工有一排用于啮合的齿形成的齿条。螺母沿螺杆轴向移动时此齿条与对应的齿扇啮合传动，与齿条相啮合的齿扇带动摇臂轴转动驱动摇臂摆动。正反转动螺杆时通过钢球使螺母往复运动即是齿条沿螺杆轴线做往复运动，齿条的往复运动带动齿扇轴绕轴心摆转，并通过转向垂臂、拉杆等传递运动与力给转向机构。循环球式转向器传递效率较高、转向轻便，因而也派生出具有这类优点的其它类似结构形式的转向器。这些转向器同样有两个传动副，其中螺杆、钢球和螺母传动部分类似，区别在于另外的传动副部分。

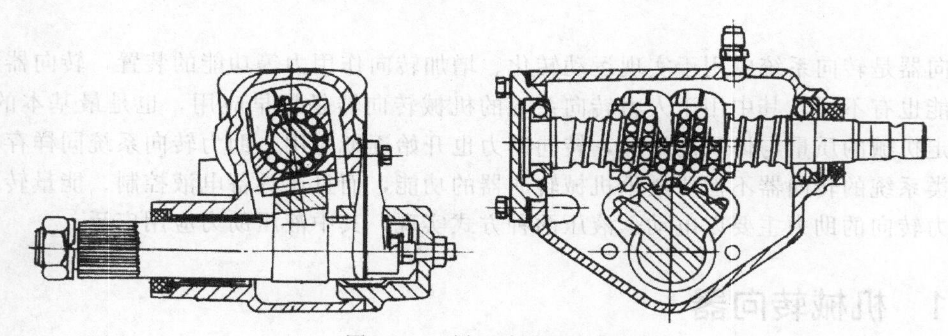

图 5-2-1　循环球式转向器

（3）蜗杆驱动类转向器

利用蜗轮蜗杆传动原理的转向器也在多种行走机械上使用，以蜗杆输入、蜗轮输出方式实现对转向摇臂的驱动，使转向摇臂随之摆动。这类转向器中有的采用球面蜗杆结构，球面蜗杆又称圆弧面蜗杆，其上的齿是凹圆弧线旋转而成的切削表面，承载能力强。如球面蜗杆滚轮式转向器，其传动副是球面蜗杆和滚轮。与球面蜗杆啮合的滚轮是由滚动轴承支承在转向摇臂轴上，蜗杆旋转使滚轮沿啮合齿迹运动，滚轮运动带动转向摇臂轴转动使转向摇臂摆动。与此类似的还有蜗杆曲柄指销式转向器，该转向器啮合的从动件为指销，如图 5-2-2 所示。蜗杆曲柄指销式转向器的传动副同样以蜗杆为主动件，其从动件是装在摇臂轴曲柄端部的指销。还有采用双指销结构的双指销式转向器，该转向器在中间位置时两指销均与蜗杆啮合，故每个指销所受载荷比单指销式转向器的指销承受载荷小。当摇臂轴转角相当大时一个指销与蜗杆脱离啮合，另一指销仍保持啮合。因此双指销式转向器较单指销式寿命长、摇臂轴转角范围大，同时结构也较复杂，加工精度要求也较高。

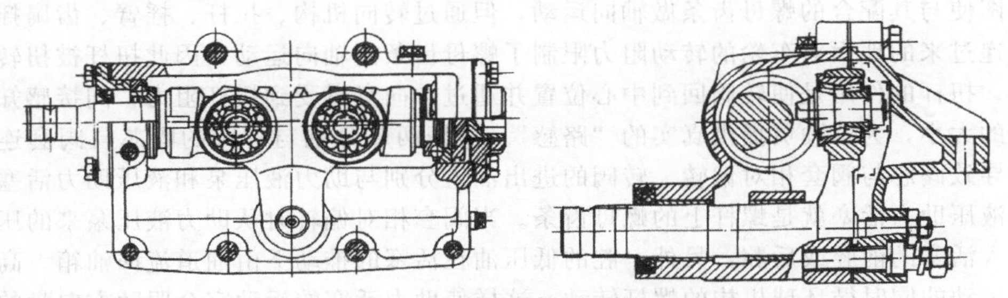

图 5-2-2　蜗杆曲柄指销式转向器

5.2.2　液压助力转向器

转向系统中可以采用助力转向器减轻驾驶操作人员操作转向装置的劳动强度，其中以液压方式实现助力的一类转向器称为液压助力转向器。液压助力转向器相当于在机械转向器的基础上增加一套液压控制阀与液压缸等组件构成的液压助力装置，在其中液压作用力与人体的作用力结合后再以与传统机械转向器一样的方式输出。

通常将机械转向器与液压助力装置集为一体的这类助力转向器称为一体式液压助力转向器，如图 5-2-3 所示。该一体式液压助力转向器采用了循环球式基本结构，主要由壳体组件、循环球机构组件、转向控制阀、齿扇摇臂轴组件、扭杆等组成。该转向器的结构形式与机械循环球式转向器具有一定的相似，其中齿扇摇臂轴组件的功用不变。但循环球机构组件中的齿条作用变得更加重要，不但是机械传动件，也兼具液压传动中液压缸活塞的作用。壳体内齿条活塞运动的前后空间自然形成液压油缸的两油腔，进入两油腔的液压油液的压力差形成推动齿条活塞的液压驱动力。布置在前端的转向控制阀为转阀形式，方向盘通过传动

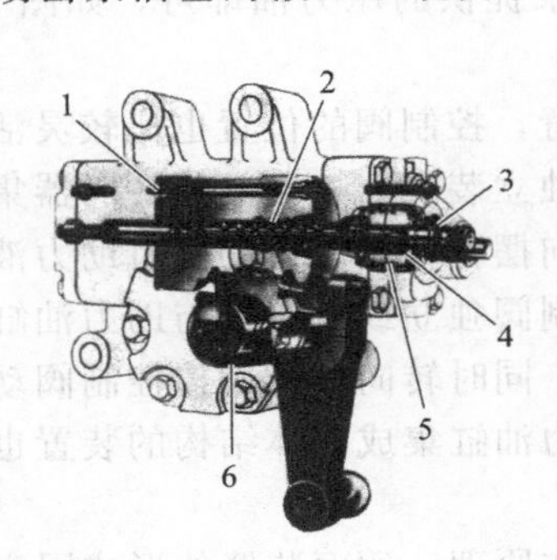

图 5-2-3　一体式液压助力转向器

1—行程极限卸荷阀；2—循环球机构组件；3—壳体组件；4—扭杆；5—转向控制阀；6—摇臂轴组件

轴、扭杆与转阀的阀芯轴相连。转动方向盘时转阀控制液压油进入齿条活塞的前后腔，助力推动活塞向前后运动。齿条与齿扇啮合驱动齿扇摇臂轴组件的摇臂轴转动，该轴带动与其通过花键相连的摇臂摆动，摇臂再通过传动机构进一步驱动转向机构。螺母齿条与摇臂轴组件中的齿扇啮合，由摇臂轴组件的摇臂将动作与作用力向下传递。螺母齿条移动的极限位置是转向的极限，为了保障转向系统工作安全配置有行程极限卸荷阀。在规定的转向器行程极限位置，即到达行程端点时转向系统卸荷以保护液压系统。

转向时驾驶员转动方向盘向转向器输入转向动作，方向盘上产生的转向力矩通过传动轴传递给转向器的输入轴。输入轴的另一端与扭杆的端部连接，扭杆的另一端与循环球机构中的螺杆连接，因此来自输入轴的转向力矩通过扭杆传递给螺杆。由于循环球机构中欲转动的螺杆试图使与其配合的螺母齿条做轴向运动，但通过转向机构、拉杆、摇臂、齿扇摇臂轴组件等传递过来的地面对车轮的转动阻力限制了螺母齿条的轴向运动，因此扭杆被扭转产生弹性变形。扭杆的作用是使转阀回到中心位置并通过方向盘感受到扭杆阻力，间接感知路面转向阻力的大小，为驾驶员提供真实的"路感"。扭杆两端分别与转阀的阀芯与阀套连接，扭杆变形导致阀芯与阀套相对偏转。转阀的进出油道分别与助力液压泵和液压助力活塞的两腔相通，液压助力活塞就是螺杆上的螺母齿条。当阀套相对偏转时从助力液压泵来的压力油经油道进入活塞的前腔或后腔，另外一腔的低压油在活塞的推动下由油道流回油箱。高压油推动活塞运动的同时循环球机构的螺杆转动，这样使助力活塞的运动完全跟随方向盘的转动而实现了转向器的随动助力。通常转阀的阀芯中位机能为 H 型，即行走机械直线行驶时阀芯处在中位，转向器的螺母齿条活塞前后腔、液压泵出油管路均与油箱相通，此时系统油压接近零、助力液压泵处于无负荷工作状态。

5.2.3 液压助力转向系统

液压助力转向系统相当于在机械转向系统的基础上加设一套液压助力相关装置而形成，液压助力的动力源是液压泵，液压泵供给助力系统的油量由控制阀分配到实现助力的油缸等装置中，而控制阀的动作由方向盘控制机械转向装置的转动控制，即控制阀对油量的控制与机械转向装置的运动协同。在驾驶人员转动方向盘驱动机械转向器的同时，也使液压助力系统产生的作用力随同转向器的动作一起作用到转向机构上。液压助力转向系统由机械转向部分与液压助力部分组合而成，机械部分与液压部分的结合程度、结合部位不同使得这类系统有一体式、分置式等不同，所谓一体、分置是指控制阀、动力缸和机械转向器三者之间的关系。一体式液压助力转向系统中的转向器部分将机械转向与液压助力结合为一体，这种助力系统相对比较简单，主要在于液压助力转向器接收液压泵提供的压力油即可，如图 5-2-4 所示。而分置式需要增加液压管路元件，相对比较复杂。

分置式液压助力转向系统中的转向器与助力油缸分置，控制阀的位置也比较灵活，可以是与转向器集成在一起、与油缸集成在一起，也可以是独立装置。控制阀与转向器集成在一起时，转向器在受方向盘操控同时控制阀也被操控，转向摆臂输出动作的同时助力液压系统的压力油流经转向器内的控制阀进入助力油缸。而当控制阀独立或控制阀与助力油缸集成在一起时，转向器受方向盘的操控只有转向摆臂输出动作，同时转向摆臂操控控制阀动作使助力液压系统的压力油进入助力油缸。这类将控制阀与助力油缸集成一体结构的装置也称为转向加力器，在一些载重车辆上有应用。

助力油缸独立而转向器与控制阀集成结构中，其工作原理一致而装置的形式因实际应用场合不同而变化。如基于齿轮齿条转向机构的液压助力转向系统，虽然转向器与油缸为分置

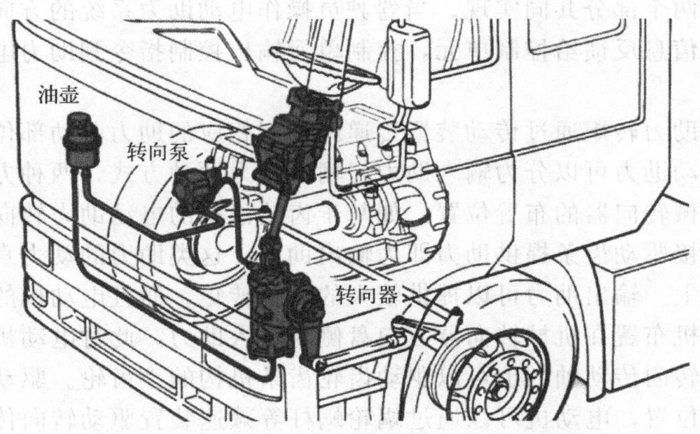

图 5-2-4　一体式液压助力转向系统示意图

结构但整个系统仍有较高的集成度。由于齿轮齿条转向机构输出的直线往复运动与助力油缸的运动相一致，因此可将助力油缸集成在齿条上。将齿条的一部分变成双端输出的双作用油缸结构，进入助力油缸的液压油通过管路与转向器中的控制阀连接，油缸的活塞杆与齿条一起运动。当方向盘转动时与转向柱连接的齿轮啮合齿条运动，同时与转向柱关联的转阀就会打开或关闭相应的油路，使齿条液压缸一侧连接回流至储油罐的油路，另一侧继续注入液压油使活塞两侧产生压差，生成推拉齿条的辅助力。这类分置式助力转向系统多用于轻载车辆，而用于重载场合分置系统的装置独立性相对较强。

在一些重载、多桥转向场合则需要较大的助力作用，而且由于空间位置的关系液压油缸与转向器之间必须独立，通过较长的液压管路连接以适应整机布置的要求。如图 5-2-5 所示的分置液压助力转向系统，集成有控制阀的转向器布置在驾驶室的下侧，而液压助力油缸布置在靠近后转向桥的机架上。液压泵的高压油输入到转向器中的控制阀，再由转向器的输出油路连接到液压油缸。转向器的机械转向摆臂通过纵拉杆向后传递动作，与助力油缸在后转向桥的过渡摆臂处汇合。

图 5-2-5　分置液压助力转向系统的转向器与助力油缸

5.2.4　电动助力转向系统

电动助力转向系统就是在原机械转向系统的基础上，增加电动机及其传动装置，直接利用电动机产生的驱动转矩作为转向轴的助力转矩。与液压助力系统相比是由电动机及其传动装置取代液压助力转向系统，因此也产生了不同的助力效果。在液压助力系统实施助力过程中助力作用与反馈都比较直接，对控制方面的要求相对较低。而电动助力系统中难以实现直接反馈，因而需要配备比较完善的具有传感、控制功能的电控系统协同工作，因此电动助力系统由电控和电动两个部分共同实现。当驾驶员操作电动助力系统的方向盘时，相关传感元件将角度、转矩等信息反馈给控制单元，控制单元输出控制指令到助力电机，电动机按指令执行输出动作。

助力电机产生助力转矩通过传动装置传递施加到相应的助力驱动部位，从而助力驾驶员完成转向操作。电动助力可以分为输入助力与输出助力两种方式，两种方式的不同主要体现在助力电机相对机械转向器的布置位置。如基于齿轮齿条的电动助力转向系统中，利用电动机通过减速机构直接驱动齿条提供助力即为输出助力，这类助力的动力直接作用在驱动转向轮转向摆臂的齿条上。输出助力可以提供较大的助力转矩，而且电动机的力矩波动不易传递到方向盘。助力电机布置在机械转向器方向盘侧为输入助力，此时电动机可以驱动不同的旋转装置，可以驱动转向传动轴，也可以驱动齿轮齿条机构的小齿轮。驱动传动轴可布置在转向柱上的任意合适位置，电动机可以通过蜗轮蜗杆等减速装置驱动转向传动轴实施助力。电动机布置安装在靠近转向小齿轮处，通过传动装置驱动小齿轮进行助力。

5.3 转向机构与随动转向

轮式行走机械的转向最终要体现在轮子的运动上，由于行走装置中车轮的数量、结构布置、驱动形式等因素的影响，在多轮转向的行走机械中为了能使车轮转向过程实现滚动而不滑动，需要使处于不同位置的转向轮的运动相互协调。转向机构的主要任务就是协调转向轮间的位置联动变化关系，合理匹配转向机构能够提高多轮行走装置的转向能力。

5.3.1 转向机构基本形式与工作原理

利用车轮偏转实现行进方向的改变是轮式行走装置实现转向的主要方式，为了使车轮能够相对机体、车桥等实现偏转，车轮与机体、车桥的连接方式应为铰接方式。行走装置为单导向轮时操控简单，只要使该导向轮偏转即可。多导向轮时则需每个导向轮都偏转，但每个轮所处的位置与瞬时旋转中心之间不能满足纯滚动的关系时，通常需要转向机构来协调各个导向轮达到或接近纯滚动状态。

5.3.1.1 铰接与转向

利用车轮偏转转向的应用很多，其中单轮转向比较简单，在三轮车、自行车中都有应用。这类结构中用于转向的轮轴固定在一竖柱或竖叉架的下端，竖柱或竖叉架与机架铰接。在竖柱或竖叉架的上端连接有操控转向的装置，直接或间接使竖柱或竖叉架摆转，竖柱或竖叉架带动导向轴摆动而使导向轮改变方向。如图 5-3-1 所示为单轮转向结构的车辆，虽然操控方式有所不同，但转向实现的原理与结构是相近的。这种单轮转向结构如果车轮轴向尺寸加大，且单轮分开为左右两个轮，则成为铰接车桥转向结构。此时竖柱即为铰接主销，整个车桥通过主销与机架铰接。这种结构在牵引车辆上有应用，而且还有不同的应用形式，如图 5-3-2 所示。该拖车行走转向应用的就是车桥摆转方式，但该拖车中车桥与车体的铰接不是通过主销铰接，而是通过一回转支承。回转支承工作原理和结构与滚动轴承相似，水平和垂直方向的载荷都由转盘或座圈承受。

图 5-3-1　单轮转向

图 5-3-2　拖车转向机构

车桥铰接转向的特点是整个车桥摆转，车桥上的车轮相对机体发生位置变化而相对车桥不变。如果将车桥与部分车体固定连接，铰接部位是在车体之间则成为折腰转向结构。折腰转向一般应用于双桥结构的行走机械，前后车桥分别与前后机架固定在一起，利用前后机架相对偏转来实现转向。这类行走机械的机架由前后两段组成，前后机架用垂直铰轴铰接相连。这种转向方式简化了转向机构，只要推拉前后机架使二者产生偏转即可，但实施推拉需要较大的作用力，因此通常利用液压油缸执行转向任务。转向载荷小时可采用单油缸，一般都采用双油缸驱动。图 5-3-3 折腰转向结构中车桥与机架固连，前后机架由上下两同轴立轴

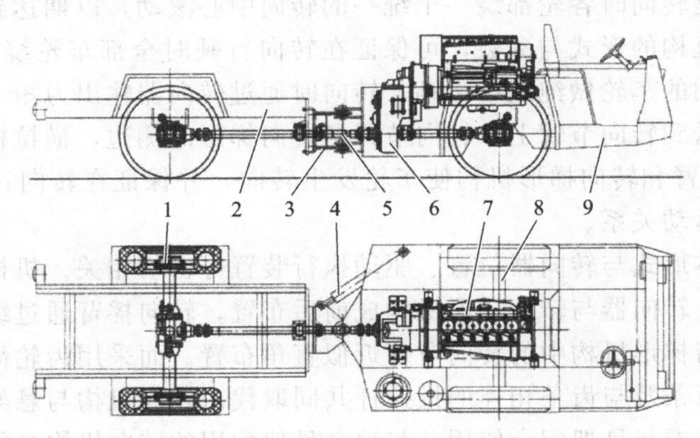

图 5-3-3　折腰转向结构示意

1—后桥；2—后机架；3—铰接架；4—转向油缸；5—中间传动轴；
6—变速箱；7—发动机；8—前桥；9—前机架

铰接，这种铰接方式虽然可以实现转向行驶，但当行走在高低不平路况时铰接部位受载状态恶劣。为此有些行走机械进一步优化转向铰接部位的结构，使得前后机架之间不但实现上述的摆转运动，而且可以实现绕纵轴、横轴的摆动以适应恶劣路况条件，如图 5-3-4 所示。此处的转向铰接结构中增加一中间铰接装置，中间铰接装置与其中一车架采用纵轴铰接，使得前后车架之间可以横向偏摆，使前后机体处在凸凹不平路况时整机能够处于较好的工作状态。同样还可以在此基础上进一步增加横轴铰接机构，以提高通过沟坎的能力。

图 5-3-4　机架多自由度铰接装置示意

5.3.1.2 双轮协同转向

在多轮转向的行走机械转向时需要多个车轮参与，如双轴四轮车辆转向行驶时内侧转向轮的转角必大于外车轮的转向角度，要保持同轴两转向轮实现纯滚动，需要转向轴中心线延长线交于一点，此点即是转向中心点，即瞬时转向中心。为了实现这一目的同轴的两转向轮需实现协同转向，最常用的也是最具代表性的是利用横拉杆与转向节臂铰接形成转向梯形机构，通过该机构的联动使内外侧车轮的偏转角度尽量满足这一要求。转向机构的具体形式多样，但其基本要求是转向时各轮都绕一个统一的转向中心滚动，以期达到无侧滑的纯滚动状态。正确选择转向机构的形式与参数，可保证在转向行驶时全部车轮绕一个瞬时转向中心，使在不同圆周上运动的车轮做纯滚动运动。转向时通过转向器输出力矩，经过转向摇臂、转向拉杆和转向臂传送到转向节臂上。转向节臂是转向梯形的侧边，横拉杆为梯形的顶边，如图 5-3-5 所示。转向臂和转向梯形机构使车轮发生转向，并保证在转向过程中转向轮的偏转角度尽量满足转向运动关系。

转向机构的具体形式与转向器位置、驱动执行装置等密切相关。机械转向器利用转向摇臂驱动转向机构时，转向器与转向梯形机构成前后布置，转向摇臂通过纵向布置的拉杆与转向臂连接，转向臂与梯形机构中的转向节臂近似直角布置。而采用齿轮齿条转向器时，转向梯形中的横拉杆由齿条及与齿条相连的推拉杆共同取代。转向机构与悬架存在一定的关联关系，转向机构必须考虑与悬架配合使用，与独立悬架配用的转向机构必须适应转向轮因悬架弹性变形而相对于车架产生较大的跳动。独立悬架的转向桥必须是断开式结构，转向轮要相对于车架做独立运动，与此相对应的转向梯形机构也必须是断开结构。此时转向梯形可由中间分开为两个独立部分，但在两部分的中间布置有关联驱动机构，关联部分可以是拉杆连接两梯形驱动，也可以是拉杆驱动中间摆动机构，摆动机构再连接两梯形机构。如图 5-3-6 所示的转向机构由多杆件构成，转向时中间的摇臂带动左右两侧的推拉杆驱动转向臂，推拉杆又可随独立悬架摆动而调整位置状态。

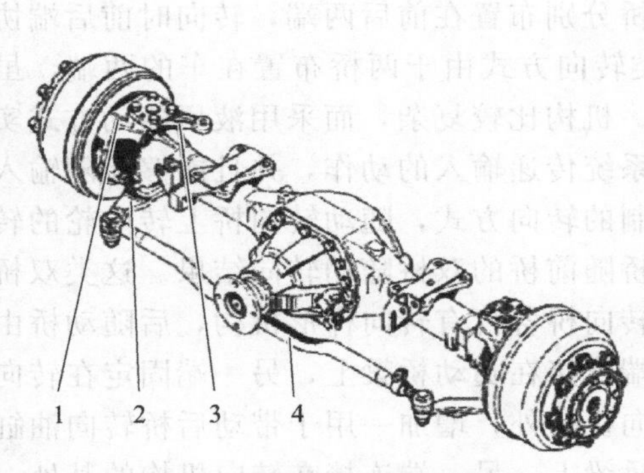

图 5-3-5　转向桥及转向梯形机构

1—转向节；2—转向节臂；3—转向臂；4—横拉杆

图 5-3-6　与独立悬架匹配的多杆件转向机构

5.3.2 双轴协同转向

重载车辆通常为多轴布置结构，这类多轴车辆为了减小转向半径、提高转向能力，通常采用双轴转向结构。双轴转向又称双桥转向，实质是将具有独立转向机构的两个转向桥协同起来，采用双轴转向结构更需要前后两轴上的车轮协调转向。在实际使用中因协同的方式不同，存在双桥联动转向、液压随动转向和被动转向等不同形式。

(1) 双桥联动转向

多轴车辆转向桥的布置形式各有不同，其中一种是将两转向桥并排布置在前部，即所谓的前双桥转向结构。每一个转向桥均可由一个转向梯形机构来保证左右转向轮按既定转向规律偏转，两转向桥之间的运动关系协调则通过布置在机体侧面的摇臂机构来关联，使两转向桥的四转向轮偏转角度按一定关系变化。联动转向机构由两桥的转向梯形机构和摇臂机构组成，其中摇臂机构包括摇臂、转向直拉杆、中间连杆等。如图 5-3-7 所示为非独立悬架双前桥转向的双摇臂机构，双摇臂机构的两摇臂平行布置在机器左侧，摇臂结构相同、中部与机体铰接。两摇臂的上端分别与拉杆的前后端铰接，下端分别与前后转向桥的转向臂铰接。其

图 5-3-7　联动转向机构

中前摇臂下端偏上有纵拉杆连接的铰接点，转向器的转向摇臂的运动通过此处传递到前摇臂，前摇臂不但驱动前转向桥转向轮偏转，而且通过上部的连杆带动后摇臂驱动后转向桥的转向轮偏转。该机采用液压助力转向，因此在后摇臂的下端偏上还连接有助力驱动的液压缸。也有一些其它不同形式的机械联动机构应用，虽然形式变化但机构的工作原理相近。

(2) 液压随动转向

多轴车辆转向桥的布置还有一种是将两转向桥分别布置在前后两端，转向时前后端协同转向，如图 5-3-8 所示的前后桥转向牵引车。这类转向方式由于两桥布置在车的两端，虽然也可由机械机构实现协同转向，但中间距离较长、机构比较复杂，而采用液压随动方式实现转向协同则具有优势。液压随动转向是通过液压系统传递输入的动作，并且能够伴随输入动作实现相应的运动。液压随动转向是一类主动控制的转向方式，随动转向桥上转向轮的转角将跟随主转向桥上车轮的转向角而变化，实现后桥随前桥的双桥随动转向结果。这类双桥随动转向以液压缸作为随动转向的执行装置，前后转向桥各自有转向梯形机构，后随动桥由油缸驱动转向梯形臂实现转向。随动桥转向油缸一端连接在随动桥梁上，另一端固定在转向机构的转向臂上。前桥转向机构部分除了基本的转向机构外，增加一用于带动后桥转向油缸的主油缸。前转向桥上的主油缸一端连接在机架或桥梁上，另一端连接在转向机构的某处，保证主油缸的行程与前转向桥转向运动成比例。主动与随动两液压缸均为双向活塞式油缸，两油缸的油腔对应连接。当转动方向盘使转向器工作驱动前桥转向时，主油缸活塞杆也随之移动改变油缸两腔的容积，同时两腔与随动后桥驱动油缸两腔相连的油管将油液互相输入。随动油缸产生动作驱动随动后桥的车轮转向。如果每个车桥都具备转向功能，则可以实现多桥协同多模式转向功能，如图 5-3-9 所示。

图 5-3-8 前后桥转向牵引车

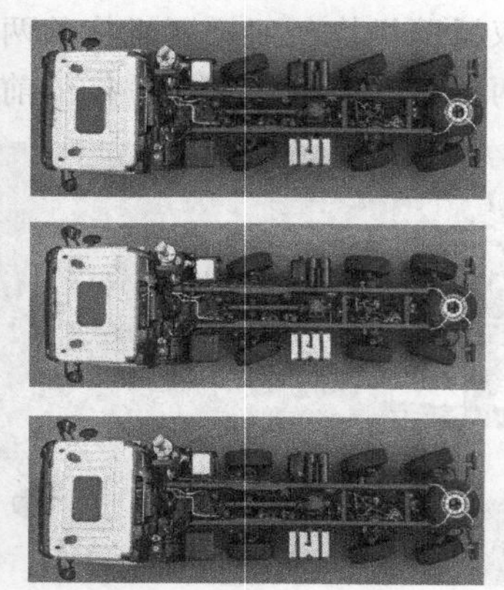

图 5-3-9 多桥协同多模式转向

(3) 被动转向

液压随动转向是一类主动控制的随动转向方式，主动控制式是指前轮转向时向随动转向系统输入控制而使随动桥转向。也有少数车辆的主动转向轮与随动转向轮之间没有直接的信号输入关系，随动轮是根据行走转向时产生的离心力变化等作为输入实现被动转向。行进中转向时机体本身产生离心作用，该作用作为随动转向轮实施随动转向的输入。被动转向系统需要有转向控制、锁止、检测等装置与元件，这些装置安装在随动转向桥的转向机构、转向节等处。转向时车体离心力作用在随动车轮与路面的接触点处，侧向反作用力对车轮形成绕主销作用的力矩，随动轮在此力矩作用下被动转向。当高速行驶、倒车等不需要随动转向时，锁止装置发挥作用使随动轮不能转向确保方向稳定性。

5.3.3 多轴随动转向

随着承载能力的增加行走装置中轮轴的数量也要增加，这类多轴行走机械为了有效提高转向、机动等性能，更有必要实行多轴协同转向。多轴结构行走装置实现协同转向可以采用多轴随动转向方式，多轴随动转向在重载挂车中应用较多，而且随动转向传动有机械、液压等不同应用方式。

5.3.3.1 牵引挂车随动转向

挂车是一类被牵引车辆，全挂车的随动转向直接与牵引装置相关联。利用牵引杆牵引的全挂车转向轮的转向机构与牵引杆相关联，牵引杆运动带动转向机构运动使车轮偏转，如图 5-3-10 所示。车轮偏转量的多少与牵引杆的偏转量相关，被牵引挂车的转向是随牵引杆联动转向。多轴全挂车的随动转向也是如此，牵引杆是全挂车的牵引连接装置，转向信号通过牵引杆、转向纵拉杆、转向控制板、转向横拉杆等构成的转向机构传递给全挂车上的转向轮，最终使各车轮都能按规定的转角偏转。挂车前端是转向端梁，铰接在端梁中部的牵引杆相对端梁摆动时，带动转向纵拉杆运动，纵拉杆与转向控制板依次连接并传递运动。如图 5-3-11 所示的多轴挂车随动转向机构，每个转向控制板连接左右转向横拉杆，两转向横拉杆分别驱动同轴两转向轮的转向臂。通过分别驱动各转向轮的转向臂，使各轮轴按要求的转角偏转转向。

图 5-3-10 多轴全挂车

纯机械方式实现随动转向时是利用机械杆件将牵引杆的转向作用传递给每个转向轮，多轴挂车随动转向可采用机械转向机构和液压随动机构相配合方式。全挂车的随动转向输入均为牵引杆，牵引杆带动机械转向机构和液压随动机构，在牵引杆与转向端梁间布置的液压油缸即为随动转向缸。机械液压配合的随动转向可以采取不同的配置方式，如可以部分直接机械随动、部分液压随动。将全部转向轮分为前后两部分，前半部分通过牵引杆的偏转带动与之相连的杆件，进而通过纵拉杆推动其后的中心转向控制板，以及转向横拉杆和转向臂实现各轴车轮偏转。后半部分的转向采用液压随动方式，依靠液压油系统接收来自前部的转向信号，再利用液压油缸带动机械转向机构实现后部各轮的转向。

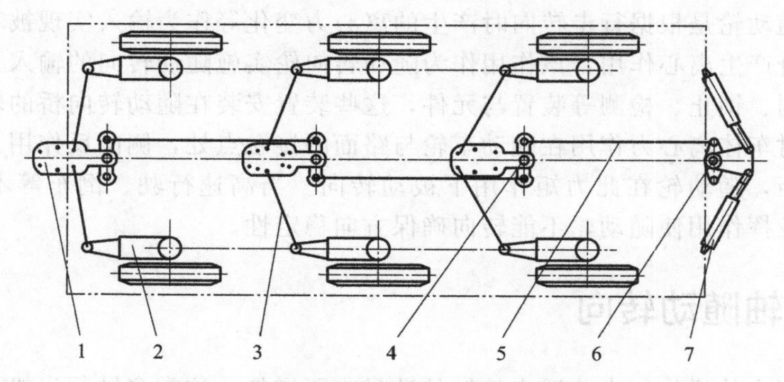

图 5-3-11 多轴挂车随动转向机构示意

1—控制板；2—转向臂；3—横拉杆；4—中间轴；5—纵拉杆；6—枢轴；7—液压油缸

5.3.3.2 多轴半挂车液压随动转向

多轴半挂车与多轴全挂车的区别主要在于牵引部分，全挂车使用牵引杆连接牵引车。半挂车与牵引车的连接是通过其前部鹅颈下侧连接装置部分，随同鹅颈的液压随动系统用于挂车的转向具有方便、可控的优点。鹅颈部分除了基础结构外还有牵引销、牵引销转盘、取力油缸等装置与器件，其中牵引销转盘相对鹅颈纵梁可以转动，两个取力油缸的活塞杆端分别通过铰销与牵引销转盘相连，缸筒端则与鹅颈纵梁铰接，如图 5-3-12 所示。半挂车通过牵引销与牵引车上牵引座的接合来实现连接，二者接合后牵引座带动牵引销转盘一起转动。当牵引车行驶转向时牵引销转盘随牵引车相对鹅颈转动，致使两个转向取力油缸活塞杆作相应的伸缩动作，该油缸排出的压力油经操纵阀流向驱动车轮转向的油缸，使活塞杆产生相应的伸缩，转向油缸带动转向机构中的杆件、转向臂动作，从而使半挂车各轮偏转实现半挂车的随动转向。

图 5-3-12 鹅颈结构的多轴半挂拖车

上述随动转向过程是半挂车在牵引车的牵引状态自动实现，无需人为操作控制。这类液压随动系统中由于还有控制阀的存在，可实现不同转向方式的控制。如整车转向分前后两部分，可实现前半部分由牵引车带动随动转向，后半部分由操作人员靠液压动力控制转向。当工作场地或道路等受限制时可以实现全部控制转向，此时控制阀将取力油缸与转向油缸之间的油路全部断开，转向油缸的进出油控制均通过操作人员操控控制阀实现。

5.4 全液压动力转向系统

全液压转向是应用比较广泛的一种动力转向方式，车轮实现转向所需的全部作用力和运动均源于液压系统的压力和流量。全液压转向系统可以简化机械转向系统的运动机构，提高了控制能力与执行能力。全液压转向多应用于配置液压系统的机器，特别适合于重载、行走装置复杂的行走机械。

5.4.1 全液压转向系统组成形式

全液压转向系统同样由动力元件、控制元件和执行元件三部分组成，基本构成有液压泵、全液压转向器或控制阀、转向油缸或马达，以及液压系统所需的管路和阀等。泵作为动力元件为转向液压系统提供压力油液，全液压转向器或控制阀为控制元件，控制进出执行元件的油液，转向油缸或马达为动作执行元件，执行元件通过驱动转向臂、转向拉杆等实施对转向轮的作用，使转向轮偏转实现转向。

5.4.1.1 液压转向系统基本形式

全液压转向系统与机械转向和助力转向系统在实施转向的操作方面差异不大，都可采用方向盘输入控制动作，如图 5-4-1 所示。方向盘通过转向柱等驱动全液压转向器工作，转向器根据方向盘的转动量控制液压系统供给转向油缸的油量多少与进出，油缸因油液进出流量变化推拉转向机构的相关部位使转向轮偏摆。转向油缸的伸缩行程与方向盘的转角成比例，因而转向轮摆角也随方向盘的转角相应变化。液压转向系统的驱动来源于液压泵，液压泵的动力源一般都是行走机械的动力装置。行走机械转向系统一般为独立系统，转向系统和工作系统用各自的泵供油，油路互不相连。但在复杂机器中可能需要与其它系统有联系，这种情况要首先保证转向时的供油，这在液压系统设计之初就要确定落实分流或优先供油用于转向。

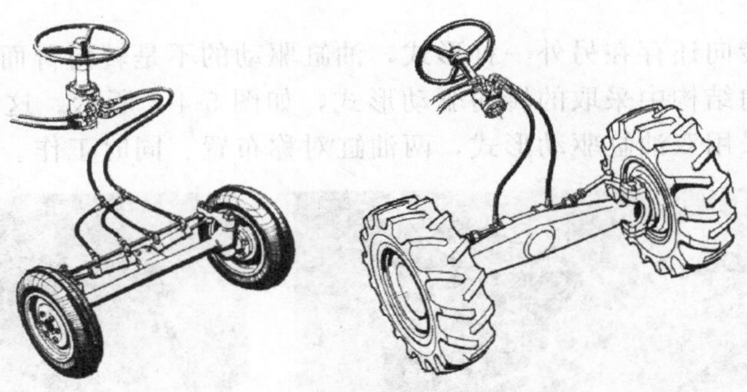

图 5-4-1　全液压转向系统示意

液压系统中的液压泵既要为转向部分供油，又要为系统中其它液压装置供油时，通常采用稳定分流和优先供油等方式为转向执行装置供油。液压系统中其它工作油路与转向油路之间布置有单路稳定分流阀，这样在泵供油流量及液压系统负载变化的情况下，能保证为转向器提供一个稳定的流量。单路稳定分流阀除供给转向系统油液外还同时并联其它工作油路，在转向系统不工作时这一路油液流回油箱。优先供油则选用优先阀构建油路，工作时转向油路优先保证。当方向盘转动时使优先阀动作，优先阀分配相应的流量去转向器，以保证转向可靠、轻便。当泵流量足够大时多余部分供给工作装置油路，转向器不工作时泵提供的全部流量去工作装置油路。

5.4.1.2 转向执行机构形式

全液压转向执行动作的元件通常是液压油缸，油缸发挥的驱动力与液压系统的压力和油缸有效内径相关，转向偏角或位移与油缸的行程相关联。液压系统及油缸的特点使得这类转向实现机构简单、布置灵活，油缸既可以直接驱动转向臂，也可以利用转向机构驱动多个轮转向，主要有以下几种应用形式。

(1) 单轮与独立轮转向

单轮转向与多轮行走装置中的独立轮转向具有一定的共性，液压缸的活塞杆端部直接与转向臂端部铰接，活塞杆的伸缩动作使转向臂摆动，转向臂带动转向轮的主销转动。二者的共同特点是一一对应、直接驱动，不同之处在于控制与供油油路有所不同。如图 5-4-2 所示为油缸直接驱动的独立轮转向机构。

图 5-4-2 油缸直接驱动的独立轮转向机构

油缸直接驱动转向还存在另外一种形式，油缸驱动的不是转向臂而是车桥或车架，如在铰接转向或折腰转向结构中采取的转向驱动形式，如图 5-4-3 所示。这种工况所需的转向驱动力较大，通常也采用双油缸驱动形式，两油缸对称布置、同时工作。

图 5-4-3 压路机铰接转向驱动形式

（2）协同转向驱动

多轮转向时一般通过转向机构来实现协同转向，油缸与转向机构结合可以实现协同转向驱动。如同轴双轮协同转向都是利用转向梯形机构，采用液压油缸执行转向驱动时，油缸可选择转向节臂或转向臂为驱动对象。油缸铰接安装在桥体上，油缸杆伸缩带动相连接的转向机构运动，实现两车轮的协同转向，如图 5-4-4 所示。

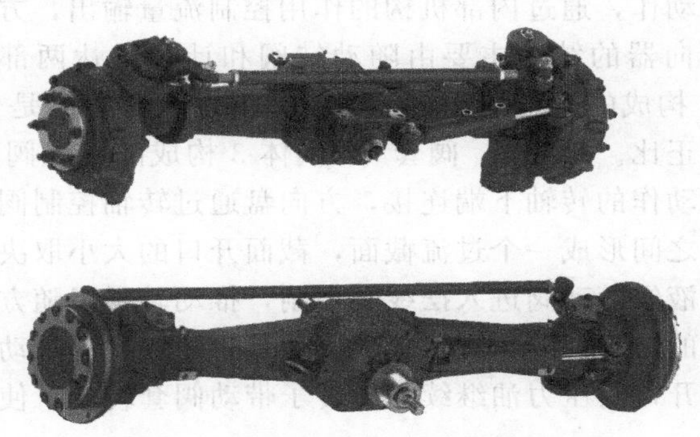

图 5-4-4　油缸与转向机构匹配形式

上述转向功能是由单油缸与转向机构配合完成，也有直接将油缸作为转向机构的组成部分。如利用双油缸或双端输出油缸取代传统的转向梯形机构的横拉杆，油缸体与车桥固定在一起，两油缸活塞杆分别与左右转向节臂关联，如图 5-4-5 所示。两油缸活塞杆的协同运动既可实现对转向轮转向偏摆的驱动，也在一定程度上起到传统转向机构的协同转向作用。

图 5-4-5　油缸协同双轮转向形式

（3）多模式转向

实施全液压转向不仅大大减轻驾驶操作人员的体力消耗，而且也为转向控制带来了方便。有些行走机械在使用中需要转换转向模式，如有的车辆需要实现诸如直行、斜行、回转等不同行驶形式。形式改变的实质是改变转向模式，全液压转向改变转向模式实现起来比较容易。如双轴四轮车辆的前后均具备转向功能，且均为液压油缸驱动方式即可实现多模式转向，此时转向液压系统在前后桥转向油缸间的油路上布置有模式切换电磁阀。电磁阀可选三位四通阀，中位时为前桥单桥两轮转向模式，左位为前后桥四轮向心转向，右位为前后桥四轮蟹行转向。在蟹行、向心两种四轮转向模式时，前后桥转向油缸均串联工作，保证前后桥转向角的一致性。

5.4.2 全液压转向器

全液压转向系统的核心部分是全液压转向器，全液压转向器又称摆线转阀式液压转向器，是一种转阀内反馈式机液伺服控制装置，其输出流量与控制转速成比例。全液压转向器接收方向盘输入的旋转动作，通过内部机构的作用控制流量输出，方向盘转速快则输出流量大，慢则小。全液压转向器的结构主要由随动转阀和计量马达两部分组成，如图 5-4-6 所示。由定子 13、转子 9 构成的计量马达部分布置在下部，其功能是保证转向时转向器出口油量与方向盘的转速成正比。阀芯 7、阀套 6、阀体 3 构成随动转阀部分，用于控制油流方向。阀芯与传递方向盘动作的转轴下端连接，方向盘通过转轴控制阀芯相对阀套旋转产生角变位时，在阀芯和阀套之间形成一个过流截面，截面开口的大小取决于方向盘的转速。来自转向液压系统油泵的油液经随动阀进入摆线啮合副，推动转子跟随方向盘转动并将定量油液输出到转向油缸。转子的转动同时作用于阀套，使其跟随阀芯的转动而转动。停止转向时阀芯停止转动，流过截面开口的压力油继续流向转子带动阀套转动，使截面开口关闭、转子停止转动。

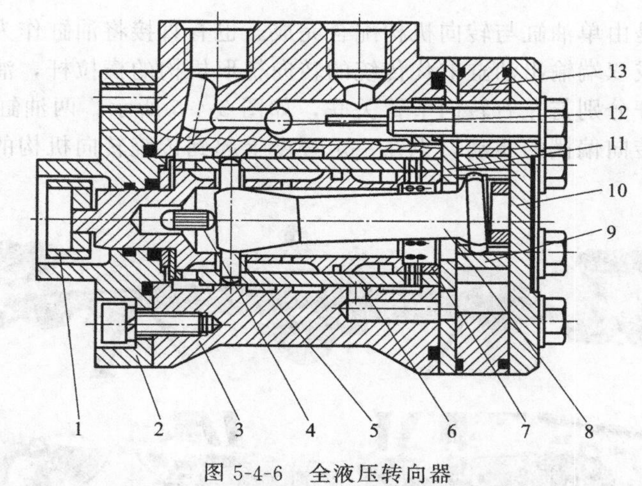

图 5-4-6 全液压转向器

1—连接块；2—前盖；3—阀体；4—弹簧片；5—拔销；6—阀套；7—阀芯；8—联动轴；9—转子；10—后盖；11—隔板；12—钢球；13—定子

在设计转向液压系统时全液压转向器用原理图表示，如图 5-4-7 中（a）图所示。为了方便通常采用简化画法，其简化图如（b）图所示。根据控制阀中位时的油路导通情况，全液压转向器有开心、闭心的不同。开心式转向器在控制阀处于中位时，内部通道将进油路和回油路导通，这时转向动力油源可以通过该通道卸载，采用此类转向器的转向液压系统需要由恒流油源来供油。闭心式全液压转向器的控制阀处于中位时封闭进油路，配套该类转向器的系统应该由恒压油源供油。人力机械转向过程中转向轮处受到的外部作用比较容易通过机械机构反馈到方向盘等操作部位，驾驶人员可以直接感受到转向时车轮的状况。而通过液压系统传递动力就没有这种直接反馈作用，为了能够获得反馈则需转向器具备相应的功能。全液压转向器根据转向工作负载能否反作用到方向盘上而有反应型和无反应型之分，所谓有反应即为驾驶员从中能感觉到路况的变化，这在行走速度较高时操控转向尤其重要。还有一类用于负载传感转向系统的全液压转向器，该转向器在阀体增设了负载传感油口，可反馈压差信号给系统中的优先阀或负载传感变量泵等。

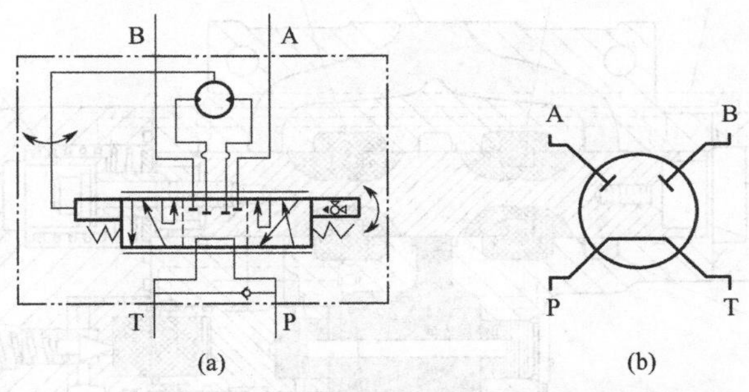

图 5-4-7　开心式无反应全液压转向器原理图与简化图

选择全液压转向系统的转向器时，要与操作输入与执行输出元件进行匹配，即与方向盘的转动、液压油缸的运动相匹配，保证方向盘转动的极限角度与油缸的极限行程相符。每个型号的转向器都有一排量指标，匹配时可将该指标理解为方向盘转一圈通过转向器的液压油量，也是转向油缸输入的液压油量。方向盘转过的圈数对应的转向器通过的油量总和，与油缸极限位置时油腔最大有效容积相等。油腔的容积与缸径和行程相关，缸径一旦确定方向盘的转角就与行程成比例关系。在外在相同条件下转向油缸缸径参数影响系统压力，转向器需要能在这一压力下正常工作。要注意的是转向油缸的匹配方式对转向执行结果产生不同影响，如选用单个活塞式双作用油缸作用于转向执行元件时，由于油缸前后腔有效缸径不同，使得到达左右转向极限位置时方向盘转动的角度不同。

5.4.3　流量放大转向系统

每个全液压转向器的排量是一定的，转向油缸的工作容积决定了所要匹配的转向器。转向油缸工作容积大，就需要匹配大排量的全液压转向器。在一些需要较大流量的液压转向系统中，可采用小排量转向器与流量放大阀组合的方式提高转向工作的流量，这样可以克服大排量转向器体积大、转向操作没有小排量转向器灵活的不足。通过全液压转向器以及流量放大阀，保证先导油路流量变化与主油路中进入转向油缸的流量变化具有一定的比例，达到低压小流量控制高压大流量的目的。这类转向系统中方向盘与全液压转向器的关系不变，都是转动方向盘操控全液压转向器。此时的转向器不是直接操控执行元件油缸，而是通过全液压转向器的先导、小流量去操纵流量放大阀的阀芯左右移动，使液压系统的大流量通过流量放大阀进入转向油缸。转向器输出流量放大阀的控制油液，而非直接驱动转向油缸的驱动油液。

流量放大阀是一个液控换向阀，包括阀芯、流量控制阀、安全阀、梭阀等，如图 5-4-8 所示。当不转向或转向完成时，转向器停止向流量放大阀提供先导控制油。此时没有先导油作用于阀芯 2 的两端，阀芯两端的油通过通道相连，阀芯在复位弹簧 8 的作用下保持在中间位置。当阀芯在中间位置时从液压泵的来油被阀芯封住，使得至泵进油口 13 中的压力增加，推动流量控制阀 11 右移直至油能通过油口 6 回油箱。在中位时与转向油缸相连的阀体出油口 5、7 处于封闭状态，以保持方向盘停止转向时的位置。封闭在阀体出油口腔内的油压通过梭阀 12 作用于安全阀 10，如果压力超过安全阀的调定压力，安全阀将打开以保证系统压力不超过调定压力。当驾驶员操纵方向盘转动时转向器的先导油液进入放大阀，推动阀芯 2 移动使来自液压泵的油液进油口与到液压缸的出油口导通。如右转向时先导油进入油口 9，

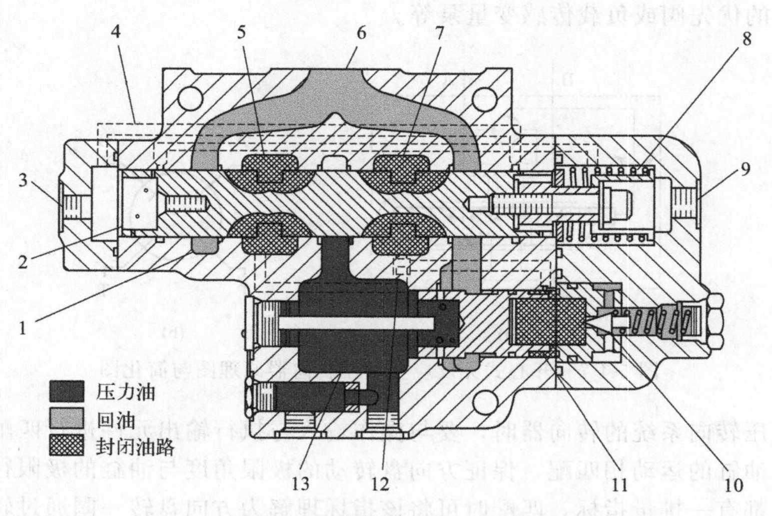

图 5-4-8　流量放大阀（中位）

1—回油通道；2—阀芯；3—先导油口；4—通道；5—左转出油口；6—回油箱油口；7—右转出油口；8—复位弹簧；9—先导油口；10—安全阀；11—流量控制阀；12—梭阀；13—至泵进油口

随后进入弹簧腔使阀芯左移，导通右转油缸腔的油路。阀芯的位移受方向盘的控制，方向盘转动得快则先导油液多、阀芯位移大、转向速度快。

流量放大转向系统（图 5-4-9）多应用在全液压驱动的行走机械中，整机液压系统不仅仅用于转向部分，同时还要用于其它工作部分。从系统角度看流量放大转向系统，其可分为普通独立型与优先合流型两类。独立型的全液压转向系统是独立的，与工作液压系统各自独立互不影响。优先合流型优先供油给流量放大转向系统，多余的油液回流或用于其它工作装置。在全液压转向器基础上集成流量放大功能，则产生了有一定流量放大功能的同轴流量放大转向器，该转向器随转速的提高可实现流量增大，快速转向时提供大的排量，慢速转向时提供较小的排量。

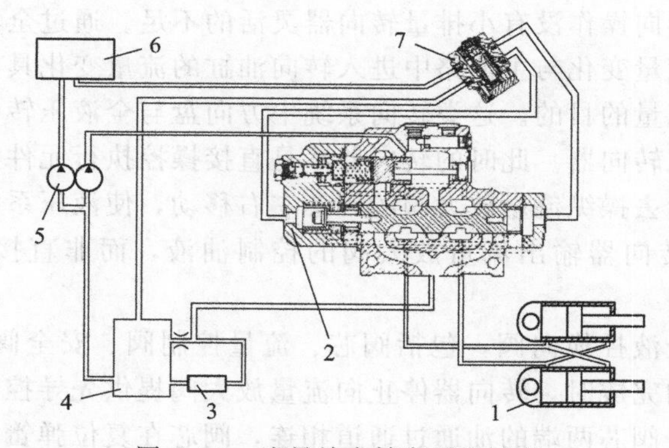

图 5-4-9　流量放大转向系统示意

1—转向油缸；2—流量放大阀；3—散热器；4—液压油箱；5—转向泵；6—减压阀；7—转向器

5.4.4 双转向器转向系统

在一些特殊用途的行走机械产品中，为了作业方便有时需要配置两个驾驶位，每处驾驶位均安装有转向操作装置以方便驾驶（图 5-4-10）。每个驾驶位均布置有全液压转向器，两套转向器分别由两个方向盘操作，共同控制同一套转向油缸来执行转向。双位操作要求每个转向器均可独立操纵实现转向功能而互相不能影响，这就需要解决两个转向器间的工作干扰问题。转向液压系统回路中的两个全液压转向器并联连接，可以用电磁换向阀来隔断两个全液压转向器，自由选择其中一个转向器参与工作。这种系统供给转向器的油液首先进入转向切换电磁阀，电磁阀控制油路为其中一转向器供油，该转向器即为工作转向器，另外的转向器与液压泵间的油路被切断而无法实现功能。

图 5-4-10　双位驾驶转向操作装置布置形式

双转向器转向系统还可利用优先阀使两个转向器中的一个优先工作，优先阀转向系统如图 5-4-11 所示。采用优先阀转向系统的两个转向器其中一个工作优先，优先转向器工作时另一转向器不起作用。无论负载压力和油泵供油量如何变化，优先阀均能向优先的转向器保证供给流量，当优先转向器不工作时，另外的转向器才实施转向功能。但这种优先作用必须在优先转向器保持有流量通过，一旦某时刻处于瞬时不工作状态，而恰恰此时另外一转向器发生动作则有可能出现失误。

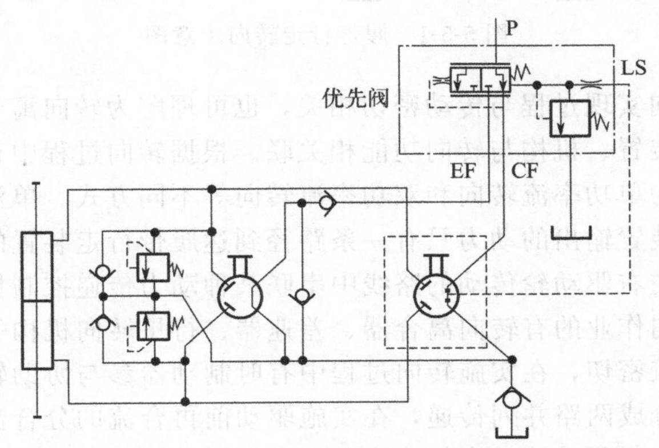

图 5-4-11　优先阀转向系统

5.5　履带行走转向及装置

履带式行走机械采用履带结构形式的行走装置，双履带结构是履带行走装置的基本结构形式。这类行走机械实施转向要兼顾履带装置的结构特点和行走特性，主要以控制左右两侧履带卷绕运动的改变，使行走装置的左右履带产生差速、滑移完成转向过程。履带行走装置在转向过程中必须与行走驱动同时进行，因此转向过程中也伴随着动力传递方面的变化。

5.5.1 履带行走装置转向原理

履带行走装置理想的转向状态是两侧履带各沿不同的半径做弧形运动，在左右两侧运动的履带装置存在一个共同的瞬心。履带行走装置相对轮式行走装置结构复杂、与地面接触面积大，实现转向比较适宜的方式是差速转向。如图 5-5-1 所示，履带行走装置的两侧履带的速度出现不同，该行走机械将会向速度小的一侧偏转。由于履带装置接地面积大、纵向尺寸较长，转向过程中必然伴随履带的滑移，因此也称这类转向为滑移转向。履带行走装置的滑移转向不存在单独用于转向的转向机构，而是控制两侧履带的速度变化，差速转向的关键在于两侧行走驱动速度的操控。履带行走装置的速度取决于驱动轮对履带的缠绕速度，即取决于驱动轮的实际输出速度。因此控制两侧驱动轮的实际驱动转速，就能达到控制行驶转向的结果。行走驱动轮的速度变化与动力装置输出、传动装置变速、制动装置制动等相关联，因此履带式行走机械通过两侧行走装置的动力通断、传动速度改变、实施制动等方式产生速度差，通过差速实现滑移转向。

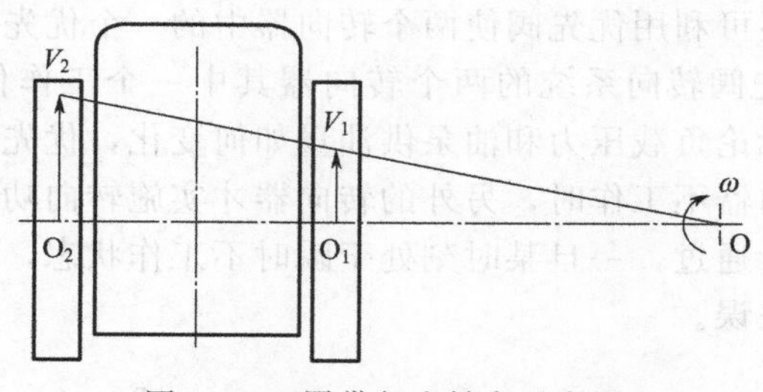

图 5-5-1 履带行走转向示意图

履带行走机械转向实现过程与传动密切相关，也可理解为转向寓于动力传递过程中，因此传动路线中的一些装置、机构与转向功能相关联。根据转向过程中行走传动系统中功率流的传递方式不同，分为单功率流转向和双功率流转向等不同方式。单流的含义是只有一路传递动力的路线，动力装置输出的动力只有一条路径到达履带行走装置的驱动轮。这类转向一般是在变速传动后向左右驱动轮传动的路线中串联某种动力传递控制机构用于转向，单流机械传动中用于实施转向作业的有转向离合器、差速器、行星转向机构等。履带行走机械中的制动装置与转向关系较密切，在实施转向过程中有时制动器参与协助转向。双流方式是将动力装置输出的动力先分成两路并列传递，在实施驱动前再合流的分合流复合传动形式。这种转向方式可以将用于直行驱动的动力与造成左、右侧履带速度差的转向动力两路并列，转向一路通常在直线行进时不参与驱动，只在转向时参与驱动使供给两侧履带装置的动力产生变化，致使两侧履带行进速度出现差异。双功率流转向系统比较复杂，整个传动既有纯机械方式，也有液压与机械结合方式。采用液压行走驱动的履带行走机械，借助液压传动无级变速的优势，可以比较方便地实现转向功能。

5.5.2 单功率流机械传动中转向实现机构

采用单功率流行走传动的履带式行走机械，改变传动系统中的部分器件的状态就能实现转向功能，这些器件构成履带行走装置的转向机构，如转向离合器、差速器等。转向机构串联布置在动力装置至驱动轮传动路线中，转向机构状态变化对传递动力的影响是转向功能实现的原因。

5.5.2.1 离合器转向机构

离合器用作转向机构是利用离合器能接合与分离动力的功能，使传动给左右驱动轮的动力通断状态变化而引起两侧履带速度不同实现差速转向。为此需配置两离合器分别用于左右两驱动轮传动线路中，当分离某一侧的离合器时就切断该侧驱动轮所传递的动力，该侧的履带停止卷绕而使车辆向此侧转向。用于转向的离合器一般采用多片式摩擦离合器，靠摩擦表面的摩擦力传递转矩，小型机器也有采用牙嵌离合器。转向离合器的布置部位也与整机传动装置的设计相关联，既有布置在中央传动后面的结构，也有直接布置在变速箱内的结构。如图 5-5-2 所示为离合器布置于中央传动后到左右驱动轮之间的部位，此结构的离合器可以布置在后桥的桥壳内部，也可以将其布置在末端减速器处。离合器布置于末端减速器处靠近驱动轮，这样可将离合器布置在桥体外以便于拆装。

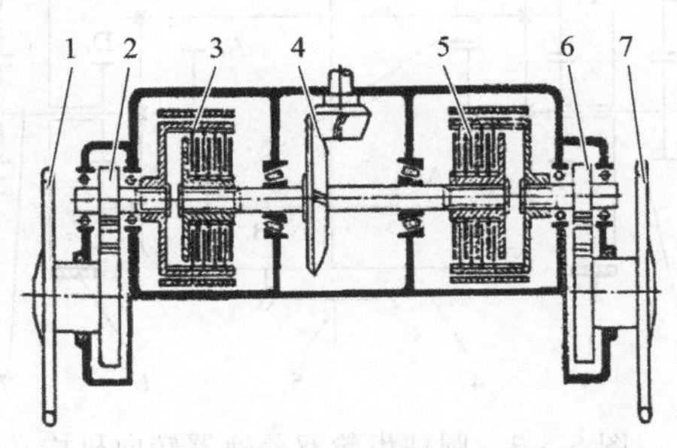

图 5-5-2 转向离合器布置示意图

1—左驱动轮；2—左边减速器；3—左转向离合器；4—中央传动；5—右转向离合器；6—右边减速器；7—右驱动轮

上述结构都是在中央传动后向左右驱动轮传动的路线布置离合器，一些小型履带行走机械的转向离合器布置在变速箱体内部，从变速箱直接分流动力到左右驱动轮。在变速箱中有两对牙嵌离合器分别控制左右两侧履带的动力通断，通过对牙嵌离合器的单独接合与同时接合的控制来完成转向行进和直线行走。如某小型履带收割机采用的就是这种结构形式，该变速箱由齿轮啮合，能够分别完成高、中、低三挡的速度切换。发动机的动力输入变速箱经过变速传动之后传至配置牙嵌离合器的输出轴上，此轴上分布有左右两个牙嵌离合器，通过控制两个牙嵌离合器的不同接合或断开状态，实现转向及直行的变换。

5.5.2.2 差速器转向机构

差速器是行走机械中的一种传动装置，履带使行走机械可以采用差速器作为转向机构。差速器实现转向的实质是利用该装置的差速传动原理，人为对差速器一侧的传动施加阻力，导致差速器另一侧输出速度变大。因而这类转向系统需要制动器参与工作，通常在向左右驱动轮传动的半轴上均配置有制动器。直线行驶时两侧地面阻力大致相同，差速器不起作用，行星齿轮被行星架带动绕差速器轴线公转，行星齿轮不绕自身轴线自转。当实施转向时将一侧制动器制动，该侧半轴因被制动而不能转动，使这一侧的履带停止卷绕运动。而另一侧半轴则以增加一倍的速度带动驱动轮转动，该侧履带卷绕速度也增加一倍，此时整个机器向制动侧转向行驶。采用差速器转向机构时为了保持直线行驶稳定性，通常利用闭锁机构辅助差速装置完成相应功能。这类差速器转向机构采用的差速器只有一个，也有采用双差速器结构形式。

双差速器转向机构由两个单差速器构成，差速器差速齿轮因圆锥齿轮与圆柱齿轮不同而结构不同，但实现差速转向的原理相同。双差速器实施转向也是制动器与差速器协同作用的结果，但双差速器不能完全制动一侧履带而使这类行走机械不能实现原地转向。如图 5-5-3 所示的是一种圆柱齿轮双差速器转向机构，直线行驶时两侧制动器均松开，差速器也不起差速作用。此时大行星齿轮 C_l、C_r 与制动器齿轮 D_l、D_r 都不传递动力而不起作用，只有半轴齿轮 A_l、A_r 与小行星齿轮 B_l、B_r 组成的单差速器起作用。如果左制动器 3 制动则该侧制动器齿轮 D_l 被制动不转，此时行星架接收输入驱动转动时，该侧大行星齿轮 C_l 便在制动器齿轮上滚动。大行星齿轮 C_l 除公转外还要自转，自转的结果是带动小行星齿轮 B_l 随其一起同轴转动，齿轮 B_l 与齿轮 B_r 啮合使二者反向转动。齿轮 B_l 的转动使与其啮合的半轴齿轮 A_l 转速降低，同时齿轮 B_r 与 B_l 同速反向的转动使半轴齿轮 A_r 增速转动。这就使制动侧履带减速、另一侧履带增速，整个机器向制动侧转向行驶。

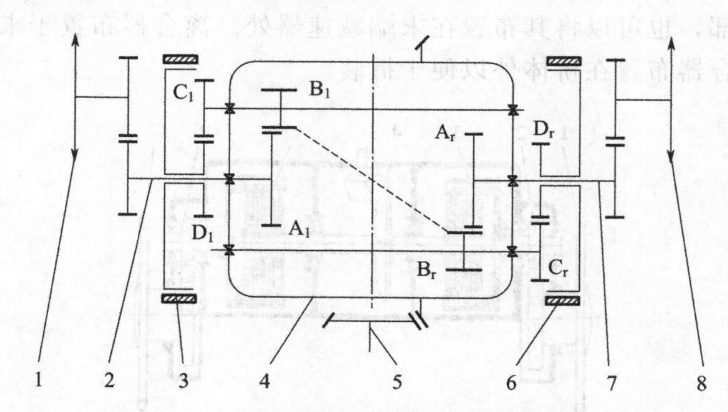

图 5-5-3　圆柱齿轮双差速器转向机构

1—左驱动轮；2—左半轴；3—左制动器；4—差速器壳；5—中央传动锥齿轮；6—右制动器；7—右半轴；8—右驱动轮

5.5.2.3 行星转向机构

履带行走也可采用行星机构作为转向结构，这类结构中需要两组行星机构布置在向两侧驱动轮的传动路线中。每组行星转向机构除了由行星架、太阳轮、齿圈三元件构成的行星机构，还需配有闭锁离合器及大、小两制动器。将行星架、太阳轮、齿圈分别作为主动、被动、制动件排列，可以产生六种不同的传动结果，在两侧实施不同的传动组合则使两侧驱动轮速度不同。实际使用中以齿圈、太阳轮为主动件，行星架为被动件的方式较多，如当齿圈为主动件、行星架为被动件时，齿圈接收变速箱或中央传动装置传递过来的动力，行星架将动力传递给驱动轮。闭锁离合器要与行星机构、小制动器、大制动器相关联，离合器的主从两部分分别与对应的装置连接。其中一部分与小制动器和太阳轮连接，另外一部分与大制动器和行星架相连。闭锁离合器与大小制动器组合有三种不同工作状态，每种工作状态离合器与两制动器三者中只能结合或制动其中一个，其它两个处于松开状态，否则行星机构无法工作。其中：

① 闭锁离合器接合，大小制动器均松开。此时太阳轮与行星架闭锁成一体，行星机构整体回转，传动比等于 1。

② 闭锁离合器分离，小制动器制动、大制动器松开。此时行星机构中太阳轮被制动不转，传动比大于 1，为减速工作状态。

③ 闭锁离合器分离，小制动器松开、大制动器制动。此时行星架被制动不转，行星机构没有动力输出，驱动轮处于不转动状态。

采取上述方式转向均可获得固定转向行驶半径，这种转向机构能传递较大的转向力矩，但其结构复杂，仅在大功率、重型履带行走机械上应用。

5.5.3 双功率流转向实现方式

将双流传动用于行走转向也是履带式行走机械的一种特色，双流传动转向系统中的传动形式有纯机械、机械液压双流、液压传动等不同形式。

5.5.3.1 机械式双流转向系统

机械式双流转向机构是在单功率流转向机构的基础上的发展，增加了分流与汇流机构。如图 5-5-4 所示，发动机的动力经主离合器进入变速箱，经一对锥齿轮啮合传动带动中间轴，动力在中间轴上分为两路开始分流传动。一路经换挡变速齿轮传动到变速箱主传动轴，主传动轴的两端布置有汇流行星机构，主传动轴与汇流行星机构的齿圈相连。中间轴两侧布置有转向离合器及传动齿轮，另一路传动经中间轴两侧的转向离合器和齿轮接合到汇流行星机构的太阳轮。两路传动在行星齿轮机构处汇流，合流后由行星架输出。直线时两侧的转向离合器都处于接合状态，而两侧的转向制动器都处于非制动状态。欲向某一侧转向行驶时，将这一侧离合器分离且该侧转向制动器制动。该侧汇流行星机构太阳轮被制动，这一侧的动力只由齿圈输入，而另外一侧的动力仍为合流输入，两侧驱动轮的速度因而产生差异。这种转向每个挡位有各自的转向半径，且挡位越高得到的转向半径越大。

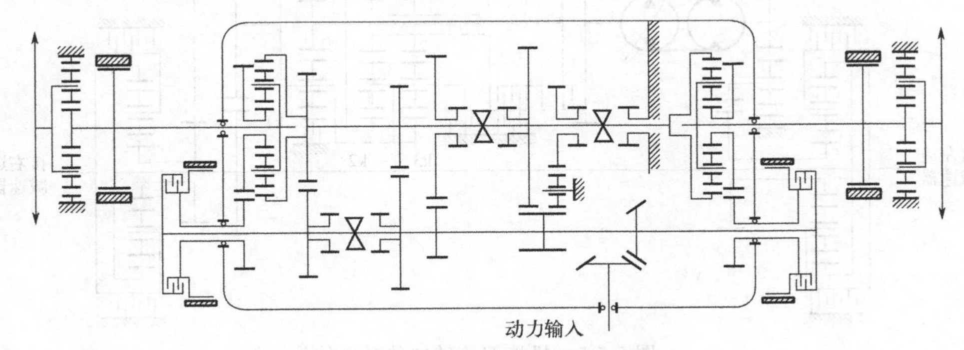

图 5-5-4　机械式双流转向系统

双流转向系统的传动存在不同的形式，所实现的转向结果也有差异，根据在转向过程中两侧履带的运动有无联系分为独立式和差速式双流转向系统。由直线行驶实施转向时低速侧履带速度降低、高速侧不变，这类为独立式双流传动；如果高速侧履带速度增大、低速侧降低，而机器中心速度保持不变则为差速式双流传动。

5.5.3.2 机液双流转向系统

机械液压式双流转向系统通常分为液压调速与机械变速传动两路，最终在行星齿轮机构处合流传递给驱动轮。液压一路由变量泵和液压马达组成的液压系统可以实现无级变速，使两侧履带驱动轮可以实现无级差速转向。另一路经机械多挡变速装置变速传动，可以获得较宽的高效工作范围。

如图 5-5-5 所示的机液双流转向传动系统，动力分为机械有级变速传动与液压无级变速传动两部分。机械变速传动部分由三个行星齿轮机构 k1、k2、k3，两个离合器 L1、L2，三个制动器 Z1、Z2、Z3 组成。一挡只有 k1 工作而其余两个空转，二挡 k2、k3 工作而 k1 空转，三挡只有 k2 工作，四挡将两离合器都接合，三个行星齿轮机构都整体回转。倒挡时离合器 L2 接合，同时制动器 Z1、Z2 制动。由变速行星机构输出的动力再经一对圆柱齿轮传动而带动两侧汇流行星排的齿圈。液压传动系统中的液压泵由被动圆柱齿轮带动，马达输出轴连接转向行星机构的太阳轮，行星机构的齿圈被固定，行星架又通过圆柱齿轮传动连接左侧汇流行星排的太阳轮和转向零轴，转向零轴右端通过一对圆柱齿轮与右侧汇流行星排太阳轮连接。直行时使液压泵空转、液压马达不转且自锁，两侧汇流行星排的太阳轮不转动，动力只经机械变速传动部分传递。转向时液压泵工作供油使马达带动太阳轮向某一方向旋转，行星架做减速运动，同时行星架通过圆柱齿轮对及转向零轴分别带动左右两侧汇流行星排太阳轮转动，两侧太阳轮转向相反使得两侧的行星架有不同的转速，履带实现差速。这种传动中的转向传动比随马达的输出转速而变，因而可实现无级变速转向。

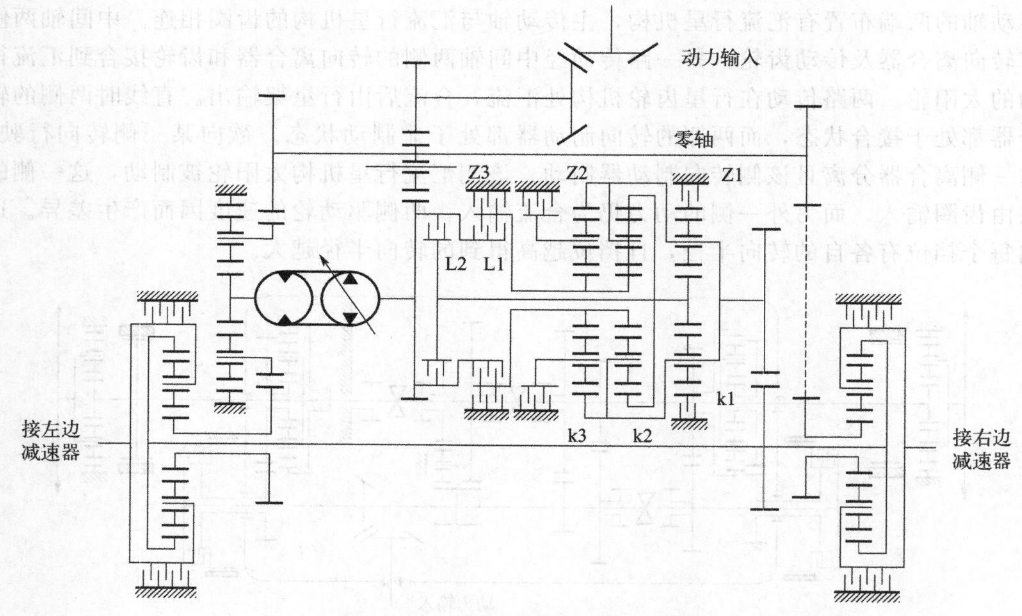

图 5-5-5　机液双流转向传动系统

5.5.3.3　双泵液压驱动转向系统

行走液压驱动系统利用液压泵和液压马达的容积变化特性实现无级变速，这一特性同样也用于履带式行走机械实现行走转向功能。有一类履带行走液压驱动系统也相当于一双流传动系统，只是两路传动均为液压传动。这类行走驱动液压系统采用双泵双马达驱动方案，两液压泵与两液压马达组成两套相同的液压驱动系统。动力装置同时驱动两个独立工作的变量液压泵，两个泵分别驱动左右行走装置的马达，相当于采用两套元件并联分别驱动左右履带的驱动轮。在正常直线行进时两泵供油循环状态相同，流量相同的两液压泵同时分别对左右行走马达进行等量供油，两马达以相同转速工作。转向时则两侧供油状态改变，可以使一侧液压系统不供油或减少供油，另一侧处于正常行进状态；也可两侧均为行进状态，但系统向马达供油的方向相反等。通过泵的正反两向无级变量调节，最终可实现左右两侧的转向半径连续无级变化。如图 5-5-6 所示为某摊铺机液压驱动示意图，该机行走驱动即为双泵双马达液压驱动模式。

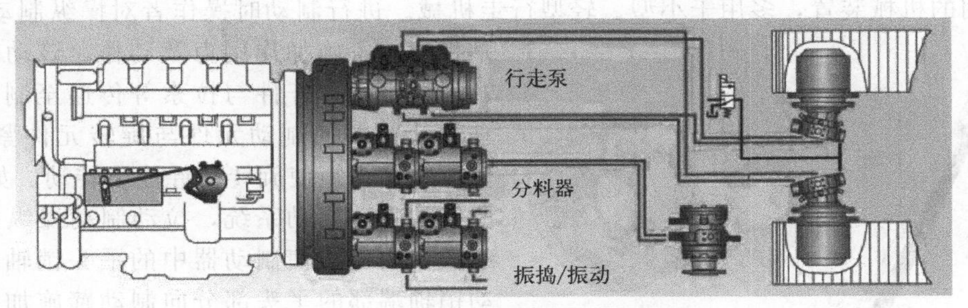

图 5-5-6　双泵双马达液压驱动示意

5.6　行走机械的制动系统

行进中的行走机械欲马上停止时需要实施制动，驾驶人员通常由手、脚操作机构或装置发出动作或信息到制动执行装置。制动装置与行走传动、驱动的运动器件相关联并能输出阻碍其运动的作用，制动装置实施作用的动力可以直接来自操控人员，而借助动力装置的动力更有利于制动能力提高与改善作业舒适性。人力制动是最基本、最简单的实现方式，伺服制动增加了动力助力的效果，动力制动时人所起的作用只是输出信息，制动装置所需的动力完全来自动力装置。

5.6.1 制动系统组成与配置

操作人员发出制动动作到行走机械按操作者的意图实现制动功能，需要经历多个装置与机构的协同工作、传递运动与作用力。这一系列与制动功能相关联的装置与机构组成了制动系统，制动系统虽然都是实施制动作用，但制动系统的形式与要求要受到应用场合、系统功能等多种因素的影响。

制动系统主要由操控部分、动作或能量传递部分与制动执行部分构成，制动执行部分就是产生阻碍运动或运动趋势的制动装置，制动装置形式、原理可能不同，但一般统称为制动器，制动器相对独立地布置在传动系统的末端或中间某一传动环节。操控部分包括产生制动动作和控制制动效果的各种部件，是制动命令发出装置，也是机器与操作者交互的界面。其中脚踏操控的制动踏板、手动控制的制动拉杆等是最基本、最常配置的操作装置。对于有气、液介质参与的制动系统，各种控制阀等包含在其中。制动系统工作通常需要人来操控，人既可以作为动作与力的直接发出者，也可只作为控制信息输出源发出制动企图起动制动系统的相关装置工作。根据制动系统制动过程中制动装置所需动力或能量的供给方式，制动系统可分为人力制动系统、助力制动系统与动力制动系统三类。以驾驶操作人员的肌体作为唯一制动能量来源的制动系统称为人力制动系统，制动所需能量完全源于动力装置及车载其它能源的制动系统为动力制动系统，兼用人力和动力共同进行制动的制动系统称为助力制动系统。除了基本的组成部分外，较为完善的制动系统还具有制动力调节、报警、压力保护等装置协助工作。

人力制动系统较为简单，通常是一套将操作人员手、脚发出的动作传递并转化为制动器制动作用的机械装置，多用于小型、轻型行走机械。进行制动时操作者对操纵制动的手柄、踏板等装置施加作用力及动作，该动作与力通过机械机构、杆件与拉索等传递至制动器，驱动制动器内的制动元件与旋转元件紧密贴合，依靠摩擦力矩使旋转元件停止转动。如图 5-6-1 所示的手动制动系统，拉动制动操纵杆带动拉索及中间机构使制动器中的平头销轴转动，带动销轴端部的平头部分向制动蹄施加作用，将制动蹄压向制动鼓实施制动。制动鼓与制动蹄间产生摩擦作用，使制动蹄所在的部分与制动鼓之间的运动逐渐停止。解除制动时使制动操纵杆回归原位，平头销轴被带动转回非制动位置，制动蹄与制动鼓脱开，制动装置恢复到非制动状态。

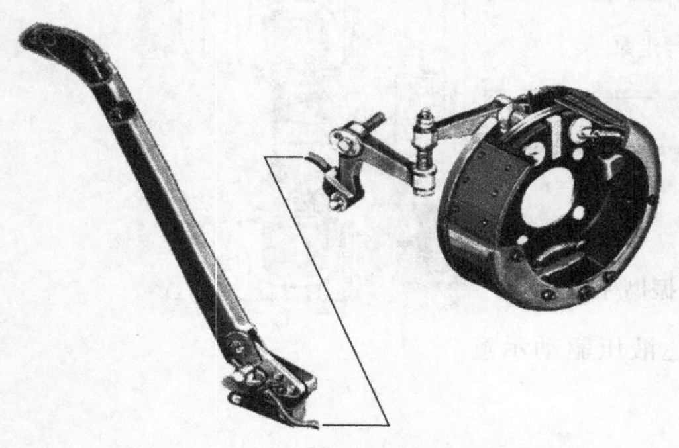

图 5-6-1　人力手动制动示意图

上述人力制动系统中力的传递是由拉索及一些机械杆件完成，力的传递也可以采用液体介质来实现。可以利用液压系统传递压强的原理，通过液压管路将操作人员的作用传递到制动器。这类借助液压传递制动力的系统中需要配置制动总泵、制动轮缸，制动总泵又称制动主缸，制动轮缸也称制动分泵。制动时通过人力驱动制动总泵使得液压系统内部压力升高，利用液压油将压力输入制动器中的制动轮缸，制动轮缸动作时摩擦元件与所要制动的器件接合实现摩擦制动。如驾驶员踩下制动踏板，此时制动踏板关联着制动系统的制动总泵。制动总泵类似油缸的作用，踏板的动作使缸的推杆运动，推杆推动活塞在缸体内移动并将作用力传递给油液，缸内的油液压力升高的同时，油液通过管路排入制动器的制动轮缸中。制动轮缸的柱塞在压力油的作用下向外移动，进而推动制动蹄工作。制动器中的其它结构与纯机械制动器类似，只是制动轮缸取代机械动作机构。简单概括起来就是制动踏板操控制动总泵，液压管路将总泵与制动器内部的制动轮缸连接为传动液压系统，总泵的动作与产生的压力在制动轮缸中发挥相同作用实现制动功能。制动系统可以是上述的机械、液压方式，还有采用气压和电磁等不同方式，统一行走机械的制动系统既可以采用单一方式，也可以是两种不同方式的组合。

人体发挥出的作用力毕竟有限，因此人力制动在小型车辆可以发挥较好的制动作用，大型行走机械只将这类制动方式作为驻车制动使用。驻车制动主要体现保持静止状态的能力，它的功用是使已经停在各种路面上的行走机械驻留原地不动，防止意外移动。使用最多的是行车制动，一般也称为主制动，其功能是使行驶中的行走机械减速，继而在必要时使其完全停止运动。行车制动需在整个速度范围内均能产生足够的制动阻力，使行走机械能够按规定要求减速直至停车，行车制动通常由驾驶员用脚来操纵故而又称脚制动。行走机械的行驶速度、质量大小等都是影响制动的因素，应根据实际需要具体落实制动方案，根据不同的使用需求配备相应的制动，如应急制动系统、辅助制动等等。为了提高制动能力与效果，将动力装置产生的动力用于制动则是必然，借助人以外的动力转化为可用于驱动制动装置的方式，主要有助力制动和动力制动两类。助力制动如气、液伺服制动等还需要一部分人力参与，动力制动的制动动力则全部源于动力装置。

5.6.2 助力制动

助力制动通常都有液压成分的存在，助力制动系统也可简单理解为在人力液压制动中增加了其它助力的系统。助力提供方式有气、液两类，两类系统的共同之处在于实施制动的执行装置均为液压油缸，不同之处在于提供助力的介质不同。

5.6.2.1 气动伺服制动

气动伺服制动产生助力的方式有真空、气压的不同，即真空加力和压缩空气加力的区别。真空助力系统的真空来源有的是发动机的进气歧管，也可以是动力机带动的真空泵为动力源。气动助力的压缩空气来源于空气压缩机，压缩机由动力装置驱动则不言而喻。气动助力制动系统还存在单一助力和增压助力两种不同形式。

(1) 真空助力制动

气动助力的关键是气动增压装置，真空助力装置一般由制动泵、控制阀和加力气室三部分结合而成，如图 5-6-2 所示。真空伺服气室 6 和控制阀组合成一个整体，制动总泵 3 安装在真空伺服气室前端，真空伺服气室工作时产生的推力，也同制动踏板力一样直接作用在制动泵活塞 4 上。通过该装置与操作机构的协同工作，实现真空助力、液压制动功能。踩下制动踏板的动作转化为推动控制阀芯运动，控制伺服气室两腔真空度的变化破坏原平衡，因为真空度的变化使得伺服气室膜片移动，膜片带动其上的助力器输出推杆 5 运动，推杆进一步作用于制动总泵的活塞上，此时总泵输出腔的压力为人施加的作用力和伺服气室作用力之和。在该压力作用下的制动液从制动总泵进入制动轮缸，此时轮缸内油液压强与制动总泵内产生的压强相同。

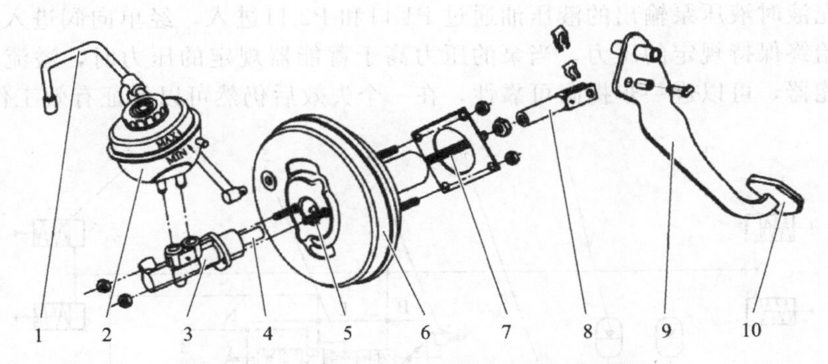

图 5-6-2 真空助力制动装置及其操作机构

1—真空管路；2—制动液储液罐；3—制动总泵；4—制动泵活塞；5—助力器输出推杆；6—伺服气室；7—控制阀推杆；8—推杆叉；9—制动踏板臂；10—制动踏板

进行制动时踩下制动踏板 10，踏板的动作经制动踏板臂 9、推杆叉 8 等件的转换作用，转化为控制阀推杆 7 的直线运动使控制阀开始工作。首先控制阀推杆回位弹簧被压缩、控制阀推杆前移，当控制阀推杆前移到控制阀皮碗与真空单向阀座相接触的位置时真空单向阀口关闭，与此同时助力器的真空气室、应用气室被隔开。随着控制阀推杆的继续前移空气阀口将开启，外界空气经过滤器后通过空气阀口及通道进入到助力器的应用气室，因此在真空气室与应用气室间的压差产生作用力，该力作用到制动总泵的活塞上实现助力。压缩空气助力制动系统与真空助力制动系统类同，只是气室压差产生的方式是增压。

(2) 增压式伺服制动

按照助力特点气动助力制动有单一助力和增压助力两种不同形式，助力式的制动踏板直接与伺服压力室共同推动制动泵活塞，使制动总泵产生更高的压力油流向制动轮缸。增压助力系统又称远动伺服制动系统，该系统中制动总泵及制动轮缸与普通的制动形式一致，在制动总泵与制动轮缸之间增加一套气动伺服制动装置，气动伺服制动装置同样有制动泵、控制阀和真空伺服气室三部分。只是该制动泵为辅助泵，该泵不受制动踏板的驱动而受制动总泵的驱动。制动时制动踏板推动制动总泵产生的压力作用于辅助泵的活塞上，伺服气室的工作都类似，其产生的推力也作用于辅助泵。踩下制动踏板后制动液从制动总泵进入辅助泵，与此同时油液推动气动伺服制动装置控制阀芯运动，伺服气室两腔真空度的变化导致原平衡被破坏，使得伺服气室膜片移动。膜片带动其上的推杆运动，推杆进一步作用于辅助泵的活塞上，此时辅助泵输出腔的压力为总泵作用力和伺服气室作用力之和，因而辅助泵输出的压力高于制动总泵而为增压式。

5.6.2.2 液压助力制动

液压助力制动系统的形式与气动助力类似，只是助力以液压方式实现，相当于气动助力系统由液压系统取代。此类系统中的助力制动装置是液压助力总泵，操控及制动过程与气动助力系统也类似。驾驶员对制动踏板施加向下的作用并使踏板产生一定的行程，与踏板连接的联动连杆机构开始工作，推动制动总泵活塞运动。与此同时助力液压系统的压力油液进入制动总泵活塞的后腔，助力推动活塞。使得活塞前腔内油液压力升高并将该压力油液输入制动轮缸，制动轮缸再迫使制动器的摩擦元件起作用，产生的摩擦力矩阻止了车轮的旋转。图 5-6-3 为一液压助力制动系统的液压原理图，该系统的液压源来自主机动力装置驱动的两个泵。液压助力制动阀和蓄能器分别串接和并接在双泵回路液压系统中，共同组成液压助力制动系统。充液时液压泵输出的液压油通过 P1 口和 P2 口进入，经单向阀进入蓄能器回路，保证蓄能器始终保持规定的压力，当泵的压力高于蓄能器规定的压力时，溢流阀打开泄压。采用两个蓄能器，可以进一步提高可靠性，在一个失效后仍然可以保证有效工作。

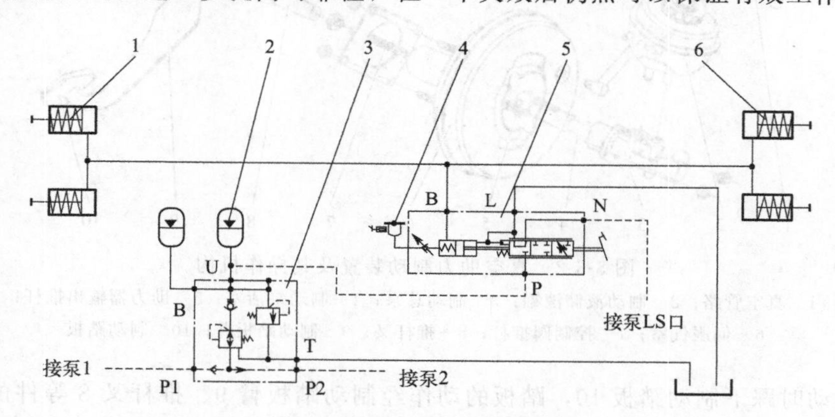

图 5-6-3 液压助力制动系统

1—前桥制动器；2—蓄能器；3—充液阀；4—制动液贮存器；5—制动总泵；6—后桥制动器

液压助力制动系统的核心部分也是制动总泵，在制动总泵上将液压制动部分与助力液压部分的液路分开，利用机械机构的运动将二者结合起来。如图 5-6-4 所示的液压助力制动总泵，当踏板等操控机构的作用施加到制动总泵的活塞上，活塞移动使制动液从 A 口排入制动轮缸，同时助力压力油液从 P 口进入助力油腔实现助力。当外来作用消失如踏板回到初始位置时，活塞上的外来作用消除，弹簧的作用使活塞返回初始位置。

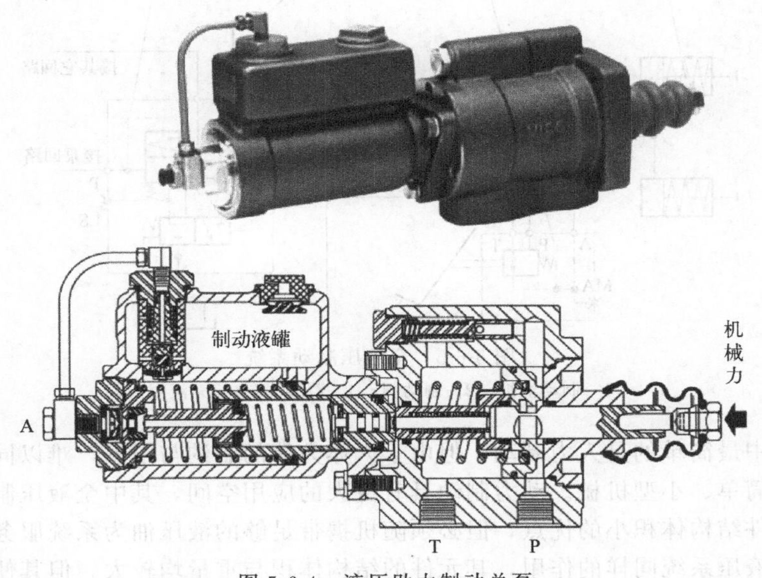

图 5-6-4　液压助力制动总泵

5.6.3　全液压动力制动

动力制动中实施制动的能量源于动力装置，驾驶人员只对制动系统中的控制元件进行操纵，人肌体的输出仅作为控制输入而不作为制动能源输入。这类制动系统中制动装置的驱动多采用液动或气动方式，动力装置的输出首先转化为液压、气压能，然后传输到制动装置。制动控制的实质是对流体的流向与压力的控制，人通过制动踏板等机构操控的是液压阀或气压阀等。气、液制动均以流体作为传力介质，但因最终的作用形式不同导致制动器结构与驱动方式的不同。液压制动因其流体压强大，直接作用于制动器内的制动轮缸，结构尺寸与重量都较小。气压制动则需依靠制动气室的作用产生制动力与运动，制动时压缩空气进入制动气室推动膜片或活塞带动推杆运动，推杆进一步驱动制动臂和制动凸轮转动而实现制动。除了全气压、全液压动力制动方式外，还有一种气液综合动力制动方式，也称气顶液制动。这类制动系统供能与控制部分与气压制动相同，利用气压作为液压制动系统总泵的驱动力源，制动执行部分采取液压方式。不同动力制动方式各有其适用场合，如在高速运输车辆，特别在有主从制动的场合，气压动力制动适宜；在一些液压驱动的作业类行走机械中，行走驱动、作业装置的驱动等均由液压系统完成，此时采用液压制动系统更为方便。

全液压制动系统一般是与整机液压系统结合起来作为其组成部分，除了制动部分专用的制动阀、制动器和蓄能器等元器件外，液压泵、油箱等均与大系统共用。液压制动阀和蓄能器分别串接和并接在系统回路中，构建成全液压动力制动系统。制动阀是整个制动系统的控制元件，当驾驶员踏下制动踏板时制动阀动作，制动阀将连接制动的油路与高压油路接通，高压油通过制动阀进入制动油缸，制动油缸施力使摩擦元件接合产生摩擦力进行制动。如图 5-6-5 所示全液压制动系统，在制动回路中安装有蓄能器，以保证任何时候都可使制动回路中有足够的制动压力。液压系统工作时液压泵通过充液阀随时为蓄能器充液蓄能，蓄能器的油压不断上升，当升至充液阀规定的压力时充液阀停止充油。

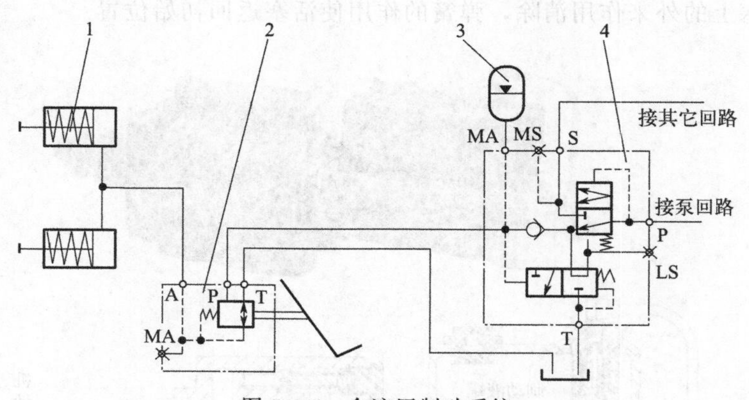

图 5-6-5　全液压制动系统

1—制动油缸；2—制动阀；3—蓄能器；4—充液阀

制动系统中最简单的是人力制动，但由于人体力等的制约与限制，难以同时操控多点制动，只能用于简单、小型机械。动力制动具有更大的应用空间，其中全液压制动系统具有能量密度高、器件结构体积小的优点，但必须随机携带足够的液压油为系统服务。而气动制动系统要达到与液压系统同样的作用，其元件的结构体积与重量均较大，但其使用的空气介质随处可取，在制动器数量较多、需要介质量变化较大的场合更显优势。

5.7　制动装置形式与应用

行走机械中产生制动作用的装置统称为制动器，制动器的主要功用是在其发挥作用时能使正在行驶中的行走机械必要时完全停止运动，也能使处于静止状态的行走机械不受外来作用影响而产生运动。理论上凡是能够实现这种制动功能的装置均可用制动器，但在实际应用中牵涉的影响因素较多，结构上需要与行走装置、传动装置等兼容，制动能力与效果要满足需求。因产生制动作用原理、结构组成等不同而有多种形式的制动器存在，其中就有将表面摩擦应用于产生制动作用的摩擦类制动器。这类制动器是利用固定元件与运动元件工作表面的摩擦作用而阻止运动，摩擦类制动器是目前应用最为广泛的一类制动装置，行走机械上采用较多的鼓式制动器和盘式制动器均属摩擦类制动器。

5.7.1　制动器类型与安装位置

行走机械上使用的制动装置总体可概括为摩擦与非摩擦两大类，两类制动装置的适用场合也有一定的差异。前者多用于主要制动装置，后者一般作为辅助制动装置来使用。

5.7.1.1　摩擦类制动器

摩擦类制动器通常是利用摩擦元件与旋转元件工作表面的摩擦而产生制动力矩，摩擦元件与旋转元件分别安装在固定部件和运动部件上。非制动状态时旋转元件始终与轴、轮等一起转动，与机体或固定件相连的摩擦元件则不动。制动时摩擦元件在外力作用下与运动部件接触，产生摩擦使运动部件受到阻碍运动的作用实现制动。摩擦类制动器既可以用作行车制动器也可用作驻车制动器，其制动的最终结果都体现在限制车轮的运动，但制动器的位置则有不同布置方式。要使车轮停止转动最直接的是制动车轮，因此可采用靠近车轮的轮边制动形式，如可在车轮轮辋内安装鼓式制动器、在轮侧布置盘式制动器等。这类制动器中的制动鼓、制动盘是与轮毂安装在一起随车轮一起旋转，摩擦及其它元件则与固定不动的梁架等固定在一起。鼓式制动器与盘式制动器产生作用的表面不同，前者是径向表面接触、后者是侧面工作。

制动器除了布置在传动系统的终端直接制动车轮外，也可以布置在传动路线的中间，采用制动中间传动轴的方式实现制动。轴制动的制动器安装在传动路线的传动轴上，如有将制动器布置在变速器与驱动桥之间，这类制动器布置在差速器前的主传动轴上，如图 5-7-1 所示。采用轴制动比较多的是制动半轴，通过制动向驱动轮传递动力的左右半轴达到制动车轮的效果，如有的驱动桥在差速器的两侧布置有多片式制动器分别制动左右半轴。上述制动器无论布置在何处、无论其结果与形式如何，其制动的目的是针对整机运动而实施。有的变速装置也需要有制动器发挥功能，这类制动器主要布置在变速装置中，利用制动作用限定其中某传动元件的自由度。

图 5-7-1　布置在主传动轴上的鼓式制动器

带式制动器与鼓式制动器的作用比较接近，都是径向表面产生作用，只是内外侧的不同。带式利用制动带环抱制动鼓，制动时制动带的内表面与制动鼓的外表面接触。制动带一般由钢板冲压而成，带的内侧铆有一定数量的制动摩擦片。通常制动带的一端固定，另一端在制动拉杆的作用下产生位移使制动带抱紧制动鼓，松开制动时利用制动带外侧的弹簧将制动带拉离制动鼓。也有制动带支点不固定的结构，如浮式制动器的制动带两端通过各自销轴分别与固定支架上两长孔挂接，销轴又同时受控于联动杠杆，拉动联动杠杆两销轴同时联动。制动时拉动联动杠杆向上运动，这时销轴在固定支架上的两长孔中移动，两销轴带动制动带两端靠近使制动带与制动鼓间的间隙消失。还有一类直接作用于车轮的制动方式，如轨道车辆上就有直接对轮对实施摩擦制动。

5.7.1.2　非摩擦制动形式

行走机械的制动装置除普遍采用摩擦式机械制动器外，也常配置一些既能够吸收能量，本身又没有产生磨损的元件的装置用来发挥制动作用，这类装置一般无法独立使车辆完全停止，只能作为辅助制动、缓速装置来使用。

(1) 液力缓速器

液力缓速器是利用液体介质的关联作用，使转动元件的能量被固定不动元件消耗并转化为热量，通过散热器散发到空气中。液力缓速器的主要组件是固定叶轮和旋转叶轮，通过固定的叶轮阻碍液体运动产生对转动叶轮的阻力矩。如图 5-7-2 所示，液力缓速器通常在变速器后安装，缓速器内没有油液时旋转叶轮空转没有减速作用。旋转叶轮随传动轴转动，当缓速器内充有油液时，随输出轴转动的叶轮带动油液绕轴旋转。控制液力缓速器的充液量，按需要施加不同的制动力矩来限制下行速度或减速制动。

(2) 电涡流缓速器

电涡流缓速器安装在行走机械的主传动线路中，电涡流缓速器是由转动的圆盘、固定的

图 5-7-2　液力缓速器

磁极和线圈组成，圆盘与传动轴相关联。电涡流缓速器产生制动力矩的原理类似电机的定子与转子间的作用，如果运动部分的转子与定子之间产生相对运动，则在导体内部会产生感生电流，同时感生电流会产生另外一个感生磁场，该磁场和已经存在的磁场之间会有作用力，而作用力的方向永远是阻碍导体运动的方向。线圈在通电后产生磁场，由于圆盘在这一磁场中转动而有电涡流，电涡流和磁场间因相互作用而产生制动力矩。改变电涡流强度实现制动力矩的变化，随电涡流而产生的热量由装设在圆盘上的散热片散发到大气中。

(3) 磁流变制动装置

利用具有磁流变特性的液体在磁场变化时改变黏度的特性也可实现制动功能，这类制动装置须有固定在机架上的壳体部分和包含在壳体内随传动轴一起转动的制动盘部分，壳体与制动盘之间充满了磁流变液。壳体部分安装有线圈，当线圈有励磁电流时产生磁场作用于磁流变液，磁流变液发生磁流变效应，产生阻碍制动圆盘转动的阻力矩。利用磁场作用实现制动的还有其它方式，如轨道车辆中的紧急制动有采用磁轨制动方式，该制动是在需要制动时电磁铁下落到钢轨面上，同时通电励磁使电磁铁吸压在钢轨上，通过电磁铁与钢轨的摩擦而产生制动力。

5.7.2　鼓式制动器

摩擦制动装置的特点是利用固定元件与旋转元件工作表面的摩擦而产生制动力矩，鼓式制动器的旋转元件是制动鼓，制动鼓是安装在轮毂上随车轮一起旋转的部件，它是以内圆面为工作表面的圆鼓形状金属件。鼓式制动器又称蹄式制动器，主要由底板、制动鼓、制动蹄、促动元件、回位弹簧、定位销等零部件组成。底板安装在车桥等固定位置上固定不动，制动蹄、促动元件、回位弹簧、定位销等布置在底板上。一对弧形制动蹄对称布置，促动元件与定位销分别与双蹄的上下两端连接。不制动时制动鼓的内圆面与制动蹄摩擦片的外圆面之间保持一定的间隙，使车轮和制动鼓可以自由转动。制动时两蹄在促动元件的作用下，各自绕其支承销轴向外旋转，使摩擦片紧压在制动鼓的内圆面上。促动元件复位后，制动蹄在回位弹簧的作用下使摩擦片脱离，制动解除。促动元件的运动促使制动蹄作用于制动鼓，依据促动元件的不同有轮缸式制动器、凸轮式制动器等。

(1) 凸轮式制动器

凸轮式制动器的促动元件是凸轮，可通过机械方式转动凸轮使其对制动蹄的一端实施顶推作用，迫使制动蹄紧压制动鼓。这类制动器必须通过机械装置将制动动作由制动器的外部传递给内部的凸轮机构，通过凸轮的转动推动制动蹄压紧制动鼓。如图 5-7-3 所示为气压制动的制动器，制动时制动调整臂在气动推杆作用下带动凸轮轴转动，使得两制动蹄压靠到制动鼓上而制动。如果是人力制动，需将气动推杆推拉调节臂变为机械杆件机构，这些杆件直接与操控制动的踏板等连接。与凸轮类似的还有楔式元件，这类制动器利用一种楔形促动元件的运动推动制动蹄动作，利用楔形促动元件的楔入与拔出促动制动蹄张开与压紧制动鼓。

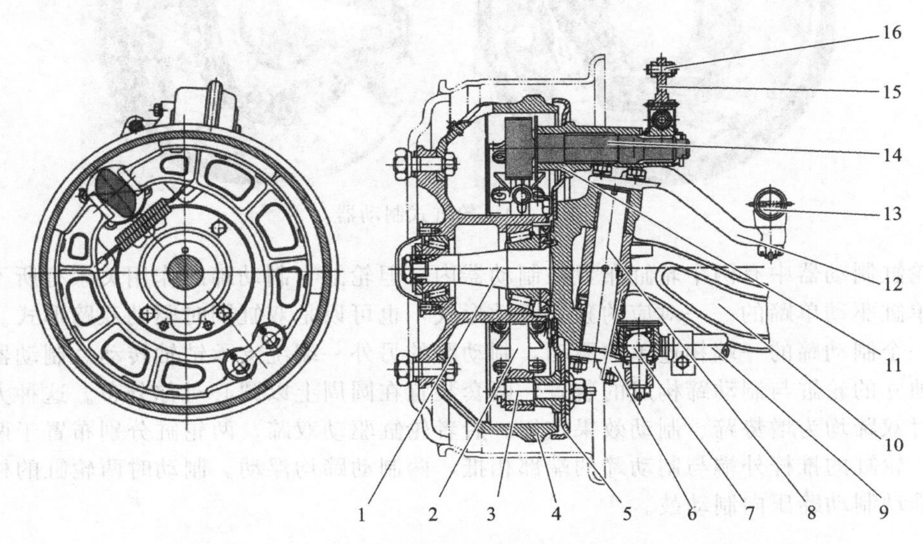

图 5-7-3 气压制动的制动器

1—转向轴；2—制动蹄；3—制动蹄支承销；4—制动鼓；5—制动底板；6—梯形臂；7—转向铰接球头；8—主销；9—转向横拉杆；10—前梁；11—凸轮轴支座；12—转向臂；13—转向纵拉杆；14—制动凸轮轴；15—制动调整臂；16—铰接销

制动器中制动蹄的动作与制动鼓的运动方向相互影响，对称布置的制动蹄在凸轮转动时所引起制动蹄上相应位移量虽然相等，但两制动蹄产生的作用不完全一致。沿前进时制动鼓旋转方向看去，前端制动蹄因张开时的旋转方向与制动鼓的旋转方向相同，在促动元件施加的作用力，以及产生的摩擦力共同作用下，有进一步压紧制动鼓的势态，后端制动蹄张开时的旋转方向与制动鼓的旋转方向相反则减势。因此也称前端的制动蹄为领蹄或增势蹄，后端的制动蹄为从蹄或减势蹄。领、从蹄不是固定不变的，倒车制动时与前进行驶制动时领、从蹄正好相反，工作状态互换。

(2) 轮缸式制动器

轮缸式制动器的促动元件是制动轮缸，配套的制动系统需是液压传动或后部是液压传动，制动时轮缸柱塞推动制动蹄压迫制动鼓使制动鼓受到摩擦减速、停止转动。由于轮缸式制动器的制动轮缸结构小而促动力大，这为驱动机构在制动器内的布置带来极大的方便。轮缸式制动器的两制动蹄一般也是对称布置，其驱动可以是单缸驱动、双缸驱动等不同形式，如图 5-7-4 所示。单缸驱动的制动器中只有一个轮缸，如浮蹄式制动器中两制动蹄由一只轮缸顶在上端驱动，两蹄下端分别顶靠在浮动顶杆的两端，顶杆与底板不相连呈浮动状态。两蹄的上端共用一固定在底板上的支承销轴，不制动时两蹄在回位弹簧的作用下使蹄端顶靠在支承销轴上。制动时轮缸将两蹄顶向制动鼓，顶推方向与旋转方向相同的制动蹄在摩擦作用下增势，然后又通过顶杆将这一作用力传递到另一制动蹄的下端，大大增加该蹄对制动鼓的作用力而增加制动效果。

图 5-7-4　轮缸式制动器

双轮缸制动器中有两个轮缸布置在制动器内，但轮缸与制动蹄的作用关系有所不同。既可以是单缸驱动单蹄的一一对应的独立驱动形式，也可以是双缸同时驱动双蹄形式。前者轮缸只与一个制动蹄的一端相连单向驱动，制动蹄的另外一端绕支承销轴转动。制动器内相当于两套独立的轮缸与制动蹄构成的装置，两套装置在圆周上以圆心对称分布。这种方式可实现前进时双蹄均为增势蹄、制动效果较好。后者轮缸驱动双蹄，两轮缸分别布置于两制动蹄的两端，轮缸的推杆外端与制动蹄的端部相抵，两制动蹄均浮动。制动时两轮缸的柱塞同时外移，推动制动蹄压向制动鼓。

5.7.3　盘式制动器

盘式制动器摩擦副中的旋转元件是以侧面工作的金属圆盘，该圆盘被称为制动盘。盘式制动器存在单盘式和多盘式两大类，两类既有制动盘数量的不同，也表现出结构与形式的差异。单盘式制动器通常采用钳盘组合结构，属干式制动器；多盘式制动器通常被封闭在一壳体里，壳体与摩擦片之间充满用于冷却的油液，属于湿式制动器。

5.7.3.1　钳盘式制动器

钳盘式制动器由制动盘和制动钳组成，制动盘是与传动轴、车轮同轴旋转的金属圆盘。制动钳的钳体部分固定不动，制动块及其促动机构都装在横跨制动盘两侧的夹钳形的钳体中。促动机构促使制动钳夹住制动盘的两侧盘面，钳上镶嵌的摩擦片摩擦制动盘迫使其降低转速。驱动促动机构可以靠人力实现，也可以靠气、液等动力驱动，钳盘式制动器实施制动比较常用的是液压驱动。如图 5-7-5 所示结构，制动盘 2 与轮辋连接在一起随车轮转动，跨置在制动盘上的钳体 4 固定在车桥上。钳体内侧布置有液压油缸，油缸柱塞 3 的外侧布置有制动块。制动时制动液由制动总泵经管路进入钳体中的液压腔，迫使柱塞移动推动制动块接触制动盘，旋转的制动盘与制动块上的摩擦元件产生摩擦而产生制动。

钳盘式制动器在钳体两侧对称布置油缸，实施制动时两油缸同时动作，推动两制动块从两侧接触制动盘，两制动块如同钳口一样夹在制动盘的两侧。这种制动方式中制动块运动与制动盘面垂直、作用力对称，通常称为固定钳盘式制动器。与此相对的另外一种为浮钳盘式制动器，这类制动器钳体是浮动的，制动油缸也只有一个呈单侧布置。油

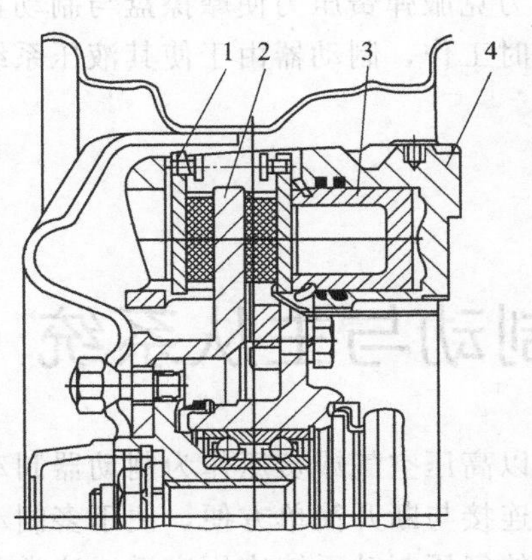

图 5-7-5 钳盘式制动器

1—制动块；2—制动盘；3—柱塞；4—钳体

缸同侧的制动块总成随油缸动作，另一侧的制动块总成则固定在钳体上。制动时柱塞推动制动块压向制动盘，反作用力则推动钳体连同制动块靠向制动盘的另一侧，直到两制动块受力均等为止。这类结构的钳体在制动过程中存在摆动或平移运动，如果是摆动则要求制动块有一定的倾角。

5.7.3.2 多盘式制动器

多盘式制动器中的制动元件由多个圆盘构成，分为旋转与非旋转两种。其中一种为金属圆盘的制动盘，另外一种则为附有摩擦材料的摩擦盘，两种圆盘相间布置且相互间留有一定的间隙。其中金属圆盘内孔通常加工有花键与传动轴相配合，与传动轴一起转动并可轴向移动。摩擦盘在外圆加工有凸起形状，与外壳部分的凹槽相匹配，并可实现沿轴向平移。当对圆盘轴向施加一作用力时这些圆盘靠近，制动盘的全部工作面可同时与摩擦盘接触开始产生摩擦作用。这类制动器的制动盘与摩擦盘均置于封闭结构体的油液中，封闭带来的益处是可使内部的零件免受外部污染。如图 5-7-6 所示为封闭在驱动桥壳内的多片制动器。

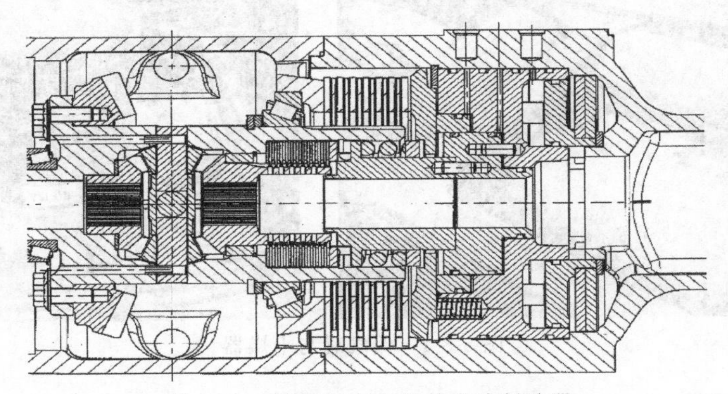

图 5-7-6 驱动桥上布置的多片制动器

多盘式制动器实施制动时需要轴向施加作用力，这类制动器一般需要与液压系统匹配实现制动。通常非制动状态盘与盘间保持一定间隙，实施制动时液压油缸顶推使制动盘与摩擦盘压紧，制动后又借助弹簧的作用力使摩擦盘与制动盘分离。液压油缸与弹簧的作用亦可反之，如用于驻车制动的常闭式多盘制动器，制动工作状态是在弹簧压紧力的作用下。当液压系统为液压缸注入压力油时，液压缸的作用力克服弹簧压力使摩擦盘与制动盘脱开。这类制动装置在动力装置关闭或液压系统发生故障时工作，制动器由于使其液压系统的压力消失自动处于制动状态。

5.8　气动制动与主从系统

气动制动是常见的动力制动形式之一，以高压空气或负压作为制动器制动力来源，采用气动元件组成系统实现功能。气动系统气路连接与断开简单方便，便于多制动单元组合制动系统的构建。其中利用压缩空气为能量载体的气压制动系统应用广泛，这类系统用于多个独立制动单元的行走机械可方便实施主从制动，在道路车辆、轨道列车等领域均有应用。

5.8.1　气压制动系统及主要元件

气压制动需要借助气压系统产生的压缩空气实现制动的动力传递与动作执行，其供能、传动、操控等装置都与气动相关。气压制动系统既存在气压系统的共有特性，又要满足动力制动的特殊要求。作为一种气压系统需要有完备的系统构成，其中空气压缩机、储气罐、输气管、阀及附件等是最基本的构成。空气压缩机简称空压机，是产生压缩空气的装置，空压机由发动机等车载动力装置驱动，为气动系统提供具有一定压力的压缩空气。通常首先将经干燥器去掉水分后的压缩空气输入储气罐内储存，所配备储气罐的容积与数量根据需要而定，如图 5-8-1 所示为气压制动系统的储气罐和干燥器。气压制动系统必须配备相关功用的气阀用于各种控制，如用来控制充入制动气室的压缩空气量的控制阀等。实施制动最终要体现在对制动器的操控，气压制动系统与制动装置直接关联的是制动气室，制动气室接收系统提供的压缩空气进而转化为促动制动器的运动与作用力。

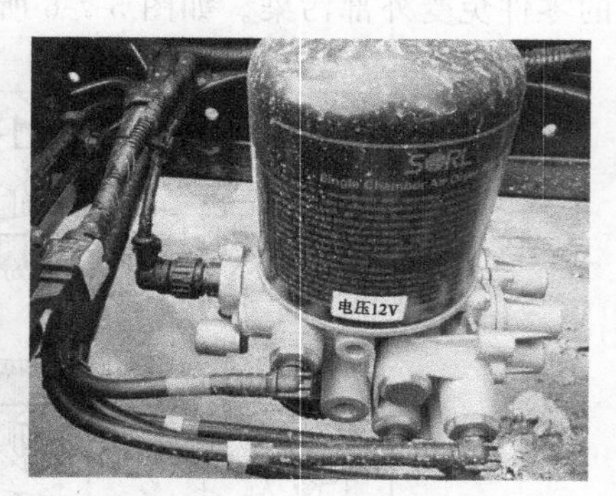

图 5-8-1　储气罐与干燥器

5.8.1.1　制动控制阀

气压系统中需要有不同功用的气阀保持系统工作，气压制动系统中用于气动制动的控制阀则是关键元件。制动控制阀简称制动阀，其作用是控制从储气罐充入制动气室等装置的压缩空气量，从而控制制动气室中的工作气压，并保证制动气室的气压与操作有一定的比例关系。气压制动系统应用的范围较广、使用工况变化较大，制动控制阀也要根据使用工况和条件匹配，也因此有如单腔、双腔和多腔等不同结构形式以适应系统匹配要求。用于单车独立制动系统的控制阀只针对本车的制动气室控制，而对于需要牵引挂车的牵引车制动系统配备的制动控制阀还有控制挂车制动功能。诸如匹配挂车这类管路较长的气动制动系统，制动系统远程操控还需要继动阀的配合。气压制动系统的操作也是通过手和脚来完成，一般用于行车制动的制动阀连接脚踏板，驻车制动阀利用手柄操控，如图 5-8-2 所示。

图 5-8-2　气动制动系统的操控装置

行车制动控制阀由脚踏板施加作用使阀体内的阀芯运动，阀芯的运动致使进排气孔开闭而控制气路的通断。气路的开与闭随踏板的动作逐渐变化，保证制动气室的气压与踏板行程有一定的比例关系。不制动时制动气室分别经制动阀和快放阀与大气相通，而关闭来自储气罐的压缩空气管路。制动时踩下制动踏板使制动阀阀芯动作，首先切断各制动气室与大气的通道，并接通压缩空气的供气通道而使储气罐向前、后制动气室供气，制动气室工作促动制动器产生制动。驻车制动阀即通常所说的手动阀用于停车制动和应急制动，这种制动阀输出气压随手柄转角的增加而呈线性下降至零，当手柄处于制动的起止推点时，处于完全制动状态。

气动制动系统的优势之一就是适合在制动线路较长的场合使用，如挂车、列车等制动系统。这类制动系统中制动阀、制动气室、储气罐的距离较远，系统中还要配备继动阀用来缩短操纵制动反应时间。继动阀是气动制动系统中常用的阀，用在系统中可以缩短制动时气室压力建立时间和解除制动时将气室气体排出时间。如牵引车与挂车组成的列车制动系统中装在挂车上的继动阀，由牵引车主制动气路和紧急制动气路来操纵使挂车制动或解除制动，同时当挂车充气管路、制动管路中断漏气或脱挂时又能使挂车自动实施制动。除了上述提及的阀，制动系统的管路中还需要有如回路保护阀、卸载阀、感载阀、快放阀等，这些气阀对气动系统起到安全保护等作用。

5.8.1.2　制动气室

制动气室的作用是把储气罐中经过控制阀送来的压缩空气的压力转变为驱动制动的机械力与运动，利用制动气室实施制动与采用机械装置制动动作相似，一般也是拉动制动凸轮轴转动的方式。制动气室有活塞和膜片两种形式，制动时压缩空气由制动阀控制进入制动气室的工作腔，推动膜片或活塞带动推杆运动。气动制动系统一般与凸轮式制动器配合，制动气室的推杆通过调整臂拉动制动凸轮轴转动，带动凸轮转动使制动蹄逐渐张开产生制动作用。完成制动后排除工作腔中的空气，在弹性元件的作用下将活塞及膜片复位。如图 5-8-3 所示为不充气状态的膜片式制动气室，没有压缩空气充入时弹簧作用将支承盘与膜片推到气室盖一侧，推杆处于回缩状态。当压缩空气从进气口进入气室后，将膜片与气室盖之间充满压缩空气，压缩空气作用于膜片产生的作用力克服了弹簧的作用力，推动推杆伸出气室。

由于制动气室结构较大也只能装在制动器外，与机械促动式制动器匹配使用，制动气室一般安装在靠近制动器处的车桥上。如与凸轮式制动器匹配时，制动气室推杆上的连接叉与制动器凸轮轴上的调整臂相连，通过推杆带动调整臂使凸轮轴转动来张开制动鼓内的制动蹄。制动气室可以是单一作用，也可以是组合结构，组合结构的制动气室相当于两个气室集成到一起且可以独立实现功能。这类组合制动气室内部结构不同而对外功能相近，都是由同

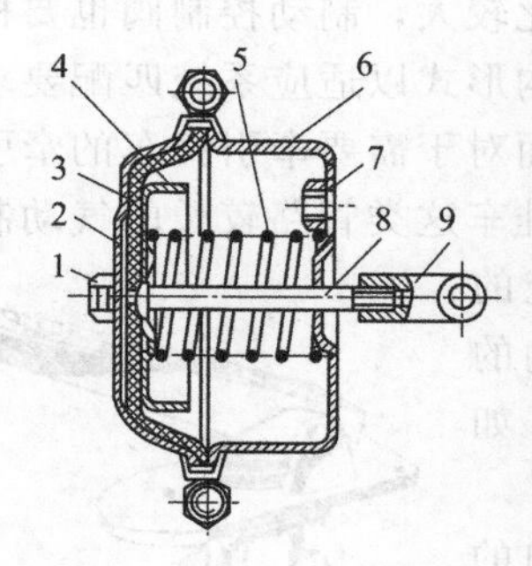

图 5-8-3 膜片式制动气室

1—进气口；2—盖；3—膜片；4—支承盘；5—弹簧；6—壳体；7—固定螺孔；8—推杆；9—连接叉

一推杆实现动作，如图 5-8-4 所示。实际使用时其中一个气室用于行车制动，另外一个气室用于驻车制动和应急制动。如牵引车和挂车的后制动器通常采用一种储能弹簧膜片组合制动气室，行走制动工作时来自行车制动阀的压缩空气进入一工作腔，压缩空气作用在膜片上的力推动推杆伸出。停车制动及应急制动时制动阀控制另一工作腔的压缩空气起作用，使推杆上输出的作用与驻车制动相适宜。

图 5-8-4 组合制动气室

5.8.2 道路车辆主从制动系统

在道路行驶的车辆中有一类车辆是配备动力装置的牵引车与不配动力装置的挂车的组合，这类由牵引与被牵引的主从单元组合而成的列车的制动要求与单体车辆的制动还是有所不同。牵引车与挂车利用铰接方式组合成公路列车，铰接车辆的制动比较简单的方式是惯性制动或超越制动，其原理是在主车施加制动而挂车欲超主车时，连接装置中产生的压力作用到挂车的制动器上使挂车制动。机械促动方式是在连接装置被压缩时利用一套机械杆机构使挂车制动器起作用，这种制动方式正常行进不存在问题，但因倒车不方便而应用受限。牵引车与挂车二者的制动既有相互独立的特性，又有相互关联的要求，牵引车本身作为一自行走车辆就具备完善的制动功能，为了匹配被牵引的挂车还要配备与挂车制动相关联的装置与器件，如图 5-8-5 所示。挂车本身也具有一套气动制动系统，这套系统虽然具有部分独立制动功能，但必须与主车制动系统组合后才能实现全部功能。

气动制动系统布置分单回路制动系统与双回路制动系统，重载车辆宜采用双回路系统。所谓双回路是指利用彼此独立的两套管路分别控制前后桥上车轮制动器。其特点是若其中一个回路发生故障而失效时，另一回路仍能继续起制动作用，以维持车辆具有一定的制动能

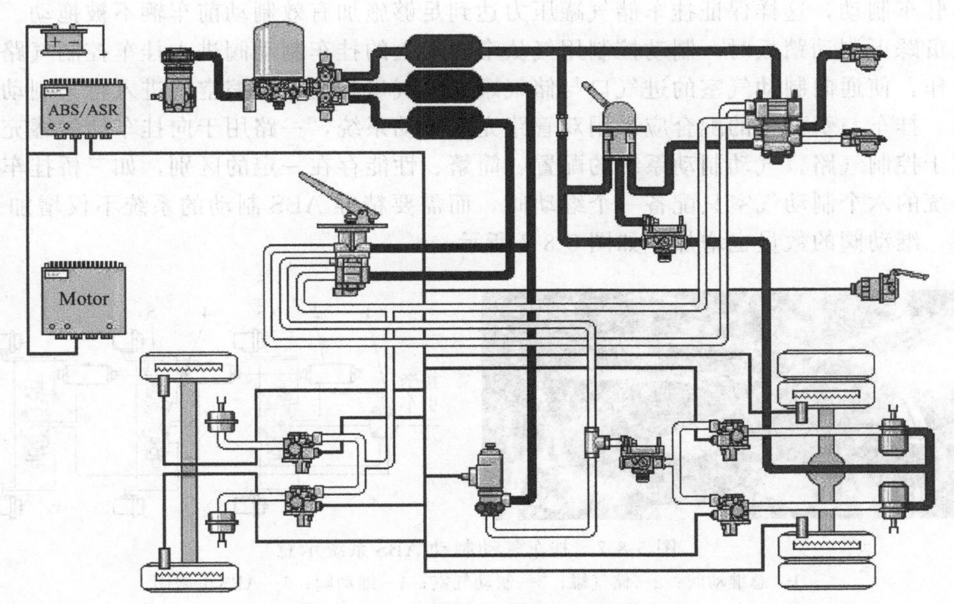

图 5-8-5　牵引车气动制动系统示意

力，提高制动的可靠性和行驶安全性。通常一个回路经过前制动储气罐、双腔制动阀的后腔而通向前制动气室，另一回路是经过后制动储气罐、双腔制动阀的前腔而通向后制动气室。还有一路用于驻车制动及应急制动，对于还要拖挂挂车的牵引车，也有将这路气路连通挂车制动回路。空气压缩机产生的压缩空气经干燥过滤后即进入不同的回路的储气罐，配备储气罐的数量与回路相匹配。如欧洲比较典型的用于公路列车的牵引车气压制动系统中有四个储气罐，其中两个连接由制动踏板所控制的行车制动阀，制动阀通向前后制动气路。另外一储气罐通过手动控制的驻车制动阀连接驻车制动气室，最后一储气罐的压缩空气经继动阀通向挂车的应急制动管路。牵引车本身能够独立实现制动功能，当与挂车组成公路列车时，必须控制挂车实现协调制动。当牵引车行车制动器工作时，挂车上的行车制动器也必须渐进工作，牵引车的制动控制阀需要同时控制挂车的制动器。

挂车作为被牵引的从动车辆，当牵引主车行车制动器工作时，挂车上的行车制动器也必须渐进工作，一般使挂车先于主车产生制动而后于主车解除制动，挂车自行脱挂、连接管路断开或泄漏时能自行进行制动。挂车本身气动制动系统主要包括储气罐、继动阀、制动气室、连接接头与管路等，如图 5-8-6 所示。当挂车上的管路与主车管路连接后压缩空气沿管路通往挂车继动阀，经继动阀上的单向阀进入挂车储气罐，并通过继动阀底部的进气阀到挂车制动气室。当挂车储气罐和制动气室的压力达到某一值时，关闭进气阀、打开排气阀而解

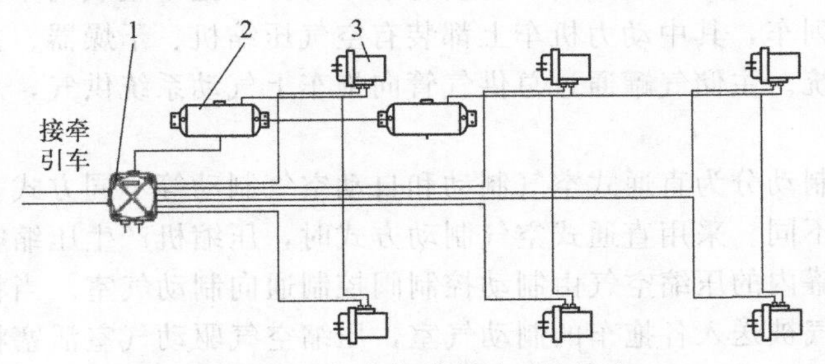

图 5-8-6　挂车气动制动系统示意
1—继动阀；2—储气罐；3—制动气室

除挂车驻车制动，这样保证挂车储气罐压力达到足够施加有效制动前车辆不被拖动。当牵引车驾驶员踩下制动踏板时，制动控制用气从牵引车上的挂车制动阀进入挂车控制气路操控继动阀动作，使通向制动气室的进气口与储气罐的充气口相通，压缩空气进入行车制动气室实施制动。挂车与牵引车的配合应采用双管路充气制动系统，一路用于向挂车储气罐充气、另一路用于控制气路。气动制动系统的配置、简繁、性能存在一定的区别，如三桥挂车比较简单的系统的六个制动气室只配备一个继动阀，而需要精准 ABS 制动的系统不仅增加了 ABS 电磁阀，继动阀的数量也增加，如图 5-8-7 所示。

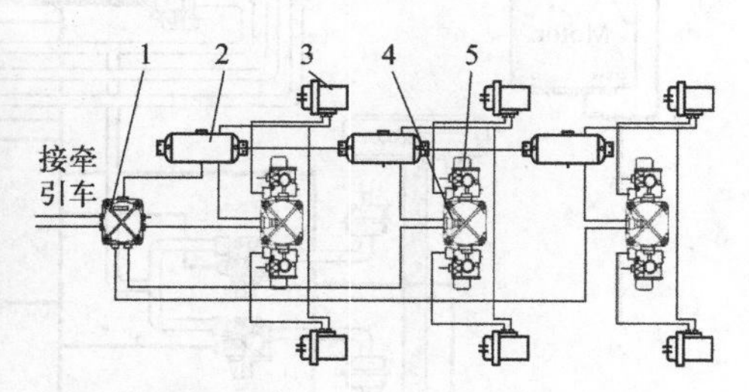

图 5-8-7　挂车气动制动 ABS 系统示意

1—总继动阀；2—储气罐；3—制动气室；4—继动阀；5—ABS 电磁阀

5.8.3　轨道列车气动制动系统

列车一般都有发挥牵引力的主动车辆和被牵引的被动车辆，被动车辆的制动系统与主车的制动系统相连接，制动时由主车驾驶人员统一操控。公路列车通常是一辆牵引车牵引一挂车，而轨道列车牵引拖车的数量则较多，因而轨道列车对制动系统要求也更高。轨道列车实施制动的方式与整个列车系统的配置相关，动力机车一般可以实施多种制动模式，拖车制动一般只配有气动制动。如动车组列车的动车和拖车组成列车，动车上同时配有电动或再生制动和气动制动两系统，拖车上只配有气动制动的相关装置。整个列车采用电动或再生制动和气动制动联合作用的复合制动模式，速度较高时优先使用电动或再生制动，低速以及电制动力不足以满足列车制动需求时必须实施气动制动。

轨道列车制动时可能要采取两种或两种以上制动方式，气动制动是其中采用的主要制动方式。列车的气动制动系统均有主从制动的特性，但轨道列车制动系统的制动单元多、用气量更大，制动控制也有制动、保压、缓解等不同状态要求。轨道列车气动系统中的一些装置的称谓与公路车辆也有所不同，如由于轨道列车通常以风作为压缩空气的称谓，所以又将空气压缩机称风泵，以风缸的称谓替代储气罐的称谓。总风缸即为主储气罐，副风缸为从动拖车上的副储气罐。轨道列车可以是由一台动力机车与多节拖车组成列车，也可以是多台动力机车与拖车组合成列车，其中动力机车上都装有空气压缩机、干燥器、主储气罐，这些设备构成机车主气动系统。主储气罐通过总供气管向拖车上气动系统供气，总供气管贯通于整个列车。

轨道列车气动制动分为直通式空气制动和自动空气制动等不同方式，区别在于压缩空气的作用与控制方式不同。采用直通式空气制动方式时，压缩机产生压缩空气送入机车上的主储气罐储存，储气罐内的压缩空气由制动控制阀控制通向制动气室。当将制动控制阀置于制动位置时，压缩空气被送入各拖车的制动气室，压缩空气驱动气室活塞将活塞杆推出，活塞杆再通过机械机构或直接或间接带动闸瓦进行制动。需要缓解时将制动控制阀置于缓解位置，制动气室内的压缩空气被排出而解除制动状态。直通式空气制动优点是构造简单，且操纵方便，但在使用与安全上存在一些潜在问题。如一旦管路被拉断、破损，则会完全丧失制动能力，安全性不好，如果牵引的拖车较多则制动和缓解的时间就会比较长、前后完成所需时间差大。

与增压制动、减压缓解的直通式空气制动不同，自动空气制动是排气减压制动、充气增压缓解。自动空气制动中主管输出压缩空气不是对应制动状态，而是制动缓解状态。主储气罐压缩空气经制动主管、支管送入拖车上的副储气罐储存的同时，压缩空气使制动状态的制动器缓解下来。制动时以制动主管内的压缩空气减小为信号控制拖车上的分配阀或控制阀，将储存于储气罐内的压缩空气送入制动气室产生制动作用。轨道列车的气动制动控制可以采用电控方式操控，以接触器、继电器、电控阀等电气控制元件的开通或关闭操控气路，其优点是全列车能迅速发生制动和缓解，列车前后制动作用同步性好、纵向冲击小。电控制动的本质仍是空气制动，制动的原动力仍是压缩空气。

5.9 再生制动与防滑技术

行走机械由于其驱动方式、结构形式、作业工况等的差异，制动要求、制动方式等不可能完全相同，具体落实到某一种或某一类行走机械上就要因实际情况而为之。为了提高制动效果，可以在原有制动基础上增强制动功能，为了降低能量损耗，又可以采取措施在制动过程中回收部分能量。制动防滑技术在增强制动功能方面起到重要作用，再生制动技术为降低能量损耗提供一有效途径。

5.9.1 辅助制动与动力制动的应用

通常情况下行走机械都配置有行车制动、驻车制动，乃至应急制动，实施这些制动的最基本的方式就是通过制动装置产生摩擦力使车辆减速、停止及阻止运动。与此同时为了提高制动效果，还利用其它一些有助于制动的措施辅助增加制动效果。实施辅助制动的方式多样，可以利用自身配备的动力装置、电液系统具有的制动特性等，也可以借助配置新装置、利用技术实施辅助制动功能。

5.9.1.1 辅助制动技术

要使运动的行走机械停止运动对其施加制动可从三个方面入手：一是内部施加作用克服旋转器件的转动惯性，二是利用地面的摩擦作用克服整体的运动惯性，三是利用其它外来阻碍作用。最后一个只用在特定的条件下，不能适应所有需要实施制动的工况。行走机械较少采用这种制动方式，更多是采取内部克服转动惯性，外部利用地面摩擦作用的方式。内部作用产生制动效果的方式多样，理论上只要能吸收运动惯性的装置与器件都能用于制动，只是制动的效果不同。除了借助布置在传动路线上的电、液涡流等装置用于制动作用外，利用动力装置、传动系统的特性实施辅助制动功能也常使用，如借助发动机排气系统的排气阻力实施制动功能等。如图 5-9-1 所示，排气制动时利用设置在排气通道内的碟形节流阀来堵塞排气通道，使发动机排气压力提高、发动机运转阻力加大，达到迫使发动机降低转速并在短时间内降低行驶速度的目的。此时发动机燃料供给被停止，本来是动力源的发动机就变成消耗动能起缓速作用的空气压缩机。

图 5-9-1　安装在发动机排气通道上的排气制动装置

提高车轮与地面间的摩擦作用是提高制动效果的有效途径，目前应用最多的是阻止车轮被抱死的防滑技术。制动时地面对车轮产生的制动作用受地面附着条件的限制，所以只有地面能提供高的附着力时才能获得足够的制动力。地面与车轮的作用是随着运动状态的不同而变化的，在制动的初始阶段地面附着力大于制动力、车轮滚动，随着制动器制动力增大车轮的转速会逐渐降低。当地面制动力增大到地面所能提供的最大附着力时地面制动力不再增加，但制动器制动力仍在增加可能导致车轮被制动住不转动。车轮不转动同时随机体惯性运动导致与地面间的关系变成拖滑，车轮在地面呈滑动状态时地面所产生的制动力不仅不增加而且变小。为了防止上述情况发生就要防止车轮被制动住，因此现代一些行走机械产品中采用车轮防抱死技术来提高制动效果，车轮防抱死技术也称 ABS 防滑技术。

5.9.1.2　动力制动与再生制动

正常驱动状态行走机械的动力装置通过传动系统为行走装置提供动力，动力装置的输出动力正向传递给行走装置时驱动行走装置工作，当行走装置受到外来载荷作用并反向传递到动力装置时，动力装置将被行走装置反拖动产生阻碍作用。动力装置、传动系统等的逆动所产生的阻滞也可发挥制动功能，不仅以发动机为动力装置的机械传动系统可以实现这类动力制动，液压驱动、电力驱动系统中均有此性质。液压泵与马达构成的闭式液压驱动系统中，正常工作状态是泵为马达供给压力油液。泵的输出流量大于马达在某一转速下需要的流量时，多余的流量就使马达驱动速度增加，马达入口压力高于出口压力时马达旋转带动车轮转动。而反之当马达出口阻力增大到大于入口压力时，在马达轴上建立起反向扭矩阻止行走机械行驶。由于液压传动系统产生的阻力（矩）原则上只取决于系统压力和马达排量而与行走速度无关，所以这种系统不仅能满足行走制动全部功能要求，而且在制动过程中没有元件磨损。

电动机作为动力装置驱动行走装置的行走机械，可以利用电机的特性实施动力制动。电机作为电动机使用输出机械能，作为发电机使用时吸收机械能。在实施动力制动时就是利用发电机发电的工况，制动时电机作为发电机运行，在把机械能变成电能的同时，发电时产生的电磁转矩通过传动系统传到车轮，变成抑制车轮转动的制动力矩而实现制动功能。因此而产生的电能或者利用电阻转化为热能消散于大气中，或者反馈到电网或储电装置再利用，后者即为再生制动或称反馈制动。再生制动因其节能环保而越来越被关注，不仅电动车辆可实施再生制动技术，这一技术也可以在其它形式的行走机械上应用，只是需要在传动系统中再另外配备再生制动所需的相关装置。

5.9.2 防滑制动

在制动时如果车轮被抱死则车轮与路面间处于纯滑移状态，此时车轮的附着性能降低，制动时的行驶稳定性也下降。而车轮处在边滚边滑的状态能够发挥最佳制动效果，为此制动时不希望使车轮制动到抱死，因此可在制动系统中增加防抱死制动功能。防抱死制动功能是由简称 ABS 的防抱死制动系统实现，该系统是基于普通制动系统的构成与功能，又增加了车轮速度传感器、电控单元、制动压力调节装置及制动控制电路等。采用这类制动的行走机械制动操控的过程中使制动装置同时受控于人与电控系统，让制动器在短时间内不断重复抱死—松开—抱死—松开的变换过程，确保车轮始终不抱死、滑移率处于合适的范围内。在防滑场合 ABS 发挥作用，通过安装在车轮上的传感器接收行驶运动时的各种参数，传感器将各车轮的信号传给电控单元，经既定程序运算出各轮滑移率等参数，分析对比后给压力调节装置发出指令，控制制动器促动装置动作，达到修正机械制动误差、避免车轮被完全抱死的目的。在正常路面上平稳行驶时并不需要启用 ABS，制动功能由常规制动系统完成。

制动压力调节装置是 ABS 系统的关键装置，该装置布置在制动操控装置与制动器之间。传统制动系统如踏板与制动阀集成的制动操控装置通过管路与制动器联系起来，制动阀受控于脚踏板而制动器受制于制动总泵。配有 ABS 的制动系统中制动总泵先与制动压力调节装置连接，制动压力调节装置再与制动器关联，制动总泵要通过制动压力调节装置再到制动器。制动压力调节装置的实质相当于一组受控于电控单元的电磁阀，根据行走装置不同工况使电磁阀处于不同工作状态。不同基础制动系统配置的制动压力调节装置有差异，而基本原理相同。如采用液压制动的制动系统中，制动压力调节装置要与液压制动系统相匹配。当处于制动状态时制动压力调节装置内的阀芯位于通路位置，使制动总泵与制动轮缸之间的管路接通，制动器制动压力的增减直接受控于制动总泵。但实施制动过程中电控单元不断接收、分析传感器测出的车轮运动参数，若判断出车轮即将出现抱死时则立即给制动压力调节装置发出降低油压的控制信号。对应调节装置中的相关电磁线圈获得电脉冲产生吸力，使电磁阀内的阀芯克服内部已建立的平衡产生相应的运动与位移，使制动总泵和轮缸间的压力关系改变，制动轮缸的油压不随制动总泵增加，反而减小或保持制动轮缸内的油压而使制动缓解。制动缓解后车轮转速增加，控制单元又下令再制动，阀芯反向运动使制动总泵和制动轮缸的管路相通，制动压力增加至初始值而重新制动。

行走机械制动系统配备 ABS 的要求各有不同，配备的制动压力调节装置既可以实现对每个轮独立调节，也可对多轮同时控制。如图 5-9-2 所示为一种四通道的压力调节装置，每个通道对应一个制动器进行单独调节，这样即使每个车轮所处的路面附着系数都不同，ABS 也能自动调节让每个车轮都不会发生抱死。该压力调节装置由电磁阀、泵、电机等组成，每个制动轮缸对应一个阻断阀 5 和一个减压阀 4。来自制动总泵第一腔的油液进入压力调节装置后分成两路：其中一路经阻断阀接右前、左后轮控制进油的电磁阀，另一路通过高压衰减器 2 接电动柱塞泵 3 的排油口。制动总泵另外一腔的油液以同样的方式与另外两轮的制动轮缸关联。电控单元需要同时接收四个车轮的信息，分别对每一个车轮的相关电磁阀下达不同的指令，以保证每一个车轮的制动器都按照要求动作。低速行驶时不要求 ABS 系统参与制动工作，原因在于低速工况下普通制动系统即能达到制动效果。

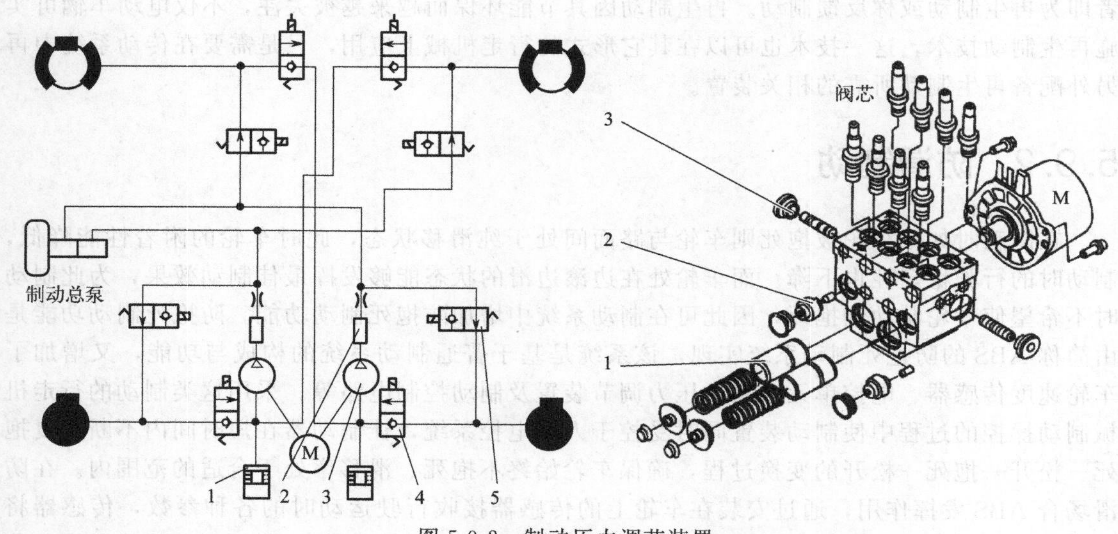

图 5-9-2　制动压力调节装置

1—蓄能器；2—衰减器；3—柱塞泵；4—减压阀；5—阻断阀

5.9.3　再生制动

行走机械行驶不可避免要实施制动，制动过程中大量的动能无谓地转化为制动摩擦热而被废弃，再生制动的目的就是将这些被废弃的能量回收使之再利用。实施再生制动需要具备一定的条件，是否应用再生制动也要根据实际条件而定。再生制动体现在制动能量部分回收并重新利用，是一种反向能量传递过程，必须具备相应的能量转化装置、回收装置。再生能量转化有机械、液压与电能等不同方式，随之储能形式也有区别，实际使用比较多的是再生电能的方式。现有技术条件下再生电能的存储方式也有所不同：一类是利用自身配备的储能装置储能，另一类是利用接触网线反馈到电网。大多数行走机械就利用自身配置的储能装置储存再生制动回馈的能量，而轨道车辆可以利用接触网线的优势，将再生制动产生的电能处理后经接触网线反馈到电网。

再生能量回收的是行走制动时释放出的部分能量，使制动过程中需要消耗的能量不再转化为车轮制动器上的热能，而是通过发电机转化为电能并存储或反馈回电网。对于电动车辆而言是指在减速或制动过程中驱动电机工作于发电状态，将车辆的部分动能转化为电能储存于电池中，同时施加电机回馈转矩于驱动轴对车轮进行制动。而对于内燃机驱动的行走机械要实现再生制动，则需要另外加装一套与行走传动相关联的发电机及电能输送与储存等装置。实施再生制动时内燃机停止工作或断开向驱动轮的传动，此时整机由于惯性向前行进而车轮反向驱动发电机。不论哪种驱动形式的行走机械，实施再生制动必须将常规的行车制动与再生制动协调起来。再生制动过程与常规行车制动过程有所不同，再生制动效能受车速的影响较大，低速状态下再生制动无法满足实际制动需要。这要求制动系统具有相应的复合制动控制功能，根据行驶工况自动确定制动模式并适时实施与解除。

实施再生制动的操作可以采用不同的方式，对于大多数驾驶操作人员而言，将再生制动操纵机构与制动踏板一体化则更适宜驾驶习惯。采用这种方式操控过程几乎不变，但实施的制动模式却不同。原来制动自始至终只有摩擦制动一种模式，而现在制动过程的不同阶段需要实施不同的制动方式。完成一个制动过程可能需要存在电制动、复合制动、摩擦制动三个阶段。第一阶段的电制动随制动踏板的下行逐渐增强到恒定不变。第二阶段的复合制动随着整机运动速度的降低，电制动的能力降低需要摩擦制动介入。第三阶段为摩擦制动阶段，此时电制动不起作用、摩擦制动独立实施功能。摩擦制动随时可介入制动，如需要紧急制动时摩擦制动力在制动踏板被急速踩下时迅速增加。要实现这些功能并保持可靠制动、尽可能多地回收制动能量，需要有自动控制介入人的操作与制动器的执行之间，以便在各种行驶场合均能够准确确定制动模式实施制动且保持合理减速特性。

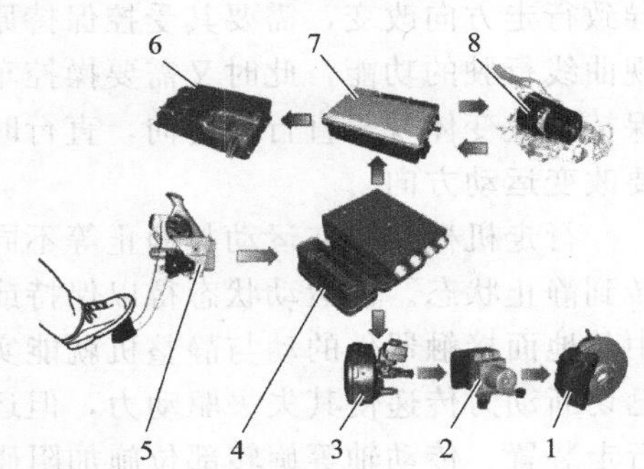

图 5-9-3　再生制动配置示意图

1—制动器；2—稳定控制装置；3—制动助力器；4—制动转换器；5—制动操纵装置；6—蓄电池；7—主电控箱；8—电机

再生制动具体构成与实施过程各有不同，图 5-9-3 所示为一款乘用车采用的再生制动配置。驾驶员踩下制动踏板将作用力、行程等制动信息输入给制动操纵装置 5，该装置上的制动踏板角度传感器以电信号方式将相关制动要求传输给制动转换器 4，该转换器是实施制动的主要控制单元，它根据行驶情况和状态将制动分解为能量回收部分和直接制动部分，并将能量回收部分的信息发送给主电控箱 7 内的电控单元，该电控单元发出命令使电机 8 以发电机形式工作实施能量回收。发电机产生的电能输送给主电控箱中的转换装置，转换为可存储的电能输送给蓄电池 6。同时制动转换器 4 向制动助力器 3 内的电磁阀发出控制指令，制动助力器使具有一定压力的制动液进入稳定控制装置 2，使满足制动要求压力的制动液传输至车轮制动器 1 实施制动。制动时尽可能采用能量回收制动方式以便回收利用制动能量，如果内部监控功能发现这一制动方式无法继续，就会自动启用传统模式。

5.10　总结：行走操向与制动技术

行走机械不但能实现行走功能，而且需要行走功能可控，即按照人的意图实现直行、转向、停止等功能。行走机械行走状态的变化表现为整机的运动状态改变，而实质是因行走装置运动状态改变而导致，因此控制行走装置的运动状态就可以实现行走机械行走状态的控制。行走装置运动状态的操控需要相应的装置或系统来实施，制动系统与转向系统主要用于完成行走状态操控与实施任务。

5.10.1　行走装置状态控制

物体运动具有保持原运动状态的特性，但受到外来作用后就可能改变状态。行走装置同样具有这种特性，控制行走装置的运动状态的关键就是要落实操控对象、采取应对措施，解决状态保持与状态改变两方面的问题。

5.10.1.1　状态保持与改变

行走机械的基本状态有静止与运动两种，运动又有直线行进与曲线行走等不同状态，不同状态间还需要相互转换。产生行走驱动的部位在行走装置，改变行走状态的部位也在行走装置，控制行走装置保持或改变状态最终表现为整机状态的变化。如自行走轮式行走机械中车轮不但要实现行走驱动功能，还要具有方向控制功能。车轮受到外来作用时可能要偏转而导致行走方向改变，需要其受控保持原状态才能保持直线行驶。但有时又需要有改变方向实现曲线行驶的功能，此时又需要操控车轮偏转使整机的行驶方向改变。行走机械运动状态的保持与改变体现于直行与转向，直行时能够克服外来作用不受影响，弯路行驶时能够根据需要改变运动方向。

行走机械需要在运动与静止等不同状态之间转化，如车辆从行驶到停车就是从运动状态转到静止状态。使运动状态得以保持或改变的这类控制与行走装置关联密切，控制行走装置中与地面接触器件的动与静整机就能实现相应状态。以一定速度行驶的车辆需要停车，尽管已切断动力传递使其失去驱动力，但运动惯性无法使其马上停止运动。为了克服惯性可以在行走装置、传动轴等旋转部位施加阻碍作用，克服内部旋转惯性，进而使车轮停止转动与地面产生制动作用，最终使机器停止。这种操控解决的是运动状态的改变，同样也应用于状态保持。在不受外来作用的条件下停止运动的机器在水平地面可以保持静止状态，如果机器停在斜坡上就难以确保静止不动，同样需要内部制动作用使车轮不发生滚动。

5.10.1.2 状态控制内容与实施方式

行走机械的状态控制主要在行进方向与运动停止两方面，即行走机械需要具备通常所说的转向与制动功能并可控。机器实施转向与制动功能的前提是需要有控制输入，常规行走机械由驾驶人员给出控制的信息，再由行走机械配置的机构与装置等执行。从信息发出、传递、实施、完成牵涉到行走机械中的多个环节，如人员操作、机构运动、能量与信息的传输、行走装置参与方式等，每次完成功能都需要相关联的装置与器件参与工作，因此也分别将制动与转向各自相关联部分统一起来形成通常所谓的制动系统与转向系统。制动与方向的操控方式在大多数行走机械中相同，通常是驾驶人员用手操控方向盘控制方向，用脚踩踏制动踏板实施行车制动，操作者通过手脚并用的方式根据实际情况操控行走状态。人手和脚的控制动作与信号通过转向、制动等装置或机构发挥作用，最终体现在行走装置中的车轮或履带运动状态的改变。

行走机械的状态保持与改变还要受外界条件影响，转向系统与制动系统需要能够应对这些影响。每种行走机械都有一定的工作要求与作业环境范围，其中实施转向与制动的机构或装置等要与作业条件、机器结构相适宜。如同为实现转向功能的轮式行走装置与履带式行走装置转向原理不同，实施转向的方式与配置的机构差别很大。这种差异并不代表两种装置所采用的转向方式必须如此，只是采用相应的方式更适宜。制动功能也同样如此，实施制动的方式也要与机器相匹配适宜。普通行走机械的制动多以摩擦制动方式实施，但在一些特定的场合就必须改变方式，如在一些电动和要求能量再生的行走机械中，部分制动过程的制动则以电磁作用取代摩擦作用。

5.10.2 转向原理与实现方式

行走机械必须具备改变及控制行进方向的能力，才能保持直线或转弯运动状态。除少数种类行走机械外，轮、履行走装置的转向原理无非是轮、履的方向改变或是两侧速度变化。转向系统配置需要结合行走条件、行走装置的形式，还要牵涉到行走装置中轮、履布置形式与数量等因素。

5.10.2.1 改变方位实现转向

改变车轮相对机体偏转角度是轮式行走机械实现转向的最常用方式，通过操控车轮使其实现一偏转角度，通过相对位置的变化实现行驶方向的改变。改变车轮的偏转角度实施转向使用方便，但必须有相应的操控装置使其可靠实现偏转动作。同是基于改变车轮方位实现转向这一原理，在实际应用中也有各种不同的方式，以下是几种主要方式。

（1）独立转向

单轮独立偏转实现起来比较方便，该偏转与另外的行走轮不相关联独立实施。这类转向在两点支承、三点支承的车辆中使用广泛，通过改变其中一个轮的偏转方向实现车辆的转向。在多轮结构的行走机械中可采用多轮独立转向，其中每个轮均可独立完成车轮偏转动作。其实质是多个相互独立的单轮偏转转向的组合，整车的转向必须由所有车轮协调偏转才能实现。

（2）双轮协同转向

双轮差角转向是应用较多的协同转向形式，将同轴布置的两轮利用转向机构联系起来，由机构控制二者之间的偏转角度，利用两轮转向角差异来适应转向过程中内外轮速度的不同。这类转向方式通常与车桥匹配使用，多用于双轴、多轴结构的行走机械中。

（3）多轴协同转向

双轮差角转向的两轮利用转向机构协同动作，这类借助转向机构的转向方式也用于多轴协同转向结构中。多轴结构的行走机械纵向尺寸大而转向不灵活，为此可采用双轴、多轴转向方式，多轴转向时除了每个轴上两轮之间协同外，轴间也有关联装置实现轴间协同。

（4）铰接转向

铰接转向是改变车轮相对车体偏转角度实现转向的一种特定形式，它是利用轮轴相对偏转来实现转向，实质是通过轴的摆转使同轴的两轮实现偏转。当与车轮关联的车桥与机架固定而机架之间铰接时，利用前后机架相对偏转来实现转向也称折腰转向。特点是机架由两段组成且有铰轴相连，机架相对偏转时双轮平行且方向始终与车桥所在机架保持不变。

5.10.2.2 改变速度实现转向

利用行走装置两侧驱动速度的不同实现差速转向也广为应用，这类行走机械中的车体与车轮轴线相对位置关系固定不变。转向实现没有单独用于操作行走装置偏转的转向机构，只控制两侧驱动轮的速度与旋转方向即可，这种差速转向在履带行走机械中应用更多。实际应用主要有以下几种形式。

（1）双轮差速转向

行走装置中同轴布置两独立驱动的车轮，使其中一轮的驱动速度高于另外一轮则机器向低速侧转向，这种转向过程采用的就是差速转向方式。这类转向由于转向与驱动结合而不需要另外的转向控制机构，使得操控简化因而在遥控电动车上使用十分方便。如利用两电机分别驱动同轴布置的左右轮，另外再布置用于支承的随动轮即可构成具有差速转向功能的电动行走装置。

（2）多轮滑移转向

保持车轮不偏转而利用驱动轮的驱动速度变化实现转向功能，这类结构中的车架与车轮轴线相对位置关系固定不变，不仅简化了行走装置，同时也简化了机体结构。这种转向实现方式不仅用于双轮独立驱动也可用于多轮结构，但在多轮结构中必然伴随着较大的滑移因而也称滑移转向。如滑移装载机同侧前后四轮对称布置，转向时一侧的两轮以相同的速度与另外一侧的两轮实现差速，由于轮间轮距的存在，转向中不可避免产生滑移。

(3) 履带滑移转向

滑移转向是利用差速原理实施转向，滑移转向是履带行走装置的主要转向方式，这也是履带行走装置的结构特点所致。改变两侧履带速度实现差速转向也是比较适宜的方式，履带装置与地表的接触面积大，在提高通过能力的同时也增加了转向运动的负担，转向过程中履带装置与地面之间不可避免地产生滑移。

滑移转向过程中行走装置要受到力偶作用，同样道理行走机械在受到力偶作用时会发生偏转。以施加作用力于行走机械使之实现转向，在某些场合也是一种适用的转向操控方式。如滑橇可利用左右两侧不同的受力实现偏转，气垫装置可以利用两侧喷气压力的不同调节方向。此外还有其它一些通过改变相对位置实现转向的方式，如改变机体与相对独立的行走装置之间的偏转角度的摆体转向。对于转向要求比较平缓的行走机械，可以采用这种摆体结构的转向形式，其原理是行走装置相对机体位置发生变化带动整体产生偏转，这类转向功能多用于轨道交通领域。

5.10.3 制动原理与实现方式

运动的物体均有保持原有运动状态的惯性，要使该物体停止下来必须施加一定的作用，对于行走机械而言这一作用即为制动。制动要能够阻碍行走机械的运动或运动趋势，使行驶中的行走机械减速甚至停车，使下坡行驶的行走机械的速度保持稳定，以及使已停驶的行走机械保持不动。利用何种原理产生克服惯性的作用，如何实施这些作用是实现行走机械制动功能的关键。

5.10.3.1 制动力的来源

行走机械的制动功能对于运动状态机器是能够克服运动惯性使其停止，对于静止的机器是保持静止状态不受外来作用影响。要实现这一功能需要有内外两方面的共同作用，因为行走机械的运动惯性包含以旋转为主的内部运动惯性，和以平动为主的整体运动惯性两部分。内部惯性的克服需要借助自身的装置与机构，克服整体运动需要关联外部环境条件，特别是与行走装置接触的地面条件。

(1) 外界作用

行走机械制动时外界对其制动的贡献就是产生并施加阻力，凡阻碍运动的力都可产生一定的制动效果。阻力也是通过作用与反作用产生，行进在地面上的行走机械与外界的接触是地面与空气，制动力的产生也来自二者的作用。地面对行走机械的作用是多方面的，地面产生的阻力不利于行走机械的运动，而将这一阻力用于制动却是最实用的方式。在行走机械与地面之间产生摩擦力是最基本的，也是最直接的阻力产生方式，但地面对行走机械产生的阻碍运动作用与地况条件相关。机器运动速度的不同又牵涉到空气阻力的变化，空气阻力的作用对高速行驶的行走机械较为明显，甚至可能要大于地面阻力的作用，高速行走机械利用空气阻力制动也是可选方式。此外人为进行外界干预及非正常阻碍也都可以产生阻力，但这些不适用于制动功能。外来阻力作用同样可以起到制动作用，但外力施加方式难以实现所以也很少用于制动。

(2) 内部作用

内部作用主要体现为克服动力、传动以及车轮等旋转部分的转动惯性，主要以施加与转动方向相反作用的方式将惯性能量消耗掉。摩擦力在大多数场合是起负作用，恰恰在制动方面起了重要作用，通过摩擦副之间产生的摩擦力实现制动简单易行、便于实现与操控，大多数行走机械中都配置有摩擦元件的制动装置。能够对运动产生阻碍的作用都可用来克服内部惯性，如电磁作用、液力作用等均可产生与摩擦阻碍运动类同的作用，因此也有基于这些原理实施制动的装置。行走机械从动力装置到行走装置构成一动力传递系统，正常驱动状态动力装置驱动行走装置，当行走驱动轮实际速度高于动力装置输入的驱动速度时，动力装置将产生反作用成为阻力起制动作用。发动机、闭式液压系统均有此制动功用，但这类制动作用通常只用作辅助制动。

5.10.3.2 制动主要实现方式

制动功能的实现主要由产生阻碍转动或转动趋势作用的装置实施，这类装置一般都是通过其中的固定元件与旋转元件相互摩擦施加制动力矩，使旋转元件的旋转角速度降低，同时依靠车轮与地面的作用使路面对车轮产生阻力导致整机减速。产生制动力矩的旋转元件安装位置不同，则制动部位随之变化，如果其固连在车轮上则直接制动车轮，安装在传动轴上则制动传动轴间接阻碍车轮转动。实施制动的效果受行走速度、承载质量、地面条件等因素影响，轻载、低速只需两轮或单轮实施制动就满足要求，随着载重量、车速的增大制动力必然增大而需要多轮制动。多轮制动则需处理好轮间制动力的分配，以保证制动过程中不发生跑偏、侧滑以及失去转向能力等现象。对于有牵引任务的车辆，不但要保证自身制动功能与实施效果，还要考虑受到牵引作用的影响以及从动部分制动的关联要求。

行走机械中制动的主要功用是将运动的机器停止，一般将实施该功能的制动装置称为行车制动装置，通常还有驻车制动装置用于静止状态的制动。制动功能的使用要求因场合与条件变化而不同，因此机器中的制动功能配置需要具体问题具体对待。一般具备上述两种制动即可满足使用，而有特殊要求的则增加其它制动功能，如经常在长坡路行驶的重载车辆比较适宜配置缓速制动装置，而在环境条件要求比较苛刻的场合应急制动功能则十分必要。制动功能还在变速、转向等传动环节应用，如配合行星齿轮机构实现变速传动，与转向离合器配合实现履带行走装置的滑移转向等。行进中实施制动必须将惯性能量消耗掉，这为制动效果保持带来了麻烦，同时也将这部分能量白白浪费，为此有的行走机械中借助能量再生技术，可将部分制动能量回收再利用。

第6章 人机关系

6.1 操纵装置与人机工程

行走机械在实现功能的过程中通常都需要人来操控，基本的操控方式是通过人的手、脚直接施加作用到操纵（操作）装置，操纵装置再将这些作用传递并转化为要实现的控制结果。操纵装置是人与机器的交互界面，操纵装置的功能、操作方式等可能千差万别，但操作的本身动作越简单方便则越好。不同应用的行走机械需要匹配适宜的操纵装置，在保障实现其功用的同时还要兼顾使用者的生理特点，提高人机协同效果。

6.1.1 行走机械基本操作需求

行走机械的功用与构成等存在差异，这也使得每一种机器的操控内容与方式各有不同。机器的操控内容要根据行走与作业的具体要求而确定，操纵装置的设计不但与机器自身的功能要求有关，而且与相关联的执行装置、控制方式等相关。行走机械操纵装置可以分为行走操纵、作业操纵及应急与辅助三部分，作业操纵因作业装置与控制内容不同而差异较大，应急与辅助主要用于应急操作、安全保护等方面。只有行走操纵是行走机械比较统一的部分，行走部分的操纵内容也基本一致。操纵行走机械实现行走要牵涉到起动、加速、换挡、转向、制动几个主要控制内容，上述内容因动力装置与传动装置变化需要增减控制环节。最早的操纵伴随有更多的体力消耗，节省体力成为操纵的主要影响因素之一。由于杆件简单且可以利用杠杆原理省力，使得各种杆件机构在操纵装置上大量应用。操作操纵装置主要是靠操作者的手和脚来实现，通过手与脚的分工合作实施各种操纵。人们也逐渐形成了使用习惯，如手控的有各类手柄、方向盘，脚控的有各种踏板等装置。

(1) 起动

靠动力装置驱动的行走机械在进行作业之前首先要起动动力装置，即动力装置首先工作，进而驱动相应的装置实现功能。当代行走机械的动力装置以发动机与电动机为主，电动机的起动与停止通过开关控制电路的通断即可实现。发动机起动相对复杂，操控也有多种方式，大多数采用电起动方式，即通过接通起动电动机的电路使起动电动机带动发动机曲轴旋转。一些简易机器、小型发动机采用脚踏、手摇等操作方式起动，起动操作复杂且需要一定的体力。

(2) 加速

加速操纵一般指控制动力装置的速度，虽然不同动力装置的控制原理各异，但都是通过一种渐进操作使动力装置的速度连续升高或降低。加速控制操纵俗称“油门”控制，加速操纵可以根据机器工作要求选择手控还是脚控方式。如要求作业速度恒定的机械，加速控制要求恒速稳定，这种情况下采用定位手控比较方便；而行走加减速控制通常为适时变速，一般脚控加速踏板更符合驾驶习惯。采用加速踏板操控发动机变速的方式在各类道路车辆上应用，通常加速踏板带动一套机械杠杆机构，杠杆机构连接到发动机的控制部位。

(3) 换挡

换挡通常指操纵变速传动装置、系统等通过传动比的改变，使动力传递实现速度、扭矩或方向的变化。换挡操纵装置既有电液控制方式，又有纯机械操纵方式。比较传统的是手动换挡杆的形式，通过手扳动换挡杆实现挡位变换。由于操纵的变速装置、传动系统不同，换挡操纵的复杂程度也不同。纯机械传动变速装置变速换挡时，需要有离合器的配合切断动力实现换挡，进行换挡操作前需要操作离合器配合，换挡需要手脚并用协同操作。而动力换挡或具有自动变速功能的变速装置换挡则简单，其中离合器的操控自动完成，无需人为操作的介入。

(4) 离合

离合功能用于控制动力的通断，传动系统中只要存在离合器就需要对其操控，只是采取的操控方式不同。传统的操控方式是靠人力操纵，主要是通过踩踏踏板或拉动手柄施加作用，再通过机械杆件传递动作使离合器分开与接合。而在自动控制程度较高的传动场合，更多采用电液操控的方式。此类场合离合器的接合与分离受控于电液信号，执行分与合的动力也源于电或液，在有些场合与人相关的离合操纵装置已经没有存在的必要。

(5) 操向

转向操纵是任何一种行走机械都需要的操作，只是操作的方式与作用部位有所不同，但最终所要达到的目的都是改变行走方向。操控方向基本上都是用手操作机械装置、电控开关或旋钮等实现，在比较特殊的机器上还要借助脚的辅助作用完成操控。最普通、常用的操向装置是方向盘，与其相近的还有方向手把等。上述这类方向操纵装置通常是坐姿操作，此外还有一些随行车辆需要边行走边操作，此时适于用手柄、方向杆控制行走方向。还有一类随行操控采用遥控方式，此种操作则是操纵遥控装置上的旋钮、开关即可。

(6) 制动

制动是行走机械必须具备的功能，行走机械基本的制动要求是要有行车制动与驻车制动。行车制动用于行走过程中的运动控制，多数行走机械上行车制动操纵采用脚踏操控方式，习惯上用右脚踩踏操纵。驻车制动作为一种辅助制动在停车时使用，驻车制动既可以是与行车制动一样的脚踏操纵方式，也可以是手动杠杆或控制开关操纵方式。此外，根据具体使用需要可能还配有其它制动及对应的操控装置，如配有应急制动的行走机械通常采用触按方式操作，紧急情况下按下该装置能马上实施制动。

6.1.2 行走机械操作方式的选择

行走机械的操作要适应机器的作业要求，同时兼顾操控人员的作业条件。操纵行走机械通常与其接触直接操作，接触操作既可以在机器上操作，也可以在机器下随行操作。在机器上操纵机器作业宜人性好，但不是所有的机器都能满足这一条件，边操作边伴随机器行走也是一些小型、简单行走机械常用的操控方式。非接触式操控时人与行走机械不直接接触，而是通过遥控操纵机器作业，此类行走机械所有功能的实施均需遥控或自动控制完成。

6.1.2.1 乘行操作

乘行操作是高速、大型行走机械的基本方式，在机器上的适当位置配备有操作者操作的工作空间，其可以作为工作区域的一部分敞开，如图 6-1-1 所示的操作工位，大多数行走机械采用封闭或半封闭的驾驶室以便遮风挡雨。无论是驾驶室还是操作台，在这部分空间内布置有用于行走操纵的全部装置，乃至全部作业的操纵装置。驾驶操作人员坐姿操作时，以驾驶座位为基准布置各种操纵装置与显示仪表，如图 6-1-2 所示。座位通常有一定的调节量以便于适应不同身高、体态的操作人员，操作时操作者可以手足并用，乘行操作的操纵装置的设置可以充分利用这一优势。大部分行走机械只配置一个固定的驾驶室、单一驾驶位，而一些特殊作业机械除了要满足常规驾驶的需要外，作业时对驾驶员有视野、位置等限制，因此需要升降式驾驶室、双操作位等不同形式，这对操纵装置的要求有所提高。如双操作位配置的相关操纵装置，需要划分操作内容、规定联动操控的优先级及锁定保护等功能。

图 6-1-1　开放操作空间

图 6-1-2　驾驶室内部布置

双操作位的行走机械也很多且各有特点，操作工位的布置主要是为了提高作业适应性。一般两个工位的主要操控内容有所不同，多数以行走与作业分别为主要操控内容。如图 6-1-3

所示的飞机除冰车除了驾驶室外，为了适应高空工作要求的特殊性，配置一工作用的操作室或操作台。驾驶室内主要实现行走操控，同时也可完成部分作业操控，高空操作台主要实施作业操控。无论是在驾驶室还是在操作台，所配备的相关操纵装置能保证在各种条件下安全作业。可以实现相同功能的双套操纵装置互为备份，在设置上要求地面操作优先级高于高空操作，即低位控制的权限高于高空操作控制。在操作台、驾驶室均配置安全相关的应急开关，应急开关要能切断所有动力源。

图 6-1-3　行走与作业双工位

6.1.2.2　随行操作

随行操作在小型搬运机械中使用较多，这类机械通常自带动力装置驱动行走，以人力操控方向。工作时动力装置驱动机器行驶，操作者随机行走且边行走边操作。这类机器通常设计有一直接操纵转向的操纵杆，操纵杆的端部布置有各种操纵装置及电气开关，所有操作均依赖于人手来完成。这类行走机械中，为了减轻远距离行走的劳累，有的可以实现站立其上或乘坐与行走双模式操作。如图 6-1-4 所示的电动无杆飞机牵引器，是一种用于调运小型飞机的随行操作的牵引机具。该牵引器在机体的前端布置有一个操纵杆，操纵杆的一端通过转向立轴直接与导向轮相连，在行走工作时可以靠人力左右拉动操纵杆实现转向。操纵杆的一端是一个控制速度、方向与停止的手把和电控盒，手把能够操控牵引器的前进后退和速度快慢等，电控盒上布置的开关用于作业、应急制动等控制，操作人员通过操纵杆及集成在其上的手把、电控盒等操控牵引器完成各种作业。

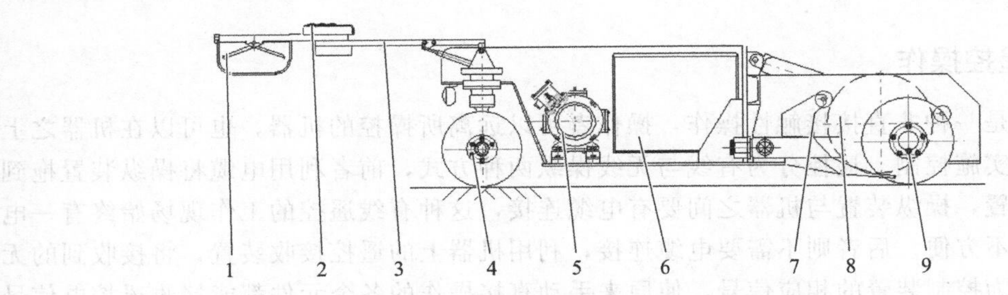

图 6-1-4　电动无杆飞机牵引器

1—手把；2—电控盒；3—操纵杆；4—导向轮；5—电动机；6—电池箱；7—夹持装置；8—飞机轮；9—驱动轮

为了减少操作人员步行的体力消耗，在不影响作业的条件下可使人站立于机器之上，此时需要步行操纵与站立其上的操纵结合。实现行走与站立双模式操作并不复杂，机器结构不需要较大的改变。通常需要安装一可收放的踏板，当踏板收起时操作人员步行操纵机器行走及作业，当放下踏板时操作人员可站立在踏板上乘行。如图 6-1-5 所示的双模式牵引器，步行操控与站立驾驶之间直接转换，均使用同一套操纵装置，因此这类操纵装置需要较好的适应性，保证随行操作与乘行操作均可满足功能要求。

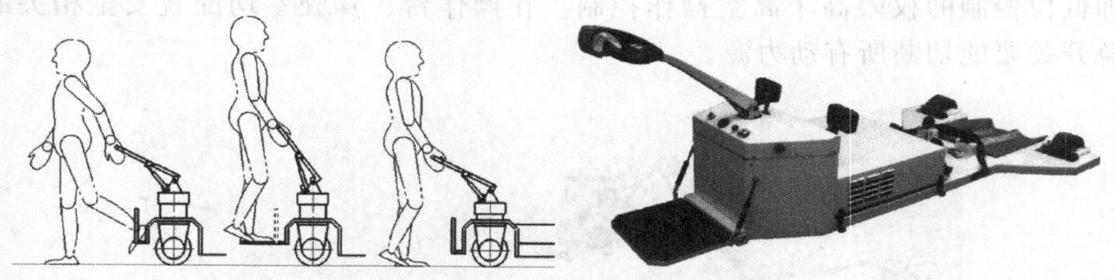

图 6-1-5 随机步行与站立乘行双操作模式牵引器

双操作模式也有随行操作与乘坐驾驶结合的方式，当需要高速行驶时操作人员坐在驾驶位上进行操纵。作业时因在驾驶位操控视野受限、操纵不便，操作人员需要离开驾驶位进行操作。如图 6-1-6 所示的挂装车就是采用步行操纵低速行走与挂装作业，高速乘坐驾驶模式。该机配备两套行走转向操纵机构，即用于乘坐驾驶的方向盘和用于随行操纵的转向杆。操作人员坐在驾驶位操纵方向盘能在各种行驶状态下控制车辆的转向，在挂装作业与低速行走状态下，操作人员利用转向杆控制车辆的转向与各种作业操作。实现随行与乘坐双模式操控较随行与站立双模式复杂，至少需要两套转向机构及二者之间的切换机构。

图 6-1-6 随行与乘坐双模式

6.1.2.3 遥控操作

遥控操作是一种非直接接触性操作，操作者可以远离所操控的机器，也可以在机器之上利用遥控装置实施控制。遥控分为有线与无线操纵两种方式，前者利用电缆将操纵装置拖到合适的操作位置，操纵装置与机器之间要有电缆连接，这种有线遥控的工作现场始终有一电缆既不安全也不方便。后者则不需要电缆连接，利用机器上的遥控接收装置，将接收到的无线电信号转换为控制装置的相应信号，使原来手动直接操作的各个元件都能接收遥控电信号的指令控制并进行相应动作。大多数遥控操作都是随行操控，这类机器的操纵装置一般都是便于随行的手持遥控盒，如图 6-1-7 所示。手持遥控盒因控制内容不同可能布置不同的开关、手柄、显示屏等，但最基本的行驶控制必须存在，如自身的电源开启与关闭的开关、操控速度与方向的操作手柄或旋钮等。

图 6-1-7　遥控操作割草机作业

6.1.3　人机工程的体现

行走机械的操作形式多样，操作相关装置的布置与设计不但应能够实现功能，而且要尽可能适于人的操作。人与行走机械需要相互适应，人对机器的适应表现在通过训练与学习具备操作与适应机器的技能，机器对人的适宜体现在使用过程中用力适当、感觉舒适、操作方便和安全可靠等。机器对人的适宜性的内涵体现在人机工程学在其设计上的应用，涉及机器与人产生关联的方方面面。

行走机械的主要操纵装置都应布置在驾驶操作人员人体可及的操纵范围内，并使操纵处于最佳的动作和施力状态。人体的操纵范围包括手的操纵范围和脚的操纵范围两个部分，手的操纵范围要兼顾方向盘、挡位操纵杆件、控制开关及按钮键等，脚的作用范围主要牵涉制动踏板、加速踏板和离合踏板等。各种踏板的布置应使人体坐姿腿部处于最佳施力状态，而且使人体尽量处于舒适姿态。如通常将行车制动、加速踏板布置在右脚区域，离合踏板布置在左脚区域。脚部施加力时踏板向前或向下运动分别对应于制动、加速、分离，反之为消除制动、减速与接合。

操作人员在其工位操作各种操纵装置的同时，需要观察了解机器的工作情况。工位周围通常需要布置一些显示仪表等装置，仪表的布置要在视野范围内，仪表刻度、字符显示要与其到操作人员眼部的距离匹配。操作人员的视野更要便于观察机器作业情况，驾驶位的前后、高低要适度。驾驶室、台的位置一般要配合行走装置、作业装置的布置，因而驾驶位在整体上不一定是最适宜驾驶操作的位置，为此首先要保证操作者可视范围好。如图 6-1-8 所示的伸缩臂叉装车的驾驶室位于前轮后部，操作人员在座位上要能观察到货叉，而且需要能观察到整个货叉作业范围。

人机工程学除体现在人机功能分配、人机界面的优化外，还包括宜人环境的营造。这一环境是指以驾驶、操作人员为核心的小环境，配备驾驶室的行走机械主要指驾驶室内空间环境。驾驶室内通常以座椅为基点，各种操纵装置、显示仪表等布置在周围。座椅本身对人体就产生直接影响，座椅的结构形式、几何参数等特性影响人员乘坐舒适性。座椅及环境布置等要适于人体特性，人体尺寸、质量特性、质心位置等都具有统计规律，应以统计数据作为人机界面、环境设计的依据。驾驶室将内外空间分隔使内部成为相对独立的小环境，通过密

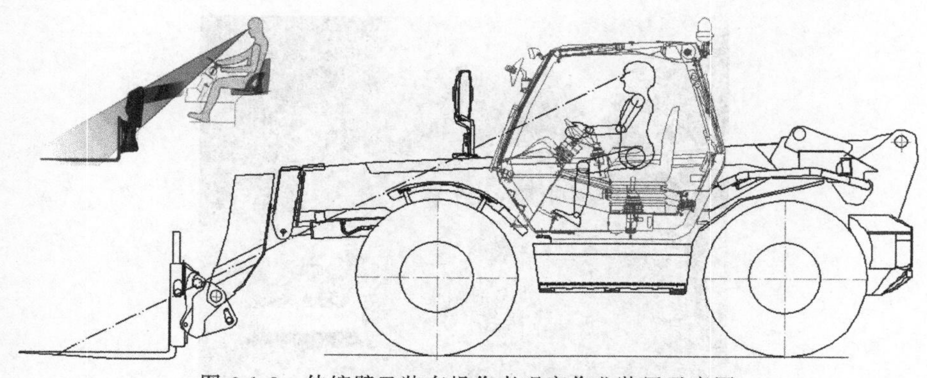

图 6-1-8　伸缩臂叉装车操作者观察作业装置示意图

封提高隔离效果以减小内外干扰，配备制冷、供暖、通风、空气净化等装置，可以调节小环境的气候以提高人体的舒适性。

6.2 操控液压技术与应用

液压技术在现代行走机械中的作用越来越多，许多机器中的操纵装置、控制系统都不同程度地存在液压技术的支持。各种功能的液压器件通过管路连接起来构成液压系统，利用液压油为工作介质既能实现高强度的驱动力的传递，也能实现微能量控制信息的传输。液压器件中用于输出动作的执行器件带动相关机构、装置实现功能，执行器件输出的动作受控于相关的控制器件。结合具体操作要求、使用特点等条件，借助液压技术匹配器件、构建系统可以实现行走机械操控所需的功能。

6.2.1 液压系统的功用与组成

以液体为工作介质的液压系统的主要功用体现在液压传动与液压控制两方面，其中液压传动以传递动力为主，能够驱动较大功率的作业装置；液压控制系统注重信息传递，控制执行元件运动参数准确实现。液压系统一般由四个部分组成，其中包含动力、控制、执行三个功能部分和一个辅助部分。动力部分主要是液压泵，液压泵作为液压系统的动力元件为系统提供动力，有时也将蓄能器作为辅助动力源。液压泵的功能是将原动机输入的机械能转换成流体的压力能，液压泵在动力装置的驱动下输出油液，并使液压回路中油液产生一定压力驱动执行装置。控制部分的元件主要是压力、流量、方向的各类控制阀，用于实现对执行元件的作用力、运动速度、运动方向等的控制，也用于过载保护、程序控制等。执行部分的元件主要是液压油缸与马达，用于将液体的压力能转化为机械能。具有一定压力的液体通过管路、控制阀等部分进入油缸、马达等执行元件，执行元件将液体的压力与流量转化为作用力和速度或转矩和转速，实现直线运动或旋转功率输出。液压系统除了实现功能的部分外，还需要一些服务于系统自身的辅助元件，包括管道、过滤器、油箱、散热器等，以保证系统正常工作。

无论是实施驱动还是实现控制，首先需要将各种功能器件组合起来构建起系统回路。

图 6-2-1 所示为用于飞机牵引器上夹持装置部分的液压回路，该部分由泵、阀、油缸等组成开式液压回路。单向泵从油箱吸油进入液压回路，三位四通换向阀控制油液的流向。油液进入油缸做功带动夹持装置完成规定工作，完成工作后的油液流回油箱。换向阀控制油液进入油缸的不同油腔而使油缸的活塞杆伸出或回缩，其伸出与回缩的速度取决于流量，即单位时间进入油腔油液的体积。油缸的作用是要以一定的作用力完成直线推拉作用，其作用力源于液压系统在油缸的油腔内单位面积能产生的压力。单位面积压力即压强，压强与活塞有效面积的乘积即为油缸输出的作用力。手动泵、截止阀等在液压系统正常工作时不起作用，当作业过程发生故障时则构成应急解脱系统发挥作用。散热、过滤等元件与执行元件工作不发生直接关系，但是它服务于液压系统本身而成为不可缺少的组成部分。

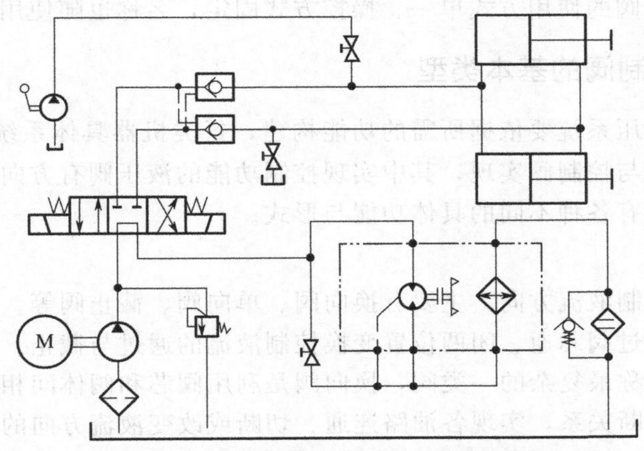

图 6-2-1　飞机牵引器夹持装置部分液压回路

图 6-2-2 为一种飞机牵引器行走驱动液压系统，该系统由一双向变量泵与两双向定量马达组成闭式液压回路，变量泵的吸、排油口与马达的进出油口相连形成一个封闭循环。为了补偿泄漏损失、保持系统冷却，通常需要一个辅助补油泵和冲洗阀连通液压油箱。液压驱动系统采用容积调速方式变速，采用手动伺服控制方式实现泵的变量控制。驱动左右轮的两个马达并联，常规工况下两个马达同时工作驱动牵引器前进或后退，转向时二者之间自动产生差速作用实现差速行驶。系统回路中的变量泵可以实现双向供油，液压泵供油端的变化改变了液压油的流向，进而改变马达的旋转方向。液压泵的两端口分别与马达两端口连接，当其中一端口为马达供油时则另一端口接收马达的回油，前者为高压回路部分而后者为低压回路

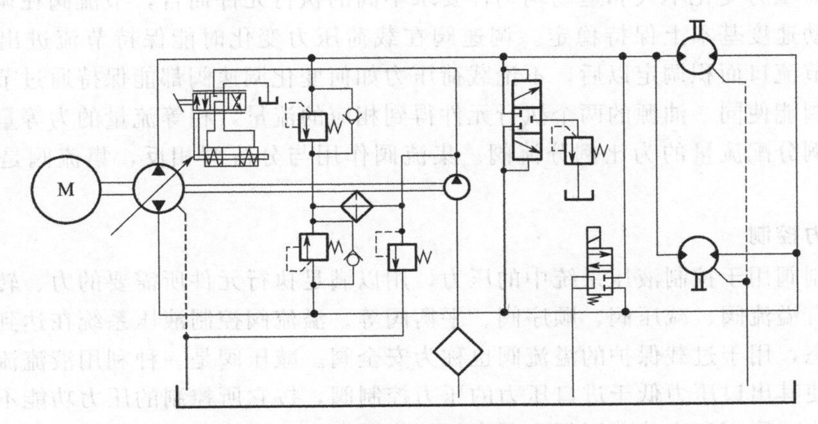

图 6-2-2　行走驱动液压系统

部分。回路中马达进口端与出口端的压力差是马达产生输出扭矩的基础，因为马达的输出扭矩为马达排量与压差之积。操控伺服阀改变变量泵斜盘摆角，使泵的排量改变，泵的输出流量改变即可实现控制马达转速的结果。

6.2.2 控制阀与操纵方式

液压阀是液压系统中不可或缺的元器件，任何一个液压系统不论其如何简单，都不能缺少液压阀。每种阀所起的作用各有不同，使用方式也有差异，即使相同功用的阀应用于不同场合其称谓也可能不同。构建液压系统使用的阀大多为通用形式，也有些阀控制原理不变但用途特别专一，这类阀的使用方式单一、操控方式固定，名称也随使用功能有了专用称谓。

6.2.2.1 液压控制阀的基本类型

行走机械中的液压系统要依据所需的功能构建，每类机器具体系统配置可能各不相同，但都是由基本的回路与控制阀实现，其中实现控制功能的液压阀有方向控制、流量控制、压力控制三类，每类又有各种不同的具体功能与形式。

(1) 方向控制

方向控制用于控制液流方向，主要有换向阀、单向阀、截止阀等。单向阀只允许液流单方向通过，截止阀通过阀芯通、闭两位置变换控制液流的通过与截止。换向阀是液压系统中用量最大、品种和名称最复杂的一类阀，换向阀是利用阀芯和阀体间相对位置的不同来变换阀体上各主油口的通断关系，实现各油路连通、切断或改变液流方向的阀类。按照结构特点换向阀可分为滑阀型、锥阀型和转阀型等，滑阀型容易实现多种功能，因而在换向阀中应用最广。滑阀型换向阀的阀芯为圆柱滑阀，相对于阀体做轴向运动，这类换向阀通常按阀的“位”和“通”分类。其中“位”是阀芯相对于阀体的不同位置，表示阀的不同工作状态。“通”是阀和系统中的油路连接口按照换向阀的工作位置控制的通道数，如二位三通、三位四通等。

(2) 流量控制

流量控制阀利用调节阀芯和阀体间的节流口面积和它所产生的局部阻力对流量进行调节，用于控制液压系统中的油液流量的大小，以实现执行元件所需要的运动速度。流量控制阀有节流阀、调速阀、分流集流阀、单向阀等，可实现节流、调速、分流、集流等不同功能。对于载荷压力变化不大和运动均匀性要求不高的执行元件而言，节流阀在调定节流口面积后能使运动速度基本上保持稳定。调速阀在载荷压力变化时能保持节流进出口压差为定值，这样在节流口面积调定以后，不论载荷压力如何变化调速阀都能保持通过节流口的流量不变。分流阀能使同一油源的两个执行元件得到相应的流量，相等流量的为等量分流阀或同步阀，按比例分配流量的为比例分流阀。集流阀作用与分流阀相反，集流阀是按比例汇入流量。

(3) 压力控制

压力控制阀用于控制液压系统中的压力，用以满足执行元件所需要的力、转矩或工作程序的控制，有溢流阀、减压阀、顺序阀、平衡阀等。溢流阀控制液压系统在达到调定压力时保持恒定状态，用于过载保护的溢流阀也称为安全阀。减压阀是一种利用液流流过缝隙产生压力损失，使其出口压力低于进口压力的压力控制阀，按它所控制的压力功能不同，有定压减压阀、定比减压阀和定差减压阀。顺序阀的作用是将油液压力作为控制信号来控制油路的通断，能使一个执行元件动作以后，再按顺序使其它执行元件动作，因用于控制多个执行元件的动作顺序而得名。平衡阀限制来自执行元件的流量，用于控制即将失控的负载执行元件，如在起重等液压系统中管路损坏时防止油缸回缩造成重物下坠事故发生。

6.2.2.2 阀的控制与操作

液压阀的结构形式多样、用途各异，而归结起来可将阀抽象为阀体阀芯两个部分，其中阀体是静止部分，阀芯是运动的部分，通过控制阀芯与阀体之间的位置、运动关系即实现各种功能的控制效果。阀芯与阀体之间的状态变化导致其内部流体介质运动状态改变，实现流体压力、流动方向、流动速度等的变化，实现了液压系统相应的控制功能。阀芯与阀体之间的状态变化控制则是控制阀实现功能的关键，而这一控制的核心在于对阀芯的运动与位置变化的操作。改变阀芯状态就要打破阀芯的受力平衡，实现的方式主要有三种。其一是直接操纵阀芯改变现有平衡状态，人力或其它动力利用机械机构直接操纵阀芯。其二是利用电磁力的作用实现阀芯状态变化，这种方式便于远距离电控操作。上述两种方式均来自外部的操纵，内部液体的作用同样也可实现对阀芯的操作，内部作用除了用于控制阀芯实现自动控制功能外，先导控制也是通过液体操纵的一类方式。

(1) 直接操纵型

直接操纵型的控制阀应用广泛，通常是人手动操作直接改变阀芯位置实现控制。如手动换向阀就是使用比较普遍的控制阀，其阀体固定在一适宜位置，阀芯的运动通过一套杆件机构转化为与人手的动作关联。带有液压驱动作业装置的行走机械驾驶室中，通常就布置有这类操纵装置或机构。如叉车、小型联合收割机等的驾驶室中就布置有直接操作手动换向阀手柄，如图 6-2-3 所示。阀的布置位置相对驾驶位的距离，决定直接操纵还是通过中间机构操纵。

图 6-2-3　手动换向阀

(2) 电磁操纵型

复杂的液压系统的控制阀数量多，布置的位置也可能远离操控人员，这时手动阀变得不方便，而可远距离操控的电磁阀有了用武之地。如电磁换向阀以电磁铁的推力去推动阀芯移动，弹簧复位实现油路的通断或切换。电磁阀利用电控磁吸的方式改变阀芯的位置，同样实现液压阀的控制功能且便利操控。电磁阀是电气操纵液压系统的重要元件，它的使用也为液压系统自动控制提供了方便，如图 6-2-4 所示为安装在机器上的电磁阀。

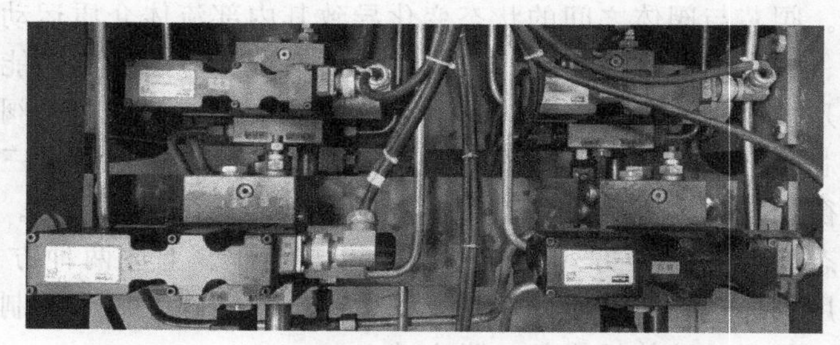

图 6-2-4　电磁阀

(3) 液体驱动型

液体驱动型控制阀的操控多源于油液的压力，这类控制阀多用在自动控制场合。如压力继电器是一种将液压信号转换为电信号的元件，它受控于油压的变化。如滑阀式结构的压力继电器连接在液压回路中的某节点，压力油作用在其底部的柱塞上。当液体压力升高到预调数值时，液压力克服其内部弹簧的弹力推动柱塞移动。柱塞另外一端触动控制电路微动开关的触点，进而将液压信号转换为电信号。

6.2.3　行走机械常用的液压操纵装置

用于液压控制的阀中有一些是专为行走机械配套使用，这些阀主要用于行走转向、制动等功能的操控。这些专用控制阀与行走机械的装置或机构关联匹配，有的甚至是控制阀与操纵装置的组合，人员操作仍保持比较习惯的操纵方式。行走机械的操纵是利用手、脚接触操纵装置，借助操作人员的肢体动作实施操作，因此操控这类控制阀也同样有手动与脚踏不同操纵方式。

(1) 转向操纵

实施转向操纵的转向器是行走机械中应用比较多的一种转向操纵装置，驾驶人员通过它可以用较小的操纵力实现转向控制。液压转向系统中采用全液压转向器操控行走转向，全液压转向器相当于控制阀与计量马达的组合。其中的阀为转阀结构，阀芯与阀体部分相对转动实现阀的控制功能。通常将全液压转向器固定在机架上，如图 6-2-5 所示。在其上方有转向柱支承方向盘，方向盘通过转向柱内的传动轴与阀芯相关联，转向器上的四个油口分别连接液压泵、油箱和转向油缸。转向时操作方向盘使转向器的转阀阀芯与阀套产生角变位，使来自转向泵的油液经阀进入到计量马达，推动转子跟随方向盘转动并将定量油液输入转向油缸。

(2) 制动操纵

在行走机械中经常可以遇到整机全液压驱动，这种场合的行车制动、驻车制动采用液压

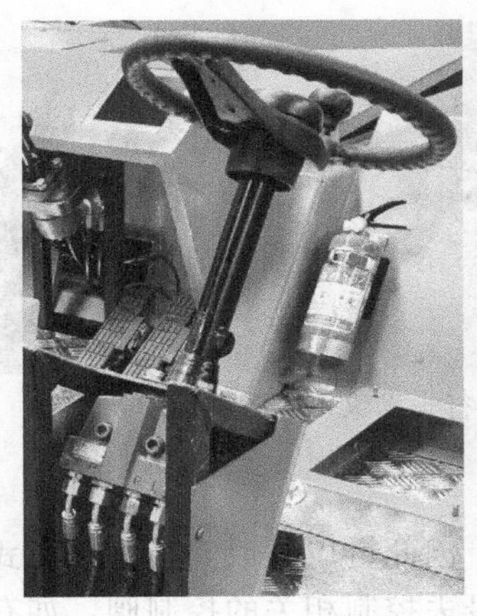

图 6-2-5　全液压转向器

制动比较方便。此类液压系统中采用的制动控制阀为压力控制阀，阀的操作方式延续常规制动习惯方式，既可用脚踏板踩踏制动，也可用手动操纵。图 6-2-6 所示的脚踏式制动阀是渐进释放压力的减压阀，制动输出压力与踏板的行程成比例。制动液压系统中连接有蓄能器以备使用，与制动器连接的压力管路通过制动阀与油箱连接回油。在踏板处于原始位置时输出压力为零，踩踏制动踏板时踏板联动阀芯，阀芯移动则开始输出压力，其压力与踏板转动的角度直接相关，角度越大输出压力越大，踩踏踏板的力也越大。当踏板踩到底时压力不再增加，再继续增加踩踏力已经无意义。

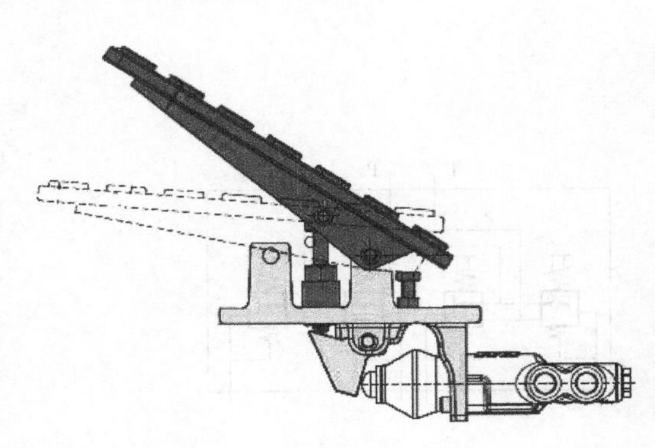

图 6-2-6　脚踏式制动阀

(3) 变速操纵

在变量泵构成的闭式回路液压驱动系统中，采用容积调速是比较普遍的方式，其中改变泵的排量实现变速就是常用的方式。调节轴向柱塞泵的排量可以通过改变泵斜盘的角度实现，其改变方式可以是比例控制、伺服控制，简单的可以直接手动调节。这类手动调节的变量泵在泵的壳体外有用于调节的机构，通过外来作用改变该机构的转角即可实现调速。如图 6-2-7 所示的牵引器行走操纵机构，利用转向拉杆前端的操纵手把带动拉线，连接到泵调节转盘上的拉线拉动转盘转动，进而改变泵的斜盘角度。泵工作时为液压系统输出压力油液，在相同转速下斜盘的角度不同输出流量不同。斜盘处于零位时没有流量输出，正角度正向输出、负角度反向输出，因而该操纵装置与泵配合不仅可以实现变速操纵，而且可实现行走停止、前进和后退等控制。

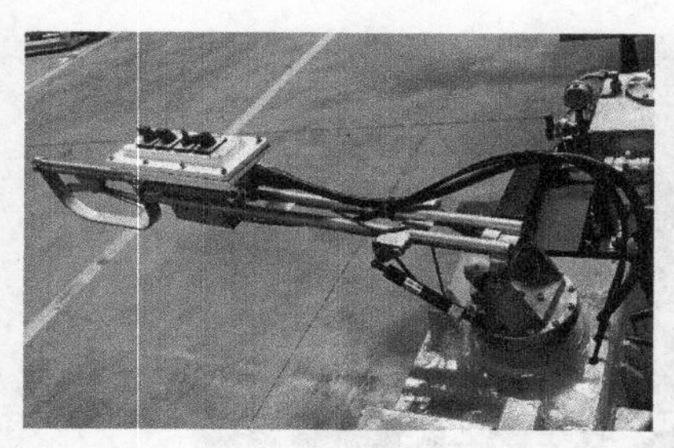

图 6-2-7　牵引器行走操纵机构

(4) 间接操纵

直接操纵控制阀虽简单但也有一定的局限，因此可以采取间接操纵方式。间接操纵通常有液控、电控两种方式。电控操纵是通过电信号去控制相关的控制阀，如有的车辆采用的液压驻车制动装置就是如此。这类驻车制动装置通常是失电制动，其制动实施与否的控制就是是否通电。间接操纵的另外一类是液压先导控制，操纵先导阀控制油液到主系统的控制阀，通过控制油液改变主油路的控制阀的状态，使该阀完成相应的功能。行走机械中常用的先导手柄就是一种先导液控操纵装置，如图 6-2-8 所示四通路先导手柄可控制两个机构的双向动作。操作手柄 1 输出位移使顶杆 5 压缩弹簧并带动阀芯 2 下移，控制油液输出压力与压力弹簧 3 的作用力成比例，输出压力与弹簧作用力通过阀芯构成平衡状态。当输出压力大于弹簧作用力时，阀芯上移控制油口减小使输出压力减小，直到输出压力与手柄的操作要求相适宜，在手柄位移最大时控制油液等压输出。

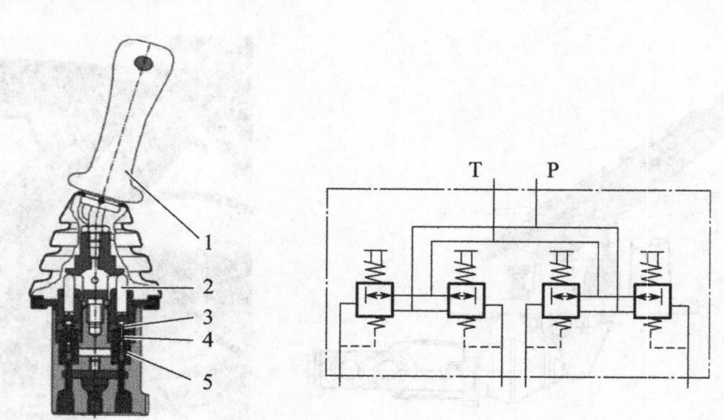

图 6-2-8　四通路先导手柄

1—手柄；2—减压阀芯；3—压力弹簧；4—回位弹簧；5—顶杆

6.3 液压控制基础与原理

行走机械的发展早期以机械技术为基础，现代的行走机械大量采用液压传动与控制，液压控制技术在行走机械中的应用越来越多。无论是液压传动还是液压控制都与液压阀相关，液压阀是液压系统用于控制的主要元件，而液压阀只有在组成的液压回路里才能发挥作用。各种液压控制因需求不同而匹配不同元件与系统，如简单的有开关阀可能就满足需要，需要实现精准连续的复杂控制则可能牵涉到比例控制与伺服控制。在配置功能比较复杂的行走机械产品的液压系统中，可能同时采用几种不同控制技术满足使用需要，而且有的液压装置本身也配备相应的控制功能。

6.3.1 液压控制回路构建

液压系统中包含油压发生、执行控制、油液处理等功能要求，管路把元件连接起来组成实现功能的液压回路。液压系统实现功能需要液流在液压回路中运动，液流在不同的回路中的作用取决于回路的结构形式。液压系统虽然很复杂，但都是由一些基本的液压回路所构成。液压基本回路通常分为方向控制回路、压力控制回路和速度控制回路三大类，此外系统本身正常运行还需要相应的回路支承与服务。

(1) 压力控制回路

液压系统中的压力必须与载荷相适应，通过压力控制回路来满足执行元件在力或力矩及各种动作变化时对系统压力的要求。压力控制回路是以控制回路压力完成特定功能的回路，压力控制回路不仅包括控制执行元件输出力或力矩的回路，还包括用来吸收执行元件起停时制动力、外负载引起的冲击的安全回路，主要有调压、减压、增压、保压、卸荷、平衡、制动等回路。调压与减压回路主要由溢流阀与减压阀等控制阀组成，使回路的压力保持稳定，限定回路的压力以满足执行元件的需求。卸荷回路能在执行元件不需要液压能时将泵排出来的液压油直接流回油箱，回路可借助换向阀改变油路通断和泵流量等实现功能。增压回路用来提高油路的工作压力，通常需要动力元件、执行元件的共同参与。保压回路能够在工作循环的某一阶段保持规定的压力，其中动力元件泵和蓄能器起重要作用。平衡回路与制动回路分别用于升降控制和旋转控制，前者用于防止下降工况超速且能在任意位置实现机构锁紧，后者用于控制输出转动力矩的马达受到作用而停止。

(2) 速度控制回路

在共用同一液压源的液压系统中，要满足各个执行元件不同的速度要求，就要利用速度控制回路。速度控制回路的作用就是利用阀或泵的控制，达到控制执行元件运动速度的目的。速度控制回路有调速、增速、减速、同步等不同回路，回路通过节流或改变容积来控制速度，如行走驱动液压系统要实现调速可以是节流调速、容积调速或两种兼有的联合调速。节流调速是通过改变节流口的大小来控制进入执行元件的流量，这会产生能量损失因而适用于中低压、小功率场合。大功率场合调速采用容积调速方式，容积调速是通过改变液压泵的有效工作容积，或者改变执行装置的工作容积。

(3) 方向控制回路

方向控制回路其作用是控制执行元件的起动、停止、运动换向等，其原理是控制进入执行元件的液流通断和改变流动方向。方向控制回路可以利用换向阀这类控制阀来实现执行元件动作方向的阀控，也可以利用可以改变供油方向的双向定、变量泵的特性实现泵控。

(4) 辅助保障回路

液压系统存在的意义是对外实现功能，但除了实现功能的回路外同时必须存在辅助回路部分用于系统内部保障。上述的压力、速度、方向控制回路用于实现功能，其它诸如产生液压能的油源、回油储油等辅助回路则是维持液压系统自身正常工作需要。辅助回路部分将管路、油箱、过滤器等组合起来，连通油箱与泵的供油路和执行元件、控制元件与油箱的回油路。辅助回路部分是系统正常运行的保障，要对流体介质实施处理，实施对液压油液的污染控制和温度控制。如在过滤回路中要根据所用液压元件和液压油的种类确定过滤器的容量、过滤精度和设置部位。当环境温度较高或液压装置内部发热较多，单靠油箱和管路系统自然散热无法维持相适应的温度时须另外设置冷却器。

6.3.2 液压伺服与比例控制

利用普通开关阀、控制回路的液压系统也能实现控制功能，开关阀调定后只能在调定状态下工作，虽然能够实现控制但无法实现精准连续控制，利用液压比例控制、伺服控制则能提高控制效果。比例阀和伺服阀能根据输入信号连续地或按比例地控制系统的参数，是实现液压系统反馈、精准控制的核心元件，其结构有滑阀、喷嘴挡板阀和射流管阀等形式。比例控制与伺服控制共同之处在于输出与输入呈线性关系，均可连续控制。不同之处在于伺服系统为闭环控制，控制元件为伺服阀；比例控制控制元件为比例阀，一般都是开环控制。

6.3.2.1 伺服阀与伺服控制

液压伺服控制是以伺服阀为核心的控制，伺服阀是在液压控制阀基础上增加了反馈等机构，伺服阀分为电液伺服阀、气液伺服阀、机液伺服阀三大类。液压伺服控制系统是一闭环系统，它能够连续自动快速地将反馈信号与输入信号进行比较，使执行对象输出量值与输入指令要求达到一致。图 6-3-1 所示为一电液伺服控制系统原理示意图，液压泵为系统压力油的来源，以溢流阀设定恒定的压力向系统供油。系统中伺服阀控制液压缸，液压缸为驱动负载的执行器。液压缸处布置有用于检测液压缸位置的传感器，传感器将液压缸的信息反馈到控制指令的输入端。伺服系统输入指令以电信号形式输入，传感器反馈的信号也以电信号形式反馈，二者比较后的信号经放大后输入给电-机转换装置，它将放大器给出的电信号转换成机构运动并带动阀芯动作，实现液压控制输出。

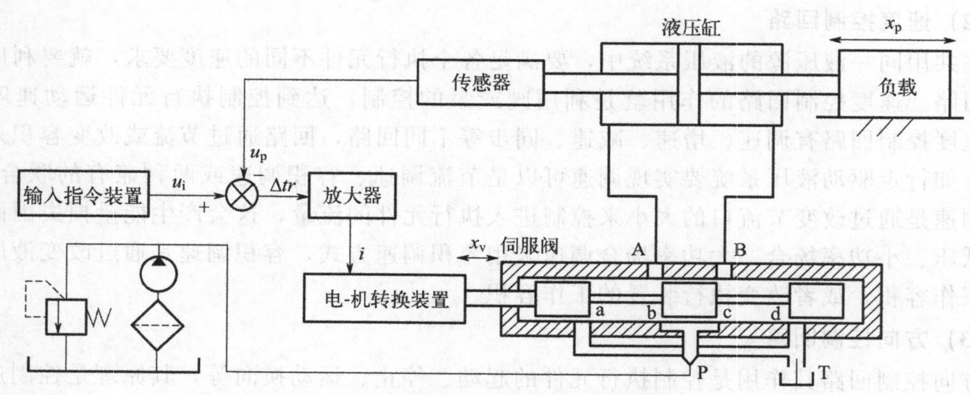

图 6-3-1 电液伺服控制系统示意图

当输入指令装置给出一指令信号 u_i 时，电液伺服控制系统通过伺服阀控制液压缸带动负载移动作业，传感器检测执行部分的实际状态并反馈给系统。系统将接收到的反馈信号 u_p 与 u_i 进行比较得出误差 Δu，由于 Δu 通常比较微弱需要处理放大后才便于使用。经放大器放大处理后输出 i 的电信号给电-机转换装置，电-机转换装置依据该信息指令实施机械运动，该运动直接带动滑阀的阀芯动作。假设阀芯向右移动一个距离 x_v，则节流口 b、d 便有一个相应的开口量，阀芯所移动的距离即节流口的开口量与上述误差信号 Δu 或电流 i 成比例。阀芯移动后液压泵输出的压力油由 P 口经节流口 b 进入液压缸左腔，右腔油液由B口经节流口d回流到油箱，液压缸的活塞杆推动负载右移 x_p。根据反馈信号与指令信号间的误差调整节流口开口量，直至传感器的反馈信号与指令信号之间的差 $\Delta u=0$。此时电-机转换装置处于中间零位，于是伺服阀也处于中间位置。如果加入反向指令信号，则滑阀反向运动，液压缸也反向跟随运动，从而实现液压缸输出位移对指令输入的跟随运动。

图6-3-2所示为三级电液伺服阀结构图，阀的先导级为两级双喷嘴挡板阀电液伺服阀，功率级是一个四通滑阀，阀芯的位置装有位移传感器实现反馈。这类阀可适应于位置、速度、力等电液伺服控制系统，具有很高的动态响应。输入指令信号给伺服阀的集成控制放大器，产生驱动电流给先导级阀的线圈。先导级阀在控制口中产生不同的压力，产生的压差推动功率级阀阀芯产生位移。安装在功率级阀阀芯上的位移传感器随着阀芯的位移产生一个与位移相对应的电压信号，该信号反馈到放大器中并与输入信号进行比较，比较的差值经放大再驱动先导级阀直到差值为零，因而使主阀阀芯的位置和输入信号成正比。

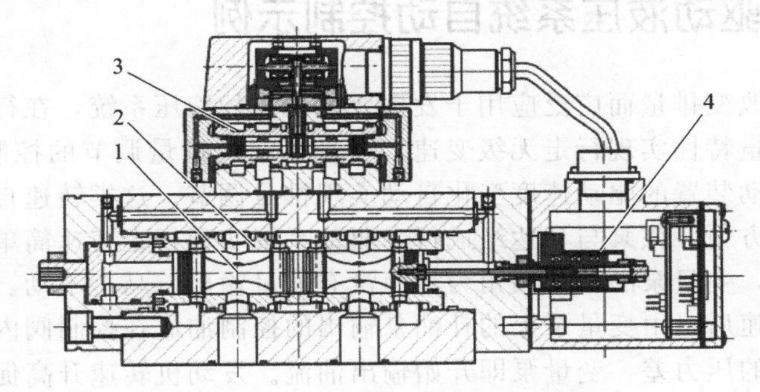

图6-3-2 三级电液伺服阀

1—滑阀阀芯；2—滑阀阀套；3—两级双喷嘴挡板阀；4—位移传感器

6.3.2.2 比例阀与比例控制

利用比例阀构建的比例控制液压系统一般都是开环控制，相对伺服液压控制系统具有更强的抗污染能力。比例控制在行走机械上应用较多，如用于液压制动的制动阀是一种渐进释放压力的减压阀，输出压力与操纵机构的行程成比例。电控液压转向系统也使用比例控制，如由电比例控制阀和全液压转向器组成的电液转向器，电比例控制阀接收控制信号实现遥控液压转向。按输入电信号指令连续、成比例控制液压系统的压力、流量等参数的比例阀称为电液比例阀，电液比例阀有电液比例压力阀、流量阀、换向阀及复合阀等多种类型。电液比例阀是通过电信号控制液压阀，可视为电-机转换、液压阀两部分的集成。电液比例控制系统输入的指令以电信号方式输给电液比例阀，输入指令装置与电液比例阀间一般也配有放大器。得到电信号后电-机转换装置将电信号转化为机械机构的运动，机构再带动阀芯动作，阀芯动作对压力、流量的改变与输入的电信号呈线性比例关系。

电液比例阀电气部分存在不同控制方式，其中比较常用的是用比例电磁铁作为电-机转换装置实现比例控制。比例电磁铁保证电磁吸力随电流变化而产生不同的作用力，进而带动阀芯动作使阀控制输出的压力或流量等与电流呈对应关系。图6-3-3为一种比例电磁铁控制的直动式电液比例方向节流阀，它除了两个比例电磁铁1和6外，液压阀部分由阀体3和阀芯4，以及对中弹簧2和5组成，其构成形式相当于用比例电磁铁替代普通电磁阀原有的普通电磁铁部分。电液比例方向控制阀能按输入电信号的极性和幅值大小，同时对液流方向和流量进行控制，从而实现对执行元件运动方向和速度的连续控制。当比例电磁铁1通电时阀

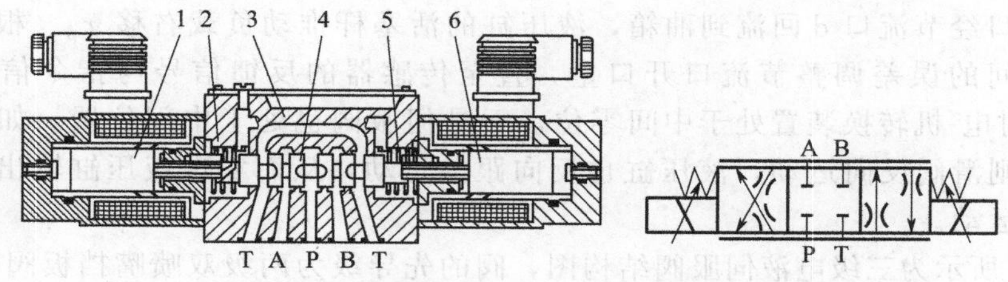

图 6-3-3 直动式电液比例方向节流阀结构图与图形符号

1,6—比例电磁铁；2,5—对中弹簧；3—阀体；4—阀芯

芯右移，油口 P 与 B 通、A 与 T 通，而阀口的开度与比例电磁铁 1 的输入电流成比例。当比例电磁铁 6 通电时阀芯向左移，油口 P 与 A 通、B 与 T 通，阀口开度与比例电磁铁 6 的输入电流成比例。

6.3.3 行走驱动液压系统自动控制示例

变量泵因能够改变排量而广泛应用于发挥变速功能的液压系统，在行走驱动液压系统中就利用变量泵的变量特性实现行走无级变速。变量泵实现排量调节的控制存在不同的方式，其中就可以依据驱动装置的驱动速度变化自动实现排量调节。这类转速自动控制泵与发动机匹配使用起来十分方便，该泵与马达组成行走驱动系统实现行走变速简单易行。在发动机不工作或怠速运转时，变量泵的斜盘倾角为零而没有油量输出、马达不动。当发动机转速上升并达到泵的起调转速后，由变量泵上的补油泵输出的控制油流在控制阀内的节流口两侧建立了足以使斜盘偏转的压力差，变量泵即开始输出油流。发动机转速升高促使泵内的控制装置起作用使泵排量增加，而在载荷增加到一定程度后，液压反馈系统又能使变量泵排量自动减小，使发动机不致因超载而熄火。如图 6-3-4 所示为一行走机械行走驱动液压系统原理简图，该系统由一变量柱塞泵与三个马达和冲洗阀等构建成闭式系统。其中轮边马达 1 直接驱动车轮，马达 2 用于驱动车桥，冲洗阀 3 用来交换闭式系统与液压油箱中的液压油，降低闭式系统内油液的温度。该机行走无级变速通过容积调速实现，实施容积调速的基础在于变量泵的排量调节。该系统中的变量泵为两个泵和多个阀的集成体，其中主泵 6 为变量柱塞泵，与其同轴的补油泵 10 为定量齿轮泵。变量柱塞泵既是液压能源供给装置，又是变量实现装置，通过集成在其上变量控制块的共同作用实现该泵排量自动随动力装置输出转速改变。

系统中发动机同轴驱动主泵与补油泵，补油泵是定量泵因而其输出流量随发动机转速变化，发动机转速越高其输出流量越大，节流口 D1 两端的压差 Δp 也越大。Δp 作用于截断阀 14 的两侧，当发动机转速达到泵的起调转速时 Δp 使截断阀切换。此时 Δp 作用在减压阀 13 两端，减压阀的输入压力为补油溢流阀的设定压力，输出压力的大小与所受的控制压力 Δp 成正比，减压阀 13 的实际功能为一压力放大器。通电后压力通过两位两通电磁阀 4、11 抵达初级柱塞 7 的一侧。随着发动机转速进一步提高，该压力克服初级柱塞弹簧预压力后，初级柱塞 7 通过变量拨杆带动先导阀阀芯 9 偏移，将控制油引入主泵的变量柱塞推动斜盘偏转，主泵开始输出流量，发动机转速越高主泵排量越大。系统的工作压力通过油路传到高压反馈柱塞 5 和 8，其作用与先导控制压力相反，系统压力越高泵排量越小，保证系统不会同时工作在高压和大排量工况下，防止发动机过载。溢流阀 12 和节流口 D2 限定先导控制压力的最大值，通过调节溢流阀溢流压力可限定主泵的最大排量。如果需要在发动机转速较高时减小主泵的排量，可在 X2 和 X3 油口外接微调阀，跨接在减压阀 13 两端。通过微调

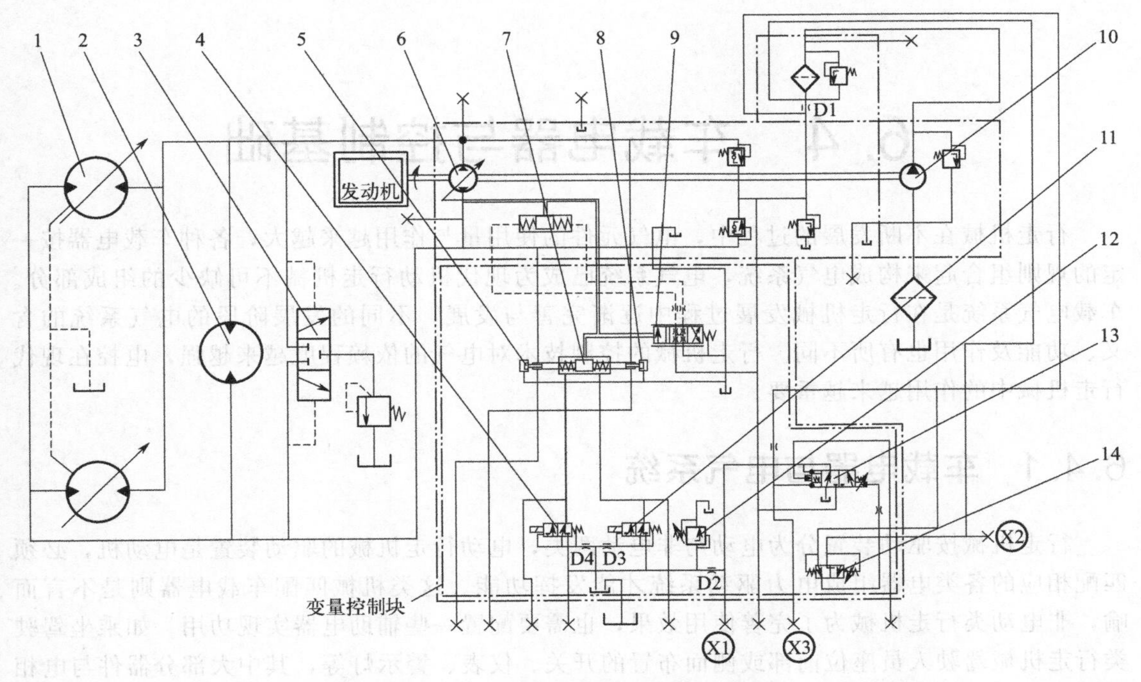

图 6-3-4　行走驱动液压系统原理简图

1—轮边马达；2—驱动桥马达；3—冲洗阀；4,11—两位两通电磁阀；5,8—高压反馈柱塞；6—主泵；7—初级柱塞；9—先导阀阀芯；10—补油泵；12—溢流阀；13—减压阀；14—截断阀

阀削弱 Δp 的影响以减小主泵先导控制压力，继而减小主泵的排量。电磁阀 4 和 11 的通断决定泵斜盘的偏转方向，进而实现对进出油流方向的控制。如果需要控制马达，还可以将控制压力由 X1 口引入变量马达的控制口，使马达的排量随发动机转速变化而变化。上述变量控制系统中泵的一些控制功能都集成在变量控制块中，变量控制块结构示意如图 6-3-5 所示(数字含义见图 6-3-4)。

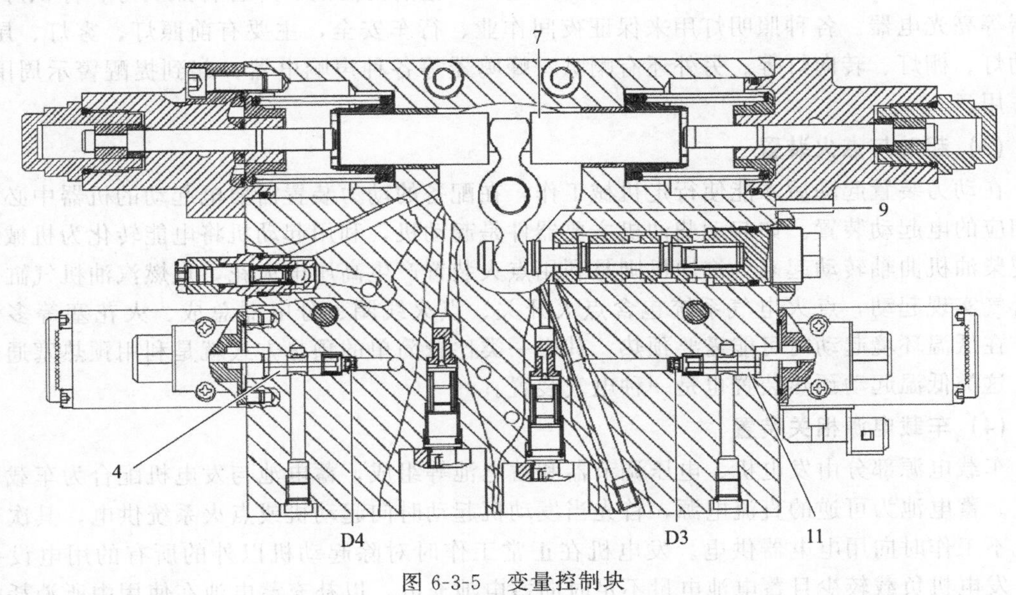

图 6-3-5　变量控制块

6.4 车载电器与控制基础

行走机械在不断发展的过程中，电气元件的使用量与作用越来越大，各种车载电器按一定的规则组合起来构成电气系统，电气系统已成为现代机动行走机械不可缺少的组成部分。车载电气系统是在行走机械发展过程中逐渐完善与发展，不同的发展阶段的电气系统的含义、功能及作用也有所不同。行走机械的控制技术对电气的依赖程度越来越强，电控在现代行走机械中的作用越来越重要。

6.4.1 车载电器与电气系统

行走机械按驱动装置分为电动与非电动两类，电动行走机械的驱动装置是电动机，必须匹配相应的各类电器组成电力驱动系统才能发挥功能。这类机械匹配车载电器则是不言而喻，非电动类行走机械为了完善使用效果，也需要配置一些辅助电器实现功用。如乘坐驾驶类行走机械驾驶人员座位前部或侧面布置的开关、仪表、警示灯等，其中大部分器件与电相关。早期的车辆没有电器与之相匹配也可以使用，而现在的机动行走机械基本都配备一套电气系统，只是功用简繁不同。行走机械通常使用的电器主要包括以下几类。

(1) 仪表与显示装置

仪表与显示装置是用来显示主要装置的工作状况，用于帮助操作者随时掌握主要装置的工作情况，及时发现和排除可能出现的故障和不安全因素。常用的有转速表、水温表、燃油表、压力表、里程表等，此外根据配置变化还可能需要配备其它特定仪表及指示灯等。

(2) 照明与警示装置

照明与警示装置是行走机械均要配置的电器，包括机器内、外各种照明灯、标识灯、闪光器等亮光电器。各种照明灯用来保证夜间作业、行车安全，主要有前照灯、雾灯、尾灯、制动灯、棚灯、转向灯等。另外还有喇叭、蜂鸣器等各种声响电器，起到提醒警示周围人、车作用。

(3) 起动与点火装置

在动力装置起动后才能使行走机械工作，在配备的动力装置需要电起动的机器中必须配置相应的电起动装置。如起动柴油机主要器件是起动机，利用起动机将电能转化为机械驱动力使柴油机曲轴转动起来。汽油机则是利用点火装置产生高压电火花，点燃汽油机气缸内的混合气实现起动，点火电气系统包含点火开关、点火线圈、分电器总成、火花塞等多件电器。在低温环境起动时可能需要预热，其中一类比较简单的预热方式就是利用预热塞通电预热，这类低温起动预热装置也是一种电气装置。

(4) 车载电源相关装置

车载电源部分由发电机、电压调节器和蓄电池等组成，蓄电池与发电机配合为车载电器供电。蓄电池为可逆的直流电源，首先当发动机起动时向起动机或点火系统供电，其次在发电机不工作时向用电电器供电。发电机在正常工作时对除起动机以外的所有的用电设备供电，发电机负载较少且蓄电池电量不足时向蓄电池充电，以补充蓄电池在使用中所消耗的电能。发电机的驱动源于发动机，发动机的工况变化可能影响发电机的工作稳定性，调节器的作用是使发电机的输出电压保持恒定。

（5）辅助与操控电器

各种电器只有按照一定的规则关联起来才能实现相应的功能，在上述这些电气装置相互关联组成的电气系统中，还需要一些具有辅助保障功能、实现操控功能的器件，这些器件布置在电源与用电电器之间发挥功能。如仪表面板上用于手动操作控制的翘板开关、组合开关、点火锁等，继电器、熔断器等常用于系统简单的自动控制与过载保护。

（6）车载服务型电器

随着人们对行走机械要求的提高，车载服务型电气设备配备得越来越多，其中一部分与机器本身使用有关，如电动刮水器、电动洗窗器、电动玻璃升降器、电动座位移动机构、冷却电风扇、电动燃料泵、电磁离合器等等。还有一部分直接服务于人的电器，如音响设备、通信设备、空调、点烟器等。上述电器在不同的机器中使用配置可能有所不同，这些电器几乎已成为现代车辆的基本配置。

6.4.2 基本电气系统组成

行走机械的电器配置要根据功能需求而定，选择电气元件、构建系统电路、确定电气元件或装置的空间布置，利用导线或导线束将各个部位的电气元件与装置统一连接后，由不同功能电器构成的车载电气系统便可在该机中起作用。

6.4.2.1 车载电气系统功能需求分析

行走机械的车载电气系统因具体机器不同而变化，但因行走机械的通用功能是行走，机器为实现行走功能而需要匹配的电气系统具有一定的共性，这种共性部分主要体现在基本需求功用匹配方面，具体机器构建这部分系统所用的电气装置与器件则可能差别很大。如车辆配置照明电器是一共性需求，但具体车上灯的形式、数量等各不相同。行走机械作业装置也需要配备相应的电器，这些电器构建的是各种机器特有的专用电气系统部分，两部分相互关联组合成行走机械的车载电气系统。这类车载电气系统实现的功能一般比较简单，系统配置也比较基础，如图 6-4-1 所示。图示为柴油发动机驱动的一种行走机械电气系统的器件关系框图，除了机器配置的电气元件与装置外还包含了发动机上的传感器等关联电器件。上述系统用于行走机械可以满足一般普通要求，如果有更高级的功能需求则需要更高级的配置，如

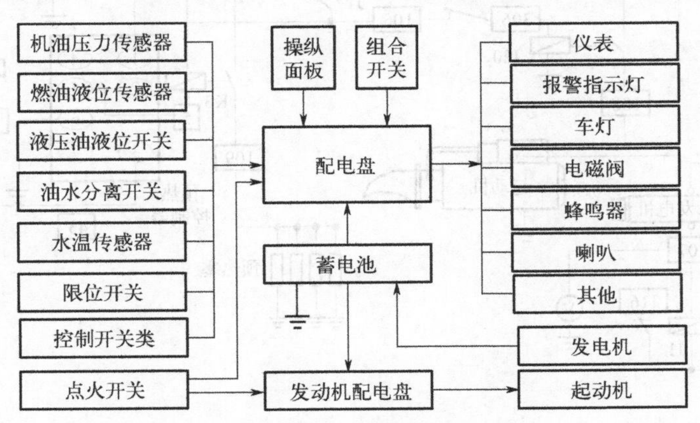

图 6-4-1 基本电气系统框图

自动控制要求较高的行走机械，则需要匹配电控系统及其相应的软硬件。

6.4.2.2 电气原理与器件匹配

为了便于表达、分析电气系统中每个电器件的工作原理与相互间的关系，通常采用电气元件展开的形式绘制出电气原理图。绘制图包含所有的电气元件的导电部分和接线端子，但并不按电气元件实际布置来绘制，而是根据它在电路中所起的作用画在不同的部位。通常电气原理图水平布置时，电源线与其它电路垂直画，控制电路中的耗能元件画在电路的最下端，所有电气元件的可动部分通常表现在电器非激励或不工作的状态和位置。任何电路都应是一个包括电源、电器、开关或熔断器、导线和连接器等完整的电器回路，电路中工作电流是由电源正极流出，经导线、开关或熔断器至用电器后接地回到同一电源的负极。车载电气系统的特点是低压直流，电器都是按照一定的直流电压设计的。以 12V、24V 低压直流电源供电为基础匹配电器，其中基本电源为蓄电池。实行单线制的并联电路，在局部仍然有串联、并联与混联电路。整个系统电路其实都是由各种电路叠加而成，每种电路都可以独立分列出来。负载电器只要有一根外接电源线即可，蓄电池负极和负载负极都连接到金属构架上，也就是“接地”。这样做就使负载引出的负极线能够就近连接，电流通过金属构架回流到蓄电池负极接线。

整个电气系统包含各种功用电路，基本部分可分为起动、灯光、仪表、工作、辅助等，如图 6-4-2 所示为某行走机械的柴油机起动电路。起动部分包括蓄电池、起动开关、起动机、电磁开关、起动继电器等，其中电磁开关与起动机连接在一起。发动机起动开关有四个位置，起动开关或起动钥匙处在不同位置对应预热、给电、起动、停电四种状态。起动开关在 ON 位置电路得电，所有仪表、指示灯等正常工作，但是发动机不起动。在低温环境发动机直接起动困难时，先将起动开关置于预热位置使发动机预热。正式起动发动机时起动开关

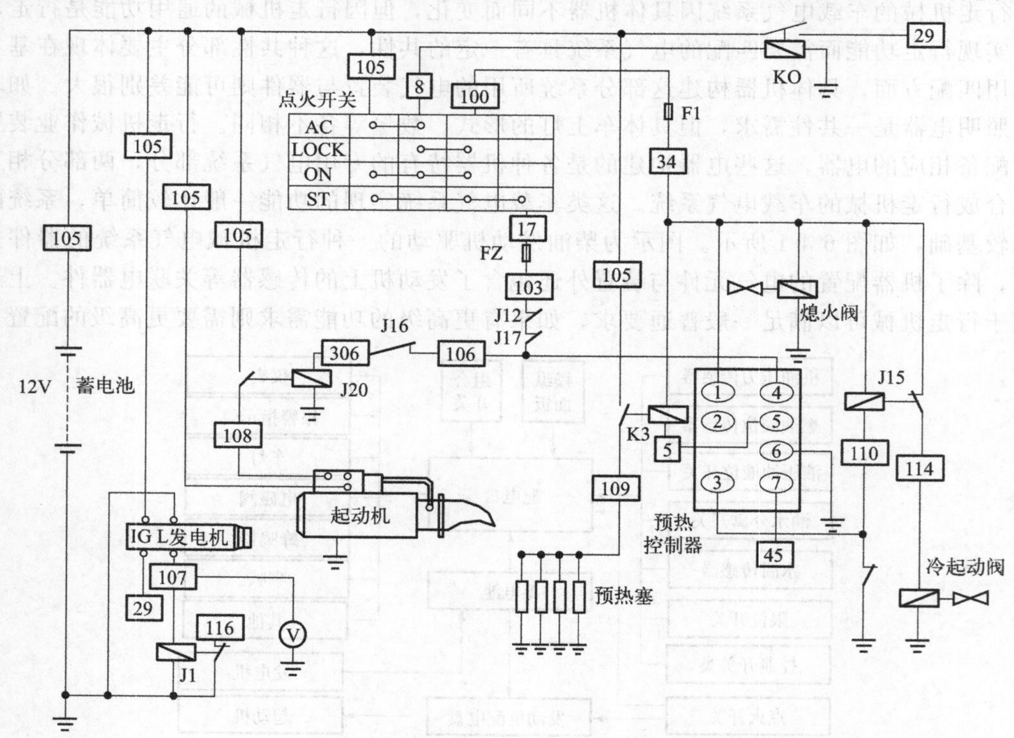

图 6-4-2 柴油机起动电路

置于 ST 位置，此时蓄电池的控制电流经 105 导线、通过起动开关的 ST 位流过熔断器 F2，经常闭继电器 J12、J17、J16 到达起动继电器 J20 的线圈，使继电器触点闭合接通起动机电磁开关的控制电路。此时蓄电池通过 105 导线到起动继电器触点后经 108 导线进入起动机电磁开关，使线圈通电产生的电磁吸力吸引活动铁芯向前移动，直到推杆前端的触盘将起动开关触点接通而使起动机主电路接通。起动机的工作电流由蓄电池正极经导线到达起动机电磁开关主触点，再到起动机电枢正极，经起动机、发动机机体、机架等回到蓄电池负极。

6.4.2.3 电器布置与连接

电气原理图能表达电气元件功能与之间的关系，而无法体现实际的位置与具体的连接方式。在机器中各器件的位置随整机结构、功能装置的需要布置，如用于操控的开关类电器一般集中布置在操作人员的近处，而用于外部照明的灯具布置在机体的前后端。电气元件之间的联系由导线实现，电气元件在机器上的位置确定后，其之间的连接导线要根据实际结构需要布置，在实际布线路线许可的条件下尽量缩短长度。因此实际布线路线要依据空间位置、结构特点、连接关系等因素，电气系统设计中绘制布线图时应将电气元件的布置与连接形式等具体化，其中不但表达选定电器的结构型号、与机器结构的连接关系，同时确定所需导线类型、导线规格与长度等内容。

为了便于生产制造和提高可靠性，通常将走向相同、连接位置靠近的一些导线合理地集合起来组成线束。线束将多根不同规格的导线绝缘地扎系在一起，中间走向布置一致部分集中包护，只在首尾有差异部分各自分开，差异主要表现在导线的长度与连接端子。通常将端子与导线连接在一起，便于线束与电器件、线束与线束的快速连接。一般线束与线束之间有插接件连接，线束与电器间用插接件或线耳连接。虽然行走机械上的电气元件形式多样，每种机器的具体需求、使用方式等各不相同，但基本连接原则一致。每一电器都要与其它相关电器用导线连接起来组成电路，每一功能电路中可能都需要有熔断器与继电器。为了方便使用，通常将这些熔断器、继电器集中布置在一起组成所谓的配电盘，如图 6-4-3 所示。配电盘没有固定的形式，可根据实际需要而定，复杂的电气系统可能需要配备多个配电盘与系统

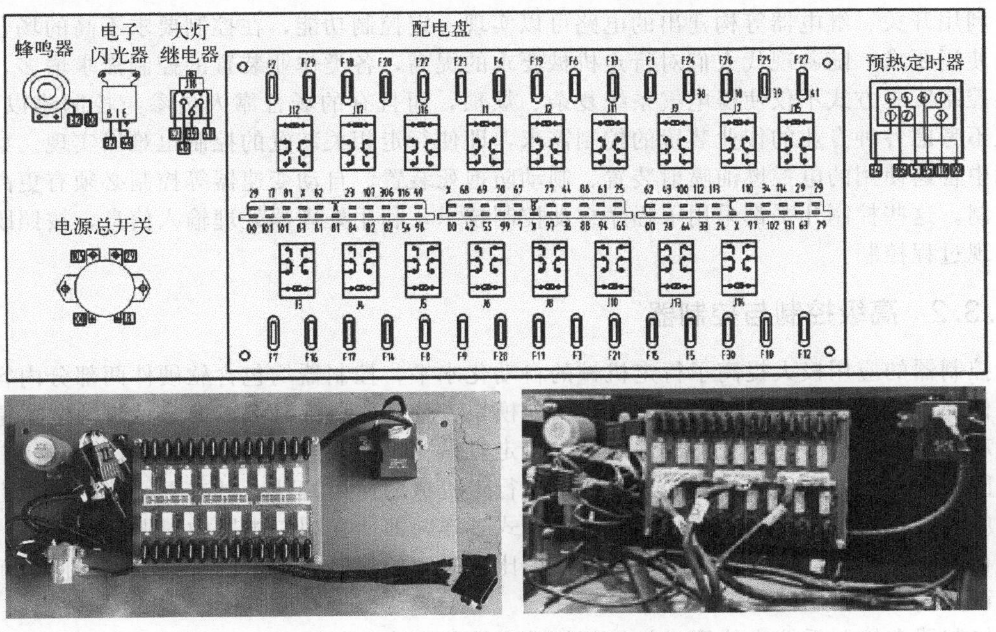

图 6-4-3　主配电盘元器件布置与实物图

相适应。

6.4.3 电控与电气系统的关系

简单的非自行走式行走机械可以不配置电气系统，早期的自行走式车辆上使用电气装置也较少。现代车辆上配备的车载电器越来越多，而且不局限于车载照明、动力装置电起动等基本使用需求，而是更多向控制相关方向发展。随着现代控制技术在行走机械中的应用与发展，行走机械的电气系统也不断扩展，电气控制部分所占的比例变大、内容更复杂，在基础电气系统之上又形成了以控制器为核心的车载电控系统。

6.4.3.1 电控需求与基础电器

在行走机械中配置电器无非是使各种功用、性能发挥得更好，电气系统要统一将这些电气装置、元件等利用导线连接起来组成各种电路发挥相应的作用，为了使这些电器按既定要求发挥作用，在电路中需要具有操控功能的器件用于对这些功能电路实施控制作用。有操控功能的电器根据用途可以划分为控制电器、主令电器。主令电器是一种主要用来发布电气控制指令的电气元件，用于切换控制线路以达到控制其它电器动作或实现特定控制功能的目的，最常见的如按钮开关、行程开关等。

由于操纵开关这类主令电器的触点容量较小，不能用来直接控制用电量较大的负荷，通常采用继电器这类器件作为控制电器完成控制回路与工作回路不同负荷的转换。继电器介于主令电器与功能输出电器之间，将主令电器的控制指令信号通过其输出实现电路的通断。作为控制电器的继电器实质上是一种传递信号的电器，它可根据输入的信号达到不同的控制目的。继电器可看成是由线圈工作的控制电路和触点工作的主电路两个部分组成的集合体，大多数继电器的输入信号是线圈的通电断电信号，输出信号为触点的动作。继电器与控制开关相连的控制电路中只有较小的工作电流，而继电器的触点通断则可以承载较大的负荷，实现小负荷的信号对大负荷动作的控制。

利用开关、继电器等构建出的电路可以实现一定控制功能，在控制要求不高的场合可以满足使用要求。随着现代人们对行走机械要求的提高，各类作业装置的控制需求增多，采用这类控制实施方式不仅使得电气系统复杂、烦琐，而且有的场合靠人员参与控制难以实现。暂且不考虑各种专业的作业装置的控制需求，即使行走相关装置的控制也难以实现。如现代车辆中普遍使用的电控燃油喷射装置、制动防抱死装置、自动变速器等控制必须有更高水平的控制。这些控制几乎都采用了程序自动控制技术，利用处理器处理输入信息，按照既定程序实现过程控制。

6.4.3.2 高级控制与控制器

控制器的应用极大提高了行走机械的自动化水平，控制器均包含软硬件两部分内容，其中硬件部分主要体现在微处理器芯片、功能模块、辅助电路部分等，简略地讲控制器是由处理器芯片及其周边的一些功能器件组成。行走机械使用的车载控制器与工业控制器还有一定的不同，不同之处在于车载控制器需要根据行走机械的使用特性，具有更好的防护能力与环境适应性。现在行走机械上使用的控制器形式多样，即使在同一机器中根据不同需求，也可能存在不同形式的控制器。有的可直接使用比较通用的货架产品，也有根据具体使用而自行开发设计的专用控制器。

控制器在控制系统中使用时与外部的其它控制电路互相配合，控制器所欠缺的功能可以通过外围电路加以弥补。利用控制器实现高水平的控制一方面在于硬件支撑，还有一部分程序软件的作用。实现功能离不开控制软件的支持，硬件是实现控制的基础，而软件则是实现程序控制的关键所在，硬件只有在软件的支持下才能完成其控制任务。软件越来越多地主宰控制系统的性能和用途，控制系统中软件能实现的功能尽可能由软件实现，以此可简化硬件结构。

6.5 电动行走的驱动控制

电动行走机械以电动机为动力装置，电动机直接或通过传动装置间接驱动车轮实现行走驱动，电机驱动可以简化传动、方便结构布置，但同时对驱动电机的控制要求也高。为了提供满足驱动行走装置所需的转速与扭矩，控制系统通常采用车载控制器实施对驱动电机的控制。

6.5.1 电动行走机械的特性

电动行走机械利用电能驱动电动机，电动机输出动力驱动行走及作业装置。除了沿固定路线行驶的车辆便于使用电网供电外，可自由轨迹行驶的电动行走机械主要以车载电源供电。行驶时车载电源的电能通过导线输送给行走驱动电动机，电动机直接或通过减速器等机械传动装置与驱动轮关联起来。与发动机驱动相比电驱动具有传动简单的优势，即使采用与发动机驱动同样的结构形式与传动方式，其动力装置的辅助部分也简单、占用空间小。如图 6-5-1 所示为一电动四轮驱动牵引车布置简图，其布置基本上继承柴油机驱动牵引车的结构形式，将发动机改为电动机、燃油箱取消而加装蓄电池组。电动机通过万向传动轴与分动箱连接，分动箱的两输出端分别与前后转向驱动桥连接。分动箱的功用是实现两轮驱动与四轮驱动间的动力切换，变速调节通过控制器控制电动机实现。这种布置方式与传统的发动机驱动的布置几乎一致，而将电动机布置在驱动桥处或直接集成一体则真正体现电驱动在结构与传动方面的优势。在多电机独立驱动的一些场合，可以完全取消传统的机械传动，如轮边驱动可省去传统的驱动桥及其传动部分，但电机数量、驱动方式的变化也提高了驱动控制的复杂程度。

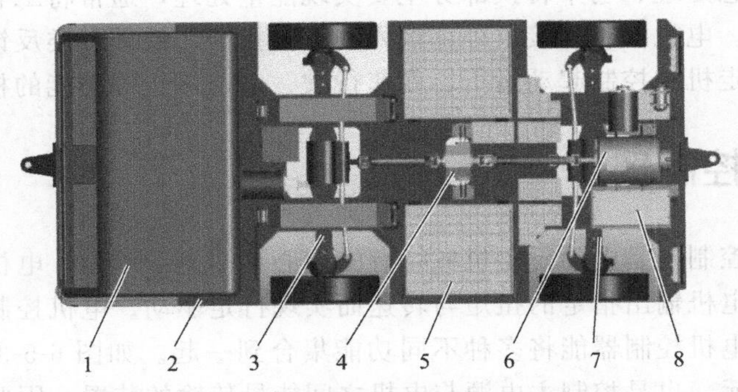

图 6-5-1　电动四轮驱动牵引车布置简图

1—驾驶室；2—车架；3—前桥；4—分动箱；5—电池组；6—电机；7—后桥；8—电机控制器

电动行走机械以电动机为驱动装置，车载电源大多数以蓄电池为储能装置。工作时蓄电池不仅要为驱动电机供电，也要为车载辅助装置供电。因此电动行走机械的电力系统可以简单概括为三个部分，即驱动部分、电源部分、其它辅助部分，如图 6-5-2 所示。由蓄电池组构成的直流电源要为牵引驱动电机和车载电器供电，电池组通过装置转换为车载电器提供电能，电池组的能量不足时需要从外电网充电。电能合理输出、补给与监控还需要另外一套比较完善的管理系统控制，电池组、充电装置、转换装置、电源系统等整体构成电动行走机械的电源部分，这也是电动行走机械所特有的部分。电动行走机械同样需要匹配声光、显示及操作电气装置与元件，非电动行走机械通常专门配备蓄电池为这部分电器供电。电动行走机械这类装置所需的能量源于车载电源，供电可以采取不同方式。行走驱动部分则是电动行走机械的核心部分，而这部分的关键在于驱动电机及其驱动控制。

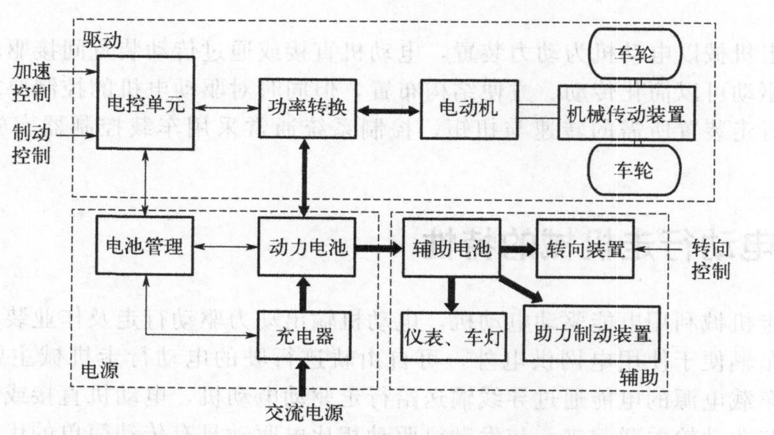

图 6-5-2　电动行走机械能量流与信息流示意图

电动机的功用是将电能转化为机械能以扭矩与转速的形式输出，用于行走驱动的电机不可能一直以恒定的扭矩、转速工作，要在一定的范围内能实现变速、变扭以适应行驶需求。电机输出变化的基础源于输入的改变，输入电机的电压、电流变化是调节电机变速的基础。操控行走机械通常通过手脚动作输入信息及能量，操控电动行走机械以同样的方式输入的主要是控制信息，控制单元接收信息并按既定的程序工作，通过功率转换电路或模块等调节输入电动机的能量特性。功率转换电路或模块介于车载电源与电动机之间，接收控制单元的信息、执行指令要求，改动电源电流、电压、频率等参数，提供给电机的电压与电流应使得电机的运转状况契合整车控制需求。控制单元与功率转换部分共同实现对电机的控制，其中控制单元主要实现信息处理、功率转换部分主要实现能量处理，通常将二者合起来称为电机控制器或电机驱动器。电机控制器接收外部输入的控制指令，处理各类反馈信息，按照既定程序运行，是电动行走机械控制起动运行、变速行驶、进退停止等功能的核心器件。

6.5.2　电机控制器

行走驱动电机控制器是电动行走机械特有的核心功率电子单元，电机控制器通过接收行驶控制指令，控制电机输出指定的扭矩与转速而实现行走驱动。电机控制器功能日趋强大也日趋集成化，同一电机控制器能将多种不同功能集合到一起。如图 6-5-3 所示，电机控制器不仅是信息处理单元，也是控制主电源与电机之间能量传输的装置，因此其内部需要包含基本的控制、信号、功率驱动等电路，还需要配备相应的输入输出接口。如用于连接电池组的输入接口和连接电机的输出接口，这是用于能量传输的输入输出接口；还有多个低压接口用于电机控制器与仪表、传感器、低压电源等通信连接。

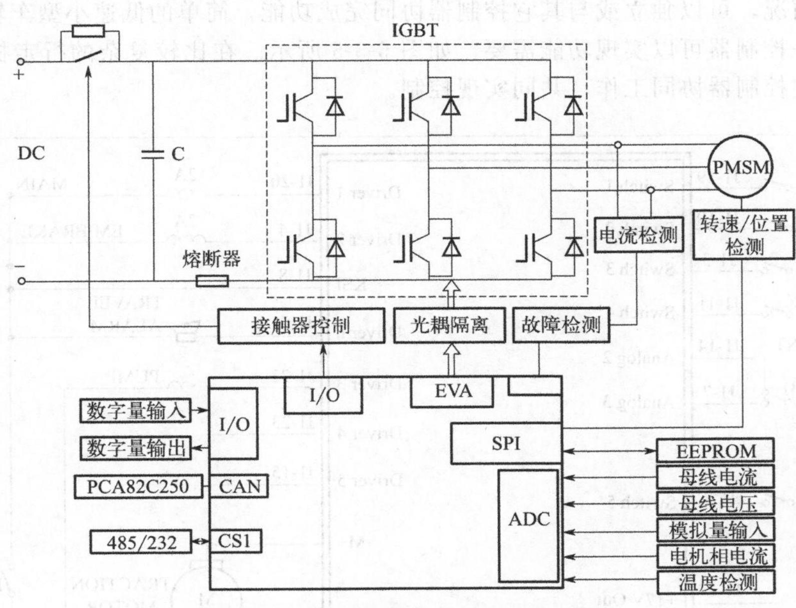

图 6-5-3 某型交流电机控制器示意图

电机控制器由软件、硬件两部分构成，所能看到的都是硬件部分。电机控制器的物理构成看起来比较简单，外部是一带有不同接口的壳体，内部包含电路板、功率电子等元件，有的还配备冷却等辅助装置，如图 6-5-4 所示。实现控制功能的硬件系统由模块、电路等组成，电路又有信息（传输低压）电路与高能驱动电路。信息电路主要包括微处理器与外部控制单元数据交互的通信电路，对电机电流、电压、转速、温度等状态的监测电路等。驱动电路是主控部分与驱动和电动机之间的电路，起到了隔离强电与弱电的作用。驱动电路利用晶体管、晶闸管、场效应晶体管等构建，如应用较多的绝缘栅双极晶体管（IGBT）就是由双极型三极管（BJT）和绝缘栅型场效应晶体管（MOS）组成的复合电压驱动型功率半导体器件。高能驱动部分将处理器的指令转化成对功率部分的通断指令，可以将控制器对电机的控制信号转换为驱动功率转换部分的驱动信号，并隔离功率信号和控制信号。

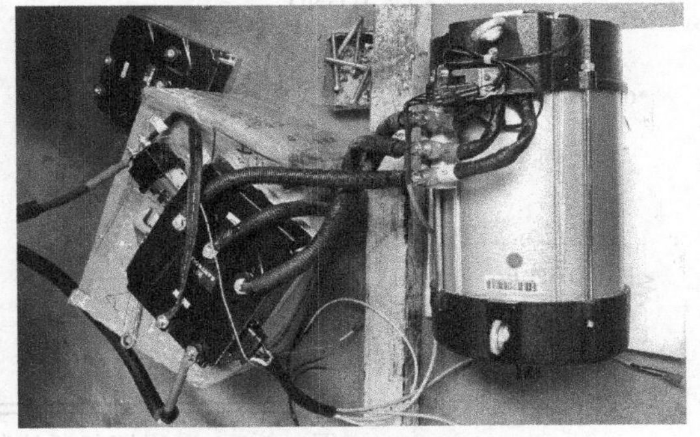

图 6-5-4 电机控制器与电机

控制器必须运行软件程序才能实现控制功能，全部软件包括底层程序部分和应用层程序部分。底层程序与控制器芯片硬件关联密切，包含系统管理、指令解释、标准程序模块等。应用层程序是实现控制功能的部分，是具体控制功能的表述，可以通过定义好的接口连接用于关联器件或装置的控制。电机控制器主要是对电机电流、电压进行操控，如采用调压调频技术，将电池组的直流电调制成控制电机所需的矩形波或交流电，改变输出的电压、电流幅值或频率，实现改变电机转速、扭矩，达到控制整车速度、加速度的目的。

在实际应用中控制器并非都要全新设计，往往电机与电机控制器都是选用。选择电机控制器时应注意电源的电压等级以及电机的电流和功率，控制器的短时工作电流必须大于电机的最大电流，长时工作电流必须大于电机的额定电流。构建行走驱动系统时电机控制器的使用要视具体情况，可以独立或与其它控制器协同完成功能。简单的低速小型车辆的控制要求简单，以单一控制器可以实现功能需要，如图 6-5-5 所示。在比较复杂的行走机械中电机控制器多与其它控制器协同工作，共同实现控制。

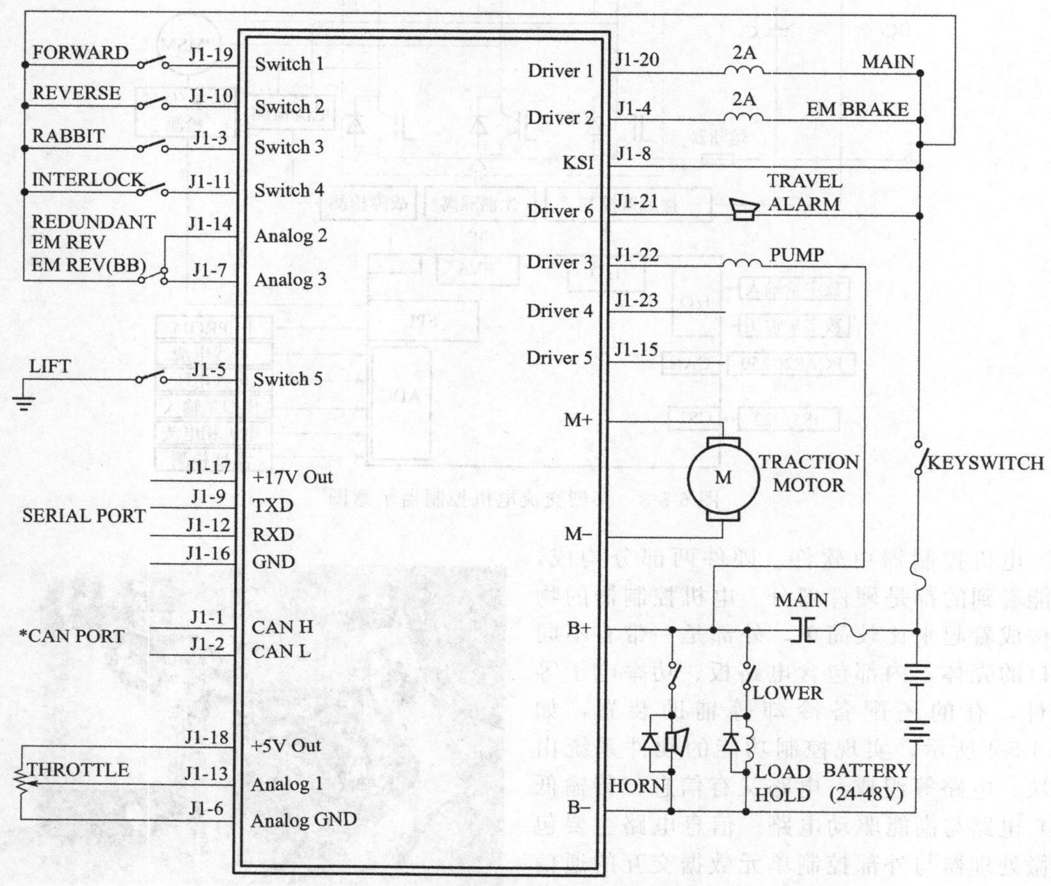

图 6-5-5　采用柯蒂斯控制器的电动托盘车电控系统

6.5.3 多电机行走驱动控制系统

内燃机驱动的行走机械需要配套有传动装置，动力一般是从动力装置经传动装置变速、分流到各驱动装置，如发动机的动力不宜直接传递给驱动装置，而是通过传动装置传递到各个驱动轮实现行走驱动。电动行走机械既可以采用内燃机驱动这类驱动与传动形式，更可以发挥电动机体积小、布置灵活的优势而采用多电机独立驱动结构。多电机驱动分别用于行走装置与作业装置尤为方便，行走装置采用多电机独立驱动具有简化传动的优点。对于同轴两驱动轮实施驱动可以灵活选用不同的方案，单电机驱动可采用与传统驱动相近的形式与驱动桥匹配，采用双电机驱动方案则电机直接驱动车轮。与驱动桥匹配时电机通过驱动桥驱动左右车轮，两驱动轮之间的差速完全由驱动桥中的差速器控制。在实施电机轮边驱动时同轴的左右两驱动轮可以实现独立驱动，轮间不存在机械差速器发挥功能，此时需要发挥控制器的控制功能，使每台电机能够根据实际工况协调输出而实现电控差速。

采用电机独立驱动的电动行走装置中，电动机与车轮或者直接连接，或者利用一中间传动装置与车轮连接，这类独立驱动的每一个驱动轮都具有独立的驱动源。这类行走装置各个驱动轮的行驶速度特性均独立受控于自身的驱动电机，实现行走功能需要各轮驱动电机的协同工作。如直行时需保证各车轮的旋向、速度一致，转向时协调控制各个车轮的驱动电机调整车轮速度与旋向，使车轮的旋向、速度与转弯需求相统一，保证车轮速度协调而尽可能不发生滑移。图 6-5-6 所示为一四轮独立驱动车辆的电控系统示意图，该车由四个交流电机独立驱动四车轮实现行驶功能。该电控系统由芯片 LPC1766 单片机（主控制器）、4 个交流电机控制器 CURTIS1236 等共同组成，通过有线遥控操纵盒实施对车辆运动的操控。单片机通过 I/O 口采集操纵盒的输入信号，由模块 CTM8251T 与交流电机控制器建立 CAN 总线联系。上部虚线部分为调试单元，通过串口连接修改交流电机控制器的工作模式、最高转速、CAN 通信波特率等参数，借助 USBCAN2 模块监视 CAN 总线上的数据流，实时显示车辆行走时各个电机的转速等。

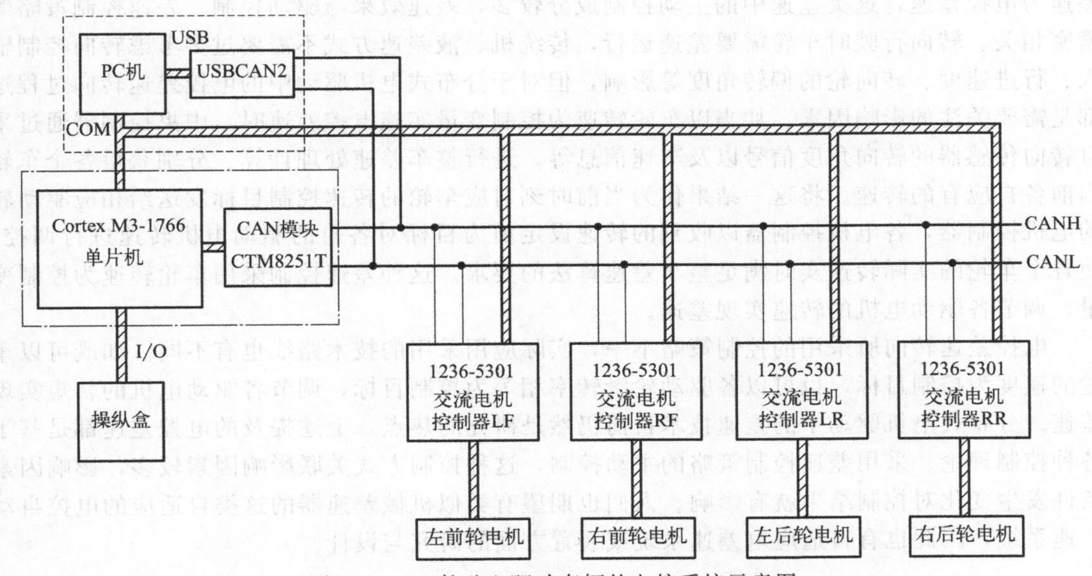

图 6-5-6　四轮独立驱动车辆的电控系统示意图

控制系统的主控制器选用 Cortex M3-1766 单片机，需要具备输入信号采集、信号处理、CAN 指令发送等功能，主要用于读取操纵盒开关和操作手柄等操作指令，进行数据处理后通过总线将各个控制信号发给电机控制器。Cortex M3-1766 包含了一个片内 CAN 控制器用来构建局域网，CAN 模块可以同时支持多个 CAN 总线，电机控制器的 CAN 线与 CAN 模块 CTM8251T 的端子 CON8 相接。单片机的其它端口还定义有不同的功用，如 P0.23 和 P0.24 作为模拟信号的输入端采集电位计的电压值、P1.27 作为数字输出端接工作指示灯、P1.19 作为数字输入端采集行驶模式开关的状态。车载蓄电池通过 CON2 口给单片机 Cortex M3-1766 供电，四个独立驱动部分与主控制器、电源的电气连接相同。

6.5.4　多电机驱动的差速协调控制

行走机械在转弯行驶或在不平路面行驶时，车轮间的速度就要产生差异，转向时内侧车轮转弯半径比外侧的车轮要小、同一时间内走过的路程少，这就要求实施驱动的同轴的内外车轮需有一定的速度差。对于非驱动的随动轮实时改变速度不难，但对于实现驱动功能的驱动轮要根据行驶要求和地况条件实时调整速度，则需要有相应的措施使驱动轮行走驱动速度恰到好处。机械传动的同轴两驱动轮需要驱动速度不同时，通过机械差速器自动实现差速功能。当采用两轮边马达驱动同轴的左右轮时，泵与两马达构建的并联闭式液压回路具备差速功能。分布式电机驱动系统中必然存在同轴两电机方式，同轴两电机驱动结构的行走装置同样也需要解决差速行走的问题。独立驱动结构的两轮间没有相关联的机械、液压差速装置，转向过程中差速只能靠两驱动电机控制协调。这类完全采用电控方式控制各个车轮实现差速的方式也称电子差速，电子差速控制主要是以程序软件协调控制两电机的转速、转矩输出，使同轴的左右驱动轮的行驶速度满足一定约束关系，让每个车轮实现不同的行进速度而不发生滑移。

行走机械行驶作业的工况随机性很强，差速状态也随转向、路况等变化而不同。采用机械差速器、液压差速系统均可实现自动产生差速作用而无需其它外来控制。分布式电机驱动差速为电控差速，这类差速中的主动控制成分较多，差速效果与驱动控制、差速控制策略等紧密相关。转向行驶时车轮需要差速运行，传统机、液差速方式不需要过多考虑转向控制输入、行进速度、转向轮的偏转角度等影响，但对于分布式电机驱动中的电控差速转向过程这都是需要关注的影响因素。如当以车轮转速为控制变量实施电控差速时，中央控制器通过采自转向传感器的转向角度信号以及车速信息等，进行整车差速处理计算、分别获得各个车轮当前各自应有的转速。将这一结果作为当前时刻对应车轮的转速控制目标发送给相应驱动轮的电机控制器，各电机控制器以收到的转速设定值为目标对各自的驱动电机转速进行调控，使各个车轮的实际转速实时满足整车差速算法的要求。这种差速控制采用车轮转速为控制变量，调节各驱动电机的转速实现差速。

电控差速转向所采用的控制策略不一，实际应用采用的技术路线也有不同。如既可以车轮的速度为控制目标，也可以各驱动轮滑转率相等为控制目标，调节各驱动电机的转矩实现差速。分布式电机驱动中的差速技术目前仍然是研究的热点，上述提及的电控差速都是基于各种控制理论、采用差速控制策略的主动控制，这种控制方式关联影响因素较多，影响因素条件发生变化对控制结果就有影响。人们也期望有类似机械差速器的这类自适应的电控自动差速系统，因此也有自适应电差速系统或装置方面的研究与设计。

6.6 常规机动行走的控制

机动行走机械指采用动力装置驱动行走机械，通常将以发动机为动力装置的一类行走机械称为常规动力行走机械。这类行走机械的形式最多，应用也最广，现代控制技术也在其中的多个方面充分体现。发动机、传动装置等行走机械最基本的组成部分采用的控制技术，不仅能体现出行走机械的技术水平，匹配适宜的控制技术更能提高其工作性能。

6.6.1 机动行走控制需求

机动行走机械要实现行走功能首要任务是动力的产生与传递，动力装置产生的动力按驱动需求传递并转换成行走驱动装置的驱动力矩或力，在这一过程中主要关联到动力装置、变速传动装置的操控。如传统常规机械传动的机动车辆为适应行驶阻力或驾驶意图的变化，一般采用加速踏板操控发动机的输出调节、手动变速杆操纵变速箱换挡变速，还需要有操控动力通断的离合器踏板。操作人员输出的各种操作动作与力量通过这些操纵装置或机构直接传递动作，动力、变速等装置上实施控制执行的机构接收操控人员的输入动作，并转化为调节动力装置与变速装置的作用，使这些装置按操作输入意图改变状态。这类场合中执行与操纵的机械装置物理关联密切，甚至难以将操纵与执行分解与严格区分。在操纵装置输出动作与力量到执行机构的同时，操纵装置也将执行机构受到的相应作用反馈到操作者，操作者借此可获得部分控制执行结果的信息。

在具有自动控制功能的行走机械中控制输入的操作与控制执行实施是间接实现的，驾驶操作与执行机构之间存在一套发挥转换作用的控制系统。此时反映人控制意图的操作只是作为一种控制信息的输入，经控制系统转化后使执行装置按照控制系统的规则工作。人与行走机械的关系在这种场合也发生一定的改变，操控由原来人机直接关系转化为人、控制系统、执行机构或装置三者的关系。控制系统在对执行装置控制的同时，通常也隔断了人对执行装置的感觉，为此控制系统通过各种传感装置实现监控，甚至通过控制实现虚拟反馈使操作者获得感受。控制系统以电控单元为核心，控制单元发送控制信息到执行机构，通过与动力、变速等装置各自的操纵机构、执行机构合理匹配来实现控制功能。执行机构要完成的功能与人操控时实现的功能相同，只是驱动的动力为电、液动力，利用电、液装置带动相应机构实现动作。执行机构一般都采用电动、电控液压等操纵方式完成执行动作，机构的工作状态由传感器获取相关信息并传递到电控单元。

自动控制的行走机械中如果采用传统操作形式，人的操作动作没变、装置的形式接近，因此操纵装置需要适当转变功能改变其输出形式，其输出要与所对应的控制单元接收相一致。每一行走机械产品由多个装置组合而成，机器工作时不仅需要这些装置都能正常工作，而且需要协调统一完成功能。每一装置的控制单元控制对应装置实现既定功能不存在问题，整机完成功能还必须协调装置间的关系，这需要靠协调控制才能实现。当整机工作时这些控制单元并不是独立工作的，它们作为整个控制系统的一部分可能需要信息的交换或共享。作为整体协调控制还需要一中央控制器，如果没有中央控制器，也需利用其中一装置的控制器代行中央控制器的作用。控制技术的快速发展也促进了各种装置自动控制水平的提高，构成行走机械的基本装置中就出现了不同控制水平的产品，设计中选用了这些产品则必然采用它的控制方式。这些装置自带控制单元、自身控制比较完善，整机控制系统需要与这些具体装置的控制单元匹配协调。

6.6.2 电控发动机的需求与特点

机动行走机械的动力装置中内燃机占比例最大，其中以汽油发动机与柴油发动机为主体。这两种发动机产生动力都是燃料在机体内有序控制燃烧的结果，发动机工作时首先要按一定的比例把空气和燃料供入到发动机的气缸内，然后在一个适合的时机使空燃混合气爆燃，在爆燃过程中产生的膨胀会把刚好到达气缸冲程顶点的活塞往下推，再通过连杆驱动曲轴转动而输出动力。为了使发动机能够处于最优工作状态、发挥最佳效率，需要每一时刻、任何工况下都保持最适量的空燃混合体进入发动机，并在最佳时机完全燃烧，这必须对相关环节、过程实现控制。人对发动机的控制所能做到的是在比较粗放的供油、供气控制环节，而最佳空燃比和点火时间等精准控制是由发动机自动控制系统实现。现代电控发动机的优势在于实现精准控制，能够实时调整供油、供气量，通过修正空燃比来匹配实际工作环境和作业工况。电控单元是电控发动机控制的核心部件，它接收发动机上空气流量、曲轴转速等各种传感器的数据并进行汇集、分析和处理后作出控制命令，输出控制信号驱动各执行器动作，控制发动机的运行，从而能够精确地控制发动机的喷油量、油气混合比例等使发动机工作于最佳状态。

发动机工作效果与诸多因素相关，发动机的控制也牵涉多个方面、关联多个不同装置。这些装置的操控需要采取不同的方式，既有利用机械机构人工操纵，也有电控执行。因此发动机电控系统比较复杂，控制单元须与电磁阀、电动机、点火器等多种不同执行器件相关联。如图 6-6-1 所示的汽油发动机电控示意图，电控喷射一般以进气管内的空气流量做参数，可以直接按照进气流量与发动机转速的关系确定进气量，再按照控制单元中预存的控制程序精确地控制喷油器的喷油量。为了实现这一功能，控制单元不仅通过各类传感器获得相关参数，而且控制单元发出的控制指令最终要使节气门动作、喷油器喷油、点火线圈通电等。执行器件的结构、驱动方式等各不相同，但在控制单元的统一协调下工作，这些工作自动完成，操作者几乎感受不到发动机工作的变化。驾驶人员对发动机的操作仍以习惯的方式，实施踩踏加速踏板的操作即可。

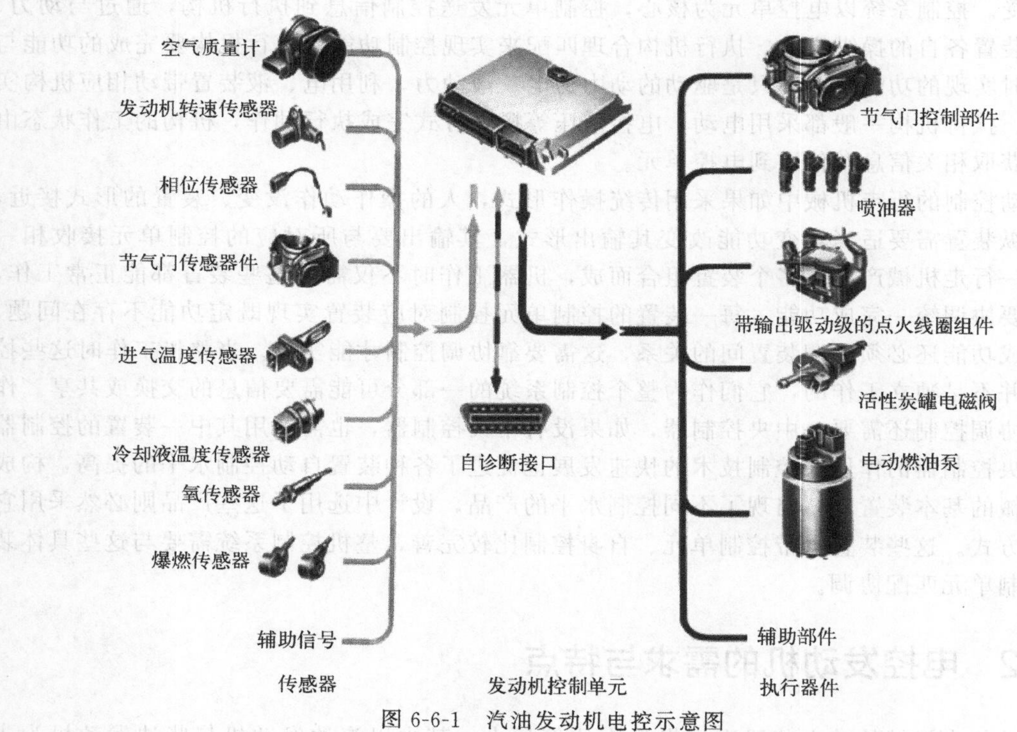

图 6-6-1　汽油发动机电控示意图

发动机的电控单元根据驾驶员操控加速踏板开度的变化而控制发动机，电控系统的控制输入都以电信号方式，此时的加速踏板已将传统行走机械配置的机械机构转换成一种传感装置。加速踏板输入信息给控制单元，控制单元发出指令给执行器件实现控制，柴、汽油机的特性不同，所要进行的执行操作各不相同。柴、汽油发动机都是燃烧油料的内燃机，具有一定的共同特性，但二者在与燃料相关的控制要素和控制要求方面有很大不同。汽油机主要是进气支管内或节气门口的低压喷射，控制节气门开度的大小来控制发动机的进气量。柴油机则是高压缸内喷射，要求在毫秒级的时间内完成喷油定时、喷油率、喷油压力与喷油量的精确控制。如采用高压共轨技术的柴油机，高压油泵接收来自电控单元的指令控制供油以控制共轨管内的油压。共轨管中的燃油压力由油压传感器送到电控单元，经与预先储存在电控单元中的喷油压力、转速、负荷等参数比较和修正，实现喷油压力的反馈控制。发动机电控技术应用越来越广，除了电控喷射也应用到电子点火、增压控制、故障自诊断、排气再循环控制、尾气催化转化等多方面。

6.6.3 传动装置自动控制

行走机械实现行走驱动必然涉及传动，传动也是实现驱动控制获得适宜的驱动力与速度的关键环节。如变速换挡、驱动模式转换等均在传动过程中实现，实现的主要方式是通过改变传动装置状态或匹配，达到改变传动比与传动路线的目的。传统操控是通过人的手脚动作使传动装置内的啮合状态发生变化，自动控制同样是使这些装置啮合状态发生变化，但使其实施改变的控制与执行均已发生变化。此时操作人员输入的只是简单的信号，主要控制指令由电控单元按既定的程序发送给执行机构。此时采用的执行机构一般都是电控液动器件，接收电信号，以液压动力或气动驱动实现动作。如自动变速器常由机械变速器、换挡执行机构、液压系统以及电控系统等构成，自动变速须有电控、执行、变速三个基本部分。其中变速是机械传动所要实现的功能，实现变速通常是利用离合器的离合状态、传动齿轮的啮合状态变化来实现，而离合器的分离与接合、齿轮的啮合与脱离动作多采用液压缸实施。液压缸须有液压阀控制，电磁阀恰好可以作为实施电控液动的中间器件。电磁阀按照接收的电控信号控制进出液压缸液压油的状态，最后由液压缸来执行对各换挡离合器、啮合齿轮的操纵实现自动换挡。

如图 6-6-2 所示的动力换挡变速装置，采用行星齿轮机构与离合器组合方式实现换挡变速，离合器由电控液动系统控制接合和释放。该变速装置配置五个离合器和三组行星齿轮，实现六个前进挡和一个倒退挡的变换。三组行星齿轮都有对应的固定离合器控制行星齿轮组的齿圈，另外还有两个旋转离合器控制行星齿轮组。变速器利用五个离合器不同的离合组合、三组行星齿轮产生不同传动比，可以输出不同的扭矩与转速。图中右侧所示为一挡和二挡工作时的动力流向，一挡时 C1 和 C5 离合器作用、二挡时 C1 和 C4 离合器作用。离合器的接合与分离由液压系统驱动，液压系统的控制均由电磁阀实现。电控单元输出控制信号通

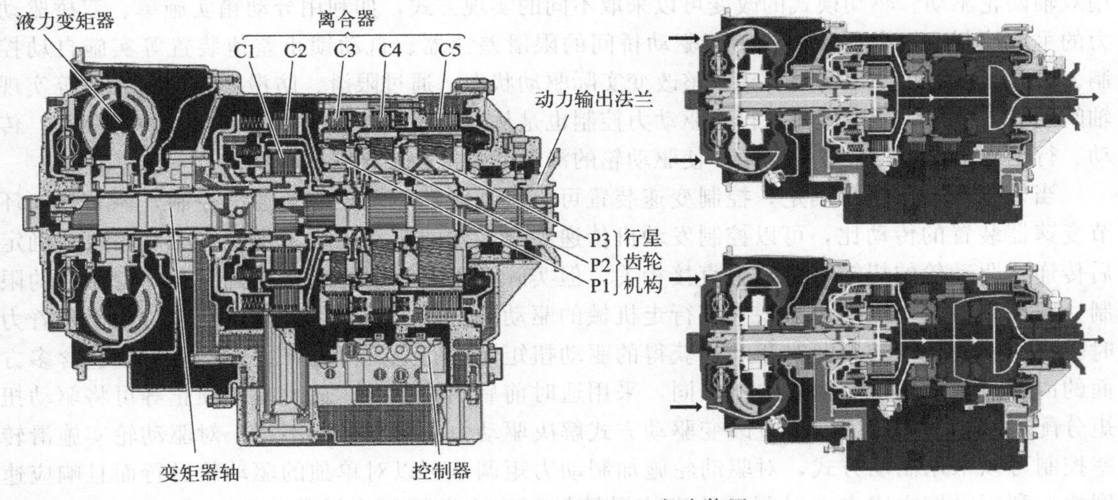

图 6-6-2 Allison MD3000 变速装置

过电路到达电磁阀的电磁线圈，进而控制阀芯动作而对进入离合器油缸的压力油进行控制。自动变速控制系统中电控单元控制程序的内容、控制电路的布置、执行器的控制配置等需依据具体变速装置的配置而定。

在驾驶自动挡的汽车时踩踏加速踏板，就能自动控制变速器的挡位变化，其实质是电控自动变速的结果。自动变速替代由人工完成的离合器接合和分离、选换挡位调节等操作，由电控单元控制液压系统完成对变速换挡等的自动操控。电控单元是变速控制的核心，自动变速器利用自身专用的电控单元不但发出控制指令，还需要实时采集诸如当前挡位、发动机转速、行驶速度等信号，以便优化控制实时变速。为了使变速器的工作能更好地与发动机的工作相匹配，也可以与发动机用同一个电控单元来实现组合控制。组合控制系统根据操纵手柄、加速踏板等的输入信息，各路传感器实时采集诸如当前挡位、发动机转速、行驶速度信号等输入电控单元，按照预设在电控单元中的换挡规律及控制策略，控制执行机构在合适的时刻动作，如图 6-6-3 所示。

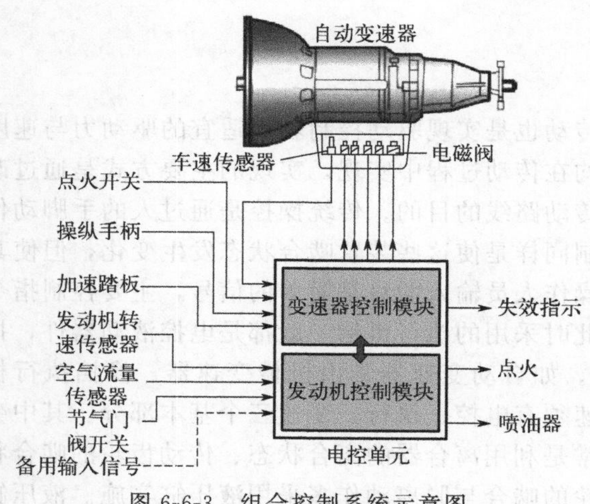

图 6-6-3　组合控制系统示意图

6.6.4　行走驱动控制

行走机械实现行走功能最终要体现在行走装置能发挥出驱动力，驱动力的发挥与多种因素相关，可以采取相应的措施加以控制。如同轴的左右两轮也需要实施驱动力控制，当其中一轮接触的地面附着条件差出现打滑现象，如果不采取措施控制滑转，可能导致双轮丧失驱动力。此时如果对滑转一侧实施制动或将两轮间的差速功能锁止，则不滑转一侧的驱动轮可以继续发挥驱动功能，这是通过控制滑转达到控制驱动力的结果。双轴四轮驱动的行走机械在路况条件好时实施单轴两轮驱动即可满足行驶驱动力的要求，当需要更大的驱动力时或路况条件差时采用双轴四轮驱动。驱动模式的改变可以采取不同的实现方式，如利用分动箱实施单、双桥驱动力的手动控制，也有利用布置于两驱动桥间的限滑差速器、自动锁止差速装置等实施自动控制。这类驱动力自动控制是自动调整改变实际驱动状态，通过限滑、防滑、接合、锁止等实现轴间的动力分配。行走机械对行走驱动力控制也是从限制驱动轮的滑转率入手，协调驱动、传动、行走驱动轮等各装置的关系，使驱动轮的滑转率保持在最佳滑转范围内。

当发动机输出扭矩确定，控制变速装置可以实现驱动轮扭矩与转速的控制，调节传动环节变速器装置的传动比，可以控制发动机传递到驱动轮的驱动力矩。虽然在驱动轮尺寸确定后传递给驱动轮的扭矩与驱动力直接相关，但实际产生的牵引力还要受到路面附着条件的限制。驱动轮旋转扭矩的不断增大使行走机械的驱动力也随之增大，当驱动力超过地面附着力时驱动轮就开始滑转，此时驱动轮获得的驱动扭矩无法完全发挥出来。驱动力控制包含多方面的内容，采取的控制措施也不相同，采用适时前后四轮驱动、适时差速锁止等可将驱动扭矩分配到相应的车轮上，通过改变驱动方式解决驱动力不足和分配不当。对驱动轮实施滑转率控制可以采用制动方式，对驱动轮施加制动力矩调节可以对单独的驱动轮进行而且响应速度快。利用电控方式主动对驱动轮实施滑转控制，这类控制也被称为驱动力控制或牵引力控制。

行走机械上配置驱动力控制系统可以进一步优化驱动能力，根据设置在各车轮上的车轮转速传感器监测各驱动轮的滑转率，经过电控单元处理判定后驱动防滑系统的执行机构工作，进而对作用于每个驱动轮上的力和力矩进行调节。由于防滑控制关联到发动机、变速传动等装置，因此控制系统的电控单元与发动机、变速箱的电控单元需要协调工作。控制单个驱动轮滑转比较简单的方式是施加制动力矩控制，而防抱死制动控制的 ABS 系统也是施加制动力矩控制，因此通常将二者的电控单元合二为一。如图 6-6-4 所示的驱动防滑转控制系统，即是同一控制单元实现驱动力和防抱死制动两种控制功用。

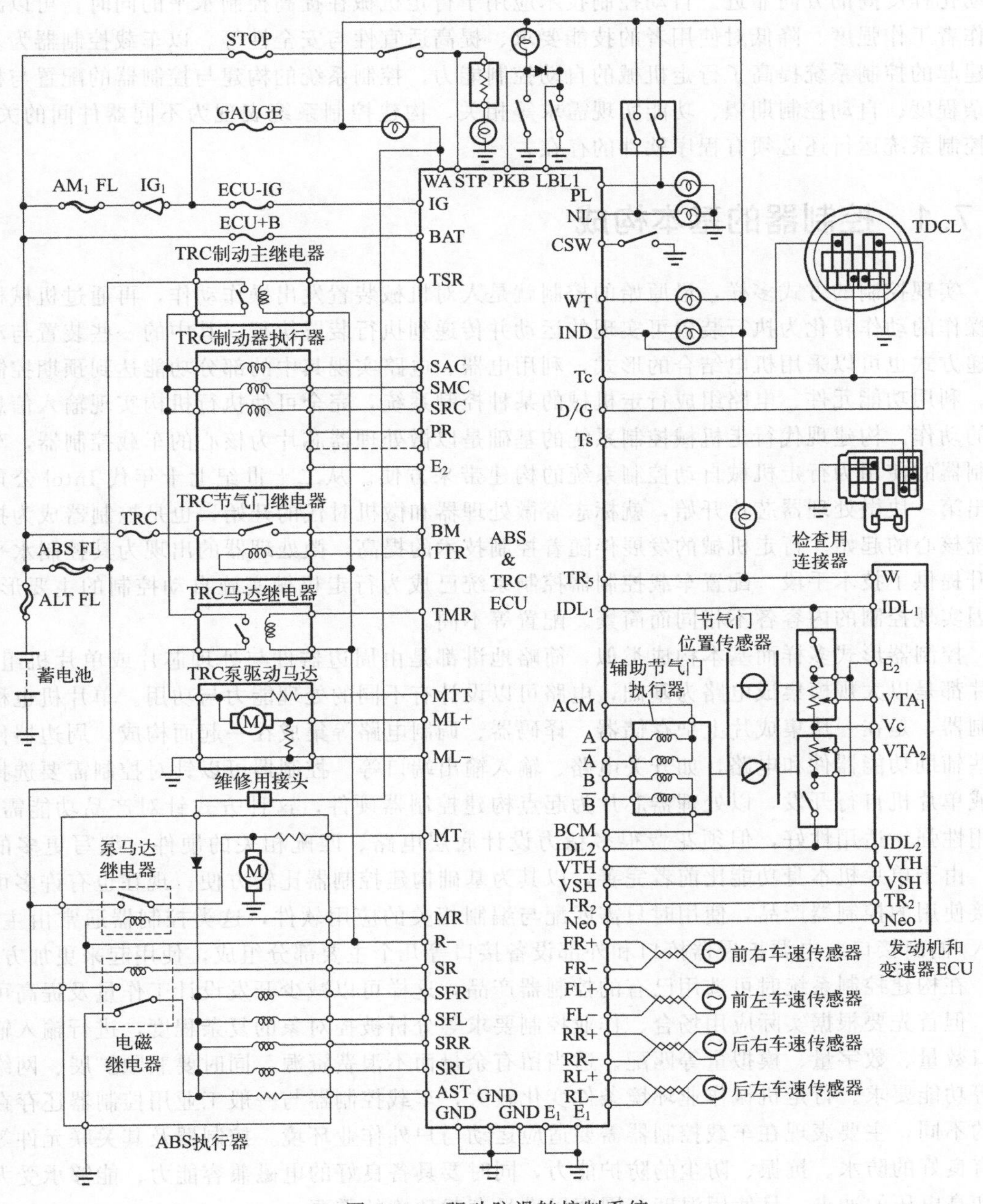

图 6-6-4 驱动防滑转控制系统

6.7 行走机械的自动控制

每一行走机械产品都有具体的功用，在完成功能过程中都要实施控制使其能够处于比较理想的工作状态。行走机械发展的不同时期实施的控制内容与手段可能各有不同，但都是向自动化程度高的方向靠近。自动控制技术应用于行走机械在提高控制水平的同时，可以减轻操作者工作强度、降低对使用者的技能要求、提高适宜性与安全性等。以车载控制器为基础构建起的控制系统提高了行走机械的自动控制能力，控制系统的构建与控制器的配置与机器复杂程度、自动控制期望、功能实现需求等相关。构建控制系统表现为不同器件间的关系，而控制系统运行还必须有程序软件的存在。

6.7.1 控制器的基本构成

实现控制的方式多样，最原始的控制就是人对机械装置发出操作动作，再通过机械机构将操作的动作转化为执行装置可实现的运动并传递到执行装置执行。其中的一些装置与动作传递方式也可以采用机电结合的形式，利用电器、电路实现其中的部分功能达到预期控制效果。利用功能元件、电路组成行走机械的某种控制系统，完全可使执行机构实现输入信息规定的动作。构建现代行走机械控制系统的基础是以微处理器芯片为核心的车载控制器，车载控制器的使用为行走机械自动控制系统的构建带来方便。从二十世纪七十年代 Intel 公司研制出第一块微处理器芯片开始，就标志着微处理器和微机时代的开始，也是控制器成为控制系统核心的起始。行走机械的发展伴随着控制技术的提高，微处理器的出现为其控制水平的提升提供了技术手段。配置车载控制器控制系统已成为行走机械实施自动控制的主要形式，但因实现控制的内容各不相同而简繁、配置等不同。

控制器形式多样而基本构成类似，简略地讲都是由周边器件与处理芯片或单片机组成。芯片都是以大规模集成电路为基础，电路可以设计有不同的处理能力与功用。单片机也称微控制器，是在一块集成片上把存储器、译码器、调制电路等集成在一起而构成，周边器件是一些辅助功能器件和电路，如开关电路、输入输出端口等。控制器可以针对控制需要选择芯片或单片机自行开发，以处理器芯片为起点构建控制器硬件，这种方式针对产品功能需要，专用性强、适用性好，但须花费很多精力设计底层电路、匹配相关的硬件、编写更多的软件。由于单片机本身功能比前者完善，以其为基础构建控制器比较方便。现在也有许多可以直接使用的控制器产品，使用时只需匹配与编制相关的应用软件，这类控制器通常由主机、输入/输出接口、电源扩展器接口和外部设备接口等几个主要部分组成，使用起来更加方便。

在构建控制系统时可选用已有的控制器产品，这样可以减少开发设计工作量及提高可靠性。但首先要根据实际应用场合、作业控制要求等分析被控对象的复杂程度，进行输入输出端口数量、数字量、模拟量等匹配。适当留有余量而不浪费资源，同时要兼顾扩展、网络通信等功能要求。行走机械作业环境条件变化较大，车载控制器与一般工业用控制器还存在一定的不同，主要表现在车载控制器需要适应运动与户外作业环境。控制器及其关联元件等应具有良好的防水、抗振、防尘的防护能力，同时要具备良好的电磁兼容能力；能够承受大电流和高电压的冲击，且使用温度范围宽以满足车载环境的需要。

6.7.2 控制系统的结构

实施控制就牵涉到控制系统，控制系统的规模与功能因具体需要而定。构建控制系统一般都包括控制器、传感与执行器件等，行走机械控制系统整体规模较大，通常都要关联到操作、显示、预警与故障诊断等。控制系统的工作方式通常是控制器接收操作人员从操纵装置或控制台发送的控制信息，这些操纵装置包括操作手柄、按钮、触摸屏等，是用来向控制器下达控制指令的人机界面。控制器将上述装置输入的信息处理后转化为控制指令下达给执行机构。控制指令通过相应的电路发送到电磁阀、电机等执行机构，执行机构将接收到的信息转化为动作或运动等输出控制工作装置。传感器检测压力、转速等相关参数并实时传递信息到控制器，需要操作人员了解的内容同时通过屏幕显示等方式反馈。机器简单或需要控制的内容单一时，单个控制器构建控制系统即可满足控制需求。但当需要控制的内容多、控制系统复杂时，可能需要控制器扩展功能或应用多个控制器协同工作。现代行走机械配置的装置有的就带有控制器，这类行走机械的控制系统就可能需要协调多个控制器间的关系。

行走机械大多是由多装置构成的复杂机电液组合体，控制系统所要实现的控制内容既有行走驱动部分，又有作业部分，可能还需要控制人机工程、安全等内容。机器正常运行要求控制的装置多，装置可能又牵涉到若干个分支需要控制，因此在控制系统设计时控制器的功能要与系统控制需求匹配。在一些复杂控制系统中一个控制器不能满足输入输出要求时可选用扩展模块，扩展模块与主控制器之间通过总线进行通信，如图 6-7-1 所示的伸缩臂叉装车控制系统就采用了这种方式。伸缩臂叉装车是一类用于搬运作业的多用途行走机械，利用臂的伸缩功能可实现不同高度的装载工作。控制系统要牵涉到整车的照明与仪表显示、设备状态检测、报警及安全保障等，除了行走机械行走相关控制关联电器如照明装置、显示装置、

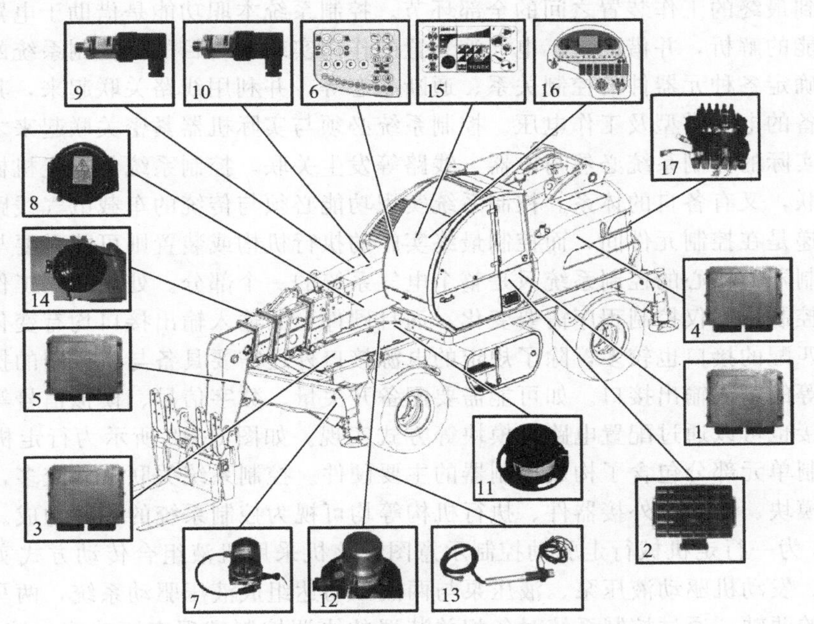

图 6-7-1　伸缩臂叉装车控制系统关联器件示意

1—主控单元；2—闪存模块；3,4,5—扩展模块；6—操控键盘；7—支承宽度传感器；8—臂状态传感器；9—主缸压力传感器；10—补偿压力传感器；11—水平传感器；12—倾翻传感器；13—旋转接头；14—平台信号线盒；15—显示器；16—右操控盘；17—臂控制阀组

报警装置、操纵手柄等，以及检测元件如发动机水温传感器、主缸压力传感器、燃油液位传感器外，关联作业部分的控制内容也较多。作业部分的控制主要针对作业安全、防止倾翻，匹配有水平传感器、力矩显示器等监测装置，需要通过开关、继电器、电磁阀等的控制使相关油缸伸缩动作等，使工作状态与作业载荷受控、保障作业安全。图中所示的主要是伸缩臂叉装车工作部分的控制关联器件，其中扩展模块 3、4、5 均为主控单元 1 的从属模块，具有开关控制、CAN 总线通信等功能，但没有逻辑处理能力。

复杂行走机械的控制涉及的内容较多，有时单一控制器无法满足要求，有的装置本身就配有自己的控制器，此时整机控制系统必然是多控制器系统。实际上自动化程度较高的现代产品上可能存在多个小控制单元，每个控制单元都有具体的控制对象，装置本身控制就是由多控制单元协同实现。对于多控制器系统首先必须协调好控制器之间的关系，如可采用分层递阶式控制模式对整机进行控制。每层控制器的任务、功用不同，即上下层控制器各司其职，完成目标任务。比较简单的上下两层结构，其中上层控制器为主控制器，要直接面向人机界面，用于接收操作指令，任务主要是对系统的总体任务进行解析，并负责对各个任务单元进行协调调度。下层控制器直接面向执行机构，在得到任务指令后直接控制驱动对象完成系统要求的动作。以电动车辆的控制系统为例可以比较好地理解多控制器系统，主控制器要与加速踏板、驱动电机、电池管理系统、电压变换器、助力制动、组合仪表等关联，而其中有的部分本身就是控制器。如电池管理系统就是一套比较独立的控制系统，驱动电机本身也都配置相应的驱动器，主控制器与这些分支控制器协调工作使控制系统实现高效运行。

6.7.3 控制系统硬件组成

行走机械通常需要对动力、行走、工作、监测、应急与故障等实施控制，控制系统牵涉到操控装置到最终的工作装置之间的全部环节。控制系统本职功能是借助于电器、电路实现输入输出功能的解析，并借助机、电、液装置的作用实现最终目的。控制系统的确立是依据总体要求，确定各种元器件的控制关系、通断状态等，并利用线路关联起来，其中所有器件要适合所配备的电源类型及工作电压。控制系统必须与实际机器紧密关联起来才能起到预定作用，组建实际的控制系统必然与电器、线路等发生关联，控制系统与行走机械传统的电气线路既有关联，又有各自的体系。控制系统实现功能必须与传统的车载电气线路相关联，控制信息的传递是在控制元件间，而控制最终实施的执行机构或装置则可能需要与电气系统相关联，以控制器为核心的控制系统只是整个电气系统的一个部分。处于不同工作位置、发挥不同功用的控制器不仅控制程序需要变化，而且硬件上的输入输出接口均有变化。功能比较多的控制器匹配的接口也较多，除了规定的电源接口外还需要具备与所控制的执行机构、信息采集元件等的输入输出接口。如可能需要配备开关量、数字信号、模拟信号等多种不同连接，这些连接也可以通过配置电路、模块等方式实现。如图 6-7-2 所示为行走机械控制关系示意图，控制单元部分包含了构成控制器的主要硬件。控制系统关联器件较多，以控制器为核心的功能模块、电路、外接器件、执行机构等均可视为控制系统的硬件构成。

图 6-7-3 为一行走机械行走驱动控制示意图，该机采用机液组合传动方式实现动力传递与变速变扭。发动机驱动液压泵、液压泵与两液压马达组成液压驱动系统，两马达分别驱动同一变速箱的两轴，通过控制系统对各相关装置的协调控制实现变矩功能。液压泵、马达、变速箱输出轴等处都配有转速传感器，用于将转速信息实时反馈给控制器。控制手柄、踏板等操作装置的动作通过转化，成为控制信息也输入给控制器。上述这些输入、检测等相关器件，以及各种执行机构等与控制器按照一定的规则连接起来就能实现一定的控制功能。控制

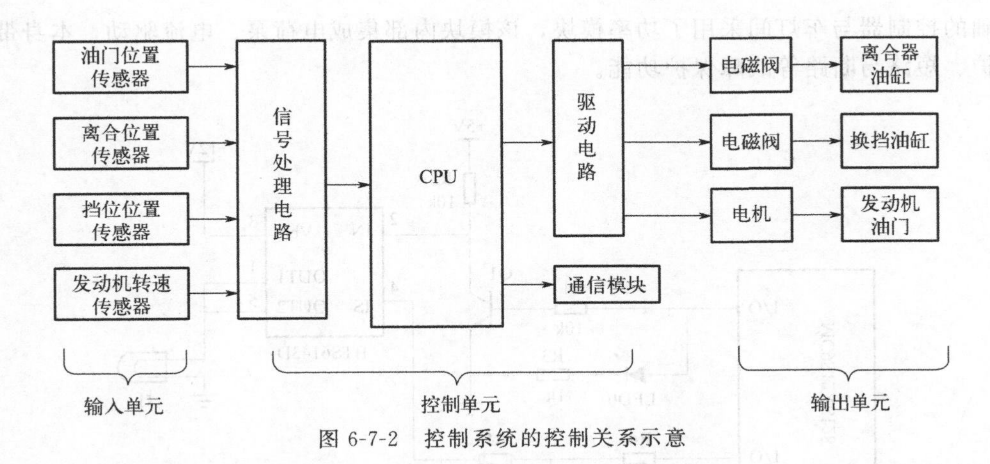

图 6-7-2　控制系统的控制关系示意

系统采用 CAN 总线通信，系统的参数设定与诊断等由手持编辑器、便携计算机完成。工作时控制手柄、踏板的控制信号由总线输入，通过主控制器解析后控制变速箱的换挡机构，同时与发动机控制器交换信息。发动机自身的控制器通过总线与主控制器通信，接收控制信息、反馈执行信息。

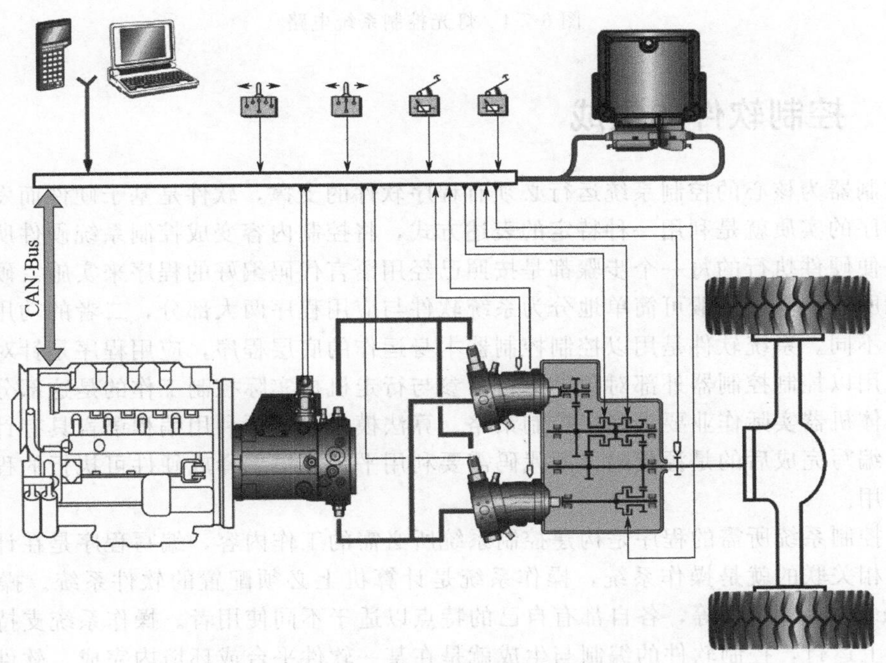

图 6-7-3　行走驱动控制示意

利用控制器组建控制系统可以是整机的宏大系统，也可以是某一小装置的微系统，尽管系统组成、控制的复杂程度相差巨大，但组建控制系统的基本思想和方式是接近的。都是以处理器或单片机为基础部分组合系统，依据不同功用还要构建一些功能电路、辅助电路，如需要输入处理电路将输入量处理成处理器可接收的信号，处理器输出同样也需要一些功能电路将处理器的信息转化为执行装置可接收的指令。具体的外围电路、匹配的器件因需要而确定，如图 6-7-4 所示。图示为灯光控制系统的电路，该系统可实现灯光切换保护控制功能，解决不同功率的灯光频繁切换容易导致车灯开启瞬间出现浪涌电流问题。系统中在以单片机为基础的控制器与车灯间采用了功率模块，该模块内部集成电荷泵、电流驱动，本身带有过载保护、短路与断路等故障保护功能。

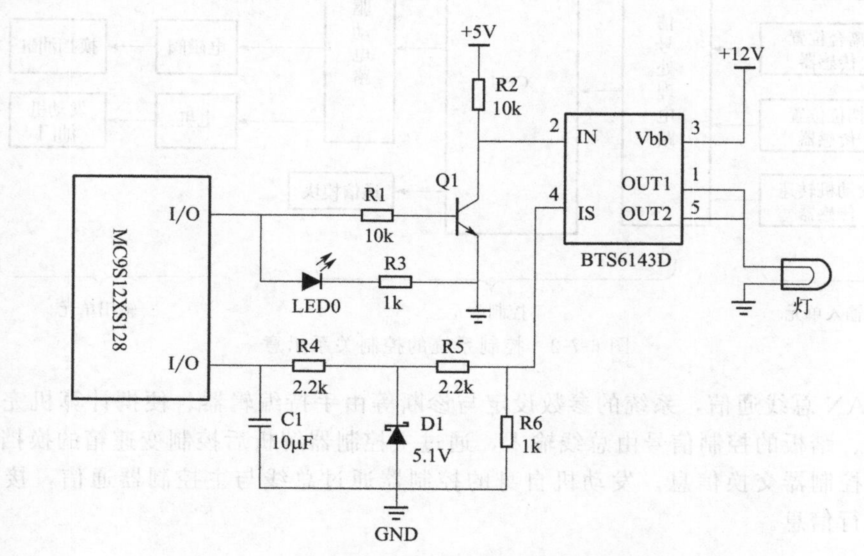

图 6-7-4　灯光控制系统电路

6.7.4　控制软件的生成

以控制器为核心的控制系统运行必须有程序软件的支撑，软件是基于硬件而发挥功用的程序。程序的实质就是利用一种特定的表述方式，将控制内容变成控制系统硬件所能懂得的指令，以便硬件执行的每一个步骤都是按照已经用语言代码编好的程序来实施。硬件运行及实现功能所需的软件一般可简单地分为系统软件与应用程序两大部分，二者的功用与发挥功用的场合不同。系统软件是用以控制控制器本身运作的底层程序，应用程序是针对控制对象的软件，用以控制控制器外部对象的运行。参与行走机械实际控制工作的是这部分软件，需要依据具体机器实际作业要求确定控制策略、算法模型等，再利用编程语言具有针对性地编写程序。编写完成后的是源代码，源代码需要利用平台环境编译成硬件可执行的程序文件才能实际使用。

编制控制系统所需的程序是构建控制系统所必需的工作内容，编写程序是在计算机上完成，首先相关联的就是操作系统，操作系统是计算机上必须配置的软件系统。操作系统有Dos、Windows、Unix等，各自都有自己的特点以适于不同使用者。操作系统支持各类软件在计算机上运行，控制软件的编制与生成就是在某一软件平台或环境内完成，软件平台或环境支持程序生成的相关过程，便于软件的工程化开发和使用。如CODESYS是符合IEC 61131编程规范、与制造商无关的可编程控制器软件开发环境，可安装于PC机上，在Windows或Linux下运行。有的软件平台针对性比较强，是专为本公司产品而设计的编程工具软件，使用这类平台生成的软件要与该公司的硬件关联。

编写完成的应用程序需要输入到控制器中，通常利用便携式计算机将设计好的程序下载到控制器，连接时需要考虑到控制器接口可能有串口或USB等的不同。连接后在计算机中打开执行文件，按照窗口显示的指示步骤操作，同时控制器上的指示灯长亮表明程序在下载，控制器上的指示灯变为闪烁表明程序下载完毕。程序下载完成后要进行模拟调试，并及时修改和调整程序、消除缺陷，直到满足设计要求为止。参数设置与更改一般需要在计算机中完成，如果控制系统中有用于参数设置、状态显示及各种信息显示的触摸屏，则可利用触摸屏实现部分参数的设置。

6.8 车载网络与信息传输

行走机械的发展是从简单到复杂、从功能单一到功用完善的过程，同时控制系统也随之变得越来越复杂。系统越复杂需要信息的传输量越大，对信息交换的能力、传递的速度等要求也提高。控制系统中控制器与控制器、控制器与相关单元之间的复杂信息交换，需要组建一套完善的信息通信网络才能实现。现代行走机械车载控制系统的信息传输也都利用网络实现，有线网络与无线网络均有使用。

6.8.1 车载控制网络的类型

网络的概念来自于计算机网络，计算机网络是在协议控制下把分布在不同地点的若干台计算机、终端设备连接起来。计算机间的连接存在不同的拓扑结构，如中心节点控制全网通信的星型构型、共享通路传输的总线结构、首尾相连闭合环路的环形结构、多节点交互连接的网状结构等。车载控制网络与计算机网络一样肩负传递信息的使命，只是系统中构成终端、节点的设备不同，车载控制网络是按一定通信协议将车载控制器、执行装置或输入单元等连接起来。行走机械中车载网络的使用程度差别较大，车载网络的开发过程都是针对某类系统，在不同领域可能采用不同的网络，因此产生多种不同网络类型如CAN、VAN、以太网等，不同网络的实质在于通信协议不同。

车载控制网络是为了解决控制单元之间的数据信息交换而产生，是将相关控制、执行、测量等器件通过线路联系起来。这些器件如传感器、显示屏等形式各异，网络中通常称为模块或节点。在控制器与模块或节点之间用于传递信息的载体通常称为“数据总线”。数据总线是一条或两条导线，可以是双绞线、同轴电缆或光纤。总线既可以单向传递数据，也可双向传递，既发送又接收数据的被称为双向数据总线。数据总线是所连接的各模块间传输数据的通道，通过总线传输的信息都要按照某种方式编码，为了使网络系统内的模块、节点能够相互兼容，需要采用统一的标准编码、统一的通信协议。通信协议是数据在总线上传输的规则，是指通信双方控制信息交换规则的标准与约定等。网络上的每一设备都有一编码处理模块读取或发送信息，该模块要根据设备的用途而设定读取与发送功能。当作为执行装置的接收器时，接收网络上的信息，将信息的编码与其内存的列表相比较，查看该信息是否与己相关，相关则按内容执行。

各节点设备通过线路接口与总线连接起来，构成可以实现数据通信的网络系统。数据通信都是从信息源到目的地的过程，在网络中每个节点设备的角色不同，使得其对数据的处理内容存在一定的区别。如只有主控单元拥有发送数据的完全自主权，执行单元没有发送数据的主动权，只有在主控单元要求下才能发送。信息需要在不同节点设备间传输，不同节点设备的特性可以有所区别，但与总线的接口关系一致。即设备要有一个接入网络的标准接口，以实现与其它设备间的数据传递。所谓标准接口就是在总线与节点设备之间必须存在协议转换功能，负责输入和输出的编码与译码等工作。如与 CAN 总线连接的物理设备需要通过协议控制器与总线连接，当然可以在执行设备及传感器等与总线的线路接口中直接集成协议控制器。同样可以在控制器中直接集成协议控制器功能，此类控制器的线路接口中就不再需要协议控制器。

6.8.2 网络协议与多网络连接

同一网络上的节点设备必须遵守同一通信规则才能识别相互发送的信息，即网络须有节点设备共同遵守网络协议。控制关系复杂的行走机械中可能存在多个网络，网络之间需要通信时关系到两种不同网络的连接，而且还需要能实现不同网络协议的转换。

6.8.2.1 信息传输规则与网络协议

数据传输是以数字信号的形式实现信息交流，数字信号可通过最明显的有、无两种状态区分。如以电压水平的高与低、电流有与无、光的存在与消失等对应数字 1 与 0，实现二进制的数据与物理线路通信传输联系，使数据从发送器传递给接收器。为了可靠传递数据，通常将原始数据分成一定长度的数据单元依次传输，数据传输单元称为帧。每一帧都按一定的规则编制信息内容，保证发送的数据正确而且能准确到达目的地，同时目的地接收器也明白数据的内容与来源。同一网络中可能同时存在多个发送信息的节点，同时又有多个接收信息的节点，在保证信息发送与接收方式一致的条件下，还要保证接收到的是正要接收的信息。

网络是由许多具有信息交换和处理能力的节点互连而成的，两个节点要通信成功必须在通信内容、怎样通信、何时通信等方面遵从相互可以接受的一组约定和规则，这些约定和规则的集合称为通信协议。不同的节点之间必须使用相同的协议才能进行通信，通信协议中就规定了数据的编码规则等内容，如 CAN 通信协议中规定帧的结构由识别域、命令域、数据域等九个域构成。网络中为了便于数据的发送与接收，需为每个节点设备确定识别标识以便加以区分，其中识别域中的标识符用于标明数据的接收方信息。

6.8.2.2 组合网络连接

行走机械的车载控制网络的结构形式多样，其基本形式可以归结为单一网络、多网络和组合网络三类。单一网络是整体统一协议网络结构，整机的全部设备都统一在一个标准通信协议的网络内，网络中的处理器与下级控制单元和执行终端、传感器等拓扑结构不同，但数据在整个网络中按照统一的协议传输。多网络是多协议区域独立网络结构，是将整车的控制分为几个区域或几个部分，分别把相关紧密部分归结组成一个网络。每一区域网络可以采用比较适宜的通信协议，这种方式组网方便但网络之间不能实现相互信息交流。

同一机器上可能同时存在几类不同的网络，各自形成一个有不同功用的子网。如有的乘用车上就同时应用了网速不同的两种 CAN 网络，其中高速 CAN 网用来连接制动、能源管理、自动变速等需要高速传送大量信息的系统，低速 CAN 网用来组成车身总线系统。为了统一控制需要实现全部信息交流，这就需要将各自独立的子网组合成能相互关联的车载网络。要将几个相对独立、网络协议不一致的区域式网络联系起来，需要在这些网络之间配备一信息转换控制装置。该转换控制装置也叫协议转换器，处于一个网络连接到另一个网络的“关口”，因此称为网关。网关实际上也是一控制模块或处理器，是连接不同网络实现不同网络协议转换的设备。其作用是实现不同通信协议、不同传输速度的网络之间的互连，能够实现信息解码、编译，完成不同协议之间相互翻译和转换。如图 6-8-1 所示，其网关组合在控制面板上。

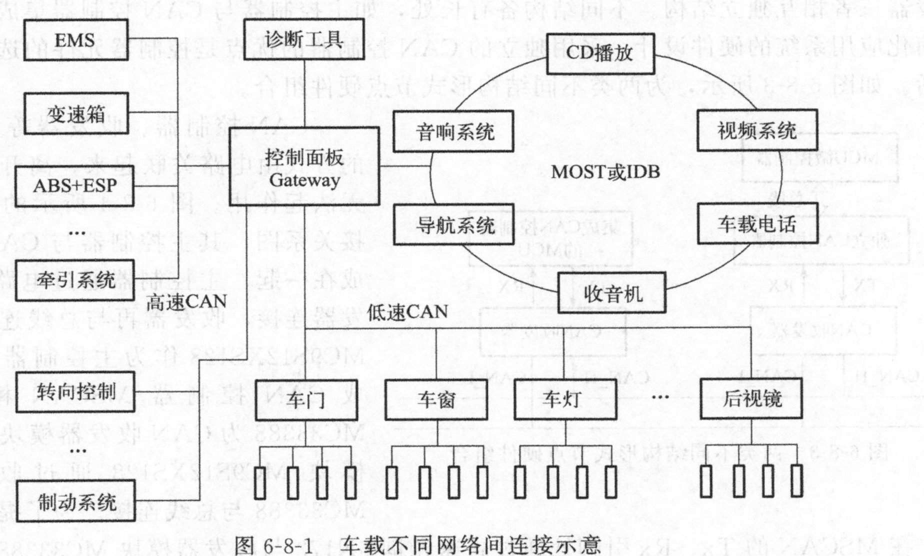

图 6-8-1 车载不同网络间连接示意

6.8.3 车载网络 CAN 总线

可应用于车载的网络有多种，如 VAN、LIN 主要应用在车身网络，MOST 广泛应用于车载媒体传输系统。CAN 是行走机械车载网络的主流，动力控制系统等应用的基本是 CAN 网。CAN 是控制器局域网的简称，控制器局域网拓扑结构为总线式所以也称 CAN 总线。CAN 是一种实时应用的串行通信协议总线，它使用双绞线来传输信号。CAN 总线的通信线路由两根导线组成，网络中所有的节点都挂接在该总线上，并且通过这两根导线交换数据。CAN 总线是用以传输数据的双向数据线，分为高位 CAN _ H 和低位 CAN _ L 数据线，如图 6-8-2 所示。为了增强 CAN 通信的可靠性，CAN 总线网络的两个端点通常要加入终端匹配电阻，终端匹配电阻的值由传输电缆的特性阻抗所决定，如双绞线的特性阻抗为 120Ω。网络中通常存在多个控制器，每一控制器在处理自己使用的信息的同时还向网络发送数据，属于“多主控”网络。

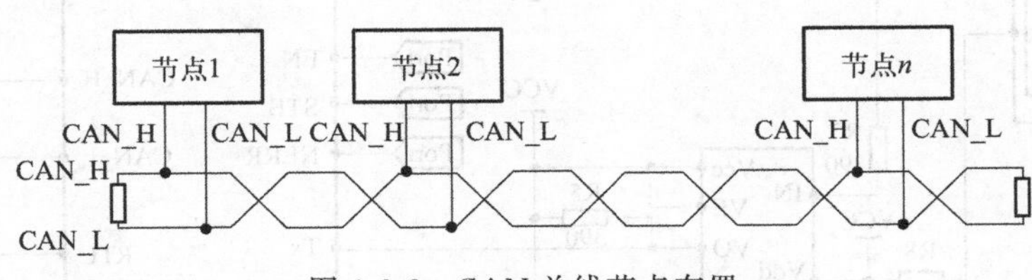

图 6-8-2 CAN 总线节点布置

每个 CAN 节点的功能构成基本相同，主要由节点装置、CAN 控制器、CAN 收发器三个不同的功能部分和其它外围器件构成。其中 CAN 控制器执行在 CAN 规范里规定的协议，通常用于报文缓冲和验收滤波，对外具有与节点装置和 CAN 收发器连接的接口。CAN 收发器提供 CAN 控制器与物理总线之间连接的接口，控制从 CAN 控制器到总线的信号转化，如它将 CAN 控制器提供的数据转化成电平信号并通过数据总线发送出去，它的性能是影响整个总线网络通信性能的关键因素之一。三部分可以是不同形式的硬件结构，如当节点装置为控制器时可以将 CAN 控制器集成到主控制器上，也可以选择主控制器、CAN 控制器、收发器三者相互独立结构。不同结构各有长处，如主控制器与 CAN 控制器集成结构，可大大简化应用系统的硬件设计；采用独立的 CAN 控制器的优点是控制器元件的选择范围比较灵活。如图 6-8-3 所示，为两类不同结构形式节点硬件组合。

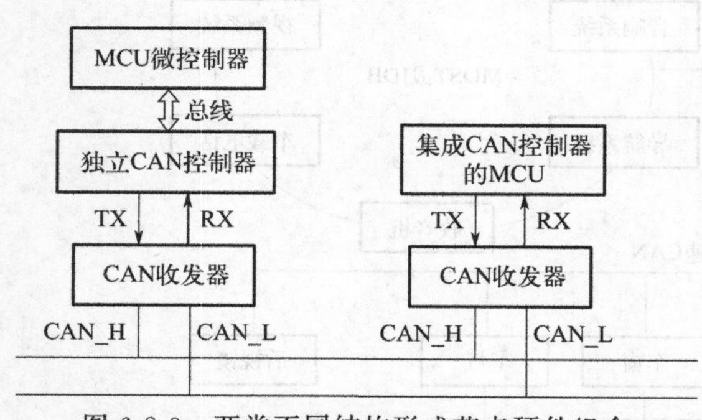

图 6-8-3　两类不同结构形式节点硬件组合

CAN 控制器、收发器等都要以一定的方式由电路关联起来，离开电路连接就无法起作用。图 6-8-4 所示的节点硬件连接关系图，其主控制器与 CAN 控制器集成在一起，主控制器通过电路与 CAN 收发器连接，收发器再与总线连接。单片机 MC9S12XS128 作为主控制器，其片内集成 CAN 控制器 MSCAN 模块。模块 MC33388 为 CAN 收发器模块，主控制器模块 MC9S12XS128 通过收发器模块 MC33388 与总线连接。为了提高抗干扰能力，在 MSCAN 的 Tx、Rx 引脚处通过高速光耦 6N173 与收发器模块 MC33388 的 Tx、Rx 相连，这样就实现了各节点的电气隔离。行走机械控制系统中需要控制的装置较多，采用 CAN 总线网络的节点也必然很多。而多种不同信息传输要求的装置构成的多节点 CAN 网，必然导致构成复杂且效率低。为了提高 CAN 总线传输效率与经济性，可以将整机的控制节点分类组合，组成不同速率 CAN 网，再将两种或多种 CAN 网组合到一起，如图 6-8-5 所示。

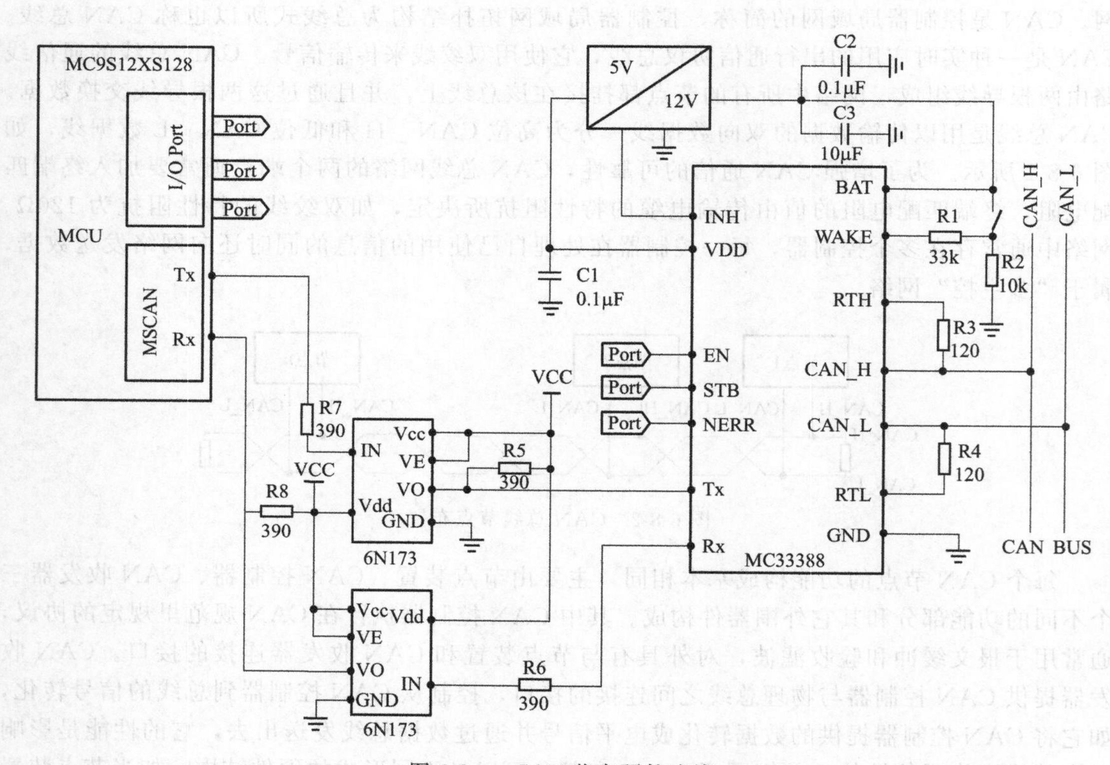

图 6-8-4　CAN 节点硬件连接

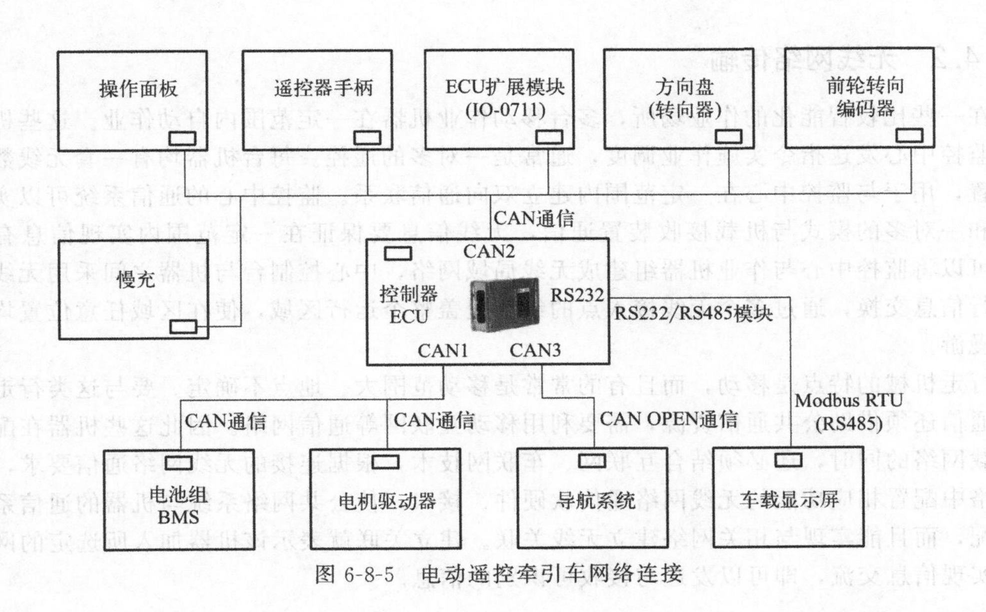

图 6-8-5　电动遥控牵引车网络连接

6.8.4　无线信息传输

行走机械的控制在一些特定场合需要实现遥控，遥控有有线与无线之别。有线遥控系统的信息传递以有线网络的方式传输，只是操作输入部分不在机体之上而已。无线遥控的操作输入部分与机体之间没有物理连接，控制信息需要无线传输，无线通信是利用电磁波、微波、红外线和激光信号等在空间中传播的特性进行信息交换的一种通信方式。行走机械中无线信息的传输应用主要体现在两个方面：一是点对点的独立无线通信，二是无线网络的信息交流。

6.8.4.1　单一对象无线信息传输

行走机械的控制方式中一类是无线遥控，主要由控制端和受控端组成，通过无线方式使受控端执行控制端的命令。遥控系统的遥控装置与主机体分置，工作时操作人员手持遥控装置进行摇杆及按键等操作，遥控装置采集操作人员输入的模拟量及开关量等控制指令，经数字化处理后封装成控制指令帧，由无线射频等通信链路发送给机载接收装置。布置在机体上的接收装置接收到该信息后，解析指令帧并转换为控制指令。再通过车载网络传输信息到相关控制部位，使执行机构受控输出相应的控制结果。从安全角度考虑控制端发射的每条指令都具有一组特别的系统地址码，每个接收装置只对有相同地址码的发射信号有反应，其它无线信号即使是同频率也不会对接收装置产生影响。

无线信息传输系统由发射和接收两部分构成，目前编码式无线射频收发装置应用较多。发射装置部分由指令发生器、编码模块和射频模块组成，当发射装置发送数据时编码模块数据线就会产生高低两种状态的信息，连续地先后依次输出编码至射频模块的调制器用以调制射频载波。调制器输出的调制信号再经中间放大后送至射频输出天线产生发射信号。与发射部分对应的是接收发射装置发射出来的射频信号并解码的接收装置，接收装置部分由接收模块、译码模块等组成。发射装置发出信号经接收装置天线接收后送至接收模块，该模块将接收到的信号进行射频解调，解调后的编码信号送至译码模块，经处理后产生的正确控制指令输出至相对应的执行组件。

6.8.4.2 无线网络传输

在一些比较智能化的作业场所，多台移动作业机器在一定范围内自动作业。这些机器统一由监控中心发送指令实施作业调度，通常是一对多的遥控。每台机器均有一套无线数据收发装置，用于与监控中心在一定范围内建立双向通信联系。监控中心的通信系统可以实现一对一和一对多的模式与机载接收装置通信，无线信息要保证在一定范围内实现信息有效传递。可以将监控中心与作业机器组建成无线局域网络，中心控制台与机器之间采用无线局域网进行信息交换，通过多个无线接入点的组合覆盖整个运行区域，使在区域任意位置均实现自动漫游。

行走机械的特点是移动，而且有的常常是移动范围大、地点不确定。要与这类行走机械实现通信还须借助公共通信资源，需要利用移动互联网等通信网络。因此这些机器在配置自身车载网络的同时，还必须结合互联网、车联网技术，根据连接的无线网络通信要求，在车载网络中配置相应功能的无线网络通信软硬件、接口，使公共网络系统与机器的通信系统不仅匹配，而且能实现与相关网络建立无线关联。建立关联就表示该机器加入所选定的网络并可以实现信息交流，即可以发送与接收可识别的信息。

6.9 自动驾驶实现之基础

行走机械实现自主控制是其发展的最高境界，这种机器在一定的环境下可以自主作业而完全不依赖于人。无人自动驾驶是行走机械自主控制实现行走功能，其中能够实现自主控制的程度不同，体现出机器行走对人操控的依赖度变化。实现半自主驾驶依赖的控制系统还达不到脱离人参与的水平，实现机器完全自主行驶的自主控制系统应该具有人类驾驶员的部分能力，能对运动及环境变化实时做出正确的应对。理想的自动驾驶行走机械除具备同类其它行走机械所具有的全部功能外，具有比较完善的信息感知与决策处理能力，甚至需要具有一定的智能性。

6.9.1 自动驾驶与人和环境的关系

行走机械行走控制与人的关系分为有人驾驶和无人驾驶两类，每类又可依据控制水平分为不同的层次。如汽车行业将无人驾驶分为条件自动驾驶、高度自动驾驶、完全自动驾驶三个层次，有人驾驶也划分为人工驾驶、辅助驾驶、部分自动驾驶三个层次。无人驾驶功能的实现需要更高水平的技术支撑与先进装置的配置，伴随配置资源的提高也使得机器复杂、成本增加。同为自动驾驶的行走机械在不同应用环境对自动驾驶的具体要求又有变化，具体行走机械的自动化程度需与实际环境条件、技术匹配。如果按自动驾驶实现的难易程度及应用的场合来分类，大致又可分为以下四种。

(1) 辅助自动行走

行走机械行走由人来操控驾驶是最常见的传统方式，这类行走机械可以不需要自动控制功能，更不需要定位、感知等对外获取信息的功能，因为这些功能均由人来完成。辅助驾驶或辅助自动行走是行走机械自动控制水平提高的体现，其中行走实现中人的一部分功能由机器自动实现，机器行走过程中机器与人各司其职、相互支持，既可视为机器对人驾驶操控的辅助，也可视为机器在人的辅助下完成了自动行驶。辅助自动行走没有完全脱离人的操控，其使用环境、工作范围等仍与常规行走机械相同。

（2）局域自动行走

行走机械因工作的差异使得其运动范围与环境变化较大，其中有些只在一定范围的固定区域内作业，这类行走机械自动行走比较容易。特别对于一些行驶路线规范的行走机械，不需要复杂的操控与信息获取、仅借助简单的外部导引即可实现自动行驶。如在车间、库房等局域范围内作业的行走机械，由于运行路线比较固定、环境条件也基本保持不变，因此利用外部路面等处导引标记导引，或利用预先设置好的轨迹运行就比较容易实现自动行走。这类行走机械配置简单、在区域内经济适用，但环境变化后就无法实现其自动行走的功能。

（3）广域自动行走

行走机械中的大部分工作环境是变化的，这类行走机械不再面对熟悉的环境，必须能够应对变化的环境。当活动区域大、环境复杂时不仅需要具备独立的定位、感知、导引等能力，还需要一定的逻辑判断与决策能力。因此需要配置大量获取周围环境信息的传感元件、与网络和卫星等通信的装置，以及处理能力较强的控制系统软硬件。这类行走机械能够做到常规环境条件下实现自动行走，也能对一些事件进行应急处理，但还不能完全达到人们期望水平的自动行走。

（4）智能自主行走

智能自主行走是行走机械的最高境界，这类行走机械不仅集中上述自动行走相关技术之大成，而且引入人工智能技术增强的判断与决策能力。该类行走机械能够自主实时不受限制地获取外界环境信息，而且能够根据获得的信息随机应变及时做出正确的决策。其行走控制能力不仅达到人工的操控水平，而且在行驶安全等方面要高于人工驾驶。

6.9.2 自动驾驶的技术基础

实现自动驾驶是行走机械的发展方向，自动驾驶就是利用技术替代人的部分功能。人类操控行走机械是一个包含环境感知、行为决策、操作控制的复杂过程，同时随着实际使用经验的积累和丰富会不断提高操作与驾驶能力。如驾驶车辆时既要接收环境如道路、拥挤、方向、行人等的信息，还要感受车辆自身的状况，然后经过判断、分析和决策，并利用驾驶经验做出操纵动作。行走机械自动行走不依靠人的控制因素实现行驶，主要依靠车载控制系统来完成人驾驶车辆的全部工作内容，包括全局路径规划、认知局部环境、控制执行机构等。自动驾驶需要确定位置、行驶路线的问题，行走过程中必须要对道路及机器周围环境实时了解感知，这是保障安全行驶预先要解决的问题。

普通常规行走机械行驶是在驾驶人员的操控下完成，通过对方向盘、换挡手柄、制动踏板与加速踏板施加动作，控制行走机械实现行走转向、变换挡位、制动与加速等功能。人在操控行走机械过程中利用手脚的动作实施操纵，实现自动驾驶首先需要上述所涉及操作装置、执行机构等脱离人能实现自动控制，需在此基础上配置装置如同人利用视觉、听觉等感官一样获取外界信息。行走机械的与众不同在于其行走运动，能使行走机械按给定目标位置移动到目的地，需要机器能够沿一定轨迹自动调整行走运动方向。常规行走机械由人来操控驾驶，随着自动控制技术水平的提高逐渐可实现辅助驾驶与无人自动驾驶。对外界的感知功能是实现自动驾驶必备的能力，在机器实现自动行走过程中起到至关重要的作用。

无人驾驶不但使行走机械本身自动控制要求提高，而且首先要使其能够确定自身位置、到达目的地的运动路线，即定位与导引。从宏观角度或理想条件下只要有了位置与路径就能运动到目的地，因实际路况与环境条件复杂多变而需要实时了解周围的情况，这需要具有一定的识别环境、确定位置的能力。要具备这些能力首先需要有获取、传递信息的装置或系统，比较常用的有激光雷达、毫米波雷达、超声波传感器、摄录像设备等信息采集、感知器件。这类器件主要用于获取周围的环境、路况等信息，要实现定位功能，还需有陀螺仪、测速仪、高度计等器件，结合卫星定位系统则实现准确定位与自动导引。与外界信息交流是自动行走机械必备的功能，这还需要无线发射与接收装置及相关设备，如图 6-9-1 所示无人驾驶拖拉机上的天线即是此类装置。只有配置有这些装置与系统并发挥功能，行走机械才有可能脱离人而独立行走。

图 6-9-1　无人驾驶拖拉机及机载天线

6.9.3　循迹与识别

行走机械运动到目标地点一定存在一条行驶路线，因此如果使自动行走的机器感知到这条路线存在并沿该路线行走，则是一种机器比较容易实现自动行走的途径，这类循迹自动行走的方式适合运动范围较小、环境条件变化不大的场合。自动行走机械在自动行驶过程中需要感知周围环境，了解前面路况、障碍物的情况等以便安全行驶。机器需要识别的内容较多，但首先应感知与识别机器周围环境概况、影响机器行走的实体形态等。

6.9.3.1　感知循迹

循迹的主要特征表现为根据预先设定的程序和行驶路径，在控制系统的监控下自动沿预设轨迹行驶。一般多是在行驶的路径上设置导引用的信息媒介物，如导线、色带等，由车载传感器接收导引信息，并通过检测出它的信息如频率、磁场、光强度等，比较运行轨迹、位置与预定轨迹、位置的差别，实时进行纠偏使机器沿预定路径行驶。循迹是一类预定路线导引方式，其控制原理就是寻找预设的目标，以此为行动准则对运动进行纠偏，实现跟踪目标导向行驶。

(1) 电磁循迹

电磁导引是较为传统的循迹方式之一，它是在行驶路径埋设专用的金属导线，并加载低频导引电流，使导线周围产生磁场。车载传感器检测到磁场强度，通过对导引磁场强弱的识别，输出磁场强度差动信号，车载控制器根据该信号进行纠偏控制实现导引。还有与上述方式接近的磁带导引方式，只是磁带导引的磁场强度固定。磁带导引是在行驶路径表面贴有导引磁带，车上的磁强传感器检测磁场的变化，再通过导向运算控制转向。比较接近的还有在沿导引路径的地面上每隔一定间距安装一对磁钉，其利用传感器检测安装在地面上的磁钉循迹。

(2) 波光循迹

色光导引以接收光、波为导引信息，通常采用发射信号再接收方式导引。其中可以采用在地面铺设与路面反差较大的导航色带或反射板方式实现导引，采用这类导引的行走机械上需要装有发射光源用以照射色带，同时配有接收传感器分布在色带及两侧位置上，检测不同的组合信号以提高寻求路线轨迹的能力，如图 6-9-2 所示。还有采用光束反射方式的光学导引，通常在行驶路径的特定位置处安装一批位置精确的光束反射装置，行驶过程中机器上的激光扫描头不断地扫描周围环境发射激光束，并采集由不同角度的反射板反射回来的信号，只要扫描到三个或三个以上的反射板，即可根据它们的坐标值以及各块反射板相对于机体纵向轴的方位角，运算出其当前的位置和方向。

图 6-9-2　色带导引循迹

6.9.3.2　感知识别

行走机械的行走运动特性决定了它必须对周围环境有所了解，这既是自身行走的需要，同时也是对周围环境协调共处的要求。行走机械是利用配置的各种传感装置完成对外界的感知，传感装置能够将感受到的物理量转换为电信号传输给处理器，进一步按一定规则处理后成为行走机械对外界认知与识别的要素。对环境的感知多样和复杂，其中主要有位置关系与形态等内容。

(1) 环境感知

感知环境需要了解所存在的各种物体的位置关系，不但要了解周围环境，还要确定本体与周围物体之间的相互关系，估计出空间状态尺寸与位置间距等，如图 6-9-3 所示。现用于感知环境的装置通常有雷达与光、波测距传感器等，利用雷达大范围扫描与测距传感器单点测量结合的方式发挥各自所长。如激光雷达适于环境识别，通过激光扫描得到周围环境信息，经处理后可生成三维环境模型进行环境感知，运用相关算法比对上一帧和下一帧环境的变化探测出周围的状态与变化。超声波、红外线等测距传感器测量机体与物体间的距离，利用发射出去的光与波在空气中传播，途中碰到障碍物就立即返回的原理，可以计算出发射点与障碍物的距离。环境识别牵涉到识别的范围、方位等，这要根据实际需要配备传感装置的数量，合理布置在相关位置。

(2) 形态辨识

环境感知主要体现在空间形态与外廓尺寸方面，还需要进一步辨识形态、色彩等获取具体细节信息。感知装置各有其适用场合与优势，如对交通标志、路标这类图像的辨识，采取

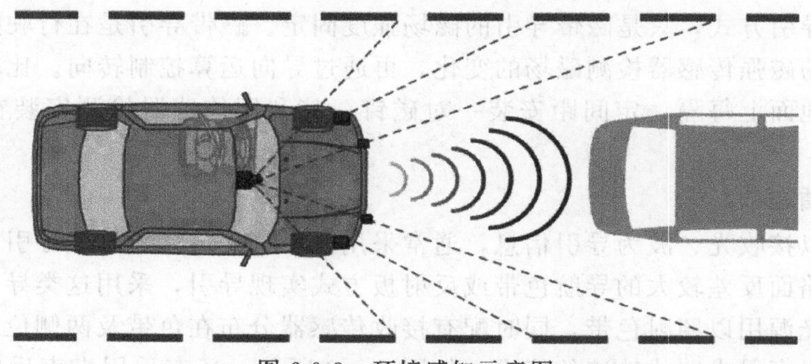
图 6-9-3　环境感知示意图

视觉识别要比上述提及的方式更适宜。视觉识别采用照相机、摄像机等图像采集设备获取图像信息，再利用图像识别处理技术对图像中相关要素提取处理。图像采集设备对获取图像的光线强度有一定的适用限度，光线变化带来的干扰需要通过软件处理与硬件支持等方面加以解决。在单目装置的视角范围受限时，就加装多个装置扩大摄像范围，采用双目或多目摄像装置可从不同的角度获取图像，利用机器视觉整合出立体的影像。

每种传感或感知装置都有一定的局限性，所以自主行走的感知系统采取多路信息数据融合模式。为了满足各种随机、复杂条件的感知要求，需要同时配备多种不同功能的装置，如采用图像识别、雷达定位等多种手段结合的方式实现感知功能。利用激光雷达对周围环境的三维空间感知、摄像机获取的图像信息、毫米波雷达获取的定向目标距离信息、惯性导航获取的位置及自身姿态信息等，达到取长补短的目的。将不同功能的感知器件集合在同一行走机械中，利用其数据的冗余和互补特性消除不确定性。多感知装置融合提高了机器的感知能力，但同时需要采集和处理、信息的重构等方面的软件和硬件支持，且要处理的信息量大、算法复杂多样，这也是提高处理效率与提高感知效果的矛盾，因此实际使用中感知与识别功能水平要适宜。如图 6-9-4 所示为自动行走车辆上安装的用于感知的部分器件。

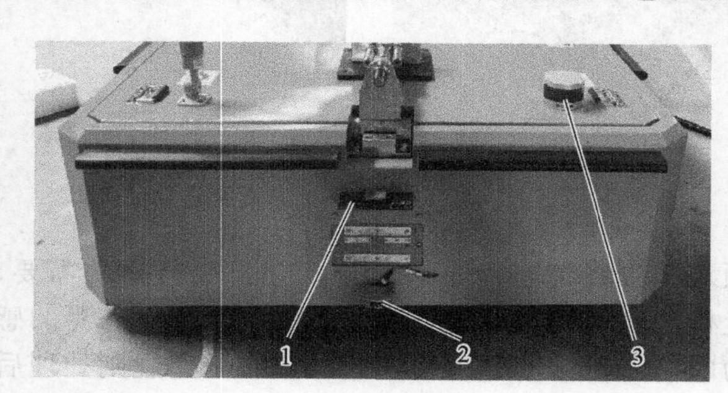

图 6-9-4　感知器件

1—定位传感器；2—避障雷达；3—VLP 激光雷达

6.9.4　定位与自动导引

行走机械行走轨迹是变化与随机的，此类行走机械则需要准确定位和自动导引功能。常规条件下比较简单易行的定位方式是利用卫星定位系统，行走机械只要能够接收到卫星信号就可实现定位。目前利用卫星定位系统的行走机械比比皆是，但其有前提条件，即通信条件可以保障。但行走机械环境不完全如此，有些场合就无法与外界通信联系。在这类场合必须采取另外的定位方式，其中同步定位与地图构建技术可以在这类场合应用。其根据视觉及激光等传感器的信息，实时构建环境三维场景地图并提取特征信息，通过已知精细地图特征匹配获得当前位置。这种定位需要实时大量获取信息，必须足够快地处理动态信息。

现代卫星导航技术可以提供全天候的定位，同时借助于地理信息系统可以实现常规条件下的地理位置确定。在没有卫星信号覆盖的地方可利用惯性导引，惯性导引是一种自由路线的导引方式，惯性导引系统的核心是惯性测量单元。惯性测量最早采用的是机械陀螺仪、加速度计等，当今行走机械上广泛应用的是借助现代微机电技术的惯性测量单元。惯性测量单元由陀螺仪和加速度计构成，惯性测量单元安装在行走机械的机体内，可以测量机体的转动角加速度和平移加速度。经过处理和运算后，就可将惯性测量单元测量信息转变为与参考点的距离、航向角等参数，再与地图与环境匹配则可识别当前位置与姿态。理想自动行走的行走机械可以不依赖任何外来导航、定位等信息，靠自身的感知与处理能力就可以理解环境完成自主行进。这必须要有高水平人工智能技术的支持，随着人工智能技术的不断发展，在未来某时期行走机械的自动行走功能一定能够达到人们的期望。

6.10 总结：行走机械操纵与控制

行走机械发挥功能必须按照人的意图进行，人的意图需要通过一定的方式传达给机器，机器要把人的意图转化为实现功能遵循的规则。人与机器的交互作用要解决的正是操纵与控制方面的问题，操纵体现了人对机器表达意图的方式，控制体现了机器将人的意图转化为功能实现的方式。行走机械的操纵与控制形式多样，可以现场直接操纵实现对机器的控制，也可以间接操纵输入控制命令后由机器自动完成相应的工作。前者对机器自动控制要求较低，但机器发挥功能的过程中需要人的参与较多；后者对机器本身的自动化程度要求较高，机器具备一定的智能最好。行走机械的操纵与控制关联紧密，有时将二者直接简化为操控，但其中控制是关键，控制技术的发展带动了操纵模式的改变。

6.10.1 行走机械的操控需求

行走机械作为人类使用的一类器具是用于提高人类工作能力的可移动设备，它们需要接受人的操控、按人的意图来完成功能。最常规的方式是人通过肢体接触机器的装置，利用肢体动作达到实施对机器操控的目的。早期车辆都是通过手、脚等的操作动作直接实施控制，这种场合将操作与控制在同一过程完成、操控不可分解。这类操控合一方式控制直接，但并不是最理想的控制方式，也不能满足行走机械的全部控制需要。现代行走机械中越来越淡化操作与控制的联系，某些功能的实现可以没有人直接参与。随着行走机械控制技术的不断发展完善，人在其作业过程中的作用也随之变化，其变化的趋势一定是操作越来越简单容易、轻松省力。人对行走机械的作用从最初的体力操作发展到肢体操纵控制，全自动控制可进一步减轻、简化肢体的操作。

早期的行走机械结构简单，功能单一，使用这些机械虽然能够提高工作效率、减轻人的劳动强度，但人们也必须付出较多的体力去操作。如操作人力推车转向时操作包含了人力驱动与人力操纵方向控制，使用车托运货物要比人肩扛手提轻松，但人也必须用力推动、操控行进方向。即使是不需人力驱动的早期机动车辆，控制转向仍需人力操作转向杆、方向盘，通过机械机构驱动行走装置实现转向。这类机械装置与机构主要实现转向传动功能，操作它们可以省力而不能省功。而采用电、液助力转向及全液压转向的现代行走机械，人虽然仍在完成同样的操作动作、最终实现同样的转向结果，但操作需要的体力输出却不同，原因在于操纵的实现方式与控制方式发生变化。此时操纵输出的不是直接作用于转向机构、直接操控转向机构动作的作用力，而是将操作动作作为控制信息作用于中间转换装置，转换装置依据这些信息控制输出到转向执行机构的力与动作，转向执行机构所需的力部分或全部源于动力装置。

行走机械具体用途各有不同，但共同之处在于需要行走。抛开实施不同作业的控制差异，在行走方面的控制主要体现在驱动控制、传动控制和运动控制三个方面，控制的主要对象是动力装置、传动装置、行走装置。动力装置是将能量转化为驱动力的装置，通常以扭矩与转速的方式输出，对动力装置实施控制就是为了高效获得所需要的扭矩与转速。动力装置输出扭矩与转速的变化往往与能量供给相关联，因此控制输入能量在一定程度上就可控制输出。行走机械上配备的俗称“油门”的加速控制装置主要就是用于此目的，尽管不同类型的动力装置的控制原理差异很大。大多动力装置的动力输出接近等功率输出，而且输出扭矩与转速是单一方向，为此需要存在变扭、变向的传动装置。换挡装置利用挡位变化实现低转速大扭矩、小扭矩高转速、正反旋转方向的改变，因而换挡变速装置成为多数行走机械用于控制速度必备的传动装置。纯机械传动结构的行走机械中为了换挡方便，通常还配备控制动力通断的离合器。行走机械行驶运动控制主要表现在转向控制与制动控制，前者控制行驶的方向变化或保持，后者控制运动的状态变化与保持。

行走机械的结构形式因具体作业内容不同而变化，但大多数行走机械行驶操控内容一致。准备行进时首先要起动动力装置，再控制传动装置接合动力使机器起步，对于普通机械传动的行走机械就是起动、离合、挂挡的操作。接着使发动机转速提高增加行进速度，再换更高的挡位达到所需的行驶速度。行走过程中需要控制行走的方向，这要求实施操控转向的装置保证直行或改变行驶方向。当到达目的地或需要临时停车时需要减速制动，要使行驶的行走机械减速或停车需要实施制动。操控停车时一般首先减速行驶，减小或切断动力装置的能量供给，变速传动装置也由行驶挡位换成空挡，实施制动使整机完全停止行走运动。概括起来驾驶行走机械需要完成的操控有起动、离合、换挡、加速、转向、制动六种基本操控，可能因机器装置不同存在控制差异，但要实施的操控的动作是相同的，其中起动、换挡、转向通常手动实现，加速、离合、制动一般是脚踏方式。

6.10.2 操控与人机关系

人与机器的交互使人成为机器作业系统中的一环，人的作用是实施对机器的操纵与控制，实施操纵与控制最终要使相应的装置实现并达到期望的结果。驾驶机器的操作人员通过操作各装置来表达自身的驾驶意图，操作的目的是使这些装置与机构起作用，实现相应的功能。基本的控制要实现对人操作输入的理解、处理、传递等功能，无论中间控制过程如何均需使执行装置能懂得操作所要实现的控制意图，而且执行装置能够按照操作输入实现预期结果。如变速换挡时驾驶者操作换挡手柄，换挡手柄的动作需要转化为换挡齿轮或啮合套的运动，通过换挡齿轮或啮合套的位置变化使传动啮合齿轮副变化达到变速变扭传动的结果。换挡变速体现在变速装置中，其中拉动换挡齿轮或啮合套的装置即为换挡执行装置，换挡手柄是换挡的操作装置，如果是直接机械换挡结构的变速箱，换挡手柄既是操作装置，也是控制装置。而对于自动变速装置而言，换挡手柄则只是单一动作输入，控制则由控制单元实现，执行也由电液等装置实施。

行走机械产品涉及领域广、形式种类多，操作需要适宜使用要求和结构。操纵行走机械可以是随机行走操作，也可以是乘机坐姿操作。操纵方式直接关系到人机关系，随机行走操作的操作装置主要靠上肢与手的活动实施，坐姿操作手足可以并用。前者只用于低速、作业范围小的一类机器，后者是大多数行走机械采取的驾驶方式。坐姿操作以驾驶座位为基点将操纵装置布置在合适的位置，要使人的肢体能够比较方便地掌控装置。操纵装置分为手控和脚控两类，全部各种操作落实分工到左右手、脚。分析控制动作的相互制约与关联，确定出操作之间的顺序关系与时间差，动作比较复杂的操作由手完成、简单的由脚完成。现代行走机械除了这些操纵装置外，在操作者的周围还布置有辅助装置与仪表，虽然它们不直接参与操纵的实施，但为操作者提供所需的信息与警示。上述这些操纵装置、仪表等与驾驶操作人员形成以驾驶操作人员为中心的空间环境，在这一环境中完成对行走机械的操纵，也是人与行走机械间人机关系的主要体现。

操控采取的方式均要适应实际使用需求，而且也离不开当时技术发展水平的制约。早期车辆上采取人力机械机构操作直接控制装置执行的方式，随着控制技术的发展与在行走机械领域的应用，在完善提高行走机械功能的同时也提高了操控水平。随着自动控制技术水平的提高，操纵方式等均在与时俱进。如目前采用可以遥控操作或无人驾驶的行走机械，机器的操纵者可以不在机器之上，可在一定距离内简单操作或预先输入既定的程序实施控制。这类机器可以完全取消传统的驾驶操作装置，人只需用遥控器通过按钮、开关、手柄等装置发出信号，控制系统接收命令并控制执行装置完成动作。此时输入的命令以电信号的方式，利用电气系统的电路、电气元件解析命令，并控制、驱动相关电器或电控液压器件执行动作，驱动执行机构而实现控制。

行走机械发展到一定阶段时，配备电气、液压系统是必然结果，而利用电液的优势与机械机构结合，则使行走机械操控能力有了较大的提高。早期的操控需要更多的肢体动作与力量的输出，纯机械操控的行走机械需要手脚并用才能实现驾驶功能。如在机械变速箱换挡过程中操作人员手脚并用，脚控离合器的离合、手控换挡杆换挡，利用杠杆原理采用较长的换挡杆拨动换挡齿轮。换挡靠人力与人的动作直接操控变速执行装置，执行装置的动作与人的动作联动。现代行走机械采用电控、遥控操作时，只用手指头操控一个很小的杆件即可实现变速、转向等各种操作。如图 6-10-1 所示，从左至右依次为机械换挡杆、液动变速手柄、遥控盒控制手柄、触摸屏等操作装置。机械换挡杆换挡时运动幅度较大，一般需要胳膊带动手一起运动才能完成功能。液动变速手柄操作幅度则明显减小，用手握住手柄只用手部运动即可完成功能。使用遥控盒控制手柄时只用手指操作即可，不仅不需要施加很大的力，也不需要大的运动量。上述几种实施控制的方式共同之处是需要操作装置，只是装置操作的力度

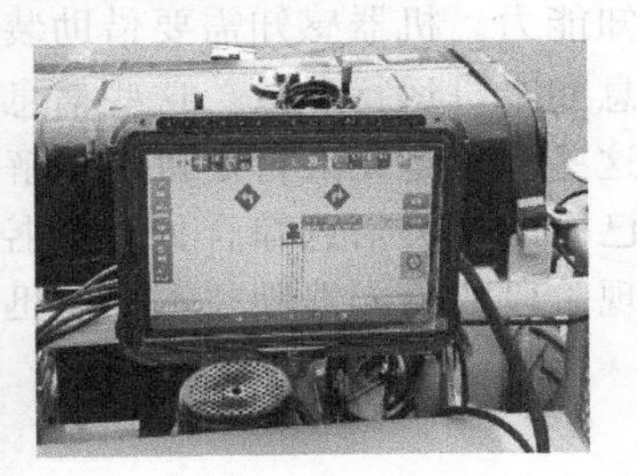
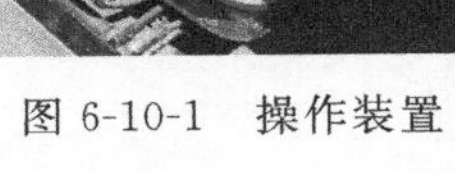

图 6-10-1　操作装置

与运动不同，而利用触摸屏输入控制指令更简单，用手指点几下屏幕即可完成。操作装置变化的基础是控制技术的发展，控制水平的提高、操作装置的进步使得操作方式、形式变得灵活，使得分位操作、立式驾驶、随行操作、遥控作业等均变得简单容易，更加适合行走机械的驾驶与操控。

6.10.3 行走机械控制与关联技术

随着行走机械的发展，电液技术在其中大量应用，为行走机械的操控提供了方便，依据电液技术的操控系统更利于实现自动控制。与利用机械机构直接操控不同，这类操控中人操作操纵装置只是给出信息，不直接参与控制执行。控制系统通过一些电器、流体装置将人的操作信息转化成电、流体信号控制执行装置的动作，电气系统中的开关与继电器、液压系统中的控制阀等即属这类装置，其中有的既是控制装置也是执行装置。对于执行装置为电动、液动的系统采用电液控制就更有优势，如所控制的执行装置是液压油缸时采用液控就十分方便，可以操作手柄使控制阀的阀芯运动，控制进出油缸的油液量而达到控制油缸行程的结果。电液技术融合使控制水平又进一步提高，电控液动装置广泛应用在行走机械的各类操控系统中。

上述控制过程主要靠人的参与完成，没有人的参与要完成复杂的控制过程比较困难。而利用程序控制则能够进一步提高控制能力，现代行走机械中对于比较复杂的控制利用车载控制器实施程序控制。控制器可按预定目的生产，应用也比较灵活，如控制器根据各种信息综合，实时解算出转向、制动、油门、挡位的输出量，通过转向、制动等各驱动单元分别控制电动或电控液动装置。控制器不但将人的部分控制功能转移过来，而且可以实现人所无法实现的控制功能。控制器需要将检测、传感装置的信息接收并处理，将执行命令发送给执行装置并接收执行反馈信息，对于复杂系统存在多个控制器时还需相互协调。控制器的能力与功能匹配也有区别，对于高水平的无人驾驶则需要具有决策规划功能的智能型控制器。

行走机械控制功能的提高同时伴随着控制系统复杂程度提高，控制器的使用提高了自动控制能力，但同时必须匹配相应的装置构成系统才能发挥功能。控制器需要从各种传感器获得信息，发布的指令需要传输到相应的部位，这就需要构建信息传输系统即车载网络。简单者构建单一网络即可，复杂机器可能同时存在几个相对独立、网络协议不一致的区域网络以发挥各自优势，这又需要协调网络连接、配置网关。网络构建与匹配需结合具体需求，如果要与机器以外的网络、设施关联还需要配置相应的无线装置。

行走机械工作过程是机器、操作者、作业环境三者组成的一个系统在运行，对于行走在路上的常规汽车，汽车、驾驶员、道路构成一完整的行走工作系统。如果系统中将驾驶员取消，人的操控功能由机器来完成，不仅控制水平要提高，而且需要将人的部分感知能力由机器实现。无人驾驶车辆或智能行走机械在具备自动控制的基础上，还需要具备规划决策能力和感知能力。机器感知需要借助装置实现人的“眼”和“耳”等功能，实时采集周围环境数据信息和本机运行参数，这些信息也需要相应的处理技术转化为控制系统可识别、处理的信息。这些信息是无人行走机械了解环境、确定位置、规划路线的基础，车载控制系统对获取的、已有的相关信息综合处理后控制机器行走。机器实现自动行走牵涉到多方面的技术支持，现阶段的无人驾驶技术发展迅速，但行走机械自动行走的未来发展仍有很长的路途。

第7章 环境制约

7.1 机器功用与形态适宜

每种物体都具有一定的形状与体态，形体的千姿百态必然有其存在的原因。行走机械种类繁多、形式多样，因为是人类设计出的产品，机器形态的产生必然有人为因素，而使用功用与作业环境对机器形态的影响尤为明显。

7.1.1 行走机械形态的基础

形态是人们从视觉角度对物体外观形状、姿态的认识，每一行走机械的形态都包含其自身特征的信息，形态在一定程度上也是其本质特征的表现。行走机械产生是为了实现功能，实现功能所需的结构、形状决定了机器的基本形态。

7.1.1.1 影响形态主要因素

行走机械存在的意义是发挥功能，其实现功能主要体现在行走与作业两大方面。行走是行走机械的通用功能，但行走的路况与环境条件的不同对行走装置的结构形式影响很大。行走机械发挥作业功能装置的结构形式变化多样，这些装置形式与作业要求、作业对象等关系密切，因此行走机械的形态要受作业对象、环境的影响。

(1) 作业装置结构形式

行走机械可以具有多方面的功用，运输是其中比较主要的一类。运输类行走机械结构相对比较简单，原因在于行走以外的作业部分比较简洁，即使如此不同的运输车辆也可从这些部分加以区分。如客运车辆车厢用于乘客乘坐，货运车辆的货箱用于装载货物，两类承载部分的不同有目共睹。而对于比较复杂的作业机械其作业部分机构复杂，需有特定的结构与相应的作业方式，为实现这些特定的功用，甚至使得行走装置的结构布置不得不为其避让。这类机器的形态必然受作业部分的制约，而且如果作业部分主要机构在作业中形状有所变化，整机形态也受其影响。

（2）行走装置的形式

行走装置是行走机械的主要特征体现，行走装置的不同是区别行走机械类型的一种标识。确定行走装置部分的形式牵涉到行走路况、驱动要求等，一旦行走装置形式确定，行走机械的行驶姿态就基本确定。行走装置依据接地轨迹分为连续轨迹与非连续轨迹两类，两类行走原理不同、机构差异较大，因而整体形态差别很明显。连续轨迹类行走装置目前应用最广，这类又可划分为轮式行走装置与履带式行走装置两类，虽然行驶原理都体现了连续轨迹，但实际的结构形式差别极其明显。与不同形式的行走装置匹配的机器尽管主机部分相同，但整体的形态也因行走装置而不同。

7.1.1.2 人为设计影响因素

在设计行走机械时首先解决功能实现方面的需求，在主要功能结构装置得以实现的条件下，机器整体还要相互匹配协调达到功能与形态美观的统一。在不影响功能、性能的条件下，在结构布置、比例造型等方面协调，可以进一步提高整体形态的美感。

（1）结构布置均衡

结构越复杂的行走机械越要有均衡感，均衡是从绝对的对称演变而来，一般指对称轴线两侧的色彩、形状、体量等形态特征相同。均衡给人们以平衡感、稳定感，设计中布置追求均衡不仅是形态要求，也是重量分布、结构稳定性等要求，均衡布置是总体设计的重要内容，当构成机器的装置、器件实现均衡布置，则机器具有了基本形态美。如图 7-1-1 所示的机架结构，可以看出该机的整体形态呈基本对称形式。

图 7-1-1　对称布局结构

（2）尺度比例协调

每种行走机械产品的基本结构、主体尺度与产品功用、作业能力等相关，但尺寸比例关系可以优化调整。外观形态是各种装置布置、各向尺寸确定、相关尺寸比例关系协调的结果。如重心低利于稳定、给人一种安全感，中心位置确定不仅与布置相关，在结构许可的情况下还应尽量协调长短、高低、宽窄尺寸，降低其高度。同时外廓的高低宽窄的关键尺寸还要受到路况、行驶通过性等具体应用要求所限定。对于作业过程中重心要发生变化的机器，辅助支承装置、配重等配置也必然对其形态产生影响。

（3）辅助造型

每一种具体的机器制造出来后都一定有实体外观形态，这种外观形态可以在机器功能结构基础上进一步美化造型。美化造型是在保证功用基础之上，对主体结构、主要装置不影响的辅助加工。机器在完成主要作业装置、行走装置等的匹配与布置后，还要有一些匹配的辅助装置需要确定安装位置与空间，其中部分装置可以用于对形态美观的补充。如在一些需要有防护外罩的部位，可以借用防护罩加工成与整机协调的形状，使整体形态更完美。

7.1.2 行走装置与形态

行走机械所具备的共性功能在于行走，实现行走功能的行走装置也是其不同于其它机械的突出特征，行走装置对行走机械的形态影响也是不言而喻的。提及行走装置对大多数人而言可能就是车轮，因为普通大众主要接触到、看到的就是在路上行驶的各种车辆，这些车辆配置的均是轮式行走装置。所以如果要让非专业人员勾勒出行走机械的样子，大多数人会画出前后几个轮子支承的不同车体形状。只有少部分人可能会画出履带装置的车辆，这部分人一定在田间、工地或电视中见过这类机器，因为履带行走装置的使用优势是非道路行走，人们见到的概率要比见到轮式车辆小。两类行走装置各有特色、同时并存，也正是两类行走装置的存在使行走机械分为轮式行走机械与履带式行走机械。车轮与履带装置是这两类机械的最基本的区别，两类行走装置的适用场合不同，即使是使用在相同场合、发挥同种功能的机器，其行走装置因轮、履不同，其形态也因此产生差别。

农用拖拉机是一类主要用于田间作业的行走机械，拖拉机利用自身配置的悬挂及牵引装置与配套的农机具匹配连接后，共同完成农田田间作业或运输工作，如图 7-1-2 所示。农用拖拉机有履带式拖拉机与轮式拖拉机之别，其机体部分的造型可以类似而整机形态差异明显。大中小各种型号的轮式拖拉机形态基本一样，通常是前轮小与后轮大的配置形式、前转向与后驱动的双轴四轮结构。大型拖拉机一般四轮驱动，前轮也是驱动轮，小型拖拉机配置相对简洁、可不配备驾驶室。工作在农田中的拖拉机随着重量加大导致对土壤的压实破坏程度增加，为此采用具有履带行走装置的拖拉机。履带式拖拉机是拖拉机中的另外一大类，而且大型拖拉机多采用履带行走装置。履带式拖拉机最基本的结构是双履带形式，即用两组履带装置布置在车体的左右。从形态上看是两圆形车轮由一组环带装置所取代，由于环带与地面接触长度大可实现单侧单支承，可见两种拖拉机的接地支承状态也完全不同。

图 7-1-2　农用拖拉机

7.1.3 作业工艺与装置的影响

动力装置与行走装置是行走机械的基本构成，为了实现其它作业功能还需配置相应的装置与机构。用于其它作业的装置与机构的结构形式不仅受制于功能与作业对象，还需要与行走装置、动力装置协调匹配。有的行走机械的主体结构与作业装置关联度高，甚至主体结构就以作业部分结构为基础，这类行走机械整机的结构与布置形式均显示出各自的功能特征，因此形态中的功能特征十分明显。这类行走机械无论行走装置的形式如何，机体的形态就给人以明显的使用特征。如用于搬运作业的伸缩臂叉装车，只要一见到可伸缩的大臂以及臂前端的属具，基本上就可知道其功用。用于收获作业的收割机行走装置部分结构形式即使变化，作业部分结构相同也同样显示收获机械的特征。联合收割机与伸缩臂叉车发挥行走功用的部分基本相同，都有驾驶室、发动机、变速箱、前后轮桥等，但作业功用与作业装置不同使其形态差异巨大。

伸缩臂叉装车的工作装置是伸缩臂与货叉，利用货叉叉取货物、利用伸缩臂的摆转与伸缩功能升降货物，完成货物的叉取、升降、堆码、装卸等作业。伸缩臂叉装车都是货叉布置在机体的前部，货叉载货中心最好位于整车纵向几何中轴所在的铅垂面内，这样有利于工作负载在车身横向均衡分布。与货叉相连的伸缩臂大多纵向布置在横向的中部，以便于保证整车的均衡布置。伸缩臂与车架铰接点位于整车后部，保证具有较大作业范围的同时，尽量缩小整车的纵向尺寸。如图 7-1-3 所示为伸缩臂叉装车的一种典型布置方式，伸缩臂叉装车以

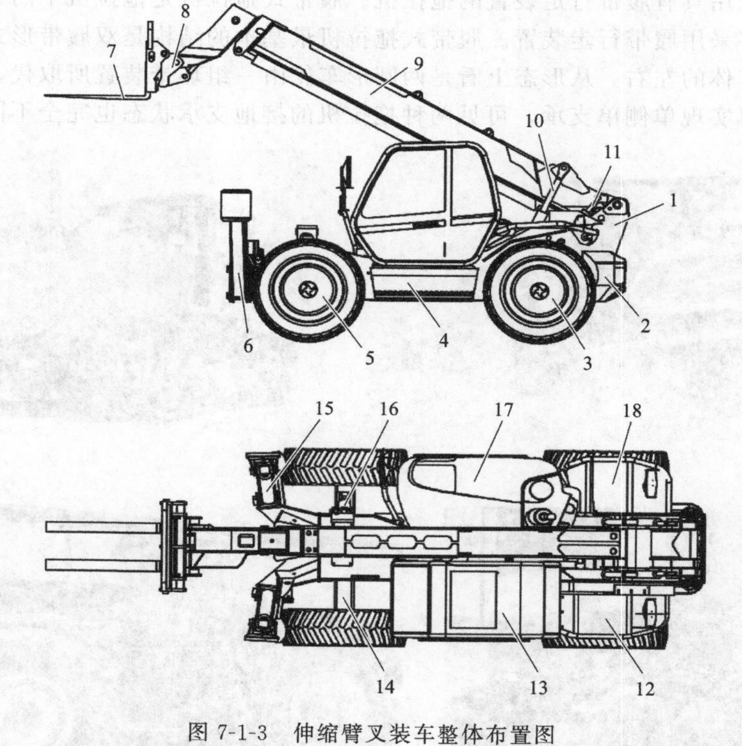

图 7-1-3 伸缩臂叉装车整体布置图

1—机架；2—配重；3—后轮；4—油箱；5—前轮；6—支腿；7—货叉；8—摆头；9—伸缩臂；10—变幅油缸；11—随动油缸；12—左后挡泥板；13—驾驶室；14—前桥；15—支腿油缸；16—调平油缸；17—发动机舱；18—右后挡泥板

机架为基础机体，其伸缩臂居中其它装置左右布置。发动机布置在整机右侧的发动机舱内，舱内还布置有水箱、散热器、蓄电池等。驾驶室布置在整机的左侧，其下侧布置有燃油箱，变速箱、液力变矩器等传动装置布置在机架下侧中间位置。机体前部布置有利用液压油缸收放的支腿，用于调节车身横向和纵向与水平的角度。机体后部布置有配重，以保持重量平衡，提高整车的稳定性。

联合收割机是一种以收获作物为目的的行走机械，可一次完成收割、脱粒、分离、清选等作业的全过程。整机的功能围绕收获作业而设置，整个车体从前到后布置工作装置，这些工作装置集合起来构成主机体部分，主机体下侧连接行走装置、上侧布置动力装置。因此联合收割机不存在传统意义上的底盘，行走部分只是以前后行走装置的方式与主机体部分连接。如图 7-1-4 所示的联合收割机整机呈 T 形布置，用以切割、输送作物的收割台位于机器的前方，后部为主机体部分，所谓主机为除收割台以外的所有部分，联合收割机可视为由收割台与主机两大部分构成。联合收割机主机部分集合了驾驶台、粮仓、发动机、行走装置，以及包括脱谷、分离、清选、籽粒输送等机构的作业装置部分，主机部分是联合收割机工作特性的集中体现。联合收割机以作业装置为核心布置其它装置，以脱粒分离装置为中心部位形成主体框架。其前挂倾斜输送器与割台、下连行走部分，其上部布置有驾驶台、粮仓与发动机。驾驶台设置在机器的前上方，粮仓多位于驾驶台的后侧，发动机一般布置于粮仓的后侧以减小发动机噪声对驾驶员的影响。发动机同时用于驱动收获作业装置与行走装置，动力也只能从侧面传递给作业装置、行走装置。整机的重心比较靠前，因此联合收割机采用前轮驱动、后轮转向的行走方式，如图 7-1-4 所示。

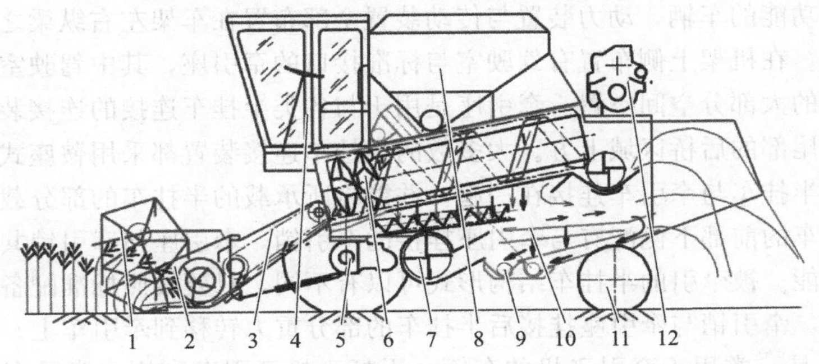

图 7-1-4　联合收割机及作业工艺流程示意图

1—拨禾轮；2—割台体；3—倾斜输送器；4—驾驶台；
5—前桥；6—轴流滚筒；7—风扇；8—粮仓；
9—籽粒搅笼；10—筛箱；11—转向轮；12—发动机

7.1.4 工作环境与对象的影响

行走机械工作环境与对象对其形态的影响不可忽视，每种行走机械的作业范围与作业对象都有一定的针对性，在其设计之初就已将这些因素的影响体现在机器之中。作业对象与机器的关联最密切，机器上与作业对象相关联的部分与作业对象越协调，其作业功能越便于发挥且效果越好。因此即使使用功用相近的行走机械，作业对象不同其形态变化也很大。如半挂牵引车与无杆飞机牵引车同样以牵引为目的，而且二者均以驮负牵引方式实现对从动对象的牵引，但由于使用的场所及被牵引的对象不同，其整体形态差别很大。半挂牵引车行驶在公路上受空间限制小，其驾驶室结构布置、形态美观等便于实现。飞机牵引车由于空间受限，只能在有限的条件下考虑这一问题，有的牵引车采用无驾驶室结构或升降驾驶室结构都是出于此目的。

图 7-1-5 半挂牵引车及与半挂车连接后的汽车列车

半挂牵引车一般与半挂车构成汽车列车用于公路货运，半挂牵引车具有常规公路货运汽车的基本特征，相当于一辆没有货箱的二类汽车底盘，如图 7-1-5 所示。该牵引车以机架为主体构成具有自行走功能的车辆，动力装置与传动装置全部布置在车架左右纵梁之间，机架下面连接行走装置部分。在机架上侧布置有驾驶室与标准接口的牵引座，其中驾驶室布置在机架的前部，驾驶室后部的大部分空间空置。牵引座是用于与各类半挂车连接的连接装置的一部分，布置在位于牵引车尾部的后桥区域上方。大多数的半挂车连接装置都采用鞍座式，鞍座式半挂车连接装置负责将半挂车与牵引车连接在一起，并能将所承载的半挂车的部分载荷转加到牵引车的后桥上。半挂车的前部下侧配有与牵引座挂接的牵引销，牵引座与牵引销共同组成牵引装置发挥牵引连接功能。被牵引的半挂车结构形式可以有不同，只要按照标准配备配套的牵引销就可与牵引车连接，牵引销与牵引座挂接后半挂车的部分重力转移到牵引车上。

飞机牵引车是一类用于牵引飞机的车辆，无杆飞机牵引车利用本身具有的特殊夹持装置直接与飞机起落架上的机轮作用，飞机的前轮离开地面使前起落架载荷的部分机重载荷作用到夹持装置上，飞机的这部分重量转移作用于牵引车，也相当于牵引车驮负牵引飞机。为了能够让夹持装置与前起落架接触，牵引车必须进入飞机的前部机腹。所以无杆飞机牵引车外

图 7-1-6　无杆飞机牵引车牵引作业

形均比较低矮，以保证牵引飞机时与飞机机体保持必要的安全距离，如图 7-1-6 所示。无杆飞机牵引车的驾驶室与夹持装置分别位于车体的两端，当对接飞机或顶推飞机时，操作者一般在位于另外一端的驾驶室内操控，较低的驾驶室势必影响驾驶员向后的视野。为此应尽量降低车身高度，整车高度从驾驶室到车尾呈阶梯状降低，使驾驶员在对接飞机时能较好地观察到飞机前机轮。无杆飞机牵引车通常为无桥独立轮驱动结构，左右驱动轮连接于车架 U 形外伸臂的纵立板上，U 形外伸臂之间布置操作飞机前起落架的夹持装置，见图 7-1-7。

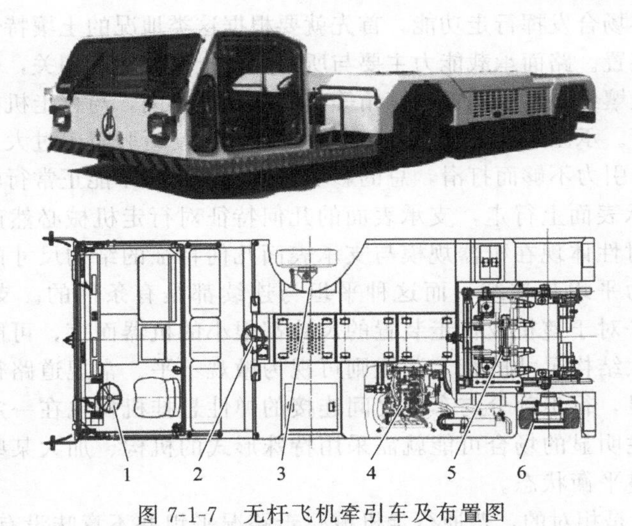

图 7-1-7　无杆飞机牵引车及布置图

1—前驾驶方向盘；2—后驾驶方向盘；3—前桥；4—发动机；5—夹持装置；6—后轮及马达

7.2　路况条件与应对措施

道路上行驶的车辆必须与路面接触并在路面的支承下运动，其行走过程必然受到支承路面条件的影响。行走机械应用广泛，工作条件也千差万别，所涉及的行走支承表面也多种多样。常规车辆一般都在相对平坦、硬实、连续的路面上行驶，而对于一些特殊用途的行走机械需要应对非常规支承表面。这些行走机械需要采取相应的措施适应接触面的支承与表面条件，支承面对行走机械的影响不仅体现在行走装置部分，也对整个机器工作形态等产生影响。改变行走装置的结构形式可以提高行走机械对特殊路况的适应性，为了应对在特性差异很大的两种或多种支承面间行走，可以通过更换装置、调节姿态等方式克服其变化的影响，这类行走机械具有变姿或两栖行走的能力。

7.2.1 非常规路况行走的应对措施

常规车辆的主要工作时间里是在相对平坦、硬实、连续的路面上行驶，因此一般都不过多考虑对恶劣路况的适应性。而对于主要工作时间是面对某类特殊路况的特定用途行走机械，该类行走机械必须具备对这类非常规路况的应对能力。非常规路况形式多样、性质复杂，如有支承面载荷承受能力较差的情况，还有支承面几何特征变化较大、支承特性改变的情况等。行走机械的行走装置是直接与支承面接触作用的部分，受支承特性影响最大的也是行走装置。这种影响不简单地体现在轮履形式的选择、行走机构的确定，而且可能关联到行走装置具体结构形态。如普通车轮、水田轮、沙漠轮同是轮式行走装置，但因车轮结构、性能等不同而体现出行走特性的差异。

常规车辆在硬实路面上行驶性能良好，但遇到松软的湿地、滩涂等非常规道路条件时，可能出现下陷、打滑，甚至无法行驶。这并不说明该车辆性能不好，只是说明该车辆不适应这类条件。为了适应这类场合发挥行走功能，首先就要根据这类地况的土壤特性匹配车轮或履带等与土壤直接接触的装置。路面承载能力主要与所处部位土壤的构成相关，由土壤的机械特性所限定。松软地况因土壤黏合性、内部摩擦角等与常规地况不同，与行走机械的作用表现为抗剪特性和承压特性方面。承压强度低可能导致下陷过深，致使行驶阻力过大。抗剪强度低可能会出现附着力不足、牵引力不够而打滑，总的影响是使行走机械不能正常行驶通过。

行走机械在支承表面上行走，支承表面的几何特征对行走机械必然产生影响，这种影响具有相对性，其相对性体现在机器规模与支承表面几何特征的结构尺寸的相对关系。行走机械行驶的路况通常为平坦与连续，而这种平坦与连续都是有条件的。支承表面几何特征结构、尺寸的凸凹不平对于整机及行走装置的尺寸都很小的机器而言，可能都是不可跨越的障碍和沟壑，而对于大结构尺寸的行走装置则可视为微观不平。常规道路行驶的车辆所接触的路面几何特性不明显，行走部分与车体之间连接的弹性悬挂机构也在一定程度上缓解了该特性的影响。但在特性明显的场合可能就需采用特殊形式的机构、加大某些结构尺寸等，甚至需要利用机构来调整平衡状态。

路况的平坦与否是相对的，普通行走机械行走路况平坦并不意味没有凸凹不平与上下坡，只是凸凹尺寸、坡度相对行走机械结构尺寸小而影响不大。但坡度大到一定程度时常规行走机械无法正常行驶，凸凹尺寸大到一定程度则变成立体障碍。巨大的阻碍体、陡峭坡路改变了行走的空间条件，导致机器的行驶状态与支承条件均发生变化。传统的行走只适合于平地和角度比较小的坡路行走，要应对上述行走路况则需要借助非传统的行走方式。行走机械应用领域十分广泛，使用场合也是千变万化，也可能需要同一机器在不同形态支承环境下持续工作，这类机器需要兼备多态行走功能，行走装置与整机结构均要有适应支承环境变化的措施。

7.2.2 支承条件变化与应对

在野外作业的行走机械直接与地表接触行进，其受到的支持作用源于地表土壤，该处土壤对行走影响最大。地表土壤是由结构、大小不同的矿物颗粒构成，土壤的颗粒不单独分散存在，均是互相胶结在一起形成团聚体。大量的团聚体组合在一起构成土壤结构，土壤结构状态对其性质产生一定影响。粒度不同的砂粒、粉粒、黏粒和胶粒颗粒按不同混合比例，形成了砂土、壤土和黏土三种类型的土壤。土壤中的含水量也直接影响土壤的机械特性，土壤的含水量对其物理机械性质有极大影响，含水量不同时土壤将呈现出不同的形态。含水量适度的土壤对行走装置的适应性较好，干燥的沙漠与泥水混合的湿地则是支承条件恶劣的两种极限情况。

(1) 沙漠行走支承特性

沙土松软、承压与抗剪能力差，沙漠中的沙土水分含量少，其性能特征是在水平载荷作用下承载能力低，剪切强度随着所受法向载荷的增大而增大。行走机械在沙土上行进时，行走装置与沙土的作用很容易超过沙土抗剪强度，破坏沙土的状态致使沙土颗粒产生塑性流动。沙土颗粒流动使行走装置形成滑转而下陷，无法发挥正常的驱动能力，导致牵引通过性变坏。行走机械的行走装置要根据这一特性设计，尽量减少对沙土的扰动并增加面积使驱动能力提高。用于沙漠的行走装置需具备防下陷、防滑性能，宽橡胶轮胎轮是一种比较适用的装置。宽橡胶轮胎本身就增加接触面积，同时具有较好的弹性，可以随充气压力的变化变形改变刚度。车轮在沙滩上的附着性能除了上述影响外，轮胎的花纹高低与形状、凸起的履刺分布与形式等对附着性能也有影响，如人字形凸起的履刺对转弯、附着、牵引的特性都有改善，如图 7-2-1 所示。宽大的轮胎能增加与地面的接触面积，再配合独特的胎纹使轮胎不易空转打滑，更利于沙地使用。可以采取控制轮胎气压的方法克服常规行驶与沙漠中行驶承载不同的影响，进入沙地区域时适当降低轮胎气压，从而减少下陷量以提高通过性。

图 7-2-1　分别适于沙漠行走与水田行走的两种车轮

(2) 泥水混合湿地行走支承特性

泥水混合湿地的特点是以壤土、黏土为主要成分的土壤中含有大量的水分，使得土壤与水混合构成可以流变的塑性体。水分与土壤成分的变化使得这类地况土壤的机械性质变化较大，含水量增加则使土壤的黏聚力降低。土壤中含水量越大其承载能力越低，对行走机械的支承能力也随着含水量的增加而降低。实现行走功能首先要保证机器不过分下陷，首先考虑选择适宜该条件使用的行走装置，同时也可以借用机体悬浮来进一步减小接地压力。如果需要借用机体提高悬浮作用则需要考虑车体下部密封性与形态，使其既能防止泥水进入机体，也可以在悬浮时减小行走装置的接地压力与行驶阻力。泥水混合湿地情况复杂、特性差别较大，如沼泽地的湿地松软泥泞的同时，其可能下陷的深度无法预知，因此行走宜采用浮渡方式。农业生产中的水田也是泥水混合的湿地，其在一定深度的泥水下面存在一较硬的犁底层，机动插秧机的水田轮就与其接触行走。

7.2.3 支承面几何特征影响与应对

采用轮式、履带式行走装置的行走机械的行驶轨迹是连续的，这两类行走装置比较适于在连续平面上行驶。这些在常规的、可预知支承面几何条件下行驶的行走机械，利用传统行走装置就能在大多数场合实现功用。在对行驶路况条件有一定预判的情况下确定的行走装置，以及行走装置的结构尺寸等一般都局限于传统与常规。但在传统行走装置通行困难的非常规地况条件下，则需要拓展传统行走装置的功能才能应对。

(1) 凸凹不平连续支承面

地面存在凸凹不平是正常情况，当轮、履行走装置能够克服小的凸凹不平行走时，行走轨迹相当于一直与支承面接触的连续轨迹。常规的轮、履行走装置适于连续轨迹行走环境，但对于应用于未知环境或已知凸凹不平变化较大的特定场合的轮、履行走装置，还需要在原装置基础上采取进一步措施以提高通过能力。凸凹不平变化较大可能导致部分车轮与路面不接触，进而导致转向与驱动性能降低，或失去驱动能力导致车辆无法行驶。除了利用弹性悬挂、主动悬挂外，可以借助机构运动辅助机器在一些特殊场合实现行走功能，如为了提高这类行走装置应对凸凹不平的能力，可采用一些铰接、摆转的机构与车轮配合作为行走装置，在普通平坦路面车轮与传统行走装置一样发挥功能。当遇到较大的凸凹不平时连接车轮的机构开始运动，调节车轮的位置使车轮与凸凹不平的地面接触。如月球车行走装置的摇臂结构在常规行走时只起支承作用，特殊情况下利用重力和机体对地压力等外力调整车轮位置以适应地形变化。

(2) 非连续支承面

当地面上凸凹不平的几何尺寸超过行走装置可通过的尺寸则导致行走机械无法实现连续行走，如在行走路面上遇到深宽壕沟、凸起墙垣，其宽度与高度尺寸已超出行走装置滚动所能通过的限度，此时单靠滚动这类连续轨迹的行走装置无法继续行进。可借助机构装置调整姿态，采用攀爬、跨越等方式越过障碍物，到达平地后再恢复原来状态继续行走。采用的机构或装置可以融入悬挂系统中，利用悬挂装置调整行走装置相对机体姿态变化，也可以设计专门机构用于姿态调整以应对这类突发状况。这类行走装置的结构比较复杂，首先要实现常规路况的行驶，只有遇到正常行驶无法通过时才利用机构调整姿态。如图 7-2-2 所示挖掘机的行走装置部分采用轮腿组合式结构，该机主体结构与传统挖掘机一样采用上下两体结构，上部的作业装置与驾驶室由回转支承与下部的行走装置部分连接。比较特殊的下体部分采用类似臂、腿式机构支承下机架，臂、腿与其上安装的车轮共同组成行走装置。下机架的四角各铰接一条多自由度步履腿，每条步履腿均能上下左右运动。前腿膝部装有小型从动轮，末端设有支爪，后腿端部装有驱动轮。正常行驶时步履腿机构收缩使车轮着地，当遇到壕沟、台阶等障碍需要越过时，调整步履腿机构使挖掘机改变支承状态，再借助装置的辅助支承作用，逐步移动步履腿实现跨越或攀爬。

图 7-2-2 步履挖掘机

7.2.4 空间支承特性

传统结构的行走机械只适合在平地和角度比较小的坡路行走，要在大角度的坡路行走需要改变结构或借助非传统的行走方式。当机器行走在斜坡上时机体也处于与斜坡同样角度的倾斜状态，当倾角达到一定程度时传统形式行走机械上的某些装置、机上的操作人员就难以适应，而且机器本身也存在倾翻的危险。当支承面的坡角达到极限直角时，行走机械与支承面之间已不存在支承关系，要在这种状态行走已不再是传统的行走概念。

(1) 斜面行走状态保持

行走机械必须保持正常的状态才能完成功能，行走支承面的倾斜必然导致其上行走机械倾斜，行走机械需要通过机体调节改变姿态来适应这类场合。通常利用行走部分的机构调整、下部机架与上部机架之间的相对摆动等实现姿态调节。如行走装置采用独立臂腿结构的步履挖掘机，通过调整四个步履腿的高度保持上部机体呈水平状态。当行走装置部分仍为传统结构时，可在该部分与上部机体之间加装调节机构，利用该机构调节上部保持正常状态。如图 7-2-3 所示的挖掘机，该机行走装置仍为传统结构的履带行走装置。为了在倾斜场地作业时保持驾驶室与作业部分呈正常水平状态，在下部履带行走装置的支架与上部机架间布置有铰接机构，由油缸驱动铰接机构摆动。在斜坡上作业时可操控油缸将驾驶室调整成水平，这样使得内部人员和作业装置部分保持与平地作业同样状态。

图 7-2-3　状态可调的挖掘机

(2) 大倾角与变支承行走

行走机械与行走路面作用产生的驱动力大于等于行走阻力时才能实现行走，平面路况行走机械驱动力等于机器的重力乘以路面的附着系数，即机器的重力乘以路面的附着系数大于行驶阻力时机器才可行走。而在坡路行驶时驱动力与阻力均受斜坡坡度影响，产生的驱动力是重力垂直斜面分量与附着系数的乘积，上坡行驶的阻力又增加了重力在平行斜面上的分量。当角度增大到一定值时驱动力就不足以克服阻力和重力产生的向下作用力，此时机器则不能向上行驶，要想继续向上行驶必须增加向上驱动力或其它形式的作用力。这种行驶状态同时还存在稳定性问题，即保证机器在这种支承情况下保持自身的状态而不至于倾翻。这对行走机械提出两方面的要求：如何使机器产生向上的作用力克服重力引起的向下作用，如何使机器能与支承表面或接触表面稳定接触且保持自身的状态。某些需要高空爬壁作业的小型机器需要在各种倾角的作业面上行驶，作业面可能是水平面，也可能是竖直面。作业过程中还需要从一个面转到另外一面，当行走支承路面发生大角度突变时就要牵涉到三维行走的问题，需要有特殊的适于攀爬的装置替代或辅助传统行走装置。这类装置同时还需增加安全措施，能在失去动力、受到外界干扰等意外情况发生时，保持机器平衡状态，同时能安全停靠不坠落。

7.3 在多向运动载体上行走

普通行走机械行走是在以大地为基础的稳定支承面作用下实现运动，这种行走都是相对于巨大的、静止不动的支承载体，载体的运动状态保持不变。随着行走机械应用领域的不断拓宽，行走机械需要在运动的载体上行走，如应用于现代大型船舶上的行走机械，这类行走机械是在载体运动状态下作业。载体运动导致承载行走机械的支承甲板的状态产生变化，进而导致支承作用发生变化而影响行走作业。如海上的风浪使得舰船产生摇摆颠簸，这些运动通过甲板传递给其上的行走机械，行走机械需要具有克服摇摆倾斜的能力。军用舰船上的行走机械还要有应对冲击振动的能力，当遭遇到非接触型水下爆炸时必然对舰船产生冲击，舰船上的行走机械同时也遭受舰船作用给它的次级冲击与振动。

7.3.1 载体运动环境中的行走机械

行走是行走机械要发挥的主要功能，行走功能的实现与支承该机器的载体状态密切相关。普通行走机械主要关注与行走装置接触表面的情况，不需要考虑载体的状态，因为支承载体可视为静止不动的。但是在一些特殊场合，行走机械需要在运动的载体表面行走，这时行走环境状态与常规环境存在较大的不同，这些不同可能影响行走机械行走功能的正常发挥，因此在这类特殊环境作业的行走机械为了能够适应需求，要根据具体环境特征对涉及影响机器性能、功能、结构等方面的因素分析研究，在设计中统一规划采取应对措施。目前应用于载体多向运动环境的行走机械主要就是舰载车辆，舰载行走机械具有陆基行走机械的功能特征，而且要适应海洋舰载环境作业，具有承受船体受到风浪作用引起倾斜与摇摆等作用的能力。

7.3.1.1 海洋环境舰船运动特点

水上移动的船舶是靠水的浮力支承的一类大型容器，必须在江河湖海这类富水环境内发挥功用。运行在海洋上的舰船必须适应海洋环境条件，海洋的气候环境与风浪对舰船及其上的设备都产生作用与影响。海洋环境的潮湿、高盐等特性不可避免地影响舰船上的设备，这要求暴露在海洋气候环境中的设备必须提高相应的防护能力。由于受风吹和波浪的扰动，在海面上停泊或航行的舰船也不可避免地随波浪做复杂的摇摆运动。船体的摇摆运动导致其上设备的倾斜与摆动，倾斜和摆动是舰船上所有设备都必须承受的一种基本环境条件。工作在舰船甲板上的行走机械是一类移动作业的舰载设备，也必须能承受这种摇摆运动产生的不利影响。甲板与其上行走机械间的关系受风浪的随机作用而变化，行走机械的运动特性和外部受力状态都与传统的陆基环境不同。摇摆运动是波浪的强迫摇摆和舰船本身固有摇摆相结合的复合运动，摇摆的强度与波浪的方向和周期、舰船本体的尺度和相对航速等参数相关。

舰船在海上的运动状态复杂多样，为了便于分析可视为六自由度运动的合成，如图 7-3-1 所示。将船体坐标系的原点取在舰船重心 O 处，如果船体结构对称则原点在对称面上，船体的运动可由沿三个坐标轴的直线运动和绕三个坐标轴的转动所体现。舰船的六自由度运动形式一般都有相应的表述，习惯名称表述见表 7-3-1。舰船这些运动表现为船体的倾斜、摇摆和振荡，其中最突出的是在平衡位置附近做周期性的摇摆和振荡运动。船体的这些运动不仅要传递给其上的行走机械，而且对行走机械的运动性、附着性、稳定性等产生影响。

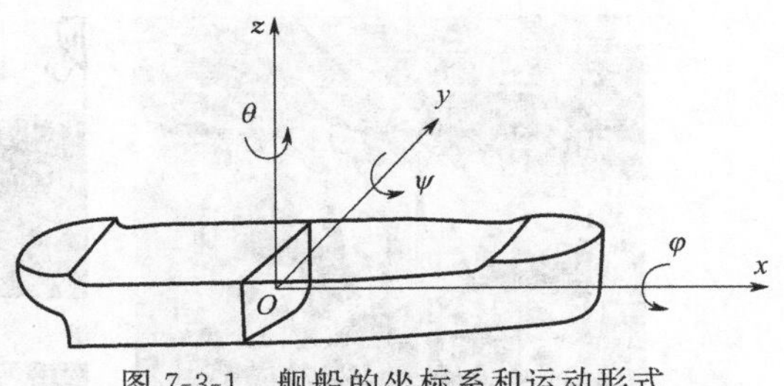

图 7-3-1　舰船的坐标系和运动形式

表 7-3-1　舰船运动形式习惯名称

坐标轴	旋转		直线	
	单向运动	往复运动	单向运动	往复运动
x	横倾	横摇	前进或后退	纵荡
y	纵倾	纵摇	横漂	横荡
z	回转	艏摇	上浮或下沉	垂荡

7.3.1.2　舰载行走机械与作业特点

舰船上作业的行走机械行走支承基面的运动状态是变化的，状态变化源于舰船的运动状态和风浪对舰船的作用。舰船自身航行相关的运动可控制，但风浪的作用是随机变化的，不同海况下作用强度也不同。在舰船上作业的行走机械要面临载体在多种不同海况下的运动状态，根据海况不同可将行走机械行走作业状态大致划分为三种情况。其一舰船处于停止或无风浪的平稳航行状态，此时其上行走机械的行走条件可视为与常规路基状况基本一致；其二是可作业的低海况风浪作用状态，此时要求行走机械能够发挥功能正常行驶；其三是高海况风浪作用状态，此时舰船摇摆振荡大使得行走机械无法正常行驶，甚至无法稳定停靠。应对第三种情况采用与舰载移动设备同样的系留措施即可，而应对第二种状况是舰载行走机械要重点解决的问题，这也是舰载与普通陆基行走机械的不同关注点之一。

舰载行走机械在作业功能上与路基同类机械相同，但是舰船环境空间有限、可移动范围小，在结构体积、重量、灵活性方面要求较高。这些行走机械的运行速度要求不高，但需要尽量减小转弯半径以及外形尺寸以提高机动灵活性。结构尽量简化，省略不必要的外围器件，节省空间、减小重量，并尽可能降低机体重心以提高稳定性。如舰载机牵引车与地面陆用飞机牵引车的形式类似，牵引车外形都呈低矮的扁平形状，其低矮的车身有效地降低了重心高度，可保证在纵倾横摇的环境下平稳行驶，尽量简化驾驶室等与作业不直接相关的部分，单人开放式驾驶台设在车身中部左侧，使驾驶员兼顾前后作业，如图 7-3-2 所示。

7.3.2　摇摆路面行走特性

舰船上的行走机械经常要在船体摇摆的状态下作业，这种行走在路面运动环境下的行走机械行走状态要随路面的运动而改变。船体摆动不仅导致行走支承路面倾斜，也使得载荷状态变化；同时行走机械作业地点相对船体运动中心空间位置不同，摆动对其的影响也在变化。在这种场合作业的行走机械需要克服倾斜、载荷变化带来的副作用，可以通过能力冗余和储备保证在预定的极限摇摆工况下实现正常工作。

图 7-3-2 作业中的舰载车辆

7.3.2.1 舰载行走机械载荷特性

在摇摆载体上行走的行走机械载荷状态时刻都在发生变化，而且因其所处的位置变化而变化。如图 7-3-3 所示，车辆所处的甲板平面与船体摇摆轴线所处平面不一定重合，摇摆影响作用也因位置变化而不同。图中所示坐标系原点 O 为舰船摇摆中心，x 轴为船体通过摇摆中心表示前后方向的纵向轴线，z 轴为船体通过摇摆中心的上下垂向轴线。Oxy 构成绕 y 轴的纵摇坐标系，其中 $Ox'z'$为摆角为 ψ 时的状态。图中水平双点画线为甲板水平位置，粗实线表示某一时刻甲板摆动的倾斜状态。右侧车辆为与 x 轴方向一致的纵向行驶状态，左侧车辆为与 x 轴垂直的横向行驶状态。载体的摇摆对其上行驶的车辆产生不同影响，即使处于同一摆动环境，车辆行进的方向变化所受的影响作用也随之改变。从图中即可看出甲板倾斜对车辆行进产生不同的影响，与 x 轴同向运动时对行走动力性能影响显著，当与 x 轴垂直横向行进时对横向稳定性能影响加大。

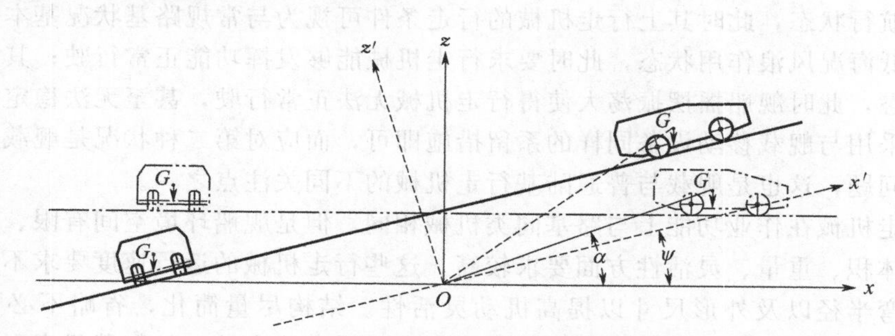

图 7-3-3 船体纵摇车辆状态示意图

载体摇摆运动对行走机械牵引特性、稳定性等均产生影响，摇摆幅值与周期、摇摆中心相对甲板的高度、行走机械相对摇摆中心的距离等是主要影响因素。行驶方向与摇摆轴方向一致只是极其特殊的工况，实际上行走机械的运动方向是变化的，这也使得作用状态产生变化。图 7-3-3 中也只简单地表述了纵摇状态，而实际情况是纵摇、横摇与垂荡同时存在，摇摆振荡的船体对甲板上行走机械的作用是复合作用。舰船上的行走机械都有一定的工作使命，作业时可能还要与其它对象相关联，分析其运动与载荷状态时要将其与作业对象一起系统考察。

7.3.2.2 冗余与安全要求

行走机械在甲板上的行走路线与方向是随机变化的，摇摆对行走机械的影响也是综合作用的结果。要保证行走机械能够在规定的海况下作业，就需要确定可行驶的极限条件。如考察摇摆倾角对行走性能影响时，应将横摇极限倾角作为极限条件，因为在同级海况下横摇角都大于纵摇角，行走机械在甲板上横向行驶要比纵向行驶载荷条件差。常规静态路面行驶所需的牵引力主要用以克服滚动摩擦力、爬坡阻力、加速时的惯性阻力，起动时还需要克服惯性力和静摩擦力。在舰船甲板上行走机械的行走基础是摇摆运动，这不仅使常规的爬坡阻力变成了变量，更增加轮摇摆、垂荡所产生的惯性载荷。这些变化的载荷导致行走机械随甲板摇摆过程中，产生阻力波动变化、附着重量波动变化，其中阻力增加与附着重量减小直接对行走动力性能产生不利影响。

甲板上的行走机械依附于摇摆的船体，船体的不规则运动改变了常规路基车辆的基本运动平衡，为此这类行走机械需要采取措施应对这些不可控运动产生的影响。阻力增加需要行走机械有足够的动力输出保障提供驱动扭矩，同时也需要有足够的附着重量来保证牵引力的发挥。前者要求行走机械有足够的动力储备，后者要求在驱动轮上作用有一定富裕的附着重量。附着重量对转向轮也同样重要，如果作用于转向轮的附着重量被削弱则可能导致转向失控。这种环境不仅要求行走机械具备比同等路基行走机械更大的牵引力，同样也需要更强更可靠的制动能力与效果，制动系统冗余能够提高可靠性与安全性。舰载行走机械都有具体的作业目标，有可能与这些作业对象组成系统共同行走，此时行走机械的系统冗余和能力储备不仅仅是对自己，而且要对包含作业对象在内的整个系统，如飞机牵引车需要考虑牵引飞机状态下行走能力，叉车则要保证在最大负重状态的工作能力。

7.3.3 稳定与预防措施

载体摇摆不仅对行走机械纵向动力学特性有影响，同时对横向与垂向载荷特性也都有影响。船体摇摆对行走机械的横向作用影响稳定性，可能产生侧滑、侧翻等问题；船体的垂荡运动会使行走机械处于周期的超重和失重状态，这直接影响行走机械的附着力、振动等方面。摇摆环境的行走机械所受作用复杂，应对措施也不能是孤立单一的，要系统考虑。

7.3.3.1 横向稳定

在舰船甲板上的行走机械在摇摆环境下各向行驶，摇摆运动在同一处产生的作用一样，而对不同行驶状态的行走机械影响不同，从图 7-3-3 中可看出同位置的车辆改变行驶方向则作用影响产生变化，而且路面的倾斜、摇摆的惯性载荷等对车辆的横向稳定性影响更明显。随着摇摆幅度的增加稳定性变差，在极限摆角条件下行走机械不能发生失稳。行走机械结构布置一般都是纵向尺寸大于横向尺寸，车轮与地面的支承点的位置关系也是如此，在作用载荷相同条件下使得横向稳定性不如纵向稳定性重要。因此在同样的海况条件下，如果发生稳定性问题首先应是横向失稳。摇摆环境对行走机械的横向失稳影响存在侧滑与侧翻两种可能，具体产生何种结果要看哪种条件首先具备。当车轮与地面之间产生的侧向滑动阻力小则产生侧滑，如果车轮与地面之间侧向滑动阻力大，阻力足以阻碍整机侧滑，加之横向翻转力矩大于横向稳定力矩时则产生侧翻。横向稳定性需要试验验证，如图 7-3-4 所示。

提高抗倾覆能力需从减小倾翻力矩方面入手，在总体布置、结构设计过程中予以确定，尽量均衡分布重量、降低重心高度、加大重心与倾翻轴线间的距离。摇摆环境的行走机械保持横向稳定性既不能侧翻，也不能侧滑，侧滑失稳关联车轮与支承面之间的作用。轮胎是行走机械与路面接触并相互作用的部件，轮胎的特性首先考虑的是对行走机械的驱动、制动以及转向等影响，在摇摆环境下轮胎对行走机械侧向失稳的影响必须予以关注。如舰载行走机

图 7-3-4　横向稳定性测试

械的轮胎与甲板面需要能产生较大的侧滑阻力，相对常规轮胎从轮胎材料、结构形式等方面都要提高防滑性能。舰载行走机械在一定海况条件下实现作业功能，海况条件进一步恶化时只能停止作业，而且需要将行走机械停放在指定位置并系留。为此这类行走机械需配有系留装置，如图 7-3-5 所示。该装置通过系留索具与甲板面连接，使其停放不受恶劣海况的影响，以免产生不该发生的运动。

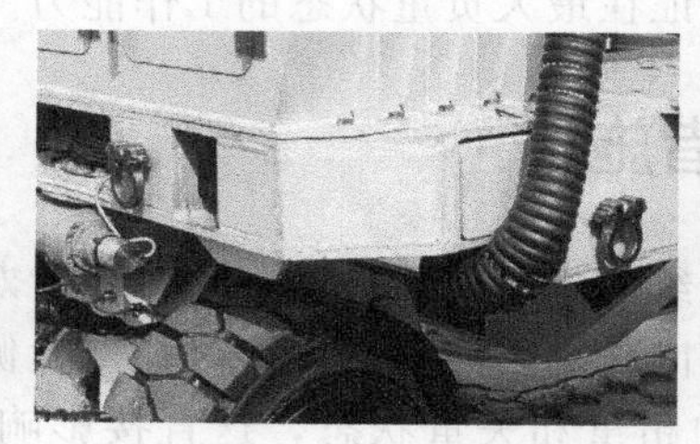

图 7-3-5　系留装置

7.3.3.2　冲击振动与应对

舰船的垂荡运动会影响行走机械垂直方向的载荷状态，行走机械因垂荡使得其与路面间的附着作用发生变化，进而影响驱动力的变化。此外垂向振荡载荷作用，会引起行走机械及装置器件等的冲击振动。冲击振动还可能发生在舰船遭遇到非接触水下爆炸情况下，行走机械这时受到的冲击振动是爆炸对船体的冲击产生的次级冲击振动。冲击与振动对行走机械产生不良作用，可能导致原有作用力的平衡被破坏、零件过应力引起变形与断裂，使装置或机构间引起碰撞与挤压，进而出现泄漏、短路、器件脱落等现象。这类行走机械不仅要进行抗冲击设计，而且要在试验台上对实车样机进行冲击试验。

在摇摆环境作业的车辆受到的摇摆、冲击等作用，提高了对车辆结构、装置、器件的要求。如由于冲击振动载荷的存在，结构件选用的材料须高强度、延伸率大，避免使用脆性和对缺口敏感的材料，必须采用脆性材料时必须有有效的抗冲击措施。结构上尽量减少与强度无关的结构质量，要有足够的截面，避免尖缺口和截面突变等引起应力集中等。此外连接螺栓与连接件孔径差尽量小，液压管路要有适当支承防止变形，电气线路要有一定松弛长度防止产生应力。行走机械内部存在用于冷却、润滑等的液体，摇摆、振荡可能使内部自由液面位置变化，而使液体外泄、润滑条件恶化，导致某些装置或部位工作失常，需要采取措施加以预防。

7.4 安全与防护结构设计

研发设计新机器时功能实现往往是关注的焦点，而安全作业与保护人员、设备不受损害也应重点关注，每一产品都需根据具体的作业内容进行安全性设计。行驶是行走机械的基本工作内容，此外还有其它专业的作业内容，因此安全性设计主要围绕这两方面进行。在关注运动安全的同时，作业中各种可能发生的危险也需要有防范措施。安全首先要防止事故发生，其次要防止次生灾害的发生。在结构上增加强度、采取防护措施等属于被动性防护，采用提前预测、警示等手段预防事故发生则是主动安全措施。防护、预警等都是以人机作业安全为目的，安全与防护要基于具体的作业内容而定，安全与防护的重点在于人身安全。

7.4.1 运动碰撞防护结构设计

行走机械中的一些高速行驶车辆，由于行驶速度高而发生碰撞的可能性大，而且一旦发生碰撞就要释放较大的撞击能量，进而致使发生严重事故。为了减少这类事故发生对人员的伤害程度，在结构设计中就要考虑机体碰撞安全保护方面的措施。这种设计思想在各类高速车辆中都有体现，大多数乘用车的车身结构中就包含了碰撞防护结构。轿车是用于人员运输的小型高速乘用车辆，常规的设计结构是前、中、后三部分空间，分别用于安放动力与传动装置、驾驶与人员乘坐空间、存放行李物品的箱室。其中人员乘坐空间位于中部利于安全保护，发生运动碰撞一般开始于端部，在前后发生碰撞对中间部位还有一定的传递过程，利用这段过程可进一步提高人员的安全保障。保护乘坐人员安全的保障之一就是要使碰撞发生后驾乘空间受损变形尽量小，即使变形也要有足够的安全空间。碰撞防护结构能够通过自身结构耐碰撞性能来减轻或消除碰撞对需要保护部位的影响，耐冲击结构的机体碰撞时能让一部分结构先溃缩吸收部分撞击能量，使传递至驾乘部位结构的载荷不超过其弹性变形的极限载荷，从而减少传递到驾乘部位的撞击力，降低结构变形而导致人员所受到的伤害。如当车辆与前方物体相撞事件发生后，与该物体发生接触的端部到驾乘部位之间的某些结构迅速发生塑性变形，瞬时接触产生的冲击力的峰值将会沿着冲击方向迅速衰减，当冲击力传至中部时就有可能下降很多，甚至降低到驾驶与乘坐人员能够承受的安全值以下。

轿车车体前后都布置有防撞梁即俗称的保险杠，防撞梁是承受撞击力的装置，其具有一定的吸能作用但主要用于传导作用力。轿车车体前部的防护结构通常包括防撞梁外壳、缓冲层、防撞梁、吸能体和车身纵梁等，其中吸能体介于防撞梁和车身纵梁之间并共同构成纵向承载骨架。如图 7-4-1 所示连接在前防撞梁与前纵梁间的吸能盒就是用于吸收冲击能量的吸能体，严重碰撞发生后防撞梁首先受到外来冲击，防撞梁外壳与缓冲层吸收一小部分冲击能量，同时它将自身

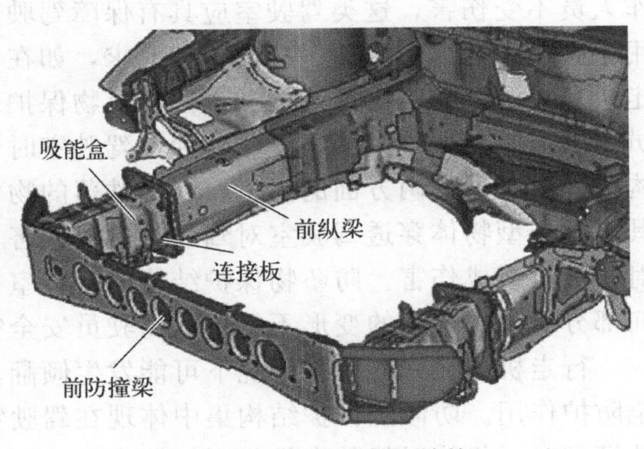

图 7-4-1　碰撞防护结构

无法吸收的冲击作用分解并分别向后传递。碰撞时的冲击作用要经过吸能盒才能传递给前纵梁，强度较大的碰撞致使吸能盒结构变形而充分吸收冲击动能，使前纵梁接收的载荷大大降低。吸能体是这一能量传递环节中强度最低的器件，吸能体利用结构的特殊设计、材料变化等使其相比其它部分更容易变形。当吸能体受到的作用超过其承受能力后就马上溃缩，通过自身变形将接收到的大部分撞击能量吸收，最大限度保证后部的纵梁不受到伤害，达到为乘员提供被动保护的结果。

图 7-4-2　车门防撞梁

碰撞事故既可能发生在正面，也可能发生在侧面，因此也要加强侧面的防护能力。侧面碰撞防护与正面防护思想有所不同，因为侧面车门部位与人体十分接近，侧面防护要加强车门的防撞能力。为此在车门上都安装有防撞梁，车门防撞梁这类结构部件被安装在车门内部。有的防撞梁采取垂直布局，还有一些采用对角线式，即从底部的门框一直延伸到窗玻璃的底部边缘，如图 7-4-2 所示。无论其具体结构与布置如何，车门防撞梁都是作为一种额外的吸能保护层而设计，它可以降低乘员可能遭受的来自侧面外部的撞击作用。防撞梁是减少驾乘人员受侧面撞击的最重要防线，强度越高对驾乘人员的防护就越好。为了提高运动防护能力车内可以安装安全气囊装置等，这些措施都能有效保护车内乘员。安全防护不仅是对车内乘员，车外人员的安全也要同时考虑，保险杠等外围可能与人接触部位都要具有一定的弧度，这样即使与行人发生碰撞也能够最大限度减小对人的伤害。有的行走机械还设计安装一些专门的装置，用于外部行人碰撞时减少行人损伤。

7.4.2 安全作业驾驶室结构设计

驾驶室是大部分行走机械上的组成部分，驾驶室内布置有座椅、仪表及操纵控制装置等。驾驶室的形式不同而基本功用都一样，同时又可根据不同的需要增加一些特殊功能。由于行走机械的结构形式与作业特点不同，驾驶室的布置方式、结构特征也随之变化。其中在一些特殊场合作业的行走机械，驾驶室要应对作业过程中可能出现的安全事故，保障驾驶操作人员不受伤害，这类驾驶室应具有保障驾驶员人身安全的能力。在装载作业类行走机械应用中有一类情况对驾驶室提出防护要求，如在一些装载作业场合需要防止高空坠物，这类行走机械需配置防坠物保护驾驶室。防坠物保护驾驶室在发生小型物体坠落或撞击时保护驾驶员不被击中，比较大的物体坠落冲击驾驶室时保护驾驶员不受伤害，防坠物保护驾驶室的结构设计要考虑这两方面的因素。因为跌落的物体击坏驾驶室而伤害驾驶员有两种可能情况：其一是小型物体穿透驾驶室对驾驶员造成伤害，其二是比较大的坠物冲击驾驶室使其变形而对驾驶员造成伤害。防坠物保护结构的驾驶室在坠物的冲击下不应被坠物击穿，驾驶室的任何部分受冲击产生的变形不得进入驾驶员安全空间。

行走机械在一些特殊情况下可能发生倾翻，一旦这种情况发生防倾翻保护结构就要起安全防护作用。防倾翻保护结构集中体现在驾驶室的设计上，防倾翻驾驶室就是在机器发生意外倾翻时，仍能对驾驶人员起到保护作用。驾驶室是一个大型复杂结构件，防倾翻驾驶室的设计宗旨是在倾翻事故发生后保护结构有足够的抵抗能力，保证驾驶室的容身空间不受侵犯，允许结构中的某些部位出现塑性变形，但变形不得进入驾驶人员人体极限安全生存空间区。在发生倾翻事故时的场合、可能出现的状况不同，但保护结构的各向承载力、能量吸收能力均要达到防护要求。倾翻遇到较软的地面时保护结构能够扎入地面并支承机器的自重、阻止机器进一步滚翻，降低滚翻机器轧伤系安全带驾驶员的可能性。遇到硬地面时保护结构能发生塑性变形吸收冲击能量并能承受一定的载荷，保证任何部分不进入人体极限安全区域，留给驾驶员一定的生存空间。当车辆处在颠覆、滚翻状态时，已经变形的倾翻保护结构应能支承住连续冲击。

在实际应用中通常将防坠物结构与防倾翻结构同时体现在同一驾驶室上，即防倾翻与防坠物驾驶室，又称 FOPS 和 ROPS 驾驶室。防倾翻和防坠物保护结构设计在本质上有别于传统的结构设计，传统的结构设计一般在弹性范围内或弹塑性范围内，结构设计只考虑承载、变形、失稳。而防坠物和防倾翻保护结构的设计则从能量吸收角度考虑，判定防倾翻和防坠物保护结构失效与否的准则是极限挠曲量，在防倾翻和防坠物保护结构失效时的变形已远远超出弹性范围。防坠物和防倾翻保护结构可以有不同的实现方式，保护结构可以是与驾驶室合为一体的组合结构，也可以是独立于驾驶室而存在的独立装置。独立于驾驶室的防倾翻和防坠物保护结构是安装在驾驶室外并固定在车架上，该装置既有防倾翻和防坠物保护结构合为一体的形式，也有各自独立完成功能的形式。值得注意的是防倾翻与防坠物保护驾驶室的保护能力是有限度的，相关标准规定内容都有限定范围，对坠物冲击的能量、倾翻最大坡度、前进速度等都有一限度，对于超过该限度的情况则要遵循标准规定另外确定。驾驶室的防倾翻和防坠物保护结构被使用一次后，就失去了原有的设计功能而必须报废。防倾翻和防坠物保护结构设计是与整车的设计联系在一起的，其几何尺寸的确定受整机和驾驶室的限制，如图 7-4-3 所示。在进行防倾翻和防坠物保护结构设计时，通常采用钢管或型钢为材料，形成由多根竖直的立柱、顶部横梁及纵梁组成的不同形状的骨架。

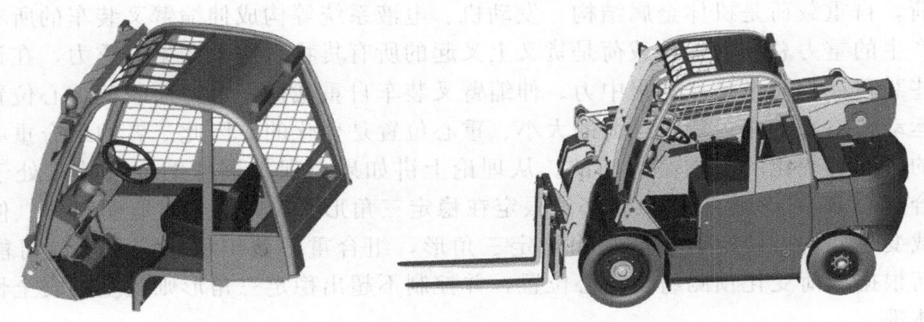

图 7-4-3　伸缩臂叉车防护驾驶室

7.4.3 主动安全设计

上述的碰撞防护结构、防倾翻和防坠物保护结构是从两种不同角度出发，在结构设计上实施的安全防护措施，都属于事故发生后的被动防护。避免事故发生才是最好的安全保护，采取措施避免事故的发生，或最大程度地减少事故发生的可能最好，相对于被动防护这应属于主动安全防护。主动安全就是事故预防和事故回避防护，通过事先预防避免或减少事故的发生。采取主动安全的行走机械设计时需对主动安全状态进行设计评估，然后才能设计相应的预防系统控制不安全状态的发生。主动安全设计在自动驾驶车辆上应用较多，如利用车辆上安装的多普勒雷达、红外雷达等传感器随时获取相关信息传给车载处理器，处理器处理分析后如果认为有发生危险的可能，以声、光等形式向驾驶员提前预警，并可自动采取措施防止事故发生。行走机械在行走方面的主动安全技术与措施具有一定的通用性，而作业方面的主动安全则需针对具体作业工况。图 7-4-4 所示为伸缩臂叉装车稳定性分析简图，通过对该类作业机械超载失稳导致倾翻的分析，在设计中配置相应装置实施检测、控制等功能。

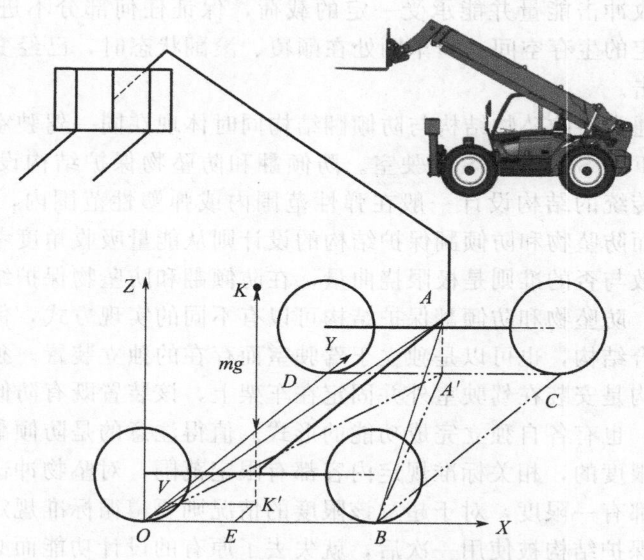

图 7-4-4　伸缩臂叉装车稳定性分析简图

伸缩臂叉装车是用于搬运、装载货物的一类行走机械，因其臂可以伸缩可使作业范围变大，同时也因载荷中心位置变化带来了作业稳定性问题。影响稳定的载荷主要为自重载荷与货物载荷，自重载荷是机体金属结构、发动机、电液系统等构成伸缩臂叉装车的所有零部件质量所产生的重力总和，货物载荷是货叉上叉起的所有货物总质量产生的重力，在计算时通常将这些载荷视为通过某点的集中力。伸缩臂叉装车自重载荷一定，而载荷重心位置因为伸缩臂的运动而略有变化；货物载荷的大小、重心位置是变化的，因此二者的组合重心的位置是变化的，而且变化的范围是空间的。从理论上讲如果要保持该伸缩臂叉装车处于稳定状态，组合重心 K 的投影点 K'位置必须限定在稳定三角形 OBA'内。但地面倾斜、伸缩臂运动、外载变化等均可使组合重心超出稳定三角形，组合重心超出稳定三角形就可能导致倾翻。如何根据载荷变化预测组合重心位置，并控制不超出稳定三角形则是主动安全性在稳定性上的体现。

通常将伸缩臂叉装车的失稳分为纵向与横向两种，其中纵向失稳主要表现为绕前轮支点连线构成的纵向稳定轴线。横向失稳比较复杂，图示结构可简化为 OA、AB。判断是否失稳的一种方式就是要计算绕倾翻轴的力矩，如要确定是否横向失稳要比较绕横向倾翻轴的倾翻力矩大还是稳定力矩大。横向倾翻轴线虽然是两条，但实际上只能是其中的一条是倾翻轴线，不能两条同时成为倾翻轴线。在进行稳定力矩计算时，由于横向倾翻轴线是一条空间直线，为了便于说明、方便计算，建立一三维坐标系确定各重心的坐标位置。坐标系可以任意建立，但为了计算方便，以其中一前轮外侧与地面的交点为坐标原点，垂直向上为 Z 轴正向。纵向 Y 轴指向后方为正向，X 轴为横轴，也是伸缩臂叉装车的纵向倾翻轴。由于前轮外侧与水平地面的接触点 O、B 两点和后桥铰接点 A 用线连起来形成一个三角形 OBA，三角形的三个边成为倾翻的三条轴线，其中 OB 为纵向倾翻轴线，OA、AB 为横向倾翻轴线。

三角形 OBA 在 X-Y 面内的投影为三角形 OBA'，即 OA' 和 BA' 是横向倾翻轴线在该机作业支承平面内的投影。

保障伸缩臂叉装车稳定的条件是包括伸缩臂叉装车自重在内的各项载荷对倾翻轴线的力矩中，稳定力矩之和大于倾翻力矩之和。在确定稳定的条件时，要考察每个载荷力及该载荷到倾覆线的距离，因此需确定载荷的大小与位置。设某一时刻的工作状态其组合重量载荷 mg 的重心为 K 点，为了计算载荷 mg 对倾翻轴线的力矩，必须确定该点到该轴线的距离。点 K 的坐标为 (x,y,z)，则 K 点到三个轴的距离分别为 x、y、z，K 点在 X-Y 面内的投影为 K'，K' 点在 X 轴、Y 轴上的投影分别为 E、V，则 $x=OE$，$y=OV$。对于纵向倾翻轴线的距离可直接方便地计算出来，而对于横向倾翻轴线的距离需要经过一定的变换才能得到。根据上述原理确定机器在有横坡的场合进行作业时载荷重量、系统中心高度变化对稳定性的影响，确定倾翻的一些边界条件。再进一步设计防倾翻控制系统，确定适宜的检测装置、配置控制器对一些影响稳定性的动作实施控制，必要时能够自动切断人工操作对伸缩臂的动作实施操控。在伸缩臂叉装车的产品中多直接采用倾角检测方式用于倾翻预警，如在机器上安装测量倾角的传感器实时检测纵向、横向倾角。一旦倾角到达预警范围时控制系统则开始给出警示信号，同时锁定伸缩臂前伸、下摆等有恶化稳定趋势的相关动作。上述内容是从几个侧面探讨机器防护与人员安全方面的问题，这也只能是对行走机械安全性设计的管中窥豹。

7.5 机器系统热平衡设计

行走机械工作时不仅与环境中的实体间产生可见的作用，而且还存在一些不被人注意的作用，热量交换就是其中之一。行走机械工作过程中都要产生一定的无效热量，这些热量一定会影响装置器件的温度，装置器件都存在一个最佳的工作温度区间，在此温度范围内其各项性能指标才能得以保证，为此需要消除或减轻无效热量对机器的影响。在无法限制无效热量生成的场合要消除其影响，比较适宜的方式是通过热量交换将热量释放到周围的大气中。行走机械都要根据自身产生热量情况与作业环境温度条件等配置热量交换系统，使其能在正常作业状态保持热平衡。

7.5.1 无效热量的来源

行走机械工作时伴随着能量转化、动力传递等过程，这些过程中损耗的能量的主要部分转化为无效热量，随着连续作业时间的增加而累积的这些热量使得相关零件、装置、系统等温度升高。为了让受热影响器件连续工作而不超过可承受温度上限，机器设计之初就要对整个机器中的各个部分温度变化规律予以了解，以采取适当的散热降温措施。行走机械工作时的热环境受外部环境条件与自身内部无效热量产生两方面的影响，外部主要是受到环境温度、存在的热源传导、太阳辐射等影响，这些影响随机性较大，机器自身无法控制。内部产生的热量则是有规律可循，可根据热量产生的情况采取适宜的热平衡系统实施温度控制，通过热交换方式散发掉多余热量，冷却相关部分保证机器正常工作。机器吸收热量后温度才能升高，控制促使温度升高的热量才能平衡机器的温升。影响行走机械温度变化的因素既有外部环境因素，也有本身内部产生热量的因素，其中内部热量来源主要有以下几个方面。

(1) 动力装置

动力装置是能量转化装置，尽管结构形式与工作方式有所不同，但都要在工作过程中产生热量。行走机械最常用的动力装置是内燃机与电动机，其中电动机是将电能转化为机械能的动力装置，在能量转化过程中未转化成机械能而消耗掉的部分基本转化为热量。内燃机利用燃烧燃料后的热能转换为驱动机械做功的机械能，但是由于转化效率低导致其中一部分热量随废气排出机外，还有一部分传给机体成为使机体温度升高的热量。

(2) 传动系统

动力装置到工作装置之间几乎都需要传动装置或传动系统，只是传动的形式、简繁不同而已。传动过程是实施动力传递的元件、介质之间相互作用的过程，如传动副之间的摩擦与啮合作用、器件与流体介质间的相互作用等。这些作用都要产生热量，这些热量都是无用甚至有害的热量。这些热量积累后均可导致相关器件的温度升高，如摩擦式离合器工作中因摩擦而产生热量，这些热量积累后导致离合器温度升高。

(3) 制动装置

制动装置是行走机械必需的基本配置，大部分行走机械的行车制动装置是摩擦式。摩擦式制动装置的制动原理就是利用元件间的摩擦作用，使运动部分降低速度直至停止。每次实施制动时因摩擦产生大量热量，通常这些热量都是无用的废热，导致摩擦元件温度升高。当制动持续时间较短且散热条件较好时，在下次制动时热量已散发掉而不会导致继续提高装置的温度。

(4) 电气器件

行走机械上配置的电气装置、器件形式多样，其中除了作为动力装置的电动机外，还有整流器、逆变器、电池组等高能量车载电器，这些主要用于动力驱动场合的电器工作过程中都有一定的能量损耗转化为热量。这类电器如果在自然条件下无法将热量散发掉达到热量平衡，也需要配备实现热平衡的散热冷却系统。此外还有大量的低能耗电气元件，它们在工作过程中都要发热，只是发热量少、产生的影响不大。

(5) 其它工作装置

行走机械中存在各种各样的工作装置，这些装置在作业过程中都有可能因摩擦、冲击等原因产生热量，如果是非持续生热或产生的热量极少使热量不积累，这类情况可以不考虑散热，如果影响装置本身与作业性能则需实施散热冷却。

7.5.2 散热与热量平衡

行走机械工作过程中产生无用的废热不可避免，处理办法就是采取措施使其尽量少地产生，再者将废热加以处理与控制使其不对装置与器件产生不利影响。后者是行走机械普遍采用的方式，使装置或系统实现热平衡而保证温升限定在某一限值不再升高。所谓的平衡是指该器件、装置、系统的温度与环境的温度差值 ΔT 达到基本不变的稳定状态。只要行走机械各个部分均工作在低于自身可承受的极限温度且 ΔT 达到稳定，则其可在此环境下保持正常工作。要到达这种平衡的实质是能将继续促使温升部分的热量散发掉，即将这部分热量从机器中转移到周围环境中。但热量转移是有条件的，条件就是环境温度要低于机器上器件的温度，即 $\Delta T>0$。值得注意的是机器是大环境的组成部分之一，而本身又构成一小环境，其中的装置、元件等又是该小环境的组成部分。各系统、部件存在一个最佳工作温度区间，此区间可以保证零部件的各项性能指标得以充分发挥。由于装置、器件的耐热特性不同，机器的热平衡使其各自达到平衡即可。整个机器要达到的热平衡并非统一的温度限度，而是控制每一小环境或微环境与周围环境的热平衡。

热量在器件体内积累才使得温度升高，保持稳定不变或降低温度的办法之一就是将其内的热量转移走，实现热平衡保持温度稳定在某一限值的方法也无非就是将热量转移到环境中。采取措施提高该机体与大气的热交换效率则是提高散热能力的途径。目前采用以流体为介质的换热、散热方式提高散热冷却效果，行走机械通常还采用空气、液体组合换热方式。

（1）空气换热冷却

利用空气与发热物体进行热交换对该物体进行冷却最简单易行，采用空气冷却方式也是机器冷却的最基本的方式。利用空气冷却有两种不同的形式，其中最简单的是环境大气直接冷却，即利用发热物体外表面接触周围空气实现热交换。采用这种方式需要可散热的表面积足够大，为此需在外部结构设计上采取措施。如果为此增加表面积而带来体积增加、结构复杂，则要进一步判断对该行走机械的利弊。这种方式通常是在不增加体积、不影响整体结构的条件下才使用，在同等发热、同样环境温度条件下，使用较多的是利用流动空气与散热表面接触提高散热效率。要使空气流动需要借助风扇等装置加速空气流动，通过控制风扇可控制空气流动状态，进而实现散热效果的控制。但配置风扇等装置增加复杂程度，同时也需要消耗一定的能量。

（2）液体换热冷却

为了提高热交换效率通常用液体作为介质换热冷却，专门冷却用的介质有冷却液、水等不同液剂。这类使用专用换热冷却介质的场合需建立一套独立的冷却系统，必须配备对应的流道、管路、液泵、散热器、储液箱等组件。还有一类是利用工作介质作为冷却液，如液压系统中的液压油、机械变速箱中的机油等。利用工作介质作为冷却液使用的场合，工作介质在工作过程中流动就是换热的过程，只要在工作系统中介质流经的某处增加散热装置，使工作介质流过散热装置将热量散发即可。为了提高散热效率通常将液体换热与空气流动散热组合使用，从发热装置体内吸收到热量的液体流经散热器，流动的空气经过散热器将热量带走使液体降温，降温后的液体再回到发热处吸热，液体在系统回路中循环。

7.5.3 装置的散热冷却

装置本身自然散热实现热平衡是最理想的情况，在不能实现自然散热平衡时就需要采取措施冷却。增加散热能力越大需要耗费的资源越多，因此一般在空气冷却能够满足需求时采用风冷方式，在空气冷却难以满足冷却要求时才采用液冷方式，因为液冷对器件的结构、密封等都有较高的要求，同时需要另外增加一些专门用于构成冷却系统的装置。风冷应用较多的方式就是在原器件或装置的基础上配置用于冷却的风扇，利用风扇旋转产生高速流动的空气作为冷却介质接触器件表面进行直接冷却，这种方式简单易于实现、对器件或装置的结构影响较小。液冷方式冷却效率高但结构上需设计有液体流道，通常是液体换热与空气散热的组合冷却实现方式，行走机械中最具代表性的应用是发动机的冷却系统。发动机是行走机械的动力装置，发动机将燃油燃烧能量转化为有效输出功率的效率还较低，其中一部分无效热量传入发动机机体等部位导致其温度升高。所以发动机必须有用于散热的冷却系统，将受热零件吸收的部分热量及时散发出去，保证发动机在最适宜的温度状态下工作。

发动机的冷却分为水冷与风冷两类，如图 7-5-1 所示。其不同在于风冷是利用高速流动于气缸体与气缸盖外表面的空气作为冷却介质进行直接冷却，水冷是利用在气缸体和气缸盖冷却水套中进行循环的液体作为冷却介质进行换热冷却。水冷发动机中的循环液体将热量带

图 7-5-1　风冷发动机与水冷发动机

入到散热器中，再利用空气作为冷却介质对散热器进行冷却，为此水冷发动机需要由冷却水套、水泵、风扇、散热器、节温器等组成一个系统才能实现冷却功能。其中冷却液经水泵的作用在发动机缸体水套、节温器与散热器组成的密闭管路系统内循环，不断循环流动的液体将机体的热量带走并散发出去。冷却系统的功用是使发动机在所有工况下都保持在适当的温度范围内，发动机冷起动之后冷却系统既要保证发动机迅速升温，又要防止发动机过热。冷却系统中节温器的作用就是用来控制冷却液循环，随发动机负荷大小和水温而自动改变冷却液的流量和循环路线。根据发动机工作温度由低到高的变化，冷却液的循环路径受节温器的控制分为小循环和大循环。小循环就是当冷却液温度低于规定值时，节温器控制循环的冷却液不经过散热器，即冷却液从冷却水套流出经节温器直接进入水泵进水口，再由水泵送入缸体和缸盖的水套。小循环由于冷却液不经过散热器使发动机温度迅速升高，大循环时冷却液经过散热器增强冷却能力。

一般情况下散热风扇由发动机本身直接驱动，可通过温控离合装置控制风扇的供风状态。也有采用电、液独立驱动形式，使其作业状态可以脱离对发动机工作的依赖，所以风扇转速不受发动机工作状态限制。如当发动机停机后由于水温偏高，可以控制电动散热风扇继续工作一段时间以便更好地散热。发动机本身还是一套复杂的机械运动装置，还必须对曲轴、轴承等这类运动工作机件主动进行适度冷却、润滑，为此发动机利用油底壳存放有一定量的机油，这些机油既用于这些机件的润滑，同时也将其产生的热量带到油底壳，在油底壳向外辐射散热。大功率的发动机上由于热负荷大，除此之外还另外配置加速机油降温的机油冷却器。润滑作用对传动装置中的一些零部件必不可少，润滑剂在完成润滑功能的同时与器件接触可以实现热量交换，为此大部分传动箱、变速器也同样采用上述润滑冷却方式，减小摩擦阻力并保证其工作在最佳温度范围内。

7.5.4 整机系统热平衡

行走机械是由多个装置、器件匹配组合而成的复杂机器，不同功用的器件、装置的温升要求与冷却方式及自身散热能力也各不相同。如有服务于发动机及变速器的冷却系统，有服务于驾乘人员的空调系统，还有服务于电器、制动等装置的散热装置等。行走机械选配的相关装置本身可能已配有自己的冷却装置或系统，但要注意该装置的冷却系统到了机器之上则并非孤立存在，在机器有限空间内布置的各装置与器件之间必然相互影响。为此整机需合理布局、优化匹配，使这些散热装置与冷却系统各司其职，保证机器具有较强的热平衡适应能力，一般需要从以下几方面着手。

(1) 总体协调

行走机械的结构与布置要有系统热平衡的思想，以主要热源为冷却关注重点，处理好不同冷却要求装置间的位置关系，做到散热循环流动路线通畅、相互影响小。如在发动机为动力装置的车辆中发动机散热量大，发动机冷却系统的散热器都布置于利于散热的部位。高速车辆的散热器布置在机体的前部，迎风布置散热器提高通风速度加强了散热能力。有的行走机械中除了发动机还有发电机、整流器、逆变器和电动机等需要冷却的装置，不同装置所需的冷却平衡温度又各不相同，如发动机冷却平衡温度到95℃没有问题，而整流器和逆变器的工作温度一般在75℃以下。同机布置这些装置时应将高温热源循环回路与低温热源循环回路分开以减小相互的影响。

(2) 系统整合

行走机械中的发动机、润滑系统、传动装置等多处可能需要实施冷却，作为单独的装置、系统其可以独自构建热平衡系统。为了节省资源、提高效率，可整合不同的冷却资源，如可将部分装置的冷却散热部分统一集中起来。行走机械上有将发动机散热器、中冷器的散热器、空调冷凝器等叠加到一处共用一个风扇，这种方式可将分散的热源产生的热量输送到比较适宜的位置散热，这种分散与集中统一布局使得散热装置更加紧凑、冷却系统更加简化，如图 7-5-2 所示。集成不是简单地将原系统的装置直接布置到一起，而是需要实际验证该组合匹配是否适宜。

图 7-5-2　集中布置在发动机前侧的各种散热器

(3) 匹配设计

行走机械中的各种装置由于具体的工作条件与结构要求不同，可实现的冷却散热结果也不同。其中有的装置难以加装辅助冷却装置，产生的热量只能靠自身的散热能力冷却，这类装置除在结构、材料等方面加以注意外，同时还需要考虑整机层面的冗余设计，如高速、重型行走机械的行车制动器就是如此。制动器制动过程是把行驶的动能通过制动器吸收转换为热能，制动时制动器温度快速升高，但升高温度到一定程度后制动效能会显著降低。在常规条件下制动器实施制动间隔时间长有足够的散热时间而保证制动效果，需要连续制动时就难以将热量完全散发出去，为此这类需要连续制动的车辆都配置有缓速装置配合制动。

7.6　低温环境作业适应性

行走机械在低温环境运行要应对寒冷对机器发挥功能所产生的不利影响，要保证在寒冷低温环境下正常发挥出常温条件下所能发挥的功能，整机或其中某些部分需要经过特殊处置或在常规机器基础上实施一定的特殊改进。寒冷低温对行走机械的影响是多方面的，在这种环境作业的行走机械主要解决低温适用和动力装置正常起动方面的问题。

7.6.1 低温环境下的行走机械

行走机械上配备的元器件复杂多样，使用要求与工作特性各有不同。大部分元器件适用于常温环境条件，当温度发生较大变化时有的可能工作不正常，甚至失效。在低温环境下使用的行走机械为了适应使用环境，需要采取必要的措施提高产品的低温适应性。为此首先需要了解低温对行走机械可能产生的影响，低温寒冷环境中使用的行走机械要注意以下几个方面。

（1）材料特性与基础元件的影响

行走机械的结构件主要由金属材料制成，温度降低可能引起金属脆性变化导致结构强度降低。行走机械中的密封件、管件等也使用大量的非金属材料，普通非金属件在高寒环境使用的耐久性、抗破损性远远低于常规环境使用水平。低温对材料性能的影响还可能进一步影响器件的功用，低温对材料特性产生影响导致电气元器件性能的变化，如低温严寒条件使电池容量下降，下降的程度与主要构成材料的成分关联密切。因此在低温环境使用的行走机械在材料选择、元器件确定等方面均有特殊要求。

（2）低温对液剂流动性影响

行走机械工作时是一套复杂的大系统在运行，在完成功能的同时机体内可能又有多个小的液体流动、循环系统在工作。如用于润滑的机油、用于燃烧的油料、用于冷却的冷却剂等，均伴随着主机作业而流动。这类液体流动性能受温度影响较大，低温使其流动性能降低。为此行走机械在低温作业时，选用的剂、液需要具有较小的低温动力黏度和合适的运动黏度。除了选用流动性好、凝点低的低温环境使用的剂、液外，也可以采取保温、加热等措施保证系统或装置内液体的流动性。

（3）低温对起动性能的影响

行走机械开始作业首先要起动发动机、电动机等动力装置，无论是哪类装置在寒冷环境下起动阻力均比常温条件下大。电动机只受到低温引起的附加起动负荷影响，汽油发动机由于需要空气燃烧，还要受到寒冷空气进入气缸所产生的相关影响。柴油发动机的冷起动尤为困难，其原因在于其所受到的影响不仅包含汽油发动机所受的进气相关影响，而且受其压燃工作特性的制约，寒冷环境起动时需要更多的辅助装置才能保证冷起动功能正常。此外如果动力装置带载起动，与其相连接的传动装置中油液黏度因低温影响也会增大起动阻力。

（4）低温对作业适应性的影响

在低温寒冷环境使用的行走机械作业适应性也受影响，如寒冷地区往往与冰雪相联系，甚至可能需要在冰雪路面上作业，这些机器的行走装置接触的支承表面光滑，附着能力很差，需要采取加装防滑装置等措施提高其适应能力。机器对低温环境的适应性还包括人的因素，在这种环境条件下应保障人的操作正常、不产生有害影响，为此对驾驶室小环境有了更高的要求，需要具备保温、采暖、除霜等功能以保障驾驶员能正常工作。此外还可对局部区域、某些装置也采取适当保暖，提高整机对寒冷环境的适应性。

7.6.2 行走机械低温适应性设计

在低温环境使用的行走机械需要有“耐寒性”，这一特性在设计与使用各个环节都需予以足够重视。在设计中就要针对低温这种特定的环境条件，对整机的适应性进行全面规划，通过选择合适材料、合理匹配器件、构建微环境等方式解决环境适应性问题。

7.6.2.1 设计规划与匹配

寒冷环境的行走机械在设计之初就要做好规划，根据可能经历的低温条件采取应对措施。从制造机器所用的材料、器件等方面把控，确保使用可靠性与寿命。预估机器在低温寒冷环境可能出现的情况，在零部件结构和机构运动等环节留有适当的应对余地。对于设计与制造环节不便或不能完全解决的问题，要对使用维护做好规定与要求以便在使用环节更好把控。

(1) 总体规划与设计

行走机械设计之初对作业环境应有规划与应对措施，如对低温环境的应对方式是整体防护还是局部环境保障、动力装置低温起动形式确定等。行走机械中有的动力装置与液压油泵、液力变矩器直接连接，低温环境下使用的行走机械可以在动力装置与后面的变矩器、油泵之间加装离合器，起动时动力装置与其它部分脱开以减轻起动的负荷。驾驶室通常为操作人员提供一适宜工作的微环境，驾驶室的壳体将人与室外的环境隔离。人在内部操作时通过驾驶室窗、门的玻璃观察外部情况，内外环境温度的差异使得这些部位容易结霜，配置电热除霜系统成为必要。低温寒冷气候可能存在冰雪路面，行走装置可以设计成可互换结构，通过互换部分行走装置以适应不同的路况条件。

(2) 材料与器件匹配

行走机械中的结构件主要是金属加工件，金属零件在设计中不仅要正确选择耐低温材料，还需采取适宜的热处理工艺，使金相组织均匀、材料的冷脆性降低。制造中还有大量的标准件需要选定，在高寒环境使用必须特殊要求。如低温环境下使用的油液为低温耐寒油品，这类油品又提高了密封要求，可以将常规丁腈橡胶材料生产的密封件改用丁苯橡胶材料。元器件的低温性能是整机低温性能保障的基础，所配套的元器件、装置的选用也要与作业环境温度条件匹配。如果可以对这些温度比较敏感的器件、部位实现保温预热最好，如果不能完全满足其需求则要注意其低温工作能力的变化。如低温对蓄电池等的放电能力有所影响，低温环境应用就需要一定的能量储备。

(3) 保养要求

要使低温环境使用的行走机械达到设计性能要求、发挥出比较理想的功能，除了在设计规划、装置匹配等方面采取措施外，还需要有使用过程中合理的维护保养来保障。维护保养规定中的关键内容与机器设计规划相关联，这些条款在使用过程中必须遵循。如在低温条件下使用的行走机械加注油液的规定、低温长时间存放对液体介质的处理要求等，在使用说明书或操作手册中应予以强调与警示。

7.6.2.2 微环境应对

构建微环境是行走机械应对低温寒冷环境的有效方式，以利用人与机器的微环境来抵御大环境的不利，减小外界气温对其产生影响。微环境就是机器或机器上的一部分，从使用对象角度看可以视为机器环境与人类环境两部分。机器部分由于构成装置器件等不同，对微环境的构建要求也各异，但也都是利用装置防护、保温、加热等方式对装置、温度敏感部位或整体构建微环境。针对人的微环境构建主要以驾驶操控环境为基础，利用驾驶室结构作为微环境与大环境的分隔，通过对驾驶室内空间的温度、气流等调控，使驾驶室内外气候环境产生明显区别。驾驶室微环境的小气候调节利用制冷、制热等装置来实现，再将这些被制造出的“冷量”或“热量”等送到驾驶室内。这些不同功用装置组合起来构成了空气调节系统，根据使用对象、环境条件等因素确定所构建的空调系统的功能要求。

行走机械作业环境变化多样，既有低温环境也有高温环境，所以空调系统的功能不能一概而论。用于高温环境的空调系统的主要功用聚焦在降低环境温度，改变微环境的方式是吸收该环境的热量，行走机械上普遍采用的空调系统就是这类制冷空调。这类空调系统是利用液体气化过程需要吸收周围空气的热量的制冷原理，通过吸收微环境空气中的热量达到降低温度的目的。空调系统的制冷与制热是一反向过程，将蒸发器与冷凝器的功能反向使用则变成制热，但这种制热方式受环境温度的限制较大。

在严寒地区使用的行走机械要构建以采暖制热为核心的微环境，空调系统的主要功能聚焦到产生热量。制热相对比较简单甚至可以余热利用，如可以利用发动机工作余热供暖。发动机正常工作时发动机机体内的冷却液被加热，将被加热的冷却液通过管路引入制热系统的散热器，用风机将空气送入散热器实施热交换后送入驾驶室。这种方式必须受限于发动机处在工作状态，独立燃油燃烧制热供暖方式更方便适用。这种供暖系统有供风与供热两组管路，燃烧产生的热量通过一组管路热交换加热空气，加热后的空气经过另一组管路在风机的作用下送至驾驶室制热。

7.6.3 动力装置冷起动措施

工作在低温寒冷环境的行走机械都要关注动力装置的起动性能，其中柴油发动机的冷起动问题最突出，也最受关注。柴油机做功原理是混合气体在燃烧室内压燃，即柴油机不同于汽油机用火花塞点火，而是依靠气缸内产生的高压和高温自燃。寒冷环境的低温空气使柴油机的起动性能降低、冷起动困难，所以这类行走机械必须解决柴油机的低温冷起动问题。提高柴油机低温起动能力无非就是提高温度，可以利用一些装置使进气温度、机体温度提高，也可采用低温易燃燃料辅助燃烧等途径。辅助燃烧是向混合气中喷注挥发性更好、燃点更低的以乙醚和丙酮等为主要成分的起动液，带动柴油机迅速燃烧。助燃起动比较粗暴，而且在机器上携带这类物品也增加了易燃易爆的危险性。提高柴油机冷起动能力一般采取配置专用装置或辅助装置的方式实现，在低温寒冷环境冷起动时借助这些装置的作用可顺利起动。

(1) 进气预热

在低温环境下进入柴油机的空气温度必然低，如果能使进入燃烧室的空气温度升高则可提高柴油机压缩终点温度，进而改善起动性能。在柴油机进气系统配置进气预热装置加热进入气缸的空气，则是提高低温起动性能的一种有效方式。电预热进气装置是用电热塞或电热丝对进入气缸的空气进行加热，发动机起动前首先接通电热塞的电路使电热塞发热提高周围的温度。电预热的类型有集中预热和分缸预热两种，集中式预热装置安装在发动机的进气管上，分缸式预热装置安装在各气缸内或进气歧管上。集中式预热装置发热元件是由铁镍铝合金制成的内热式电阻丝，电阻丝的外面通过氧化铝陶瓷绝缘，绝缘体的外面是带有螺纹的金属壳体用以固定在柴油机的进气管上。电阻丝的一端通过壳体金属搭铁，另一端通过绝缘体引到进气管的外面通过柴油机起动预热开关与电源连接。涡流室式或预燃室式柴油机分缸预热是在每个气缸的燃烧室中安装一个电热塞，电热塞与电源并联，起动时电热塞对各自燃烧室内的空气进行预热。如图 7-6-1 所示为柴油机起动电预热电路示意。电预热是利用电热丝、栅将电能转变为热能直接加热空气，与其相近的还有一类利用燃油燃烧加热进气的火焰预热方式。火焰预热装置一般由控制器、电磁阀、温度传感器、火焰预热塞及燃油管和导线组成，起动时首先将火焰预热塞加热到规定温度，电磁阀自动打开燃油管路向火焰预热塞供油燃烧进行火焰预热。

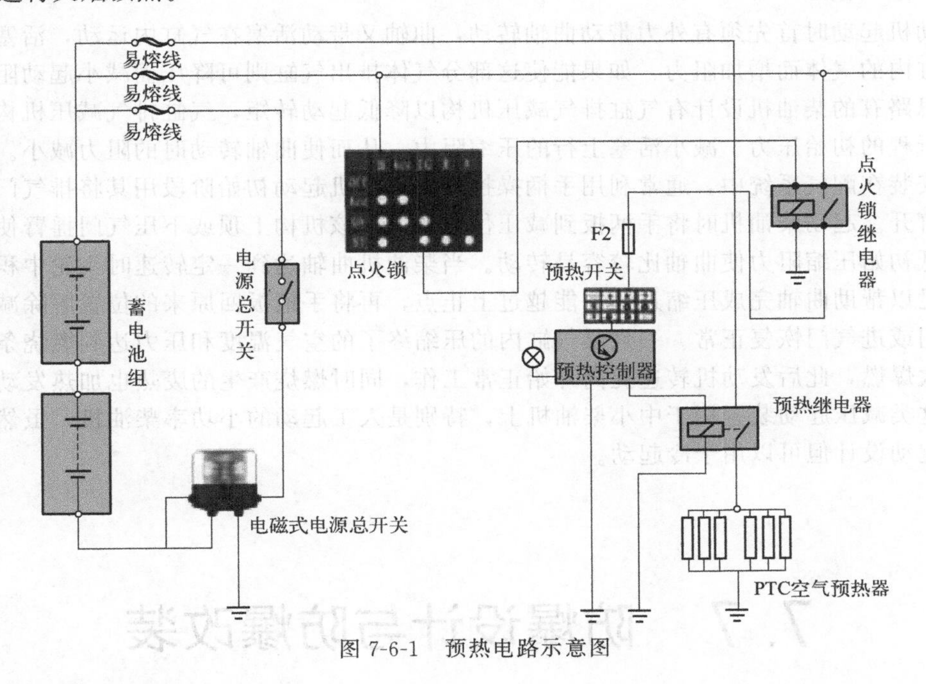

图 7-6-1　预热电路示意图

(2) 外加辅助装置

动力装置长时间不工作其自身温度与环境温度会趋于一致，停放在低温环境的行走机械上的发动机温度与环境温度相同或接近。如果能够采取措施提高发动机机体温度，致使发动机小环境温度升高必然有助于起动。采用辅助设备帮助发动机提高机体温度正是基于这种思路，如采用外来能量加热发动机冷却液的方式提高机体温度。这种预热方式不仅可以传递热量到气缸内，而且可以改善润滑条件而减小气缸套与活塞之间、轴承等摩擦副的摩擦与磨损。在柴油机上配置一套燃油预热器加热系统就可实现此功能，该系统是独立于柴油机的外部辅助加热系统。如图 7-6-2 所示，燃油预热器从油箱吸取柴油到燃油预热器燃烧，利用释放的热量来加热在柴油机机体内循环的冷却液。燃油预热器的进水口与发动机出水口相接，出水口与发动机节温器进口相连。预热时燃油预热器上的水泵从发动机机体内泵出冷却液，经燃油预热器加热后流入到发动机机体的流道中，使已经预热的冷却液在发动机机体内形成热循环，使发动机机体内的温度逐渐升高。

图 7-6-2　柴油机起动预热装置

(3) 排气减压

发动机起动时首先须有外力带动曲轴转动，曲轴又带动活塞在气缸内运动，活塞运动要压缩气缸内的气体而增加阻力，如果能使这部分气体排出气缸则可降压而减小起动阻力。基于这一思路有的柴油机设计有气缸排气减压机构以降低起动转矩，气缸排气减压机构用以降低压缩行程的初始压力、减小活塞上行的压缩阻力，从而使曲轴转动时的阻力减小。减压装置一般安装在配气系统中，通常利用手柄操控，在柴油机起动初始阶段用其将排气门或进气门强制打开。起动柴油机时将手柄扳到减压位置，通过该机构上顶或下压气门摇臂使气门开启以降低初始压缩阻力使曲轴比较容易转动。当柴油机曲轴达到一定转速时飞轮中积累的转动惯量足以帮助曲轴完成压缩过程并能越过上止点，再将手柄扳回原来的位置解除减压作用使排气门或进气门恢复正常。一旦某气缸内的压缩终了的空气温度和压力达到燃烧条件便出现第一次爆燃，此后发动机转速提高开始正常工作，同时燃烧产生的废热也加热发动机的零部件。这类减压起动装置用于中小柴油机上，特别是人工起动的小功率柴油机，虽然不是专门为冷起动设计但可以用于冷起动。

7.7 防爆设计与防爆改装

行走机械可能需要在一些特殊环境下作业，此时要求行走机械不但要具备完成作业所需的功能，而且要具备对该环境的适应能力。在具有可燃性气体、粉尘等的易燃易爆场所作业的行走机械即是如此，在实现自身使用功能的同时必须具备防爆能力。行走机械组成器件多、构成复杂，需要同时采取多种不同的防爆技术与应对措施才能解决整机防爆问题。除了在机器上增设监测、预警等安全预防措施外，对潜在爆炸危险器件、危险部分要采用隔爆、增安等手段来防止爆炸的发生或控制爆炸在隔爆体内发生。

7.7.1 易燃易爆环境与防爆

7.7.1.1 易燃易爆环境与防爆规定

行走机械在散发有可燃性气体、粉尘的场所作业有可能引发爆燃，这些可燃性物质当与空气混合达到一定的比例即形成爆炸性混合物，当其浓度达到爆炸极限且遇到合适的点火能量时即会引起燃烧或爆炸。触发燃烧或爆炸的主要因素是火花与温度，任何明火、电气火花、机械火花、静电火花、高温、化学反应及光能等，只要达到引爆可燃气体的最小火花能量就会发生爆炸。爆炸性气体和粉尘也多种多样，不同成分的气体与粉尘的引燃温度也各不相同。根据不同区域可燃气体可能引爆的最小火花能量，将爆炸性气体分为不同的危险等级。用于这类易燃易爆危险区域的行走机械要根据区域易燃特点、危险等级配置相应的防爆特性与功能，不同的防爆特性可从其标志上分辨。防爆标志由四部分内容组成，依次为防爆标记、防爆方式、类别级别和温度组别。如防爆标志 ExdⅡBT4 中 Ex 为该设备防爆的防爆标记；d 代表采用的防爆方法为隔爆；ⅡB 表示设备被允许涉及Ⅱ类 B 级条件的危险环境；T4 为温度组别，表面温度不超过 135℃。

在易燃易爆危险区域工作的行走机械要满足该环境的防爆要求，首先应使机器不会出现有点燃危险的火花、电弧或高温，其次是即使存在但可控制在内部而不会引起爆炸，或即使设备内部引发爆炸也不会扩散到有爆炸危险的空间或区域。避免行走机械中的元器件产生火花成为点火源是防爆的关键，可以采取不同的措施防止或阻隔火花与爆炸气体接触。其中采取隔离措施使存在的点火源不能接触爆炸气体的防爆方式为隔爆型，还有进一步采取措施防止非正常产生点火源的增安型与限制点火源能量的本质安全型等。行走机械的防爆重点在电气系统和动力装置，整个机器的防爆关联到每一零件、每一环节，不但对各个零件有相应的防爆要求，系统及零部件之间的连接、相互作用也要匹配相应的防爆措施。每一器件、每一部位都实现相应的防爆能力，整机最终就达到了防爆要求。如图 7-7-1 所示为防爆电控箱，该电控箱为隔爆型。

图 7-7-1　防爆电控箱

7.7.1.2　行走机械防爆设计关注的内容

在易燃易爆区作业的行走机械，其上存在的或潜在的引燃、引爆可能都是防爆设计所要关注的内容，针对每一可能存在爆燃源的隐患处均采取措施，通过防爆设计或设备改装等方式消除危险隐患。在设计时就要尽量选用达到相应防爆等级的器件，对于达不到相应防爆等级的部件进行防爆改造。

(1) 动力装置

动力装置是行走机械中的重要组成部分，使用最多的是电动机与内燃机，动力装置工作过程中伴随能量转化都存在产生火花与温度超限的问题。防爆行走机械的内燃机必须经过防爆改装达到规定要求，电机必须是防爆型电机。防爆性能是通过消除或切断引燃源来实现，柴油机和电动机都有比较成熟的防爆措施和方法进行相应的防爆改造。

(2) 电气元件

电气系统工作时其中有的器件可能伴随电弧、电火花的产生，在电源、开关、灯、喇叭、接线等元件的选择、安装、连接环节都要重点关注、落实防爆措施。防爆行走机械的电气元件须是防爆器件，如防爆灯、防爆电控箱、阻燃电缆等。在进行防爆电气类型的选择时，器件必须与危险区域爆炸性混合物的特性与危险程度相对应。

(3) 运动部件

行走机械传动环节的一些装置由于长时间工作或相互间的摩擦作用，可能导致表面温度升高到超过环境危险温度极限或产生火花，为此需在选材、结构及冷却等方面加以控制。如摩擦制动器摩擦部件所用材料应为非金属和铸铁，以免摩擦发热和产生火花，也可采用油浴式制动器制动，加上循环油不断冷却降低温度。机械离合器接合时因摩擦或撞击可能形成火花，应保证火花即使产生也不会散发出来。

(4) 相互作用

行走机械工作时作业装置与作业对象接触，相互间发生摩擦或碰撞可能产生静电或火花，为此需要关注与外界关联装置的表面处理，在与外界可能发生碰撞处加防护层防止火花产生。如作业装置的钢铁制件接触表面或相互可能发生碰撞的部位，用铜、铜锌合金或类似材料包覆以减缓冲击。对于整机而言还须能够将积累在机体上的电荷释放掉，这需要采取措施保障有良好的接地性能，如具有导电能力的轮胎便可使电荷随时释放掉。

7.7.2 柴油发动机防爆

柴油发动机是防爆行走机械中比较常用的一类动力装置，柴油机的防爆通常是采取在原机基础上改装的方式实现。柴油机防爆改装需要解决电、热两方面的防爆问题，对起动机、发电机、电预热器等发动机相关电气元器件采用增安、隔爆的处理，对发动机原有进气系统、排气系统、冷却系统进行降温防火改造。

7.7.2.1 进气防爆

柴油机工作时需要进气系统为其提供空气，空气经空气滤清器、进气管等进入燃烧室。燃烧室内爆燃的火焰有可能经过进气系统的通道高速回流，一旦回流至周围大气接触到易燃易爆气体就可能产生爆炸。为此可在进气管与空气滤清器之间加装进气截止阀，阀内的进气截止元件用以阻止柴油机内燃烧的火焰传入周围环境，如图 7-7-2 所示。进气截止阀通常配有自动与手动两套操控系统，进气截止阀控制机构布置在截止阀的外部，可以兼备手动与自动控制功能。手动操作手柄通过拉线装置与进气截止阀相连，利用杠杆和缆绳机构使阀芯在发动机起动时打开、在发动机紧急熄火时关闭。当柴油机出现排气温度过高、冷却水温度过高、机油压力过低等情况时，截止阀自动控制系统起作用关闭进气通道，使发动机自动熄火停机。由于进气截止阀关闭时会在发动机进气管内腔出现吸空现象，所以发动机自动或紧急停机后大约 30s 内不能强行开启截止阀，否则会造成截止阀控制机构中的元件损坏。

图 7-7-2 进气截止阀

自动控制系统中有排气温度和冷却液温度传感元件，传感元件与油缸、节流阀等构成的液压系统自动操控截止阀。该系统与柴油机的机油系统连接，发动机起动后机油压力推动油缸活塞，控制油缸维持在使截止阀阀芯处于开启位置。传感元件为常闭阀型，排气温度和冷却液温度正常时传感器处于静压闭合状态。一旦排气温度或冷却液温度超过规定值时传感元件会自动打开其内油道，使压力油通过泄压管路流回到发动机。在控制油路的供油口处有一个节流阀，当油路泄油时系统中的压力油不能马上补充上来，从而使系统油压迅速降低。系统油压降低使得控制油缸内的油液回流相应引起活塞杆缩回，带动进气截止阀阀芯自动关闭而切断发动机进气，迫使发动机停止运转。当各种温度都复位到正常时，传感元件又自动恢复到常闭状态，进而使系统油压保持正常。如果发动机配置预热塞、电热塞等空气预热装置，则该装置应永久地安装在阻火器进气的出口端。柴油机的防爆相关装置及相互关系如图 7-7-3 所示。

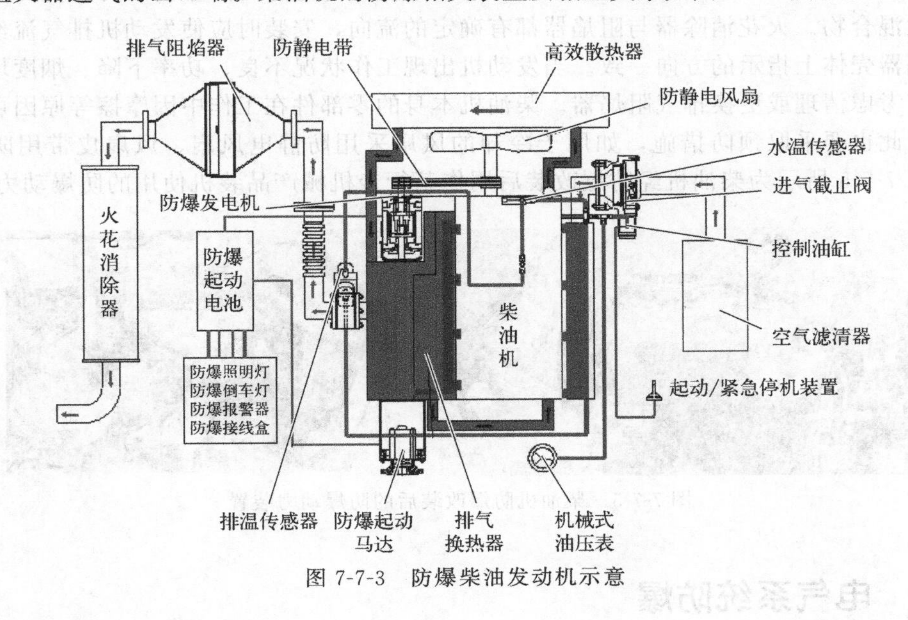

图 7-7-3 防爆柴油发动机示意

7.7.2.2 排气防爆

排气系统的防爆主要体现在降低排气温度及防止火花随尾气排出，为此需要在传统的排气系统的排气线路中采取降温与阻燃措施。相对于传统的排气系统需要增加三种装置实现排气防爆功能，其中排气换热器是用于降低尾气温度的装置。发动机工作时要排出大量的高温气体，这些气体使得发动机的排气管道等部位的温度高于防爆要求值，利用排气换热器冷却高温气体达到降低排气系统各个部位温度的目的。排气换热器安装在柴油机排气口一侧，排气管通过其中并与其内部的冷却介质实现热交换而降低排气温度到防爆规定值以下。通常排气换热器与发动机冷却系统共同构成闭合回路，冷却介质是借用发动机冷却系统的冷却液。将排气换热器冷却液管道与发动机原冷却系统的散热器相连，发动机缸体流道内的冷却液经散热器冷却后再进入排气换热器，排气换热器流出的冷却液再流经缸体流道继续循环。防爆柴油机冷却系统不仅要保证原机正常工作的散热需要，而且还要为排气降温散热，因此需要采取加大散热面积等措施提高冷却能力。

防止火花产生是排气系统防爆需要解决的另一问题，通常用火花消除器和排气阻焰器两种装置串联实施其功能，如图 7-7-4 所示。排气阻焰器用以阻止柴油机内爆燃的火焰传入周围环境，火花消除器用以消除柴油机排出尾气中的火花。每

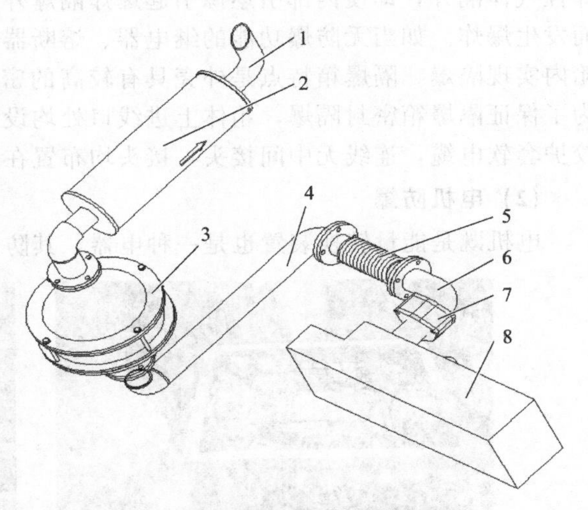

图 7-7-4 排气系统防爆装置示意

1—排气尾管；2—火花消除器；3—排气阻焰器；4—连接管；5—波纹管；6—排气弯管；7—传感器阀座；8—排气换热器

个进入有爆炸危险场所的机动行走机械的排气系统都应配置符合要求的排气阻焰器和符合要求的火花消除器。其中阻焰器的外壳隔爆，能够承受内部爆炸时产生的压力并能防止点燃周围爆炸性混合物。火花消除器与阻焰器都有确定的流向，安装时应使发动机排气流经阻焰器时与阻焰器壳体上指示的方向一致。当发动机出现工作状况不良、功率下降、烟度增加等现象时，应考虑清理或更换排气阻焰器。柴油机本身的零部件在工作中因摩擦等原因可能产生火花，为此也要采取预防措施，如用于冷却的风扇采用防静电风扇、风扇皮带用防静电皮带。如图 7-7-5 所示为柴油机经防爆改装后用作某行走机械产品装机使用的防爆动力装置。

图 7-7-5　柴油机防爆改装后的防爆动力装置

7.7.3　电气系统防爆

行走机械电气系统包括电机、电源以及各种电气元件，利用导线将这些器件按一定规则连接起来完成功能。电气系统的器件防爆分为两类：一类是本身具有相应的防爆功能如防爆开关、防爆照明灯等，这类器件可以根据使用要求直接选用；另一类则是不具备防爆功能或防爆等级不满足使用要求，这类器件需采取措施进一步提高防爆能力。

(1) 元器件集中隔爆

电气系统的器件种类繁多，其中有的本身无法或不值得专门实现防爆功能，对这类器件通常采取措施隔爆。采用隔爆外壳把可能产生火花、电弧和危险温度的电气部分与周围的爆炸性气体隔开，即使内部引燃源引起爆炸隔爆外壳也不会损坏，不能引燃周围的爆炸性气体而发生爆炸。如当无防爆功能的继电器、熔断器等用于防爆型行走机械时，通常安装在隔爆箱内实现隔爆。隔爆箱特点是外壳具有较高的密封性，能减少或阻止气体、粉尘进入其内。为了保证隔爆箱密封隔爆，箱体上进线口处均设有橡胶密封装置，所有电器间的连接采用橡胶护套软电缆，连线无中间接头，接头均布置在隔爆箱内，如图 7-7-6 所示。

(2) 电机防爆

电机既是能量转换装置也是一种电器，其防爆与电气元件的防爆原理类同。防爆电机可

图 7-7-6　电器隔爆箱

以采用不同的方式实现防爆，按防爆原理电机可分为隔爆型、增安型、正压型、无火花型及粉尘防爆型等。增安型电机正常运行条件下不会产生电弧、火花或危险高温，再采取一些机械、电气和热的保护措施，使之进一步避免在正常或认可的过载条件下出现危险，从而确保其防爆安全性。无火花型电机是指在正常运行条件下不会点燃周围爆炸性气体混合物，与增安型电机有许多相同之处。正压型电机具有保护性外壳，起动与运行时壳内的气压高于外部气压，从而限制周围爆炸性气体混合物进入电机壳内，使其接触不到引燃源。粉尘防爆型电机的特点是外壳具有较高的密封性，可以减少或阻止粉尘进入外壳内，即使不能完全阻止粉尘进入，也不妨碍电机安全运行。隔爆型电机同样是采用隔爆外壳把引燃源隔离，即使内部有爆燃发生，也不能引燃周围的爆炸性气体混合物，如图 7-7-7 所示。除了确定电机的防爆形式外，还要注意电机的温度控制，电机长时间工作也要产生热量由壳体散发出来，可根据需要安装测温元件或仪表监测温度，控制外壳表面最高允许温度不超过规定的温度。

图 7-7-7　防爆电机

(3) 防爆电源

电源装置由蓄电池、电池箱、接线盒和连接导线等构成，防爆电源装置的电池多用铅酸蓄电池。在正常运行状态下铅酸蓄电池不可能发生漏电，也不可能出现放电火花或者危险温度。但在发生漏电、连接导线断裂引起放电火花等非正常运行状态，可能成为可燃性气体的引燃源。电源装置可以是隔爆型，但对于铅酸蓄电池而言隔爆不是最理想的方式。铅酸蓄电池只要保证它不产生放电火花、不出现危险温度，就可以保证它不能成为可燃性气体的引燃源。用作防爆电源装置时可用低氢析出的铅酸蓄电池，并且要对电池组内部连接、电池箱外壳结构等进行特殊设计。蓄电池应制成双极柱，并且每个极柱应能单独承受规定的电流。蓄电池之间的电气连接和电源引出至接线盒均应采用双线连接，并且每根连接导线应能单独承受规定的回路电流。连接导线所用电缆应是阻燃的耐酸绝缘铜芯电缆，连接处应进行压合处理和密封处理。盛装蓄电池的电池箱具有足够的机械强度和良好的绝缘性能，一般都开设通风孔利于散发蓄电池产生的氢气和酸雾。电源装置设置有接线盒用于电源装置引出线和外部接插件的过渡，接线盒一般固定在电池箱上，电源装置引出线接到接线盒内，如图 7-7-8 所示。

图 7-7-8　防爆电源装置

7.8 电磁兼容设计与验证

现代科技的发展使愈来愈多电气设备、电子产品得以应用，为了提高行走机械产品性能也大量配备这类器件，这也对现代行走机械提出了要具备良好电磁兼容性（EMC）的要求。电磁兼容是指设备或系统在其所处的电磁环境中能正常工作，且不对该环境中任何事物构成不能承受的电磁骚扰的能力。行走机械的电磁兼容性应包括接收干扰与输出干扰两个方面：一方面是本身能承受来自外部环境的电磁干扰（EMI），另一方面是产生并输出的电磁能量对所在环境内其它设备的正常运行不产生干扰。

7.8.1 电磁环境与电磁干扰

电磁环境为存在于某场所的所有电磁现象的总和，环境中的电磁效应对电气电子系统、设备的运行能力产生影响。电磁环境不仅关系到设备能否正常运行，甚至影响人类的身心健康。电磁环境包括自然电磁环境和人为电磁环境，自然电磁环境中常见的电磁干扰源是雷电，也有来自太阳、宇宙空间等的电磁干扰。人为电磁环境较为复杂，电磁干扰源也各有不同，如大型电力系统中电力设施的电磁辐射、无线电通信基站的射频等。电磁环境无处不在，只是环境内电磁作用相互影响的结果不同。现代行走机械产品中配置的电力、电子器件，既可能对外产生电磁辐射，又可能受到外来的电磁干扰。简单描述行走机械电磁兼容性就两个方面，即抗干扰的电磁耐受性与不干扰其它设备的电磁发射与传导限制。行走机械的抗干扰就是在电磁环境中运行时，可按规定的安全裕度实现既定的工作性能，且不因外来电磁干扰而受损坏或不能正常工作。不干扰体现为在电磁环境中正常运行时，不会给环境或其它设备带来超过允许范围或不可接受的电磁干扰。电磁兼容性首先要实现自兼容，即自身所配置的器件与装置协同工作时相互兼容，保证整机工作性能不会受到电磁产生的影响或电磁干扰产生故障。

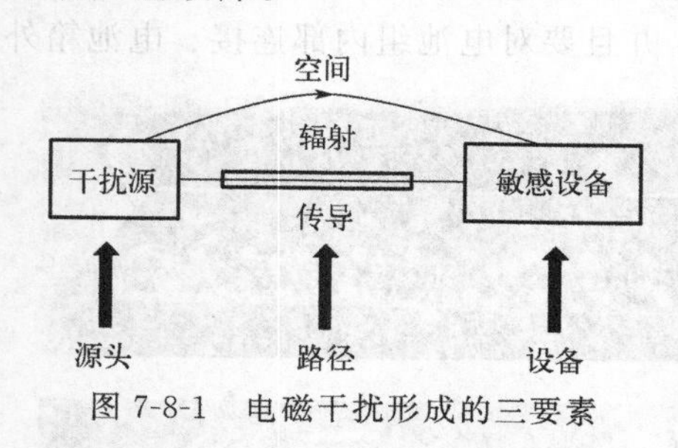

图 7-8-1　电磁干扰形成的三要素

构成电磁干扰必须具备干扰源、耦合通道及敏感设备这三个要素，干扰源利用耦合通道干扰敏感设备，如图 7-8-1 所示。任何电子电气设备都可能是干扰源，也可能是敏感设备，干扰源只有影响敏感设备的正常工作时才构成电磁干扰。干扰源发射的干扰有传导和辐射两种途径影响敏感设备，敏感设备是否因接收电磁干扰而受到影响还要基于其传导敏感度和辐射敏感度。电磁敏感度（EMS）是设备因接收电磁干扰的电磁能量引起工作性能降低的容易程度，敏感度越高越容易被干扰。传导干扰指沿导体传输的不希望存在的电磁能量，通常用电流或电压来定义。辐射干扰指来自天线、电缆等任何器件的电磁辐射，是以电磁场形式存在的不希望有的电磁能量。因此进行电磁兼容设计时首先需要评估行走机械作业环境的电磁环境效应，然后有的放矢匹配所配置的装置与器件的电磁特性，采取相应的措施提高敏感度与干扰强度之间的裕度，使处于同一电磁环境的机器、系统等都兼容。传导干扰与辐射干扰还可能同时存在，干扰可能包含多种途径的耦合，从而形成复合干扰，这才使得电磁干扰变得难以控制。

从电磁兼容原理可知，只要消除电磁干扰三要素中的任何一个环节即可实现电磁兼容。在进行电磁兼容设计时首先要明确系统的电磁兼容指标，包括本系统能保持正常工作的电磁干扰环境和本系统干扰其它系统的允许指标。在了解环境系统中的干扰源、被干扰对象、干扰途径基础上，根据实际情况从电磁干扰产生的原理出发，有针对性地提高电磁兼容性。控制电磁干扰同样也要从干扰源、耦合通道及敏感设备这三个方面入手，采取相应措施抑制干扰源、消除干扰途径、提高抗干扰能力。行走机械能承受环境电磁干扰意味着具有抵抗外来电磁干扰的能力，实质是其内部组成中的电气电子设备具有承受外来干扰的能力，提高整机的抗干扰能力就要落实到具体的电气系统及元件。对于其构成中的每一单体器件而言，其所受到的外来干扰既有机器之外的外来干扰，也有来自机器内部装置之间的干扰，干扰包括辐射干扰、传导干扰、磁场干扰及静电放电等。电磁兼容是否达到要求需要通过实验来验证，如未达到指标要求则需进一步采取措施，可能需要循环多次直至达到要求为止。

7.8.2 干扰耦合与抑制

行走机械可视为由一系列不同的干扰部件以及敏感部件组成的干扰源和受干扰体，其配置的电动机、发电机、变压器、继电器、电源线路等在工作时产生的磁场、电场通过耦合影响其它装置造成干扰，以辐射形式发送出机外的部分就可能对周围的电气电子设备产生干扰。机器外部环境中的电气设备和信号发射源等对于行走机械也有同样的电磁干扰作用，外部环境对行走机械的电磁干扰通过辐射耦合到车内装置或系统。先找到影响电磁兼容的干扰源及干扰耦合路径，则可有的放矢抑制干扰。

7.8.2.1 耦合路径与控制

电磁干扰的干扰源通过空间辐射和线路传导，将非完成预定功能的电磁能量耦合到敏感元件的系统中，进而对敏感设备产生干扰。有些设备工作要发射出电磁波通过空间传播，这些电磁波可能会对某些电路产生干扰。如图 7-8-2(a) 所示，传感器电路可能会受到外部发射器的辐射耦合的干扰，干扰通过信号线路传到系统中产生影响。这类干扰耦合与线路长度和电磁波波长之比的关联密切，当趋于某一数值时会产生谐振，干扰最严重。控制干扰首先想到抑制干扰源，对于行走机械而言外来辐射源难以掌控，最好提高自身抑制能力。其中包括降低向外辐射、提高抗辐射耦合能力，可采取电子滤波、机械屏蔽等干扰抑制手段。

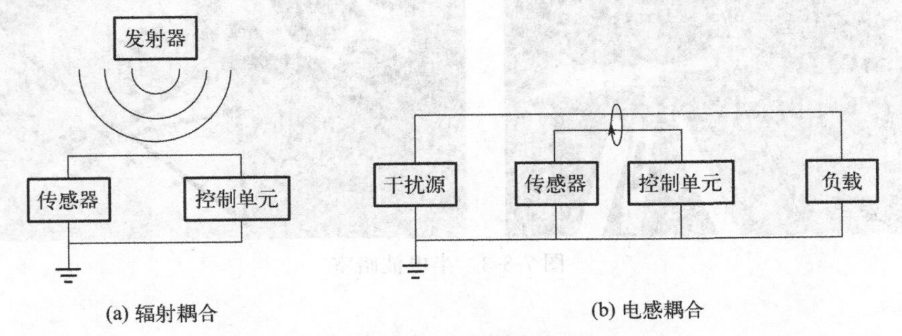

图 7-8-2　电磁干扰耦合

传导干扰通过导电介质或者共用导体把一个电子设备或网络产生的信号传播到另一个电子设备或网络，如图 7-8-2(b) 所示的电感耦合，干扰源线路对传感控制线路产生干扰耦合。

该电感耦合是由线路间电磁场感应产生的一种耦合方式，采取屏蔽及两线路导线交错布置或加大平行布置距离等可使互感量小的措施降低干扰。传导干扰存在不同的耦合方式，耦合路径还有电流耦合与电容耦合等，电流耦合常发生在两个电路的电流有共同通路的情况，电容耦合是由于分布电容的存在而产生的一种耦合方式。抑制电流耦合应使耦合阻抗趋近于零，使干扰源和被干扰对象间没有公共阻抗；电容耦合的抑制措施是使导线尽量短，使耦合电容尽量小并避免平行走线。

7.8.2.2　干扰抑制与测试

提高行走机械的电磁兼容性就包含抑制干扰，抑制干扰首先要了解产生干扰的源头与干扰的方式。行走机械中能够产生电磁干扰的源头多样，输出的干扰各有不同。如有刷直流电机和汽油机点火线圈放电能形成频谱很宽的辐射噪声干扰，电机驱动器中的开关器件与功率器件都会引起高场强的传导与辐射干扰；低压电器系统中的各种开关、继电器等电感性部件在通断过程中会在电路中形成很高的瞬变电压，瞬变电压以传导耦合进入其它电子系统中产生干扰。抑制电磁干扰首先要从源头采取措施，通过合理选择器件、电路设计、装置匹配等主动控制干扰。选用高绝缘等级的电机就可以降低电磁泄漏而减少电磁干扰，线路做到接地良好可确保干扰信号不会由于累积效应向外辐射。作为感性负载的继电器在触点快速切换时会导致电路电压发生快速变化，可能产生火花放电并成为电磁干扰源。可用电容转换触点分断时感性负载上的能量，从而避免在触点上产生过电压和电弧造成电磁干扰。

同一行走机械上可采用多种不同应对措施，使用双绞线可降低电路中的电感耦合干扰，对线路中的导线进行屏蔽具有减少辐射、增强抗干扰能力双向作用。将易于受干扰的电路与产生噪声污染的电路分开布线，线束布置上使敏感电路紧靠信号源，大功率电路紧靠负载，如信号线路必须和电源线路分开走线，且相互间要保持一定的距离。行走机械中电磁干扰的程度与部件的物理位置关系关联密切，又不易于事先模拟，即使系统内的每个装置都通过了电磁兼容试验，也不能必然保证整机电磁兼容一定达到标准要求。行走机械的电磁兼容性主要体现在机器与所处环境间的影响，要关注辐射发射、辐射抗扰，整机状态下需要进行试验验证。辐射相关试验一般都在半电波暗室开展，半电波暗室即除地板外其余各面均铺设吸波材料的屏蔽室，如图 7-8-3 所示。

图 7-8-3　半电波暗室

7.8.3　电磁兼容应对措施

提高行走机械电磁兼容性就要采取应对措施，所采取的措施体现在机器本体，但所要实现的抑制干扰作用包括抵抗外来电磁影响与降低对外的电磁干扰两方面的内容。具体采取的方式要结合机器与工作环境实际条件，使干扰不超过敏感装置的敏感限值就达到目的。

7.8.3.1 屏蔽干扰

电磁屏蔽是利用屏蔽体来阻挡或减小电磁能量传输的一种技术，屏蔽技术是用来抑制电磁干扰沿空间的传播，切断辐射干扰源的传播途径。可根据干扰耦合通道电磁场性质，选用适当的屏蔽材料进行屏蔽，如将高导电率的金属屏蔽体良好接地后可用于电场屏蔽，低频磁场屏蔽可采用铁、硅钢片等高导磁材料。行走机械中可能同时存在高压电源电路、低压电源电路、控制电路等，电路中可能存在交流电源线缆、直流电源线缆、数字信号线缆、模拟信号线缆等等。电器之间的连接线路既是干扰源信号的耦合路径，也是敏感接收装置信号的耦合路径，采用导线屏蔽可以有效地保护控制电路、信号电路等不受高低压电源电路电磁干扰，此外合理布置线束位置和走向也能有效减少电路产生的电磁干扰。虽然都是屏蔽作用但对象不同其目的变化，如对主供电电路电缆进行屏蔽是为减少辐射，对信号电缆进行屏蔽是为增强抗干扰能力。

采用完整的屏蔽结构可以防止外部辐射进入设备内部，也可以防止本设备内的干扰能量向外辐射。将关键部件、设备甚至整机利用壳体、舱室、外罩等屏蔽，既可以提高对外部电磁辐射干扰的屏蔽效果，也可用来降低对周围环境的电磁干扰。比如把敏感器件集中放置到金属外壳的箱体内屏蔽以防止外部干扰，同样也可对开关电源这类产生高次谐波的设备利用金属壳体屏蔽减少对外干扰。这类屏蔽借助于机器装置的原有结构，但须注意其整体的导电性能。如对于放置某种装置的舱室进行屏蔽，要保证舱室壳体各个组成件连接可靠，固定的金属结构件之间合理搭接，不留缝隙以避免电磁波泄漏。需要用于开启的对接处缝隙，采用导电胶、导电条等进行完全密闭加固。如舱门处门框以及舱体的连接、锁紧机构和铰链等都要有严格的设计要求，确保门和舱壁之间具有良好的电连接，在其周边均采用导电橡胶密封条等专用电磁屏蔽材料。

7.8.3.2 传导控制

传导干扰主要发生在机器内设备与设备之间、设备与电缆之间，是电磁干扰的另一主要耦合途径。容易受到干扰的敏感装置通常为弱电设备，主要是控制、通信、传感等器件与线路。解决传导干扰就要在传导线路上下功夫，在电路设计上就要采取措施，利用功能电路、器件等将无用的电磁干扰过滤掉或将其与敏感装置隔离开。隔离技术可以从电路上把电磁干扰源和电磁敏感设备隔离开来，切断干扰通道使它们不发生电的联系，从而切断电磁干扰的传播途径。常用的隔离方法有光电隔离、变压器隔离、继电器隔离、DC/DC 变换器隔离、布线隔离等。如电动车辆中控制器与电源之间可以用 DC/DC 变换器隔离以减小电源对控制器的干扰，为保证控制器数字信号的传送不受干扰采用耦合器光电隔离。

滤波的基本目的是选择信号和抑制干扰，把不需要的电磁干扰能量减少到满意的程度。滤波实际上是将信号频谱划分成有用频率分量和干扰频率分量，对干扰频率分量进行剔除。如为抑制高次谐波对电磁敏感设备产生干扰，可在变频器输入侧和输出侧分别串接低通滤波器。低通滤波器对高频电磁干扰呈高阻态，它们既可抑制经电源线侵入变频器的噪声，同时也极大地衰减了变频器输出的高次谐波，减少了高次谐波对其它设备的干扰。在线路中可以串接消除高频振荡能量的器件，使高次谐波转化为热量而消除电磁干扰。如将电机外壳接地线穿过高磁导率铁氧体磁环接地，铁氧体磁环可以有效抑制阻尼电路中的开关瞬态或寄生振荡所产生的高频振荡，同时还能有效防止高频噪声传导进出电路。

7.8.3.3 接地设计

接地技术往往是抑制干扰信号的重要手段，良好的接地可以在很大程度上抑制系统内部噪声耦合，防止外部的侵入，提高系统的抗干扰能力，因此接地点的选择和接地线的处理是影响电磁兼容的关键因素之一。设计电磁兼容接地应将机器内的设备通过低阻抗的导体最终连接到地平面，消除高频干扰源的放电及电子电气设备的静电放电，从而避免设备承受电磁干扰。整机接地采取等电位平面设计，减小接地点之间的接地电位差，避免干扰信号在搭铁回路上串扰，以蓄电池负极作为整车参考接地平面，凡间接与蓄电池连接的接地点，均进行处理以保证足够低的接地电阻。接地原则是尽可能采用电阻小的材料，连接面保持接触良好，设备的外壳和机箱必须用最短最直的连线搭接到等电位平面上，接地母线尽量少用串联接头，每个线路板座和电缆头可以在最近的距离内进行接地。不同信号线分别接地，避免不同性质的信号通过地线进行串扰。

7.9 环境意识与环保措施

行走机械受到所处环境影响的同时，行走机械的存在也对环境产生反作用。与环境友好共处是现代行走机械设计理念中的重要内容，保护环境、减小对环境不利影响是对行走机械产品的期望。行走机械的生产、使用等环节都要牵涉到环保问题，排放对环境的污染问题是其中重点关注的内容。以发动机为动力装置的行走机械在作业时都要排放尾气，影响发动机排放的因素既与发动机设计与制造环节关联，也牵涉到行走机械设计匹配与后处理环节，也与所使用的燃料以及使用维护等有关。减少排放有害成分也只是行走机械环保设计的一个方面，环保设计更需要宏观环保意识，尽力使行走机械的制造与使用不仅对当前的环境友善，而且对未来环境也要无害。

7.9.1 发动机燃烧原理与尾气成分

目前发动机使用的燃料主要是石油产品，燃料中主要成分是烷类化合物，燃烧后主要生成物是水与二氧化碳，同时还产生一些不利于环境的物质。由于不同燃料中物质成分含量的差异及燃烧过程的不同，燃烧过程中会发生一些不同的化学反应，也使得燃烧后生成的气体的成分存在差异。目前用作行走机械动力装置的发动机主要是汽油机与柴油机，二者工作原理相近，但燃料与触发燃烧方式不同，因而也使得燃烧反应过程不同，这也是导致二者燃烧废气中生成物成分不同的原因之一。汽油发动机为点燃式发动机，一般将汽油喷入进气管同空气混合，成为可燃混合气再进入气缸，经火花塞点火燃烧膨胀做功。而柴油机是通过喷油泵和喷油嘴将柴油直接喷入发动机气缸，在气缸内柴油与空气均匀混合后，在高温、高压下自燃膨胀做功，这种发动机通常称为压燃式发动机。由此可知，二者使用的燃料、燃烧控制方式等不同，使得燃烧后产生的废气中有害成分含量不同。

汽油机的可燃混合气一般是在进入燃烧室前预混合的，燃烧途径为火花塞点燃湍流火焰传播。汽油机往往是当量空燃比燃烧，氧气会正好用完，这可能导致有一小部分的汽油没有燃烧完全，产生了一些 HC 和 CO。因为燃烧温度较高又没有多余氧气，所以会产生一些

NO_x。柴油机将高压柴油喷入燃烧室后柴油气化、扩散，逐渐和其中的空气混合后燃烧，一开始形成不完全燃烧产物，随后继续被空气中的氧气氧化为 CO_2 和 H_2O。扩散燃烧过程中柴油经历低温缺氧逐渐到高温富氧，所以碳烟和 NO_x 排放都很高。柴油的混合气尽管是富氧的，但是局部氧气是缺乏的，所以会产生大量的碳烟，这些碳烟大部分会最终被氧化成 CO_2 和 H_2O，但仍有一部分变成了颗粒物排放。

无论是汽油机还是柴油机，必须通过燃油在燃烧室内燃烧才能将能量转化为机器所需的动力，而燃烧必然要产生一定量的燃烧废气。提高燃烧质量、减少废气中不利于环境的成分是对发动机的环保要求，发动机通过提高控制水平、优化燃烧环境等可以一定程度减少有害成分的生成。这是在源头抑制有害成分生成，在源头不能完全控制的情况下还需要有后续的处理措施。尾气处理则是以消除已存在的有害成分的方式清洁尾气，是针对发动机燃烧与排放特点采取措施对发动机排出的尾气进一步处理，清除尾气中存在的有害成分。

7.9.2 排放控制措施

发动机输出动力时尾气排放是不可避免的事件，减少尾气中的有害成分进入环境则是实现环保的有效方式。降低排放尾气中的有害成分涉及设计、制造及使用等多个环节，其中首先在发动机设计、行走机械设计环节要有比较可行的环保方案，选择确定应对措施。通常可以采取以下方式提高行走机械的环保效果。

(1) 提高发动机环保技术

以内燃机为动力装置的行走机械产生排放的根源在于发动机，减少有害物排放、从根源上抑制有害成分的产生必须关注发动机内燃料的燃烧。燃油在发动机内燃烧过程复杂、影响因素众多，与发动机的燃烧室、进气控制、燃料供给、点火方式、燃烧模式等均相关，发动机的工作机理、控制水平直接影响排放尾气的环保效果。电控技术在发动机上的应用改善了发动机的性能，其中也包含提高燃烧效率、减少有害物的排放。有的发动机还利用废气再循环（EGR）技术破坏有害成分生成条件，如将发动机的进气与排气系统关联起来破坏 NO_x 的生成环境。发动机工作过程中从排气系统将一定量的尾气引入进气系统，再循环的尾气使发动机最高燃烧温度下降；再循环尾气对新混合气的稀释降低了混合气中氧气的浓度，缩短了混合气的燃烧时间及高温持续时间，从而达到破坏有害物 NO_x 的生成条件的结果。

(2) 动力匹配与使用优化

发动机是行走机械作业的动力来源，发动机的匹配与使用工况对排放的影响也不可忽视。同一型号的发动机可以有不同的使用匹配，动力装置性能发挥与其匹配的传动装置、作业装置以及作业工况也相关。从发动机的输出特性曲线上可以了解发动机不同输出的燃油消耗率变化情况，进行动力装置选择与动力匹配时根据作业载荷分布，将发动机低油耗区间匹配主要作业负荷的工作区间。因作业工况与负荷随机变化而很难完全按照设计匹配的理想状态工作，但可以通过不同的匹配措施使动力装置保持经济运行。如发动机与电机集成的混合动力装置，通过协调燃料能量转化与电能使用达到优化运行的结果，利用电机对能量正反转化的特性使发动机输出不随外部载荷波动而变化，一直工作在最佳排放状态。

(3) 配置尾气处理装置

排放控制的前端是使用清洁的燃料、性能优良的发动机，末端控制则是发动机燃烧排气后对尾气的处理。后处理是通过加装尾气处理装置等措施控制有害物排放，在尾气排入空气之前将其中存在的有害成分进一步清除。后处理重点关注发动机燃烧后排放的尾气中存在的有害物，虽然都在排气系统加装处理装置，汽油机与柴油机尾气处理的关注点有所不同。汽油机关注排放中的CO、HC和NO_x的含量控制，柴油机尾气处理主要控制颗粒和NO_x的含量。尾气处理实质就是在发动机排气系统上安置净化装置，减少有害气体的排放量。净化技术原理因针对的净化目标不同而异，对于CO、HC和NO_x这些气体采用催化净化技术，其工作原理是在尾气通过的排气管上安装一个带有催化剂的净化器，当尾气通过净化器时在催化剂的作用下，其中的CO氧化为CO_2，HC氧化为H_2O和CO_2，NO_x还原为N_2，这样使排放的尾气中的有害成分被转化为无害成分。

7.9.3 柴油机的尾气处理

柴油发动机排放的尾气中含有CO、HC和NO_x等有害气体成分，同时还有固体颗粒存在，因此处理柴油机的排放物需要进行气体和固体颗粒两类不同性质的处理。气体处理部分与汽油机排放后处理具有一定的相似性，借助DOC（氧化催化器）把尾气中的HC、CO通过氧化反应变成水和二氧化碳。柴油机内燃烧后产生的有害物主要是颗粒和NO_x，处理NO_x采用的是催化还原反应，为了提高反应效率，为其提供还原剂。目前多采用尿素水溶液为还原剂，工作时其被喷入废气中，受热蒸发分解成氨气（NH_3），NH_3在催化剂的作用下与NO_x发生还原反应生成氮气和水。如一些对净化尾气要求高的柴油机车辆都配有外挂的SCR这类催化还原系统用于净化NO_x，该系统主要由催化转化器、后处理控制单元、尿素泵、计量模块、执行器及各种传感器组成，如图7-9-1所示。

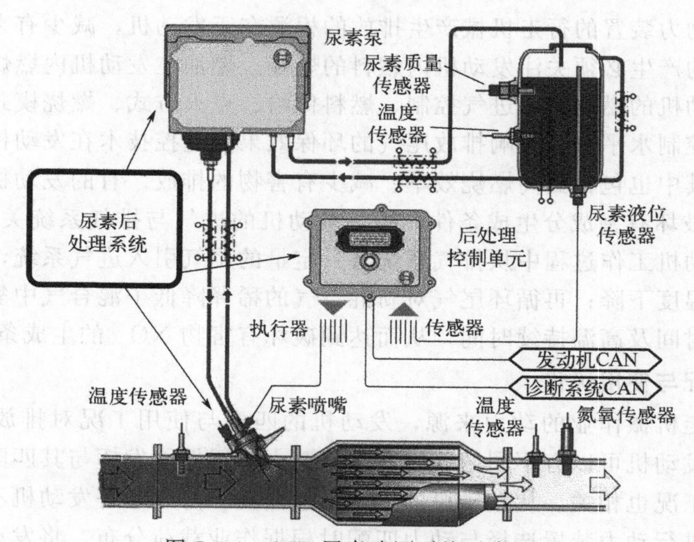

图7-9-1 SCR尿素喷洒系统示意图

固体颗粒是柴油机尾气排放污染物中的重要组成部分，它由多孔性碳粒组成且常黏附有硫化物。清除固体颗粒的主要方式就是过滤，为此柴油机尾气处理配有捕捉微粒的过滤器DPF。如应用较多的壁流式蜂窝陶瓷微粒过滤器，是以多孔陶瓷为基质制造的过滤器，当尾气通过过滤器时，其中的碳粒、灰分由于无法通过多孔陶瓷中的微孔，大部分会被吸附在陶瓷体的表面。但当吸附的微粒太多时微粒过滤器就要堵塞而影响排气的通畅性，因此工作到一定阶段需要清理或更换，目前通常采取高温再生办法解决堵塞这一问题。高温再生是利用燃烧使颗粒变成其它成分并被清除的过程，清理时使该处的排气温度被提升至颗粒燃烧温度，从而使吸附在陶瓷体表面的绝大部分碳粒被燃烧成二氧化碳并排放到大气中。当吸附的碳粒和灰分达到一定程度时，微粒过滤器的上下游压力就会出现显著差异，控制系统通过压差传感器测量过滤器上下游的压力差异，判断微粒过滤器的堵塞程度决定是否自动高温清理。柴油机尾气后处理涉及的处理对象需要采取不同的工艺，因此需要采用不同的装置分别处理，处理装置可集中在一起，也可制成独立装置后组合使用，如图 7-9-2 所示为串联布置在柴油机排气管路上的尾气处理装置。

图 7-9-2 柴油机尾气处理装置

7.9.4 汽油机的气体处理

汽油发动机的尾气处理主要关注的是其中 CO、HC 和 NO_x 的含量，主要是采用催化净化的处理方式将废气中的有害物质转化为无害物质。这类处理过程中需要采用催化剂，一般把只能转化 CO 和 HC 的催化剂称为氧化型催化剂，而把同时又能转化 NO_x 的催化剂叫做三元催化剂。三元催化剂含有铂、钯和铑等金属成分，其中铂与钯是氧化催化剂、铑是还原催化剂。汽油机排放的尾气通过带有催化剂的排气净化器时，其中的 CO、HC 和 NO_x 在催化剂的作用下发生反应。CO 和 HC 就会在催化剂铂与钯的作用下，与空气中的氧发生反应产生无害的水和二氧化碳，而 NO_x 则以 CO 和 HC 为还原剂在催化剂铑的作用下被还原为无害的氧和氮。催化剂不是反应物的一部分，在整个化学反应过程中只起促进反应的作用。这种催化剂的使用条件相当严格，仅当温度超过 350℃时催化转化器才起催化反应。由于整个净化反应过程需要控制氧气的含量才能确保两种反应准确进行，因此为汽油发动机配备三元催化式净化器时，要求发动机进气系统能够控制空燃比。

如图 7-9-3 所示的三元催化式净化器，该装置由陶瓷蜂窝载体、催化剂和外壳等组成。壳体用耐高温的不锈钢制成，内部有经特殊工艺处理的蜂窝状陶瓷体，陶瓷体作为催化剂的载体涂有催化剂，陶瓷体可提供巨大的表面积促使化学反应快速进行。三元催化式净化器一

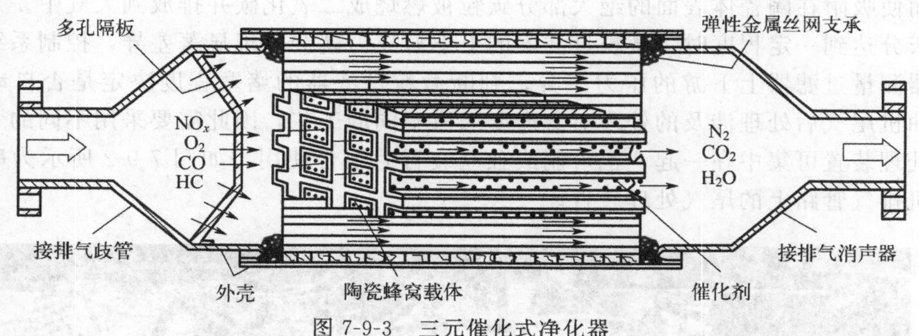

图 7-9-3　三元催化式净化器

般布置在发动机排气歧管后面、消声器的前面，利用排气的高温使催化剂立即升温。有的乘用车配有两级催化净化器，安装两级催化净化器的车辆处于冷起动状态时净化效果尤为明显。装有催化净化器的发动机只能使用无铅汽油，如使用含铅汽油则废气中的铅就会覆盖在催化剂表面使其失效，导致净化器不起作用。汽油发动机使用的汽油是一种易挥发的液体，如不妥善处理同尾气一样散发到大气中同样也要造成环境污染，汽油机的环保不仅要净化尾气，也要控制汽油蒸发到大气环境中。

汽油发动机供油系统相关的燃油箱、燃油管路、气门室中的燃油受热后就会产生气化，为此需要对油气采取控制措施加以消除。其中一种方式是利用活性炭吸附功能，将装有活性炭的装置安装在可能产生油气的系统中。如汽油机上配有活性炭罐，活性炭罐有 3 根管路分别与油箱、大气和进气管连接。当油箱中汽油蒸发时油气通过管路进入活性炭罐的上部，被炭罐中的活性炭吸附。新鲜空气则从活性炭罐下部进入活性炭罐，与油气在罐内混合并贮存在活性炭罐中。发动机工作时活性炭罐与进气管连接的控制阀门打开，装在活性炭罐与进气管之间的燃油蒸发净化装置动作，使活性炭吸附的油气以一定的流量进入气缸燃烧。此外发动机强制式曲轴箱通风系统可以防止曲轴箱气体排放到大气中，其作用是发动机工作时可以使所有曲轴箱气体被吸入进气管而进入气缸被燃烧掉。

7.9.5　宏观环保意识

控制尾气中的有害物排放到环境中只是行走机械实现环保的一个环节，绿色环保应贯穿行走机械的始终。在行走机械产品实现的整个周期内，从原材料的生产加工、机器的设计与制造、产品的使用与维护，以至废弃物回收等，每一过程都要有环保意识。单就尾气排放环节也要有长远与宏观意识，不仅是关注 CO、HC 和 NO_x 及颗粒物的含量，而且也应该关注碳排放问题。行走机械数量的增加必然造成二氧化碳排放的增加，进而造成整个大气环境中的二氧化碳量升高。提高动力装置的环保性能、采用环保性好的动力装置，可以大大减轻排放环节对环境的破坏，如电动行走机械在使用这一环节的环保性要优于发动机驱动的行走机械，原因在于电动行走机械工作时没有燃料燃烧产生废气排放。

行走机械产品都应与环境关系友善，友善涵盖的内容更加广泛，落实到具体机器上的含义可能有所不同。如产生噪声比较大的机器降低噪声是对环境的一种友善；农田作业的农业机械减小对土壤的压实程度也是对土壤的一种友善。在产品策划之初、设计之中就要将环境友善因素融入其中，力求使产品整个生命期对环境产生的不利影响最小。任何事物都存在正反两面性，在提高行走机械的友善性的同时无疑也对其增加了一定的制约因素，现代行走机械就需要达到生产制造、功能实现与持续发展、环境友善的要求协调与平衡。持续发展、环境友善是社会化的宏观问题，生产制造、功能实现是行走机械的具体问题，因此要实现这一平衡既要有宏观层面规划，还要有产品层面的具体实施。而针对某一具体产品设计而言，减少不必要材料的用量、简化不必要的功能、降低各种损耗而保证作业效率，这种简约低耗就是友善环境的具体体现。

7.10 总结：环境对行走机械的影响

人类长期进化发展已适应了周围的自然环境，人类的主要活动都集中在这类环境中进行。人类使用的器具往往都是伴随人类的活动而发挥功能，大多数器具也基本是在人类活动环境条件下应用。行走机械是与人类关系密切的一类具有行走功能的复杂多功用机器，与环境和人之间的关联因素更多更复杂。行走机械不仅要在宜人环境条件下作业，有的还需要在不适于人的环境或一些特殊环境下发挥功能，甚至还要为机上的人员提供必要的保障。行走机械都在某一环境条件下工作，作业环境牵涉到其所在空间、直接接触或间接相互影响的各种因素，在实现功能过程中与环境发生相互作用，行走机械有些功用发挥受制于环境条件。行走机械本身也是构成环境的一个部分，环境与行走机械相互作用、相互影响，行走机械与环境关系友善，不仅利于行走机械功能实现，也对所处环境乃至全社会有益。

7.10.1 行走机械的机器环境系统

行走机械实现功能不能孤立存在，一定处在某种人-机-环境系统内。人处于机器的小环境内，而机器又处于大环境之中，三者之间关联密切、相互影响，协调好三者的关系能够提高行走机械的使用性能。行走机械发挥功能时一定处于某一具体环境中，再与周围的某种环境因素发生作用实现功能。对于固定作业机器而言，一旦确定位置后周围环境的自然条件、作业条件等就不变或变化较小，而行走机械的移动特性决定其所处的环境是变化多样的。环境因素对行走机械产生作用，不仅对机器有影响，而且通过机器作用于机器上的操作者，甚至影响周围的人。人类制造机器、操控机器作业，人的行为也在这一过程中通过机器或因机器的原因对环境产生作用与影响。

行走机械实现功能时直接或间接地与周围环境发生关联，因用途不同、使用场合不同等使得环境因素的影响在不同产品上的体现存在差异性。常规环境条件下使用的行走机械，如普通大众使用的乘用车，这类车基本都在常规气候条件、路况比较优良的道路上行驶，这类车的设计、系统配置、组成元件等都没有提及环境影响。其原因在于常规环境是默认条件，当有超出常规环境的条件时才显现差异。同样是乘用车如果在极其寒冷的地区使用，则必须在冷起动、保暖等方面重新配置，提高机器自身的适应能力。同时还需要为其上的操作人员提供必要的工作保障，如采取措施使人工作的驾驶室保持适宜温度等。

环境因素对于行走机械的影响较大，首先实现功能要应对与适应作业环境、提高人机关系需要营造宜人小环境、发展进步则需要亲和人类大环境。应对与适应作业环境就是要采取相应的措施，提高在该环境下的作业能力。如路况条件直接影响通过性，机器自身与通过性相关的行走机构、机器重量与形态等需要与路况条件相适宜。营造宜人小环境主要是对机上操作人员的工作环境条件优化，如室外常规气候条件作业的车辆防风挡雨须有驾驶室，高空装卸作业的行走机械需要配备防坠物驾驶室等。亲和人类大环境涵盖的内容较广，不仅要友善自然物理环境关系，也包含人文社会环境。行走机械与环境的相互关联除了体现在应用环节外，还体现在生产过程、前期器件制造、后期报废处置等多方面。

7.10.2 自然地理气候条件影响

人类生存在地球这一自然环境中，这一自然环境存在自己的运行规律，如白昼与黑夜、季节更替、气候变化等，因而产生日晒、风吹、雨淋、炎热和寒冷交替等作用，存在于地球上的所有物体都要或多或少地承受这些作用。行走机械是人类创造出来服务于人类的器械，目的是拓展人类的能力，因此不仅需要在适应人类生活的自然环境条件下工作，而且应该能够在一些更恶劣的环境条件下工作。环境温度对行走机械直接产生影响，温度变化也是正常的自然现象。行走机械也必须适应一定限度的温度变化，需要在比较炎热或寒冷环境作业的机器需要具备适应该环境条件的耐高、低温能力，保证机器在炎热、寒冷的环境条件下能够正常工作。行走机械本身的一些器件对温度比较敏感，连续作业时有的器件还要发热。如动力装置、传动装置等在工作过程中都要产生热量，热量不散发掉而积累到一定程度将要损坏该装置。而热量的散发与环境温度关联较大，在高温环境下使用的机器需要加强冷却能力，控制机器的各个散热部分都能达到热平衡。同理寒冷环境的低温也对行走机械上的器件产生影响，机器正常工作需要有应对低温的措施。如特别寒冷的地区配备适应低温运行的起动蓄电池和电气元器件，甚至采用辅助预热装置提高动力装置的起动能力。

因工作地点的地理位置、海拔高度不同，行走机械所要应对的环境因素存在较大差异。在同一地区不同的海拔高度其环境条件就不同，如在同一时刻其气候条件因高度变化而不同，甚至差异很大。低海拔处可以是常规气压、当时季节气候，而随着高度的增加温度降低、空气变得稀薄。在高海拔的高原地带使用行走机械必须应对空气稀薄的影响，配置的动力装置及动力匹配异于常规。在这些地区使用的以内燃机为动力的行走机械要采取相应的措施，如选用对于环境气压变化敏感度较低的增压型柴油机，配备的动力装置功率储备要足够等。原因在于氧气是发动机工作的必要条件，高原地带高海拔环境空气稀薄，发动机的功率因氧气量的减少而下降。在同一海拔的不同地区环境条件可能也存在较大差异，如同样海拔高度的沙漠地带与海岛，其环境的潮湿程度、气温变化规律完全不一样。这些变化给行走机械的应用带来不同影响，如在比较潮湿环境中的金属器件容易生锈腐蚀，防腐要求除了常规的方式外还需有针对性地对重点器件、结构、材料等进行更加严苛的特殊处理。在沿海地区使用的产品不仅要能承受潮湿环境的不利影响，由于空气中的盐分含量较大，使得外露部分及电气元器件更加容易产生腐蚀而失效，这类场合还需采取防盐雾处理措施。

7.10.3 行走支承面条件影响

行走机械区别于其它机械的一个显著特征是行走，行走所需要的基本能力之一是通过能力。行走机械通过能力由内外两方面的因素决定，外部是行驶环境中与行走装置接触的支承面条件，内部是自身行走装置的功能及整体匹配。为了发挥出良好的通过性能，行走机械必须具有应对各种支承面条件的措施，这些措施主要体现在行走装置上。大多数行走机械都在地表行走，地支承面即为大地的表面，应对措施主要针对地表条件。地表条件主要有地形几何特征与表面承载性能，地形的几何特征包括地面的凸凹、地面的高度、障碍物、沟壑等外貌形态，承载性能体现在地表的坚硬、松软不同而呈现的承载能力变化。行走机械行走装置的结构形式、运动方式等都是针对作业所面临的主要地况条件确定，同类装置在具体行走机械产品上发挥功用的设计出发点可能有所不同。如在提高行走装置通过性设计时都以履带行走装置减小接地压力，但不同场合应用的目的是不同的。农田拖拉机使用履带是为了防止土壤被压实而造成来年作物减产，而履带式战车则是为了跨越沟坎提高越野通过能力。

普通的行走机械一般工作在道路、工地、田间、郊野等场合，行走装置接触的支承地面相对比较坚实、平坦、连续。这类行走支承面虽然也存在一些凸凹不平，但几何尺寸不足以直接阻碍行进，但因地面高低不平的变化直接通过行走装置反映到机体，对行进的机器要造成一定的冲击与振动。为此行走装置借用减振悬挂装置的减振缓冲作用，能够克服、减轻不利于机器的效果。这类支承路面也可存在一定程度的松软，只要行走装置在其上不严重下陷与滑转就能实现驱动而行进，同时也可以利用行走装置中的车轮、履带的尺寸、花纹、数量的改变，增加与地面的接触面积和作用能力。如加大、加宽轮胎可以加大接地面积使接地压力小而不下陷，加高轮胎花纹可以增加剪切土壤面积、提高附着性能而减小滑转率。相对上述良好的路况条件，还存在一些不适合机械行走的非常规路况，如沙漠、沼泽、深沟、高坎、陡坡、悬崖等地况。但对于特定用途的行走机械必须面对其中部分环境条件，如用于沙漠、沼泽这类环境的行走机械，必须克服地表松软、土壤黏合性差而导致的支承条件不好、附着性能差的问题。深沟、高坎造成行走的路面出现正常行驶不可越逾的沟壑中断或突起障碍，要在这种条件下继续行驶需要改变行驶方式，可能要牵涉到改变行走机械的行走原理与结构形态。

7.10.4 作业环境与工况影响

行走机械存在的意义是发挥功能，作业是发挥功能的过程，作业都要在具备某些条件的场合完成。作业条件既包括与作业相关对象的关系，也包含作业场合环境内的一切关联因素，作业条件不但受大的自然环境影响，同时还受到人为因素的影响。作业内容决定了机器需要发挥的功能，不同作业功能的行走机械虽然都具有行走功能，但作业功能的不同使得各自的结构、装置等要与满足功能需求匹配，也使得不同行走机械的结构、形式各有特点。如用于运输作业的车辆布置有放置货物的车厢，而用于装载搬运货物的叉车需要布置货叉及升降装置。结构功能的不同自然反映到外观形态的变化，因而从外观形态也可以粗略辨别行走机械的类型。

作业过程中不但要实现功能、完成既定的功用，而且要保障实现功能过程中的人机安全。安全内容涵盖广泛，首先是人员安全、设备安全，乃至整个作业环境安全。为此针对具体作业的小环境条件，行走机械需要具备安全作业的保障措施。用于物料装载作业的机器，需要对装载物料可能产生的危险加以控制与预防，如装载机、叉车等使用的防倾翻、防坠物驾驶室，就是为了应对装载作业时可能出现物料从上方坠落、重心位置变化导致倾翻而配备。作业的小环境空间内除了受到自然温度、湿度等气候因素影响外，还要受到人为环境因素的影响。若作业小环境的空间内存在油气、可燃粉尘等易燃易爆的成分，这类场合使用的机器设计时就要有针对性地采取防爆措施。动力装置的防爆改装、选择防爆电气元件、静电荷释放处理等都是易燃易爆环境行走机械常用的防爆措施与手段。

行走机械作业环境条件通常都是可视与可知的，现代技术的发展使得环境因素成分更加复杂，机器与环境间的关联影响作用也多样化，作业场合的不相关设备之间也可能发生关联而相互影响。不同机器的作业环境是变化的，每种机器适应环境的侧重点也有所不同，这要有一定的针对性。早期的机器结构简单、电气装置与控制元件少，环境的电磁作用几乎可以忽略。而现代设备中电气元件、自动控制的广泛使用，使得电磁兼容变得十分重要。行走机械电磁兼容的要求应是自身产生的电磁作用不影响周围设备，周围设备的电磁作用也不能影响行走机械正常工作。

7.10.5 人文社会与行走机械

行走机械是现代人类生活和生产不可缺少的基本要素之一，人类社会的发展又进一步促进行走机械的进步。虽然每一具体行走机械产品的产生与发展的原因各不相同，产品的研制与生产关注的主要是各自具体的应用层面，但其存在与发展也要受到地区、国家相关基础工业与技术发展的影响，其制造与使用必与当时社会发展密切相连。从行走机械整个宏观层面看，社会人文环境对行走机械的发展产生影响，社会发展不同阶段的需求导向、人们普遍的生活习惯、各自国家的法规等均影响某一具体行走机械的存在与使用。如由于使用地区的国家交通规则与驾驶习惯的不同，同一厂家生产的同一类型的车辆驾驶位置的布置，就要受到使用地区的影响而改变。在行走机械发展的初期人们关注的是主要功能是否实现，由于人们环保意识的提高，现代行走机械的功能与环保并重，甚至需要牺牲一些功能达到环保要求。行走机械在功能实现、性能优良的基础上还要适应社会发展潮流，同时为了使整个社会实现合理、有序的协调发展，也需要有相应政策法规、制度加以约束指导，实现宏观总体优化、协调发展。

行走机械与社会环境也是相互影响的，行走机械在为人们提供功能的同时，受到社会环境的制约，也在改变社会与环境。行走机械使用量的增加必然造成能源的大量消耗，而且伴随着废气排放量的提高，这是对自然环境的不友好的作用。不仅如此，在生产、使用、报废销毁过程中同样也产生一些诸如废油废液、难以回收处理的制品等，这些也可能对环境造成不同程度的污染或损害。行走机械的使用不仅因发挥功能提高效率而促进社会进步，其作用是多方面的。由于行走机械的大量使用必须发展一些基础设施提供保障，如能源供给、路桥修筑是行走机械作业的基础，而建设加油站与充电桩、铺设铁路和公路等又可促进当地经济的发展。行走机械与社会共同进步，其发展需要社会其它领域的资源与技术。整个社会环境基础水平的提高对行走机械产品发展提供支承，如卫星定位、无线网络等都不是行走机械自身发展所能产生的技术，而利用这些社会资源提高自身的性能与水平，实现相互融合才是行走机械健康发展之路。

第8章 产品实现

8.1 产品设计及影响因素

设计是设计者的一种创造性的工作过程，在产品实现过程中的作用极其重要。产品设计者在完成创造性工作的同时，还需要衡量现实科技水平与基础条件对所设计产品的各个方面的制约，最终的产品既要有可实现技术与生产制造的基础，又能满足实际使用需求。行走机械产品的设计在创新、引领的同时，要综合性能、质量、成本、价格等多种影响因素，兼顾使用者、生产者，以达到综合效益平衡为目标。

8.1.1 产品设计者的任务与要求

8.1.1.1 设计者与产品设计

设计是设计者有目的的技术性创作活动，对于某种具体的产品设计则目的性更强，同时限定的条件也更具体。产品设计时设计人员都是按照预定的技术指标、使用要求等作为设计输入，对可能影响产品的各种因素进行周密的分析比较，经策划和构思确定出一套较优方案。在找出适合的方案、分析比较过程中，许多选择与决策会带上不同程度的主观因素，以至于因设计人员不同而产生很大差异，甚至如艺术作品那样显示出设计人员截然不同的风格。这既体现了设计的主观影响，也体现了设计的艺术性内涵，因此现代控制论的创始人 Norbert Wiener 曾经说："工程设计与其说是一门科学，不如说是一种艺术。"从某种意义上可以说设计是不同程度技术与艺术的综合。设计者对设计的主观影响无论目的、限定条件如何精准，不同设计者对同一目标的设计结果都很难达到完全一致，即使同一设计者的设计也是多种影响因素的平衡结果，如果强调或改变某一因素的影响则结果就会变化。设计答案不确定、方案不唯一且可改进是设计的特点，也是设计人员发挥主观能动性的有利条件。

产品设计是产品实现过程中的一个环节，不仅需要把各种构思转变为指导产品生产所必需的生产信息与资料，而且需要切合实际生产与使用条件，因此对已用技术、原有条件等的继承十分必要。行走机械发展时间比较长、产品大多都比较复杂而又存在一定的共性，不管设计哪一种行走机械新产品，几乎都能从以往行走机械产品中借鉴或继承到同性质技术、同功能机构等。产品设计是有限制条件的，不可能完全按理想方式实施，需要考虑现实条件可以达到的技术水平、元器件的制造水平、生产者的生产能力等。如行走机械产品设计时需要根据生产者的条件确定装置元件制造与选用装置配套的规划，选用装置配套可简化具体装置设计的工作，但关联匹配要满足总体要求。行走机械产品设计不仅体现在功能性能方面，更要重视使用者这一制约因素，使用者的购买力水平、使用素质等基础条件都是设计技术要求以外的限制。

8.1.1.2 设计者的任务与要求

好产品一定体现出产品设计总师的优秀设计思想，设计总师的设计水平与其技术造诣、经验积累等相关联。设计时根据获得的初步设计输入信息，设计者首先在大脑中开始构思、设想、分析、选择。此时大脑中的思维可以是海阔天空不受约束，由于技术经历、知识背景的不同，设计者的设想此时就开始出现差别。根据已掌握的技术与经验，将设想进一步具体化形成一初始方案。这一初始方案的变数仍然很大，还处于设想可行性阶段。此时的可行性还是原理、机构的可行性，还需要进一步将原理与机构具体化，即依据初步规划采用的原理与机构能在所设计产品中实现既定功能，此时可借鉴已有的功能装置作为参考。经初步计算、匹配后确认能够实现产品所需的全部功能，则开始进一步的产品方案设计。此时的方案设计针对性更强、设计的要求更加具体详细，设计方案不仅要满足设计输入的具体要求，而且要根据现实所具备的条件与能力而落实确定。在此方案基础上进一步进行详细设计，输出生产制造所用的资料与信息，这些资料与信息就是设计输出的结果。设计流程可简单概括为图 8-1-1。

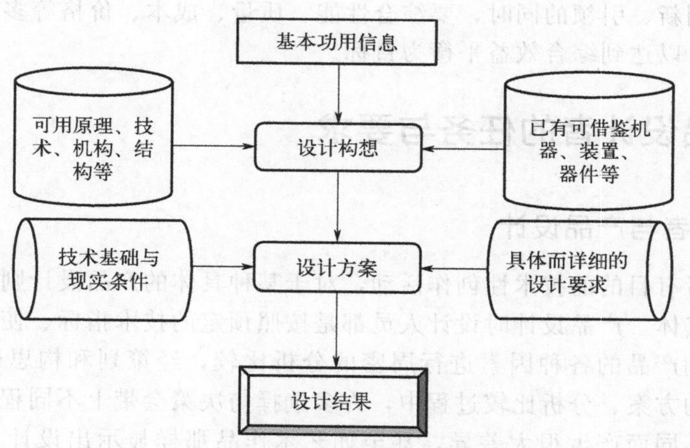

图 8-1-1　产品设计流程简图

产品与设计者的关联性很大，合格的产品设计者需要具备一定的素质。产品设计需要由具有专业技术的人员完成，设计人员成长为产品设计工程师不仅需要学习而且需要实践。对于能够承担总体方案设计的设计总师要求更高，一名合格的设计总师需要具备以下能力。

(1) 专业基础扎实与技术视野广阔

总体方案设计师一定要具有较高专业技术水平并具有一定实践经验，否则没有坚实的专业基础、广阔的技术视野则难以胜任该岗位的工作。通过理论学习、专业训练、工作实践等不同方式逐渐提高专业技术能力是产品设计的基础保障，要设计出好产品必须具有广阔的技术视野与对新技术的接受能力，能够跨行业、跨领域、跨古今接受有用技术为设计产品而用。

(2) 抽象概括与思维表达能力

在方案设计时所获得的都是文字、数字甚至是语言信息，方案设计者需要通过大脑思维将这些信息进行集中、概括、抽象、具体、图形化。在头脑中形成的图形需要进一步利用技术信息表达出来，此时表达出来的是设计者对产品的描述。这种描述可被生产制造理解接受，是产品实物化的基础。即使思维设想得再好，如果表达不确切也无法达到方案设计要达到的结果。

(3) 设计掌控与技术统筹能力

方案设计是产品的总体架构、是后续具体设计的指导纲领。现代行走机械产品复杂程度越来越高，涉及的专业领域也越来越多，整个产品设计工作根据方案设计输出，可能需要多人协同完成后续的设计任务。因此方案设计者需要了解后续设计需求，规定并掌控每一下级系统、装置的设计任务。对下级设计技术要求输入精准确切，下级系统、装置间的匹配关系明确无误。

8.1.2 产品设计方式

行走机械产品设计要受到各种制约，不同时期的科技发展水平、不同知识背景的设计者等，对产品设计都可能产生不同的影响。行走机械产品种类繁多，设计方式也存在不同，即使同一个产品设计中也可以包含多种不同设计方式。

(1) 原创性设计

原创性设计中发明创造成分较高，是一种以前没有的初次开发设计。原创性设计能够开发出以前没有的装置、器具，其难度较大、耗费多，往往需要多次反复才能达到理想结果。原创性设计的初始设计也可能不完善，还存在各种不同程度的缺陷，但这种设计结果可能对后来相关技术、产品乃至产业发展产生影响。这类设计结果不在于大小、难易与复杂程度，而在于它的创造性，有的可以奠定某一方面的技术基础、有的可能具有时代意义。尽管都是原创性设计，但其原创性的特征也不尽相同，如在行走机械中广泛应用的车轮即可略见一斑。车轮的发明创造改变了人类的运输方式，不探究车轮的产生历史，能将圆形轮用作车辆的行走装置是一里程碑性质的原创设计。尽管现代人觉得其简单，但这一结果促使以圆周运动为特征的行走机构产生，奠定了行走机械发展的基础，这是原理性原创设计。最先将刚性车轮与弹性外缘组合产生弹性车轮，也是原创性设计，是车轮本身结构形式、材料匹配方面的改进与提高。

(2) 借鉴发展型设计

现代社会的科学技术为产品设计提供了方便，大量的成熟技术可以直接应用，大量的功能装置可以直接选用，根据产品功能需要借鉴已有技术、借用成熟装置是产品设计的捷径。行走机械产品一般是多装置、机构的复杂机器，往往是由多个不同功能要求的装置、机构匹配组合。这种设计既包含原创性的设计内容，也存在大量的已有技术、装置的继承与匹配。对已有技术、成熟装置并非完全照搬，而是借鉴与改进，借鉴能够实现功能的装置，然后将其进行再设计或系统匹配，通过继承其原理、借鉴其思路、参考其机构、选用其器件等方式开发设计。这类设计对行走机械这类构成复杂产品的开发比较适宜，针对不同情况采取利于产品设计的方式，如参考借鉴功能相近的机构与装置可以提高设计效率，对于已有的成熟器件直接借用可提高可靠性。

(3) 改进优化设计

由于产品的发展日新月异，新的产品设计不都是从最基本的设计开始，而往往在已有的产品基础上进一步改进优化。改进优化设计相对较简单，是在原有基础上对已存在的产品进行改进、优化、变型等。主要解决原有产品存在的某种缺陷与不足，或为满足不同使用者、一些特殊需要而进行的改进设计。其特点在于不改变原设计的主要设计原理与设计方案，只进行局部的设计改进，或保持原来的结构形式，只改变作业能力和结构尺寸等。改进设计是现在产品设计中较常用的设计方式，这种设计方式实用性较强，可以继承前人的成功经验、缩短设计周期、降低设计的风险。同一生产企业中某产品的系列化过程主要采用这类设计方式，这类设计相对简单，对设计者的知识背景要求不高，只要对同类产品比较了解，同时有专业技术技能就可以完成这类设计。

上述不同设计方式都是人为定义的，确定设计方式是设计者综合思考的结果，与设计者是否经验丰富、知识广博，能否将不同行业、领域的技术融会贯通等相关。优秀的设计者能够融会贯通使用各种设计方式，设计时先是根据功能要求形成一种概念原型机。这一概念原型机开始表现为一些抽象的空间机构线条组合，这些线条成为设计思想最初的表现形式，是所设计初始产品的虚拟骨架结构。随着设计工作的深入，以这些线条为基础的骨架逐渐丰满起来形成机器雏形。如在设计车辆的行走装置之初，在设计者头脑中出现的首先是几个没有实际意义的圆形图案，这些圆之间的相对位置、圆的直径大小都很模糊。随着设计的深入，限定条件逐渐增多，而车轮的概念逐渐清晰，进而落实了轮子具体结构形式，确定了空间位置及其与周围装置的位置关系。

8.1.3 产品设计影响因素

设计行走机械产品要兼顾使用与生产两方面的利益，产品为使使用者满意需要达到其所需的功能要求和性能期望，为使生产者有生产制造的动力则需要为其产生效益。产品设计时必须综合考虑影响产品的诸多因素，要设计出一款比较理想的产品需要分解细化影响因素，使之变成设计要求融入设计之中。可以量化的方式落实，不能量化的则需综合分析比较后体现在设计之中。如图 8-1-2 所示为行走机械产品设计主要影响因素，其中的每个影响因素又包含多项内容，这些内容相互之间还都有关联，在设计时视具体情况平衡各项内容的关注度。任何一种产品的设计必定具有一定的使用目的，为了实现这一目的产品应具有发挥相应的功用的能力。行走机械普遍具有行走特征，有的又有作业机具的功能，其功能概括起来即为行走和作业两部分功能。行走功能是共同具有的功能，

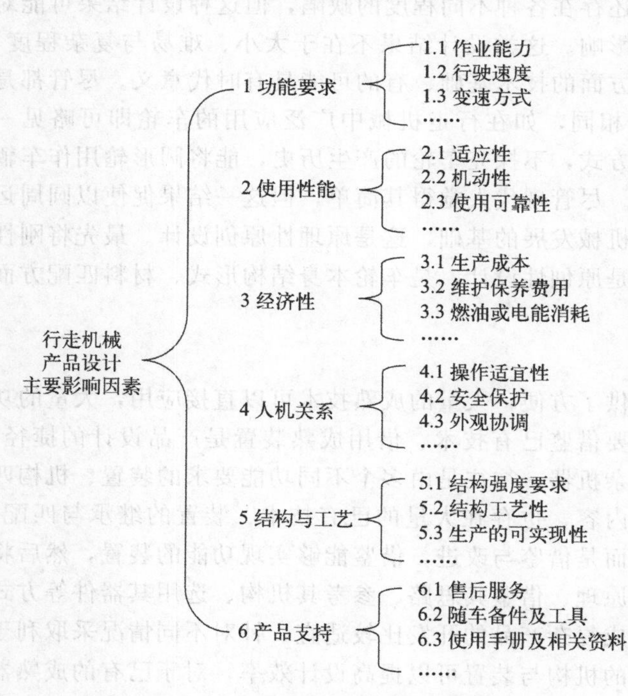

图 8-1-2 行走机械产品设计主要影响因素

作业功能则因具体机器不同而有不同的含义。产品设计是以满足功能为第一要求，根据功能要求行走机械设计需要配置动力装置、行走装置、传动系统等，要牵涉到装置的能力、形式等一系列具体问题。各种装置协同工作使机器运行完成功能，行走机械不仅要完成功能，而且要满足性能要求，产品性能优良永远是设计者追求的目标。

在进行产品设计时往往对产品功能、性能、结构方面的关注较多，当然这些也是设计中首先要解决的问题，但同时还要平衡其它相关各种因素的影响。具备适宜的作业功能、性能良好的行走机械产品，要能充分实现其功能、发挥出优良性能还要规范使用才行。使用关系到机器与人两方面的因素影响，牵涉到人与机器之间的关系。首先产品设计在与使用者直接相关的驾驶操控界面、作业安全方面要适合使用对象，同时要求使用者具有一定的操作技能，能够按规程正确实施操作。产品使用过程中的维护保养是例行工作，但维修、保养等方式方法的确定需要关注使用群体的使用水平，产品的售后技术支持也需要根据实际情况而采取相应的措施，如某些装置、器件的维护保养的规定与操作，可能因现场使用者和专业人员操作有差异而有所不同。

为了满足使用者的要求产品必须实现规定的功能，在具有良好使用性能的同时还要关注使用经济性。在功能类似的条件下使用者会选择性价比高的产品，而且关注产品全生命期间总的效益。效益也是生产者的期望，产品设计也要关注生产者的收益。虽然设计不能确定最终的投入产出比，但在一定程度上可以控制产品的技术成本。设计过程中应充分考虑生产企业的自身条件，通过合理的结构设计、适宜的工艺保障等措施降低成本、提高效益。产品设计是一项系统工程，在综合各种要求、平衡多种影响因素的前提下，达到最终设计结果最优。这种最优既不是平均兼顾每一影响因素，也不是各种性能最好、功能最优的器件组合，而是根据实际需要得到的一种以既能够满足用户需求，又使生产厂家能够获得期望回报为目标的均衡。

8.2 总体方案与设计要点

实现功能是行走机械存在的意义，行走机械的设计就是围绕功能设计展开。机器是一系列相关装置、机构、零件等组成单元构成的集合体，机器实现功能也是这些组成单元协同工作的结果。行走机械设计时根据功能需要通过开发、继承、选用等方式确定机器的这些组成，并且要将这些构成机器的单元统一布局、匹配资源、协调关系。集合在机器中的每一个零件都应发挥出自身的功用，组成单元都能适时、准确发挥出既定功能，最终整机即可实现期望的功能。

8.2.1 功能分解模型与总体设计方案

构成机器的最小单元是零件，零件组合成机构、装置，行走机械实现功能主要表现为机构、装置等发挥作用，因此在行走机械产品设计时要重点关注可实现相关功能的装置、机构、结构等。首先通过对产品所要实现的总功能分解细化，将抽象概念的要求逐步分解为具体的各种功能需求，分析实现每一具体功能的较优方式、确定该功能是否需要组合或集成下级功能来实现。如果有简单直接的实现方式可优先考虑，如果功能复杂不能直接实现再继续分解细化到不便分解的程度。这一分解细化的过程是由上至下、从主及次的依次分解的过程，也是从单点到多点的逐渐发散过程。通过这一分析、分解过程后，基本明确了产品功用所关联到的各种功能组成需求。针对上述功能需求寻求对应的解决方案，这些解决方案可能有成熟的装置或机构选用，有的功能实现则需要新的发明创造。这些功能单元能够完成相对应的功能，而将其集成到一起实现上级主功能还需要协调与优化。将实现下级功能的单元有机组合在一起，才能形成实现既定功能的产品。这一组合过程是将多单元逐渐集成为整体的实现过程，是从分散到集中的收敛过程。

图 8-2-1 为以伸缩臂叉装车为例从功能分解到装置集成的示意简图，从中可以进一步理解产品设计中的发散与收敛过程。伸缩臂叉装车要具备的功能是装卸物料并能负重行走，其中行走相关部分与其它行走机械类同，其自身特殊作业功能是能实现较大空间距离装卸物料。装卸物料首先需要有装置与物料接触并进行操作，根据不同的物料性质可以用叉子叉装或料斗铲装。为了实现物料的上下、前后大范围移动，利用可摆转式伸缩臂可以方便实现这一功能。将实现作业功能所需的装置与发挥行走功能的相关装置有机地集合起来，则构成了一种可实现叉装作业的机器的雏形，进一步完善便逐渐形成伸缩臂叉装车的完整形态。根据功能而选定的伸缩臂、货叉、动力装置等机构与装置，在设计师的思维中形成一个基本的构架和初始的设想。要想将这一设想变成最终的设计结果还有更多的细节需要进一步落实，如装置间的匹配、机构的结构与运动等。这种发散收敛模式基本上能表达整体构成与实现功能的关系，通过对功用进行细化分解，寻求获得该功能对应的具体的功能单元，将这些功能单元协调组合便形成设计总体方案。上述发散收敛模式只是一种思维方法，方案设计时也并非简单地罗列这些功能装置，而是需要严格的理论计算、系统的匹配协调的复杂过程。

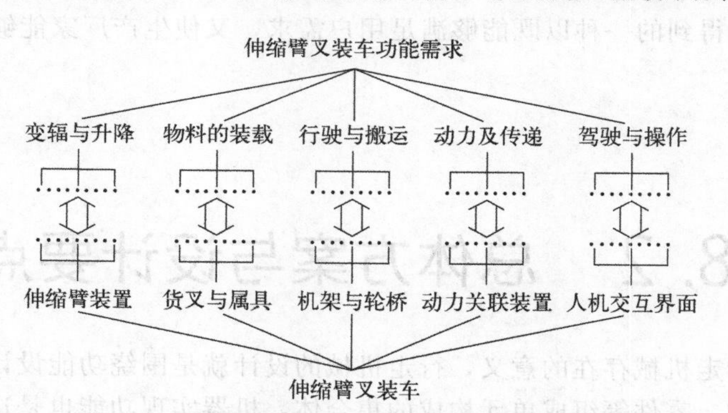

图 8-2-1　伸缩臂叉装车设计发散与收敛示意简图

行走机械设计首先就是将其所要实现的主要功能予以确定，总体方案设计的任务就是要将功能与装置、机构及其结构等有机地关联起来，同时要协调这些装置、机构及结构间的互相关联匹配。实现某一功能可能存在多种不同的方式与方法，总体方案要兼顾、平衡各种不同影响因素确定一种适宜方式。如同是传动既可采用机械装置传动，也可采用液压系统传动，具体哪种适宜则是设计者综合平衡的结果。构成机器的元器件之间的相互关联也可同时存在多种交互，如液压行走驱动系统中的液压马达首先必须与液压系统联系起来，其输出轴需要与变速器或车轮的轮毂联系起来，同时其壳体又要与安装机架相关联。该马达对液压系统匹配产生影响，对行走驱动力存在影响，也对机架连接部位的结构存在影响。总体方案设计要完成的任务就是根据实现功能目标的要求，统一协调主要装置器件的形式及参数、确定主体结构形式等，落实相互结合关联关系、合理布置。总体方案落实并固化了产品功能要求的全部设计信息，是进一步的系统、部件设计的依据和基础。

行走机械是由多功能单元组合而成的复杂机械，机器实现功能需要组成机器的功能单元起作用，这些功能单元起作用以及协同工作不只靠机械机构、机械装置就能实现，往往还要借助液压、电气系统的作用。机器看上去都是机械装置、零件的组合，上述功能与功能单元的发散收敛关系也主要以机械装置来体现，但这些装置工作以及装置之间的协调等可能都要牵涉到液压系统、电气系统。如伸缩臂叉车中变幅与升降与伸缩臂装置的功能匹配，伸缩臂本身是一套机械装置，但这套机械装置必须在液压油缸的作用下才能实现变幅与升降，液压油缸工作又少不了液压系统的存在。电气系统的作用同样重要，而且对机器的操作与控制方面的作用尤为重要。行走机械的功能、组成、形式等可能各有不同，而其实现功能往往都需要与机械、液压、电气三方面关联，在方案设计时要处理好这三方面的关系，如图 8-2-2 所示。

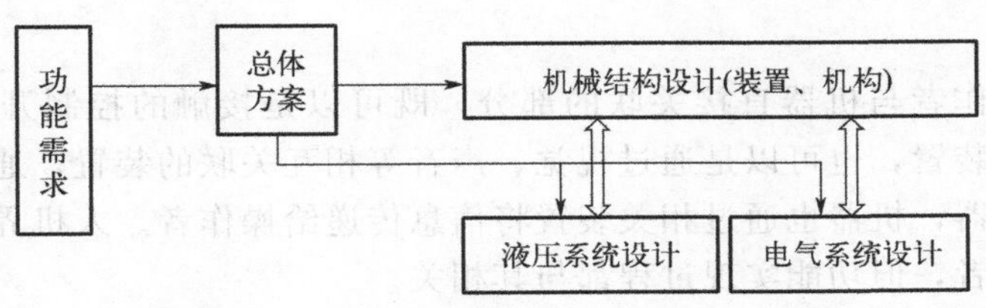

图 8-2-2　功能需求与方案设计

8.2.2　系统构建与装置匹配

机器都是围绕实现功能这一中心任务而将不同功能的装置与器件集合到一起，将这些装置与器件关联起来的一般是以实现某一功用为目的的功用系统，系统如同一条虚拟的纽带将实现该功能的相关器件联系起来。在同一机器中可以存在多个系统并相互关联，系统的功能要求与规模大小都是因需要而构建，系统之间的关系既有并行也有交叉，大的系统又可分解为多个小系统组合形式。行走机械可以抽象为作业与行走两大功能部分，其中作业部分因用途不同而组成各异，在此不详细分析。就实现行走功能部分而言，可抽象分解成以下功能系统或总成。

(1) 动力系统

利用自身配置的动力装置实现驱动的行走机械中，动力装置需要在其它辅助装置协助下实现能量转化，这些装置与动力装置本身共同构成动力系统。如发动机这类机械本身就需有多个功能系统协调工作才能发出动力，当行走机械匹配发动机为动力装置时，需要有冷却、供油、进排气的相关装置与其匹配保障功能实现。以电动机为动力装置较为简单，动力系统除电动机外可将电源、供电线路等视为动力系统的构成部分。

(2) 传动系统

动力装置产生的动力直接输入到驱动装置则不需要中间传动系统，但实际只有很少的场合可以实现。大多情况下还需要利用一些传动装置、介质等传递动力，从动力装置的输出端到驱动装置的输入端之间的全部装置、介质共同构成传动系统。如汽车发动机的动力需要通过变速箱、离合器、传动轴、差速器等传给车轮，这些装置共同构成汽车的传动系统。

(3) 行走系统

行走系统比较概括，此处可理解为包含行走装置及其相关的减振悬挂等装置，行走装置通常指车轮及车桥、履带行走装置，也可指其它非常规行走装置。行走系统与其它系统的关联较多，如同为行走系统中的车轮，如果用于转向则与转向系统发生联系，如果安装有制动器则与制动系统联系起来。

(4) 转向系统

转向系统用于实现操向功能，转向系统受到操作、控制、驱动等因素影响，其系统构成及形式也有多种。简单人力操控利用机械装置、机构即可实现操向功能，而需要动力转向的场合，则可能还需要匹配液压系统。

(5) 制动系统

制动系统也是行走机械中必不可少的功能系统，其主要装置是制动装置，制动装置必须与传动装置、行走装置中的一些器件相关联，对于需要实施动力制动的场合还需要匹配液压、气动等系统。在一些制动要求较高的场合，还需要自动控制系统的介入。

(6) 人机界面

人机界面是操作者与机器直接关联的部分，既可以是接触的控制开关、操纵手柄、踏板、方向盘等操控装置，也可以是通过视觉、声音等相互关联的装置，通过这些装置将操作者的意图传递给机器，机器也通过相关装置将信息传递给操作者。人机界面虽然不是行走机械功能的直接实现者，但功能实现过程都与其相关。

(7) 电气系统

简单的电气系统包括照明灯具、起动元件、传感器等，现代的行走机械上早已不局限于简单的电气系统了，系统不仅复杂，而且还产生了功能强大的电控系统。电控系统包含了传统的电气系统和自动控制系统，其中自动控制系统既有硬件设施，又包含控制软件。

通常构成行走机械产品的装置、器件数量众多，这些组成单元按一定的层次关系进行匹配组合。其中每个零部件都有各自的结构形式，每个件的设计都要服从其上级结构、功能的要求。而在实际设计中并不是每个装置、器件都要进行初始设计，对于专业性强、技术成熟的装置直接选用匹配更经济。这与产品的性质与批量、生产企业的规模与制造能力等因素相关联，如果产品特殊、生产的数量少则尽可能借助其它配套力量，减少自己制作量。而生产企业能力强、产品的批量大则可以根据自己的生产特点设计零部件。对于专业性强、跨行业的器件采用专业配套为宜。规模大的机械生产企业可能同时具有生产发动机、变速器、驱动桥等的能力，但不一定能生产橡胶轮胎、液压件这类制品。即使是同一企业内有能力生产的装置，也尽量匹配已有成熟产品，只有无法满足要求时才重新设计。

8.2.3 主体结构设计要点

每种行走机械产品都是多种不同装置、器件的集合体，这些装置器件必须按照一定的位置关系布置、安装、连接而成为一个整体。为此需要有一载体能够担负起这一任务，在行走机械中称为机架的结构件通常成为这一角色。机架是行走机械产品的组成部分之一，它的主要功用不直接显现在机器的外在功用上，而是体现在为其它装置与器件提供承载基础。与机器中其它功能装置相比，就如同一个兄弟姐妹众多的家庭中一位负责任的忠厚长兄，以坚强、忍让、纽带、不求自我实现、默默奉献为特点，肩负着团结这一集体所有成员的责任、承受着所有成员对它的各种苛求。机架结构设计几乎都要与主要构成部分相协调，在结构上保障其它装置处于理想的位置与状态，同时强度上要确保有足够的承载能力。机架设计与主体结构形式关联密切，每种行走机械产品的机架都有自己的结构特点，机架也成为该产品构成中最具产品结构特征的部分。主体机架设计是每一种产品设计中必须实施的工作，其主要内容与要求有以下几个方面：

(1) 总体布局要求

行走机械为了实现既定的功能，需要将一些功能单元布置在适当位置，每个单元本身具有一定的形状体积、需求空间，设计机架要在结构形式上满足这些个体要求，同时在结构尺寸上满足总体设计的要求。即使满足同一具体要求也可能存在多种不同布置方案，最终只能落实一种最优方案，这种最优是在一定条件下的最优，从另外的角度衡量可能就有不同的结果。如图 8-2-3 所示的发动机布置方式在当时条件下可能是最好选择，但现在同类车辆则较少采用这类布置方式。机架结构形式与总体方案的布局紧密相关，总体方案中已确定了机架的基本形式与主体结构尺寸，一旦与其相关联的装置变化就可能影响其结构形式及尺寸。机架也是根据功能需要而确定，可以是将全部装置集合在一起的单机架结构，也可以是两机架或多机架形式。

图 8-2-3 中置发动机货运汽车

(2) 强度和刚度要求

机架需要承受自重及其上承载的装置、器件的重量，而且机架上安装、连接的一些装置与机构工作时还将其受到的作用、产生的力传递到机架上。机架是一重要承载部件，应具有良好的力学性能。为此机架设计为了保证足够的抗弯、抗扭等能力，不仅要选择适宜的材料，而且在结构优化、载荷控制等方面需采取措施。行走机械产品的机架形状千奇百怪，这一部分与安装连接有关，也与提高承受载荷能力有关。

(3) 安装与连接要求

机架是各种装置的承载体，机架结构设计的任务之一是要连接各类装置，与各种装置的安装连接关系决定了机架结构的具体细节设计，与这些装置连接匹配也是制约机架结构形式的一个方面。自主设计的装置与机架的安装连接还可以相互协调，对于选用货架产品作为其功能装置时，机架与其连接结构必须服从该装置。如匹配早已定型生产的发动机产品为动力装置，机架与其相关部分的结构、连接方式设计只能按照发动机的连接结构要求而确定。

(4) 空间位置要求

机架既要为各种装置提供连接、安装的位置，更要保证各种作业的空间需求。这类空间需求要牵涉到发挥功能时装置、机构等运动的空间、作业对象占用的空间等，这也是限定不同机器特定空间结构形式的基础。另外还有一部分空间是根据设计匹配所需要，如机械传动的传动轴、液压传动的管路都要在机架结构设计上考虑布置空间。此外整机和一些装置的维护保养空间需求，甚至零件更换空间需求，往往都与机架结构相关联。

(5) 工艺性要求

机架的结构设计还牵涉到工艺性，此工艺性包括两方面的含义：一是该机架的结构能够实现既定零部件的安装工艺性，要保证零部件安装与拆卸的方便性、可实现性；二是自身的加工工艺，保证在现有条件下能加工生产出达到规定要求的机架。设计出的机架其它方面再好，如果无法加工或加工后无法保证设计要求，也无法实现最终目的。

8.3 外观形态产生与承载

外观形态是人们认识某种产品的第一印象，产品形态不仅包含产品的功能信息，而且还有其文化内涵。优秀行走机械产品的外观形态不仅包含技术特色和企业传承，还包含时代气息与满足大众审美需求。产品的外观设计与形态优化也是产品实现过程中的一个重要环节，在满足功能、性能要求的基础上，形态美观、特色鲜明的产品必然更受欢迎。

8.3.1 产品形态与外观设计

产品的实质是功能的载体，实现功用是产品实体存在的意义。以实体方式存在的产品必然有其自身的形态，虽然产品的形态各异，但优秀的产品看起来都给人一种协调、舒适的观感。产品外观的形状与姿态与产品功能并非直接相关，但外观形态是依附于功能实体存在的外在表达。产品设计首先要实现功能，实现功能的结构布置、装置匹配、机构运动等确定了产品的基本形态，在此基础上才可有外观设计上的变化。行走机械为了实现功能需要集成多个功能单元，其中每一个零件、装置都是一个相对独立的实体，机器的形态不仅受到其中组成单元结构形式、体积大小等的影响，还与这些组成单元在主机上的布置方式、位置关系等密切相关。在产品设计中一旦确定各个组成单元以及之间的关联关系，行走机械产品的形态基础就形成，在此基础上增加一些辅助、美观、宜人的外围修饰，形成该产品最终的外观形态。由此也可知外观体现的不仅仅是产品的本身，而且表现出其中注入的人文因素。

行走机械产品要具备行走功能，为实现这一功能一般需要配置发动机、变速箱、转向器、传动轴、车轮、制动器等机械装置，设计师就必须将这些装置有序组合到一起，为了操控必须布置有驾驶操作装置，如果还要完成其它作业则还需布置另外的机构与装置。将这些装置依据机器最终所要实现的功能匹配、布置起来，就确定出基本结构形式，同时也有了长、宽、高的初步尺寸轮廓。但是构成内容相同，布置不同、传动方式变化也会引起主体结构形式、空间尺寸的改变。如载重汽车的发动机位置与驾驶室布置关系不同则使得整车形状不一样，下置发动机使驾驶室布置在上侧而使车前部形成平平的前脸；前置发动机结构的载重汽车的发动机布置在驾驶室前部，侧观其形状如同脸部突出长长的鼻子。突鼻型、平脸型两类基础形式是结构设计所限定，而不同生产厂家同种载重汽车的具体外观又有区别，外观的差异则更多是各自设计、生产者的特色所在，也是产品上体现出的文化内涵。

好的产品能够把使用与审美紧密结合起来，使产品既能完成功能，同时又能满足人们对美的追求。优秀的产品设计不但要发挥出技术的实用价值，而且要使技术载体与环境相协调并达到或接近时代审美要求。产品设计中对其外观造型、色彩美化等内容由外观设计来实现，外观设计是产品设计的组成部分。外观设计是指对产品的形状、图案、色彩等进行的设计，这些具有艺术特性的因素相互结合，能够赋予产品美感与特色。行走机械外观设计所要解决的是在能实现某种作业功能的基础构成上，结合具体结构形式优化其实体形态、完善其外表形象。外观设计要实现视觉感受与产品功能的协调统一，如高速赛车所采用的低矮楔形车身、流线型的设计风格，表现出其卓越的空气动力学性能，同时也带给人们流畅柔和、安全稳定的视觉感受。外观设计需要结合产品结构与功能将艺术创作融入其中，使产品除解决人们物质层面的需求外能在精神层面给人们带来愉悦。

成功的外观设计能通过外观形态表现出一定的非物质特性，现代产品的外观设计就是要实现功能与艺术的结合，通过一定程度的艺术创作将产品的“形”与“神”两个层面统一起来，利用造型、色彩等手段表达出产品自有的人文特色，以此更进一步获得广大受众的理解与欢迎。产品的这一特性可以体现产品所承载的文化内涵，其中既包含企业文化传承等信息，又有社会审美因素的影响。产品设计则要受到当时科技水平、生产条件的多种限制，产品外观设计所进行的艺术创作也要受到上述因素的影响，因此外观设计所要表达的内容和所能表达的内容并非完全一致，最终表达结果还要受到设计者艺术抽象表达水平和生产者加工制造能力等因素制约。

8.3.2 产品外观的表达特性

行走机械的基本结构与构成奠定了形状基础，在这一基础上经进一步外廓修饰造型、喷涂色彩、绘制图案、设置标志等过程后，才展示出最终的外观形态。从外观形态形成的过程即可看出其形成要受到众多因素的影响，同时也蕴含产品自身特性以外的众多信息。其中不仅体现设计者的底蕴、生产企业的特质，更包含了社会需求的时代感。同一种行走机械产品生产于不同企业，其所表现的风格和所驮载的企业形象各异；观察不同时期生产的同类产品均有不同感觉，其外观形态要符合当时社会受众的审美需要。

8.3.2.1 外观形态的社会特征

外观形态往往是人们对产品实体的最初认识，这种直观认识给人留下的是美或不美的感觉，感觉美代表一种接受，不美则表明存在不喜欢的成分。因此产品的外观需要美，而且需要广大受众感觉很美。艺术为人们带来美的享受，艺术创作产生出美的作品。产品外观设计中包含着艺术创作，是将艺术与机械结合并予以浅显的表达。外观设计能将高雅的艺术大众化，使广大产品受众能接受并喜欢。产品具有优美的外观形态既是设计者的追求目标，也是大众对产品的一种期望。行走机械产品多样，外观基础构成形态也千变万化，但这类产品外观设计仍然存在一些共同特性。

(1) 不变的艺术特性

艺术的存在使人增加了精神享受的内容，将艺术融入产品中使人们能够在享用产品功能的同时获得精神享受。艺术对人们审美的影响是具有普遍共性的，只要结合产品特点、借助某些艺术手段展现产品的外观，就能提高产品与人之间的亲和力。如利用色彩、形状等艺术处理方式使机器看起来结构均衡，这种行走机械就会给人们一种稳定的感觉。

(2) 发展的时尚特性

每个时期人们的思想意识与审美观念都要受到社会发展的影响，对审美的标准也不完全一致，因而产品的外观形态也需要具有时尚特性。如乘用车的外观形状、色彩等在不同时期都有变化，除了技术、制造等影响因素外，人的时尚审美也是一主要影响因素。

(3) 群体差异化特性

不同群体存在意识、观念上的差异，这些差异也影响对产品外观的看法。处于不同地域、国家的人群对同一事物的认识可能不同，甚至可能存在相反的解释。即使同一人群因年龄层次、教育程度等不同，对同一事物的理解和接受程度也不同，因此产品的外观表现出的特色不一定被普遍接受，应具有目标受众的针对性。

(4) 遵守规则的特性

外观主要通过形态和色彩等方式体现特色与美观，当存在公共规则时首先需要遵守规则。如公共消防用的救火车形式、功用均有不同，但其外观的红色是统一的。接送学生的校车大小有差异，而其颜色均为黄色。

8.3.2.2 外观形态的个体特征

生产产品者需要创造一种能表现文化内涵、体现企业理念、具有明显个性品牌的形象，以此强化企业与产品的影响力，可以借助产品外观个体特征作为品牌和品质的象征，体现出生产企业的风格。个性的外观风格可成为识别企业、产品的要素，人们通过某个或某几个体特征作为产品识别的标准，分辨不同企业的产品及产品品牌。多数的国际知名企业的产品均能体现出个体特征，个体特征往往是承载着产品生产企业的传统与文化，逐渐形成风格并固定下来的独有的造型、标识等。乘用车前部形式比较接近，前部都布置有前灯、进气格栅等，而此处的外观造型都带有产品生产企业的个体特征。如图 8-3-1 所示，某品牌乘用车前部对称布置的进气格栅的造型特征。国际最大的农业机械企业迪尔公司（John Deere）的所有产品都是统一颜色，无论是拖拉机还是收割机，无论产地在哪个国家，其外观颜色一律为深绿色，当人们从远处观察到该颜色的机器时马上会想到迪尔产品。

图 8-3-1 某品牌乘用车前部进气格栅

为了使大众认知自己的产品，并建立起良好的品牌形象，生产企业一般都设计有特有标识，这一标识既是本企业的一种象征，也是与其它企业的区别。产品的外观通常就包含该标识，这一标识与其它外观因素的不同在于它的不变性，同一企业的不同产品采用的是同样的标识。标识在产品外观形态中主要体现品牌的识别性，还要兼顾外观造型、颜色组合艺术特性。如车辆产品中的标识是一艺术性较高的特殊标志，车标不仅增强了产品的家族感及可识别性，也已成为车辆不可或缺的组成部分。标识凝聚了企业文化、品牌形象的精华，借助于一个简单构件或视觉符号融入产品外观形态中，能给人以机器整体的美学阐释和一定的文化内涵表达。

8.3.3 行走机械外观形态的形成与优化

行走机械外观设计的基本思想一致，但具体要结合装置布置、结构设计、加工工艺等，外观形态设计既包含形状、色彩等方面的艺术创作，也可以对部分结构、形状等进行优化改造。外观设计最终需要通过工业生产来实现，除了需要色彩喷涂等工艺外，还牵涉材料性能、加工工艺、制造技术等多方面的能力，因而要求设计适用可行、保证最终结果与整个机器协调统一即可。

8.3.3.1　外观设计基本要求

产品外观设计所涉及的内容很多，各个方面的具体要求也必然很多。行走机械外观形态的形成也遵循一定规则，其中主要包含以下几项。

(1) 形式追随功能

行走机械产品以完成功能为主，但具有协调优美的外观形态将更受欢迎。现代行走机械产品外观设计注重体现出产品特性，外观设计所要解决的问题就是结合具体结构形式，在功能装置构建的基础上完善产品实体形态。利用点、线、面、空间、色彩、肌理等要素的艺术处理强化产品的特征，如高速车辆的外观设计成流线型，首先具有高速行驶减小阻力的功用，另外能给人一种运动的美感。

(2) 传承品牌特征

产品不仅是功能的载体，同时也是品牌的载体，大多数人是因为产品而了解企业，因此携带企业信息、体现文化内涵的外观要发挥更大作用。产品技术、功能在不断创新发展，产品生产者利用外观、标识完成传承品牌的任务，产品始终保持统一标识、统一色彩就体现了传承。如收获机械国际著名品牌克拉斯（CLAAS）的联合收割机外观形态一直保持其特有风格，主体黄绿色基调的背景上白底与红色 CLAAS 字母组合的图案为克拉斯公司一贯风格。

(3) 艺术与制造协调

行走机械外观形态的形成经由一系列的加工制造过程，因此在结构设计与艺术创作时就要兼顾生产与制造，应将“实用”“经济”“美观”三者协调统一，尽量能以较小的生产投入制造出具有美观形态的实用产品。如机体外表曲面造型、圆角相接能给人以线条流畅、体态圆润的感觉，但代价是加工需要模具而增加成本，是否采用这种方式则要综合考虑。

8.3.3.2　行走机械外观形态特点

行走机械产品多种多样，除了行走装置行走的共同特征外，每一种产品都有其独有特征。产品功能特点、性能要求的不同必然对形态形成产生影响，对外观造型的设计也有不同的要求。行走机械产品因形体与功用关系不同，外观形态的形成存在以下几种方式。

(1) 功能主导型

行走机械中的一些产品以高速度为其追求的功能目标之一，这类产品的外形体态直接关联着运动。首先必须考虑的问题是外形需要改善高速运行时的空气动力学性能，其次才是色彩美观等要求。如需求高速行驶的车辆产品，其体现形态主体的车体外壳就需要进行气动外形设计。图 8-3-2 所示为乘用车全比例模型，这种模型不仅表现产品真实的几何形态，而且可以通过实验验证其气动性能。模型制作成为这类产品设计的一个部分，也是外观形态的一种实现方式。

(2) 辅助功能型

行走机械中的一些作业功能复杂产品，其组成部分较多、内部结构复杂，而其外部形态的功能要求不高，外表主要起阻挡、遮盖等辅助作用。这类情况可以结合主机体的外廓形状，借助覆盖罩板适当造型形成外观形态。联合收割机是一种用于收获粮食籽粒的田间移动

图 8-3-2　乘用车全比例模型

作业机械，由收割台、主机架、粮箱等几大部分组成，其基体形状复杂、结构参差交错，难以形成平缓交接的一体式外表。为了遮盖机体内部工作装置露在外部的传动零部件，通常都加装外罩以提高安全性。这类机型是借助覆盖罩板与机体上的装置连接匹配，统一协调外罩形状与结构共同构成外观。图 8-3-3 所示为双力-3 型联合收割机裸露机体与安装外罩后的对比，由此可见外观设计在这类产品中的作用。

图 8-3-3　双力-3 型联合收割机外观对比

(3) 附从设计型

更有一些行走机械产品的作业装置不仅体积大、外露，而且需要随时运动，如装载机、伸缩臂叉装车这类机械，作业装置又是机器外观形态的主要表现部分，它们十分突出、显眼而在其上又不便于采取外观美化措施。这类产品在整机布置与结构设计时就要关注外观形态与这些构件的关系，结构设计上就附加有外观设计的内容。如图 8-3-4 所示的小型伸缩臂叉装车，右侧机架设计成前低后高倾斜状态，可与伸缩臂装置摆转到最低位置时相协调，使整车显得紧凑、美观；左侧机架设计成阶梯状，以协调驾驶台底板与驾驶座位之间的关系。

图 8-3-4　小型伸缩臂叉装车

8.4 遵循规则及产权保护

行走机械产品都要经历设计、制造、使用过程，这一过程似乎只与设计者、生产者、使用者关联，实际则并非如此简单。在产品从无到有直至最后完成其使用价值的整个过程中，为了促进产品及相关技术发展、减少其可能产生的不利因素、实现与社会良好融合，产品实现的过程中也需要遵循一定的规则。其中主要体现在技术保护、标准规范、认证许可等方面，能够充分了解、掌握、运用这些方面的相关知识，对行走机械产品发展大有益处。

8.4.1 专利保护与避让

在产品实现过程中包含大量的技术活动，这些活动可能就要产生一些前所未有的发明创造，这些发明创造是相关人员的劳动成果，也是该产品所需的技术支承。基于对发明创造的认可及对技术成果的保护而出现了专利制度，专利制度既加强了对技术的保护，也规范了技术活动。现代产品实现过程中，特别是产品研发活动中很难不与专利相关联，自己的技术成果期望得到保护而申请专利，防止技术侵权而需避开他人已有专利。

8.4.1.1 专利的性质

专利是对发明、技术解决方案或方法等授予的一种专有权利，该权利归属于专利权人。专利权人可以是个人，也可以是单位，职务发明的专利权人是发明者所服务的单位，非职务发明的专利权人可以是发明者本人。所谓职务发明是发明者在完成单位赋予的本职工作任务过程中产生的发明，该发明的专利权归属于发明者所在单位而不是发明者。专利保护是有地域性和时间性的，所谓地域性就是对专利权的空间限制，它是指一个国家或一个地区所授予和保护的专利权仅在该国或地区的范围内有效。如果专利权人希望在其它国家享有专利权，那么需要依照其它国家的法律另行提出专利申请。除非加入国际条约及双边协定另有规定之外，任何国家都不承认其它国家或者国际性知识产权机构所授予的专利权。所谓专利权的时间性指专利权具有一定的有效时间限制，也就是法律规定的保护期限。各国的专利法对于专利权的有效保护期均有各自的规定，而且计算保护期限的起始时间也不相同。我国专利法规定的专利权保护期自申请日起计算，发明专利权的期限为20年，实用新型和外观设计专利权的期限为10年。

专利权是无形财产权的一种并受到保护，专利权人可以根据共同商定的条件许可他人使用该发明。当专利权人将其对发明所享有的权利出售之后，购买者则将成为新的专利权人。在专利权保护期限内，未经专利权人授权而利用该发明就构成侵权。不仅是使用专利制造的产品，即使作为另一产品的零部件使用也构成侵犯专利权行为。如某企业研制并生产一款履带式车辆，企业自己制造一部分零部件、外购一部分零件和装置。其中履带装置是外购，而该履带装置中用于车辆的相关专利仍在保护期内，该履带式车辆产品也因安装了该履带装置成为侵权产品。专利期满后保护终止，发明进入公有领域，此后任何人都可以对发明进行利用而不会侵权。专利的这些特性应为产品生产者、设计者所了解，产品在设计之初就要关注专利与产品的关系，充分利用并预防产生不利后果。另外专利也是一种技术水平、知识产权的标识，一个企业具有自主专利的数量也一定程度说明该企业的技术实力。

8.4.1.2 专利的使用与规避

专利具有“独占”与“公开”两个最基本的特征，二者也分别代表了权利与义务两个方面。前者是指法律授予专利权人在一定时间内对该发明享有排他性的独占权利；后者是必须将该专利技术公之于众以便使公众可以通过正常渠道获得有关专利的信息。专利的这两个特性对产品开发设计的技术获得既产生了一定的制约，同时也提供了方便。制约体现在对已有专利保护内容的规避；方便体现在可以直接从公开的专利文献中获得大量有用技术信息。申请专利所要公开的材料可以使本领域的技术人员能够学会、实施该技术，这些技术不能直接拿来使用，但是可作供他人学习与借鉴的资料。学习、研究他人的专利技术，可以启迪思维、提高自己的技术视野，通过了解专利、规避专利而研发出的产品，必然具备一定的自有特色或创新，这也是产品形式多样化的原因之一。如果无法规避而必须使用处于保护期的专利，则需要与该专利的专利权人协商，获许可后才能使用。

专利规避是一种避免侵害某一专利所进行的设计与创新活动。专利规避设计就是要通过对技术方案的改进来实现对现有专利的保护范围的突破，可以通过对现有专利技术的重组、替代、功能删减等方式产生替代方案。专利规避是针对有效的专利、地域保护范围内的专利而言，对于没有授权或超出保护时间、地域的专利无需规避。在实施产品设计过程中首先要查阅产品技术所涉及的相关专利文献，分析研究专利保护范围对所设计产品的影响，专利的保护范围以专利文献中权利要求书的权利要求内容为准。在分析研究某一专利权涉及的保护范围时，还要了解是否还有针对此专利的外围专利，外围专利又进一步扩大了保护范围。

8.4.2 标准的运用

现代社会对产品的要求越来越规范化，其中具体体现在标准方面。现代的行走机械产品一定与标准相关联，这些标准既是对产品的约束，也为产品研制、生产提供方便。因此明白标准与产品的关系、了解与产品相关的标准规定，遵守并落实到产品实现的具体环节，可以为产品的研制生产、使用销售带来很多益处。

8.4.2.1 标准与标准体系

所谓标准就是为了在一定的范围内获得最佳秩序，经协商一致制定并由公认机构批准，共同使用和重复使用的一种规范性文件。国际最具影响力的相关组织是国际标准化组织（ISO）、国际电工委员会（IEC）、美国汽车工程师学会（SAE）等。标准因使用范围与机构组织的不同有国际标准、国际区域性标准、国家标准等等。我国根据《中华人民共和国标准化法》，将标准分为国家标准、行业标准、地方标准、企业标准四级。国家标准的代号 GB 使用范围是全国，同等标准还包括代号为 GJB 的国军标。行业标准局限于某行业内使用，地方标准在某地域内使用。企业生产的产品没有国家标准和行业标准的，应当制定企业标准作为组织生产的依据，企业标准报有关部门备案、企业内部强制执行。国家标准、行业标准分为强制性标准与推荐性标准，两类标准代号也有区别。如强制性国家标准的代号为 GB，推荐性国家标准的代号为 GB/T。

由于标准的性质不同对于执行标准的约束有所区别。强制性标准一般是保障人体健康、人身、财产安全的标准，以及法律及行政法规规定强制执行的国家标准，强制性标准的强制作用具有法律地位。这类标准必须执行，不符合强制性标准的产品禁止生产与销售。推荐性标准一般是用于生产、检验、使用等方面，通过经济手段或市场调节而自愿采用的标准。这类标准虽然是自愿接受，但一经接受并采用或各方商定同意纳入合同中，就成为各方必须共同遵守的依据，具有法律上的约束性。按照标准化对象不同通常把标准分为技术标准、管理标准和工作标准等，行走机械产品实现过程中直接涉及的相关标准主要是技术标准。技术标准是对标准化方面需要协调统一的技术事项所制定的标准，技术标准一般涵盖基础标准、方法标准、产品标准、工艺设备标准以及安全、卫生、环保标准等。现代产品无法割断与标准间的联系，因此在行走机械产品开发研制之始就要对与其相关的标准予以关注。

8.4.2.2 标准的应用

执行标准表面上看好像是给产品以约束，实则为产品带来更大益处。专业化生产是现代产品生产制造的主要方式，特别是一些复杂产品的实现必须有众多合作配套单位提供的标准化产品。标准化是现代产品实现的一种基础保障，在产品设计、制造、配套、采购等各个环节都需要标准化的支承。如行走机械产品设计需要绘制图纸，图纸是零部件制造的依据。技术人员绘制图纸时必须遵循绘图标准，采用标准的技术语言如公差、配合、互换性等，否则绘制出的图纸难以让加工制造者明白其所要表达的内容。现代产品研发设计与生产制造都不是孤立完成，都是建立在已有技术与生产水平基础上。设计中的标准件都是专业生产厂生产，直接按标准选用即可，相互配套的装置与器件如果执行的标准相同则方便选用。如行走机械设计与生产过程中都与车轮分不开，当前大多数轮式车辆采用轮胎式车轮。这种车轮由轮胎与轮辋等组合而成，设计时只要按照标准确定轮胎与轮辋的型号，生产产品时直接按型号从专业生产厂选购即可。

执行标准贯穿产品整个生命过程始终，各个环节都有遵循相关标准的要求，否则可能为产品带来某种不利影响。如不注意产品运输使用方面相关标准的条款，在设计产品确定外廓时就可能出现不当尺寸，尺寸超限可能就要影响产品运输的方便性和经济性。公路货物运输相关标准对公路运输产品的外廓尺寸、结构重量等都有规定；产品需要铁路运输要满足不能超过铁路货物运输的界限；海运运费受体积、重量因素影响，符合集装箱的运输尺寸限制则有利于降低运输成本。行走机械还有其使用方面的特殊制约，除了产品专业领域相关标准规定外，还有与行走相关的标准规定需要遵守，如果行驶在道路上就需要遵守与道路相关的交通规则等。遵守的标准都是基于已有技术、规则，在新研发产品中有的方面可能没有可参照的标准，此时则需要制定企业自己的规范与标准。企业标准要规范适用、能够满足企业实际使用需求，好的企业标准可以具有一定的引领作用，优秀者能为更高一级的标准制定奠定基础。

8.4.3 产品认证与许可

产品认证是指依据产品标准和相应技术要求，经认证机构确认并通过颁发认证证书和标志来证明某一产品符合相应标准和技术规范。产品认证通常与产品的安全、质量以及环境等方面的要求联系在一起，获得认证是对产品的一种认可，各国政府都已建立这种产品认证制度以保证产品质量和安全、维护消费者利益，认证也是产品在一些区域、国家的准入许可。认证制度是政府为保护广大消费者人身和动植物生命安全、保护环境、保护国家安全，依照法律法规实施的一种产品合格评定制度，它要求产品必须符合相关标准和技术规范。世界大多数国家和地区设立了自己的产品认证机构，使用不同的认证标志来标明认证产品对相关标准的符合程度。这种被国际上公认的、有效的认证方式，可使企业或组织经过产品认证树立起良好的信誉和品牌形象，同时让顾客和消费者也通过认证标志来识别产品的质量好坏和安全与否。经过认证的产品可以加贴认证标记，通过认证标记又可以知晓该产品通过的是何种认证，不同认证其认证的内容与含义、认证认可范围均有所不同。如CE是欧盟安全认证，只限于产品不危及人类、动物等基本安全要求，产品上有CE标志则表明该产品符合欧盟有关安全、健康、环保等的法规要求。而北美地区市场的准入是ETL认证，产品进入到美国、加拿大需要ETL认证，拥有该认证标志就表明该产品已符合相关的产品安全标准。

按照产品认证的性质或强制程度分为强制性认证和自愿性认证。自愿性认证是由产品生产企业自愿申请的非强制性认证；强制性认证是国家通过法律法规对一些特定产品强制实行的认证，这类产品非经认证合格不准进入市场。一般来说有关人身安全、健康和法律法规有特殊规定者为强制性认证，很多国家依据法律法规制定了强制性认证的产品目录。凡列入目录的产品实施强制性认证，没有通过国家指定认证机构认证一律不得生产和销售，以及在经营服务场所使用。如汽车在我国为列入目录的产品，必须符合我国的CCC认证要求并通过认证。CCC是中国强制认证（China Compulsory Certification）简称，未通过该认证的汽车产品不得在中国生产和销售。产品认证要注意其适用区域范围，不同的国家、区域对同一产品认证要求不同。即使同一产品同一内容的认证依据在不同国家也可能有差异，导致在一个国家获得的认证到其它国家不被认可，产品需要具备当地承认的认证才能许可在该地经营。

产品认证是由第三方证实某一产品符合特定标准或其它技术规范的活动，实施对产品及产品生产企业的检测和审核等。各种不同的认证都是从某一方面或某些方面对产品的评定，因此不同认证对产品考察的内容也各有侧重。一般产品认证要包括质量体系评定、产品测试及监督检查等内容，通过质量体系评定和产品测试是取得产品认证资格的必备基本条件，监督检查等是产品认证后的监督措施。质量体系运作的有效性、充分性和适宜性是生产企业能够稳定生产出批量产品的质量保证，产品测试是证实产品全面满足认证的重要证据。产品测试是为了查明产品是否满足相关技术规范的要求，须由认证机构选择认定检验机构来抽取产品样品进行试验，通过受试样品符合其相应标准规定来证明产品满足相关要求。

8.5 通用质量特性及设计

任何一种产品不仅要实现功能而且要保证质量，质量是产品的固有特性满足使用者的程度。其中产品通用质量特性描述产品保持规定功能和性能指标的能力，影响产品的寿命、安全、可信、经济等多个方面。产品实现过程中要对产品通用质量特性进行规划，行走机械产品通过可靠性、维修性、测试性、安全性和环境适应性等方面的设计，从产品实现的源头实施对产品通用质量特性的掌控。

8.5.1 产品的通用质量特性

产品具有在一定条件下实现预定目的或者规定用途能力的特性，产品的这些特性又可分为专用特性与通用特性两类：前者反映不同产品类别和自身特点的个性特征；后者则体现一定的共性，这种共性可以体现在不同的产品之间，产品的通用质量特性即是如此。首先提及产品通用质量特性的是在军用装备等领域，将产品的可靠性、安全性等六个方面的特性即“六性”合称为通用质量特性。虽然其它不同领域、行业对产品通用质量特性的关注有所不同，但也都将这些相关质量特性融入产品设计与生产过程中。提高产品通用质量特性能够为产品发挥功能提供保障，增加使用者对产品的满意度，使产品接近或达到使用期望。通用质量特性对于产品而言在某种程度上就如同免疫系统对生物体的作用，虽然表面看不到明显的作用，但起到抵抗不利因素发生、保持功能持续的作用。

通用质量特性通常归纳为可靠性、安全性、维修性、测试性、环境适应性及保障性等，这些特性都是从某一方面对产品质量属性予以表述，相互间又存在一定的关联。可靠性是产品在规定条件下和规定时间内完成规定功能的能力，提高产品的可靠性是提高产品完好性和工作成功性、减少维修的重要途径。提高可靠性就是减少故障发生的频率，但故障发生的概率不可能为零，一旦发生故障时就要关联到产品的维修性。维修性是产品在规定条件下和规定时间内，按规定的程序和方法进行维修时，保持或恢复到其规定状态的能力。无论是可靠性还是维修性都涉及故障，测试性也同样与故障相关联。测试性是产品能及时、准确地确定其工作状态并隔离其内部故障的能力。测试性体现在对工作、不可工作或工作性能下降等状态的检测，为产品故障诊断、故障的处理提供方便。对于一些特定产品通用质量特性还包含保障性，保障性是产品设计特性和计划的保障资源满足使用和利用率要求的能力，包括维修保障能力和使用保障能力等。

通用质量特性还包含安全性和环境适应性，环境适应性是指在产品生命周期内预计可能遇到的各种环境作用下，能实现所有预定功能和性能及不被破坏的能力。任何一个产品都处于一定的环境之中，在该环境条件下使用、运输、存储都会受到环境的影响。提高环境适应性在设计之初就应综合考虑产品可能经受的各种环境因素，从多方面入手采取措施增强自身耐环境应力的能力、建立有效的防护体系减缓环境影响。安全性是产品所具有的不导致人员伤亡和产品毁坏、不危及人员健康和环境的能力，可采取联锁、冗余、故障安全保护、系统防护等措施消除已判定的危险，或把不能消除的危险所形成的风险减小到最低程度。当各种补偿措施都不能消除危险时，应在装配、使用、维护和修理说明书中给出报告和注意事项，在危险零部件、器材和设备上标出醒目标识。设计上可采用安全装置进行自动监测或控制，减少危险事件的发生。若不能通过设计消除已判定的危险，则应采用永久性的、自动的或其它安全防护装置，使之降低到使用者可接受的水平。

8.5.2 寿命与可靠性设计

每种产品都有自己的寿命，寿命是指产品在规定条件下可使用的总时间，是可有效使用持续期限。但由什么来衡量这一期限，则因不同的视角、不同的限定条件使寿命的含义各有不同。通常可以从三个视角定义产品的寿命，即自然寿命、技术寿命和经济寿命。自然寿命是指产品在规定的使用条件下完成规定功能时间总和，自然寿命的限定条件是不能完成使用功能。技术寿命和经济寿命的限定条件不是因为产品不能实现功能，而是因技术或经济原因不愿意用或不值得继续使用。技术进步使得不断有性能优良的同类产品出现，老产品因技术落后而被淘汰。如有的产品仍可使用，但受到如换代、环保要求等因素限定被停止使用，从开始使用到被停用所经历的时间可称为技术寿命。产品使用达到一定时间后性能开始退化、故障增多而需要增加维护成本等，当增加成本到一定程度继续使用已变得不经济时，产品不值得继续使用而报废，从开始使用到报废所累积的使用时间为经济寿命。

最容易被大多数人接受的寿命概念是日历寿命，即按照常规时间为单位来度量。这种方式虽然简单易理解，但不是对所有产品都适宜。如机械产品的寿命受与时间因素关联比较密切的老化、腐蚀等影响，使用工况、作业载荷等因素对寿命同样产生影响。因而产品寿命不仅定义不同，其寿命的含义也存在不同，使用领域不同其寿命的含义存在差异。行走机械这类复杂产品，基于可靠性理论可以比较科学地定义寿命。不可修复产品出现故障失效即完成寿命期，如果产品可修复则修复后可继续使用，可靠寿命是给定可靠度所对应的寿命单位数，与经济寿命和自然寿命既有关联又有所不同。行走机械这类可修复产品通常用平均故障时间间隔（MTBF）来定义能实现可靠工作的时间历程，平均故障时间间隔为其寿命单位总数与故障总数之比，即指相邻两次故障间工作时间的平均值。

行走机械整机的平均故障时间间隔与下级系统、部件的平均故障时间间隔相关，故障的发生频率决定了故障时间间隔。设 λ_i 为系统中第 i 单元发生故障的故障率，则系统的故障率 λ_s 为：

$$\lambda_s = \sum_{i=1}^{n} \lambda_i$$

平均故障时间间隔为故障率的倒数，整机的平均故障时间间隔为系统总故障率的倒数。即系统平均故障时间间隔 t_s 为：

$$t_s = \frac{1}{\lambda_s} = \frac{1}{\sum_{i=1}^{n} \lambda_i}$$

设 t_i 为第 i 单元的平均故障时间间隔，则系统平均故障时间间隔 t_s 与单元的平均故障时间间隔 t_i 关系式为：

$$t_s = \frac{1}{\sum_{i=1}^{n} \frac{1}{t_i}}$$

可靠工作寿命与可靠度间存在函数关系，可靠度是用概率表示的产品的可靠性程度，可靠度是时间的函数随时间而变化。当可靠工作寿命为已知时就可以求得任意时间的可靠度，反之若确定了可靠度也可以求出相应的工作时间，即可靠工作寿命。如给定可靠度 $R=50\%$ 时的可靠工作寿命 $t_{0.5}$ 的含义是当产品工作到 $t_{0.5}$ 时产品将有半数失效。行走机械产品可视为装置与构件构成的多个单元组成的复杂系统，每一个元器件的可靠性、寿命直接影响整机的可靠性。整机的可靠性是建立在零部件的可靠性基础上，整机系统的可靠度为构成元器件可靠度之乘积，即整机系统可靠度为：

$$R_s(t) = \prod_{i=1}^{n} R_i(t)$$

不同的产品有不同的可靠性要求，产品可靠度的确定要看产品的使用场合与任务，以及发生故障时造成后果的严重程度而定。一旦失效会带来经济损失的、重要的或比较重要的零部件可靠度要高些。一般不会产生较大的损失或不重要的、发生故障后维修费用也在许可范围内的零部件可靠度则可小些。有些国家将产品的可靠性分成不同的等级，按照使用对可靠性的要求规定了一些重要产品可靠度 $R(t)$ 的许用值。

行走机械构成复杂，既有子系统也有基本元件，与可靠性相关联的因素众多。在产品实现过程可靠性贯穿始终，不同的阶段有不同的侧重，既有系统可靠性预测和可靠性分配，也包含具体构件的可靠性设计，最终目的是达到整机系统可靠性最高。可靠性预测是根据失效概率和系统实际可能达到的可靠度，预报这些零部件和系统在规定条件下和规定时间内完成功能的概率，预测零部件与系统实际可能达到的可靠度。可靠性分配是将系统容许的失效概率合理地分配给该系统的零部件，即将可靠性指标分解并分别分配给组成单元。基本元件可靠性设计多采用疲劳寿命设计，主要考虑疲劳累积损伤对寿命的影响。

8.5.3 维修与测试性设计

通用质量特性是产品的固有质量属性，各个特性间又相互关联，其中可靠性、维修性、测试性由故障关联起来。可靠性的目标是少出故障，而一旦出现故障则牵涉到维修性与测试性的内容。排除故障将维修性与测试性紧密关联起来，测试性要解决故障定位问题、维修性则解决故障处理问题。

8.5.3.1 维修性设计

为了保证产品在使用中的规定功能及其指标，或为了使工作中出现故障或缺陷的产品得以修复而采取的各种措施和进行的各项工作即为对产品的维修，维修是使产品保持或恢复到规定状态所进行的活动。维修有恢复性维修与预防性维修，恢复性维修是产品发生故障后使其恢复到规定状态所进行的全部活动，预防性维修是指通过系统检查、检测和消除产品故障征兆，使其保持在规定状态所进行的全部活动。前者又称排除故障维修，也称修理，可以包括故障定位、故障隔离、分解、更换、装配、调整及检测等维修事项中的一项或几项活动。后者包括预先维修、定时维修、视情维修和故障检查等，预防或消除故障而使产品能够保持规定状态。维修性是对预防和排除故障所需维护工作提供便利性，也是产品设计过程所赋予的使其维修简便、迅速和经济的一种固有特性，它取决于产品的总体结构、零部件的安装和拆卸及其空间配置等。

维修性设计把维修因素纳入产品设计过程，通过设计满足产品未来使用中维修简单、迅速、方便的要求。维修性设计所要解决的问题是如何以最少的人力、资源、时间投入，获得最好的维修效果。维修性设计关联到结构布置、安装空间、连接形式、维护通道等多方面的内容，维修性设计中一般要遵循以下几个通用规则。

(1) 简化结构及方便操作

尽量简化产品构造、消除不必要的功能以减少产品的复杂程度，减少产品组成的单元数量及安装关联。系统设计应减少相互交叉以提高可分离性，结构设计上要保证拆装的方便性。整机合理布置装置组件及关联关系，拆装互换时尽量不牵涉其它部分，达到在故障发生后易发现、相关器件易拆装与互换，降低对维修人员的要求。

(2) 维修可达性良好

可达性是接近目标部位的相对难易程度的度量，维修可达性就是要便于接近所要维修的部位并有足够的空间。设计时要对进行维修的器件、部位留有适当接近与操作空间，需要观察、检测的留有相应观察孔和检测的通道。为了简化维修操作设计时根据故障率高低、易损件需常拆等统筹布置，越需要更换、维修的器件越要方便操作。

(3) 提高互换性程度

设计时优先选用标准化元器件，新老改进产品中最大限度采用通用件。特别是故障率高、容易损坏的零部件要具有良好的互换性与通用性。如果有可能将产品设计成功能模块的集合，高互换性的模块不仅便于产品功能需求，通过互换性与通用性程度的提高也使维修工作方便、简单。在进行标准化、模块化设计的同时，也要注意维修作业所需工具尽量采用标准化的通用工具。

(4) 防错措施与识别标志

设计上需要避免或消除维修时造成人为差错的可能，在容易产生差错的重要连接部位应从构造上消除连接错误，外观形状相近、连接容易发生混淆的零件设计成不同连接结构或设计有明显的标志以防止误装。

(5) 维修人机工程

产品整体布局、结构设计时不仅应满足安装拆卸部件、元件、管路可能需要的空间等需求，还要考虑到维修人机作业安全性与舒适性等人机工程因素，保障维修人员进行检查维修时姿势合理、舒适。

8.5.3.2 测试性设计

关注产品的本身状态是测试性要考虑的内容，测试性是要通过内、外部的测试能及时、准确地确定产品可工作、不可工作或性能下降等状态，并方便有效地隔离故障。测试分为内部测试与外部测试两种方式：内部测试是指产品加电或控制信号引发机内测试装置进行的测试；外部测试主要是指离开机器正常的操作环境，利用自动测试设备或人工对机器进行的测试。测试性是需要在产品设计中予以考虑并实现的特性，是使产品具有及时、准确判断其状态并检测、隔离故障的能力。

产品的测试性设计是以故障信息获取为目标，在进行设计时采取技术途径和设计措施以便于实现对产品工作或故障状态提供监控或检测，主要解决状态监测、故障检测与隔离。在确保满足功能的前提下，确定测试点的设置、嵌入式诊断、故障信息要求等，保证测试可控、测试可观测、被测单元与测试设备能兼容，为产品故障诊断提供方便。在产品设计之初就要明确测试原则，在结构设计时就要为故障检测和故障隔离做出应对，为测试装置提供空间和通路。内部测试需要配置相应的系统与检测器件，并且测试置信度、故障隔离等需验证可靠。外部测试需要匹配检测接口，如行走机械液压系统管路预留接头、电路中预留连接插口等，检测接口部位可达性要好。

对于行走机械这种复杂机器不发生故障重要，发生故障迅速隔离、修复也很重要。有效度才是实际使用的可靠性尺度，它可以真正表达在给定的使用条件下、在规定的时间内保持正常使用状态的实际含义。可靠性体现在机器处于非故障状态可靠作业的性能，测试性则体现在故障检测与故障隔离方面。故障隔离后就要实施恢复性维修，提高测试性有助于预防故障发生提高了使用可靠性，也能提高维修效率。测试使机器减少和预防故障发生，这也同时提高了作业安全性，但提高测试性往往要增加产品的成本。

8.6 生产制造与质量控制

在产品设计完成后就要组织生产进入产品制造阶段，生产制造是将设计结果转化为具体产品实物的过程，也是产品质量形成的重要阶段。这一阶段除能够产生实现既定功能的物理形体外，在一定程度上也决定了产品的质量。产品的生产制造也是时间、人力、财力、设施等资源投入过程，生产制造不仅是保证产品的数量与质量，还要追求如何最省时间、占用和耗费资源最少。为此产品的生产者须根据生产目的和实际条件，采用适合自己生产特点的方式组织生产，使生产制造能高效运行并能取得较优良的产品质量和较低的制造成本。

8.6.1 生产组织与工艺准备

产品要实现量产必须进行一系列的生产组织与准备工作，生产组织是指为了确保生产的顺利进行所进行的各种人力、设备、材料等生产资源的配置。生产组织应建立在资源、过程以及产出等全面综合的基础上，处理好资源的配置与有效利用、生产工序在时空上的衔接与协调、劳动过程中的分工与协作等。产品生产组织与产品策划、生产纲领、企业的运作方式相关，即使完全相同的产品在不同的企业的生产组织与准备也是不同的。生产模式的不同导致生产组织形式也有所不同，同是批量生产某种大型行走机械产品，以自己加工生产制造为主导的企业，组织生产首先要确定已有的设备、车间布置、厂房能否满足生产需求，落实整个生产流程中哪个环节需要加强、添置设备工装等。工艺准备是围绕生产过程的工艺技术，调整完善工艺布局、编制工艺规程、设计工装模具、确定材料定额等，一切围绕企业自己生产所要解决的问题。而对于一个以组装为主的生产企业本身生产主要围绕装配环节，大部分零部件、半成品是外委加工。此时的生产组织重点在外委生产的协调，内部的组装生产虽然也有设备更新、生产线调整等问题，但相对全部自己生产制造而言工作要简单得多。

生产组织主要体现在生产与劳动两方面的内容，是生产过程组织与劳动过程组织的统一。劳动过程组织指在劳动过程或工艺流程中科学合理地组织劳动者分工与协作，正确处理劳动者之间、劳动者与工具间的关系，发挥劳动者技能并使之成为协调统一的整体进行生产劳动。生产过程的组织主要是指生产过程的各个阶段、各个工序在时间上、空间上的衔接与协调，生产过程主要分为工艺准备、基本生产、辅助与服务三部分内容。基本生产是指与构成产品直接有关的毛坯加工、零部件制造、整机装配等生产活动。辅助与服务是为保证基本生产创造条件而进行的工具、工装的生产和维修等活动，其中服务有采购外协、物流运输、仓库管理等活动。工艺准备包括工艺与标准化设计、工艺装备的设计、定额计划和设备布置等技术活动，工艺准备不仅要根据生产目标、工艺需要配备设备、布置生产车间，而且要产生用于指导生产制造的技术文件。如由于加工条件和加工方法等不同，任何零件的工艺过程可以是多选而不唯一，根据实际情况与现有条件确定一个比较合理的工艺过程，将其内容形成文字表达出来就变成工艺规程。工艺规程用于指导生产，制定工艺规程的目的是满足设计确定的技术要求、保证产品质量。

产品整个生产制造过程是把原材料和半成品变成成品的一系列工艺阶段或局部生产过程的组合，如机械产品一般需要经历铸造、锻压、冲压、焊接、切削加工、热处理、装配等加工制造过程。规模型生产企业生产手段齐全、分工明确，通常以车间或分厂的形式完成产品某一阶段的任务。各车间应按工艺流程布置在合理的位置，理想的路线是原材料从一端进入工厂，按照流程从前一工段、车间加工完的零件或半成品，依次在下一工段、车间完成新的加工过程，工厂的另一端就将装配调试好的机器开出车间或工厂。传统机械产品生产厂一般配有以下几种车间或工段。

(1) 原料下料

在此处完成简单的切断、裁剪加工，目的是将采购进厂的原材料分解成可加工的适宜尺寸，有的还配备整形、毛坯清理等设备对毛坯进一步处理。

(2) 热加工

热加工通常指热加工方式成形或改变形状，主要用于制造金属零件的毛坯。因加工工艺不同分铸造、锻压等不同方式，其中铸造是将金属加热熔化后成形，锻压是将金属加热到一定温度后通过锻打、加压等方式使其塑性变形。

(3) 热处理

热处理是通过加热、保温和冷却的手段，使金属零件获得预期性能的加工工艺，如淬火、退火、调质、渗碳等。热处理一般不使零件形状改变，而是改变材料的内部组织结构与性能，热处理的过程与热量、温度、时间等相关。

(4) 钣金加工

钣金加工主要用于板类金属零件加工，通过冲压、拉伸、冲裁等方式成形零件。特别适合采用薄板材料大批量生产零件的加工制造。

(5) 机加工

机加工主要是以去除材料的方式成型零件，此类加工进一步分为车、铣、刨、磨等各类加工方式。一般一台加工设备实现其中一类加工，如铣床只有铣削功能、磨床只有磨削功能，现代有些组合机床可在同一设备上完成多种不同形式的机加工。

(6) 铆焊

铆焊是铆接与焊接的合称，是将一些简单零件进行连接，构成结构复杂的零件。铆接是利用铆钉穿入两连接件的孔中使二者相连，焊接是通过材料熔合的方式使两零件连接起来。

(7) 涂装

涂装通常是指对零部件、整机表面覆盖保护层或装饰层，通过表面处理提高防腐性能、增加美观效果等，整个涂装过程需要涂前表面清理、涂布和干燥三个基本工序，需要化学试剂处理和精细的工艺参数控制。

(8) 装配

装配是将各类相关零部件有序组合汇集在一起，多零部件构成的机器都必有从零件到整机的装配环节。产品最终成为整机的装配位置为总装车间，根据规模和生产内容不同有的产品可能还需要有复杂部件的装配车间。

上述的生产工段、车间划分只是传统的归类，实际生产车间布置与设备匹配还受已有条件、产品特点、生产规模等因素的影响。现代产品制造企业可能只配置部分设备与车间，通过专业化协作生产加工有时更经济。

8.6.2 行走机械制造流程

行走机械产品是由多零件组合而成的复杂机器，产品的生产首先需要有零件、部件，然后组装成机器。行走机械产品的构成复杂，零部件的获取也存在多种不同的方式，将满足设计要求的零部件按规定规程装配成机器也还不是最终的产品，总装完成后还需要进行最终调试，调试结果达到规定要求才可出厂。

8.6.2.1 零部件的获取

零件是机器构成的基本单元，零件进一步组成部件或装置，再继续组装成最终的机器。零件的获取主要有三种途径，即自加工制造、外协加工制造、采购货架产品。能够采购的货架产品主要是标准化程度较高的紧固件与密封件等，还有一些诸如发动机、液压泵等专业化、通用化程度较高的装置。产品中能利用货架产品的比例越高，说明标准化、通用化程度越高，但每一产品不可能全部由标准、通用件构成。产品中还要存在一定量的需要专门加工制造的非标件，这些加工件就是要通过材料选择、加工手段利用、热处理工艺保障等达到设计性能要求。零件加工制造过程不仅复杂，而且需要大量的设施保障，以齿轮这种常用、具有一定代表性的零件加工过程为例可见一斑。如载重汽车变速齿轮的材料为20CrMnTi钢，为了满足设计要求各种加工与热处理互相配合。加工工艺过程简单描述如下：

下料⟶锻造成圆坯⟶正火处理⟶加工外圆和内孔⟶加工内花键和齿形⟶

精磨齿和内孔⟵喷丸处理⟵低温回火⟵淬火处理⟵渗碳处理⟵

从上述加工工艺可知制造出一齿轮需要多台加工处理设备，组成行走机械产品的各种零件结构千差万别、原材料性能各异，要实现全部机械零件的生产制造必须匹配大量的、各种形式的机械加工设备。生产企业往往难以配备全部所需的设备，对于自己没有能力加工的部分则需外部协作来实现。协作生产可以借用社会资源，利用相关企业专业、设备方面的特长弥补自身生产制造方面的不足。

8.6.2.2 产品组装

构成机器的各个零件需要按照技术要求装配起来实现规定的相互位置关系，整机总体装配是全部制造工艺过程的最终环节，将各种零部件、装置或总成按规定的技术条件和质量要求组合成完整机器。通常在总装前将相关部分的零件先组装成具有相对独立结构功能的部件、装置，便于生产组织和简化总装阶段的工作。产品的装配环节因为生产批量、产品品种等因素影响，实际作业方式差别很大。单件小批量产品采取灵活、简单的装配方式，大批量产品则需要采用自动化程度较高的生产线装配方式，如图8-6-1所示。

图8-6-1 装配生产线

总装是生产出整机的最后一道工序，也是装配作业中比较复杂的工序。随着装配过程中各种零部件的数量不断增加，连接组合方式也变得复杂起来，不仅是简单的螺纹紧固，而且需要配管、配线。如汽车总装过程除将发动机、变速箱、悬架等连接到大梁上以外，还有大量电器线束、液剂管路需要安装连接。在总装环节除了有控制固件的拧紧力矩、装配间隙等一般常规要求，还需有控制各种功能性油、剂的种类与加注量等专门要求。总装过程中的工位安排、人员分配、物料摆放、装配工具、装配方法的设计要适应产品变型和产量变化，特别是采用顺次连续作业生产线生产方式时，工艺设计更要充分利用人员、降低操作时间并均衡各岗位操作，力求每个人的操作时间均衡、劳动强度相近。

8.6.2.3 整机调试与检测

在产品总装完毕后还须对整机进行调试与检测，这一过程是保证产品出厂前达到设计预期状态。行走机械这类产品在总装结束前一直处于被动的静止状态，而它的工作是处于具有一定主动运动的动态，从静止到运动状态的变化是否准确达到规定目标需要实际验证。经测试满足要求则可成为合格产品出厂，如果有差异通过适当调整使其达到规定目标。为此在产品总装完成到出厂前要经历调试与检测这一过程，其间需要实施检查、测量、验证、调整等工作内容。为了便于工作、提高效率，规模大的企业通常建有专业化水平较高的设施用于主导产品的调试与检测过程。

(1) 检查

检查一般都是在机器静态时进行，检查的项目通常是非定量的，如油、液是否加注，线路是否正常连接，等等。

(2) 测量

测量是为了获取相应的数据，大部分的测量工作与试验结合在一起，测量获得的数据是试验的部分结果。如衡量行走机械液压系统是否能够正常工作的一个指标是系统压力，在液压系统处于正常工作状态测量系统压力，该压力测量数据就是对该液压系统的验证结果。

(3) 验证

整机装配完成后需要起动运行，这便是验证的开始。每一行走机械产品装配结束后都要按照规程进行起动、空载、负载等工况的运行验证，对行驶转向、制动等功能要进行试验测试。这些工作可以进行道路试验，也可以利用专业试验检测设施进行，发现问题进行调整直至满足规定要求，如果调整无法达到规定状态则不能出厂、等待另外处理。

(4) 调整

在总装完成后虽然已形成构成完备的整机，但内部装置、器件之间的相互关系并非一定处于规定的状态，此时就需要调节使其达到规定状态。如在装配过程中虽然都按规定程序进行，但经过多个环节后可能将误差积累到某环节使某一部分误差超标，而引起某一功能不合规定。此时在设计规定可调节的部位只要略加调整即可满足要求，如行走机械上制动、离合踏板自由行程等均可通过调节到达理想状态。

8.6.3 生产过程质量控制

生产制造是产品的形成阶段，首先要求制造的零件必须为达到设计要求的合格品，只有达到合格要求的零件才有可能组成最终合格的机器。通常认为通过检验可以控制质量，其实检验是事后质量控制，检验只能在一定程度上控制质量，生产过程中的工装设备、工艺保障是产品质量保障的基础。产品生产过程也是产品质量的形成阶段，产品的质量好与差这一过程起关键作用。生产制造要从对产品质量可能产生影响的各个方面采取措施、严格控制，重点关注采购元器件与装置的质量、零部件的加工质量及部件、总成的装配质量三个主要环节。

构成产品的元器件与装置不一定全部自生产，可能有相当一部分是直接采购或外协加工，这部分器件或装置的优劣同样对最终的产品质量产生影响。如果把控不严也可能存在不合格品被使用的可能，为此通常采取进货检验方式进行合格品控制。质量控制需要从源头进行，不但检验产品而且要考察产品的生产者，在有可能时还要参与过程控制。如外协加工之初选择具有加工能力和质量保障的生产厂，生产前需要协商好正确的生产工艺保障、关键过程控制等，这样才会使加工质量有所保障。自加工制造的零件从原料进厂到加工完成的各个环节都受控，不允许不合格品进入下道工序。这样汇聚到装配工序的所有零件、装置都是质量受控的合格品，这为装配出合格机器奠定基础。装配环节要求操作人员必须严格按工艺规程操作将零件进行配合和连接，即使如此装配完成后，可能还需要进行适当调整才能达到要求。

生产要将原材料加工制造成有使用价值的产品，加工又必须用到机器设备，机器设备的操作管理又需要有相关人员，操作管控也需要按照既定的规程，机器设备作业、人员工作都需要有适宜的环境。所有这些因素对生产都产生影响，进而也对产品质量有影响。保证产品生产质量就需要从这些方面着手，采取措施为产品生产制造提供保障。如与产品生产相关的各个岗位的人员技能与素质要与岗位职责要求相匹配，相关的生产设施满足工艺、测试手段与器具完善、生产环境安全环保。上述这些也仅体现生产制造环节的质量控制，而质量的有效控制涉及产品研制、生产、包装、贮存、运输、使用、技术服务全过程。要提高质量还需要全面质量控制，使全面质量管理融入产品生产、形成和实现的全过程。

8.7 整机验证及试验设施

机械产品都要经过试验验证，其达到既定的要求后才投入使用，试验在产品实现过程中的作用不仅如此，试验贯穿于产品研发、设计、生产，乃至使用过程中。由于产品的功用、特性和应用等不相同，不同产品试验的具体内容与要求有差异，但通过试验实现对产品测试验证的思想是相通的。行走机械产品同样需要进行各种试验验证活动，在遵循、实施机械产品共性试验的基础上，行走机械产品又需有针对行走特性方面的专有试验。

8.7.1 产品试验内容

产品从设计到使用受到多种因素的影响与制约，为保证产品达到期望目标就需要对功能性、安全性和可信性等多方面进行考察验证，一般都是通过对产品进行相应的试验来实现这一目的。因此在整个产品实现过程中需要进行多种不同内容、目的的试验，行走机械产品通常需要以下几个方面的试验。

(1) 功能验证

使用产品是产品发挥功能的过程，研制产品首先要使产品能够实现既定的功能，因此在研发设计时首先要通过试验验证其功能。如当开发一款步行机器人产品时，首先要验证其行走机构是否能实现稳定迈步行走，只有通过这一验证才有实现既定目标的可能。新研制的原理样机需要进行这类试验，特别是产品采用了新原理、新机构时。这类试验可能需要反复进行多次，对于一些关键重要的装置还需要进行单独的功能性试验。当产品样机设计完成进入产品生产阶段以后，一般不需要单独进行这类试验，相关性能试验就已经包含了功能验证。

(2) 性能测试

性能测试几乎可以涵盖产品的各个方面的试验，通常也根据产品特点与使用等将这些试验归为不同的类型。如常规环境使用的产品可以不过多关注特殊环境试验，而在特定环境使用的产品必须在该环境条件下满足性能要求。性能测试主要是功能性指标方面的测试，此时的功能一般都有一些量化指标约束，该测试中不仅包含了功能验证，而且验证功能应达到或优于规定指标。性能测试是产品试验的重点，一些质量特性也需要通过试验验证，如可靠性、维修性等特性试验涵盖在性能测试中。如图 8-7-1 所示为伸缩臂叉装车牵引力测试，该测试是性能测试中的一项。

(3) 安全与环境

行走机械产品一般都是在一定环境下由人操控完成某类作业，除了对产品功能、质量进

图 8-7-1　伸缩臂叉装车牵引力测试

行试验验证外，产品的人机工程、环境适应性、作业安全性也同样需要考察。人机工程方面的试验关注的是机器对人生理方面的影响，主要是对操作、小环境相关的测试与验证。环境试验是了解环境对产品的影响、考验产品对环境的适应能力，环境试验项目包括盐雾霉菌、高低温、防爆和电磁兼容试验等。安全试验对行走机械较为重要，除了一般机械的作业安全要求外，尤其需要注意行驶安全，如高速车辆的碰撞试验、制动试验等均与安全相关。图 8-7-2 为飞机牵引车冷起动试验，试验环境为低温试验室。

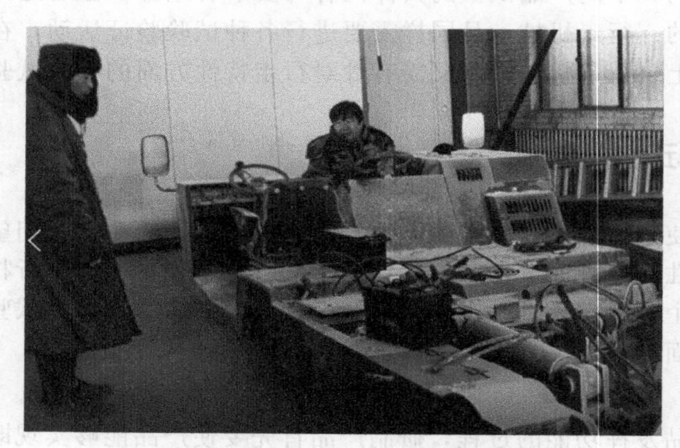

图 8-7-2　飞机牵引车冷起动试验

（4）寿命与可靠性试验

可靠性试验是每种产品都要求的试验内容，寿命试验与可靠性试验是紧密关联的，二者可以共用试验过程与内容。寿命试验是利用某种试验手段来验证产品或其零部件是否具有足够的使用寿命、耐久性、可靠性等，这种试验往往试验周期长、具有破坏性或严重损耗。寿命与可靠性试验有不同的试验方法，既可以利用试验设施试验，也可以实际使用验证。

8.7.2　试验的节点与性质

试验是产品实现过程中的重要组成部分，整个过程中所要实施的试验可能内容繁杂、形式多样，不同阶段试验的性质与目的也有所不同。产品实现过程可大致分为研制和生产两个主要阶段，两阶段中都要进行一定的试验项目，但其试验目的可能有所不同。研制阶段的试验主要侧重于对原理、机构、图纸等与设计相关的验证；生产阶段的试验主要侧重于对产品技术指标实现程度的验证。

8.7.2.1 研制阶段

行走机械产品一般都有研制阶段，虽然研制过程有所不同，但至少要分原理样机与产品定型两个阶段，有的在二者之间还有正式样机阶段。产品研制是一创新、创造过程，对于一些新理论、新原理的实际应用都需要以试验为基础。产品的研制离不开试验，前期试验以研究分析性质为主，后期要进行全面的性能验证试验。在新机构、新装置设计过程中即使对每个环节都考虑得非常周密，也必须经过试验来检验其功能与性能。对于一多机构、多装置构成的复杂机器，这一阶段所要实施的试验是根据研究需要、设计需要而进行，试验也从不同层面展开。如要研制高速插秧机，必须解决水田行走、秧苗插植等问题，首先可以分别进行行走装置、插秧装置的研制与试验工作，在二者均能够达到要求时再集成到一起进行整机试验验证。为了便于分析研究、控制试验条件，前期试验可在试验室构建试验台、试验装置开展试验，这种台架试验形式多样，可以开展不同层次的试验。小者可以是单一零件试验，大者可以是一大型复杂结构的整机。

当产品样机研制完成并通过试验验证达到既定要求才能进入下一环节的生产阶段，是否可以进入生产阶段则需要对产品进行鉴定，鉴定的主要内容之一就是对其进行全面的试验检测，也是全面的性能试验验证。这种整机试验也称型式试验，型式试验就是产品整机试验的一种，型式试验的目的是考核研制的产品是否能够满足技术规范全部要求，它是新产品鉴定中必不可少的一个组成部分，只有型式试验通过以后该产品才能正式投入生产。产品鉴定试验除了需要验证整机各项性能外，实际使用者试用结果也是产品试验验证的结论之一。

8.7.2.2 生产阶段

通过鉴定证明产品达到设计要求后可以进行生产，生产环节的主要任务是将产品保质保量地制造出来。产品生产阶段也同样需要有试验，当然这些试验的性质与研制过程中的试验有所不同，这一阶段主要有以下几类试验。

(1) 工艺验证

产品生产制造受制造工艺的影响明显，当生产过程中发生生产条件、工艺过程等变化，再生产时需要对生产的产品进行试验，以验证新的工艺对产品质量等方面的影响，如产品转厂生产、生产规模变大时均需进行工艺验证，通过对生产制造的产品进行试验检测来验证生产制造环节是否达到目标要求。

(2) 改进试验

产品投入生产制造后有可能需要进一步改进，对于改进部分对产品的影响需要验证。如要将常规环境使用的某行走机械产品用于高湿、高盐环境工作，就要对其中的敏感元器件进行处理以适应在特殊环境条件下作业。为此需要对该原有产品进行相关的改进及防护处理，对于改进后的产品必须进行试验，以验证其是否能够达到相关使用要求。

(3) 监督抽查

许多产品生产与使用要接受相关机构的监督，这些监督机构可能对产品进行抽样检查，如产品认证中的型式试验就要对抽样产品试验，试验结果作为产品是否符合相关规定的主要判据。行走机械产品型式试验要进行全面的试验与检测，首先要有样机检查与技术参数测量，还要进行动力性能测试、制动性能测试、操纵稳定性测试、经济性测试、环保性能测试、环境适应性测试。以上是行走机械行走共性部分的相关试验，专用功能的技术性能测试还要按相应领域的国家标准、行业标准规定进行。

8.7.3 试验室内台架试验

行走机械试验内容与试验方式很多，试验的对象可以是整机，也可以是其中的系统、装置或零部件。既可以在试验室内采用台架试验也可以在与实际作业场合类似的实况下试验，其中试验室台架试验不限对象、条件可控、专用性比较强、便于研究与探索。与试验室试验不同，实况试验必须以整机方式试验，试验的目标可以是对整机的全面试验，也可以是对其组成中某部分的试验。行走机械作为产品进行的试验都是整机试验方式，可以根据不同的试验目的开展室内试验、场地试验和实况试验等。

台架试验通常是在试验室内利用试验设备在一定的条件下模拟作业工况，在试验台上进行试验可将不同作业工况的载荷、循环等影响因素按一定的规律施加于受试的装置上，并加以人工的控制。其优点是试验条件可以限定和控制，既可以全面反映现场试验条件，也可进行单项或少数几项影响因素组合的试验，其试验结果具有再现性和可比性。正是台架试验的这些优点使得大量科研试验、耗时较长的寿命试验等采用台架试验。如寿命试验既耗时又需要模拟工作载荷，试验台不仅可以模拟真实环境、负载循环，而且可以加载设计好的载荷谱实现试验载荷强化，进行加速试验以便在合适的时间内得到可靠数据。台架试验的关键是试验台与试验品的关系，集中体现在模拟与实际工况的符合程度，二者间的关联方式、载荷状况等越接近实际越好。

行走机械整机试验与行走相关，用于整机试验的试验台往往需要模拟行走，比较常见的是车辆用的转鼓试验台。转鼓试验台也称底盘测功机，用转鼓模拟路面与车轮接触，当有动力输入驱动轮时，驱动轮旋转同时带动转鼓旋转。试验测试时车轮动而车体不动，相当于路面动而车不动。转鼓轴端部装有液力或电力测功机，通过控制测功机转矩与调节转鼓转速，就可模拟车辆行驶时车辆与地面间的作用状态，可用于动力性能、经济性与排气分析等多种试验。如图 8-7-3 为一种比较普通的转鼓试验台，这种试验台模仿的只是平直道路，而车辆实际行驶的路面凸凹不平，因此还有专门用于模仿车辆在这种路面行驶的模拟道路试验台，如图 8-7-4 所示。这类试验装置不仅可以模拟道路的不平、振动等，有的还可以模拟转向、制动、环境条件等。

图 8-7-3　车辆在转鼓试验台上测试

与环境气候条件关联较大的试验一般采用试验室试验，因为这类试验的实际环境条件难以掌控。如高低温试验靠自然环境达到试验条件比较困难，特别是一些极限高温、低温在自然环境下很少出现，而利用高低温试验室可以任意控制温度、试验时长等因素。因此为了方便试验工作，利用各种试验室进行相关环境试验，这类试验室通常是单一环境模拟控制，如高低温试验室、电磁兼容试验室等。

图 8-7-4　模拟道路试验台

8.7.4　实况试验与场地试验

产品实况试验也可称为实际使用试验，是产品在实际正常使用状态下进行的试验。产品实况试验存在两方面的含义，一是利用实际工况进行试验测试，二是产品实际使用验证。前者可以获得各类试验数据与测试结果，后者可以获得实际使用效果和使用者对产品的评价。实况试验是产品必不可少的环节，实况试验是在最接近实际使用条件下的试验，其试验的结果可行度最高。实况试验必然是以整机状态进行试验，可以使产品进行全面的试验。产品试用也是一种现场试验的方式，是使用者操作机器进行实际作业。行走机械一般要有试用过程，试用也是对即将成为产品的行走机械进行整机全方位验证，不仅验证机器本身的功能、性能等，而且也检验使用者对使用对象的感觉，也是完全脱开设计、生产者对产品的束缚，从实际使用角度考核产品。

实况试验是在实际使用状态下对产品的考核与验证，是在真实现场环境中进行的。受试的对象可以按正常条件工作，能比较真实、准确地反映产品的实际情况。但是实况试验也有一些不足之处，试验不可能在严格受控的条件下进行、随机性大，再现性一般也较差。所进行的试验也只能对应于当时现场的环境条件与工况，不能完全代表该产品实际作业的工况。因此在进行实况试验时要对现场试验条件加以重视，试验条件要能代表或接近该产品大多数的作业工况。行走机械的行走特性也使得行走机械的试验有其特色，试验除了可以采用台架试验和实况试验外，场地试验也是其特有的一种试验方法，它可以弥补二者的不足。

场地试验一定是对行走机械的整机进行，即必须以整机方式试验，但试验的目标对象可以是其中的装置。场地试验是模拟试验的一种方式，它是借助试验场地的条件和一些设施，模仿一些典型工况的部分环境条件，使试验在比较接近实际的情况下进行。场地试验既有模拟的因素，又有实际使用的性质；既有试验室试验的特点，又有部分实况试验的成分。行走机械产品与其它产品不同之处在于行走装置及相关部分，因为行走的条件、路况不同可能产生一系列不同的影响结果，所以利用场地道路试验对行走机械产品进行试验，重点考察行走相关因素对行走机械产品的影响，如图 8-7-5 所示。

图 8-7-5　Spicer 车桥工程中心试验场

用于行走机械试验的试验场地因需求不同其功能、规模也有差别，最具影响力的是为汽车试验提供各种路况试验条件的汽车试验场，国际上一些著名的汽车生产企业、协会、研究部门等均建有汽车试验场。汽车试验场有综合性试验场和专用试验场两类。专用试验场一般是为了满足产品开发和法规要求而修建的用于某些功能试验的试验场，综合性试验场一般规模较大、试验道路和设施比较齐全。综合性试验场内集中建有各种各样的试验道路，这些道路是实际使用中遇到的各种路况条件的集中与浓缩，包括能够持续高速行驶的平坦硬实路面、可造成强烈颠簸的凸凹不平道路，以及滑道和陡坡等。主要试验设施通常有高速环形跑道、普通路环道、综合性能路、转向试验广场、制动试验路、操纵性/平顺性环道、比利时路（石块路）、大卵石路、扭曲路、搓板路、溅水池与涉水池、标准坡道等，如图 8-7-6 所示。

图 8-7-6　汽车试验场

8.8 使用保障与技术支持

产品生产制造出来不被使用则失去其应有的价值，所以产品生产出来后都要交付于使用者使用。每个使用者都希望所用行走机械产品效果好，而实际使用效果不仅与该产品性能、质量等固有特性相关，也与产品使用过程中的操作水平、技术支持等外在因素相关。将行走机械产品交付使用者的同时，还需要匹配必要的技术保障资源，通过人员培训、技术指导、产品维护等方式提供支持，为产品使用功能发挥提供保障。

8.8.1 产品选择与使用注意事项

使用一种产品的目的就是通过其发挥功能解决问题或创造效益，为此首先需要选择适当的产品，而且只有当该产品使用条件适宜、保障得当才有可能发挥出最大的使用价值。

8.8.1.1 产品选择

评价产品所谓的好与不好最终都体现在使用环节，好产品使用价值大、性价比高。性价比高一词具有丰富的内涵，是对购置价格、作业功能、制造质量、材料品质、使用成本、人机工程、技术服务等一系列因素的综合评价结果。选择产品时往往期望价格最低且性能最优，实际则不然，产品的价格与性能、功能等存在一定的制约关系。价格与成本是正相关的，功能多、性能好通常要增加成本而使价格提高。选择产品不能只单纯强调如造价低、功能多、性能优、可靠性好、寿命长等某一因素，必须全面综合考察。好的产品不强求单一方面的最好，而求综合效果最佳。

好产品能够最大限度地发挥出使用功能并获得最佳使用效果，但还需有一前提即在合适的使用条件下作业。所谓合适的使用条件既关系到产品本身，也与使用操作、使用环境等相关。选择的产品必须适用，适用体现在对作业对象的匹配、环境条件的适合等，使用时产品必须维护、调整到最适宜工作状态。选择产品不是使产品能用而是适用，产品能用与适用存在一定的区别，这些不同会导致产品使用效果的不同。如选择库房用叉车产品就要考虑与库房环境条件、物料的重量分布情况等匹配，适宜机型作业效率最高，因小型叉车作业覆盖面小，大型叉车太大使用不经济，作业也不方便。

8.8.1.2 产品使用

选择确定产品后在正式使用前应对产品进行验收和试运行，试运行正常才可以投入使用。使用过程中不仅要规范使用，而且要正确维护与保管。

(1) 验收与试运行

验收产品时应有专业人员参与，检查所接收的产品型号是否与所选择的一致，查看外观是否存在瑕疵，验收随机附带的文件、配件等是否正确。如行走机械产品出厂都应附带使用说明书等技术文件以及易损件等，按照随机文件目录与备件清单依次查验。仔细阅读操作手册或使用说明书，学习了解机器上的各个操作装置的功用与操作方法，清楚各种指示、标识的含义等内容后方可开机。此处所谓的开机是指通电或动力装置起动，整机还处于停机静止状态。开机前参照操作手册查看剂液等是否加注到位、需调整部位是否达到要求。开机后要对灯光、仪表等对照操作手册进行标识功用等的查验。

静态查验后开始试运行，试运行首先从动力装置开始。先将动力装置与传动装置分离，怠速运转再逐渐增加转速，以此验证动力装置是否运转正常。然后与传动装置接合带动工作装置运行，工作装置有行走与作业两种情况。带动作业装置部分机器可以不实际工作，只是装置空运转；带动行走部分则整机行驶运动，利用这一运动过程同时验证转向、制动等行走相关功能。试运行过程中仔细感觉是否有异音、异振、异嗅等，停机后要查验机器是否有过热、泄漏现象等。

(2) 用前准备与使用

行走机械产品在使用前要对机器状态进行检查，如每次使用前要检查轮胎气压是否正常、燃油是否够使用等。机器开始作业前操作者应对工作环境、可能的作业工况有所了解，以便于对机器调节与操控。初次使用机器作业应遵循先易后难原则，先完成一些简单易行的工作内容，随着操作熟练逐渐完成难度较大的工作内容。操控机器作业的作业负荷要适当，也是遵循先轻载后重载的原则，而且不可超负荷作业。机器作业中难免出现故障，出现故障首先根据操作手册诊断与排除，无法解决或不明确者则需要专业人员解决。机器只能在一定的条件下工作，如果需要在一些特殊环境下使用，首先要确定该机器是否适宜在该环境下使用。

（3）常规维护与保管

行走机械产品作业时各个组成部分都要处于良好的状态，良好状态的保持与维护保养分不开。如大多机械都存在需要润滑的部位，如果不定时润滑就会加剧磨损。因此在机器作业一定时间后，按照操作手册规定的时间、部位对各润滑点进行润滑。机器在不工作时要做好保管工作，正确保管是延长机器使用寿命，确保机器保持稳定工作效率和作业质量的重要环节。保管并非简单地将机器停放在某处即可，而是要根据机器的特性、各个器件的需求进行处理。如机器长时间存放应在温度适当、防晒防潮的环境。在寒冷地区存放带有液冷系统的机器，存放前还应将冷却液排放掉。

8.8.2 产品使用保障

产品使用效果不单纯是产品性能、质量的体现，也与产品售后保障和支持相关联。实际产品的操作人员水平、维护保养的规范性、技术指导文件的适用性等对产品的使用效果影响较大。因此有必要对使用人员进行技能训练与关联知识的传授，使用者不但能够操作，也能够按照提供的操作手册等技术文件进行规范的维护，这些都需根据产品的特点对使用操作人员提供培训与必要的技术指导。

（1）使用人员技能训练

在外界条件一致、使用的机具相同时，使用操作者的实际操作水平、熟练程度起到关键作用。同一机器、同类环境、同种作业，操作机器人员不同，机器的作业效果则不同。大多数行走机械产品的操作都需要有一定技能训练，充分发挥这类机器的使用功能还需要有合格的使用者。合格的使用者需要经过适当的学习与训练过程获得技能，同时随着实际使用经验的累积，实际操作水平、熟练程度也不断提高，操作人员对机器的了解与操作经验的积累更有助于机器效率的发挥。在使用比较复杂的行走机械产品之前需要实际操作培训合格后才能上岗作业，培训方式与内容根据产品使用情况而定。培训要达到的目的不仅仅是会用，在会用的基础上要用好。这进一步对使用者提高了要求，除了操作外还要对机器有一定的了解，能够进行日常维护、应对简单的故障。专业性强、用量小的产品通常由生产企业的技术人员、售后服务人员承担培训任务，对于通用性较强、安全要求比较严格的产品，操作人员则必须经权威机构培训通过后才可上岗操作。

（2）日常保养与维护

产品的保养与维护也是产品正常工作的保障之一，日常常规保养与维护通常由使用人员来完成，一些技术要求高、操作过程复杂的工作一般由专业人员完成。工作的内容根据对象不同而不同，主要围绕检查、调整、润滑、清洗、更换等项目实施。每个项目需要维护保养的频次、间隔时间也各有不同，因产品的使用量与普及程度不同，以及产品的使用环境条件各异而有各种不同实施方式。如小型乘用车的维修服务店已经普及，维修与保养随时可以得到专业人员的帮助，保养维护也定期在维修服务店进行。用于田间作业的联合收割机与乘用车同属行走机械，其维护保养则需在农场或田间完成。如图 8-8-1 所示，工作人员对机器进行维护保养。

维护保养也包含了一些备品备件的更换、装置检查调整等，如易损件更换和在规定期间空气滤清器清理。这类保养过程都需要对机器某部分进行简单的拆装，而当零部件出现故障时有可能需要进行复杂的拆装。修理也是可维修产品持续发挥作业功能的重要保障，修理作

图 8-8-1　行走机械维护保养

业的复杂程度差异较大，需要匹配的资源也因修理作业内容不同而变。因此通常将修理给定不同的级别以规范修理工作，明确规定何种故障可以现场修复、何种修理作业需要返厂完成等。

(3) 售后技术支持

产品使用人员接受相关技术指导更有利于产品的功能发挥，这也体现了产品售后技术支持的重要作用。技术支持可以多种方式进行，如技术人员现场指导培训、维护人员对机器的调整与维修，也可以是远离现场的故障诊断等，这类支持都需技术人员实时完成其任务。还有另外一类方式是产品生产者提供相关技术资料、操作人员自主学习，如果这种方式运行适当，既有助于产品实际操作人员的水平提高，同时也可减少产品售后服务人员的投入。当然这些技术资料的准备也需要花费人力，而且这些技术文件必须适合实际的使用操作人员。这些资料可以是传统纸质文件，可以是多媒体影像，随着技术的发展也可以采用虚拟现实等技术。

售后技术支持的资料中最基本的就是使用手册，这是生产者为使用者提供的使用操作说明方面的技术资料，以便操作者方便地获得使用产品的信息。其中内容因产品使用需求和使用者的条件而有所不同。除了使用操作、日常维护保养等内容的使用手册外，有的还专门配有零件图册、维护手册等资料，进一步为使用者提供技术支持。图册可以体现零件性质、位置关系、数量、规格名称等信息；维护手册能够展示保养维护、零部件拆装等作用流程方法。这些文件资料针对不同语言的使用者需采用其熟悉的语言，所用的语言要与使用者所在国家的官方语言一致。

8.8.3　使用手册

使用手册是用于指导、帮助使用者正确操作、安全作业、合理使用产品的说明性文件，也称使用说明书。使用手册伴随产品同时交付给使用者，以便让使用者通过阅读手册对产品有所了解，学习并能初步掌握正确操作产品的方法与程序等。正确利用使用手册可使使用者明白产品的基本功能，清楚其适用范围，认识驾驶与操作装置、操作方法，懂得各种标识的含义，清楚该产品与外界匹配接口。使用手册不仅要使使用者认识操作装置，而且要说明操作的步骤、操作的运动位置与范围等，可以使使用者学会基本的操作，再通过进一步实际操作训练就能够实际工作。

使用手册虽然是一种技术性文件，但考虑使用者群体中理解能力的差异，内容要以通俗易懂的方式表达，以便使每个使用者都便于接受。尽量减少专业性较强的文字描述，采用图文结合方式较好，而且实物图片要优于原理、设计图。常规使用手册是通过印刷成册交予使用者阅读，有的在纸质基础上进一步增加影像资料，更便于使用者接受。目前有的产品采用交互式电子技术手册，使使用手册水平又提高一步。行走机械产品应用领域多、产品的范围广，不同产品技术手册的具体内容有所不同，但主要的内容部分都要具备，一般要包括产品描述、安全注意事项、使用操作、保养维护、运输储存、服务支承等内容。

使用手册是供使用者了解产品并正确使用操作的文件，既要有产品的概述介绍，也要有作业的相关规定，主要部分在于操作说明。操作说明不仅仅是使用操作，也包含日常维护保养方法、操作要求等说明。使用手册应包含以下主要内容。

(1) 主要用途与适用范围

使用手册中通常要给出产品的简单介绍，简述产品的主要规格与技术参数，说明产品主要用途、适用范围、产品适用的工作条件和工作环境等，必要时可规定产品不适用的工作条件和工作环境。

(2) 使用操作图示与说明

使用手册中应采用图文结合方式介绍使用操作，包括操作装置、位置、次序、声光警示含义等等。使操作人员根据使用手册的说明就能够完成行走机械产品起动、行进、制动等相关操控装置的操作。复杂产品的操作可利用多媒体进行动态示范，使操作者更直观接受操作指导。

(3) 常规作业调整说明

行走机械产品除了驾驶操作外，可能需要一定的调整以应对不同的作业工况。如有的吉普车应对泥泞路面时需要将两轮驱动调整为四轮驱动，农用拖拉机需调整悬挂装置连接不同的作业机具。使用手册需要明示如何实现这些调整，使操作者按照说明就能正确完成操作。

(4) 日常维护保养操作

正确保养维护是产品完成使用功能的保障，因此使用手册中要告诉使用者何时、何处、如何提供保障，说明相应的调整、检查、维修方法。维护保养要针对使用者要完成的工作尽量详细说明，主要涉及保养对象、保养时间表、工作内容等。如不但要使操作者知道何处、何时加液压油、润滑脂、冷却液等，而且要给出剂液的具体型号、加注量、检查方法等。

(5) 可能发生故障的处理

在使用产品过程中不可能都是理想状态，有可能出现一些不期望发生的故障，手册中对于这类可能出现的问题要有预案，以便于现场应急处理突发事件。使用手册需要明示操作者如何应对与处理出现的故障，如无杆飞机牵引车在牵引时，如果出现意外事件需要解脱飞机与牵引车的连接，牵引车驾驶员依据使用手册的说明能够正确、迅速完成应急解脱操作。

(6) 安全作业规定

安全作业要求是使用者必须遵守的规则，安全作业对于产品使用极为重要，安全的含义既包含操作者本身，也包含他人及机具。每种行走机械各自的使用工况、作业环境各不相同，需要针对具体情况对作业安全提出要求与规定。安全说明应尽可能全面阐述产品使用过程中的安全影响因素，对于各项可能产生的操作失误或可能产生的危险结果要尽量全面地提出警告。

(7) 存储运输等说明

每种产品都可能有相应的保管需求，使用手册对产品的存放运输等均要给以说明。如行走机械运输可以自行走、被拖动或由其它车辆装运，不同的运输方式对应的具体操作、要求各不相同。在装载运输时应明确指示出吊挂点的位置及推荐的起吊方式等；拖动运输时要求解脱驻车制动、变速置空挡位置、打开警示灯等。

8.9 产品修复与后期处理

随着使用时间的增加产品中的零部件会出现磨损、老化、破裂、失效等现象，导致产品出现故障而丧失完成原设计规定的功能与性能的能力。行走机械这类可修复产品经过适当的修理后则可以恢复功能与性能。修复是这类产品使用过程中或多或少都经历过的事件，简单的修理工作可以在作业现场进行，大规模的修理则须返回工厂进行。对于产品是否需要修理、修理程度等需要综合经济、技术等因素综合判定。对于超出修理技术标准规定范围无法修复或无修复价值的产品也需进一步处理，处理不是简单的废弃，而是从废弃物再利用等环保、经济的角度出发，充分发挥产品完成使用寿命后的可利用价值。

8.9.1 产品修理

行走机械这类多组件构成的复杂产品在设计时就要考虑维修方面的问题，这类产品很难做到无维修就完成整个使用寿命，因为很难做到使机器的各个零部件、装置的失效期均处在比较接近的时间段。由于构成组件的工作寿命差别较大，寿命短的组件失效时寿命长的组件仍可继续工作，为此可将失效的组件修复或更换则可保持产品继续正常工作。修理可以使产品继续发挥功能，但修理需要投入一定的人力与资金，因此也需要在产品继续发挥功能效应与资源投入之间进行综合平衡。这要关注各个部件的使用寿命周期、可更换部件的成本比重、维修作业成本等。花费在维修保养上的时间越多，相当于使用成本越高，使用的经济性越低。达到经济寿命期的产品再继续使用，其经济性变差，不如重新购买产品。

产品从开始使用到最终无法继续使用而报废的整个使用期间不需要维修最理想，大多数产品都难以达到这种程度，为此在产品设计时就要有维修性的内容。行走机械产品基本都要考虑维修问题，不同产品只是具体实施方式的差别。维修是使产品保持或恢复到规定状态所进行的全部活动，也是维护与修理的泛称。维护与修理之间关联紧密、目的一致，只是实施作业内容的侧重不同。其中维护是为维持完好技术状况或工作能力而进行的作业，如对车辆进行检查、清洁、补给、润滑、调整或更换某些零件的预防性工作，目的是保持车辆技术状况正常，消除隐患从而避免故障的发生，减缓劣化过程而延长使用周期。修理是为恢复完好技术状况和能力而进行的作业，基本上都是在已经出现故障或者是车内的某些零件已经无法正常运行时才会进行的工作。根据运行间隔期、维护作业内容或运行条件等将维护划分为不同类别或等级，维护的内容和要求一般在使用手册或说明书中有明确规定，具有一定的强制性。修理为消除故障和故障隐患，对失效的零部件进行必要的技术处理或更换，恢复技术状态或保持产品正常运行，通常要包括故障诊断、拆装、调试等基本作业内容。

修理目的不同修理活动的内容就不同，如有排除故障修理、预防性修理和延寿型修理等。其中排除故障修理是人们最易于见到的活动，一旦出现故障就需要修理恢复功能。如车辆行驶过程中轮胎被扎破，要使车辆恢复正常行驶功能则需要修理轮胎，可以采取直接更换车轮总成，也可以以补胎、充气的方式修理。这类故障很直观、便于发现，修理也简单，其它关联牵涉较少。但有时故障发生了但故障的准确部位不十分确定，这时就需要进一步诊断确定故障点，再对症实施修理。预防性修理是在产品发生故障前进行，一般与维护保养结合在一起。通过对产品进行监控、定期检查发现故障征兆，采取相应措施修理以防止发生故障。上述修理主要是针对故障事后、事前进行的维修，另外还有修理目的为延续产品寿命的延寿型修理，产品大修即为这类修理。延寿型大修应根据诊断和技术鉴定的结果，视情按不同作业范围和深度进行适时修理，既要防止拖延修理造成作业效果下降，又要防止提前修理造成过度消费。随着使用时间的延长性能逐渐劣化是不可避免的，大修是延续使用寿命不可或缺的保障措施，但不可过分依赖，要正确处理产品大修与产品更新的关系。

8.9.2 产品维修保障

产品的维护与修理可能要受到诸多因素的影响，如工作地点、环境条件、维修技术以及可用设施资源等。产品生产者要根据产品特点及应用情况，采取适当的措施对售后产品给予技术、配件、专业人员等方面的支持。

8.9.2.1 产品维修人员现场服务

产品交付使用者后需要教会实际操作者如何正确使用，其中主要是操作与常规的保养内容。使用手册等技术文件可以使操作者熟悉机器、了解一些可能发生的故障情况，但还不具备排除故障的技术能力，生产者需要派出专业人员用于维修服务，这些人员不仅仅排除故障、检修机器，还要现场指导、培训安全操作及维护保养等工作。发生的故障不可预测、变化多样，需要实施的修理的要求与手段不同，不是任何人都能胜任现场修理工作。当现场有条件、有胜任该维修工作的人员时可在现场修复排除故障，当现场维修不能排除故障时则必须返回原生产厂或在具备满足修理需要设备和人员条件的地方进行故障排除。

专业人员的现场解答咨询、调试、维修、定期维护等售后服务工作为产品的可靠使用提供了保障，售后有专业人员支持是生产者根据自己产品特点建立的服务体系的其中一部分。产品售后服务还需要有配件供给与维修网点等，随着社会发展与技术进步售后服务的内容与技术不断发展、手段更加先进。如有可能通过增强现实技术为使用者提供其所需的专业指导，通过信息双向实时交流进行远程故障诊断，使操作者的感受如同专家的现场指导或现场操作。

8.9.2.2 配件供给与维修站点设立

产品长时间作业后或出现意外可能要造成零部件失效，尽管产品出厂时随机附带一部分易损备件，但不可能完全满足维修时对配件更换的需求。在产品整个寿命期都需要有配件供给的支持，配件如果是通用的、直接可买到的货架产品则十分方便。实际配件供给上很难完全做到这点，特别是一些批量小、特殊用途的产品，多数配件是只有生产厂才生产的特有件，生产厂有责任保证这类配件的供给。配件可以是生产者直接供给，也可由与生产者具有协约的维修站点供给。

对于保有量大、普及面广的产品，通常需要建立多个维修服务站点，以使售后产品的服务得到保障。这些站点可能也是产品的销售网点，这里具备一定的修理能力和专业人员。这里既可以买到使用者需要的备品备件，也是产品的维修场所，可以进行产品维护保养、修复故障。对于产量小、较特殊、使用面窄的产品，生产企业往往需要独自承担这些工作，此时不仅要解决本企业生产的备件供给，同时要兼顾一些外来特殊元器件的配货，特别是产品上采用的那些外协外购的非货架产品。

8.9.3 产品大修

产品从全新状态投入使用随着使用时间延续、使用工作量的累积，必然出现机械磨损、基础零件的变形、零件的疲劳破坏等现象，导致产生故障或使技术性能下降、使用效率降低。若继续使用下去不仅不能达到既定的技术要求，经济指标可能会逐渐下降到不可接受，这时可通过大修来恢复作业性能、继续按原有状态发挥使用功能。大修是通过恢复性修理延长产品的使用寿命，行走机械的大修是指经过一定的作业时间或行驶里程后，用修理或更换零部件的方法，完全或接近完全恢复其技术性能的恢复性修理的统称。行走机械产品是否需要大修要进行技术鉴定，应以多数总成的技术状况为依据。如果多数总成技术状况尚好，则可大修个别磨损严重的总成。大修可能牵涉到总成解体、零件清洗、检验分类、零件修理、部件装配、总成磨合和测试、整车组装和调试等环节，大修工艺过程与质量要求严格，承接修理的单位要有严格的生产管理和质量管理制度、完善的工艺装备和比较高的技术水平，因此返厂进行大修比较合适。

大修前根据待大修产品的具体情况制订出大修计划和大修技术方案，大修技术方案被认可后开始实施对具体产品的大修作业。首先对待大修的对象进行识别、确认、检测，以便进一步了解该机器的具体情况。然后进入拆检、修理环节，这一环节先将整车进行拆卸，对拆解过程进行记录，对拆解下的零部件进行检查、测量，根据检测结果及技术要求视情况对其进行处置。维修后的零部件需满足相关技术要求才能使用，维修后的总成和一些附件必须经过性能测试合格后方可装机。每次大修都要有对应的大修验收规范，修完重新装配的整机调整完成后，按照验收规范要求进行规定的试验与测试。各项目的检验检查结果都达到要求，该大修产品验收合格后可以出厂，签发“大修出厂合格证”。大修后的产品同样应给予质量保证，质量保证期自出厂之日起。

大修后产品的某些指标已经降低达不到原有技术要求，在相应的验收规范中就要有体现。如某载重车大修完成后要求整车外观应整洁、完好、周正，附属设施及装备应齐全、有效，主要结构参数应符合原设计规定，由修理改变的整备质量不得超过新车出厂额定值的3%。大修走合期满后各种排放控制装置应齐全、有效，排放指标应符合国家标准的要求。每百公里燃料消耗量不得大于该车型原设计规定的相应车速燃料消耗量的105%。行走机械产品大修一次工料费用颇大，而且大修后有的性能不可能完全恢复到新机水平，这类产品的大修、大修次数以及大修范围应做到技术上和经济上的合理。每次在确定是否要大修某产品前，要充分分析该产品大修是否合理，在更新或者大修两种方案之间做出判断，不合理则考虑用同类机型更换。

8.9.4 报废后处理

任何产品最后一定是被淘汰成为不用的弃品，这些弃品并非都是达到使用寿命而失去功能，其中一部分是失效或到达正常使用寿命期而放弃使用，另外还有一些是由于各种不同的原因使得产品不能或不便继续使用。如新的环保规定可能就要淘汰一批环保水平低的产品，这是公共利益和社会效益的作用。使用者从使用产品综合效益角度平衡，用性能先进的新产品对旧型号产品进行替代。产品完成其使用功能后放在使用者手中不仅失去作用，而且可能为其带来不必要的负担。对于这些弃用报废产品还需要进行比较专业的后期处理，使其既能发挥剩余价值，又减小废弃物对环境的影响。做好行走机械报废产品后期处理可能需要多专业、多领域的协助，通常由专门有资质的机构回收处理，如机动车回收拆解单位需要取得报废机动车回收拆解资质认定。如图 8-9-1 所示，为一些回收的废旧汽车及其存放与处理。

图 8-9-1　废旧汽车回收处理

产品回收处理虽然与产品生产制造的关联不十分密切，但在产品设计时最好在这方面就有所考虑、给出建议，如对于不当处理可能产生污染的元器件给出适当标识说明。产品生产者也要为产品后期处理承担适当责任，应当向回收拆解企业提供报废产品拆解指导等相关技术信息。实施回收处理的企业需要具备一定的拆解处理能力，配备相应的生产加工设备，甚至组成废弃汽车拆解破碎处理生产线。废弃车辆的处理一般要经过回收、清理、拆解、分类、检验等流程，其中分类首先从拆解的零件、装置中将有利用价值的部分分离出来。有利用价值的器件还需要检验以确定是否有再利用价值以及如何利用，这还需要经相关专家验看分析和专业的检测后确定。回收利用存在再使用、再生利用等不同方式，再使用是经再制造后使用、降级直接使用等方式被应用，再生利用则是需要将废弃件返回到原料状态后再利用。完全没有利用价值的部分也要根据不同特性进行无害化处理，以确保后期处理产生的垃圾不会危害环境。

产品报废的原因很多，不管以什么原因失去使用价值是对该产品整体而言，而产品的构成装置、器件各自有其使用寿命，其中有的还远远没有达到寿命仍然状态完好。如行走机械产品都由众多的零部件构成，实际作业中各个件所起的作用不同，因而受到的载荷、使用的时间各不相同，因而导致各个件的磨损程度、疲劳损伤等均不同，整机失效只能说明一部分零部件失效或到达寿命，其它零部件可能完好无损仍可以继续使用。将报废产品拆解后将可用零部件再利用既有社会效益，也能为企业创造效益。可利用的零部件具备再制造条件的，可以按照国家有关规定出售给具有再制造能力的企业经过再制造予以循环利用；能够继续使用的可以出售降级使用，可以借鉴飞机上涡喷发动机的再利用处理方式。涡喷发动机在飞机上服役使用达到期限后，继续在机场、高速公路等的清雪设备中继续使用，如图 8-9-2 所示的清雪设备。涡喷发动机仍发挥原来的功能，但用途与作业要求与原来有所不同，但完全可以满足机场除雪使用要求。

图 8-9-2　利用服役后的涡喷发动机构建的清雪设备

再制造实质是对零部件的修复，具有节能环保的特性，多用于一些造价高、加工复杂的零件修复。产品报废后利用再制造技术对其中可以再用的重要件进行修复，修理后可以恢复其原有状态与功能，而成本要远远低于加工一新零件。如一些复杂轴类零件由于某处轴径磨损超差，可以通过采取部分部位喷涂，再对局部进行机加工的工艺实现修复。当然再制造前需要进行技术确认与评估，确定该件或该类件具有修复价值，而且修复后能够达到所规定的指标要求。上面所述的是将装置与零部件保持原形态不变的再使用，还有一部分零部件不能或不值得采取上述方式回用，这类零部件可以再生利用。先将不同材质与特性的器件、液剂等分类，再送回原材料处理加工厂统一处理，如图 8-9-3 所示的橡胶轮胎回收处理。废金属零件可交售给冶炼金属企业；废橡胶件、玻璃件等非金属零部件交售给相应的再生企业等。

图 8-9-3　橡胶轮胎回收处理

8.10　总结：行走机械产品的生命过程

人们制造出一台机器、生产出一种产品都有其目的，对该机器或产品来说就是要实现其价值。为了获得其价值生产者要制造出机器并赋予其使用所需的功用；使用过程中机器发挥其使用功能又要满足使用者获取其使用价值的需求。每种产品要经历产生、应用到最终使用寿命结束的过程，行走机械从产品实现这一视角可将这一过程归结为四个阶段，即前期规划、开发设计、生产制造、后续跟进。四个阶段依次进行完成产品实现的过程，每个阶段对于行走机械产品都是不可或缺的、对产品的产生都有特定的意义。

8.10.1 产品规划

产品包罗万象，行走机械产品只是其中之一，也具备产品供给市场、被人使用的特性。同时行走机械产品是被人制造出来的机器，生产者生产制造产品不仅仅为了实现其使用价值，还需要有动力与意愿，即获得制造产品带来的效益，生产者生产意愿与使用者使用需求的统一是产品产生与存在的基础。

8.10.1.1 产品存在的意义

人类在与自然界抗争过程中，为了提高能力进行了大量的发明创造活动，这些活动制作出不同种类的机具为人类所用。开始阶段是自己制作自己使用，此时的制品还不能成为严格意义的产品。随着社会分工的出现，制作出的制品不再是自己使用，而是用于交换给他人使用，此时该制品的性质也已发生变化。随着社会生产力的提高，制品可实现大批量制造，制造者与使用者的界限更加明确，此时产品的意义才开始真正显现。任何一种产品至少要将生产者与使用者联系起来，这种联系更多体现在产品的存在价值上。一种好的产品可以提高人们的生活质量，一种产品更可以使一个生产企业发展起来，好产品既是使用者的需求也是生产者的需要，二者的共同追求为产品的产生奠定基础，也使产品的产生和发展成为可能。

产品由生产企业孵化，企业研制产品需要为企业带来效益，没有效益就无法回收孵化产品进行的人力与财力的投入，没有效益企业便无法存在与发展。产品实现的首要环节是生产者的认可，在生产者研制产品前需要一系列的工作，不仅要确认产品的功用与性能，而且要落实生产实现的可能，以确保产品价值的实现。使用者需要是产品存在的前提，生产者要制造出使用者满意的产品才能实现产品的价值。但是如何制造出使用者认可的产品是生产者首先要关注的焦点，所谓认可不单单是对产品的功能、性能满意，而且涉及产品的经济性、使用寿命，甚至外观形态等。生产者在决定生产某一产品前也需要对该产品认可，生产者对产品的认可除了对产品市场前景的肯定外，还要兼顾企业自身现实条件、应对能力与发展目标，同时可能存在其它生产者的同类产品竞争考验。

8.10.1.2 产品谋划

行走机械产品的产生是基于使用者的需求，最终产品的实现则有赖于产品的生产者。生产一种什么产品、该产品的定位是什么等均要由生产企业来选择与确定。谋划一种产品需要审慎分析内外两方面的问题，对外必须了解使用需求，弄清潜在使用者群体以及使用者的购买能力。根据使用群体的使用状况、对产品价格的承受能力，确定市场定位、预测市场份额。还要分析产品的技术水平以及相似、相近产品对将要生产产品的影响作用，了解政府的相关政策、法规等对这类产品生产与使用的相关规定。有了这些决策所需的外部信息，还需分析生产企业内部相关因素对产品生产制造的影响。内部要分析的问题主要是自身能力是否能够与产品实现相匹配，明确是否真正有能力提供给使用者期盼的产品，其中关联紧密的主要是技术水平与制造能力。技术方面的考虑是技术储备、研发力量能否支持研发设计出所期望的产品；制造方面要解决的是生产规模与质量保证等问题。在外有市场前景、内有保障能力的条件下做出决策，一旦决策完成则进入实施阶段，实施阶段主要是产品的研发设计与生产制造。

研制与生产功能、性能满足使用者要求的产品目的是要为生产企业带来效益，生产者必然关注投入与产出的关系。产品研发设计与生产制造均需具有一定的技术水平与能力，这牵涉到生产企业的技术力量、人财力的投入支持，这些费用与产品的直接制造成本共同对产品的价格形成影响。价格又是使用者重点关注的部分，性能好的产品如果价格不合适一般也难获得使用者认可。性能优良与价格低廉之间很难达到统一，具有竞争力的产品需要定位适宜、性价比高。为此产品前期策划要进行市场规划与效益分析，设定产品各组成部分及产品实现各环节的经济目标，确定产品的盈亏平衡点、计划产品的生产批量。

8.10.2 产品设计

人类社会在不断进步的过程中，需要不断克服困难、解决问题，提高人类的生活能力，这促使人们发明创造出器具来实现人所不及的功能，设计是这类创造活动中的一个组成部分、是创造思维的表达过程。现代产品设计所包含的内容更加丰富，不仅是设想的转化而且还要体现计划与预期等内容，而且优秀的产品设计更具有引领作用。设计者的作用也更加突出，设计者概括使用者需求并超越使用者对期望产品的功能、性能认识，通过发明创造、继承借鉴等过程将无形的期望转化为可生产制造出实物的技术文件。

8.10.2.1 产品研发

设计是一比较常见的概念，其含义也比较广泛，但设计在不同的前提修饰下内涵变化很大。如常提及的机械设计、可靠性设计、产品设计等，虽然都有一定的联系，但具体内容相差很大。产品设计是产品产生过程中的一个阶段，这一阶段内要实现的目标、所要开展的工作内容、持续时间的长短等与产品性质相关。简单、技术要求低的产品只需一个产品设计阶段即可，而对于含有创新技术的产品在设计定型前可能需要有一较长的开发研制过程。行走机械产品研发包含的内容不完全一样，可以是原理样机的设计验证，也可以是组成装置、机构的改进完善。产品研发重点关注原理、功能方面，主要解决原理应用、功能实现等技术问题，此时研制出的机器还只能称为样机或原理样机，只有在所有技术问题都解决并经试验验证后，才能开始以原理样机为基础向产品方向转化的产品化设计工作。产品设计与原理样机的设计存在一定的区别，产品设计需要牵涉成本、生产工艺、使用环境等多种因素影响。

将科研成果转化为实用技术考验实施者的能力，利用、借鉴研发原理样机的技术设计产品同样体现了设计者的水平。产品设计中除继承研发技术、实现功能外，需将与产品相关联的主要因素寓于设计中。行走机械产品不是单纯的机器而是生产企业的制品，更是满足社会某种需求的用品，产品设计不但要基于企业自身，更需要关注社会效果与长远结果。产品设计是一种协调与平衡，是性能与价格的平衡、功能与资源的平衡。性能好、功能强就要花费较多的资源来保障，如有的行走机械为了提高可靠性对一些部位的器件或系统设计冗余，但这样必然提高制造成本，二者间确定适宜的程度就需要设计者掌握。这也是经济性在设计中的体现，设计上都要争取以最少的投入实现最好的结果。产品设计需要对产品全方位、全寿命过程予以考虑，如在设计中基于节能环保思想，将如何减少废弃物产生、零部件的可重复使用、材料可回收可降解等作为设计的优选项。

8.10.2.2 设计定型

产品研发过程各有不同，但目的都是要设计并制造出产品，产品设计定型后才能转入产品生产制造阶段。不同行走机械产品的设计定型可能有所差异，但主要过程、要求是相近的。在产品定型前所设计的机器为样机，产品定型首先需要有产品样机。产品样机是完全按照产品要求进行设计与试制，从设计到定型可能要经历多次试制、试验、修改的反复过程，只有在样机各项试验结果达到设计任务书的要求后这个过程才结束。样机经过鉴定或评审并获得通过，则完成产品设计定型。

设计定型所要进行的样机设计、试制与试验的实质是验证，通过样机试制验证设计图纸的正确性，通过样机试验验证设计的正确性。因此试制样机的零部件必须完全符合图纸的规定，对各种代用、更改以及加工、装配中出现的问题应作详细记录，以便通过样机的加工、装配和调试，对设计图纸的质量和正确性进行考查。试制出的样机需经检验认定，与设计要求相符后开展各项规定的试验，试验的主要内容为整机性能检验和整机使用验证。

产品的设计定型只能说明在产品样机试制条件下制造出的单件或少量产品满足要求，但必须注意产品批量生产时的生产加工条件可能又发生变化。产品的生产制造脱离不了现实条件，产品的质量、性能等需要加工制造环节予以保证，即需要有工艺保障。在设计定型后通常还需要验证工艺，一般采用小批量试制方式验证正式生产的工艺工装，通过这一过程完善工艺与生产条件，解决批量生产中的问题和不确定因素。通过小批量生产的验证后可以工艺定型，经过设计定型、工艺定型的产品可以进入产品生产阶段。

8.10.3 产品生成与功能实现

设计是把构思用图形、文件等表示出来，制造可将图形、文件所表达的内容变成实体。产品生产是按一定规则制造产品的过程，这一过程使产品从无形到有形，是产品实现和产品质量的重要保障环节。生产产品既是劳动过程，又是价值增值过程，通过计划、组织、实施、控制等一系列生产活动，使生产企业的人力、物力和财力资源要素的投入转换为最终产品。生产活动牵涉的因素众多，预先计划、有序组织是生产环节首先要做的工作。要生产产品必须具备人力、财力、物力的基础，有了生产场地、设备，配备了各个岗位的人员后，还需准备资金采购原材料。整个的生产过程从原料采购开始到交付用户使用，需要经历原料、器件的采购，工艺工装的准备，零部件的加工制造与组装，调试与检验，储存与运输等环节，各环节完成的内容不同但相互关联与制约，均对产品实现与产品质量产生影响。

行走机械产品生产组织形式各有不同，可以是自成体系的生产制造模式，这类企业各种生产手段齐全、基础加工能力强。在这类生产企业中大部分零部件自己生产，只有少部分元器件外购或外加工。还有一些生产企业以组装生产为主导，基本不配备加工生产工段。将主要加工制造部分委托外包，自己只完成少量的加工工作。无论以何种组织方式其所涉及的工艺方法、生产能力、结构布局等须与产品相适宜，以最大限度创造效益、节约成本为最终目的，且必须要与企业发展规划相一致。无论组织生产方式是分散加工还是集中制造，整个生产过程中对人、机、法、料、环等要素的运行管控思想是基本一致的，只要流程顺畅、管控得当，都能制造出质量合格的产品。产品质量寓于制造过程中的各个环节，全过程质量控制是各种生产组织方式均要遵循的原则。

行走机械是一类集合了机械、液压、电控等多领域技术的复杂产品，制造这类产品的生产企业难以完全实现全部装置、器件的自制造，需要涉及多种不同行业的配套产品。如行走机械上经常用到的轮胎、电器仪表、液压元件等都需专业生产企业制造，而正是由于专业生产企业制造才能更好地保证质量且降低成本。现代的产品生产制造都是建立在社会化分工协作的基础上，许多基础的零部件都变成通用产品可以直接选择订货，生产企业的制造环节主要表现为自主设计的部分零部件制造加工及装置与整机的装配。行走机械产品在整机装配完成后需要调试，在调试前需要根据技术规范要求，加注燃料、冷却液、润滑油等剂液。调试也是行走机械生产制造的一个重要环节，通过调试与调节使每台机器都达到规定的技术状态，保证到达使用者处即可以正常使用。

8.10.4 产后支持与后续生产

生产制造出的产品最终交予使用者使用，使用是产品的功能实现的过程，对于行走机械这类复杂产品，功能实现效果的优劣影响因素较多，与环境条件、使用者与生产者都相关联。行走机械实现功能过程中操作机器的人对机器工作效果有影响，使用者操作水平高低直接影响功能的发挥与工作效率。通过对操作者进行使用技术培训，保证使用者具有与所使用产品匹配的技术水准，是产品实现其作业功能、性能的保障，也是提高使用寿命、可靠性的影响因素之一。行走机械这类可修复产品需要对维护与修复提供保障，使用者难以完全具有维护保养这类机械产品的技术能力，生产者需要提供产后使用维护修理等支持保障。不仅如此，当产品完成使用寿命报废时，生产者也有义务为废弃产品处理者给予相关的建议。

生产定型的产品也是在不断完善的过程中，通过对使用中发现问题的解决，进一步提高产品的品质。如根据在对售后产品支持保障中发现的共性问题、使用者对产品的真实评价等，就可获得产品某些方面确实存在欠缺、产品哪些方面还没有达到使用者的要求。依据这些信息进行改进完善，使新的产品克服原有的不足、进一步满足使用者要求。对于一些使用者的特殊要求，可以提高针对性、在原产品普通型基础上改进成某特殊型，也使产品向特型化、系列化方向发展。生产企业利用产品的不断更新与换代提高原有产品的功能与性能，同时也借助已有产品的技术基础研制新产品，拓展新功能与应用。

参考文献

[1] 成大先．机械设计手册［M］．4版．北京：化学工业出版社，2002.
[2] 汽车工程手册编辑委员会．汽车工程手册［M］．北京：人民交通出版社，2000.
[3] CIGR-The International Commission of Agricultural Engineering. CIGR handbook of agricultural engineering（Volume Ⅲ）［M］. American Society of Agricultural Engineers，1999.
[4] 机械工程手册编辑委员会．机械工程手册［M］．2版．北京：机械工业出版社，1997.
[5] 中国大百科全书总编辑委员会．中国大百科全书：交通卷［M］．北京：中国大百科全书出版社，1993.
[6] 朱士岑．拖拉机产业史话1850—2000［M］．北京：机械工业出版社，2020.
[7] 李杰，陈光，吕跃进．世界著名商用发动机要览［M］. 北京：航空工业出版社，2016.
[8] 王意．车辆与行走机械的静液压传动［M］. 北京：化学工业出版社，2014.
[9] 陈志，杨方飞．农业机械数字化设计技术［M］. 北京：科学技术出版社，2013.
[10] 陈全世，朱家琏，田光宇．先进电动汽车技术［M］. 北京：化学工业出版社，2007.
[11] Henning Wallentowitz. 混合动力城市公交车系统设计［M］. 何洪文，编译．北京：北京理工大学出版社，2007.
[12] 杨国平．现代工程机械技术［M］. 北京：机械工业出版社，2006.
[13] 石博强，饶绮麟．地下辅助车辆［M］. 北京：冶金工业出版社，2006.
[14] 闫清东．坦克构造与设计（上册）［M］. 北京：北京理工大学出版社，2006.
[15] 戴发山．内燃装卸机械构造与修理［M］. 大连：大连海事大学出版社，2005.
[16] 刘惟信．载重车桥设计［M］. 北京：清华大学出版社，2004.
[17] 徐家龙．柴油机电控喷射技术［M］. 北京：人民交通出版社，2004.
[18] Julian Happian-Smith. An introduction to modern vehicle design［M］. Oxford Butterworth-Heinmann，2002.
[19] 姚怀新．工程机械底盘及其液压传动理论［M］. 北京：人民交通出版社，2001.
[20] 王云松．红旗轿车构造、使用与维修［M］. 北京：人民交通出版社，2000.
[21] 孙诗南．现代航空母舰［M］. 上海：上海科学普及出版社，2000.
[22] 龚微寒．汽车现代设计制造［M］. 北京：人民交通出版社，1995.
[23] 吉林工业大学．工程机械液压与液力传动［M］. 北京：机械工业出版社，1987.
[24] 镇江农业机械学院．农业机械学［M］. 北京：中国农业机械出版社，1981.
[25] M. G. Bekker. 陆用车辆行驶原理［M］. 孙凯南，译．北京：机械工业出版社，1962.
[26] 刘阳阳，王晨阳．汽车零部件再制造产品认证技术研究［J］. 科技创新与应用，2022，31.
[27] 郑菁菁，史旭鹏，徐泽林．对民用与军民融合产品的通用质量特性研究［J］. 环境技术，2021，4.
[28] Giovanni Luppi. Autonomous robot for planting for great green wall initiative feasibility study［D］. Milano：Politecnico di Milano，2020.
[29] 魏振兴，周恩序，等．车用燃料电池动力系统综述［J］. 电源技术，2019，7.
[30] 荀荣非，蔡恒，等．整车电器安全性关键技术研究［J］. 汽车电器，2019，4.
[31] 陈永峰，郭培燕．矿用双向驾驶静液压驱动车辆制动系统的分析与设计［J］. 机电工程，2019，3.
[32] 肖伟强，张大陆，陈克俊．55kW 质子交换膜燃料电池系统测试［J］. 电池工业，2018，2.
[33] 席志强．拖拉机动力换挡变速器换挡控制系统研究［D］. 西安：西安理工大学，2016.
[34] 黄知秋．奥迪自锁式中央差速器结构比较与原理分析［J］. 汽车维修，2016，7.
[35] 王任重．基于 CAN 总线的车载网络控制系统研究与设计［D］. 上海：上海工程技术大学，2015.
[36] 吴仁智，郑赛花．平地机三种典型传动系统特性对比分析［J］. 中国工程机械学报，2014，4.
[37] 王翠．320 吨特种平板车转向系统设计研究［D］. 武汉：武汉理工大学，2013.
[38] 邓景新．154T 交流电动轮自卸车电控系统研究与设计［D］. 湘潭：湖南科技大学，2012.
[39] 杜恒．大型轮式车辆油气悬架及电液伺服转向系统研究［D］. 杭州：浙江大学，2011.
[40] 杜建福，付多智，等．新能源汽车 EMC 测试与设计研究［J］. 农业装备与车辆工程，2011，6.
[41] 覃林盛，陶义军．报废汽车拆解工艺及装备研究［J］. 装备制造，2011，02/03.
[42] 吴宗文，谭兵．军用履带车辆转向机构发展综述［J］. 机械工程师，2007，5.
[43] 贾立全．点火室直喷汽油机的电控点火及燃烧分析系统的开发［D］. 大连：大连理工大学，2007.
[44] 吴仁智，刘钊．全路面起重机油气悬架液压系统技术分析［J］. 中国工程机械学报，2006，1.
[45] 陈明伟．燃料电池城市客车动力系统基本技术方案研究［D］. 上海：同济大学，2005.
[46] 于永平．轮胎式运梁车行走液压系统［J］. 建筑机械化，2005，1.
[47] 孙福祥．重载列车制动技术的发展与进步［J］. 铁道机车车辆，2004，6.
[48] 赵云．凌志 LS400 型轿车 ABS 的结构原理与故障诊断［J］. 汽车电器，2003，3.
[49] 易将能，韩力．电动车驱动电机及其控制技术综述［J］. 微特电机，2001，4.